U0302864

国家重点研发计划项目(2016YFC0501100) 资助
煤炭开采水资源保护与利用国家重点实验室资助

东部草原区大型煤电基地生态修复与综合整治工程示范

李全生 等 著

科 学 出 版 社
北 京

内 容 简 介

本书针对大型煤电基地开发生态损伤控制难点，突出“减损开采”重点和“全过程控制、近自然修复、稳定性维持”的系统修复与提升理念，以生态脆弱区——东部草原区煤电基地为例，应用生态减损型大型露天矿采排复一体化、大型煤电基地水-土-植系统修复、大型煤电基地地表-地下水库水资源储用等集成技术，通过酷寒草原区大型煤电基地生态修复技术集成示范、半干旱草原区大型煤电基地生态修复技术集成示范、露天-井工矿地下水保护和利用技术集成示范等大型科学实验和工程实施，形成适于东部草原区煤电开发区域生态环境的生态损伤控制模式与修复工程技术体系，为我国大型煤电基地科学开发与区域生态安全提供了工程应用范例和模式。

本书具有较强的理论性和实用性，可作为矿业学科、水利学科、环境学科的科研人员，高校教师，相关专业的高年级本科生和研究生，以及从事露天煤炭开采、矿区水资源保护、生态修复、环境工程等工作的工程技术人员的参考书，对研究我国酷寒和半干旱草原区露天煤炭开采生态修复与水资源保护理论及技术具有重要的参考价值。

图书在版编目(CIP)数据

东部草原区大型煤电基地生态修复与综合整治工程示范 / 李全生等著. —北京：科学出版社，2023. 12

ISBN 978-7-03-075087-7

Ⅰ. ①东… Ⅱ. ①李… Ⅲ. ①矿山环境-生态恢复-华东地区②矿山环境-环境综合整治-华东地区 Ⅳ. ①X322

中国国家版本馆 CIP 数据核字（2023）第 040648 号

责任编辑：王 运 柴良木 / 责任校对：何艳萍
责任印制：肖 兴 / 封面设计：北京图阅盛世

科学出版社 出版
北京东黄城根北街 16 号
邮政编码：100717
http://www.sciencep.com
北京建宏印刷有限公司 印刷
科学出版社发行 各地新华书店经销
*
2023 年 12 月第 一 版 开本：787×1092 1/16
2023 年 12 月第一次印刷 印张：29
字数：688 000

定价：398.00 元

（如有印装质量问题，我社负责调换）

Supported by the National Key Research and Development Project (2016YFC0501100)
Supported by the State Key Laboratory of Water Resource Protection and Utilization in Coal Mining

Ecological Restoration and Comprehensive Improvement Project of Large Coal-Power Bases in Eastern Grassland Area

Li Quansheng et al.

Abstract

Aiming at the difficulties of ecological damage control in the development of large coal power bases, this book follows the technical idea of reduction mining and the implementation concept of whole process control, near natural restoration, stability maintenance, and systematic improvement. Taking the coal power base in the ecologically fragile area—the eastern grassland area as an example, it applies the integration of mining-drainage-rehabilitation of ecological reduction type large open pit mines, the restoration of the water soil vegetation system of large coal power bases integrated technologies, and surface groundwater reservoir water resource storage and utilization in large coal power bases. It has been implemented through large-scale scientific experiments and projects such as integrated demonstration of ecological restoration technology in extremely cold grassland areas, integrated demonstration of ecological restoration technology in semi-arid grassland areas, and integrated demonstration of groundwater protection and utilization technology in open-pit mining areas. The formation of an ecological damage control model and restoration engineering technology system suitable for the ecological environment of coal power development areas has provided engineering application examples and models for the scientific development of large coal power bases and regional ecological security in China.

This book has strong theoretical and practical significance, and can be used as a reference book for researchers in mining, water conservancy, environmental disciplines, university teachers, senior undergraduate and graduate students in related disciplines, as well as engineering and technical personnel engaged in open-pit coal mining, mining area water resource protection, ecological restoration, and environmental engineering. It has important reference value for studying the theory and technology of ecological restoration and water resource protection during open-pit coal mining in extremely cold and semi-arid grassland areas in China.

本书主要作者名单

李全生	张建民	方　杰	李永峰
刘　勇	王海清	陈维民	杨英明
杜文凤	尚　涛	曹志国	李树志
毕银丽	雷少刚	陆兆华	张润廷
宋仁忠	宋金海	赵勇强	宋子恒
王　菲	高均海	赵　英	陈树召
鞠金峰	刘晓丽	曹银贵	张延旭
张　萌	杨　建	马正龙	郭海桥
王党朝	温建忠	白　璐	邢朕国
韩　兴			

List of Lead Authors

Li Quansheng	Zhang Jianmin	Fang Jie	Li Yongfeng
Liu Yong	Wang Haiqing	Chen Weimin	Yang Yingming
Du Wenfeng	Shang Tao	Cao Zhiguo	Li Shuzhi
Bi Yinli	Lei Shaogang	Lu Zhaohua	Zhang Runting
Song Renzhong	Song Jinhai	Zhao Yongqiang	Song Ziheng
Wang Fei	Gao Junhai	Zhao Ying	Chen Shuzhao
Ju Jinfeng	Liu Xiaoli	Cao Yingui	Zhang Yanxu
Zhang Meng	Yang Jian	Ma Zhenglong	Guo Haiqiao
Wang Dangchao	Wen Jianzhong	Bai Lu	Xing Zhenguo
Han Xing			

序

大型煤电基地是我国依托大型煤炭基地建立的煤电现代化生产集中区域，也是具有中国能源开发特色的煤基能源开发重要模式，目前建设的14个大型煤电基地已为国家能源安全战略提供了重要支撑。然而，大型煤电基地开发引发的地下水位下降、土地损伤、土壤沙化、植被退化、景观破损等生态问题引起了煤电开发与生态保护矛盾，直接影响国家能源保供和区域生态安全。21世纪以来，国家逐步加大了矿山生态修复研究、实践与管理力度，不断研发针对性生态修复技术和实施矿山生态修复示范工程，推行《矿山地质环境保护规定》，极大丰富了生态修复技术和完善了生态修复内容（地质灾害、地形地貌景观、地下含水层等）。随着国家生态文明建设工程部署和逐步推进，在“山水林田湖是一个生命共同体”理念指导下，首次将大型煤电基地区域（涵盖矿、牧、农、城区等生态类型区）的生态安全问题列入国家科技重点研发计划，以位于“三区四带”生态安全屏障生态脆弱区的东部草原区为样区，旨在通过生态修复关键技术的大型工程集成示范，为国家煤基能源科学开发与区域生态安全协同提供成功引导性范例。

《东部草原区大型煤电基地生态修复与综合整治工程示范》是第一部系统针对大型煤电基地生态修复与综合治理难点问题，以东部草原区生态条件为背景开展的大型集成技术示范工程成果，以作者提出的“减损开采”和“系统修复”理念为指导，针对多类型生态条件区（酷寒区、半干旱草原区）和多尺度（采区、矿区和矿城区）生态修复难点，在大型露天矿和大型井工矿采区、大型露天矿排土场、牧矿交错带等重点损伤区，按照近自然“仿生”恢复模式，一是实施了大型露天开采时-空减损、三层储水模式、近地表储水层构建、排土场地貌近自然重塑等技术，恢复采损区立体生态功能结构；二是应用修复土壤生态型剖面重构、贫瘠土壤提质增容、排土场景观功能恢复等技术提高局域生态稳定性；三是应用牧矿交错带生境保护与修复、矿区景观生态功能提升和区域生态安全调控等技术建立矿区生态修复与区域安全调控的协同关系；四是优化了生态修复效果评价指标体系与评价方法，采用矿区系统规划、修复“一景一策”技术思路，提出不同生态情境（酷寒区、干旱区）下生态建设应用解决方案。该项针对大型煤电基地开展的生态修复系统性集成示范，应用创新性理念、针对性关键技术和系统性解决方案获得了积极和有效的实践成果，为我国大型煤电基地科学开发中生态恢复工作提供了第一个范例。

该书是作者针对大型煤电基地生态修复与治理实践开展的科技攻关型示范工程的系统总结，其提出的理念、方法和实践模式等系统提升了大型煤电基地区域生态安全和煤矿区生态恢复实践水平，对煤炭绿色开采和大型煤炭基地科学开发都具有重要指导作用。愿该书的面世对我国从事煤基能源开发、生态修复研究与实践的广大科技人员与管理者有所裨益，对推进国家生态文明建设和能源科学开发有所贡献。

王双明

2022 年 6 月 3 日

前　　言

（一）

东部草原区地处我国内蒙古东部，位于国家“三区四带”北方防沙带内，在国家生态安全战略格局中具有重要作用。东部草原区煤炭资源丰富，聚集两个大型煤电基地和一批安全高效开采煤矿，其煤炭产能超 4 亿 t，电力装机容量约 2000 万 kW，各约占东北区 57% 和 29%，成为我国东北部重要煤基能源生产集中区或大型煤电基地群，为保障我国能源安全供应持续做出巨大贡献。然而该区具有酷寒、干旱半干旱、土地瘠薄等生态脆弱性特点，近年来出现草地退化、土地沙化、水土流失严重、生物多样性下降等区域生态系统退化态势，特别是煤炭高强度开采引发的局域生态问题叠加（如呼伦贝尔市的开采地面塌陷约 $36km^2$、废石场占地累计 $10.3km^2$、地下水漏斗 $24km^2$、土地污染 $10km^2$ 等），加之草原以每年 2% 的速度退化，大型煤电基地区域生态安全问题显得尤为突出。

西方发达国家从 18 世纪工业革命时期便开始关注煤炭开发引起的生态环境破坏问题，美国在 20 世纪初对矿区生态修复进行专项实践研究，德国与英国也于 20 世纪 20 年代开始了对露天煤矿废弃地生态修复的研究与实践。德国以矿区绿化为主，英国则是将矿区废弃地进行改造重建和将废弃地进行二次综合开发与利用，美国颁布了《露天采矿管理与（环境）修复法》，初步将矿山生态恢复理念从单一的绿化复垦模式过渡到注重生态、经济、文化等方面全方位、多角度景观改造中，促进区域向景观多元化、功能综合化发展。我国从 20 世纪 50 年代起逐步开展了一系列的生态修复工程研究与实践，且具有明显的阶段性。1980 年以前，矿山修复处于无计划、无规划阶段，多为矿山自行组织的植树造田。1980 ~ 2000 年，随着我国经济高速发展、人们环保意识的增强，以及对国外关于土地复垦与生态修复理论和技术的引进，极大地推动了我国生态修复工作的开展。马恩霖等编印了《露天矿土地复田》、邻家聪和陈于恒等翻译了苏联的《矿区旱地复田中的矿山测量工作》，介绍引进了国外土地复垦的做法和经验。进入 21 世纪，国家加大了对矿山修复的环境保护力度，开始在科研上给予一定投入，“十五”期间国家 863 计划中安排了一批针对矿山生态环境修复的科研项目，同时全国各地都在研发新的生态修复技术，实施矿山生态修复示范工程。该阶段以学科概念的进一步完善和土壤重构概念与方法的提出为核心，以技术的全面深入研究并取得东中部煤矿区生态修复技术突破为特征。2009 年，国土资源部发布实施了《矿山地质环境保护规定》，从地质灾害、地形地貌景观、地下含水层等方面对矿区生态修复内容进行了重要补充。党的十八大以来，生态文明建设理念深入人心，在践行“绿水青山就是金山银山”理念的道路上，将满目疮痍的矿山修复成绿水青山成为生态文明建设的重要任务，至此我国矿山生态修复工程进入全面部署阶段。

大型煤电基地是依托大型煤炭基地建立的煤电现代化生产集中区域，也是 21 世纪以来我国创新的煤基能源开发规模化模式，针对大型煤电基地开展的生态修复的系统研究与实践是我国生态界和能源界面临的新挑战。如何突破传统的矿区生态修复局限，着眼煤电开发区域生态安全，通过系统研究与工程实践，提升大型煤电基地科学开发水平和区域生态安全水平，成为国家煤基能源安全开发与区域生态安全协同所面临的重要任务。

（二）

本书是针对大型煤电基地生态修复问题，以东部草原区煤电开发区域为例，依托“东部草原区大型煤电基地生态修复与综合整治技术及示范”项目和三大示范区（锡林郭勒、呼伦贝尔、敏东一矿）形成的生态修复工程系统研究与技术集成示范成果，主要有以下特点：

（1）首次全面阐述了大型煤电基地能源可持续开发环境、生态修复实践与面临的挑战。针对煤电基地开发引起的东部草原区生态退化机理不清，生态恢复技术研发滞后，国外尚无成熟的技术可借鉴的现状，提出了生态修复关键技术集成与效果评价、示范工程实施模式与管控、示范工程设计再到技术集成示范的大型煤电基地可持续开发生态安全保障技术途径，为我国大型煤电基地生态修复工程建设提供了思路。

（2）通过技术集成思路、集成方法和集成示范的理论研究与技术创新，形成了大型煤电基地受损生态系统恢复关键技术集成体系。大型煤电基地是由采矿区、电厂、农牧区、城镇、交通等要素组成的特殊生态区域单元，是一个关系复杂的多层次、多功能的动态生态功能区。单纯的单项生态修复技术尽管可以解决一些具体问题，但显然难以实现大型煤电基地生态系统的整体修复与改善。为避免“木桶效应”，本书将各生态环境要素作为一个系统，根据东部草区大型煤电基地实际，以关键技术为支撑点，结合传统的生态修复技术，构建了适合东部草原区大型煤电基地的生态修复技术体系。

（3）围绕我国东部生态脆弱草原区生态修复实践需要，开展了示范工程研究与实践总结，详细介绍了东部草原区生态修复示范工程成果及经验。本书共四篇，其中第二、三、四篇为示范工程实践内容，涉及东部草原锡林郭勒和呼伦贝尔两大煤电基地，包含露天和井工不同开采方式，基于源头减损、过程控制及末端修复的治理理念，开展了大型露天矿区生态修复关键技术示范工程设计、实施及效果评价，并提出了适用于该区域的大型煤电基地生态修复和生态安全保障工程解决方案，加强了本书在矿山生态修复示范工程实践方面的科学性、系统性和完整性。

本书把握住了我国煤电基地开发生态修复面临的技术难点和实践需求，从理论到技术，从技术到示范，从示范到推广，层次分明，逻辑性强，对东部草原区大型煤电基地生态修复技术体系的建立，以及全面提升煤电基地生态修复能力具有重要意义。

（三）

本书是集体编著的成果。全书由李全生和张建民策划、统稿和总审定，方杰、杨英明和赵勇强协助组织编写。各篇执笔者如下：前言，方杰、杨英明、赵勇强；第一篇第1章，杨英明、白璐、邢朕国；第2章和第3章，李全生、李永峰、赵英、王海清、陈维民；第二篇第4～6章，王海清、张建民、宋仁忠、韩兴、曹志国、杨英明、王菲、李永峰、赵英、杜文凤、尚涛、刘晓丽、曹银贵、毕银丽、雷少刚、王党朝；第三篇第 7 ~ 9 章，刘勇、张润廷、曹志国、宋子恒、李永峰、杜文凤、陈树召、刘晓丽、李树志、高均海、毕银丽、雷少刚、陆兆华、张延旭、郭海桥；第四篇第 10 ~ 12 章，陈维民、宋金海、温建忠、曹志国、赵勇强、鞠金峰、杨建、张萌、马正龙、白璐、邢朕国；全书汇编和插图编辑由赵勇强完成。

《东部草原区大型煤电基地生态修复与综合整治工程示范》作为第一部针对大型煤电基地生态修复的系统工程实践形成的专著，涉及煤电基地生态修复技术集成与工程示范诸多方面，由于理论水平有限和实践局限，尚有不足之处，希望得到读者的指正和帮助，以使我们不断完善。

作　者

2022 年 12 月

目　　录

第二篇　半干旱草原区露天煤矿生态修复与地下水保护利用技术示范

第三篇　酷寒草原区露天煤矿生态修复与地下水保护利用技术示范

第四篇 酷寒草原区井工煤矿生态修复与地下水保护利用技术示范

Contents

Part Ⅳ Demonstration of Ecological Restoration and Groundwater Protection and Utilization Technology of Coal Mines in Cold Grassland Areas

第一篇　东部草原区大型煤电基地生态修复技术集成研究

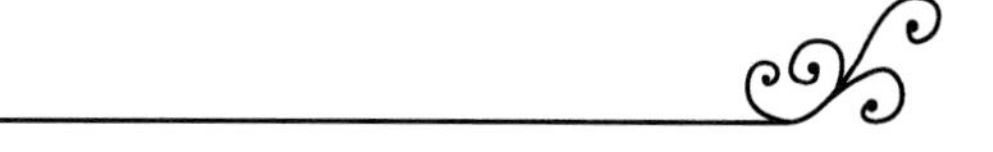

为保障社会经济高质量发展的能源需要，根据我国富煤少油贫气的能源资源赋存特点，国家早在《国民经济和社会发展第十二个五年规划纲要》中就明确提出优化能源开发布局："统筹规划全国能源开发布局和建设重点，建设山西、鄂尔多斯盆地、内蒙古东部地区、西南地区和新疆五大国家综合能源基地。"在《煤炭工业发展"十二五"规划》中进一步明确重点建设宁东、蒙东、神东、晋北、新疆等14个大型煤电基地。这些大型煤电基地的建设，可以为能源供应提供有力的保障；但同时也面临着煤炭资源勘探、开采、利用及采后治理等一系列关键技术难题（丁国峰等，2020；吴尚昆和张玉韩，2019）。其中，大型煤电基地建设对区域生态的影响不容小觑。大型煤电基地以煤炭资源开发、煤电规模化发展为核心，由矿区、电厂、农牧区、城镇、交通等要素组成特殊区域单元，是一个要素关系复杂的多目标、多层次、多功能的动态功能区。其中煤炭资源开发利用是改变基地本底状态、推动系统演变的原始驱动力。煤炭资源开发方式、开发强度和规模直接影响着大型煤电基地生态环境的演化。在煤炭资源高强度、大规模开发利用的背景下，如果生态治理不及时匹配，区域生态环境负效应将逐渐累积，并可能导致区域生态的最终崩溃。因此，大型煤电基地生态修复非常必要。本篇针对东部草原区酷寒、半干旱、土壤瘠薄等生态情景，选择锡林郭勒大型煤电基地的胜利大型露天开采矿区、呼伦贝尔煤电基地的宝日希勒大型露天开采矿区和敏东一矿的大型井工开采矿区，开展生态修复与综合整治效果评价，形成适于蒙东酷寒、半干旱生态脆弱草原区的生态修复模式与修复工程技术体系，为大型煤电基地生态修复技术集成与应用推广奠定实践基础。

第1章　大型煤电基地能源可持续开发的生态修复实践与挑战

1.1　东部草原区大型煤电基地能源开发的基本环境

1.1.1　东部草原区区域自然环境背景

东部草原区地处我国北方防沙带内的内蒙古东部，位于国家“三区四带”生态格局的北部，在国家生态安全战略格局中具有重要意义，不仅是“东北森林屏障带”和“北方防沙带”的主要组成部分，更被称为北方的“水塔”和“林网”，以及三北地区乃至全国的“挡沙墙”和“碳汇库”。

东部草原区是欧亚草原的一部分，以内蒙古草原的呼伦贝尔草原和锡林郭勒草原为主，自我国东北经内蒙古直达黄土高原，呈连续带状分布。本区属典型的季风气候，冬季寒冷干燥，夏季温湿多雨，春秋气候多变。牧草种类丰富，优良牧草有200多种，如羊草、披碱草、雀麦草、狐茅、针茅、早熟禾、野苜蓿、冷蒿等。牲畜主要有牛、马、绵羊、山羊和骆驼等。

1.1.1.1　呼伦贝尔草原区

1. 地理位置与区位

呼伦贝尔草原区地处我国北部边疆，与俄罗斯、蒙古国接壤，拥有美丽的草原，茂密的森林，广袤的湿地、农田，宽阔的水面，丰富的资源，是世界四大草原之一，还拥有享誉世界的天然牧场，地跨森林草原、草甸草原和干旱草原三个地带。呼伦贝尔草原区作为生态敏感区的林草交错带地区，拥有我国纬度最高的天然草地，是我国东北、华北地区重要的生态安全系统和绿色生态屏障，属亚洲中部蒙古高原的组成部分，是全国重要生态功能保护区之一。

呼伦贝尔草原区北连俄罗斯，东北边缘属于内陆华夏系沉降带，东部边缘毗邻大兴安岭西北麓低山丘陵区，西南与蒙古国相交，总面积1126.67万hm^2，地势东高西低，海拔在650~700m之间，由东向西呈规律性分布，行政区涉及新巴尔虎左旗、鄂温克族自治旗、新巴尔虎右旗、牙克石市、陈巴尔虎旗、海拉尔区、满洲里市、额尔古纳市和扎赉诺尔区共四旗三市二区。地表植被以草原植被为主，覆盖植被主要是中生和旱生耐寒的根茎、禾草及杂草，地物类型有草地、林地、耕地、湿地、沙地、人工表面等（张钊等，2018；郭坚等，2009；万华伟等，2016；朱晓昱，2020；朱晓昱等，2020；徐大伟，

2019)。

2. 自然条件与生态资源

呼伦贝尔草原区大面积的森林、草原、湿地、农田和众多的湖泊、河流，构成了大尺度的山水林田湖草自然景观生态系统。区内地形、地貌复杂多样。以低海拔冲积、洪积台地、低海拔冲积扇平原、低海拔冲积平原为主，约占总面积的59%。呼伦贝尔沙化草地集中分布于我国地貌的第二级台阶的边缘带上。

呼伦贝尔草原区地处温带-寒温带气候区，具有纬度高和辐射量少的特点，区域气候和降雨差异明显。四季气候变化剧烈分明，春季干燥、多大风，夏季温和短促，秋季气温骤降，冬季寒冷、周期长，降雨期为6～9月。年平均气温在-3.7～3.9℃，无霜期较短(80～150d，农区最长、林区最短)，全区日照充足（日照时数2500～3000h)，年平均降水量231～563mm。

呼伦贝尔草原区是我国北方水资源最为丰富的地区之一。根据第一次全国水利普查成果，市内有大小河流3000多条，大于1000km^{2}的67条；常年水面面积1km^{2}及以上湖泊89个，大于10km^{2}的6个，大于100km^{2}的3个。水资源总量达到3.162×10^{10}m^3，占内蒙古自治区水资源总量的58%，其中地下水资源量1.8×10^9m^3，地表水资源量2.982×10^{10}m^3。草原区内的呼伦湖是北方第一大淡水湖泊，总面积2330km^2；以海拉尔河为上源的额尔古纳河是中俄界河，全长1666km，额尔古纳河和海拉尔河同呼伦湖相连，盛水期湖水北流注入额尔古纳河，枯水期额尔古纳河水倒灌回流呼伦湖，水源互相补给，孕育着这片丰腴壮美的草原和大片的湿地。

呼伦贝尔市土地资源丰富，类型多样，全市土地有8大类，二级分类共42种类型，耕地面积3389万亩①，土壤类型以黑土、暗棕壤、黑钙土和草甸土为主，土质肥沃，自然肥力高，年产粮食达百亿斤②以上。研究区内耕地资源得天独厚，主要作物为大麦、小麦、马铃薯、油菜、牧草，耕地总面积725万亩，土壤腐殖质含量在4%以上。

呼伦贝尔草原区是欧亚草原亚洲中部草原的一部分，天然草场面积1.49亿亩，其中，可利用草原1.38亿亩，占草地总面积的92.6%，草场类型多样，植物种类丰富，草地类型以温性典型草原为主。地带性植被明显，温性草甸草原和温性典型草原主要分布在新巴尔虎左旗、新巴尔虎右旗、鄂温克族自治旗、陈巴尔虎旗；低地草甸、山地草甸和沼泽主要分布在林区和半牧区的平原低地及丘间凹地。草原区内生物多样性丰富，现已查明的维管植物种类有1352种，其中可供家畜饲用的植物占总量的58.7%，是现存较好的天然放牧场和打草场。

呼伦贝尔市森林资源主要分布在大兴安岭山地，林地总面积为12.67万km^2，森林覆盖率为51.4%，占全市总面积的53.4%，占内蒙古自治区林地总面积的72.2%，人均林地占有面积为0.05km^2。活立木蓄积量1.15×10^9m^3，占内蒙古自治区活立林总量的93.6%，占全国活立林总量的9.5%，人均占有量为1040m^3。林地树种丰富，有乔木33

① 1亩≈666.7m^2。

② 1斤=0.5kg。

种，其中针叶乔木4种，为兴安落叶松、樟子松、红松和红皮云杉，阔叶乔木29种，如山杨、白桦、蒙古栎、大果榆、家榆等。研究区内有19个国有林场，东连黑龙江省国有林区，西接呼伦贝尔大草原，集中连片的国有林区与全球经典草原完美结合，构筑起祖国北疆生态安全屏障（朱晓昱等，2020；朱晓昱，2020；徐大伟，2019）。

1.1.1.2　锡林郭勒草原区

1. 地理位置与区位

锡林郭勒草原位于锡林浩特市境内，是蒙古族的发源地之一，我国四大草原之一，面积1796万hm^2，是中国境内最有代表性的丛生禾草枣根茎禾草（针茅、羊草）温性真草原，也是欧亚大陆草原区亚洲东部草原亚区保存比较完整的原生草原部分，能全面反映内蒙古高原典型草原生态系统的结构和生态过程。这里水草资源较为丰富，优良牧草曾经覆盖草原面积超过1/3，占所有的牧草的50%以上，是我国华北地区重要的自然生态保护屏障。对隔离风沙，以及畜牧业等一些产业产生了积极影响。另外，锡林郭勒盟草原跨度较大，不同地域的地质环境不太相同，整个地质环境呈现出从东南向西北倾斜的趋势。在自然资源方面锡林郭勒盟地区的植被种类丰富。植被类型繁多，对畜牧业的发展起到了良好的支撑作用。由于所处的地势和气候原因，锡林郭勒盟地区的草多以丛生禾草和枣根茎禾草的温性草原为基础，并且草原上动植物种类繁多，超过2000个物种，一些稀有动物也常在草原上繁衍和生存（钱丽娟，2020；赵风鸣，2016）。

2. 生态现状

本区是目前中国最大的草原与草甸生态系统类型的自然保护区，在草原生物多样性的保护方面具有重要的空间位置和明显的国际影响。从战略角度来看，锡林郭勒盟地区具有重要的经济性、文化性和区域协调等特质。近年来，我国十分重视“一带一路”的建设，锡林郭勒盟作为“一带一路”建设的重要阵地，是连接各个发展中国家的重要地方，在我国在国际影响力和国际建交工作上起到举足轻重的作用。

在锡林郭勒盟东北部和东部地区的17.96万km^2的草原中，其中有超过50%的优良牧草。传统的草原集中在中部和东部，能够进行种植草原的面积为1.34万km^2，占该区域的50.6%。比较干旱的荒漠草原集中在锡林郭勒盟西部，面积有4.243万km^2，占该区域的15.9%，干旱沙地植物集中在锡林郭勒盟的西部和中南部地区，沙地植被种植的面积有3.591万km^2，占该区域的13.6%。

锡林郭勒盟草原是抵御自然灾害的一道天然屏障，但实际上草原的生态损伤是较为严重的，尤其是在近些年为了推动城市化的发展，使得部分草原地区的土地得到了严重的损伤。从资源条件中发现，锡林郭勒盟的自然资源是较为优质的，有一定的畜牧业发展优势，但是由于管理不当，人为破坏、城市建设、工业生产等逐渐对这些地区造成了相应的损伤（赵风鸣，2016；麻宝斌，2015）。

相比于以前，现在沙漠化的速度虽然有所减慢，但草原沙漠化的现象依然存在，草原生态系统依然处于不稳定的脆弱状态。由于该地区自然环境相对恶劣，全年比较缺水，如果没有人为的治理很难使得草原恢复到以前的生机。

1.1.2 大型煤电基地区域资源环境条件

东部草原区矿产资源富集，特别是煤炭资源十分丰富。该区分布着2个储量超百亿吨的大型煤田，十亿吨至百亿吨的煤田6个，煤层浅、开发成本低。煤田所贮存的褐煤不宜长距离运输，适宜就地转化为电和煤化工产品，同时地域辽阔，未利用荒地、半荒漠化土地较多，具有建设大型坑口电站和煤电化一体化基地的得天独厚优势。根据东部草原区区位特点与功能定位，依托呼伦贝尔与锡林郭勒草原区煤炭资源分布进行布局，遵从“点上开发、面上保护”的原则，开发和建设了呼伦贝尔和锡林郭勒大型煤电能源输出基地。东部草原区典型大型煤田见表1-1。

表1-1 东部草原区典型大型煤田一览表

煤田名称	分布位置	探明储量/10^8t	煤种
宝日希勒煤田	呼伦贝尔市陈巴尔虎旗	41	褐煤
胜利煤田	锡林浩特市北郊	214	褐煤
伊敏煤田	呼伦贝尔市鄂温克族自治旗	48	褐煤

1.1.2.1 呼伦贝尔煤电基地

1. 地理位置

呼伦贝尔煤电基地位于内蒙古自治区东部的呼伦贝尔市，东邻黑龙江省，南接兴安盟，西与蒙古国毗壤，北与俄罗斯为界，行政区划面积25.3万km^2。煤电基地拥有宝日希勒、大雁、伊敏和扎赉诺尔四个矿区，面积约1464km^2。宝日希勒矿区行政区划属呼伦贝尔市的陈巴尔虎旗和海拉尔区；大雁矿区行政区划属呼伦贝尔市的鄂温克族自治旗和牙克石市；伊敏矿区行政区划属呼伦贝尔市的鄂温克族自治旗；扎赉诺尔矿区行政区划属满洲里市的扎赉诺尔区和东湖区。

呼伦贝尔煤电基地内东西主干线有滨（哈尔滨）洲（满洲里）铁路和国道G301；南北主干线由海（海拉尔）伊（伊敏）铁路、国际联运线，以及省道S201、省道S202，各矿区均有运煤专线与海伊铁路和滨洲铁路相连，滨洲铁路是各矿区煤炭外运的主干线。飞机场有海拉尔东山机场和满洲里机场，交通网四通八达。

2. 地形地貌

根据地貌形态和成因，呼伦贝尔煤电基地分属于满洲里低山丘陵和呼伦贝尔高平原两个一级地貌单元，进而可划分五个二级地貌单元。呼伦贝尔煤电基地地貌分区见表1-2。

3. 气象水文

呼伦贝尔煤电基地地处中纬度内陆地区，属温带大陆性气候，为我国寒冷地区之一。其气候主要特点是冬季寒冷漫长，夏季温凉短促，春季干燥风大，秋季气温骤降，霜冻早。年平均气温-2.9～1.3℃，多年极端最低气温-49.3℃，极端最高气温为40.1℃。无霜期为80～110d。最大冻土深度389mm，局部地段有多年冻土层呈岛状分布。区内年平均降雨量301.98～388.13mm，降水主要集中在6～8月。风期集中在2～5月，并以西北风为主，平均风速3.3～4.0m/s。冬春积雪期为140d。

表1-2　呼伦贝尔煤电基地地貌分区说明表

地貌类型				地形、地貌特征
区	一级代号	亚区	二级代号	
满洲里低山丘陵区	Ⅰ	丘陵	$Ⅰ_1$	分布于扎赉诺尔矿区西部，海拔在600～830m，相对高差230m，丘顶呈浑圆状，坡度小于15°。主要由侏罗系安山岩、流纹岩等火山岩及古近系—新近系砾岩、砂岩组成
		丘间洼地	$Ⅰ_2$	分布于扎赉诺尔矿区中、东部，海拔543～597m，地形平缓，坡度小于5°。有残丘、沼泽化盐碱地及湖泊分布。主要由第四系亚砂土及粉砂组成
呼伦贝尔高平原	Ⅱ	丘陵	$Ⅱ_1$	分布于伊敏矿区东、西部及大雁矿区，海拔644～813m，相对高差113～161m，丘顶呈浑圆状，坡度小于25°。主要由白垩系凝灰碎屑岩、泥岩、砂岩组成
		高平原	$Ⅱ_2$	分布于宝日希勒矿区，海拔618～724m，地形较平坦开阔，微显波状起伏，相对高差60～106m。主要由第四系亚砂土及粉砂组成
		河谷平原	$Ⅱ_3$	分布于伊敏矿区中部和宝日希勒矿区西部，海拔644～681m，相对高差37m，主要由第四系砂砾石、砂质黏土、淤泥等组成

呼伦贝尔煤电基地地表水系较发育，属黑龙江上游——额尔古纳水系。区内主要地表水系有海拉尔河及其支流和呼伦湖。呼伦湖位于扎赉诺尔矿区南部，呈东北-南西向的不规则斜长方形，是中国四大淡水湖之一，也是内蒙古第一大湖。呼伦湖南北平均长93km，东西平均宽32km，面积约2339km^2，平均水深5.70m，最大水深8m左右，蓄水量1.385×10^{10}m^3，为碱性淡水湖，pH为8.9。呼伦湖和海拉尔河之间的水力联系通道为流经扎赉诺尔矿区中部的新开河-木得那亚河。海拉尔河发源于大兴安岭支脉-古勒奇老山西麓，由东向西经牙克石、海拉尔、呼和诺尔、嵯岗直至扎赉诺尔东北流入中俄边境界河——额尔古纳河。海拉尔河全长1430km，干流长708km，流域面积5.45万km^2，河宽30～120m左右，最宽可达330m，水深1～5m，最大流量1480m^3/s，平均流量52.40～222.0m^3/s，年均径流量3.41×10^9m^3。海拉尔河主要支流有木得那亚河、伊敏河、莫尔格勒河、特尼河和免渡河。

各矿区水文情况分述如下。

1）扎赉诺尔矿区

矿区地表水系较发育，矿区南部有呼伦湖，中东部有新开河-木得那亚河。木得那亚河由南向北穿过扎赉诺尔区与海拉尔河汇流，河道全长约25km。新开河是由于开采灵泉露天矿，1958～1960年将木得那亚河上游部分河道向东改道而成的人工河，全长16.40km，设计流量40m^3/s，静水时水深2.5m，水面宽20m，其流向不定，海拉尔河水位高于呼伦湖时，河水注入呼伦湖，反之湖水注入河流中。

2）宝日希勒矿区

矿区属海拉尔河流域，海拉尔河自矿区南侧约3km处流过，矿区西部为莫尔格勒河下游河道和沼泽湿地。莫尔格勒河自北东向南西于矿区东南注入海拉尔河，河床蜿蜒曲折，河面宽2～130m，多年平均径流量3.39m^3/s，多年平均最大流量为49.68m^3/s。

3）大雁矿区

矿区属海拉尔河流域，海拉尔河从矿区北部约1km处由东向西流过，此段河流两岸牛轭湖及河漫滩广泛分布，河床宽58～130m。在矿区内有红旗沟、胜利沟小溪、布洛莫也沟、顺河及扎尼河小溪等季节性河流，分别在矿区中、西部由南向北汇入海拉尔河，平均流量在50～450m^3/h。

4）伊敏矿区

矿区属伊敏河流域，伊敏煤田位于伊敏河中游冲积平原。伊敏河由大小258条河流、湖泊、溪流汇成，自南向北在海拉尔区北山下汇入海拉尔河，是海拉尔河的最大支流。伊敏河全长359km，流域面积9005km^2。伊敏河河床最宽处为60m，水深0.5～2.5m，一般流速为1.45～2.5m/s，流量1.5～47.80m^3/s。伊敏河较大支流有辉河、维纳河、威特根河、锡尼河等。矿区内低洼处原有大小湖泊12个，其中伊和诺尔、巴嘎诺尔、哈尔呼吉尔诺尔、泉流湖、柴达木诺日、无名湖常年积水，近年来受伊敏露天煤矿疏干的影响，除柴达木诺日和无名湖以外，已全部干涸，其余皆为季节性湖泊。

4. 地质条件

根据区域地层资料，呼伦贝尔煤电基地内揭露地层主要为中生界下白垩统扎赉诺尔群伊敏组和大磨拐河组沉积岩地层、兴安岭群梅勒图组和龙江组火山岩地层以及新生界第四系更新统和全新统陆相沉积地层。区内含煤地层为伊敏组和大磨拐河组。

各矿区揭露地层和煤层特征情况分述如下。

1）扎赉诺尔矿区

根据区域地质及矿区钻探资料，矿区内地层由老至新为中生界下白垩统扎赉诺尔群、新生界第四系。扎赉诺尔矿区含煤岩系为大磨拐河组和伊敏组含煤地层，共有Ⅰ、Ⅱ、Ⅲ、Ⅳ四层群含煤岩段，各层群煤层具有全矿区分布、埋深受构造控制中部深两边浅的特点。

2）宝日希勒矿区

本区属北疆–兴安地层大区兴安地层区达赉–兴隆地层分区。中新生代地层区划属滨太平洋地层区大兴安岭–燕山地层分区博克图–二连浩特地层小区。区域发育的地层有：古生界上泥盆统变质岩系，中生界上侏罗统白音高老组、下白垩统梅勒图组和大磨拐河组，第四系。

陈旗煤田主要含煤地层为大磨拐河组，本组厚度595～1540m，与下伏龙江组为不整合接触。按其岩性组合和含煤性，由下而上共分为砂砾岩段、泥岩段、砂砾岩段、砂泥岩段和含煤段等五个岩段。

3）大雁矿区

根据区域地质及矿区钻探资料，矿区地层主要有中生界下白垩统龙江组、梅勒图组、大磨拐河组、伊敏组，新生界第四系海拉尔组。大雁矿区含煤地层可划分为上下两个组，即上部伊敏组和下部大磨拐河组。其中，伊敏组共含煤15层（1～15号煤层），全区发育，9、10号煤层在矿区西部为可采煤层，其他为不可采煤层；大磨拐河组共含煤22层（16～36号煤层），全区发育，27、28、30号煤层为全区发育稳定的可采煤层；16、25、29、31、32、33、36号煤层为部分可采煤层，其余为不可采煤层。

4）伊敏矿区

矿区揭露地层主要有中生界白垩系伊敏组和大磨拐河组，新生界古近系—新近系及第四系海拉尔组。伊敏矿区含煤地层为伊敏组和大磨拐河组。其中，伊敏组共有16个煤组（1～16号煤层），全区发育，其中2、8、12、15、16煤层发育较好，为矿区内各矿山的开采目的层。大磨拐河组共含18个煤层（17～36号煤层），矿区内埋藏深，分布不连续。

5. 水文地质

依据呼伦贝尔煤电基地水文地质资料，按照调查区内地下水含水岩组和赋存特征，将地下水划分为松散岩类孔隙水和碎屑岩类裂隙-孔隙水两类。松散岩类孔隙水广泛分布于煤系地层之上，含水层岩性由第四系粉砂、细砂、粗砂、中砂和砂砾石等组成，地下水类型为潜水-承压水，在宝日希勒，大雁矿区西部，伊敏矿区南、东部以及扎赉诺尔矿区大部富水性中等-强，其他地区一般；碎屑岩类裂隙-孔隙水分布于整个调查区，可划分为下白垩统伊敏组和大磨拐河组两个含水岩组，系由一整套砂岩、泥岩、砂质泥岩、砂砾岩及煤层组成，地下水类型为承压水，富水性一般-中等。

呼伦贝尔煤电基地内矿床水文地质类型属孔隙-裂隙、裂隙充水矿床，直接充水含水层为下白垩统伊敏组和大磨拐河组含煤岩段裂隙-孔隙含水层，区内水文地质条件总体为中等。区内地下水补给来源主要为大气降水垂直入渗补给、邻区地下水的侧向补给、地表水的补给和第四系含水层垂直补给，主要排泄途径为径流和地面蒸发以及矿坑疏干排水。

6. 植被土壤

呼伦贝尔草原是“中国最美的六大草原”之首（《中国国家地理》2005年评选），也是中国保存最完好的草原，生长着碱草、针茅、苜蓿、冰草等120多种营养丰富的牧草，有“牧草王国”之称，天然草场面积占80%，亦是我国北方重要的生态屏障。

1）植被

呼伦贝尔草原属于温带半干旱地区草原，植物种类非常丰富，草原植物资源1000余种，隶属100科450属。植被随气候条件变化呈现东西水平分布规律，自东向西分布着草甸草原、典型草原和荒漠草原。草甸草原分布在呼伦贝尔草原东部的伊敏河流域，代表植物有羊草、线叶菊、贝加尔针茅；典型草原分布在呼伦贝尔草原中部的乌尔逊河流域，主要植物有大针茅；荒漠草原分布在最西部，主要植物是葱类和克氏针茅。

2）土壤

区内主要土壤类型有栗钙土、草甸土、沼泽土和盐碱土。栗钙土是本区地带性土壤，草甸土、沼泽土、盐碱土是隐域性土壤。

（1）栗钙土。栗钙土是区内分布面积较广的土壤类型，广泛分布在区内高平原及丘陵地带，地带性明显，表层土有机质含量在2.5%～3.3%。

（2）草甸土。草甸土的分布不受地带性条件局限，各个矿区均有分布。土壤表层一般有机质含量6.4%，全磷为0.117%，全氮为0.13%。

（3）沼泽土。沼泽土分布在宝日希勒矿区西部和扎赉诺尔矿区东北部的河泛地上，沼泽土腐殖质层或泥炭层厚度为20～80cm，灰暗色或黑棕色，土壤表层有机质含量极高，一般在15%以上；全氮为0.4%～0.6%，pH为5～6.8，呈微酸性。

（4）盐碱土。盐碱土分布于各矿区河谷低地、湖泊周围的湖滨低地及高平原上的闭流洼地等，分布面积很小，成分以全新统湖沼沉积物为主，地表常形成白色或灰白色的盐结皮。

1.1.2.2　锡林郭勒煤电基地

1. 地理位置

锡林郭勒盟煤电基地位于我国北部边陲，内蒙古自治区中部偏东，地处115°13′E～117°06′E，43°02′N～44°52′N，东与兴安盟、科尔沁市及赤峰市相连，西与乌兰察布市相接，南邻河北省，北与蒙古国浩瀚戈壁接壤。锡林郭勒盟既是我国重要的煤电基地，又是环北京生态防护圈的重要组成部分，还是我国北方地区的生态安全屏障。

2. 地形地貌

锡林郭勒盟煤电基地地处内蒙古高原中部，以高平原为主体，地形平坦开阔，局部地区有石质低山丘陵、台地、沙地和沟谷等多种类型的地貌单元。全境地势南高北低，自西南向东北倾斜，海拔800～1800m，平均1000m以上，海拔最高处位于太仆寺旗东部约1800m，海拔最低处位于东乌珠穆沁旗和西乌珠穆沁旗，在800～1000m之间。在漫长的地质历史演化过程中，锡林郭勒盟在内外营力的作用下形成了复杂的地貌类型：东缘为大兴安岭南段西麓低山丘陵，位于东乌珠穆沁旗东部和西乌珠穆沁旗东南部，构成锡林郭勒盟与兴安盟、通辽市和赤峰市的分水岭，南缘与北缘分别为巴隆马格龙和察哈尔丘陵区，中西部以乌珠穆沁波状高平原和苏尼特高平原为主体，中部和西缘分别是东西绵延约400km的浑善达克沙地和以固定、半固定沙丘为主的嘎亥额勒苏沙地，为风蚀地貌。

3. 水文

锡林郭勒盟煤电基地主要有南部的滦河水系、东北部的乌拉盖水系和中部的必其格特陶勒盖洼地水系、呼尔查干诺尔和查干诺尔水系。境内湖泊河流众多，有20多条主要河流，有1363个大小湖泊，储蓄量达$2\times10^{10}m^3$。境内除可保障97%的生活、生态、农业用水外，还可提供工业用水$3.1\times10^9m^3/a$；建设有大型水库两座，即乌拉盖水库和西山湾水库，总库容34800万m^3。

4. 气象

锡林郭勒盟煤电基地位于北半球中纬度接近内陆地区，属于中温带半干旱大陆性气候。全年盛行偏西风，风大，少雨，气候寒冷多变。气温日较差和年较差大，春季多风，常干旱，夏季温热雨不均，秋高气爽，霜雪早，冬寒持续时间长，这使降雪不易融化而形成积雪，且积雪的持续时间较长，致使雪灾多发。

5. 地表生态情况

锡林郭勒盟煤电基地地域广阔，气候条件差异较大，因此形成了多种土壤类型。土壤类型的分布具有区域性特征，与其植被类型对应，区域自东向西分布着山地森林草原带、典型草原带和荒漠草原带，其土壤类型分布有黑钙土、暗栗钙土、栗钙土、淡栗钙土、棕钙土等地带性土壤。还有非地带性草甸土、沼泽土、风沙土、盐土、碱土等土壤在区内分布。

由于地域辽阔，生境条件差异大，植被种类成分非常丰富。锡林郭勒盟煤电基地所处的地理位置和气候特点，决定了本区地带性植被是草原，占全盟草地总面积的71.88%。其中包括三大亚型草原：典型草原分布于荒漠草原以东的锡林郭勒高平原中西部，集中分布于中温型草原带的中部。群落主要由旱生多年生丛生禾草和根茎禾草组成，以大针茅草原和羊草草原占优势。草甸草原分布于东乌珠穆沁旗乌拉盖与西乌珠穆沁旗连线以东的锡林郭勒高平原东部。草地植物成分主要由多年生中旱生、广幅旱生禾草和根茎禾草组成，代表群系为贝加尔针茅草原、羊草草原和线叶菊草原。荒漠草原主要分布在苏尼特左旗以西的乌兰察布高平原，处于本盟草原的最西部，是草原植被中最旱生的类型，主要植物群落组成是旱生多年生禾草和旱生小半灌木、小灌木，代表群系为小针茅草原、戈壁针茅草原、女蒿草原。荒漠植被常常分布在剥蚀残丘或剥蚀层状高平原中的低地，主要植物为半灌木、小半灌木。主要群系类型包括珍珠柴草原化荒漠和红砂草原化荒漠。沙地植被主要分布在小腾格里固定和半固定沙地之上。沙地灌丛和沙地半灌木植被是锡林郭勒盟沙地植被的重要组成部分。建群植物和优势植物有黄柳、小红柳、褐沙蒿、沙鞭、沙蓬、沙生冰草、小叶锦鸡儿等。沼泽植被主要分布在土壤非常湿润、积水或有浅薄水层并且常有泥炭的环境中，主要植物成分为草本沼生植物，代表群系类包括芦苇沼泽和苔草-中间型荸荠沼泽。

1.1.3　东部草原区大型煤电基地区域资源开发概况

东部草原区大型煤电基地是我国东北部重要的煤炭生产和电力供应基地，煤炭产能超过4×10^8t，占东北区产能的57%，电力装机约2000万kW，约占东北煤电供应的1/3。

1.1.3.1　呼伦贝尔煤电基地

呼伦贝尔煤电基地包括大雁、宝日希勒、伊敏和扎赉诺尔四个矿区，区内现有矿山企业32家（表1-3）。按开采矿种划分：煤矿30家，黏土矿2家；按开采规模划分：大型矿山15家，中型矿山4家，小型矿山13家；按矿山开采方式划分：井工开采矿山24家，露天开采矿山8家；按生产状态划分：生产的矿山企业有19家，在建的矿山企业有4家，闭坑矿山有9家。该矿产集中开采区内主要开采煤炭资源，开采方式以井工开采为主，原煤产量以露天煤矿为主；井工开采方式为走向长臂式机械化综合采煤法，顶板管理方式为全陷落法。2011年原煤产量7360万t，其中扎赉诺尔1360万t，占总产量的18.48%；宝日希勒矿区2985万t，占总产量的40.56%；大雁矿区567万t，占总产量的7.70%；伊敏矿区 2448 万 t，占总产量的 33. 26%。2011 年露天煤矿原煤产量 5257 万 t，占总产量的 71. 44%；井工煤矿原煤产量 2102 万 t，占总产量的 28. 56%。截止到 2011 年末，呼伦贝尔能源矿产集中开采区累计采出原煤 71736 万 t，其中扎赉诺尔 20587 万 t，占总产量的 28. 70%；宝日希勒矿区 15917 万 t，占总产量的 22. 19%；大雁矿区 18316 万 t，占总产量的 25. 53%；伊敏矿区 16916 万 t，占总产量的 23. 58%。

表 1-3　呼伦贝尔煤电基地各矿区开发利用现状

矿区名称	矿山数量	开采方式		开采规模			生产状态		
		露天	井工	大型	中型	小型	生产	在建	闭坑
扎赉诺尔矿区	8	3	5	5	1	2	7	0	1
宝日希勒矿区	14	3	11	3	3	8	6	2	6
伊敏矿区	5	1	4	3	0	2	3	1	1
大雁矿区	5	1	4	4	0	1	3	1	1
合计	32	8	24	15	4	13	19	4	9

各矿区开发历史及现状分述如下。

1. 扎赉诺尔矿区

扎赉诺尔矿区自 1902 年开采以来，已有百余年采矿史，最早俄国人和日本人在此进行掠夺性开采，遗留了南煤沟和北煤沟，后来伪满政府在此进行开采。1949 年以后我国对灵泉煤矿进行了改扩建，到 20 世纪八九十年代，地方小矿蜂拥而上，井架林立，最多时曾有近百家小煤窑在此开采，直到 2002 年小煤窑全部政策性关闭，由扎赉诺尔矿务局对矿区留存矿山进行管理。现存矿山中，西山煤矿在 1998 年因洪水淹没矿井巷道而闭坑，灵泉露天矿因资源枯竭于 2011 年底闭坑，转为井工开采下部煤层，改名为灵露煤矿。原露天采坑已建设为扎赉诺尔国家矿山公园。

矿区内共有生产矿山 7 家，开采煤和砖瓦用黏土。其中大型煤矿 4 家，中型煤矿 1 家，小型黏土矿 2 家。煤矿主要开采下白垩统扎赉诺尔群伊敏组Ⅰ、Ⅱ和大磨拐河组Ⅲ、Ⅳ煤层群，开采煤层厚度 7 ~ 49. 3m，回采率在 75% 以上。5 家煤矿设计生产能力达到 1.340×10^{7} t/a。

2. 宝日希勒矿区

宝日希勒矿区煤炭开发始于 20 世纪 70 年代末，最初是小煤窑竖井开采浅部煤层，1987 年后，乡镇企业迅猛发展，矿区内小煤窑数量急剧增加，截至 1999 年底，经审批并开采的小煤窑数量累计超过 300 家，当时采矿工艺落后，回采率不足 20%，资源浪费严重。到 2003 年底，小煤窑全部政策性关闭，成立宝日希勒煤业有限责任公司对矿区统一管理。2006 年神华集团有限责任公司对宝日希勒煤业有限责任公司进行重组，成立内蒙古神华宝日希勒能源有限公司，以露天开采为主，原井采区大部分因开采工艺落后或资源枯竭而关闭，包括宝日希勒第一、第二煤矿和宝雁煤矿。金源煤矿因资源枯竭于 2010 年闭坑，宝日希勒第三煤矿建矿时因涌水量大一直没有开发利用。

矿区内共有生产矿山 6 家，其中大型矿山 2 家，中型矿山 2 家，小型矿山 2 家，全部为煤矿，主要开采大磨拐河组 1、2、3 煤层，开采煤层厚度 4.6 ~ 33m，最大采深 110m，回采率露天矿达 98%，井工矿在 70% 以上。6 家煤矿设计生产能力为 1360 万 t/a，2011 年实际产量为 2985 万 t。2012 年呼盛煤矿开始试生产，宝日希勒露天矿产能达到 3000 万 t。

3. *大雁矿区*

大雁矿区于 1970 年由扎赉诺尔矿务局投资开发，1974 年列入国家计划，是按边设计、边建设、边生产的方针发展起来的矿区。1970 ~ 1986 年，大雁第一、第二、第三煤矿先后建成投产。到 20 世纪 90 年代末，在大雁第一、第二、第三矿井田范围内及井田南部有地方小矿百余家，开采浅部煤层和大矿残留煤柱，这些地方小矿在 2000 年前全部关闭。扎尼河露天矿 2009 年开工建设，2011 年 8 月出煤；大雁第二煤矿因资源枯竭于 2011 年 5 月闭坑；大雁第一煤矿因资源近于枯竭在残采。

目前，大雁矿区共有生产矿山 3 家，均为大型煤矿山，主要开采伊敏组 9、10 煤层和大磨拐河组 27、28、30、33 煤层，开采煤层厚度 4.50 ~ 17m，最大采深在 70 ~ 550m 之间，回采率在 75% 以上。3 家生产煤矿设计生产能力为 1080 万 t/a。

4. *伊敏矿区*

伊敏煤田的开发建设始于 1976 年，按照煤炭先行、建设坑口电站的构想，设立伊敏矿区建设指挥部，1982 年伊敏一号露天矿开工建设，1984 年 10 月投产，是国内最早开发的五大露天煤矿之一。1990 年 6 月，伊敏煤电联营项目经国务院批准正式启动，成立伊敏煤电公司，为“八五”国家重点建设项目，到 2011 年煤电联营三期项目建成投产，坑口电厂总装机容量达 340 万 kW，为亚洲最大的坑口电厂。

敏东第一煤矿为煤电联营项目。目前，矿区内现有生产矿山 2 家，均为大型煤矿山，主要开采伊敏组 2、8、12、15、16 煤层，开采煤层厚度 7.07 ~ 31.45m，最大采深一般在 130 ~ 500m 之间，回采率在 75% 以上。2 家生产煤矿设计生产能力为 2500 万 t/a。

1.1.3.2　锡林郭勒煤电基地

胜利一号露天矿可采储量为 1.89×10^9t，设计服务年限 95 年。开采对象主要为 5 煤与 6 煤，采场面积 7.02km^2，采场深度约 200m，开采方式为单斗–卡车–破碎机–胶带半连续工艺，由 91t 和 220t 自卸式卡车将原煤运至设在坑口地面的生产能力为 3500t/h 的半固定式破碎站进行破碎，破碎至 300mm 粒度以下，破碎煤进入带式输送机输煤系统，送至储煤场或电厂。露天矿采场剥离台阶共计 13 个，标准台阶高度 15m；有两层煤，是低硫、低磷、中灰的褐煤，其中 5 煤为一个台阶，台阶高度为 12m，平均发热量为 2650cal/g，6 煤为倾斜分层，有 4 个台阶，台阶高度为 10m，平均发热量为 3360kcal/kg。

露天矿共有 4 个排土场，其中 3 个外排土场：南排土场、北排土场、沿帮排土场，已排弃到位，排弃量分别为：南排土场 7800 万 m^3，北排土场 3600 万 m^3，沿帮排土场 20300 万 m^3，自 2010 年开始内排，到 2013 年实现全部内排。

胜利一号露天矿产生的疏干水由两部分组成：一是由疏干井直接从地下抽取的第四系含水层水；二是由大气降水、各煤层间含水和通过边坡渗透进入采场的地下水汇集而成的矿坑涌水。地面疏干井疏干的水是由疏干泵直接抽取的地下水，未经污染，各项水质指标符合《煤炭工业污染物排放标准》（GB 20426—2006），直接利用或外排；矿坑涌水悬浮物超标，我们在坑内设置集水仓收集，然后送入日处理能力 1.8 万 t 的疏干水处理厂进行处理，最终利用或达标。

1.2　大型煤电基地区域生态治理实践概述

1.2.1　区域规划控制

1.2.1.1　区域规划

区域生态规划的实质就是运用生态学、生态经济学及相关学科的原理，根据社会、经济、自然条件特点，提出不同层次的开发战略和发展决策，合理布局与安排农、林、牧、副、渔业和工矿交通事业，以及住宅、行政和文化设施等，调控区域内社会、经济及自然亚系统各组分的关系，使之达到资源综合利用、环境保护与经济增长的良性循环。区域生态规划特别强调协调性、区域性和层次性，充分运用生态学的整体性原则、循环再生原则、区域分异原则进行生态规划与设计（刘康，2014）。

区域生态规划是区域生态建设的总体部署，涉及内容十分广泛，但规划工作不可能将区域发展与建设的方方面面全部包揽起来，而是要突出重点。因此，区域生态规划属于概念性规划，主要内容包括以下几个方面。

1. 区域复合生态系统结构的辨识

应用生态学、地理学、系统科学等学科知识，对区域的自然环境条件、社会经济状况等进行分析，具体内容包括：①自然地理条件及评价；②社会经济发展状况及评价；③生态环境现状评价；④生态经济现状分析与评价。

通过以上分析评价，明确区域复合生态系统的组成与结构特征；了解规划区域各种资源在地域上的组合状况和分异规律，以及对经济结构和发展的影响；辨识出区域发展中的有利因素和不利因素，以及它们之间的相互作用关系；确定区域发展存在的主要问题及其产生原因，提出解决问题的途径。

2. 区域生态规划的指导思想

区域生态规划的指导思想主要包含以下三方面内容：

（1）以可持续发展战略为主要指导思想，贯穿国家有关经济建设、社会发展与生态环境保护相协调的方针。要认真考虑社会经济的发展对生态环境的影响，充分估计资源开发利用和经济发展对生态环境影响的滞后作用。

（2）遵循复合生态系统理论，全面综合研究区域复合生态系统的组成、结构与功能，发挥人的调控作用，实现系统总体功能最优。

（3）因地制宜，突出区域特色。区域生态规划目标指在规划期内区域社会、经济、生态环境建设所要达到的目的指标。规划目标的确定是一项综合性很强的工作，要综合考虑经济发展、社会进步和生态环境保护几方面的要求。具体指标要紧密结合当地情况，并参照国民经济计划与规划目标，提出不同地区、不同阶段的发展指标。指标要先进、可行，以定量为主。

3. 区域生态分区与发展方向

根据区域自然环境特征和社会经济发展状况，将区域划分为不同的功能单元，为实施区域空间管制提供依据。主体功能分区是按照一定的指标体系来进行的，指标体系的设计主要包括：

（1）生态环境指标，如地形特征指标、气候指标、土地类型和利用状况指标、生态脆弱性和重要性等；

（2）社会发展指标，如人口指标、产业结构指标、人均 GDP 或人均纯收入等；

（3）经济效益指标，如投入产出指标、成本费用指标等。

根据以上指标，采用数学方法，并结合实际情况和专家学者经验，即可将区域划分出不同的类型功能区。

对每个功能区的特点、发展的优势和不利因素进行评价，明确各功能区的发展方向和布局。

4. 主要建设领域和重点建设任务规划

根据区域特点及可持续发展目的与要求的不同，区域生态规划包含了不同的生态建设领域，要在总体发展目标下分别制定各领域的发展子规划。

1）土地利用规划

在区域土地资源调查和土地利用现状分析基础上，根据土地生态适宜性评价结果，确定规划期各类用地的布局，以及农业、园林、林业、牧业、城镇建设、交通及特殊用地的分区规划。

2）产业发展与布局规划

按照合理配置资源、优化地域经济结构的原则，对区域的生产特点、产业结构和地域分布进行分析，根据未来市场的需求，对照当地生产发展条件，在充分评价产业发展的优劣势及对生态环境的影响基础上，确定重点发展的产业部门和行业以及重点发展区域。特别是要从生态产业的要求出发，对产业链的结构和关系进行详细的设计和分析评价，提出生态产业和绿色产品的具体要求。

3）生态城镇发展规划

城镇体系是社会生产力和人口在地域空间上的具体体现。生态城镇的规划要考虑三个基本要素，即自然环境是否具有限制性；生态承载力是否满足要求；社会环境是否适合人居住；经济上是否可以维持和不断提高人的生活质量。规划内容包括：①城镇体系的发展战略和总体布局；②各城镇的性质和发展方向，以及城镇之间的分工与协作；③城镇体系空间结构和规模结构；④重点发展的城镇及建设；⑤城镇基础设施建设，要按照人口和社会经济发展的要求，预测未来对各种基础设施的需求，包括生产性基础设施（如交通运输、邮电通信、供水、排水、供电、仓储等）和社会性基础设施（如教育、文化医疗、商业、园林、绿化、金融等）两大类。有效的生态城镇规划要能维持居民生活质量的改善和提高，同时又尽量减少资源的输入和废弃物的输出。要从单个建筑物水平、街道和社区水平、城镇水平三个层次上分别进行详细的规划，并对规划从生态风险和政策风险方面进行评估和检验。

4）环境保护规划

环境保护规划是区域生态规划的重要组成部分，包括污染的治理与控制和资源的保育。规划的主要内容包括：分析区域环境各要素的特征，根据污染源和环境质量评价结果，揭示整个区域环境及各要素状态存在的问题；以区域发展不同时期的目标为基础，预测环境发展趋势，针对主要环境问题制定污染控制目标和生态保护目标，进行环境功能分区；拟定具体的环境保护措施，包括空气环境综合治理规划、水环境综合治理规划、固体废物综合治理规划、土地资源保护规划、生物多样性保护规划等。

5）生态文明建设规划

生态文明是人类社会文明的一种形式，是社会物质文明、精神文明和政治文明在人与自然和社会关系上的具体体现。生态文明以人与自然关系和谐为主旨，在生产生活过程中注重维系自然生态系统的和谐，追求自然-生态-经济-社会系统的关系协同进化，以最终实现人类社会可持续发展为目的。我国建设生态文明的基本内涵包括：基本形成节约能源、资源和保护生态环境的产业结构、增长方式、消费模式；循环经济形成较大规模，可再生能源比重显著上升；主要污染物排放得到有效控制，生态环境质量明显改善；生态文明观念在全社会牢固树立。

在实践上，任何一种社会形态的形成和发展，都必须以产业经济的发展为基础。建设生态文明必然要求产业经济行为和发展方式的转变，特别是依赖增加投资和物质投入的粗放型经济增长方式的转变。因此，发展生态产业是生态文明建设的首要任务。同时，为了保证社会的可持续性，需要认真地管理人类生态系统，并保证人类生态系统的健康。建设以循环经济为核心、倡导扣除环境污染和生态损伤的绿色 GDP 理念，实现“循环、共生、稳生”的生产产业的蓬勃发展。

精神文明的生态文化建设包括了生态体制、生态社会及生态社会风气建设两大方面。生态体制建设是生态精神文明和政治文明的基础，必须把生态政策和生态政绩作为考察干部政绩的首要标准。生态社会和生态社会风气建设是构建和谐社会的重要任务。必须坚持把生态教育作为全民教育、全程教育和终生教育，把生态意识上升为全民意识和全球意识，倡导生态伦理和生态行为，提倡生态善美观、生态良心、生态正义和生态义务，建设生态文化社区。

5. 实施生态规划的保障措施

根据区域生态规划目标要素和存在的问题，有针对性地提出与规划、主要建设领域和重点任务相配套的对策与措施，以保障规划的顺利实施。内容包括经济措施、行政措施、法律法规、市场措施、能力建设、国内与国际交流合作、资金筹措等方面。尤其是能力建设和政策调控最为关键。

需要指出的是，在区域生态规划过程中，由于要在社会、经济、自然和文化等多种利益之间进行综合取舍，会面临更多选择的可能；同时，在规划中不同人员对于生态和其他目标的相对重要性有不同的理解；同一土地会有多种适合的用途；公众参与中不同的人群对环境等的要求也有差别。因此，规划方案不可能是唯一的，而是根据未来发展的多种可能，以及不同发展阶段的可能水平进行各种阐释性描述。所以，区域生态规划应当是多方案的比较决策。

1.2.1.2　区域规划控制研究现状

在全球区域和我国范围内，生态安全形势越来越严峻，局部地区的生态安全态势甚至已经损坏了社会经济与农业生产可持续发展的基础，在工程实践和学术层面的区域生态研究历经数十年发展取得了长足的进步并获得了广泛的共识。

区域生态与景观规划、城市（群）生态规划、矿区生态规划、区域生态环境修复和区域生态安全等方面是近年来国内学者关注的热点问题。

区域生态与景观规划方面，区域生态的空间尺度、区域生态景观规划和区域生态控制方法等概念、原理和跨学科结合等差异日益引起学界重视，引发了广泛的论证和研究。国家生态红线（生态敏感区）政策也得到生态脆弱省份的积极响应。秦明周（2020）从当前生态空间规划与建设的困境、当前生态空间规划的理论技术问题和生态空间规划创新的思考等方面论述了生态空间规划理论的科学创新。梁冬（2019）针对区域尺度下的自然生态修复，深入分析了基于空间规划的区域生态修复，探讨了修复规划的基本原则及内容。符蓉等（2014）对国内外生态用地的理论研究成果与实际管理工作进行了归纳综述，在探讨生态用地内涵与范围的基础上，分析总结了我国与其他国家的相关工作，并对我国今后生态用地管理提出了建议。孙明峰（2019）从协同机制、自然生态保护地体系、城市生长边界与公众参与等四个方面梳理欧美发达国家空间规划的经验和技术手段的要点，期望可以在完善新时代有中国特色的国土空间开发保护制度，优化国土空间开发保护格局方面提出有效建议。郭培和张川（2019）以句容市宝华山南麓地区为例，讨论了基于区域协同的都市远郊生态区规划建设，提出生态修复基础上多元价值复合的“总体景观设计”内容体系，并尝试从规划范式与实施管理两个方面探索将大尺度生态区中的“灰色地带”转变成绿色可控空间的操作方法。青海省委托国家林业和草原局林草调查规划设计院完成了《青海省清洁能源基地暨荒漠化重点区域生态修复规划（2021—2025 年）》，在全面调查青海省清洁能源基地发展现状和土地沙化对清洁能源危害的基础上，开创了沙化土地生态治理与清洁能源融合发展的新模式，形成沙化土地治理、生态保护修复、生态产业多位一体，治用并行和均衡发展的治理体系（王国胜，2021）。燕守广等（2014）在对区域生态环境现状评估和生态环境敏感性评估的基础上，以自然生态系统的完整性、生态系统服务功能的一致性和生态空间的连续性为基准，通过分析生态系统服务功能的重要性将江苏全省划分为 15 类生态红线区域，分为两级管控。刘冬等（2015）对世界自然保护联盟（IUCN）保护地系统，以及美国、欧盟国家、俄罗斯、日本等的生态保护地（区）体系的保护地面积和管理实践进行了系统梳理和总结。朱强等（2005）从景观结构与功能分析出发，分别从生物保护廊道和河流廊道两方面对生态廊道的宽度及其影响因素进行分析，并对相关研究成果进行综述，总结得出两种类型生态廊道的适宜宽度值范围。

城市（群）生态规划方面，建筑学、环境科学和生态学等学科间跨领域研究成为主要方向，城市空间生态结构、城市生态环境管理、城市生态景观效应等技术领域随着城市化进程加深和“生态红线”政策而细化发展。俞孔坚和李迪华（1997）从思想与发展、基本原理和规划的总体模式等方面介绍了景观生态模式在城乡与区域规划中的应用。达良俊等（2004）界定了生态敏感区的概念，并以上海浦东新区为例进行了生态敏感区分类，提出了促进新区生态敏感区保护建设的对策和建议。颜文涛等（2012）界定了国内外城市空间结构的环境绩效概念，分析了城市空间结构和环境绩效的定量化表达参数和指标。陈照方和姜晨冰（2018）针对传统活性污泥法在恢复城市区域水污染生态工艺中存在的去除效果不佳的问题开展试验分析，研究发现膜生物反应器（MBR）工艺满足各种对城市区域污水高效生态恢复的需求。马晓琳等（2018）以丽江拉市海片区为例探讨了管控与开发博弈下生态敏感区圈层式发展模式，为同样存在此种博弈的生态敏感地区提供一条实现发展与保护共存的路径选择。袁毛宁等（2019）基于“活力-组织力-恢复力-贡献力”框架开展了广州市生态系统健康评估。

矿区生态规划方面，矿区景观规划、矿区生态环境治理和矿区生态安全评价等在能源安全和生态安全双轨并行过程中凸显重要意义。蒋正举（2014）在“资源-资产-资本”三位一体属性相互转化理论和矿山废弃地属性及其再利用特征研究基础上，基于矿山废弃地“资源化-资产化-资本化”的转化路径，构建了“资源-资产-资本”视角下矿山废弃地转化的理论框架。项安琪（2018）以南京安基山矿区为例，基于生态修复角度研究了矿区再生规划设计。丁新原等（2013）以焦作市为例，应用压力-状态-响应（PSR）模型构建了矿粮复合区土地生态安全评价指标体系，揭示该区域近年来的土地生态安全状况，提出实现其土地可持续利用的建议。

区域生态环境修复方面，经济发达区域和生态环境脆弱区域在环保政策趋严形势下成为区域生态规划和环境修复的重点地区。牛最荣等（2019）分析了以阿尔金山东端北部区域为代表的西土沟流域生态环境现状和存在的主要问题，提出区域生态环境治理构想和因势治洪-以洪治沙-自然净化-综合利用的区域洪水资源开发利用模式与以“水害”治“沙害”、变害为利的区域生态环境、沙漠治理模式。余新春（2016）以乌兰布和荒漠生态系统为例，在总结生态系统相关研究成果的基础上讨论了荒漠生态系统综合管理模式。董世魁等（2016）以 PSR 模型为基础，开展了阿尔金山自然保护区草地生态安全量化研究，表明保护区全区草地生态安全整体处于较安全状态，试验区生态安全程度最高，缓冲区生态安全程度最小。陈成（2019）以淮安市白马湖为例研究了湖泊型生态区域规划管控机制，探讨了经济发展与生态保护的关系。

区域生态安全方面，相关学者对区域生态安全的定义、生态风险评价、生态系统健康评价、生态系统服务功能评价及生态承载力分析等细分技术开展了大量的论证与研究。刘红等（2006）对生态安全评价的指标体系进行了评述，总结了国内外生态安全评价的方法，提出在评价实践中存在的问题及今后发展的 3 个方向。黎晓亚等（2004）通过对景观生态规划原则的增补，确定了区域生态安全格局的设计原则，提出了区域生态安全格局设计的初步原则和方法；根据区域生态环境问题和人类干扰的特点，综合集成了基于格局优化、干扰分析两种规划途径以及地理信息系统、空间模拟和预案研究等多种方法，形成了区域生态安全格局设计的方法框架。左伟等（2003）研究建立了区域生态安全评价指标体系选取的概念框架并提出区域生态安全评价指标体系，为区域生态安全评价研究和生态环境管理实践提供了理论基础。刘勇等（2004）以浙江嘉兴市为例讨论了区域土地生态安全评价方法，建立了土地资源生态安全评价的代表性指标体系，构建了适合区域特征的土地资源生态安全评价指标体系。李丽等（2018）基于相关科学研究文献对生态系统服务价值评估的国内外研究现状进行追踪与分析，从评估过程的角度，将生态系统服务价值评估方法分为两类，并对分类后的评估方法在概念内涵、计算方法等方面进行了总结，讨论了目前价值评估方面存在的问题，对生态系统服务价值的评估理论、评估方法及评估结果表现形式进行了总结。需注意的是，人为干扰对生态环境问题的影响研究在理论和方法上尚未完善，基于干扰理论的规划方法还远未成熟，预案研究也是一种非确定性的方法（胡进耀等，2017）。

1.2.1.3　东部草原区大型煤电基地区域规划控制思路

东部草原区大型煤电基地的要素包含空间要素、时间要素和生态要素。空间要素是指，东部草原区大型煤电基地由其产业布局、区位特点决定，在其空间格局上包括了煤炭开采区、电厂建设区，产业配套的基础设施建设区，以及煤电基地建设区域内邻近的牧区、自然草地、城镇等；时间要素是指，由煤炭产业发展的生命周期特征决定，煤电基地开发历经从无到有，从小到大，再到趋于稳定，最终走向衰退的过程，不同的产业发展阶段表现为对区域生态系统不同程度和范围的影响和扰动，随着高强度开采过程的持续，矿区生态修复工程的实施，其累积生态影响与区域生态系统承载能力之间的强弱关系决定了煤电基地开发对区域生态系统的影响程度和影响范围的差异，以及受煤电基地开发影响的自然生态系统演替的方向；生态要素是指，在煤电基地开发过程中，由于开采、工程建设、发电等生产过程所扰动和影响的生态因子，在草原区主要包括植被、土壤、地下水、微生物等。

从空间要素上看，包含采坑边界、采坑周边的排土场、配套基础建设设施和配套电厂；从生态要素上看，包含不同的生态因子（土壤指标、植被指标、地下水等）对煤电基地开发的扰动表现为不同的响应特征。采矿源头主动减损理念涵盖采前、采中、采后和闭坑的采矿全生命周期，是以煤炭开采生态环境损伤最小化为目标，以最大限度地保护利用水资源和土壤持墒能力为核心，采取煤炭开采工艺参数优化、时空布局协调优化、土壤重构、水土保持、植被优选等措施，实现水、土、植被指标达到或优于采前生态本底值，见图1-1。

综合考量区域生态安全的自然环境特征、人类干扰、潜在影响因素，从自然生态、干扰胁迫两个方面，构建了区域生态安全评价指标体系。采用该方法，计算得出锡林郭勒盟2000年、2010年和2015年生态安全指数，锡林郭勒盟生态安全指数整体呈现下降趋势；生态安全空间格局差异显著，高度安全区基本稳定，低度安全区面积不断扩大，主要原因在于人口增长和快速城市化进程促使锡林郭勒盟土地利用/土地覆被发生变化，人为活动的影响迫使生态系统承受更大压力，导致生态稳定性降低，生态安全指数下降，同时退耕还林还草工程、京津风沙源治理工程的实施，改善了部分区域的生态安全指数。

基于生态安全格局分析结果，考虑锡林郭勒盟植被、土壤、气候、土地利用等因素，提出了将全盟划分为6个生态分区的区域生态调控模式，即核心保育区、生态管护区、传

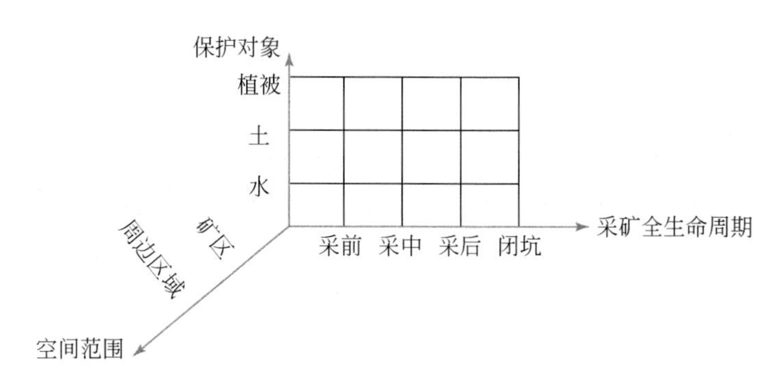

图 1-1 煤电基地生态环境保护内涵

统利用区、生态恢复区、退耕还林还草区、沙源治理区。

进一步分析表明，城市化程度、农牧开垦强度、矿区开采强度是影响锡林郭勒盟区域生态安全的主要影响因子。煤炭开发初期对区域地表植被造成了一定损伤，区域生态评价结果较差，但随着区域生态修复治理力度加大，煤炭开发区域（如排土场、工业场地等）往往优于周边草地区域，区域生态评价结果上升。因此，有必要研究通过革新煤炭开采工艺，如采用剥采-排土-复垦（采排复）一体化，减少生态修复周期，同时针对区域表土匮乏特征，利用排弃岩土剥离物，研制表土替代工艺和材料，优选适宜植被，加快区域生态修复，促进煤炭开发与生态保护相协调。

1.2.2 治理模式研究

矿山生态治理的主要任务是在当前的技术和经济水平条件下，将开发导致的主要环境问题，通过科学、系统的生态修复工程和长期的生态措施，使受损的矿山环境功能逐步恢复，使生态环境自身持续良性发展，逐步形成自我维持的生态平衡体系。矿山的主要生态修复对象包括：露天采矿场地、地下开采的采动影响区、排土场、选矿尾矿库、堆浸场、输送管线填埋区、道路、各工业场地等。因为矿产资源的不同，其废弃矿山的治理关键也不相同。煤矿废弃地的环境问题为采矿区、塌陷区、煤矸石堆等，其治理关键是对采矿区的治理和对煤矸石堆的处理；有色金属矿山如铜矿、铅锌矿，除了对矿坑的治理，还要对废弃渣堆进行化学处理，防止废渣堆等通过雨水的淋漓作用污染附近的土壤和地下水；对于废弃采石场，则主要进行矿区土壤的改良、边坡的治理以及植被的恢复（胡进耀等，2017）。

矿山土地复垦和治理模式在学术与工程的探索过程中产生了多种方式方法，煤矿修复、金属矿修复、废弃矿山治理和景观生态重建等顺应生态保护政策法规的相关领域逐渐成为矿区生态环境的重中之重，随着技术手段对矿区生态现象的实时监测，自然恢复（自修复）亦受到广泛关注。

在矿区土地复垦和治理模式方面，胡振琪等（2013）在分析讨论我国采煤沉陷地非稳沉复垦技术研发历史的基础上，提出了边开采边复垦（简称边采边复）的概念，探讨了边采边复的内涵、基本原理、技术分类与关键技术，基于实例阐述了边采边复技术的优越性。白中科等（2019）基于“山水林田湖草生命共同体”的理念，剖析了国土空间矿区生态系统恢复重建的目标、对象、方法、途径，提出了“理论方法-工程技术-试验示范-标准规程-监测监管-推广应用”互逆研究范式。李国政（2019）提出，绿色发展视野下，矿山资源综合利用的理念和模式亟待变革和升级，需要以“复垦、复绿”为特征的地质修复1.0模式和以生态旅游区建设为特征的地质修复2.0模式，向以生态修复和多产业融合发展的地质修复3.0模式演化。在矿业全产业链绿色化的语境下，构建“地质修复+多产业”为一般特征的地质修复3.0模式，实施跨界创新，最大限度地提供地质生态产品。在新时代建设生态文明的规范下，按照五大发展理念的要求设计了矿山地质修复3.0模式的目标体系和运行原则，形成生态文明与地质修复的有机聚合。地质修复3.0模式实现了政府、企业、社区的三赢格局，是矿山生态修复的重要发展趋势。兰利花和田毅（2021）总结出土壤地带性分布规律下的典型矿区所处的宏观条件，并在水土资源禀赋约束下提出了典型矿区土壤修复的主要限制因素。张绍良等（2018）总结了当前的研究热点，主要有复垦的土壤和修复的植物之间相互作用的机理、矿山生态修复的监测新技术、本土物种保持、污染土壤修复新技术、应对全球气候变化的矿山生态修复新思维和矿山生态系统服务价值等。张春燕（2019）通过分析北京市已治理矿山的植被恢复效果和生态修复模式的成效，评价了适宜北京市发展的生态修复模式。王凌（2020）在绿色发展视阈下，围绕矿山地质新型修复模式的提出背景以及发展阶段进行阐述，并对新模式发展的目标以及原则展开了分析。张先昂（2020）对矿山生态修复的概念、生态修复思路及相关模式进行了阐述，指出了矿产资源开发中对地质地形、景观视觉效果以及动植物生态环境的损伤等问题。马跃等（2018）基于循环经济思想，构建了一种新的铁矿山资源化生态修复模式，并建立了运行机制。刘洋（2019）通过对砂石矿山生态恢复综合规划治理模式进行探讨，分析砂石矿山地表景观损毁、水土流失、植被损伤、地质环境等生态环境损伤类型，提出结合土地利用综合规划。矿山生态修复模式划分见表1-4。

表1-4 矿山生态修复模式划分表（方星等，2020）

修复模式	修复单元
林草地	采空塌陷区林草地生态修复单元
	露采场林草地生态修复单元
	工业广场、排土场、矸石堆林草地生态修复单元
	尾矿库“干滩区”林草地生态修复单元
	选矿厂、堆浸场、尾矿库等污染场地林草地生态修复单元
耕地	采空塌陷区水田生态修复单元
	露采底盘区水田生态修复单元
	采空塌陷回填区、露采底盘区旱地生态修复单元
湿地	采空塌陷积水区湿地生态修复单元
	露采矿山凹陷开采积水区湿地生态修复单元
	尾矿库“湿滩区”湿地生态修复单元

续表

修复模式	修复单元
建设用地	采空塌陷区建设用地生态修复单元
	露采矿山底盘区建设用地生态修复单元
	工业广场、排土场、矸石堆、生活区建设用地生态修复单元
矿山公园	根据系统修复需要，一般为整个矿区以及相邻地区

注：①对于矿山地质灾害损伤的生态环境，应先行治理地质灾害，再开展修复工程。②表中的“林草地”中的“林”是对乔木和灌木的统称。

针对矿山废弃地和闭坑矿区，孙晓玲和韦宝玺（2020）提出了自然恢复、自然恢复与人工修复相结合、人工修复共3种废弃矿山生态修复模式，并分析了不同模式的适应性和废弃矿山生态修复的开发利用方向，明确了废弃矿山生态修复模式的选择流程。韩煜等（2016）对金属矿山废弃地的生态修复技术进行了归纳和分类，在此基础上分析了基质改良技术、植物修复技术、微生物修复技术、各类技术在矿山废弃地生态修复实践中的适用性和优缺点，并指出植物修复技术是应用前景最好的技术。刘慧芳等（2021）介绍了多种“矿山生态修复+”模式，以及废弃矿山治理所面临的问题。王雁林等（2020）通过对渭北地区几个典型矿山地质环境恢复项目的实地调研，在具体分析典型项目的修复模式后，提出了渭北地区矿山生态修复中的四点认识。位振亚等（2018）分析了稀土矿山废弃地的形成原因，介绍了矿山废弃地的生态环境问题，综述了国内外修复稀土矿山废弃地的研究成果和改良土壤、恢复植被及微生物修复技术的研究现状。

自然恢复（自修复）得到矿业领域学者越来越多的关注。卞正富等（2018）提出，大多数情况下，矿区土地修复应该是引导型生态自修复模式，必须采取适度、适时、科学的人工干预，并依靠其自身的恢复力，使受损生境通过自身的主动反馈，不断自发地走向恢复和良性循环。胡振琪等（2014）在阐述矿区生态修复概念的基础上，分别对人工修复、自然修复和自修复及其相互关系进行了讨论和分析，提出成本效益型矿区生态环境修复战略。李全生等（2011）通过采用地表移动测量、植物测量、生物测量等方法，对西部煤炭富集区的神东矿区现代煤炭开采（超大工作面）不同扰动程度下地表变形和裂缝、地形、地表水、地表植被的持续动态监测研究，揭示了地表动态裂缝宽度自修复周期以及裂缝周边土壤水分恢复周期等规律。

针对不同的修复对象、修复内容、修复时序和修复技术，国内外专家学者提出实践了不同的治理模式。

对损伤面积较大、损伤类型多样、程度不一的矿山废弃地，可采取上述几种模式的集合，即“山水林田湖草”的综合修复。

1.2.2.1 矿山林草地生态修复模式

按照技术的可行性和经济合理性的原则，结合我国生态恢复工程实践，除积水区域外，矿山生态修复的主要方向是林草地模式，当然，最终判定生态修复模式，还是要“因地而异”“一矿一策”。

矿山林草地生态修复单元主要有：采空塌陷区、矿山露采场、工业广场、排土场、矸石堆、尾矿库“干滩区”和选矿场、堆浸场、尾矿库等污染场地等。

1. 采空塌陷区林草地生态修复单元

采空塌陷区生态修复模式主要是根据塌陷深度、塌陷区所处的地貌位置、潜水位埋深、塌陷损毁原地类以及水利化程度等进行适宜性评价后综合判定。一般在山地和丘陵地区，土地原本不平整，塌陷后更难以平整，宜修复为园地，进行经济作物种植，或植树造林；对于土地贫瘠、地势高、坡度大的土地，修复为林地或草地，对于坡度在10°～15°的低山丘陵塌陷区，或露天采煤后整治平整覆土的地区，阳光比较充足，适宜于草地种植或林业种植。

对于浅层塌陷区的拉坡地，可以通过就地整平的方法，修复为原来的地类；中层塌陷常采取“挖深垫浅”的方法，部分修复模式为耕地或林草地，部分为坑塘水面，作为精养鱼塘利用；位于平原的深层塌陷区，潜水位低，往往形成常年积水区，一般采取对其岸带进行修整、支护，配以水利工程，选择修复坑塘水面方向。

2. 露采场林草地生态修复单元

露采场一般分开采底盘和开采边坡两个修复单元，开采边坡中的安全平台和工作平台提供了生态修复的地形条件，可在平台上开凿蓄土槽或宕穴，覆土后种植小乔木、灌木或藤蔓；平台间的斜坡地带，当为土质或全、强风化壳时，可直接修复为草地，或覆盖一定厚度的表土，再修复为草地；而岩质边坡，一般不再采取生态修复措，而是利用平台上种植的藤蔓植物上爬下挂来实现复绿，但对于高陡的岩质边坡（坡度大于60°、高度大于20m），则需采取混凝土格构加植生袋修复、植生槽（植生钵）修复、喷播修复或植生槽（钵）与喷播联合修复等方法实现复绿。对于高陡边坡中局部不稳定边坡、散体边坡，在生态修复前须采取危岩清除、挂网喷锚等固坡措施。

露采场的开采底盘地形相对宽缓，如果开采底盘标高高于局部侵蚀基准面标高，并且采场积水可自然排出，此类底盘可选择林草地修复模式。如果需要为露采场修复后的植物提供浇灌水源，可在底盘适当的位置设计蓄水池；当露采场存在需机械排水的凹陷开采区，且凹陷开采区积水基本不外渗，并具一定的汇水面积，补给量大于蒸发量时，底盘和包括采场最低处一个或几个台阶在内的区域会存在永久性积水，即坑塘水面。这里说的坑塘是指蓄水量小于10万m^3，且常年积水水位岸线所围成的水面。如果降水的补给或汇水面积小、蒸发量大于补给量、底盘有渗漏通道，凹陷开采区可能只在雨期出现暂时性积水，此时底盘区的生态修复模式仍确定为林地或草地。

3. 工业广场、排土场、矸石堆林草地生态修复单元

矿山的办公区、生活区、选矿场、井口等设施可统称为工业广场。在矿山闭坑，并对压占土地的建构筑物进行拆除、井口封堵后，原则上以原地类为修复模式。但有些矿山的办公及生活区符合城镇建设规划，建设标准也符合相关要求，可保留建构筑物，维持建设用地用途。处于平原地区的矿山道路对土地损伤表现为压占，视生态修复需要，可选择修复为原地类，或保留道路为修复后的通行，或养护道路；处于山区的道路可能对土地损伤既表现为压占，又表现为挖损，可选择林地修复模式，或部分林地、部分保留道路的修复模式。

对于矸石（表土）堆，原则上要求矿山闭坑时将废石（渣土）通过回填采坑、充填井下采空区、外运等方法“吃干榨净”，拆除堆场的支挡工程，再进行堆场土的翻耕与覆土，在修复模式的选择上，一般宜选择原地类。当闭坑后，仍保留矸石（表土）堆时，要在确保堆场稳定的前提下，对堆场表面进行修整，再进行覆土，修复模式一般为林地或草地。

4. 尾矿库“干滩区”林草地生态修复单元

尾矿库“干滩区”是将选矿厂压滤或过滤后低于或等于饱和含水率的尾矿滤饼以汽车或其他运输方式送至尾矿堆场，在山谷或傍山、平原围堤所形成区域内存放尾矿的排放方式。尾矿干堆场与常规尾矿库的根本区别是场地内无存水或径流入库。

多数尾矿库“干滩区”具备尾矿堆放与生态修复同步进行的条件，可实行“边生态修复、边堆放”，可参考《有色金属矿山排土场设计标准》（GB 50421—2018）制订生态修复方案。在“干滩区”周围可设立防护林带，进行区域绿化。

5. 选矿场、堆浸场、尾矿库等污染场地林草地生态修复单元

堆场、赤泥堆场、尾矿库除了压占损伤土地外，还存在对压占土地的污染破坏，堆浸场最终废渣、尾矿库残留尾砂都含有毒有害元素，即使矿山闭坑后，堆浸场或尾矿库废渣土、尾砂用尽，场区（库区）的“底土”也还存在污染，要根据污染物特征及污染程度，酌情采取防渗、隔离、深埋、覆土（换土）等措施，其修复模式一般选择林草地。

上述污染损伤土地中，尾矿库压占和污染土地面积最大，2005 年的相关资料显示，我国尾矿库堆放压占损毁土地达 1300 万亩。在确定修复模式时主要考虑的因素如下。

（1）库区自然特征：地表特征（地形、地貌、水系、植被），地质特征（有无坝基、坝肩渗漏，库底是否做了防渗垫层），库内积水、植物生长特征等。

（2）环境因素：气候、气象和城镇、居民区分布，尾矿库使用前该地区环境状况及尾矿库使用后造成的污染评价等。

（3）尾砂的理化性质：厚度、堆积密度、重度、金属成分及含量、pH、盐渍度、水分、渗透性、有机元素、抑制植物生产的有毒化学物质等。

（4）修复模式确定要因地制宜，宜农则农、宜林则林，原则上不建议作为建设用地。

（5）要根据库区地形特点，采取河滩围池筑坝修复技术、充填沟谷分段筑坝修复等技术。

（6）根据尾砂有无污染物，选取适宜的植物种类，进行不覆土的直接修复，或加隔离层的覆土修复。

1.2.2.2　矿山耕地生态修复模式

矿山耕地生态修复单元主要有：采空塌陷区、露采底盘区水田生态修复单元，以及采空塌陷回填区、露采底盘区旱地生态修复单元等修复单元。

1. 采空塌陷区水田生态修复单元

采空塌陷区生态修复土地优先用于农业，一般采用“以耕地恢复为主兼顾搬迁用地加水产养殖”作为塌陷区生态综合修复的主导模式。在山地和丘陵地区，地势本来不平，塌

陷不深，不影响耕种的可适当平整，即可直接修复为水田；在平原地区，地表损伤塌陷不深的浅层塌陷可就地整平；中层塌陷，且有充足的煤矸石、粉煤灰等固体废弃物时，采取先剥离表土，再回填废弃物，然后覆土修复为水田；对面积较大、塌陷深、潜水位浅和地表水资源丰富的塌陷区，进行综合治理，采用“挖深填浅”的方法，修复为水田。

采煤塌陷区修复水田一般难度不大，重点要注意的是表土层的厚度控制、耕地标高设计、水利工程的配套建设。对修复为水田的，要采取措施，防止采空塌陷影响水田表层土壤出现裂缝，导致水田表层土壤的持水能力被损伤、水田漏水。

2. 露采底盘区水田生态修复单元

露天矿山的最后一个开采平台，即底盘区或平盘区，往往形成一个相对面积较大的平缓地带。由于所处地貌位置较高，大多可自然排水，当有足够的土源时，该区也可修复为旱地。只有修复区有水利工程和有保证的灌溉水源时，才有可能修复为水浇地或水田，还需要建设农田水利、道路等配套设施。

3. 采空塌陷回填区、露采底盘区旱地生态修复单元

采空塌陷回填区、露采底盘区选择修复为旱地时，对表土的需求量较大，一般要求附近有充足稳定的土源。一般可考虑在底盘区挖凿养护水塘和沟渠，以满足旱地灌溉和排水需求。

采空塌陷回填区、露采底盘区为防止积水，应对该区进行场地平整，并根据周围地形，在一定方向上形成2%～3%的坡度；采场开采平台可在边坡开凿排水沟，将地表径流汇集水流排出采场外。

1.2.2.3　矿山湿地生态修复模式

矿山湿地生态修复单元主要有：采空塌陷积水区、露采矿山凹陷开采积水区、尾矿库“湿滩区”等修复单元。

1. 采空塌陷积水区湿地生态修复单元

采空塌陷积水区是一种新的人工湿地类型，主要是位于平原地区煤矿开采地表塌陷坑积水形成。据统计，在我国东部沿海高潜水位矿区，开采塌陷积水率在30%以上，华北地区在20%～30%之间。该区多为我国粮食主产区或基本农田保护区，由于地下水位埋深较浅，采空塌陷区部分成为季节性或常年积水区，塌陷区上部的农田水利、交通等设施均遭受到损伤。位于中国黄淮海平原的中东部矿区均属此类。我国东部平原煤矿区，如枣庄、兖州、大屯、淮南、淮北、徐州等矿区，由于地下潜水位高，采空塌陷积水相当普遍，部分地区甚至出现了盐渍化的趋势。

2. 露采矿山凹陷开采积水区湿地生态修复单元

建筑石料矿、砂石黏土矿露采矿山凹陷开采，当其开采标高低于局部侵蚀基准面（即自然排水标高）或当地地下水位、开采标高虽然高于局部侵蚀基准面，但存在凹陷开采，且采区周边汇入水大于采坑渗漏水与蒸发量之和时，矿山停采后，其凹陷部分将永久性积水，保留这一水域为湿地状态，会给生态修复中新种植的植物提供保苗用水，也可改善小区域的生态环境。

3. 尾矿库“湿滩区”湿地生态修复单元

金属矿尾矿库大多采用湿式排尾技术，其尾砂含水量较高，而我国目前尾矿总体综合利用水平不高，导致矿山闭坑后，仍长期存在大量的尾矿库。一些位于沟谷的尾矿库，由于地表水和地下水的汇入，以及难以排除尾砂中的水分，形成常年积水或沼泽化，这时只能因地制宜，保留湿地，并在其表面种植“耐酸、耐重、耐水”的植物。

1.2.2.4　矿山建设用地生态修复模式

矿山建设用地生态修复主要是工程修复，涉及的生物修复内容较少。其生态修复单元主要有：采空塌陷回填区、露采矿山底盘区、矿山工业广场建设用地生态修复。

1. 采空塌陷回填区建设用地生态修复单元

由于很多井采矿山的塌陷区位于城市建成区或规划区，周边基础设施较为完善，城市发展对建设用地有需求，因而采取生态修复模式为建设用地。此模式下的生态修复工程主要是“岩土”工程，对采空塌陷区采取的工程措施，主要是地面回填和基础处理措施，使采空塌陷回填区达到建设用地的要求。这种修复模式在我国唐山市、淮北市等地得到广泛的应用。

2. 露采矿山底盘区建设用地生态修复单元

露采矿山底盘区一般是一个具有一定面积且较为平缓的地带，尤其是大型露采矿山，底盘区的修复模式多为林地或旱地，但是，位于城区附近或交通便利的郊区，面积较大的露采矿山底盘，也将修复为建设用地作为一种选择。

天马山露采坑位于上海市松江区佘山，矿山自1950年开始采石，将原来地面上的小山采完后，到2000年挖出近70m的深坑，露采底盘面积近36800m^2，围岩由安山岩组成，后来汇集雨水后成为深潭，成为上海佘山国家森林公园一块“疮疤”。

2008年，上海市政府将露采坑规划为天马现代服务业集聚区配套项目，计划在松江天马山露采底盘上建造海拔80m的五星级酒店——上海佘山世茂洲际酒店。酒店由上海世茂集团投资建设，英国Atkins集团设计，2012年3月开工建设。酒店是国内首个建于露采坑内的五星级酒店。酒店在坑内建17层，包括水下客房、坑内景观房、空中花园、景观瀑布等。竣工后的酒店的最低高度比上海中心大厦低出70m，各种商务娱乐设施如宴会中心、水下餐厅、体育设施一应俱全。

河南义马煤业集团股份有限公司煤化工工业园区占地70多公顷，利用义马煤业集团股份有限公司原北露天煤矿露采底盘作为建设用地，通过开山辟地、填沟补壑、综合整治，使废弃土地得以有效利用，实现土地节约集约利用最大化。

3. 矿山工业广场建设用地生态修复单元

各类矿山的工业广场，只要基础设施易于配套，都可作为建设用地修复。采煤矿山的工业广场都预留安全煤柱，地表稳定，只需将建构筑物拆除，就可直接作为建设用地。一些大型的矿上生活区本身基础设施建设完善，闭坑后可以完整地保留作为建设用地，不需投入过多的修复工程。

1.2.2.5　矿山公园生态修复模式

矿山是矿产资源产地及矿业活动的场地，采矿活动促进了人类社会文明的发展。开采结束后的矿山废弃地以及采选等设施压占地，或称为矿业遗迹。它是不同年代人类矿业活动的历史见证，部分可成为具有重要价值的历史文化遗产。对位于城区附近大面积塌陷区，建设矿山公园也是近年煤矿塌陷区一个新的生态修复模式。

自推进国家矿山公园建设以来，经国家矿山公园评审委员会评审通过，国家矿山公园领导小组研究批准，2005 年首批授予湖北黄石等 28 个国家矿山公园资格，2010 年第二批授予黑龙江大庆油田等 33 个国家矿山公园资格，2012 年第三批授予甘肃玉门等 11 个国家矿山公园资格。如淮北国家矿山公园，大部分为采煤塌陷区，现建有南湖塌陷地休闲娱乐区、东湖矿业文化雕塑园区、相山地质遗迹区、中湖采煤沉陷生态恢复区四大景区。

1.2.3　矿区生态修复实践

1.2.3.1　内蒙古准格尔国家矿山公园

矿山公园的建设是结合矿山生态环境的恢复和治理，并利用矿山多分布于山区，周围多林木、奇石、秀水的特点，将矿山环境建设成为符合国家标准的、与周围环境相和谐的景观游览地，是谋求人与自然和谐相处的一种有益尝试，是矿山生态环境治理与保护的最高境界。

内蒙古准格尔国家矿山公园项目已建成的景点主要分布在南北两区，南区的景点包括采场遗迹、第三观礼台、哈尔乌素排土场的有机牧场、日月星三潭、自行车赛道、健步走幽径、蒙古风情体验设施、露天矿生产现场观摩台。北区的景点包括第一观礼台、设备陈列展示、题词纪念碑、生态环境治理研究示范区、产能纪念碑。

截至 2018 年，国能准能集团有限责任公司已累计完成矿山土地复垦总面积 2739.28hm^2，累计投入 14.5 亿元，土地复垦率达到 100%，工业广场绿化率 89.5%，种植各种乔灌木 6439.78 万株（丛），牧草 17.13km^2，植被平均覆盖率达 75% 以上，植被覆盖度比自然地貌提高 2.3 倍；水土侵蚀量比原来减少 85% 以上，在农作物的试种中，比原有农田增加产量 3 倍以上，牧草产量增长 3 ~ 5 倍，水蚀模数由环评的 13000t/（km^2 · a）降到 1500t/（km^2 · a），接近华北平原混交林地区水平。植被盖度由原始地表的 25% 提高到 80% 以上，水土流失控制率 80%。

矿区生态系统的结构由简单趋向复杂，植物种群由单一趋向多样化，水土流失得到治理，生态系统向着良性循环方向发展。

准格尔露天煤矿拥有亚洲第一、世界一流的露天煤矿开采基地，以及极为壮观的采露现场。经过生态复垦，哈尔乌素排土场初步具备了观光、游览、餐饮接待等功能。

2017 年及 2018 年，配合准格尔旗那达慕大会暨乡村文化旅游节系列活动，启动工业旅游，开展了山地自行车、健步走、自驾游、矿区骑马等旅游活动。

国能准能集团有限责任公司现已建成农牧业示范区。准格尔露天矿复垦区现代农牧业示范园项目总体布局思路是，坚持生态环境保护与煤田开发并重的原则，在矿区土地复垦绿化的基础上，发展以农林牧畜为发展方向的现代生态农业模式，把采矿后形成的排土场改良成更肥沃、生产力更高的土地，发展全产业链农业和生态循环可持续农业，提升矿区复垦土地的综合利用率和生态效益。

结合园区已有农业发展基础和下一步发展需求，规划集果蔬、小杂粮种植，经济林栽培，生态养殖为一体的综合农业种养模式；通过有机肥加工、沼气综合利用建立园区循环发展模式；通过果蔬净菜包装、小杂粮加工、工厂化育苗等提升园区产品附加值的经营模式；通过现代农业技术引进示范，矿区土地复垦技术、高效节水灌溉技术和实用土壤增肥技术等科技成果的评价和应用，建立矿区农业发展技术引进示范新模式；通过矿山遗址公园、矿坑探险、开心农场等休闲农业设施及娱乐活动开发，建立现代休闲农业与矿区开发相适应的协调发展模式。从而建设一个基本实现农业现代化的矿区农业综合发展的创新型现代农业园区。

园区以循环经济和生态学原理为指导，依据因地制宜、集中连片、突出特色和协调发展的原则，通过高标准规划、园林化设计，实现现代农业的新品种、新技术进行展示示范，按照观光型现代农业的产业化生产、都市化观光、园区化管理和优质化服务等内容进行合理布局与设计。

该项目在黑岱沟和哈尔乌素露天矿排土场规划建设约 18 万亩的现代产业科技示范园区，采取综合规划、统一指导、分步实施、边建设边运营的方式，以“创意新矿区、智慧新农业”为规划理念，以绿色矿区、绿色农业、绿色产业为规划特色，打造既彰显矿区工业旅游特色，又兼具休闲农业观光功能的新型产业园区，不断改善矿区生态环境，见图 1-2。

图 1-2　西排土场效果图

在主导产业和发展思路的指导下，对未来矿区开采完以后形成的约 18 万亩土地进行的远景规划，是在外围生态走廊防护林带庇护下，形成“一轴两翼”的“蝴蝶型”总体发展格局。“一轴”依原 G109 国道和两矿分界线规划的主景观大道，由五横六纵道路形成“一心、一园、两带、四区”的总体布局。“一心”即园区综合管理服务中心；“一园”是指加工物流园；“两带”即生态防护林带和绿色景观隔离带；“四区”即现代农牧业科技示范区、绿色食品生产区、光伏农业区和工业旅游区。

远景规划具有很好的前瞻性，但需要分步实施。在近期主要考虑已经形成的五个外排土场和黑岱沟矿部分内排土场，总面积约4万亩。在这个范围内建设“一心、一带、六区”的“116”神华准格尔露天矿复垦治理区现代农牧业示范园区。“一心”即园区综合管理服务中心；“一带”即景观大道观光带；“六区”即现生态养殖区、土壤改良区、设施农业区、林下休闲区、小杂粮种植区和工业旅游区。

1.2.3.2 唐山南湖公园

唐山南湖公园全称唐山南湖城市中央生态公园，国家AAAA级景区，位于市中心的南部，距市中心仅1km，是唐山四大主体功能区之一南湖生态城的核心区，总体规划面积$30km^2$，是融自然生态、历史文化和现代文化为一体的大型城市中央生态公园。

唐山南湖城市中央生态公园改造前是经过开滦130多年开采形成的采煤沉降区，垃圾成山，污水横流，杂草丛生，是一处人迹罕至的城市“疮疤”和废墟地，严重影响了城市的环境和整体形象，制约了城市的发展，影响了市民的工作和生活，浪费了大量的土地资源（高怀军，2014；贾欣雨等，2020）。

为有效改善城市生态环境，实现可持续发展战略，1996年，唐山市委、市政府把南部采煤下沉区综合治理项目列入市政府实事工程，成立了由市领导挂帅的“南部采煤下沉区绿化工程建设指挥部”，提出“变劣势为优势，化腐朽为神奇”的战略方针。经过多次考察论证，制定了治理方案和总体规划设计：充分利用现有条件，因地制宜，以绿色植物为主，营造多种适应不同地段、不同区域、不同地质条件生长的人工植物群落，用植物的生态功能彻底改善下沉区的生态环境。经过近几年的治理和改造，昔日荒凉的旷野、墓地、污水沟、垃圾堆都披上了绿装，成为树木成荫、草坪翠绿、湖水清澈的集休闲、娱乐、教育为一体的独具特色景观的森林公园（图1-3）。

2006年底，唐山市委、市政府做出加快建设南部采沉区的决策，并在2007年初组织中国煤炭科学研究总院唐山分院等3家权威机构对这一区域进行地质勘测和科学论证，攻克了防治水渗漏等诸多难题，从而打破了采沉区不能开发和利用的误区和禁锢。随后，北京清华规划设计研究院、中国城市规划设计研究院、德国ISA意夏国际设计集团、美国龙安集团4家国内外顶尖的规划设计公司汇聚唐山，综合确定了唐山南湖城市中央生态公园的建设规划方案。

2008年3月1日，作为唐山城市建设的一项重点工程，唐山南湖城市中央生态公园的建设正式开工，开始了大规模的植树工程、垃圾山的封场绿化工程、景观道路的建设工程，公园的景观亮化工程以及为保证生态系统稳定性和连续性的扩湖、引水工程。上万名建设者发扬“白加黑”“五加二”“重点项目三班倒”的精神，仅用14个月的时间建成了一座水域面积$11.5km^2$，绿地面积$16km^2$的唐山南湖城市中央生态公园。经过建设，唐山南湖城市中央生态公园现有“桃花潭”“龙泉湾”等九湖，还有“云凤岛”“香茗岛”等五岛以及樱花大道、凤凰台、音乐喷泉等120多个景点。

2009年5月1日，唐山南湖城市中央生态公园正式对游客开放。2016年成为唐山世界园艺博览会的核心会址。

图 1-3　唐山南湖生态风景区（据唐山市自然资源和规划局）

1. 以安全评价为基础，合理确定治理目标

对规划区域的地质灾害危险性做出专项评估，由河北省地质矿产勘查开发局第四水文工程地质大队做出了《开滦唐山矿地质灾害性评估报告》。

编制了采煤沉降区及周边区域地震小区划。由中国地震局地壳应力研究所编制了《开滦唐山矿采煤沉降区及周边区域地震小区划》，对断裂带活动性、地震反应进行了分析，得出了地震地质灾害评价结论。

对采煤塌陷区综合治理的可行性进行整体评价。由中国煤炭科学研究总院唐山分院做出了《唐山市南湖区采煤塌陷地综合利用整体规划评价报告》，通过覆岩损伤高度计算、建（构）筑物荷载影响深度计算、采空区地基稳定性评价，做出了建筑可行性评价结论，并划定了适宜建筑范围。

根据以上评价结论，对各专项评估结果确定范围进行叠加，在同时满足各评价结论的前提下，确定了禁建区、限建区和适宜建设区，为采煤塌陷区综合利用规划提供科学的依据。

2. 以规划为引领，科学定位城市功能

生态修复工作，规划是龙头。该项治理工作以“变废为宝，变劣为优”为规划理念，突破观念束缚，使环境实现质的飞跃，还自然以青山绿树，碧水蓝天。规划目标是使唐山的城市内涵得到本质提升，实现“凤凰涅槃”，将因资源开采而形成的采煤废弃地建设成现代化生态城市。在功能定位上，突出建设生态城市的目标，确定该区域产业培育和产业选择的生态原则，确定产业遴选目录，避免形成过度开发及环境损伤。

3. 以生态保护修复为宗旨，实现生态效益最大化

充分利用现有自然资源，实现变废为宝。对现有的各类垃圾，如生活垃圾、建筑垃圾、煤矸石、粉煤灰等进行清理，将其作为道路的基础材料；对自然水坑进行整理，形成大规模的湖泊及水系；对湖中树木进行保留，形成湖心观光岛；对现有的片林及绿化进行保留提升，形成良好的自然园林景观。最终，经过改造提升形成了包括九湖五岛在内的 11.5km^2 的水面，16.5km^2 的森林及园林景观，植物品种达160多种。

建立生态指标体系，提升生态城的综合功能。编制了包括绿色生态、新能源开发、绿色节能建筑、数字信息系统等各项指标在内的《唐山南湖生态城生态指标体系》，以该体系为指导，科学推进南湖生态城的规划建设工作。

4. 以技术为支撑，实现土地利用因地制宜

探索利用最新技术，确保采煤塌陷区的土地充分利用。采煤塌陷对地表造成不同程度的损伤，传统的观念认为采煤塌陷区不可利用，但随着条带开采、充填技术等采煤新工艺的利用，以及地面塌陷预测技术、建筑抗变形设计技术的不断提高，为采煤塌陷区的利用提供了可靠的技术保障，这些技术应该在塌陷区修复中得到积极推广。

尊重生态现实，土地利用要因地制宜。对采煤塌陷区的利用，要遵循因地制宜的原则，依据综合地质评估结论，按照禁建区、限建区及适宜建设区的区域划定，做出相应的规划安排。对禁建区范围，以生态保护、涵养为主，建设园林绿化景观；利用现有水域，进行综合改造，建设湖区水景。对限建区范围，按照地质评估报告的要求，在满足建筑物限高、建筑密度、建筑结构等要求下，建设景区服务配套设施。在适宜建设区范围内，可按照规划要求，进行正常的开发建设，释放土地的应有价值。总之，采煤塌陷区的合理利用，符合节约集约利用土地的相关政策，应给予鼓励和支持。但在利用过程中，也要注意避免发生盲目开发和过度开发等问题。

1.2.3.3 徐州潘安湖国家湿地公园

潘安湖采煤塌陷地位于贾汪区西南部潘安湖街道（原贾汪区青山泉镇和大吴镇境内），距徐州市区18km，距贾汪中心城区15km。贾汪区在徐州市1小时周末休闲圈内，有着良好的地理区位优势和交通条件。但多年的煤矿开采使得潘安湖及其周边地区坑塘遍布、杂草丛生。因村庄塌陷，原本的良田无法耕种，村庄无法居住，成为严重的历史包袱。塌陷地的产生使得城市可持续发展成为空谈。因此，如何打破潘安湖地区“因煤而建、因煤而兴、因煤而困”的局面是时下亟须解决的问题（张风达，2018；常江等，2019；肖武等，2017）。

旗山和权台两矿60余年的煤炭开采给地方经济带来了可观的效益，但同时也给城市和区域的全面发展带来了诸多桎梏。具体影响如下：

（1）生态环境遭到损伤，水井干涸，潜水位下降。

（2）农田损伤面积扩大，耕地面积急剧减少，基本农田遭损伤。

（3）造成公共基础设施破坏和大量废弃地的产生，严重制约了城乡的发展和建设。

（4）土地的塌陷直接对村民的房屋构成了巨大的威胁，甚至导致房屋破裂，使塌陷地

区人民的生活环境恶化。

1949 年之后，徐州作为重要的煤炭基地和交通枢纽，城市的工业发展得到了国家的大力支持，逐步形成了以煤炭、钢铁、电石、工程机械等重工业为主的工业体系，同时采掘业亦发展迅猛。至 20 世纪末，煤炭资源进入了枯竭衰退期，能源工业占徐州经济的比重日益减少。同时，制造业、商业和服务业的迅速发展也对徐州传统工业体系不断冲击。但在新的时代背景和改革开放浪潮的冲击下，“重工业过重，轻工业过轻”的产业结构以及严重的工业污染和生态损伤使得城市转型成为必由之路。

潘安湖采煤塌陷地的生态修复是一个渐进式的系统工程。规划者针对不同治理阶段的不同矛盾，分时序提出了阶段化的发展目标和治理措施，形成集“土地复垦、景观开发、环境监测、生态修复”四位一体的修复体系策略。

采煤塌陷区的复兴必须以成功的土地复垦为前提。因此第一阶段（前期）以塌陷区的土地整理和复绿为主要任务。随着生态修复的成果逐步凸显，第二阶段（中期）以潘安湖国家湿地公园规划建设为核心，通过景观开发来改善区域内的生态质量和景观质量，同时加强对游客的吸引力，进一步明确湿地公园在城市中的发展定位。第三阶段（中远期）的主要目标是建立起潘安湖国家湿地公园的环境监测和保护机制，以实现湿地公园的可持续发展和生态质量的稳定。第四阶段（远期）将在前三阶段的基础上，完善特色功能、植入产业要素、凸显地域文化，以良好的生态效益进一步带动区域的经济和社会效益，推动区域复兴。

潘安湖采煤塌陷地生态修复利用塌陷引起的湿地资源建设湿地公园，不但减少了对正常农耕土地的征用，也节约了开发成本，充分利用了塌陷之后的土地，减少了对正常土地的翻土、挖坑等大型工程。湿地是水生态系统和陆地生态系统的结合，其生物种类极其丰富，提供了调节区域大气质量、净化空气、防洪防旱等生态系统服务。湿地中的水资源还有运输各种营养物质、灌溉周围草本树木、提供水生生物栖息地的作用。既充分利用了湿地的生态作用，促进了塌陷区生态的修复，又净化了区域环境。

潘安湖国家湿地公园将杂草丛生的采煤塌陷地恢复成一个生物资源丰富、水草丰茂、充满生机与活力的湿地生态系统，极大地改善了区域生态环境质量。潘安湖国家湿地公园的建设，对于实现潘安湖湿地生物多样性及良好生态环境质量的长效保护与恢复，减缓湿地减少速度，实现湿地恢复性增长等具有重要的生态学意义。

1.3　东部草原区大型煤电基地可持续开发生态安全保障挑战

1.3.1　大型煤电基地开发需求分析

东部草原区煤电基地地处北方防沙带内的内蒙古东部，位于国家“三区四带”生态格局的北部区域，在国家生态安全战略格局中具有重要作用。近年来，随着资源开采、畜牧业迅猛发展和城市扩张，草地面积和质量下降、植被损伤、水土流失和地下水位下降，严重影响了东部草原区能源保障和生态屏障功能的发挥，是我国生态文明建设的重大科技与工程技术难题。

但是，煤电基地开发引起的东部草原区生态退化机理不清，生态恢复技术研发滞后，国外尚无成熟的技术可借鉴应用，现有生态修复模式和技术难以支撑东部草原区煤电基地生态修复与综合治理。而我国草原区大型煤电基地区域生态修复尚处于起步阶段，针对区域生态安全要求，大型煤电基地开发亟须围绕以下几个方面进行技术研发与攻关。

（1）亟须开展生态累积效应研究及风险评估。受气候条件制约和经长期无序开发损伤，我国东部草原生态系统已呈明显退化态势，区域内普遍存在草地退化、土地沙化、水土流失严重、生物多样性丧失等严重的生态问题，自我修复能力差。草原脆弱的生态系统已成为区域可持续发展的重要制约因素，其生态安全保障问题也越来越受到国际的关注。如何科学界定东部草原区大型煤电基地长期高强度开发下主要的生态累积效应以及对这一区域生态安全影响的阈值，对于完善煤炭开发累积效应的评估方法体系、维护我国北方地区的生态安全以及保障我国能源开发战略的实施具有重要意义。

（2）煤炭高强度开采驱动下水资源变化规律及其生态影响尚未摸清。露天矿煤炭开采过程中，因地下水疏排引发的露天矿坑及其周围地下水位变化，不仅影响着草原地表植被生长，而且影响着地下含水层再造工程和矿井水的循环利用。因此，通过对地下水位进行本底调查和动态监测，对比分析煤炭高强度开采前、开采中和开采后水资源变化规律及其对生态的影响，对于恢复草原草丰水美、羊肥马壮的秀美景象，实现东部草原区煤炭绿色开采具有重要意义。

（3）采排复一体化与土壤重构关键技术亟待突破。针对大型露天煤电基地开发形成的大面积的矿坑、排土场和粉煤灰堆积场，造成大量土地挖损和压占，并导致区域大面积的土壤贫瘠化、地下水污染和损伤、植被和生态系统损伤、景观破碎，同时遗留下大量的边坡安全隐患风险，运用时效边坡、地层重构、土壤重构等理论，在煤电基地生态保护方面突破生态减损开采、无害化排弃、低成本复垦等核心技术。

（4）亟须研发大型露天开采地下水、土壤、植被系统修复技术。由于采区地下水流场影响规律、露天采场空间布局、地表生态损伤形式等均与我国西部大型现代化井工开采不同，所以在西部草原区应用于井工矿的实践研究成果不能完全适用东部草原区的需求；同时，诸如地下水资源保护的地质评价、含水层保护与再造、地下水储存方法、洁净处理工艺、水资源循环利用等涉及大型煤电基地水资源保护的关键技术与方法在东部草原区缺乏系统的研究和实践。因此，系统地开展适用于我国东部草原区大型煤电基地的水资源保护关键技术开发与实验，对我国东部草原区大型煤电基地开发区域的生态安全保障、生态修复与综合整治具有重要支撑作用。

东部草原区高强度的煤炭开发给原本美丽的草原带来了地表塌陷、土地损伤、水土流失、土壤沙化等一系列问题，然而东部草原区具有酷寒、半干旱、土壤贫瘠等生态脆弱特征，此条件下的采矿迹地土地整治技术十分缺乏，开展土地损毁调查、仿自然微地貌综合整治、稀缺区土壤重构、污染场地治理等关键技术的研究具有重要意义。

东部草原区煤炭基地春季风沙大，夏季降雨量少，秋季生长期短，冬季酷寒，土壤类型主要是风沙土，土层薄且肥力低，植被生长速度慢，抗逆性差。煤炭开发利用扰动了土壤自然层次结构，土壤沙化严重，肥力低下，植被生长难，草原草场的退化严重，开展优势物种的筛选与保育、土壤提质增容、微生物综合修复等技术，促进碳循环的正常运转，有利于生物质的积累，使生态功能与结构更加优化，体现生态环境的良性循环，实现人与自然和谐发展。

（5）景观生态恢复与重建是生态文明建设的必然要求。东部草原区大型煤电基地长期高强度开发形成的大量沉陷挖损区、排土场、矸石山、粉煤灰堆场等工矿用地，使原本美丽的自然草原景观转变为工矿景观，草原基质被切割成大量破碎斑块，草原景观生态功能与生态稳定性受到损伤。因此，系统性开展高强度开采扰动下草原煤电基地景观生态结构、功能与过程的基础研究，研发适用于东部草原区煤电基地的景观生态恢复关键技术，对我国东部草原区煤电基地可持续性开发与区域生态安全保障具有重要支撑作用。

（6）区域生态安全评价及调控是区域生态安全格局构建的关键途径。东部草原区大型煤电基地长期高强度开发下的生态承载力与生态稳定性维持机制尚不明确，耦合生态承载力与生态稳定性的区域生态安全评价研究尚不充分。通过野外观测、栽培实验、遥感解译、模型模拟等方式，揭示机理问题，进行技术研发、技术实验与技术集成，构建大型煤电基地区域生态安全评价及调控模式，为东部草原区煤电基地区域生态安全屏障的建设提供技术支撑。

（7）矿区生态建设水平要求不断提升。生态文明建设是关系中华民族永续发展的根本大计，在习近平生态文明思想的指引下，内蒙古作为我国北方重要生态安全屏障，探索以生态优先、绿色发展为导向的高质量发展新路子，加大生态系统保护力度，守护好祖国北疆这道亮丽风景线。根据《内蒙古自治区人民政府关于印发自治区绿色矿山建设方案的通知》（内政发〔2020〕18 号）要求，到 2025 年，全部矿山达到国家或自治区级绿色矿山建设标准，不符合绿色矿山建设标准的矿山企业依法逐步退出市场。根据《呼伦贝尔市人民政府关于印发〈呼伦贝尔市中西部绿色矿业发展示范区建设方案〉的通知》（呼政字〔2019〕101 号）要求，呼伦贝尔市中西部绿色矿业发展示范区作为自治区三个重点建设示范区，宝日希勒是打造以煤炭清洁、高效利用为特色的示范分区，建设绿色矿业，引领绿色发展。2020 年 8 月 26 日，自然资源部、财政部、生态环境部研究制定了《山水林田湖草生态保护修复工程指南（试行）》，全面实施山水林田湖草生态保护修复工程，要坚持人与自然和谐共生基本方略，坚持节约优先、保护优先、自然恢复为主的方针。遵循自然生态系统的整体性、系统性、动态性及其内在规律。要深刻认识生态环境的保护和修复是一个长期性、系统性工程，不断保持和加强生态文明建设的战略定力，坚持人与自然和谐共生的基本方略，正确处理好矿业发展和草原之间的关系，打造绿色矿山典型示范，推动草原整体保护、系统修复和综合治理，回馈草原、回馈社会。

1.3.2 大型煤电基地生态安全面临的主要问题

东部草原区煤电基地开发在保障我国东北部能源供应的同时，也引起了地下水位下降、土地损伤、土壤沙化、植被退化、景观破损等生态问题，煤电开发与生态保护矛盾突出，直接影响区域和国家生态安全。如何通过大型煤电基地生态系统减损与修复确保区域生态安全是东部草原区煤炭高强度开采过程中面临的核心难题，而东部草原区大型煤电基地生态减损与修复面临的主要问题如下。

1. 气候寒冷多变和生态本底条件脆弱

该区域生态脆弱，酷寒（最低-47.5℃）、土壤瘠薄（表土厚仅 30cm）、水土流失严重。

其中，锡林郭勒风大，少雨，气候寒冷多变。气温日较差和年较差大，春季多风常干旱，夏季温热雨不均，秋高气爽霜雪早，冬寒持续时间长，降雪不易融化而形成积雪，且积雪的持续时间较长。锡林郭勒年平均气温为 0 ~ 3℃。1 月平均气温为-20℃，极端最低气温为-42.4℃。风大沙多，全年大风日数普遍有 50 ~ 80d，3 ~ 5 月为风期，大风日数平均占全年大风日数的 40% ~ 50%。全年日照时数在 2800h 以上，中西部和南部地区可达 3000h 以上。

呼伦贝尔经常遭受西伯利亚寒潮的袭击。春秋两季风较多，风力较大，风力 3 ~ 5 级，风速最大 17m/s，大风日数 8 ~ 43d，平均 23.4d。冬季严寒，冻土深度为 10cm 时，季节性冻结深度 2.41m，永久性冻土厚度 2 ~ 4m，最大厚度 5.7m。气温-48 ~ 37.7℃，年平均气温-2.6℃。

2. 降雨分布不均和生态用水短缺

锡林郭勒属于中温带半干旱大陆性气候，大部分地区年降水量在 200 ~ 350mm 之间，自东向西递减，西部不足 200mm。且降雨分布不均匀，集中在 6 ~ 8 月，占全年降水量的 70% 左右。锡林河为胜利煤田内最大一条河流，全长 175km，平均流量 0.61m^3/s，年平均径流量 19.22m^3，水深一般在 0.5 ~ 1.0m，每年 1、2 月为断流期。

呼伦贝尔属大陆性亚寒带气候，年平均降水量 315.0mm，年最大降水量 542.9mm，月最大降水量 199.0mm，日最大降水量 55.6mm，小时最大降水量 31.7mm，连续降水日数 12d，年平均蒸发量 1344.8mm。

3. 高强度煤电开发与生态环境保护矛盾突出

多年的煤炭开采给蒙东地区带来极高经济效益的同时，也造成当地生态环境的损伤。主要问题有如下几点：①地质结构损伤。煤炭开采占用大量的土地资源，改变土地分布格局和功能，损伤原始地形地貌，导致土壤土层剥离，许多土地地质结构遭到损伤，土地塌陷、岩石裸露，排土场坡面滑坡现象频发，大量土地失去利用价值，成为未利用地。②土壤肥力丧失，沙化现象严重。煤炭开采活动导致土地结构受损的同时，还造成土壤营养元素和有机质含量下降，土壤肥效流失，三相结构失衡，板结化和贫薄化程度加深，从而导致土壤微生物生物量下降，分解作用活性受到抑制，加速土壤沙化和盐碱化特征的形成。③土壤污染严重，毒性增加。煤炭中含有的大量污染物随着煤炭开采活动释放到土壤中，使土壤重金属离子和难降解的有机污染物含量持续增加，土地毒性更加严重，土壤退化过程进一步加深。④生态系统结构破碎，功能失调，生态稳定性严重失稳。土地结构和分布格局的改变以及土壤污染的加深均导致草原生态系统结构和功能逐渐衰退甚至瓦解，大片的草场退化，植被死亡，生物多样性大幅降低，生态承载力严重下降，生态系统波动的剧烈程度增加，生态稳定性严重失稳。

针对我国东部草原区大型煤电开发生态恢复与综合整治面临的科学问题与实践需求，亟须开展相关基础研究、关键技术研发与示范，以促进我国东部草原区煤电基地绿色发展和草原区生态文明建设。

1.3.3 大型煤电基地可持续开发生态安全保障技术途径

1.3.3.1 研究内容与目标

1. 研究内容

1）大型煤电基地生态修复关键技术集成与效果评价研究

根据遴选的示范区生态修复与综合整治技术需求，选择与示范区生态环境特征和生态修复目标相匹配的关键修复技术，形成大型煤电基地受损生态系统恢复关键技术集成体系。基于示范区域典型煤电基地的植被分布变化及其原始生态本底值，优选影响生态修复与综合整治效果的关键因子，分类研究建立水资源保护与利用、土地整治、植被和景观恢复效果的评价指标。

2）大型煤电基地生态修复示范工程实施模式与管控

针对东部草原区煤电基地的胜利矿区、宝日希勒矿区、敏东矿区的自然赋存和开采工艺特点，结合煤电基地各项关键修复技术的现场应用条件，研究提出适宜于东部草原区示范工程的实施模式；采用计划、执行、检查、整改（PDCA）的管控模式，加强示范工程全过程管控，编制生态修复工程设计规范和施工技术规范。

3）大型煤电基地受损生态系统生态修复示范工程设计研究

针对东部草原区土壤薄贫特点，采用生态恢复土壤改良技术、植物筛选和匹配技术、微生物促进技术等，研究制定东部草原区大型煤电基地受损生态系统示范区生态修复设计、施工技术、施工技术规范，开展示范工程设计研究，重构土壤生境系统、植被群落系统、营养物质循环系统，实现植被群落的稳定性生长和自维持。

4）东部酷寒草原区露天矿区地下水保护利用与生态修复及区域生态调控技术集成示范工程

以宝日希勒露天矿区为依托，建立生态修复与综合整治的典型示范工程。研究制定露天煤矿地下水库建设方案；在区域尺度进行土方调配与平衡的采排复一体化生态减损、土地整治与复垦研究，制定区域土地利用规划与布局、土地复垦规划方案；依托区域生态复合产业发展方向，研究开采废弃地的综合整治与利用方案。

5）东部草原区井工煤矿煤炭开采水资源保护与利用技术示范工程

基于煤炭开采引起的覆岩导水裂隙及区域水源动态补给特征，结合矿井采掘布局规划，研究确定地下水库选址、库容设计计算、坝体设计与构筑、井上下供排水管网布置、水库安全监测等技术方案，以敏东一矿为示范点，开展水资源保护与利用示范工程。

6）东部半干旱草原区露天煤矿生态修复技术集成示范工程

依托神华胜利矿区，应用露天煤矿采排复一体化生态减损、开采扰动区土壤重构及综合整治技术、开展矿区生态修复工程集成示范。研究制定露天矿生态减损开采、地层重构、土壤重构、土地整治、植被恢复、景观再造、生态修复稳定性控制及监测等技术方案，建设示范工程。

2. 研究目标

针对我国酷寒和半干旱草原区大型煤电基地露天煤矿开采、井工煤矿开采引起的土地挖损与压占、地表沉陷、水土流失、植被退化等生态问题，结合当地气候、土壤基质等条件，将已取得的各项关键技术成果进行集成与工程设计，建设酷寒草原区大型煤电基地生态修复技术集成示范区、半干旱草原区大型煤电基地生态修复技术集成示范区、露天煤矿矿井水保护利用技术集成示范区，开展生态修复与综合整治效果评价，形成适于蒙东酷寒、半干旱生态脆弱草原区的生态修复模式与修复工程技术体系。

1.3.3.2　研究方法

1）关键技术集成和效果评价方法

以大型煤电基地高质量发展与区域生态安全协同发展为目标，按照大型煤电基地的全生命周期规律设定生态修复技术集成的短期目标和长期目标，以时空衔接、关键点突出、示范引领推动为集成思路，遵循适宜性、系统性、先进性、协调互补、效益原则，提出了大型露天矿区生态修复关键技术集成方法。根据大型煤电基地发展对区域生态环境的损伤以及影响生态修复的因子分析，结合大型煤电基地生态特点，采用层次分析法逐步分解综合评价的目标，构建生态修复效果评价指标体系，并确定了单项技术效果评价法、分类技术效果评价法和综合技术效果评价法三种大型煤电基地生态修复技术效果评价方法。

2）系统减损与生态修复模式

以大型煤电基地高强度开采的生态影响问题，基于大型煤电基地开发生态损伤机制和累积过程，按照源头减损—过程控制—末端治理的技术思路，优化组合研发的生态修复关键技术，形成适于东部草原区脆弱生态条件、集生态修复原理和关键技术为一体的修复模式：露天开采生态损伤时-空控制技术体系与模式、排土场地层生态型（水、土）立体重构模式和生态全要素（水、土、植物）的协同修复模式，为系统提升大型煤电基地生态修复效果提供科学方案。

3）工程实验与示范区建设

以东部草原区生态背景为对象，筛选大型煤电基地开发中典型生产方式和生态影响类型，聚焦占用面积大和影响途径多的高强度煤炭开采区域，选择开展生态修复关键技术的系统实验与应用，通过建设酷寒区和半干旱区、大型露天矿区和井工矿区复合型生态修复示范区，系统总结生态修复技术应用效果，为系统提升大型煤电基地生态修复效果提供技术支撑和应用推广范例。

第 2 章　大型煤电基地生态修复关键技术集成模式与方法

2.1　大型煤电基地生态修复关键技术集成模式

大型煤电基地是充分利用现代科技，集煤炭资源大规模开采、煤电协同发展为一体，以循环经济思想为指导，以资源、环境、经济协调发展为目标的区域。大型煤电基地展现出生产规模大，技术含量高和发展循环经济的特点，同时对区域生态的扰动也比较大。因此，客观上要求大型煤电基地的生态修复必须及时、协调，并要为此提供相宜的技术和可靠的资金支持。当然，大型煤电基地是一个涵盖资源协同开发利用子系统、区域生态环境子系统、区域社会经济发展子系统的复杂大系统，各子系统的协同一致是保证大型煤电基地建设目标的基础（图 2-1）。

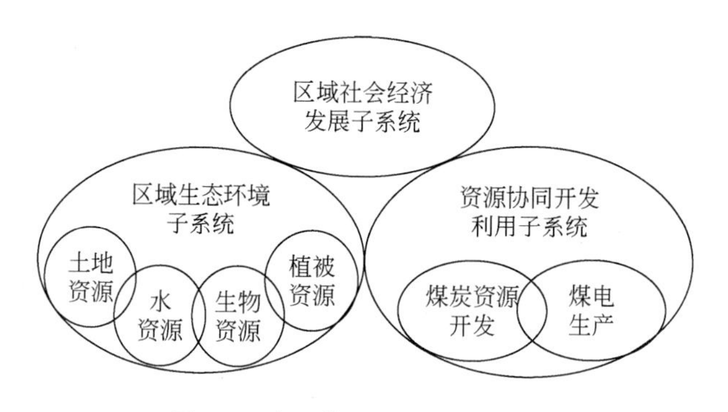

图 2-1　大型煤电基地复杂大系统

其中，区域生态环境子系统涉及土地资源、水资源、植被资源和生物资源等。这些资源在一定程度上均会受到煤炭资源开采和电力生产的影响，且影响时空范围不同。从矿区生态修复的目标出发，单一的生态修复技术可以解决生态环境子系统中的一些具体问题，但难以实现大型煤电基地生态系统的整体修复与改善。为此，须将各生态环境要素作为一个系统，基于系统思想开展综合治理，方能保证区域生态环境的良性恢复和不断改善。根据东部草区大型煤电基地生态实际及煤炭资源开发造成的生态损伤，以关键技术为支撑，结合传统的生态修复技术，形成适宜于东部草原区大型煤电基地的生态修复技术体系，通过示范、改进、提升，可以为大型煤电基地生态修复提供技术支撑和实践指导。

2. 1. 1　技术集成思路

大型煤电基地生态修复关键技术集成以大型煤电基地高质量发展与区域生态安全协同发展为目标，针对东部草原区大型煤电基地酷寒、缺水、少土的特点，根据治理区实际，将矿区生态景观优化技术、生态减损型采排复一体化开采技术、土壤改良技术和植被优选技术等新技术与传统生态修复技术按照时空适宜性原则集成为适宜于东部草原区大型煤电基地生态修复的技术体系，为促进大型煤电基地可持续发展，保障大型煤电基地生态安全提供技术支撑和应用示范。

2. 1. 1. 1　大型煤电基地生态修复技术集成目标

大型煤电基地是一个涵盖生产、生态、生活的综合大系统。生态保护与修复是贯穿这一大系统的系统工程之一。大型煤电基地内部各子系统、各要素相互联系、相互制约，对生态保护和修复提出了时空异质性的要求。生态系统修复要求相关技术综合应用、集成应用。因此，生态修复技术集成的目标是从整体上、根本上为大型煤电基地生态修复提供关键技术和模式框架，促进大型煤电基地高质量发展，保障区域生态安全。

区域高质量发展的基础是生态环境和社会经济的稳定健康发展。煤炭资源的赋存为区域经济发展提供了资源基础。但资源开发利用在拉动区域社会经济发展的同时，不可避免地对区域生态环境造成影响。为此，按照系统理论，应该将大型煤电基地作为一个系统，遵循煤炭开发、电力生产的全生命周期规律和区域生态演变规律，根据生态环境要素修复的需求，按照“一景一策”的原则，以区域生态修复技术体系为支撑，保障大型煤电基地生态系统的整体恢复与提升。

由于大型煤电基地的建设、生产周期较长，煤电基地生产对区域生态环境的影响在不同的阶段并不完全相同。所以应按照大型煤电基地的全生命周期规律来设定煤电基地生态修复技术集成的短期目标和长期目标。

生态修复技术集成的短期目标：为完成短期内生态修复任务提供技术支持。分解落实大型煤电基地生态修复长期规划，明确短期内生态系统修复的目标和任务，据此确定技术需求。按照技术先进、经济合理的原则集成适用的技术体系，支持大型煤电基地的生态修复与保护。

生态修复技术集成的长期目标：为保障大型煤电基地生态安全提供基础支撑和模式借鉴。根据大型煤电基地生命周期规律，遵循“采矿微痕”的原则，遵循区域生态演化规律，按照本地国土空间规划，梳理大型煤电基地生态修复长期目标，据此确定实现目标的技术需求，以目标为导向来集成生态修复所需要的技术体系和修复模式。

2. 1. 1. 2　大型煤电基地生态修复技术集成的内容

大型煤电基地涵盖煤炭资源的露天开采、井工开采和煤电发展、固体废弃物综合利用等。生态修复对象包括受损的土地资源、水资源、植被资源和生物资源等。由于各地生态要素的客观差异性，必须保证技术的适宜性、先进行，才能保证治理修复的效果。为此，技术集成的内容应以满足大型煤电基地生态修复的需求为原则。

第一，生态环境要素修复单项技术评估。东部草原区大型煤电基地生态环境状况可以概括为“三少”。首先，水资源稀少，水资源是影响区域生态的最主要因素。东部草原区普遍降水稀少，蒸发量巨大。受损的地层加剧地表水资源蒸发的同时，也扰乱了地下水与包气带水资源的良性循环，导致地表植物、生物的生长严重缺水。其次，地表土壤稀薄，有机质土壤稀少。区域地表腐殖层土壤平均仅有0.5m左右，且难以保存。造成可以有效利用的土壤难以满足矿区土地复垦的需求。最后，植物品种少。草原植被物种较少，缺少适宜当地酷寒干旱的优势物种，难以形成植物种类的自然良性循环。因此，需要准备大型煤电基地生态要素修复的单项技术，如土壤改良技术、物种选育技术、节水技术等，以为各要素的恢复提供支撑。

第二，生态环境修复的承接技术。生态环境各要素相互影响，相互促进，不可或缺。水-土-植被-生物相互之间有密切的联系，生态环境治理修复不能仅仅单要素修复。因此，需要在单要素修复技术的基础上，按照生态系统要素有机组成的时空特点，灵活运用各要素之间承接的技术，如水土保持技术、植物提质增容技术、露天矿地下水储存与利用技术等，才能将各要素形成生态系统整体。只有将这些技术与单要素修复技术结合起来，才可能将各要素之间的联系建立起来，形成完整的生态链，确保生态修复整体效果。

第三，生态修复协同提升技术。在区域生态系统内，各要素既与上下游生态要素相互联系，同时又影响着其他生态要素。大型煤电基地建设、生产的时空特点显著。因此，煤电基地生态修复需要整体规划，并通过修复目标，依托目标导向将各生态要素的技术在时空上统一起来，保证技术体系的可操作性、前瞻性和系统性。如大型煤电基地生态修复规划技术、采排复一体化技术、区域生态安全调控技术等。通过这些生态修复协同提升技术，保障大型煤电基地的生态修复以回归自然为导向，兼顾技术的协同配套与经济合理。

2.1.1.3　大型煤电基地生态修复技术集成的思路

大型煤电基地生态修复技术集成的前提是根据实际技术需求研发关键技术。根据大型煤电基地发展对区域生态的影响，生态修复中水资源的供应、时空调整，以及土壤资源的结构重塑、质量提升；植物种类的优选、配置等技术均为现实技术需求。因此，从空间上要综合优选各类适宜于生态要素的修复技术，结合煤炭资源开发的生产组织，以及电厂的生产特点，按照时空衔接、关键点突出，以示范引领推动技术集成的思路来进行技术集成。因此，大型煤电基地生态修复技术集成思路如图2-2所示。

首先，系统梳理大型煤电基地生态修复现状，根据生态修复现场出现的主要难题，分析提出生态修复技术需求，明确技术攻关的方向和重点，尤其关注影响生态系统全局性的问题、长期未能解决的问题。

其次，针对东部草原区大型煤电基地生态修复中的主要问题进行攻关研究，研发包括水资源存储与利用技术、土层再造和土壤改良技术、植被保育和提质增容技术，研发了采排复一体化技术体系、全周期大型煤电基地生态修复规划技术，并将这些技术结合传统的植被绿化技术、节水保育技术，在实验室实验的基础上，开展大型煤电基地现场实验。

根据示范矿区修复技术实验结果，对比对照区，发现生态修复技术的不足，对生态修

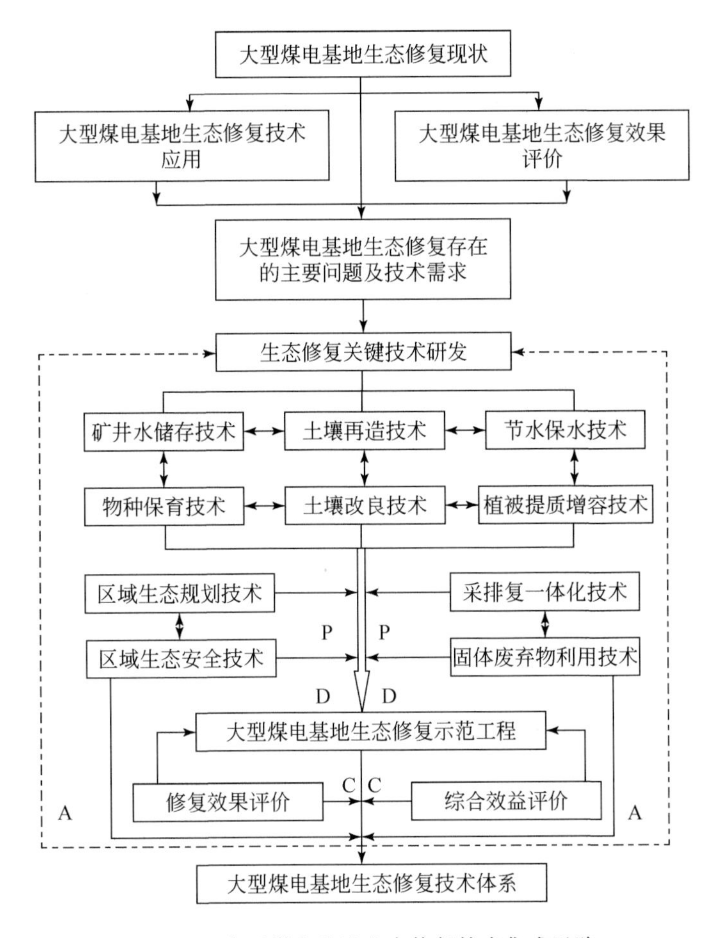

图2-2　大型煤电基地生态修复技术集成思路

复技术进行持续改进。通过调整有关参数、加入配套技术，使生态修复单项技术与上下游技术连通起来，形成生态修复各要素技术链，完成初步技术集成。

按照大型煤电基地生产组织计划，遵循生态修复客观规律，充分考虑煤炭开采、煤电生产的空间组织、时间衔接，形成适合东部草原区大型煤电基地实际的生态修复技术体系，实现生态修复技术模块化集成（图2-3）。

根据大型煤电基地生态修复区的实际，提出生态修复区应用解决方案，形成可推广应用的生态修复模式。大型煤电基地生态损伤的原始驱动力是煤炭资源开发利用，对区域生态造成影响的核心因子是矿区煤层上覆地层损毁，以及固体废弃物的大量生产。由此引发水资源、植被资源、生物资源的空间错位，打破区域生态安全状态。因此，土地资源相当于生态环境的“骨骼构架”，大型煤电基地生态修复应围绕土地资源展开。将全生命周期的煤电基地发展理论融入煤电基地生态修复规划，形成可持续的生态修复整体规划，据此搭建土地资源修复框架；填充水资源储存与利用，使生态环境形成能量循环；配置植被资源，使生态环境形成能量自生功能；完善生物资源，使生态环境形成完整的生物链。促进大型煤电基地生态经修复后回归草原，与自然衔接联成一体。

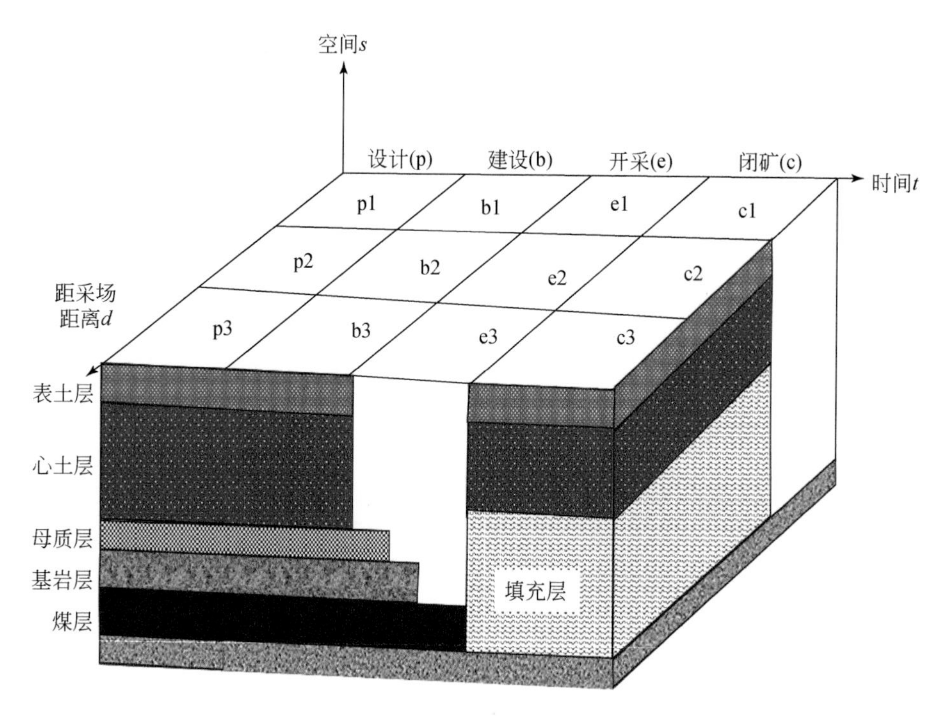

图 2-3　大型煤电基地生态修复技术集成

2.1.2　技术集成原则

技术集成是为了满足大型煤电基地生态系统协同修复的技术需求。因此，技术集成要遵循一定的原则。

2.1.2.1　适宜性原则

用于技术集成的专项技术首先必须能满足生态修复工程的需求，并保持先进性。按照生态修复区域整体规划，单项技术必须与当地的实际相吻合，结合生态修复现场选用技术参数，因地制宜地开展修复工程。因此，技术集成绝非固定不变的技术组合，而是根据时空实际的动态集成。

同时，技术集成还应注意与生态修复区的社会经济发展相适宜，并保持一定的前瞻性。因此，在生态修复规划时，就要根据区域长期发展规划和主体功能区划分，对区域未来的发展进行合理预判，将大型煤电基地生态修复与区域综合整治、国土空间高效利用有机结合，将大型煤电基地生态修复纳入区域生态保护与治理的范畴。

2.1.2.2　系统性原则

大型煤电基地生态环境是一个复杂的系统，内部各要素之间相互影响。区域生态安全需要各个生态要素保持良性，但仅凭某一方面的技术解决个别问题，显然难以达到生态修复的效果。因此，大型煤电基地生态修复需要按照系统理论，充分考虑系统内各要素之间的相互关系，以及系统内各要素与系统外生态要素的相互影响，从时空上统筹治理，保证系统整体协调。

为此，对生态修复技术需求也是多方面、多层次的。既需要满足个别对象特殊需求的单项技术，如土壤增肥改良技术，也需要生态环境系统中各子系统内配套的技术体系，如土地综合整治技术体系，还需要从大型煤电基地全局出发的综合技术，如生态减损型采排复一体化技术体系等。由此集成的技术体系，可以为区域生态修复提供系统的技术支撑，保障生态修复的效率和效果。

2.1.2.3　先进性原则

技术选择的标准之一就是技术的先进性。技术集成是优选各类技术，根据生态修复的需要，按照修复工程的时空特征进行集成。为了保证修复的效果，需要在保证生态修复技术体系先进性的基础上加强工程管控。因此，生态修复技术要保证适宜性，符合现场实际需要，同时要坚持先进性。所选用的技术应处在行业领先地位，并符合时代发展的要求。

先进性还要求选用的技术具有可操作性。东部草区大型煤电基地酷寒干旱的气候特点对生态修复技术的要求比较严苛。因此，选择的技术应符合当时的实际，具有可操作性。

2.1.2.4　协调互补原则

关键技术的突破对生产的影响是巨大的。但如果考虑不周，技术的应用也可能产生负效益。大型煤电基地的生态环境问题就是因为开发煤炭资源，并利用煤炭资源发电所引起。虽然解决了能源供应问题，但由此引发的生态环境问题却可能制约区域社会经济的可持续发展。当然，由于能源安全是全局战略问题，生态安全是区域发展问题，按照局部服从整体的原则，不能因为生态安全而不开采煤炭资源，应该合理开发利用煤炭资源。

生态环境系统内各要素之间存在相互耦合。如土壤的改良，本身也需要水资源、植被资源的协调配合。因此，在解决系统内各个要素的问题时，要兼顾与之联系的其他要素，技术上要充分考虑到互补。如果解决了水资源的问题，又引发了土壤资源新的问题，那么技术研发和集成就失去了价值。因此，在选择用于集成的技术时，单项技术在修复效果上要重视互补性，既避免技术相互干扰，还要避免重复工程，提高生态修复效率。

2.1.2.5　效益原则

大型煤电基地生态修复工程复杂，需要大量的人力、物力保障。在技术选择和集成时，要重视成本-效益分析。在确保修复效果的同时，坚持节约开支的原则。

当然，大型煤电基地生态修复不仅要关注经济效益，更要关注生态修复的环境效益和社会效益。及时开展生态修复工程，可以破除生态损伤的累积效应，减少生态损伤的负效益，使生态环境有序恢复，提高区域生态效益。同时，生态环境的实时治理，对于改变社会对大型煤电基地生态环境的传统负面认识意义重大。生态修复与改良可以为区域经济结构调整、国土空间有效利用创造契机，提高大型煤电基地的社会效益。

2.1.3　技术集成模式

大型煤电基地生态修复需针对性的技术体系，需要将相关技术按照时间、空间集成。技术集成的模式须根据生态修复区的实际来确定。

2.1.3.1　目标导向型的技术集成模式

大型煤电基地生态修复的目标是为了保障区域生态安全，促进煤电基地社会经济高质量发展。因此按照目标导向来进行技术集成，首先要明确大型煤电基地的发展目标，结合修复区当前的生态现状，遵循区域生态演变规律，对未来可能的生态演变进行科学预测；然后按照生态修复的技术需求，根据技术的衔接、互补性，选择适宜的技术并集成特定区域生态修复技术体系（图2-4）。

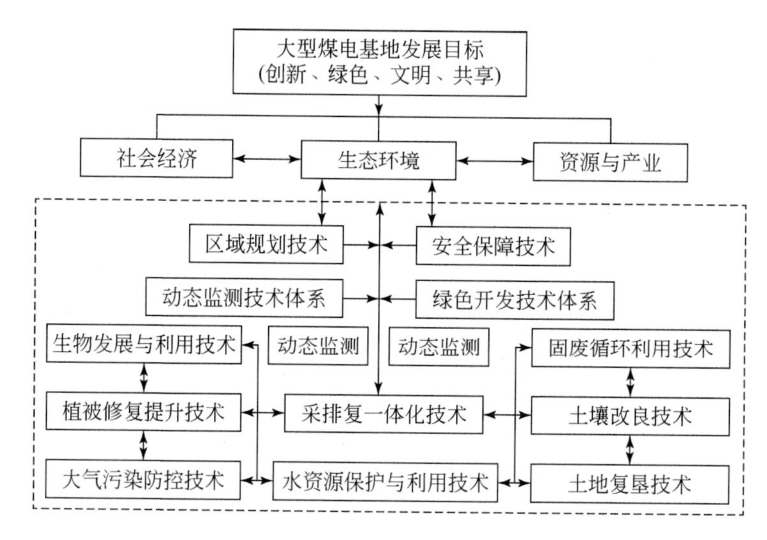

图2-4　目标导向型的技术集成模式

由此，技术集成可以按照以下四个步骤开展：

第一，确定区域社会经济高质量发展对生态环境、产业发展的要求，明确生态环境的现状，并对未来发展进行科学预测。

第二，按照区域生态环境要求对大型煤电基地进行整体规划，提出生态修复的时空要求，结合大型煤电基地自然资源特点，确定生态修复的重点和难点。

第三，根据大型煤电基地生态修复整体规划，开展大型煤电基地生态修复技术经济评价，选择适宜、先进的单项修复技术，按照大型煤电基地生态环境演变时空规律，集成大型煤电基地生态修复技术体系。

第四，大型煤电基地生态修复技术体系应用与改进。将集成的生态修复技术体系在大型煤电基地生态修复中实地应用，在应用中对照生态修复目标及时改进技术，将技术体系不断完善。

2.1.3.2　问题导向型的技术集成模式

大型煤电基地生态修复是一项复杂的系统工程，涉及各个生态要素，必然会遇到方方面面的问题。因此，可以根据大型煤电基地生态修复中面临的问题出发，分析确定适宜、先进的技术，将区域生态修复中所需要解决的问题逐个解决，矿区生态环境质量就会得到有效改善（图 2-5）。

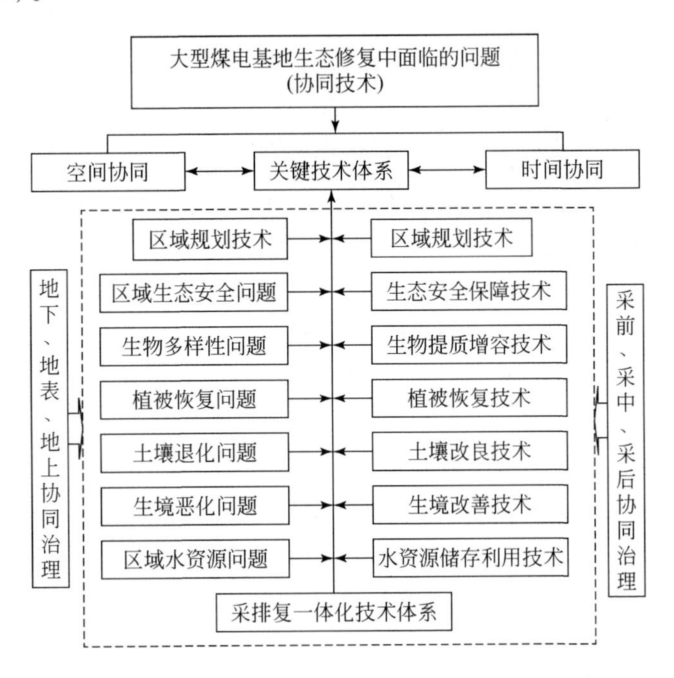

图 2-5　问题导向型的技术集成模式

由此，技术集成可以按照以下步骤开展：

第一，根据大型煤电基地生态修复实际，确定在实际工作中面临的核心问题和技术需求。

第二，从时空角度分析大型煤电基地生态修复过程中需要协调的环节，做好时间先后衔接和空间对接。

第三，针对生态修复中需要解决的问题，选择适宜性、先进性、经济性合理的技术。

第四，根据时空协调的原则，按照科学合理的区域生态规划，将时空关联的技术进行组合，集成适合本区域的生态修复技术体系。

2.1.3.3　效益型的技术集成模式

开发煤电资源的最终目标是为了实现区域社会经济的高质量发展。为此，煤电开发应以社会效益、经济效益和环境效益最大化为发展导向，须以煤电开发的收入来弥补生态损伤。因此，技术选择要在保持先进的基础上，进行成本-效益分析，然后按照生态环境演变规律进行技术集成（图 2-6）。

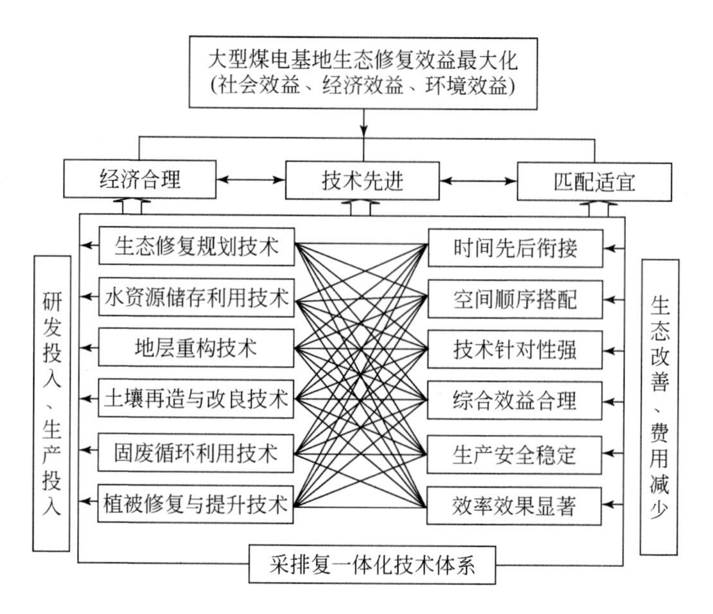

图 2-6　基于效益最大化的技术集成

由此，技术集成可以按以下步骤展开：

第一，首先根据大型煤电基地生态修复的现状，基于新技术进行经济合理性对比选择（研发）适宜的修复单项技术，保证各项技术在时空上的协调一致性。

第二，将选定的技术应用于生态修复实际，保证大型煤电基地生态修复的效率和效果。

第三，进行修复技术的成本–效益分析，在技术先进性的基础上，根据经济合理性原则，优选技术。

第四，按照生态修复的客观规律，进行技术集成，形成适合大型煤电基地实际的、综合效益合理的技术体系。

因此，生态修复技术集成方法并非固定不变，而是应选择符合实际的集成方法，保证技术的创新性和适宜性，提高大型煤电基地生态修复的效率和效果。

2.1.3.4　情景型的技术集成模式

针对东部草原区大型煤电基地生态修复现实需求研发的关键技术，经过现场示范，验证了技术的先进性和可行性，并根据示范效果进行了技术提升，形成完善的技术体系。这些技术体系将为同类大型煤电基地的生态修复提供系统的技术支撑和示范借鉴。

应用解决方案的设计是根据同类大型煤电基地生态修复的现状和可能面临的实际技术需求，按照“一景一策，因地制宜”的原则，以生态修复目标为导向，针对具体的生态修复对象及其现状制定具体的实施方案。

1. 胜利能源露天矿区生态修复技术集成

胜利能源露天矿区最显著的特点是缺土、贫水。由于土壤贫瘠，再加上区域降水量远小于蒸发量，客观上对植物的抗旱要求比较强。根据露天开采的实际，矿区生态修复的难点主要集中在以下三个方面：

第一，煤炭露天开采造成的地层挖损，固体废弃物堆弃，导致了地层重构坡台凸显，排弃物结构紊乱，地表的表土贫瘠，从根本上破坏了矿区生态系统。

第二，矿区景观，受采矿和电力发展的影响，矿区的本底景观破碎化，生态功能紊乱，系统内部失调，生态风险凸显。

第三，生态负效益不断累积，恢复技术难度增强。受煤电基地开发的影响，生态生产能力降低，资源利用程度不高，影响矿区生态健康水平。

为此，可以根据不同的区域，采取生态引导、结构改良、分区施策、区块结合的治理保护策略。在不同的时空区间，采取有针对性的治理模式。

第一，在煤炭资源开采阶段，强调源头减损，以生态减损型采排复一体化技术体系为主导，集成应用含水层连接+地层重构+地表生态重构+保水型土壤断面重构等技术，在降低煤炭资源开发对地层损伤的基础上，与煤炭资源开发同步修复地层结构，解决生态修复的基础问题。

第二，在排土场形成后，针对矿区景观受损的区域，以大型煤电基地典型景观生态功能提升技术体系为主导，按照自然型斑–廊–带融合的思路，在牧矿带集成应用矿区格局优化技术+矿区内水资源保护与储用技术+矿–园–草原景观协同治理技术，改善、提升矿区景观，实现矿区景观融合。

第三，在生态恢复区，以增容型水–土–植协同治理技术为主导，在外排土场，集成应用排土场仿自然地貌土地整治技术+土壤提质增容有机改良技术+保水抗蚀技术+灌草植物优化技术；在内排土场，集成应用近自然结构+土壤断面重构技术+保水控蚀+植物优化组合技术；在廊道区，集成应用乔灌草结构优化技术+局部生境修复技术+集水带–植物带组合技术，加快矿区生态修复，加强矿区生态保护，保障矿区生态安全。

2. 宝日希勒露天矿区生态修复技术集成

目前，宝日希勒露天矿是我国产能最大的露天煤矿。大规模开采煤炭资源，对矿区地层造成了严重扰动。同时，矿区地处酷寒区域，年降水量稀少，在矿区范围内出现了三类生态恢复的难点：

第一，在煤炭开采区域，受煤炭资源开采的影响，客观上造成煤层以上地层的完全颠覆，地层结构受损，导致地层含水层损伤，地表坡台结构显著，大量固体废弃物排弃结构紊乱，需要在采后重构地层结构。

第二，受煤炭资源开发的影响，矿区本底景观结构发生改变，矿区斑块破碎程度增加，生态功能下降，景观生态质量退化，生态风险凸显。

第三，在排土场区域，水土流失严重，植被退化，生态生产能力降低，资源利用效率低下，生态健康水平下降。

为此，应根据矿区生态演变规律，结合矿区生态受损状况，采用适宜的技术体系，按照生态引导、结构重塑、一景一策、区块融合的策略，应用大型煤电基地生态修复模式，实现矿区生态状况的稳步好转。

第一，在煤炭露天开采的生产区域，按照矿区发展总体规划，以生态减损型采排复一体化技术体系为主导，集成采用地下水库构建技术+含水层链接+表层生态型重构技术+保水土壤层构建技术体系，与煤炭资源开采同步开展生态修复，保证受损地层的实时综合治理，为矿区后续地表治理奠定基础。

第二，在排土场区，针对生态修复、生态提升的难题，集成应用增容型水–土–植协同治理技术体系，外排土场针对水土流失、植被退化的难题，应用放坡增稳温控蚀技术+平盘集水控蚀技术+灌草植物优化+生物促生量技术，改良提升外排土场生态质量。在内排土场，边坡区域集成采用达标放坡控蚀技术+径–块结构引导技术+生物植物覆盖技术+灌草植物优化技术；在内排平台区域，集成应用近自然地表重构技术+土壤重构技术+提质增容技术+保水控蚀技术+植物优化组合技术；维护、提升内排土场生态生产能力。

第三，在矿区废弃地、农牧矿交错带，以自然型斑–廊–带融合技术为主导，在运煤皮带廊道区，集成应用工业园林化技术+集水塘–乔灌草植物带+局部生境修复技术，提高厂区生态效果。在农牧矿结合带，集成应用矿区生态格局优化技术+矿–园–草原景观协同治理技术，将矿区景观融合，并与自然融为一体，实现采矿微痕，保障矿区生态安全。

3. 敏东一矿大型井工开采矿区生态修复技术集成

不同于露天开采，井工开采煤炭资源对矿区地层的扰动主要表现为煤层以上地层垮落和弯曲，并造成地表不均匀沉陷，进而影响地表土壤结构，损伤植被和地表建（构）筑物。

针对煤炭资源大规模开采引起的地表隆陷不均、含（隔）水层断裂损伤、地下水补排紊乱、地表径流减少、土壤植被损伤退化、沙化趋势加重、沙化景观破碎、生态潜在风险增加等生态修复难题，遵照矿区生态演变规律，集成应用生态修复技术体系，按照“一景一策”原则，与煤炭资源开发同步加强治理与保护。

第一，在矿井回采区域，以减损型保水降损一体化技术为主导，不断优化采煤工作面布置，井下集成应用控高保水开采工艺+安全高效绿色开采技术+矿井水洁净储存技术体系。不仅实现从源头上减轻煤炭开采对矿区生态的扰动，而且将生态保护技术融入期间，提高生态修复的效率。

第二，在生态修复区域，以增容型土–植协同治理技术体系为主导，地表集成应用近地貌重塑技术+土壤提质增容技术+抗逆性草–灌植物优化组合技术，同步治理区域稳定的沉陷区；地下则集成应用地下水原位保护技术+矿井水转移储存技术+矿井水洁净处理与综合利用技术，保障煤炭资源开发与矿区生态治理协同发展。

第三，在矿区生态景观区，遵照矿井生命周期规律，以自然型斑–块–区融合技术为主导，针对沙化区，集成应用网格化沙化控制技术+灌草结构引导+宜生草植优化配置技术，加强沙化地防控和治理。在工业废弃地和低效用地区域，集成应用绿化增容技术+固废减排、综合利用技术+清洁生产技术，使矿–草–景观融合，提升矿区生态质量，保障矿区生态安全。

技术集成模式应坚持动态优化、持续改进的原则。在集成应用生态修复技术的过程中，可以进一步对出现的新情况不断改进，形成更趋完善的生态修复技术体系，按照循环发展的模式，扩大应用范围，为大型煤电基地生态修复提供可靠的技术保障。因此，在应用生态修复技术体系时应注意以下三个方面：

第一，应用大型煤电基地生态修复技术体系进行生态修复一定要因地制宜，切忌不顾实际情况，生搬硬套。在露天矿区内，排土场边坡的水土流失始终是治理的难点。但不同矿区的排土场形成、坡度、表土厚度、植被存活状况等都会对治理提出不同的要求。只有根据实际情况选用适宜技术，才能达到治理效果。

第二，技术在不断进步、完善，应根据技术的发展完善情况选用先进合理的修复技术，并在实践中进一步完善技术体系。目前，可以采用煤矸石重构土壤来弥补表土的不足，但利用煤矸石重构土壤的技术还在不断改进，土壤剖面再造的新技术还在研发。新技术的成功将为生态修复区土壤剖面重构提供更好的支撑。

第三，生态修复应与生产保持协调，既要避免因生态治理滞后造成生态累积效应，也要防止盲目行动造成重复治理。生态环境具有累积性和不可逆性，随着生态负面影响的累积，长期治理滞后可能导致生态安全的崩溃；但如果排土场尚未到界、尚未稳定就大量投入进行治理，会造成无效治理。

2.2　大型煤电基地生态修复关键技术集成方法

大型煤电基地生态系统各要素相互影响，又互为支撑，缺一不可。缺失水分的土壤难以支撑植物的生长，退化植被的土地也容易导致日益严重的水土流失。因此，矿区生态修复是一项综合系统工程，需要各生态要素协同治理才能达到生态修复的目标，仅针对某一项生态要素的修复治理，只能是特定时期、特定范围内的补充或完善。因此，开展矿区生态修复，需要根据矿区生态演变规律，以及各生态要素之间的相互依存关系，将单项生态要素修复技术有机集成，形成适宜于不同状况的生态修复技术体系，才可能达到矿区生态修复的目标。

2.2.1　面向全过程减损的系统工程法

系统工程法是按照系统理论，将矿区生态系统诸要素作为修复的对象，按照生态系统各要素的演变规律，以及系统稳定状态下各要素的时空特征，决定各要素的修复技术，集成形成矿区生态修复技术体系的方法。

2.2.1.1　系统工程法集成生态修复技术的特点

（1）系统性。系统工程法集成生态修复技术是在充分考虑生态要素单项修复技术的基础上，按照系统优化的原则，遵照生态系统演变规律，将适宜于特定生态系统的单项技术集结成一套系统的技术体系。

（2）空间协调性。系统工程法集成生态修复技术要充分考虑生态系统各要素的空间关系，以及相互影响关系。技术集成要按照由宏观到微观，由地下、地表到生物的空间顺序来集成。

（3）技术模块化。系统工程法集成生态修复技术体系要考虑组成生态系统的子系统，因此技术上也可以模块化处理，先集成各子系统修复的技术模块，再按照子系统之间的关系，集成适宜于大型煤电基地生态系统修复的完整技术体系。

2.2.1.2　系统工程法集成生态修复技术的方法

按照系统理论，将大型煤电基地的生态系统进行系统分析，根据系统特点、系统组成，以及系统组成要素之间的关系，选择适宜于各组成要素治理的技术，按照合理的空间关系，遵循系统演化规律，以及技术实施的逻辑关系，集成形成生态系统综合治理技术体系。保障生态功能完整、空间结构合理。

大型煤电基地的生产活动以煤炭开发、电力生产为主，同时还包括其他社会经济活动。影响大型煤电基地生态系统的主要生产因素是煤炭开采和电力生产。因此，生态治理的重点就是煤炭开采和电力生产所造成的生态损伤。为此，首先需要基于区域生态安全进行合理的生产规划，确定未来规划期内的生态状况和发展目标。其次在生态发展目标的基础上，针对具体的生态治理问题，选择适宜的先进技术开展生态治理。

显然，对生态系统影响最大的是露天采煤所造成的地层及地表附着物的损伤，在大型煤电基地生态修复中，减少损伤、快速修复成为大型煤电基地生态修复的核心。因此，减损型采排复一体化技术体系集成是大型煤电基地生态修复的核心技术。

生态减损型采排复一体化技术集成是大型露天矿生态修复的整体框架。这一技术体系是基于煤炭露天开采对生态的损伤与治理系统全过程的集成治理技术。源头上，集成靠帮开采技术、绿色开采技术，减少土地损伤；过程中，集成物流优化配置技术、排弃方法、作业优化技术；开采后，集成近自然地貌重构技术，含水层恢复连通技术，地下水库构筑技术，地表土壤物性重塑技术和近地表储水层构筑技术，形成系统完整的采矿生态修复技术体系。

生态减损型采排复一体化是以降低矿区损伤区间、缩短生态损伤周期、提升矿区生态结构为目标，通过地层损伤仿真模拟，开展减损型采矿设计，减少采矿剥离面积；通过靠帮开采快速回填，优化物料调配，优化剥采排季节性作业，增加生态治理有效时间；通过近自然地貌重构，含水层恢复连通，构筑地下水库，形成近自然地层重构；通过土壤物性重塑，表层结构优化，近地表储水层构筑，构建形成生态优势基地（图 2-7）。

显然，生态减损型采排复一体化技术体系仅是针对采场地层重构及地表土壤结构改良这一生态修复要素而设计，可以达到生态土壤环境修复的目标。这一技术体系充分考虑了土壤环境修复的系统要素，且符合土壤环境从地下到地表的空间特征，示范应用效果良好。

按照系统工程法集成生态修复关键技术，首先应有明确的目标，并系统分析生态修复要素，针对关键环节选择适宜的技术进行集成。大型煤电基地的生态修复，需要将水资源、土壤资源、植物资源、微生物资源等综合考虑，系统分析，遵照系统有机构成及其演化规律，结合当地生态条件优选单项修复技术，最终按照生态系统结构来集成相关技术，形成适合于大型煤电基地的水-土-植综合修复技术体系。

2.2.2　面向近自然恢复目标的仿生工程法

仿生工程法是按照生物健康生长规律，将生态治理工程人为分成前后连续的若干阶

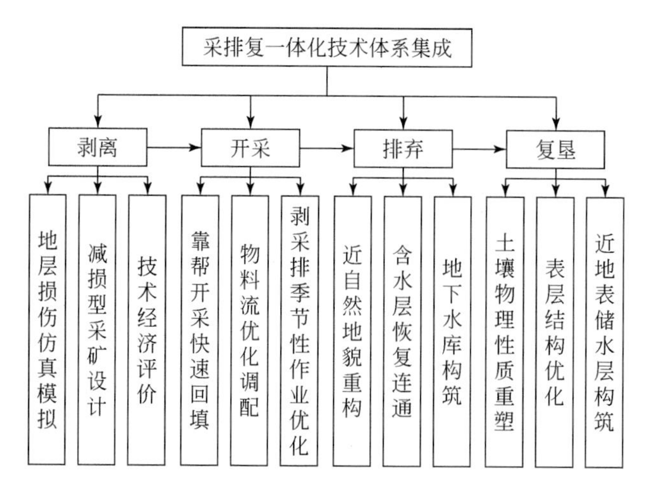

图2-7　生态减损型采排复一体化技术集成

段，针对每个阶段的特点，选择适宜的技术来解决不同阶段的生态修复难题，以每个阶段的治理效果来保证整体治理效果。仿生设计技术集成就是将不同阶段的技术按照生态要素修复的顺序组织形成生态修复完整的技术体系。

2.2.2.1　仿生工程法集成生态修复技术的特点

（1）一致性。生物成长在不同的阶段有不同的特点，也有不同的需求。因此，要保证生物的健康成长，各阶段可以采取不同的手段。大型煤电基地生态修复也具有客观的过程，且在不同的阶段有不同的特点。排土场刚开始时，排土场的稳定性是治理的关键；当排土场初具规模时，表层土壤改良、植被优化种植就成为关键；当排土场成型后，水土保持、植被恢复就成为重点。因此，基于仿生原理集成生态修复技术，强调时间维度，技术选用要符合生态修复阶段性要求。

（2）连贯性。生物成长过程是连贯的，否则将造成夭折。同样地，生态修复是一项长期的、联系的工作，直到矿区生态与自然融为一体，否则中途停止将会半途而废。为此，要求集成的各项技术本身在解决当前问题的同时，要能为生态的自恢复提供帮助；集成的各项技术之间要协调一致。

（3）自恢复性。生物成长过程中，偶然出现病灾需要及时医治。但药物治理不能陪伴终身，最终要依靠自身的抵抗力。在生态修复过程中，利用各项技术关键是要恢复生态的自恢复能力，并非改变生态的全貌。在仿生技术集成中，应注意技术应用在生态修复中的作用是提升生态功能，恢复生态功能，而不是改变生态功能。

2.2.2.2　仿生工程法集成生态修复技术的方法

仿生工程法是仿照生物成长的过程来组织作业。大型煤电基地因煤而生，将受到煤炭资源的直接影响。煤炭资源的不可再生性和优先性，客观上将导致大型煤电基地的生命周期特征。大型煤电基地的发展必然要经历建设期（T1）、投产期（T2）、达产期（T3）、稳产期（T4）和衰老期（T5）等五个阶段（图2-8）。

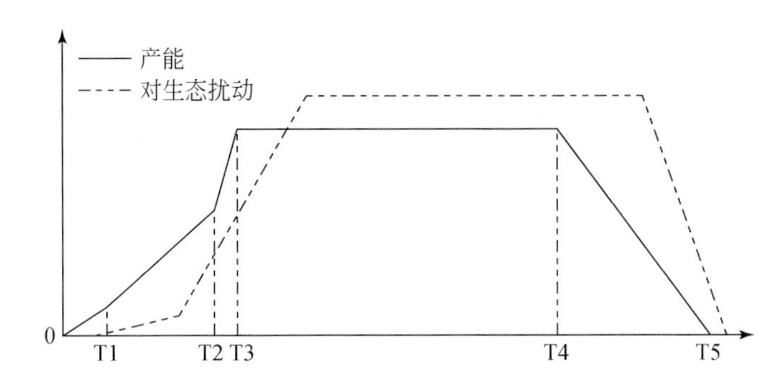

图2-8　大型煤电基地发展及生态扰动生命周期阶段

在建设期，煤炭资源开发、电力生产规模较小，对生态的扰动和损伤不大，尚未打破生态自平衡，因此生态压力较小。这一阶段，生态修复应以规划为主，生态保护和治理配套设施建设应同步开展。在投产期和达产期，区域内煤炭开发规模迅速增加，电力生产开始增加，对生态的扰动和损伤逐渐加强，生态压力显现。这一阶段，生态修复的重点应在外排土场治理、场地治理方面。在达产期，区域内煤炭产能达到顶峰，煤炭开采强度持续在高水平，电力生产稳定，对生态的扰动和损伤急剧增加，累积效应开始显现，生态压力日益增加。这一阶段，生态修复空间同步扩大，生态修复难点、已治理区的新问题逐渐出现，生态治理的任务不断增加。进入衰老期，煤炭资源储量剩余不足20%，煤炭产量下降，电力生产下降，生态累积效应持续增大与生态修复保障能力减弱并存。这一阶段，大型煤电基地生产出现拐点，但生态压力继续增加（如果能达到同步适时治理，生态压力保持稳定），伴随着资源的减少，生态修复的保障要求与煤电基地效益衰退的矛盾日益突出。

因此，仿生工程法集成生态修复技术，需要遵循大型煤电基地生命周期规律，按照全生命周期规律，分析生态系统要素在大型煤电基地不同生命周期阶段的治理任务和技术要求，选择适宜的先进技术，按照生态修复的时空要求，集成大型煤电基地生态修复技术体系。

显然，在草原区大型煤电基地开发过程中，生态修复的最终目标是将基地与周边草原区协同发展，使大型煤电基地受损生态修复后最终回归草原。因此，水–土–植协同配置修复技术体系将贯穿大型煤电基地发展的全过程。在每个阶段，水–土–植协同配置修复技术体系都是生态修复的核心技术体系。

在大型煤电基地生态修复过程中，水资源、土壤资源和植物资源是生态系统的基本组成要素。按照仿生原理，生物健康成长过程中，各要素需要均衡、协调发展。因此，在大型煤电基地生态修复中，水–土–植诸要素需要协同配置，并在不同的生命周期阶段有不同的治理侧重点。在基地建设阶段，矿区开采方案的规划、优化是重点，对未来矿区生态景观规划也应包括在内，同时首采区地表剥离全面展开，外排土场逐步形成，因此治理的重点集中在水资源保护与利用、外排土场到界后的表层土壤结构改良、植被恢复；到投产期、达产期，生产逐步正常化，剥、采、排各环节逐步协调，外排土场的形成和治理成为重点，不仅涉及疏水、矿坑水的综合利用，而且外排土场表层土壤结构重构、植物优选优育，提高植被覆盖度也成为重点；到矿山达产后，煤炭资源开采规模稳定在一个较高的水平，博、采、排衔接一致，正规作业循环按计划开展，固体废弃排放由外排土场转入内排土场，这一阶段矿井疏干逐步下降，地下水资源的保护、储存、利用，以及地表大气降水的合理引导、利用成为草原区大型煤电基地的重点，同时电力生产开始增加，电厂废弃物的处理、利用，矿区地表近自然构筑、土壤断面重构，配之以适合当地条件的优势植物，提高植被覆盖度，成为大型煤电基地生态修复的核心；随着煤炭资源的减少，矿区进入衰老期，生态修复的重点转移到采坑治理和综合利用、地表土壤结构改良和植被恢复。通过同步持续生态修复，确保基地生态功能得以维持，区域生态安全得到保障。

针对东部草原区大型煤电基地气候酷寒、干旱和土壤贫瘠的本底生态特点，按照水-土-植生命共同体协同发展的原则，集成水-土-植协同配置修复技术。水资源应根据区域水资源运移规律，综合分析大气降水、地表水和地下水的变化规律，集成空间立体洁净储水技术、保水开采技术、水资源分质利用技术等，为基地生态修复提供基础水资源保障；土资源应根据地层土壤结构、本底土壤特点，集成近自然地表重塑技术、土壤断面重构技术、土壤再造技术等，为基地生态修复提供基础物质保障；植被资源应根据本地优势物种、先锋物种，集成提质增容技术、物种优选优育技术、微生物促生技术等，提高植物成果率、增加生物量，与水资源、土资源形成良性循环互补，形成完整的生态体系（图2-9）。

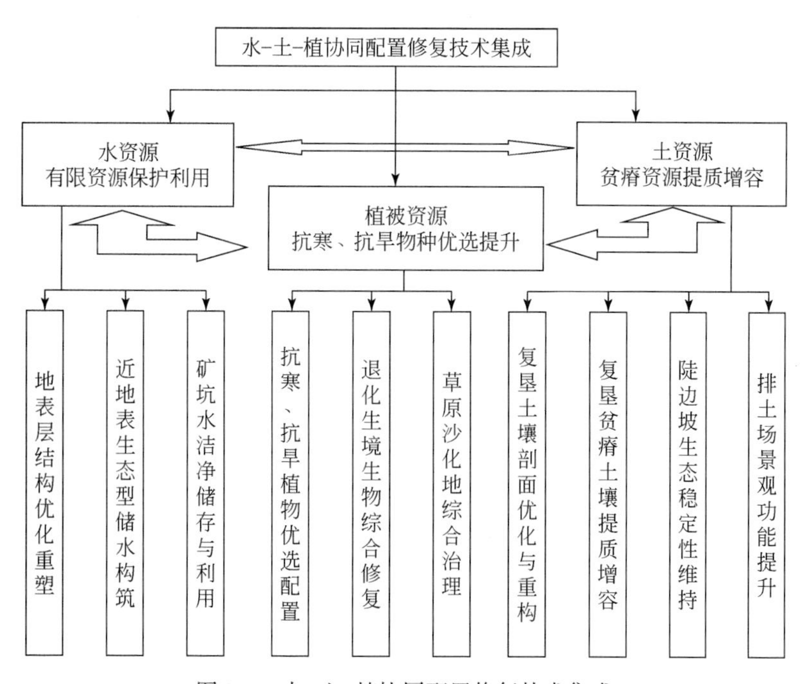

图2-9　水-土-植协同配置修复技术集成

生物生长既有生命周期规律，同时内部结构也在不断发育完善。因此，仿生工程法集成生态修复技术既要充分考虑大型煤电基地不同发展时期的生态修复重点，集成适宜的技术，同时还要考虑大型煤电基地生态系统内部的组成要素。因此，在水-土-植协同配置修复技术集成的同时，还要综合集成基地整体景观规划技术、绿色开采技术，以及资源综合利用技术，形成完整的大型煤电基地生态修复技术体系。

2.2.3 基于生态效果修复指标控制集成法

大型煤电基地生态修复的目标应该通过水资源循环利用率、土壤有机质含量、植被覆盖率等具体的指标来反映。首先要把握大型煤电基地生态指标，了解大型煤电基地开发之前区内的生态基底指标，为保证生态修复效果，应以这些基底指标作为修复的目标。其次要划定生态修复对照区，因为区域生态稳定性的影响因素很多，煤电基地开发仅是其中的主要影响因素。因此应在煤电开发未影响（或影响甚微）的同类地区划定对照区，以此来评价生态修复的效果，改善生态修复技术。

另外在生态修复之前，首先应该客观评估煤电开发对生态的扰动和损伤程度，根据生态修复要素的受损程度选择适宜的修复技术，采用合理的修复方法。并在阶段性生态修复完成后，对修复结果进行评价，分析生态修复的效果，针对具体问题，选择适宜的技术方法进行再治理，提高生态修复的整体效果，保证生态修复质量。

2.2.3.1 指标评价法集成生态修复技术的特点

（1）针对性。大型煤电基地生态修复是一个时空范畴，但治理对象的损伤程度、治理的阶段效果、治理的过程均可以通过相应的指标来反映。例如，地表水资源量、地表水水质，地表土壤损伤面积、土壤水分，植物种类、植物净生物量等，利用这些指标，通过与基底对比、与对照区对比、与类似区域对比，可以分析确定治理的重点、治理的具体内容、确定治理的对象，为选择、集成治理技术提供方向。

（2）局限性。利用指标分析，可以确定治理的重点，开展有针对性的治理修复。但是，由于指标本身的局限性，以及指标所反映的治理对象的局限性，可能会影响生态修复的全局性和系统性，造成生态修复中的顾此失彼。因此，在通过指标评价法集成生态修复技术时，应将确定治理对象、治理区域放在大型煤电基地区域的时空范围去分析，综合运用系统的修复技术，实现综合效益最大化。

（3）时效性。大型煤电基地的生态系统在不断演化，既有修复治理的正向影响，也有损伤累积的负向影响。各项指标反映的则是特定试点的状况，指标评价主要是反映不同试点、不同区域生态要素的状态变动。由此所确定的修复治理对象、内容显然是基于特定时空基点，据此选用的技术也自然是基于对应时空基点的。但生态演变是一个漫长的过程，基于特定时空基点的修复方法可能会掩盖生态演变的自然规律。因此，应用评价法集成大型煤电基地生态修复技术时，既要重视指标评价，确定修复治理的重点，选取适宜的技术；同时还要按照生态演变的客观规律，注意处理短期修复与长期治理保护的关系。

2.2.3.2 指标评价法集成生态修复技术的方法

指标评价法是通过针对评价对象构建系统的指标体系，客观反映评价对象的特征，据此确定评价对象的客观状况。结合指标评价法集成生态修复技术，首先要明确大型煤电基地生态修复的对象及其相互关系，然后针对治理对象构建系统的指标体系，以客观反映评价对象的实际，通过指标对比，发现治理前、治理中、治理后生态要素与基底值、对照区生态要素的设计值、类似地区技术应用效果值等之间的差距，确定治理的对象和重点，据此选择适宜的技术，按照生态修复一般规律集成为系统的技术体系。在大型煤电基地生态修复过程中，水资源保护与利用、水环境修复与治理是最重要的内容，因为水资源是维系生态系统的基础，而水资源短缺是大型煤电基地的基本特征之一，所以水资源保护及其空间立体洁净储存和利用技术集成尤为重要。

水资源保护及其空间立体洁净储存和利用技术是基于大型煤电基地水资源整体状况、运移规律，对水资源进行保护、储存和利用的技术体系，包括以煤层底板为依托的地下、地层含水层，地表生态储水等立体储水系统以及配套的水资源利用系统（图2-10）。

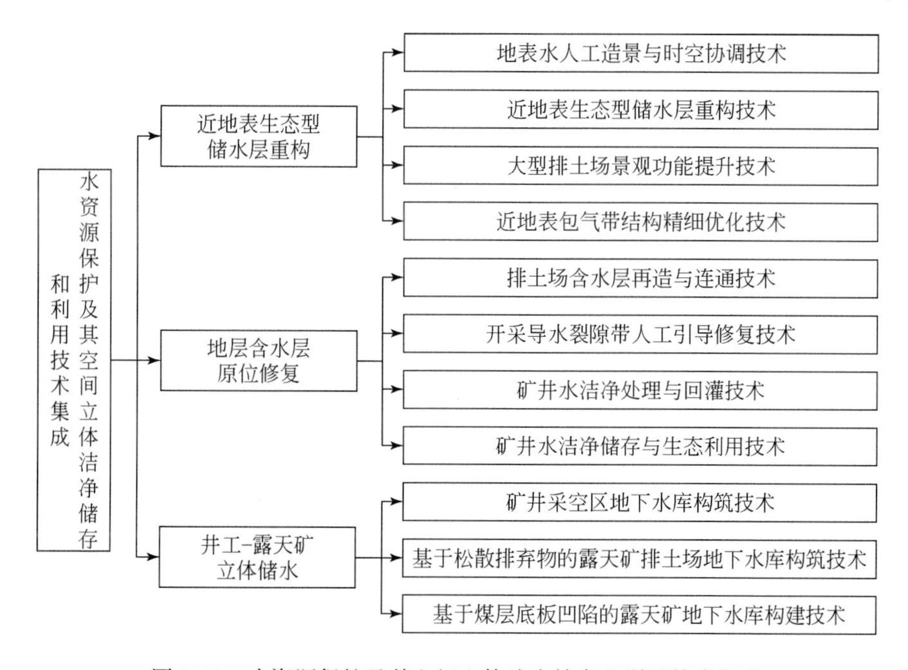

图2-10　水资源保护及其空间立体洁净储存和利用技术集成

依托煤层底板与上覆隔水层形成的地下水库，集成了矿井采空区地下水库构筑技术、基于松散排弃物的露天矿排土场地下水库构筑技术、基于煤层底板凹陷的露天矿地下水库构建技术，配套水资源洁净处理技术，形成地下水资源储用技术体系，满足水资源循环利用指标。地层含水层原位修复技术体系，集成了排土场含水层再造与连通技术、开采导水裂隙带人工引导修复技术、矿井水洁净处理与回灌技术、矿井水洁净储存与生态利用技术，形成地层含水层再造技术体系，实现地下潜水位持续提升指标。近地表生态型储水层重构技术体系，集成大型排土场景观功能提升技术、近地表包气带结构精细优化技术、近地表生态型储水层重构技术、地表水人工造景与时空协调技术，实现矿井水循环利用，提高水资源利用率指标。利用水资源保护和空间立体储存与利用技术体系，使水资源循环利用率、地下潜水位恢复程度、生态用水资源保证率等指标得到保证，实现植物群落调蓄功能、含水层连通功能和地下水储用功能。

显然，针对生态要素均有相应的表征指标。围绕这些指标的实现，可以选用适宜的技术，形成有针对性解决问题，或者补充解决特定生态遗留问题的技术体系。在生态修复中，可以将各生态要素按照效果指标对应支撑技术集成形成适合东部草原区大型煤电基地生态修复的技术体系。

总之，技术集成应该是一个系统工程，需要在生态修复目标框架下，按照生态修复的技术需求，将适宜的技术根据生态演化规律集成为一个完整的体系（图 2-11），为东部草原区大型煤电基地生态修复提供技术支持，提升区域生态功能，保障生态安全。

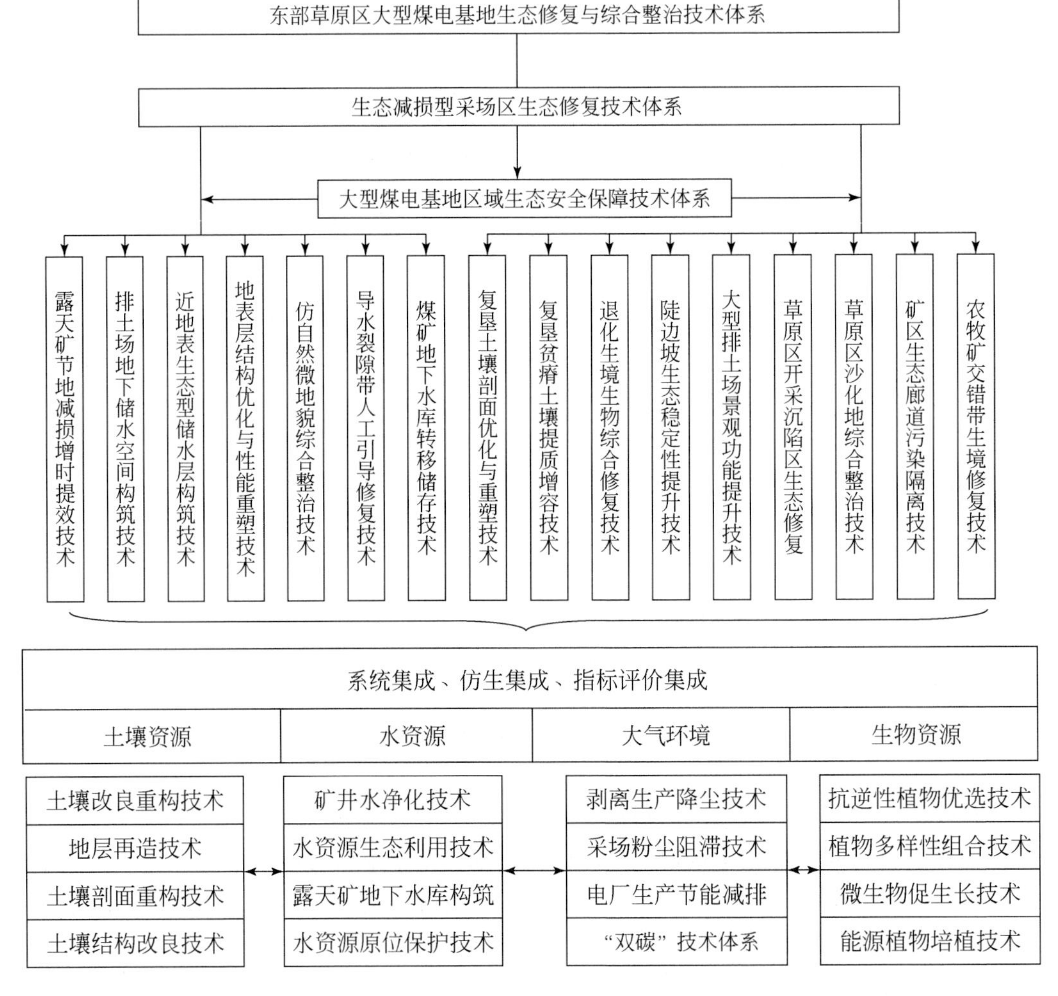

图 2-11　东部草原区大型煤电基地生态修复与综合整治技术集成

2.3　大型煤电基地生态修复关键技术效果评价

评价是管理的重要环节之一，通过评价可以发现评价对象在活动中存在的差距，并总结经验，为后续改进提升提供依据。大型煤电基地生态修复关键技术效果评价是针对大型草原区煤电基地生态修复关键技术应用示范效果进行客观评价，据此判定相关技术的先进性、可行性，同时为相关技术的进一步改进指明方向，提供基础信息和依据。因此，关键技术效果评价意义重大，既是一轮生态修复工程的总结，也是下一轮生态修复工作的起点。

评价体系包括评价指标体系构建、评价方法选择、评价标准构建，以及评价结果及其应用。对大型煤电基地生态修复关键技术效果评价，同样需要具备以上内容，形成完整的评价体系。

2.3.1　生态修复效果评价指标体系构建

2.3.1.1　大型露天矿区生态因素分析

大型煤电基地生产必然对一定区域内生态要素产生不同程度的影响。生态修复则是综合运用一系列的技术，对受损的生态要素施以一系列的生物、工程措施，改善其受损状态，逐步恢复其生态功能。在此过程中将会对该区域内的水资源、土壤、植被、生物等环境要素及其生态过程产生诸多直接或间接、有利或有害的影响。矿区土地复垦的生态效益就是土地复垦行为主体的经济活动影响了自然生态系统的结构与功能，从而使得自然生态系统对人类的生产和生活条件产生直接和间接的影响。

从生态方面来讲，影响复垦效果的因素总结而言就是自然地理气候环境条件对于复垦效果的影响，而自然地理气候条件可以总结为自然条件下当地水、土、气等方面对当地整体生态的综合影响。而露天矿区由于其生产方式的原因，水土气的均衡关系遭到了损伤。其对生态环境造成的影响主要体现在露天开采所挖损的土壤和土壤上植被的损伤。因生态环境要素具体有水、阳光、大气、动植物、矿物和土地等，可大致依据客观表象分为水、土壤、植被三类。不同露天矿区的水土气条件都是不同的，因此，生态方面的影响因素应该包括所要分析露天矿区的地域气候条件，这是影响复垦效果的重要因素。另外，由于露天开采的特性，露天矿区的土壤被大量地翻动、压实，土壤的整体条件遭到损伤，如要完成土地复垦，则恢复土壤的养育功能是很重要的工作。而土壤能否成功支撑土地复垦的顺利进行，就在于土壤的理化性质。因此土壤的理化性质也是一个重要的因素。植被是最直接体现露天矿区土地复垦在生态方面效益的要素，因此植被覆盖率是最直接的一个体现指标，而植被的存活也体现了当地水土气综合调理效果。

2.3.1.2　经济因素分析

大型煤电基地发展的根本目标在于发展经济，由此推动区域协调发展。但煤电基地发展不可避免地会对生态造成损坏。如果不进行同步治理，将会有生态累积效应而导致区域生态恶化，以及低效煤电发展带来的经济效果。为此，需要在发展煤电产业的同时，加强区域生态修复与保护。生态修复应坚持系统理论，对生态系统各要素综合协调全面治理。

一般地，开展生态修复在初期需要投入大量的人力、物力和财力，投入远大于产出，但随着科学有序的生态修复，不拖欠生态治理旧账，使生态修复与生产保持同步，最终必然会产生符合投入的效益，这种效益并不一定是收入的增加，更重要的是减少支出。因此，对生态修复的经济效果，要从更高的层次去分析。通过先期投入进行生态修复使生态功能不发生累积式减弱，通过全生命周期的生态修复，维持生态功能的相对稳定，就可能维持区域生态的经济效益，最终达到收益大于投入的效果。生态修复完成达标率，以及生态修复的投入成本、生态修复带来的收益是在经济方面影响着生态修复的经济因素。

2.3.1.3 社会因素分析

大型煤电基地生态修复的社会效益是指生态修复实施后，对社会环境系统的影响及其产生的宏观社会效应。这个因素很大程度上是通过定性指标来反映。评价社会效益的因子有很多，诸如水资源对社会的保障程度，土地资源的承载力，植物生物总量对社会的影响，以及大气环境对社会经济的影响等都可以反映生态修复的社会效果。但生态修复最终都应由给人民带来的效益、社会对生态修复的满意度来决定。生态修复的社会效果需通过社会经济发展、给人民的感觉来体现，定量表述比较。因此，在经济效益和环境效益的基础上，应从区域社会经济高质量发展的保障方面来考虑生态修复的社会效益。

2.3.1.4 生态修复效果评价指标体系

根据大型煤电基地生态环境本底特征，结合煤电产业发展对区域生态环境的损伤，分析大型煤电基地生态修复的影响因子；梳理总结国内外文献中对于生态修复效果评价指标的研究成果。根据煤电开发与基地生态环境的影响关系，以及煤电基地生态环境的演变规律，采用层次分析法分解综合评价的目标，构建生态修复效果评价指标体系。

基于生态修复的总体目标，以及大型煤电基地生态要素组成，将大型煤电基地生态系统稳定安全作为目标层，从生态修复的效果表征出发，进一步将生态修复效果分解为项目组织管理情况、生态环境修复效果和配套设施完善程度 3 个二级指标；根据二级指标的特征再进一步细分为 8 个三级指标，30 个四级具体指标。评价指标体系结构及获取方法如表 2-1所示。

对此，可以利用具体指标对技术应用效果进行评价，也可以对生态子系统修复效果进行评价，对利用技术体系进行生态修复的过程进行评价，也可以综合评价大型煤电基地生态修复的效果。

表 2-1　生态修复效果评价指标体系

一级指标	二级指标	三级指标	四级指标	方法
生态系统稳定安全	项目组织管理情况	项目任务完成率	项目任务完成率	已完成工程量/设计预期完成工程量
		项目建成后管理情况	已建成项目维护次数	
	生态环境修复效果	水环境修复效果	水资源总量	景观池取水样，围绕景观池四个方向分别取样，取均值
			水资源结构	
			pH	
			总悬浮物	
			化学需氧量	
			总铁含量	
			总锰含量	
		土环境修复效果	有效土层厚度	取样，样品量为 10% ～15%，取样方法为从平台中心到四周、坡面两面三角形取样
			覆土面积	
			土壤容重	
			土壤质地	
			pH	
			砾石含量	
			有机质含量	
			地面坡度	
			单位净初级生产力	
			地面平整程度	
		植被环境修复效果	覆盖度（林木/草本植物/植被）	
			植被密度（平台/坡面）	
			造林成活率	
			种类多样性	反映植被配置模式
	配套设施完善程度	景观修复效果	景观布局的整体感	反映是否与周边环境一致
			各要素组织的协调性	
			景观的均匀度	
		灌溉设施布置情况	灌溉设施布置密度	
			灌溉能力	
		道路布置情况	道路密度	
			运输能力	

2.3.2 单项技术效果评价法

单项技术效果评价一般可以采用目标指标评价法。即通过技术实施后的效果与目标效果比较，评价单项技术。事实上，技术先进合理性均需要通过应用效果来验证。新技术的研发需求均来源于实践。因此，一项新技术的研发应该有针对性目标，最终应能够较好地解决某一类实际问题。

根据问题需求，剖析问题形成、发展、解决的机理，寻求解决的途径，提出解决的办法，形成解决问题的一般性程序、规程，这就成为一项技术。新技术的研发首先要解决问题，而且要比其他方法更有利于解决问题。通过评价该项技术实施后的效果，可以反映该项技术的先进性、合理性、可操作性。大型煤电基地生态修复的对象很多，需要有针对性的技术来支撑。诸如解决土壤贫瘠的问题，就有近自然地貌重建技术、土壤剖面重构技术、固体废弃物人工造土技术等。这些技术将从某一个侧面来解决土壤贫瘠的问题。

因此，针对单项技术效果的评价可以通过如下的流程开展（图 2-12）。

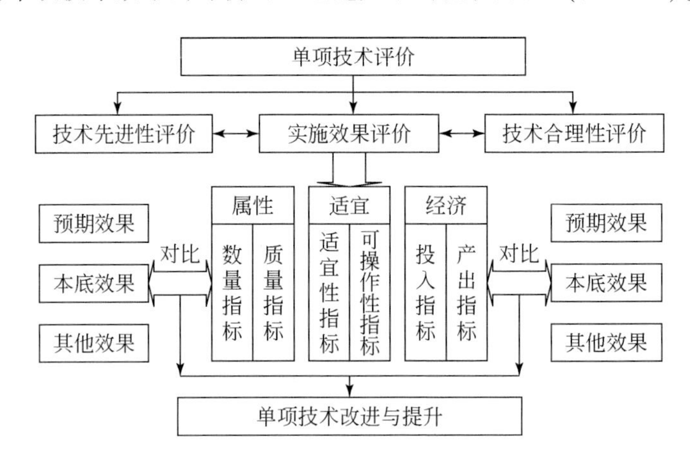

图 2-12 单项技术效果评价流程

表土稀缺区复垦土壤剖面优化技术就是针对东部草原区大型煤电基地生态脆弱、表土稀缺、水土流失难以控制、土壤贫瘠等问题，通过土壤剖面构型特征、植被生长特征调查、矿区土壤剖面构型、植被生长耦合关系研究，采用煤电基地高温热解产生的煤矸石、粉煤灰、煤泥等固体废弃物，通过破碎、熟化与土壤进行配比研究，测试不同配比情况下土壤的理化性质，分析热解废弃物对土壤理化性质的影响过程与影响机理。研发基于高温热解工业废弃物的土壤构建与改良技术以及基于生物炭施用的矿区土壤改良技术，以解决矿区复垦过程中存在的因缺乏表土而导致的复垦土壤质量不佳，植被生长不良等问题。技术应用显示：当以 20% 表土+60% 岩土剥离物+10% 煤矸石+10% 粉煤灰重构近地表土壤剖面，生物炭裂解温度达到 300℃ 或 400℃，且添加的生物炭含量为 24g 时，干旱胁迫下苜蓿存活率均得到了最有效的改善，其中在整个盆栽实验中此重构方式在生物炭裂解温度达到 400℃，且每盆生物炭使用量达到 24g 时，干旱胁迫下苜蓿存活率最高。这是因为生物炭对干旱胁迫下植物存活率的影响与生物炭的热解温度及施用量有关。研究表明，300～400℃制备的生物炭对养分的保留效果更明显，对土壤团聚体的改善效果更佳，生物炭的施用同时提高了土壤孔隙度，进而对土壤保水能力的提升效果更优。这说明该技术可以用于解决东部草原区生态修复中的土壤贫瘠问题。

2.3.3　分类技术效果评价法

大型煤电基地生产对生态要素的影响是全系统的。每一项生态要素的修复都要从不同的视角综合考虑，由水土气生等诸要素构成的生态系统的修复绝非单项技术能够解决的，需要根据实际将适宜的技术有机集成起来，方能达到综合治理的最佳效果。

分类技术效果评价法是在单项技术效果评价的基础上，根据治理对象的演变、恢复规律，分析同类技术集成的合理性、互补性、适宜性和经济性。据此对比分析分类技术应用后取得的效果，包括分类技术与单项技术应用效果、分类技术应用效果与本底效果、分类技术应用效果与传统技术效果的对比分析，以及不同分类技术应用效果的对比分析。通过对比分析，参照分类技术的不足，提出进一步改进提升的路径与策略，并总结分类技术的优势，形成针对某一特定修复对象的分类技术体系。

显然，分类技术效果评价同样需要根据生态修复的对象及预期效果构建评价指标体系；同时要根据技术特点、技术对修复对象的作用机理对分类内各单项技术进行合理性、适宜性、互补性评价；然后按照技术的整体性、协调性对技术进行组合集成；分析对比各分类技术实施后的效果指标，选定、改进分类技术（图2-13）。

大型煤电基地生产过程中，煤炭资源大规模露天开采会对上覆地层造成整体损伤。对此，就需要集成应用合理的剥采技术、地层再造技术、近地表土壤重构技术等，针对采矿生态修复集成生态减损型采排复一体化技术。在技术选择和集成过程中，就需要考虑各单项技术的先进性、修复技术内在机理的统一性、技术时空衔接性、技术的合理性和经济性。当然，不同的露天矿区，或者同一露天矿区的不同生产阶段，采场区生态修复的难点也会出现差异。因此，应根据大型露天矿区的采场实际，选择与之适宜的技术集成生态减损型采排复一体化技术体系。

2.3.4　综合技术效果评价法

大型煤电基地生态系统的组成要素包括气候、地层、水文、地形等区域尺度以及土壤、生物、人文等微观尺度，是一个时空概念的合集。大型煤电基地空间范围一般由矿区的资源开采与利用对生态环境的影响范围确定，包括煤电基地的工业建设区和环境影响区；时间范围主要是从矿区规划设计到生态修复后当地生态系统达到自稳定状态的时间区间，包括生产扰动过程和生态修复全过程。因为煤电基地生态系统受到人类活动和自然规律的双重作用，其中人类活动既包括煤电生产的影响，也包括其他生产活动的影响。但其他生产活动对大型煤电基地生态修复区域的影响，与其对照区生态系统的是同质的，且难以完全剥离，因此在评价过程中不予单独考虑。

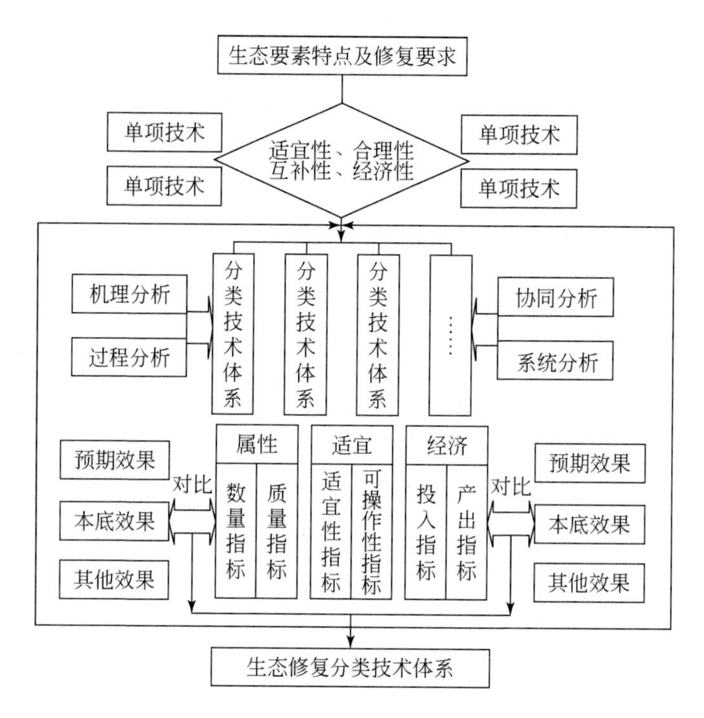

图 2-13　分类技术效果评价流程

在大型煤电基地生态修复中，修复对象包括大型煤电基地生态系统中的水环境、土壤环境、大气环境和生物等诸要素。生态系统典型的系统特性，客观上决定了必须基于系统思想构建时空多维度的生态修复技术集成模式，生物资源（种群）修复、生境（生态环境修复）、生态系统修复三个层次，由点到面，按照系统整体最优的原则，实现基地生态系统的同步修复。为此，大型煤电基地生态修复技术体系的效果评价可以选用不同的方法进行。

2.3.4.1　模糊综合评价法

模糊综合评价法是一种定性与定量相结合的评价方法。据此进行大型煤电基地生态修复效果评价，首先按照表 2-1 构建的指标体系，针对综合生态修复技术体系的应用区域，确定具体指标的效果值，对于不能直接量化的指标，则先定性予以反映，再按照量化规则进行指标值量化。同时针对技术体系应用对照区的生态要素现状效果指标值，进行基础数据预处理。

然后根据各指标对生态稳定安全的影响程度，设计指标隶属度函数和评价规则。其中应按照生态系统的特点，以“木桶原则”设计关键要素的影响规则。

根据设计好的原则，计算确定综合技术体系实施效果评价值。同时根据生态系统稳定安全评价值与生态系统可持续发展的关系，设定生态系统稳定安全评价标准，分区判定不同时空范围内的集成技术应用效果。进一步将其与对照区生态要素状况、修复目标等进行对比分析，查找其中的差距，并改进技术集成模式或其中的单项技术，提高生态修复效果。

模糊综合评价法可以将定性与定量方法结合起来，满足评价目标的要求。但采用这一方法对基础信息资料的要求较高，需要针对不同的评价区域采集序时基础信息，并根据集成技术体系的调整而补充相关信息。

2.3.4.2　综合指标法

草原区大型煤电基地生态修复的最终目标是应将受损的矿区环境恢复为近自然的地貌，达到采矿微痕。因此，对生态修复的效果也可以通过宏观植被恢复情况来反映。充分利用遥感技术，获取大型煤电基地不同时期的地表植被信息，客观反映生态修复的整体效果。

区域的植被覆盖要受到该区域水环境、土壤环境和气候环境的综合影响，可以综合反映区域生态环境状况。因此，以宝日希勒生态修复示范区为评价对象，利用高分二号卫星遥感影像，可以计算大型煤电基地范围内2017～2020年的归一化植被指数（NDVI）以及植被覆盖率的变化情况，客观反映2016年以来应用生态修复技术实施生态修复工程的效果。

1. 基础数据来源及预处理

针对宝日希勒生态修复示范区，使用来自高分二号卫星的遥感影像获取地表植被信息。宝日希勒矿区酷寒、干旱，冬季漫长寒冷，夏季降水集中。为研究植被的生长及覆盖情况，选取研究区范围内植被生长显著的5～9月间云量较少时段所获取的遥感影像，并对数据进行正射校正、辐射定标、图像融合、大气校正等预处理，获取地表植被覆盖基础信息。

2. 评价区域划定

生态修复技术要根据受损区域的特点，有针对性地集成，包括露天矿采场区域的系统修复，外排土场内水土流失严重区域、植被严重退化区域等典型区域的针对性修复，矿区范围内工业废弃地的综合治理等。

3. 综合指标选择

为综合反映植被状况，选用植被覆盖度（绝对指标）和植被覆盖率（相对指标）作为综合指标。植被覆盖度是指在一定面积上植被垂直投影面积占总面积的百分比，是从总体上反映植被平面生态长势的生态指标，也是评判土地分类的依据。植被覆盖度可以利用遥感数据进行宏观估算。在主要特定时点利用红外和近红外波段遥感数据，采用指数法、回归法或模型法等进行估算。由此，根据生态修复技术应用情况，利用遥感技术获取宝日希勒示范区2017～2020年间植被覆盖度和植被覆盖率的基础信息（表2-2）。

具体到典型修复区域，排土场北坡严重水土流失区域，应用仿自然地貌水土保持技术综合整治后，地表植被覆盖度显著提高。

评价区域对比发现，宝日希勒矿区关键技术示范区各项指标均有大幅提升，周边各对比区指标提升较小或有所下降，说明宝日希勒矿区关键技术示范区建设成效显著。在植被覆盖度方面，关键技术试验区示范工程平均植被覆盖度由2017年的30.88%提高到2020

年的 57.66%，增幅为 26.78%；较传统技术提升区平均植被覆盖度增幅 18.87%，提高了 7.91%；较自修复（无人工管护）对比区平均植被覆盖度增幅 2.83%，提高了 23.95%；与此同时，原生态草原对比区平均植被覆盖度略有下降，降幅为 3.66%。

表 2-2 典型修复区技术应用前后植被覆盖率对比表

植被修复技术试验区		植被覆盖面积/hm^2	评价区域面积/hm^2	植被覆盖率/%
		26.72	325.07	8.22
边坡仿自然地貌水土保持技术试验区	一年	25.61	204.21	12.54
	三年	928.03	1128.76	82.22
合计		980.36	1658.04	59.13

可见，监测植被覆盖率指标，关键技术试验区在 2017 年和 2020 年植被覆盖率分别为 59.13% 和 97.09%，植被覆盖面积分别为 980.36hm^2 和 1609.72hm^2，植被覆盖率和植被覆盖面积增幅分别为 37.96% 和 629.36hm^2，露天排土场植被覆盖率较本底值提高了 35%，说明根据不同修复区域有针对性地选用适宜的集成技术体系，修复效果显著。这些技术体系可以在东部草原区大型煤电基地生态修复中推广应用。

2.3.4.3 基于系统动力学综合评价法

利用模糊综合评价法和综合指数法可以对技术应用效果进行评价，但是生态系统修复本身是一项复杂的系统工程。通过评价不仅应该客观地反映出技术应用的效果，而且应该能找出生态修复技术应用的薄弱环节，以便于单项技术的改进和集成模式的完善。

基于此，提出了基于系统动力学的生态修复效果综合评价法。将大型煤电基地的水环境子系统、土环境子系统、大气环境子系统和生物子系统组成大型煤电基地生态系统。分析煤炭大规模开采、电力生产和其他生产活动对生态系统的直接影响和间接影响，将其作为生态系统修复的负反馈。应用生态系统修复技术开展的生态修复活动，包括技术体系对各生态要素的直接影响，乃至对生态系统的影响，以及各生态要素相互影响下的自修复，及由此产生的技术体系对各生态要素影响传导而来的间接影响，将其作为生态系统修复的正反馈，构建大型煤电基地生态修复系统关系图（图 2-14）。

在此基础上，根据大型煤电基地生态演变机理，结合相关技术对生态要素修复的影响关系、各生态要素之间的相关影响关系，以及生产活动对生态系统的损伤关系，搭建应用生态修复技术开展大型煤电生态修复技术应用效果评价因果关系图（图 2-15）。

应用系统动力学模型，一方面可以系统分析各项技术应用对生态修复效果的直接、间接影响，另一方面可以按照生态修复目标来调整相关技术集成，以保证系统综合效益最大化。

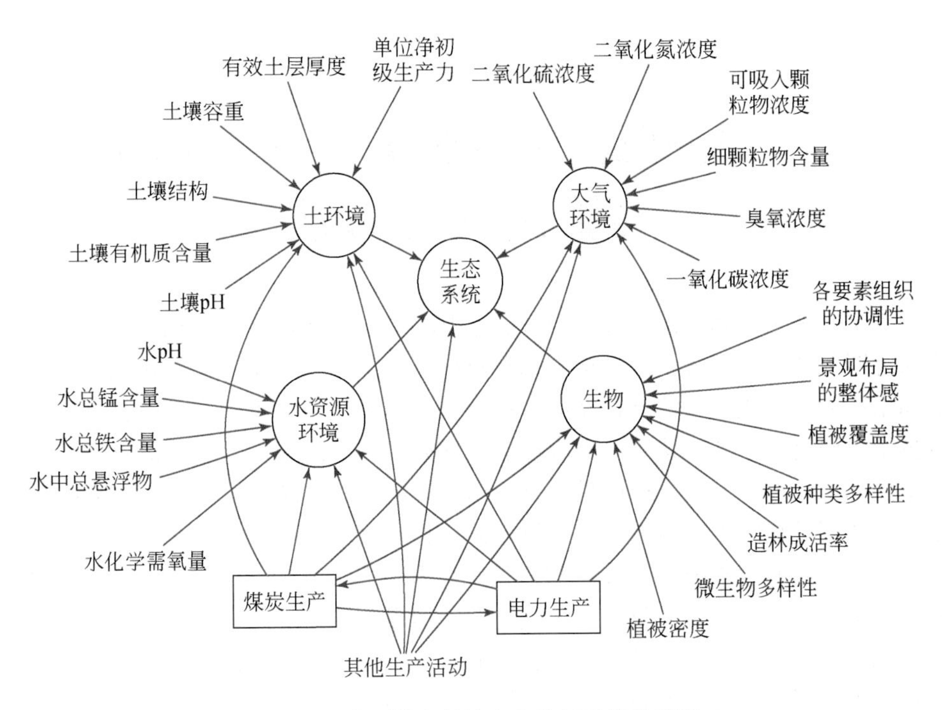

图 2-14　大型煤电基地生态修复系统关系图

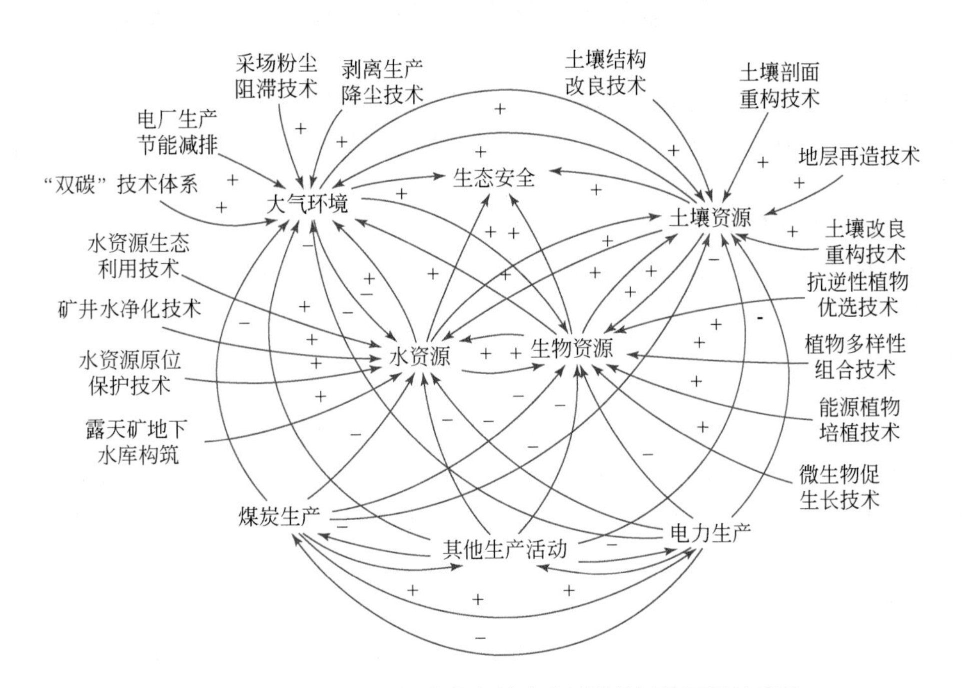

图 2-15　大型煤电基地生态修复技术应用效果评价因果关系图

第3章　大型煤电基地生态修复示范工程实施模式与方法

大型煤电基地生态修复的对象各具特点，因地制宜地选用适宜的生态修复技术体系，并采用与之匹配的实施模式，方可达到修复目标。在露天开采矿区，外排土场是在露天矿区建设和生产初期形成的，治理初期应选用近自然地貌重塑技术、土壤改良修复技术、植被修复技术等修复排土场，达到一定程度后要回归自然，后期修复治理的重点应集中在水土流失防控和植被提升方面。矿区采场是矿山生产的核心区域，生态修复需要在总体规划的基础上，选用适宜的生态减损型采排复一体化技术体系，从剥离、开采、修复全过程开展修复治理。而同期的矿山废弃地，则宜根据不同的修复治理区域，选用景观再造技术、植被提升技术，提高土地利用效率。因此，在大型煤电基地生态修复过程中，应按照“一景一策”的原则，选用适宜的技术体系，配套合理的管理机制，形成有针对性的修复工程实施模式，为大型煤电基地生态修复工程提供借鉴和支持。

3.1　大型煤电基地生态修复示范工程实施模式

大型煤电基地生态修复示范工程是对所研发关键技术的验证和提升。生态修复技术必须与修复区域的实际相适应，才能达到预期的效果。根据生态修复区域实际，实施生态修复示范工程，就是将理论研究、实验室研究成果在现场开展实际应用，验证生态修复的实施效果，并实现技术的集成，形成适合东部草原区大型煤电基地的生态修复技术体系。因此应坚持理论联系实际，结合修复区域的实际选用生态修复技术，设计生态修复方案，通过示范工程的实施提升、改进生态修复技术，形成生态实施模式，引领东部草原区大型煤电基地生态修复工程实验。

1）明确目标，系统治理

东部草原区大型煤电基地面临的主要生态问题是生态脆弱、土壤贫瘠、气候酷寒、可用水资源短缺。同时煤炭资源开采规模大，对生态环境诸要素的扰动大，急需的技术是水资源保护与利用技术、土壤重构与提质增容技术，以及适应当地气候条件的物种优选优育技术。

根据生态系统修复对象复杂性，在组织生态修复工程时，应优选适宜、先进的技术，并充分考虑与之配套的相关技术，将这些技术有机地集成为一个技术体系，方可为区域生态修复提供可靠的技术支撑。因此，基于时空的角度，示范工程所采用的技术不应该是单项技术，而是根据示范区域的特点集成的技术体系（表3-1）。

因此，政府部门和企业单位在大型煤电基地生态修复的目标、对修复效果的追求等方面都是一致的。政府在矿产资源规划、土地整治规划中，要对生态修复的区域、修复的目标提出明确的要求；承担生态修复组织者、监督管理者的职责；矿山企业应根据生产组织安排，贯彻政府制定的生态修复规划，承担矿区生态修复主体的责任。

表3-1 生态修复示范工程实施的支撑技术体系

序号	示范区类型	关键技术	配套技术
1	煤炭开采区	采排复一体化技术	保水开采技术、地层重构技术、土壤修复技术等
2	排土场到界区域	地表近自然重建技术、土壤提质增容技术	植被优选技术、水土保持技术、合理养护技术
3	形成的排土场	水土保持技术	植物改良技术

大型煤电基地生产具有时空特征。随着煤炭开采的顺序推进，生态修复对象也在不断变化，客观上形成了不同的治理要求。由于生态修复对象的特点不同，应该因地制宜地采取有针对性的策略。对已经形成的排土场，植被退化主要是水土流失引起，生态治理的关键是水土流失。因此，以水土流失治理为核心，围绕水土流失治理的同时进行植被改良、节水灌溉、保水抗旱等，提升植被覆盖度。

对于排放已经到界，即将开展地表重塑的区域，近自然地貌重塑、土壤剖面重构技术就是核心。围绕近自然地表重构，坡面整形、土壤改良、植被优选等构成这一阶段的主要技术体系。

对于正在开采的区域，根据生产推进计划，采排复一体化技术就是本阶段的核心。围绕安全生产，从采场设计、工期优化、地层重构到采排衔接，配套以水资源保护、水资源存储、水文地质条件改善等，形成服务于生产、有利于生态修复的生产场地。

对于煤电基地宏观生态修复区域，则应立足区域生态安全保障技术，以区域生态承载力为生产阈值，将山水林田湖草矿作为区域生命共同体，以生产、生态、生活空间合理布局为框架，以矿区生态实时修复并保持为基础，保障区域生态安全。

2）尊重科学，合理组织

示范工程实施不能随意而为，应按照客观规律和一般的原则。

首先，示范工程实施应以新技术为统领，是对新技术的验证和提升。因此，示范工程实施要依据新技术编制示范工程实施方案，就新技术实施的条件、步骤、过程，已经实施完成的工程中需注意的问题进行设计，便于执行。示范工程不同于实验室实验，而是将技术应用于实际环境中，将会遇到一系列新的问题。因此，在示范工程实施前，要充分估计到可能遇到的困难，并提前做好预案。同时，要将示范工程实施过程中暴露出的问题系统记录，并予以分析，通过这些问题的解决，提升技术水平。

其次，在示范工程实施过程中，要按照技术规程实施工程，保证技术的严谨性。同时，在具体实施过程中，应根据现场情况的变化，及时调整技术方案，使技术真正适合现场的实际，达到示范的效果。

另外，生态修复是一个相对漫长的过程，不应以一时的效果来定论技术的优劣，而应重点考虑技术的适宜性和先进性。因此，示范工程的实施不是短期内就能完成的，而是应该遵循生态修复的客观规律。通过示范工程，将验证的技术推广应用起来，并在应用过程中不断改进、不断提升，才能实现生态修复的目标。

3）政企结合，群策群力

为保证矿产资源合理开发利用，促进矿区可持续发展，地方政府要根据矿产资源赋存情况，在国土空间规划的框架下编制矿产资源总体规划，矿区生态修复就是其中的重要内容之一。

另外，为了贯彻企业发展战略，保障资源环境安全，矿山企业既是矿业生产的主体，也是矿山地质环境治理的主体，需要根据生产组织，确定适合本地的生态修复技术体系。矿山企业应将矿区生态修复纳入政府区域生态治理的范畴，自觉运用新技术、新方法，边开发，边治理，边保护，提高矿区生态修复效果。

因此，以大型煤电基地企业为主体，根据治理区实际选用适宜的技术体系，在政府区域生态修复框架下，按照“一景一策”“因地制宜”的原则，对受损区域进行综合生态治理，以新技术体系支撑项目工程，以示范引领全局的生态修复模式（图 3-1）。

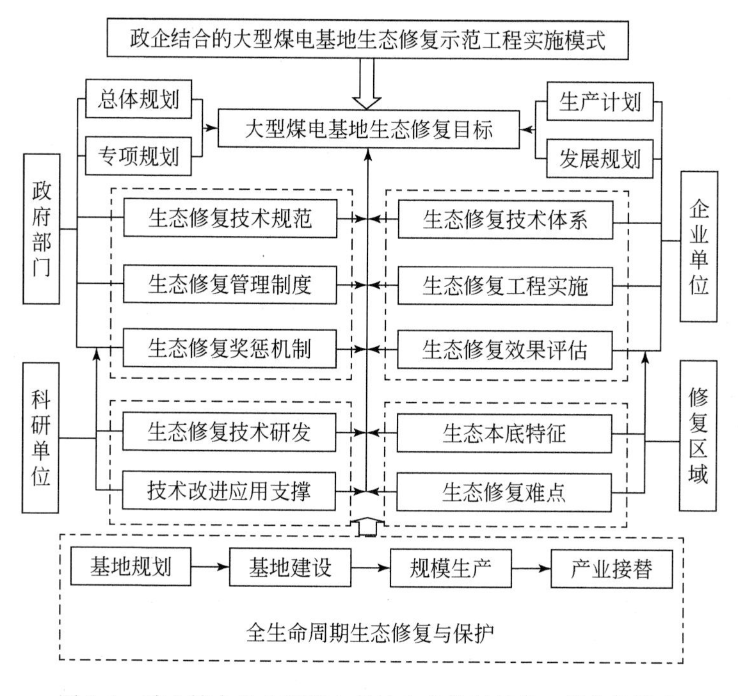

图 3-1　政企结合的大型煤电基地生态修复示范工程实施模式

3.2　大型煤电基地受损生态系统生态修复示范工程

煤炭资源露天开采工艺决定了资源开发对地表的扰动是翻天覆地的。大型煤电基地生产是在煤炭资源大规模开采的基础上，延伸煤基产业链，同步发展电力生产。因此，大型煤电基地生态修复不仅包括矿山生态修复，还包括电力生产造成的生态损伤治理，是一项复杂的系统工程，包括露天开采矿区受损生态系统修复、损坏地层再造、水资源保护与利用、地表近自然重构和土壤改良、植被修复，以及电力生产厂区大气污染治理、固体废弃物综合治理、工业废水循环利用等。

3.2.1 露天采场采排复一体化生态修复工程

在大型煤电基地内，露天开采区是对生态环境影响最剧烈的区域。根据露天开采的特征，采用生态减损型采排复一体化技术进行采矿立体空间综合治理是生态修复的整体框架，通过采前减损、采中降损、采后修复，实现大型煤电基地的高质量发展，贯穿大型煤电基地生态修复的全过程。

3.2.1.1 生态减损型采排复一体化技术

针对煤炭资源露天开发造成的土地压占、地下水资源流失等问题，以露天矿煤炭资源开发和矿区生态修复协调为目标，综合应用靠帮开采、季节性作业协调、地层重构、土壤重构等新技术，通过对露天矿开采参数、开拓运输系统、开采程序、综合工艺系统布置等矿山生产内容进行调整，达到了降低煤电基地生态环境影响强度的目标。

利用生态减损型采排复一体化技术，可以有效降低煤炭资源开发的生态扰动强度。受帮坡角等因素影响，露天矿开采的坑底境界小于地表境界。在宝日希勒露天煤矿现阶段的生产中，精准提高端帮帮坡角，可以缩小坑底境界与地表境界的差距，从而提高单位土地面积的煤炭采出量，降低单位煤炭开采量的土地占用量和对生态扰动的强度，同时提高排土场生态修复速度。

排土场的生产修复作业开始时间受到排土场到界情况、表土铺设情况和气候条件三大方面因素的限制。宝日希勒矿区冬季严寒、无霜期短，因此优化露天矿生产作业可以充分利用短暂的夏天进行生态修复作业，延长矿区生态修复窗口期，提高生态修复效果。

3.2.1.2 生态减损型采排复一体化生态修复工程

生态减损型采排复一体化技术强调围绕露天开采，在采前合理规划、设计，减少土地占用；在开采过程中，合理优化生产组织，延长恢复治理窗口期；在开采之后，实时开展采后治理，改善排土场表层土壤结构，为植被恢复创造条件，主要工作包括如下。

1. 近地表层土壤重构

根据矿区地表土壤本底特点，以露天矿采剥物料为基础，重构近地表含水层和隔水层，使其最大限度地接近露天矿原始地层，达到自然保水、土壤保墒和生态提质的综合目标。实际情况中，由于采排关系不同，不同年份的露天矿排土场最上台阶高程也不同。为保证地层重构效果，应使各重构地层层位在平面上具有同质连续性，在内排土场与端帮、非工作帮自然地层之间有良好的过渡，不同年份之间的内排土场也应保证连续性良好。

2. 土壤层精细重构

土壤有效水分是半干旱区植被恢复的关键。土壤持水能力通常与构造剖面的土壤性质有关。根据露天矿区土壤赋存特点和生态修复需要，初步确定土壤层序重构的模式。一般可以采用二层结构模式或三层结构模式，并根据实际选择适宜的厚度比。

为改善亚黏土性质，也可以采取添加改良剂的办法。室内实验得到的最优组合为蛭石∶秸秆∶硝基腐殖酸=50∶50∶0.5。添加改良剂后，表土替代材料的容重降低，总孔隙度增大，通气性与蓄水性均有所提高，团聚体含量增加，持水性能增强，同时养分含量、土壤酶活性及微生物数量显著增加。这说明土壤理化指标得到有效改善。

采用采排复一体化技术，在采区设计过程中即要系统分析地层结构稳定性，并通过提高端帮帮坡角，实现场地减损；通过优化采场时间衔接，克服无霜期短暂的气候条件，延长了开采后的排复时间，使生态修复的时间得到保障。降低了煤炭开采对草地的损伤，提高生态修复的效率。

3.2.2 大型煤电基地生态修复技术集成应用工程

针对锡林郭勒大型煤电基地示范区酷寒、季节大风，以及半干旱、土壤瘠薄等生态脆弱特征和高强度煤炭开采引起的土地结构损伤、土壤沙化、植被退化、景观破损等生态问题，基于大型煤电开发的生态影响机理及累积效应，运用煤电基地生态恢复关键技术研发成果，按照示范区生态建设总体规划，通过关键技术试验、比较区同步观测研究、集成技术示范区和推广区的技术应用等工作，集成采排复一体化生态减损和水资源保护、土地整治和土壤改良技术、植被配置与恢复技术、景观生态修复等关键技术体系，形成适用于锡林郭勒大型煤电基地受损生态系统恢复的关键技术体系，并在现场应用验证。

3.2.2.1 技术集成示范工程设计原则

根据锡林郭勒大型煤电基地生态本底状况及生产损伤状况，优选项目研发的生态减损型采排复一体化技术、表层土壤重构技术、水土保持与贫瘠土壤改良重构技术，以及植被恢复技术、近自然地貌重塑技术和景观生态恢复技术等关键技术成果进行集成应用。

根据大型煤电基地诸要素对生态系统的影响，生态修复集成技术体系应用工程要着重解决的问题包括：土壤生境构建、边坡保土保水、贫瘠土壤改良、植被群落优选配置、景观功能提升等。采用近自然地貌重塑技术对排土场进行削坡整形重塑，采用植被建植恢复、景观功能提升技术恢复植被系统，提升景观功能。因此，在集成技术选择和工程设计上考虑以下原则：

第一，因地制宜，因势利导。技术选择和工程方案设计中坚持保护生态环境，促进生态良性循环，塑造环境优美和谐的景观，形成露天矿区自身独特的风格，确保矿山生态环境的生命力与活力。因此，工程设计根据矿区所处区域、自然地理条件、生态恢复与环境技术经济条件，按照整体生态功能恢复原则，可适当采取先进的施工工艺技术，恢复植被生态系统。

第二，植被优选，融入自然。选择适应本地区并具备抗逆性强、耐贫瘠、耐干旱，速生性能好、固土效果好、护坡功能强特点的乡土植被组合，植被功能既能护坡固坡，又能增强视觉美感，还能实现植被群落物种稳定。注重乡土植被优先，植被演替自维持多物种组合进行生态修复，从植被物种的生态适应性、持续稳定性和生态多样性等特性出发，筛选适宜物种、组合及配比。通过植被生态恢复和景观功能提升，实现矿区生态系统与周边环境相协调，经过一段时间的自然生长能够融入周边环境，达到协调一致。

第三，经济合理、管护便捷。在考虑示范区植被恢复的同时，侧重考虑植被能够实现自维持，力图减少人工干预，实现植被的自然生长和演替。

由此，根据矿区生产进度、结合外排土场恢复现状和内排土场的排弃到界实际，集成技术示范区分别选择在具有代表性的内排土场新排土区域、内排土场已复垦植被单一区域及南排土场。南排土场主要防止水土流失，提高生态水文功能，提高植被多样性和盖度。

3.2.2.2　内排土场示范区工程

根据矿区周边自然环境和地域气候特点，结合内排土场的立地条件，针对内排土场正在采排的区域、已复垦区域植被物种单一等立地条件和现状问题，采取分区域针对性设计。

正在采排的区域修复的重点是地层和地表土壤环境。因此采用采排复一体化与表层土壤重构、土壤改良、植被建植恢复集成技术进行生态恢复。采排复一体化地层重构采用生境层+土壤层（黏土：沙土=1：1）的方案；土壤改良采用贫瘠土壤改良方案中施加有机肥进行土壤肥力改良；植被生态恢复采用灌草、乔灌草组合及配比恢复。

已复垦景观提升区域则是在现有复垦基础上，按照6m×6m株距和行距插种其他景观植物丁香和大果沙棘，同时插种其他植物配合进行土壤改良，使已复垦区域形成具有物种多样性的灌草组合，兼具景观观赏功能的优于自然的生态修复区。

在内排土场范围内的未复垦区域和新形成的待排复区域修复的重点是土壤改良和植被培植。因此，一方面针对地表土殖层结构，按照亚黏土5m、砂性土3m、表层土2m的剖面构建表土层。另一方面采用灌草组合进行植被恢复，大果沙棘和丁香按照种植密度4m×4m间隔种植，配合撒播当地先锋草本组配种子培育植被。条件允许的区域可以布设为苗圃区，种植的苗木可以为植被修复提供种苗。另外，也可以根据实际，沿排土场道路布设经济景观林观赏区，不仅可以有效提升观赏效果，而且可打造成为锡林郭勒盟绿色矿山旅游景区。

3.2.2.3　植被生态修复工程

1. 土壤改良

生态修复区位于典型干旱半干旱草原地区，植被的生态稳定性相对脆弱，植被恢复难度相对较大，排土场表土少，且土壤贫瘠，土质差，不利于植被的生理活性和生长发育。经采样分析检测，各项重金属指标均符合《土壤环境质量农用地土壤污染风险管控标准(试行)》（GB 15618—2018）规定限值，不涉及重金属污染问题，但排土场有机质含量低，腐殖质含量低，氮、磷、钾等含量不足，不利于植物的生长发育。排土场受雨水以及岩石风化松散等不利因素的综合影响，水土流失十分严重，部分区域表土流失，植物难以定植。因此对排土场进行覆土和改良，是做好植被生态修复的基础。

生态修复在整形和排水系统完成后，需在排土场表层进行覆土，原则上要求植被建植区覆土厚度为0.5m。为减少坡面水土流失，对坡面覆盖的表层土进行改良后，采取挖掘机反斗压实，表层土压实度大于90%。

土壤改良通常是针对土壤的不良质地和结构，采取相应的物理、生物或化学措施，改善土壤性状，提高土壤肥力。

2. 植被物种配置

结合现场实地调查情况，统筹考虑锡林郭勒盟特殊的气候条件、排土场坡面治理、水土保持、防风固沙、土壤改良情况，在参考本土物种的基础上，采取植被生态护坡与提高景观功能相结合的建植设计，以达到丰富物种多样性、保持水土、恢复生态系统功能的目的。

从已筛选出的禾本科和豆科植物中有针对性地选取灌草植物进行组合配比，按照不同比例搭配混播在排土场平台和坡面治理区，实现植物间的合理配置。同时，在坡面和平台治理区均按照不同的方式栽植乔灌木，营造乔灌草植物混交结构，迅速固土蓄水，改良土壤，恢复植被水文功能，提升排土场治理区植被覆盖度和景观效果。

排土场边坡采用的灌草植物主要有沙棘、柠条、紫花苜蓿、无芒雀麦、黄花草木樨、白三叶等。排土场平台主要采用山杏、大果沙棘、紫叶稠李、紫花苜蓿等植物组合。具体排土场边坡、平台植被组合及配比见表3-2。

表3-2　排土场撒播植被组合及配比

排土场边坡			排土场平台		
序号	植物类型	配比/（g/m^2）	序号	植物类型	配比/（g/m^2）
1	沙棘	1.5×1.5	1	山杏	4×4
2	柠条	1.0×1.0	2	大果沙棘	4×4
3	胡枝子	4.0	3	紫叶稠李	4×4
4	小叶锦鸡儿	7.0	4	沙棘	1.5×1.5
5	无芒雀麦	2.2	5	柠条	1.0×1.5
6	紫花苜蓿	2.3	6	无芒雀麦	2.4
7	羊草	1.5	7	紫花苜蓿	2.5
8	扁穗冰草	1.3	8	羊草	1.6
9	沙打旺	1.2	9	扁穗冰草	1.4
10	白三叶	2.5	10	沙打旺	1.5
11	老芒麦	2.5	11	白三叶	0.5
12	黄花草木樨	2.5	12	老芒麦	2.6
			13	黄花草木樨	2.7

3. 植被建植

通过植被建植对排土场边坡进行防护。植被建植采用人工种植灌木+灌草种子组合方式。种植灌木为沙棘和柠条，设计采取交替布设种植，灌草设计为撒播种子组合。种植灌木按照沙棘和柠条隔行轮种的方式：沙棘株距1.5m×1.5m，每亩沙棘148株，柠条株距1.0m×1.5m，每亩柠条222株。

排土场边坡每一级平台建植采用草本种子和种植观赏乔灌木进行建植，景观乔木采用大果沙棘、山杏和紫叶稠李三种小乔木，设计以养护道路为起点，养护道路两侧采用山杏+撒播草籽组合，一级乔木+草本组合。平台其余部分种植灌木沙棘和柠条，采取交替种植方式。

为提升景观效果，可以在南排土场入口的小平台上插种山杏、紫叶稠李、榆叶梅等景观小乔木，提升小平台景观。由于小平台已经种植有乔木，提升景观采取插种设计，示范工程建设后植被覆盖率较本底值提高35%以上，矿区废弃地治理率达到100%，生态水文功能恢复，生态景观将得到大幅提升。

3.2.2.4　成型排土场保土保水生态功能恢复示范工程

1. 工程布局

基于矿区周边自然环境和地域气候特点，结合排土场的立地条件，针对南排土场表层土缺失和无肥力、无植被或植被盖度低和物种单一、冲蚀沟、滑坡、水土流失严重等现状问题，设计采取乔灌草组合植被建植提高景观功能、灌草植被护坡与工程措施相结合的技术路线。工程措施主要包括地形重塑、排水系统、土壤改良等，生物措施主要包括排土场平台与边坡灌草建植恢复植被等。生态修复以地质灾害防治为前提，控制水土流失为基础，建立目标植被为核心，重构排土场生态景观为目标。以植被恢复固本，恢复植被系统，以工程措施固形，建立生态修复的立地条件，实现两种措施的优势互补，以达到恢复植被，维持生态平衡功能，实现脆弱区生态修复示范区的样板效果。

第一，水土保持工程。根据《神华北电胜利能源有限公司胜利矿区一号露天煤矿水土保持方案报告书》设计要求，排土场设计安全角度为33°，高度为15m。本设计从安全角度出发，同时考虑到南排土场排放结束后，受暴雨影响，边坡冲蚀沟现象突出，小的垮塌现象明显，要求南排土场坡面角控制在安全角范围。设计拟对治理区台阶边坡角大于35°的进行削坡，将平台做成反向坡（坡度3%～5%）以留存消纳降水进入排水沟。

第二，土壤改良工程。针对目前南排土场土壤的不良质地和结构，采取关键技术试验工程优选出的物理、生物和化学措施，集成应用，改善土壤性状，提高土壤肥力。通过腐殖土覆盖、添加改良剂等关键技术应用改善土壤的物理性状，使植物更易生长定植，保持土壤稳定性，同时利用植物、微生物的生命代谢活动来改良土壤，提升养分，增加植物存活率，提高植物覆盖度，提升生态系统功能。

第三，植被修复工程。根据本地区气候条件和土壤的理化性质，考虑植物的生理特点，不仅要选择耐寒性、抗旱性和耐贫瘠性、抗风沙的物种，对于边坡，还要选择根系发达、生长迅速的乡土植物作为先锋种和建群种，同时，保证各物种之间形成植物群落的多样性，提高修复土地稳定性，降低生态脆弱性，种子容易获取，具有工程可操作性。注意慎用外来物种，保护地区生态安全。

2. 水土保持工程

针对南排土场存在问题，设计采取工程措施和生物措施相结合的综合治理方案。通过对排土场进行地形重塑降低边坡坡度，使其符合稳定边坡坡度，营造反坡平台，减少坡面径流；通过排水措施排导坡面径流，控制坡面水土流失量；通过植被生态防护坡面护坡固坡，维持坡面稳定；通过生境改良保障植被修复效果。最终打造一个“自维持、少养护”的自然生态系统。

首先，开展地形重塑。边坡的安全和稳定是生态修复的前提和保障。排土场大部分区域都能达到设计要求的坡面安全角，但有少数区域坡度角不符合排土设计要求，边坡角最大达到72°。

对于边坡角度超过设计的部位，是易引发滑坡坍塌和水土流失的部位，需要对其采取削坡整形。根据南排土场坡面实际状况（削坡土方不外运，全部就地填垫），削坡整形主要针对边坡角大于35°的区域，分布在北坡、东坡和南坡局部区域，通过削坡整形，使边坡角达到设计要求的安全角33°。由于平台未形成反坡，平台雨水直接进入坡面，坡面被冲刷，导致水土流失，对此设计采取重塑反坡平台。削坡整形与重塑反坡同时进行，所削土方一部分用于坡脚填垫，多余部分直接填放在坡脚平台外侧，按照平台反向3°～5°进行填垫。为保证坡面稳定，减少沉降变形，削方垫填过程中应进行碾压并夯实，原状土压实度≥95%。

其次，建立高山排土场排水系统。根据本地降水统计的雨量估计，结合排土场地形，采取既能排导雨水又能利用雨水双重功效的生态排水设计。在每一级边坡的平台内侧设置排水沟，排水沟设置在平台距边坡1m位置，使各层平台排水沟根据整形营造的反向平台地势收集平台和坡面雨水，当雨水超过排水沟50%的高度时，通过暗管急流管排往南排东蓄水湖。排水沟既能蓄积雨水，营造湿地环境，又能在雨季或暴雨季节消减洪峰流量。

按照矿区5～10年一遇暴雨洪峰流量，在排土场顶盘和平盘，布设底宽0.6m，深度0.8m，坡比达1∶0.5的Ⅰ型排水沟；在排土场坡脚布设底宽0.6m，深度1.0m，坡比达1∶0.5的Ⅲ型排水沟。

在每一个坡面设置急流管，急流管与排水沟贯通，急流管选用适宜的PVC排水管道。通过在排土场主路两边设置Ⅱ型排水沟，使排土场各平盘通过各平盘的排水沟与主路贯通，以保证排水通畅，避免水土流失。同时，为不影响排水系统和各平盘道路通畅，在平盘道路与排水系统交叉处设置埋管贯通排水管。

相比传统的浆砌石硬质排水沟，本设计充分应用生态修复的理念，采用生态袋结构砌筑，克服了易因基底失稳或产生裂隙导致损伤，有效期短等不足。生态袋由聚丙烯（PP）纤维加工而成，在添加抗紫外剂后其使用寿命长达20年，后期植物生长后可形成自然草沟防护，在国内外多个护坡工程和河道护岸工程中得到应用并取得了良好的生态效果。

最后，建造专设养护便道。为便于后期养护管理，设置养护便道，便道与平台内缘排水沟距离大于2m，采用碎石路面铺砌，宽为3.5m，厚度为0.2m，便道底部基础夯实，夯实度大于95%。

3.3　大型煤电基地生态修复示范工程实施方法

3.3.1　生态修复示范工程管理的内容

3.3.1.1　工程项目进度管理

工程项目能否在预定的时间内交付使用，直接关系到项目经济和社会效益的发挥。为此，应根据项目特点编制合理具体的进度计划，并在施工过程中严格按计划施工，才能保证技术的顺利实施，有效地指导项目实施。做好项目的进度管理，需要解决以下问题：

（1）建立项目管理的模式与组织构架。

（2）建立一个严密的协调网络体系。生态修复工程涉及领域较宽，由大量的建设者共同参与，这就需要有一个严密的协调体系，调动大家的积极性。

（3）制定切实可行的工程计划。计划中不仅要包含施工单位的工作，更要包含业主的工作、设计单位的工作、监理单位的工作，以及充分考虑与施工密切相关的政府部门的工作影响。

（4）工程设计质量保证，设计的工作质量决定了项目施工能否顺利实施。

（5）施工单位招标、评标及施工管理，包含总包、分包单位的选择，材料、设备的供货合同的签订。

（6）工程前期准备以及配套工程的安排。与地方政府、当地居民保持充分沟通与良好关系，是项目成功的前提。

项目进度管理的目标是协调、组织好项目实施的全过程，认真分析影响工程进度的各种因素及影响程度，通过将实际进度与计划进度进行对比，制定纠正偏差的方案，并采取赶工措施，才能使实际进度与计划进度保持一致。

3.3.1.2　工程项目质量管理

增强质量意识，加强质量教育。把项目质量优劣作为考核项目的重要内容来对待，以优良的质量来提高企业的社会信誉竞争能力。工程质量的优劣，在极大程度上取决于职工的素质，要大力进行质量教育工作，对职工进行质量意识和职业道德、质量管理知识和专业技术的教育，这是保证项目质量不可缺少的内容。

确定项目质量目标，进行质量控制设计。在项目管理中，应该对整个项目，以及各单项工程、单位工程、分部工程乃至分项工程，都制定出明确的质量目标。质量控制设计是实现质量目标的具体技术措施，要明确规定各单位工程、分项工程、分部工程的质量要求和保证质量的措施通过质量控制设计，把参加这个项目的全体员工有效地组织起来，把实现质量目标作为每个员工完成本职工作所应达到的目标。

重视质量信息，建立灵敏完善的质量信息反馈体系。质量信息是指反映工程质量和各项管理工作的基本数据和情况，在项目实施过程中，要及时了解建设单位、设计单位、质量监督部门的信息，及时掌握各种质量信息，认真做好原始记录，建立具有高效灵敏的质量信息反馈系统，规定各种质量信息传递的程序，及时掌握工程项目内的质量动态，以便项目经理和有关人员及时做出相应的对策。

控制分包质量。做好项目质量检查，项目总承包单位有责任监督和帮助各分包单位搞好工程质量，在选择分包单位时必须对该单位的技术能力和施工质量进行调查了解。

3.3.1.3 工程项目成本管理

建筑工程项目的成本形式分为预算成本、计划成本、实际成本。预算成本反映的是各地区建筑业的平均水平，是根据施工图和工程量计算规则计算出来的工程量，以及套用相关的取费标准计算得出的。计划成本，指项目管理部门按计划工期的有关资料，在实际成本发生前计算的成本。实际成本，是施工项目在施工期内实际发生的各项生产费用的总和。

建立和完善项目成本核算体制。建立项目经理责任制和项目成本核算制是实行项目管理的关键，而“两制”建设中，项目成本核算制是基础，它若未建立起来，项目经理责任制就流于形式。在抓进度和质量的同时，严抓施工成本核算管理，创造良好的社会、经济效益。管理员对项目的施工成本进行集中管理和统一调配，成本核算员进行施工项目成本核算时，必须具有独立性。

抓好成本预测、预控，认真履行经济合同。对项目成本的管理，必须抓好项目成本的预测预控。工程签约后，公司和项目部同时编制施工预算、成本计划，另外编制工程施工任务单和所需机械台班，然后根据上述数据进行对比、校正，再结合现行当地人工、材料、机械的市场价，测算出工程总实际成本。在项目的各项成本测算出来后，公司与项目部签订承包合同。在承包合同中，对项目成本、成本降低率、质量、工期、安全、文明施工等翔实约定。通过合同的签订，确保项目部和公司总部责、权、利分明，双方按合同中的责任，自觉履行各自的职责，以保证项目施工顺利完成。

选择、使用好劳务分包方，激励、用活企业操作层。随着国企内部机制的改革，企业逐步精简队伍，优化结构。为了满足项目的劳动力需求，必须选择一定量的劳务队伍，要选择一些信誉好的、实力强的劳务队伍进行综合评议，建立相对稳定而又定期考核的动态管理的合格劳务分包方。劳务分包实行招投标制度。

控制好工程项目的质量成本和工期成本。从质量成本管理上要效益，对施工企业而言，产品质量并非越高越好，超过合理水平时，属于质量过剩。无论是质量不足还是过剩，都会造成质量成本的增加，都要通过质量成本管理加以调整。质量成本管理的目标是使四类质量成本的综合达到最低值。正确处理质量成本中几个方面的相互关系，即质量损失（内、外部故障损失）、预防费用和检验费用间的相互关系，采用科学合理、先进实用的技术措施，在确保施工质量达到设计要求水平的前提下，尽可能降低工程成本。项目经理部不能为了提高企业信誉和市场竞争力而使工程全面出现质量过剩现象，导致完成工程数量不少，而经济效益却低下的被动局面。

从工期成本控制上要效益，如何处理工期与成本的关系是施工项目成本管理工作中的一个重要课题，即工期成本的管理与控制对施工企业和施工项目经理部来说，并不是越短越好，而是需要通过对工期的合理调整来寻求最佳工期点成本，把工期成本控制在最低点。总而言之，随着市场经济的不断发展，以建设工程招投标为主要特征的建筑市场已经形成，行业市场的竞争突出体现在造价竞争上。施工企业要提高市场竞争力，最重要的是在项目施工中以尽量少的物化消耗和劳动力消耗来降低企业成本，做好质量、工期控制。把影响企业成本的各项耗费控制在计划范围之内，做好工程项目管理，以实现企业的最大利益。

3.3.2　PDCA 工程质量管控理论及应用

PDCA 循环理论是全面质量管理的思想基础和方法依据，其含义是将质量管理分为四个阶段，即 Plan（计划）、Do（执行）、Check（检查）和 Act（处理）。在质量控制活动中，要求把各项工作按照做出计划、计划实施、检查实施效果，将成功的纳入标准，不成功的留待下一循环去解决。这一工作方法是质量管理的基本方法，也是企业管理各项工作的一般规律。

3.3.2.1　PDCA 的基本内涵与现代观点

1. PDCA 循环的内涵

PDCA 循环就是按 P、D、C、A 顺序进行质量管理，并且循环上升开展的一种科学程序。

其中，P（Plan）是计划，包括方针和目标的确定，以及活动规划的制定。D（Do）是执行，根据已知的信息，设计具体的方法、方案和计划布局；再根据设计和布局，进行具体运作，实现计划中的内容。C（Check）是检查，总结执行计划的结果，分清哪些对了，哪些错了，明确效果，找出问题。A（Act）是处理，对总结检查的结果进行处理，对成功的经验加以肯定，并予以标准化；对于失败的教训也要总结，引起重视。对于没有解决的问题，应提交给下一个 PDCA 循环去解决。

以上四个过程不是运行一次就结束，而是周而复始地进行，一个循环完了，解决一些问题，未解决的问题进入下一个循环，这样阶梯式上升的。

PDCA 循环是全面质量管理所应遵循的科学程序。全面质量管理活动的全部过程，就是质量计划的制订和组织实现的过程，这个过程就是按照 PDCA 循环，不停顿地周而复始地运转的。

2. 现代管理观点

在管理实践过程中，PDCA 循环在不断完善：计划 P（Planning），已经拓展到制定目标、实施计划和收支预算三个部分的内容；执行 D（Do），针对具体的管控对象，执行既定的计划；管理 C（4C），包括了检查、沟通、清理和控制四个方面的内容；执行 A（2A），包括对总结检查的结果进行处理以及按照目标要求行事，如改善、提高等。

根据管理技术的改进，PDCA 的内涵更加丰富。但管理循环模式没有发生根本性的变革。四个环节的内容丰富了，管理手段多样了，管理的效率也就不断提高了。

3.3.2.2　PDCA 循环过程

PDCA 每个阶段都有特定的任务，且各项任务环环相扣，渐次推进。同时，PDCA 循环不是简单的一个周期，而是不断循环，每次循环也绝非原地循环，而是不断上升式的循环。

1. PDCA 单循环过程

计划阶段，要通过调查、访问等，摸清工程质量的要求，确定质量政策、质量目标和质量计划等，包括现状调查、分析、确定要因、制定计划。

执行阶段，实施上一阶段所规定的内容。根据质量标准进行产品设计、试制、试验及计划执行前的人员培训。

检查阶段，主要是在计划执行过程之中或执行之后，检查执行情况，看是否符合计划的预期结果。

处理阶段，主要是根据检查结果，采取相应的措施，巩固成绩，把成功的经验尽可能纳入标准，进行标准化，遗留问题则转入下一个 PDCA 循环去解决。

在大型煤电基地生态修复工程组织过程中，正是基于 PDCA 来组织的。项目层面，从项目申报就制定了系统的项目研究目标和研究计划；项目获批后，组建了完整的项目管理组织和项日研究团队，并按计划开展研究；在研究过程中，项目组定期或不定期组织会议，通过项目内部交流，发现问题，探寻新的突破；通过阶段性研究成果的交流，以及项目中期检查，推动项目研发按计划进行；根据相关规定，总结项目研究成果，对项目进行整体验收。通过项目总结，一方面提炼研发的新技术、新方法，使之能应用于生产实践中，为东部草原区大型煤电基地的生态修复提供技术支撑；另一方面，总结项目执行中的经验，为加强项目管理，规范科学研究提供经验和借鉴（图 3-2）。

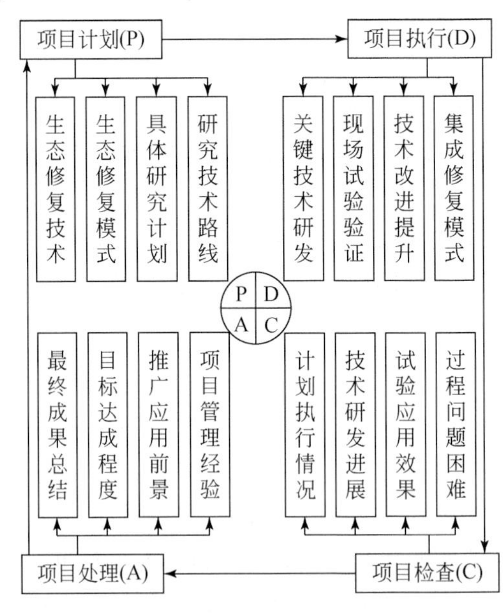

图 3-2　大型煤电基地生态修复关键技术研究 PDCA 控制图

2. PDCA 多循环过程

项目的执行不是一个简单的过程，需要各节点协调配合。实际上在每个阶段，以及每个阶段的每个环节，都存在着 PDCA 管理过程。通过 PDCA 过程分析，发现问题，及时提出有针对性的措施，以保证项目顺利实施。在项目或项目的特定步骤完成后，把成功的经验总结出来，制定相应的标准。把没有解决或新出现的问题转入下一个 PDCA 循环去解决。

1）选择生态修复区域，分析现状，找出面临的难题

PDCA 循环强调对现状的把握和发现问题的意识、能力。发现问题是解决问题的第一步，是分析问题的条件。大型煤电基地生态修复面临的主要问题是气候酷寒，水资源稀少，土壤贫瘠且奇缺。在计划阶段就是要针对这些问题，分析难题所在，提出技术需求，据此提出研发新技术的计划，部署新技术的研发。

2）明确目标，分析生态系统演变的机理

大型煤电基地生态系统各要素相互影响又密不可分，在技术选择、方案制定过程中，需要对生态系统的演变机理有准确把控。如此，方能根据生态修复中的难点问题，选择适宜的技术，并将单项技术有机集成，形成适合东部草原区大型煤电基地生态修复的技术体系，并用于适宜的地区，才能有效实现生态修复的目标。

3）方案优秀，提出最佳有效解决方案

针对特定的生态要素，可供选择的技术有很多。但技术本身具有一定的局限性，在有利于某项生态要素修复的同时，可能又对其他生态要素造成损坏。实际上煤炭资源的开发就是对其他自然资源要素的损伤，水资源保护可能限制其他资源的开发利用。因此，要从生态系统整体最优的角度选择技术集成方案，保证方案实施可取得最佳的效果。

4）确定对策、制定具体的生态修复计划

大型煤电基地生态修复特点明显，有必要采取有针对性的策略。针对不同的治理区，需要根据治理区的实际制定具体的治理方案。例如，针对露天矿区的采场，利用生态减损型采排复一体化技术体系，就可以从全过程协调治理毁损区。针对已经形成的排土场，采用提质增容的技术体系，就可以改良土壤，提高植被的质量。因此，制定具体的修复计划，对保证生态修复工程的高效开展非常必要。

在执行阶段，即按照预定的计划、目标，根据矿区生态受损和修复实际，选择适宜的技术。提出具体的行动方法、方案，进行布局。根据设定的方案和布局，开展示范工程，一方面验证技术的先进性，另一方面对受损生态进行综合治理。

（1）示范工程方案设计。根据受损生态现状，提出修复的技术要求，选择适宜的技术体系，设计示范工程实施方案。对治理区进行布局，按照具体的实施方案开展生态修复工程。在工程实施过程中，坚持矿山主导、技术支持、专门施工的组织管理方式，并根据实际微调实施方案。

（2）工程实施阶段性小结。在示范工程实施过程中，要加强施工过程管理，对工程过程进行测量、记录，确保工作能够按计划进度实施。同时建立起数据采集，收集、整理工程实施过程的原始记录和基础数据等项目文档。以客观、准确反映工程实施情况。

在检查阶段，按照原定计划，对项目实施进展进行检查，发现其中的问题，提出有针对性的建议；同时总结阶段进展的经验，以便后续项目推进。

（1）效果检查，检查验证、评估效果。全过程管理要求在计划执行中进行检查，通过检查，进行阶段性评估，发现工程中存在的问题，分析其中的原因，如示范工程实施中场地变动、技术应用未达效果等，根据实际提出改进意见，推动后续工程顺利开展。

（2）检验方案是否有效，阶段性目标是否完成。通过效果检查就可以发现阶段性目标的达成度，验证新技术是否可行，是否达到了预期的效果，需要进一步改进的环节和内容等。通过对采集到的证据进行总结、对比分析，确定方案的可行性、技术的先进性，以及问题的主要症结。据此进一步完善工程实施方案。

在处理阶段，则要对项目实施情况进行全面总结，凝练项目研究的成果，并为针对项目研究中发现的潜在有价值课题进一步深入开展下轮研究提供借鉴。

（1）凝练项目研究成果。在项目完成后应对项目的标志性成果进行总结，凝练项目研究呼应项目计划，本身就是项目开展的工作之一。因此，大型煤电基地生态修复关键技术研发及示范的目标就是要形成适应东部草原区的大型煤电基地生态修复技术体系，为东部草原区大型煤电基地生态修复提供技术支撑。

（2）问题总结，开展进一步的研究。所有问题不可能在一个 PDCA 循环中全部解决。需要通过多轮周而复始，螺旋上升的 PDCA 循环，不断解决问题。在处理阶段就是要发现还没有完全解决的问题，总结经验和吸取教训，为开展新一轮的 PDCA 提供依据和借鉴。

运用 PDCA 循环进行项目管理，可以使我们的思想方法和工作步骤更加条理化、系统化、图像化和科学化。

5）大环套小环、小环保大环、推动大循环

PDCA 循环作为质量管理的基本方法，应该将项目整体纳入管理循环之中。通过项目分析，将项目任务分解为不同的环节和具体的内容，由此形成各个小循环，每个小循环之中可以进一步开展循环管理。根据研究的科学问题、研发的关键技术等，将项目设置成多个课题，每个课题都有具体的研究内容和任务。因此，在项目开展 PDCA 循环管理之时，各个课题应该同步开展 PDCA 循环管理。在各个课题内部，又进一步设置了不同的子课题，各个子课题同样可以根据研究内容和任务进行 PDCA 管理。由此，以子课题的 PDCA 推动课题研究的顺利开展，以课题的 PDCA 来保障项目研究的顺利开展以及项目 PDCA 的正常循环。

另外，在 PDCA 循环管理的每一个环节内，还可以根据具体管理的内容开展内部的 PDCA 循环。例如，在项目计划（P），针对计划也有 PDCA 循环管理的理念存在，因为项目计划也绝非一蹴而就，离不开项目调研、项目内容和任务的设计、项目研究技术路线的优化以及项目申报和批复等。这些实际上也是围绕项目计划的 PDCA。项目调研和设计就是项目计划阶段，项目任务和目标设计、项目技术路线优化以及项目立项任务书的编撰就是执行阶段（D），项目申报书的修改、完善、提升，就是项目计划的检查阶段（C），项目的申报和批复，都可以进一步细分 PDCA 循环管理。各个阶段的 PDCA 均协调推进，才能保障整个系统的顺利进行。因此，针对 PDCA 循环，根据研究内容、研究过程层层循环，形成大环套小环，小环里面又套更小的环。大环是小环的母体和依据，小环是大环的分解和保证，环环相扣，彼此协同，互相促进。

6）持续前进、不断提高

PDCA循环管理既不是每个环节的简单原地重复，也不是PDCA循环的就地重复，而是像爬楼梯一样，一个循环运转结束，项目管理、项目质量就提高一步，然后再制定下一个循环，再运转、再提高，不断前进，不断提高。

项目的开展既能取得相应的研究成果，同时也可以发现组织管理中存在的问题，以及进一步深入研究的潜在项目。在借鉴上一个循环经验基础上开展的新循环，可以避免许多没必要的错误，可以优化形成更好的模式经验，肯定会持续提高。因此，大型煤电基地生态修复先开展示范工程，在示范工程中按照PDCA模式进行管理；在示范的基础上，成功技术体系和修复模式就可以在同类地区进行推广应用。这本身就是PDCA循环管理模式的应用。

7）循环式上升

PDCA循环不是在同一水平上简单地循环，每循环一次，就应解决一部分问题，取得一部分成果，工作就前进一步，水平就提升一步。每通过一次PDCA循环，都要进行总结，提出新目标，再进行第二次PDCA循环。如此循环必然会使治理水平持续上升。因此，不能孤立地看一次循环，而应长时序地来检验这一管理模式的成效。

3.3.3　大型煤电基地生态修复示范工程的PDCA管理范式

大型煤电基地生态修复示范工程实施的目的是检验、改进、提升所研发的关键技术，为集成关键技术、形成适合东部草原区的大型煤电基地生态修复技术体系提供依据，为生态修复技术体系的推广应用提供示范引领。按照生态修复工程的实施程序，包含技术选择、方案设计、现场实施、效果评价等环节。显然，适合应用PDCA管理模式来进行过程管控。

3.3.3.1　示范工程建设目标

针对我国酷寒和半干旱草原区大型煤电基地露天煤矿开采、井工煤矿开采引起的土地挖损与压占、地表沉陷、水土流失、植被退化等生态问题，结合当地气候、土壤基质等条件，优化组合与集成项目关键技术成果，将已取得的各项关键技术成果进行集成与工程设计，建设酷寒草原区大型煤电基地生态修复技术集成示范区、半干旱草原区大型煤电基地生态修复技术集成示范区、露天煤矿矿井水保护利用技术集成示范区，依托宝日希勒矿区、胜利矿区、敏东矿区等大型煤电基地，将项目研究形成的关键技术成果优化组合与集成示范，建成以宝日希勒矿区地下水保护利用与生态修复、胜利矿区露天煤矿生态修复、敏东矿区井工煤矿水资源保护与利用等工程为典型代表的集中示范区，为东部草原区大型煤电基地科学开发和生态保护提供科技支撑，同时开展生态修复与综合整治效果评价，形成适于蒙东酷寒、半干旱生态脆弱草原区的生态修复模式与修复工程技术体系。

基于胜利矿区、宝日希勒矿区、敏东矿区的生态影响主因子和自然地质、地理气候、生态环境特征、煤炭开采方式及工艺技术等特点，结合煤电基地采排复一体化生态减损、水位恢复与水资源保护利用、土地整治、植被恢复、景观再造等各项关键技术的现场应用条件，通过制定技术集成示范工程管控目标，采用PDCA的管控模式，加强示范工程实施全过程管控；在总结经验和效果基础上，编制生态修复工程设计规范和施工技术规范，为实现示范工程目标和类似条件下的生态修复提供工程模式指导。

3.3.3.2　神宝矿区生态修复示范工程实施

神宝矿区是我国酷寒草原区煤炭高强度开采和煤电开发的典型代表区域，也是神华宝日希勒能源有限公司进行煤炭开采的主要基地。根据项目的示范区总体安排和主要技术指标要求，组织项目参加单位和任务分工，结合区域生态安全研究、神宝矿区绿色发展目标规划和年度安排，按照目标明确、布局合理、责任到位、全程管控的原则，组织项目相关研究和技术开发单位共同编制示范区建设总体设计，涉及数据采集、景观生态恢复、地下水资源保护、采排复一体化与土壤重构、土地整治、植被恢复等方面的关键技术和配套工程，旨在明确建设、设计和实施主体，主要工程布局，投资计划保障和组织实施保障等方面。

根据煤电基地生态修复难题，针对示范区生态修复与综合整治技术需求，从研发成功的关键技术中，选择采排复一体化生态减损、水资源保护与利用、土壤改良技术、土地整治技术、植被配置技术、植被恢复技术、景观生态修复等与示范区生态环境特征和生态修复目标相匹配的科技成果，辅之当地传统的生态修复技术，开展工程示范形成大型煤电基地受损生态系统生态恢复关键技术集成体系。

示范区主要应用新研发的关键技术开展示范工程，集中体现在露天矿生态减损型采排复一体化技术、采矿损毁土地综合整治技术和露天煤矿地下水库建设技术等。生态质量提升工程，主要是提供研究对比、技术推广区域及示范区建设保障支撑。各项工程的简要内容如表3-3～表3-5所示，按照示范区的作用，示范区设计了关键技术试验区、试验研究对比区和技术推广区。

表3-3　示范区主要工程设计一览表

序号	关键技术	面积/亩
1	露天矿生态减损型采排复一体化技术	3553.52
2	地层重构技术	297.59
3	排土场松散土岩混合体物理力学性质重塑与地层重构技术	478.06
4	排土场放坡，仿自然地貌综合整治技术	204.21
5	草原土壤提质增容有机改良技术	325.07
6	大型煤电基地典型生态功能提升关键技术	1594.43
合计		6452.88

表 3-4　利用传统技术开展的生态修复工程

序号	位置	类型	面积/亩
1	北排平台	人工多轮种植管护对比区	88.94
2	北排平台南侧	整形后传统技术修复对比区	126.36
3	北排南坡	放坡整形后种植对比区	38.29
4	北排南侧	被排土场南缘综合治理区	246.8
合计			500.39

表 3-5　示范工程对比区

<table>
<tr><th>序号</th><th>位置</th><th>类型</th><th>面积/亩</th></tr>
<tr><td>1</td><td>南排土场</td><td rowspan="2">自修复无人工管护对比区</td><td>695.17</td></tr>
<tr><td>2</td><td>东排土场</td><td>1098.74</td></tr>
<tr><td colspan="3">合计</td><td>1793.91</td></tr>
</table>

上述各项工程任务，均实施 PDCA 管理模式。根据各项工程的目标，按照 PDCA 管理模式首先应制定周密的项目实施计划，要求各课题按照计划任务书制定合理的课题实施计划，要充分考虑到课题开展过程中可能遇到的困难，并提出解决预案。另外，项目组办公室与示范现场密切联系，了解现场的技术需求，沟通研发单位开展对应的技术研发。

在执行过程中，通过多次组织召开研讨会，形成以研究和现场实践相结合的研究方法，进一步提出了在执行阶段中的 PCDA 管控思想。

1. 示范工程总体设计原则

示范工程将围绕研发任务和宝日希勒露天矿现场需求等内容展开。

（1）生产安全原则。示范工程选取的试验或工程建设方案应首先满足生产安全原则，确保相关试验和工程在安全前提下实施，且不能对矿区正常生产造成较大干扰或安全隐患，同时应杜绝其他次生安全问题的出现。

（2）生态安全原则。示范工程的方案设计应以“生态修复”为目标，确保工程实施满足生态环境保护，避免原有生态产生负面影响。

（3）经济与可操作原则。示范工程实施方案的设计应满足经济、可靠原则，保证工程实施的成本-效益最优，同时提出的技术方案应具有操作性，以利于示范工程在东部草原区大型煤电基地的大范围推广。

2. 示范工程实施

根据示范区设计，选择适宜的修复技术，编制关键技术实施方案。同时成立示范工程领导小组、示范工程技术支撑小组、示范工程实施协调小组；明确宝日希勒露天矿为示范工程的责任单位，按照相关制度确定示范工程施工单位。

示范工程按照工程进度计划，组织施工设备和生态修复等相关材料，在技术支撑小组的技术支持下，按照关键技术实施方案进场作业。

示范区建设涉及矿区地下水动态观测、采排复一体化生态减损、排土场土地综合整治、植被恢复、露天矿地下水库建设、景观生态格局优化等内容。各项工作在横向上相互协调，在纵向上前后衔接。为保证生态修复效果、验证技术的先进性和可行性，要求施工单位系统、全面记录工程进展及主要工作内容，同时要求技术研发单位同步开展有针对性的监测，准确反映工程施工过程中诸要素的变化，为探索生态演变规律，改进生态修复技术提供可靠的基础信息。

3. 工程阶段性检查

为保证生态修复的效果，在计划中就应设定明确的目标，并在实施中开展阶段性检查。

根据生态修复的特点，检查包括定期检查和不定期检查。通过检查及时发现工程实施中存在的主要问题，如植物种植有客观的气候条件限制，则必须根据生态要素的特点按季节进行相应的工作，因此要对工程进度进行检查，实时按气候条件开展播种，浇水等均为检查的重点。对表层土壤再造区域，则需按照技术要求加强田间管理。检查技术的适宜性和先进性。

针对不同的生态要素，检查的侧重点也相同。通过检查，发现工程实施中的技术问题、管理问题，提出改进建议，保证示范工程的顺利开展。

4. 工程验收

按照生态文明建设总体要求、《内蒙古自治区构筑北方重要生态安全屏障规划纲要(2013—2020)》和神华集团有限责任公司“1245”清洁能源发展战略部署，以及神华宝日希勒能源有限公司认识到位、资金到位、措施到位“三个到位”总体思路和“绿色理念、绿色开采、绿色修复、绿色运输以及绿色煤炭”的总体思想，从实际角度出发，总结以往工作经验，按照“一排二整三覆土四种五灌六养护”的六步走工作思路，切实抓好绿色矿山建设具体工作，做到排土场绿化零死角、浇水灌溉零死角，厂区绿化零死角，矿坑水零排放，粉尘有效控制。

3.3.3.3　生态修复工程的 PDCA 管控模式

生态修复工程是复杂的系统工程，牵涉生态系统诸要素的协调统一。因此，将 PDCA 循环管理用于生态修复工程中，可以提高生态修复的效率，保证生态修复的效果。

1. 生态修复整体工程的 PDCA 管控

生态系统的复杂性在客观上决定了生态修复的复杂性，生态系统诸要素是相互影响、相互作用的。因此，按照 PDCA 循环管理理念，区域生态修复需要首先在明确区域生态本底和现状的基础上，对生态修复区进行整体规划，即首先绘制一张生态修复的蓝图，并提出实现这张蓝图的技术需求，选择适宜的技术编制修复规划（P）。其次按照规划进行生态修复方案设计，经优化后组织生态修复施工。在工程施工过程中，按照系统原理，将生态诸要素协调综合治理（D）。在工程执行过程中，应加强过程管控，根据工程进度开展专项检查，发现工程施工中存在的问题，评估技术的先进性和可行性，实时调整工程实施方案，保证生态系统修复的整体效果（C）。最后工程全部完工后，组织对工程验收。进一步完善大型煤电基地生态修复技术体系，同时总结生态修复工程实施经验，为新一轮生态修复提供技术支撑和管理借鉴（A）。大型煤电基地生态修复不可能一次性完成，需要根据煤电生产对生态环境的损伤状况，分期执行。每期生态修复都对应着一轮 PDCA，每期生态修复工程实施都会有新的问题，问题的解决必然会对新一轮生态修复提供借鉴和支持。当然，每期生态修复都会比上期有所提升，大型煤电基地生态质量便会持续提升。

2. 生态修复单项工程

煤炭资源露天开采对水、土、气生物等生态诸要素的影响是全方位的。因此矿区生态修复涉及生态诸要素的综合治理与修复，需要设计众多的单项工程来保证生态系统的整体修复。在各单项工程实施时，也同样可以应用 PDCA 循环管理来保证治理的效果。因此，各大项工程实施时同样也需要根据单项工程及生态修复与整体修复之间的关系，明确治理工程目标，制定合理的工程实施计划（P）。按照工程计划和实施方案，单项工程在执行时既要加强自身的工程管理，保证工程质量，同时还要加强与关联项目之间的协同，保证生态修复的整体效果（D）。在项目执行过程中，应根据工程进度进行检查，检查工程质量，以及水资源治理、土地修复与复垦、植被修复等各单项工程之间的协同，发现工程施工中存在的问题，提出改进建议，指导工程按计划推进（C）。工程完成后，应组织对工程项目进行验收，评估项目执行的效果，以及对生态修复整体的影响状况，总结后续工程开展应注意的环节（A）。各单项工程均执行了 PDCA 循环管理，保证了单项工程的质量，保持了关联项目之间的协同，生态修复整体效果就能得以保障。

由此，在生态修复工程实施过程中，可以全面应用 PDCA 管理模式（图 3-3）。通过 PDCA 循环管理实现区域生态修复效果的阶段式提升，台阶式改进，有计划地分期逐步实现区域生态修复，保障大型煤电基地生态安全。

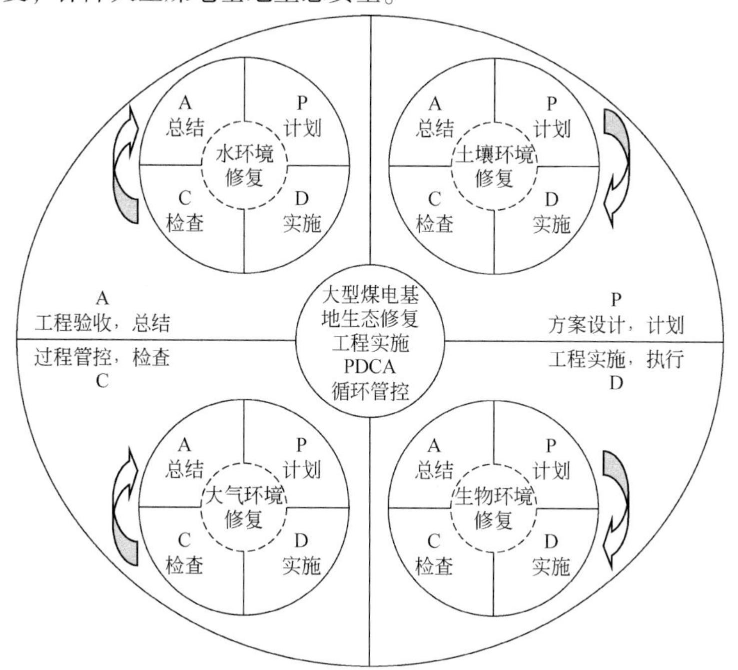

图 3-3　大型煤电基地生态修复工程实施 PDCA 管理模式

本篇小结

本篇以大型煤电基地高质量发展与区域生态安全协同发展为目标，提出了大型露天矿区生态修复关键技术集成方法，优化了生态修复效果评价指标体系与评价方法，为东部草原区大型煤电基地的生态修复技术集成提供理论支撑。

(1) 针对全过程减损的系统工程、近自然恢复目标的仿生工程、生态效果提升的指标控制，提出了三种集成方法，为提升大型煤电基地生态修复技术集成效果提供了方法学指导。按照大型煤电基地的全生命周期规律设定生态修复技术集成的短期目标和长期目标，以满足大型煤电基地生态修复的需求为原则确定技术集成内容，包括生态环境要素修复的单项技术、承接技术和协同提升技术，以时空衔接、关键点突出、示范引领推动为集成思路，遵循适宜性、系统性、先进性、协调互补、效益原则，提出了技术集成的三类方法：以目标为导向，按照大型煤电基地受损生态演替规律来集成相关技术；以问题为导向，按照大型煤电基地受损生态空间来组织相关技术集成；以综合效益最大化为导向，遵照成本-效益原则集成相关技术。

(2) 基于大型露天矿区生态修复关键技术，构建了修复效果评价指标体系和评价方法，为科学评价生态修复综合效果提供了适用方法。按照系统理论，将水资源、土壤资源、植物资源、微生物资源等综合考虑，结合当地生态条件优选单项修复技术，遵照系统有机构成及其演化规律，集成大型煤电基地建设期、投产期、达产期、稳产期和衰老期不同发展时期的水-土植协同配置修复技术，同时也综合集成基地整体景观规划技术、绿色开采技术，以及资源综合利用技术，形成完整的大型煤电基地生态修复技术体系，针对大型煤电基地生态修复对象构建系统的指标体系，对比发现治理前、治理中、治理后生态要素与基底值、对照区生态要素的设计值、类似地区技术应用效果值等之间的差距，确定治理的对象和重点，据此选择适宜的技术，按照生态修复一般规律集成为系统的大型露天矿区生态修复关键技术体系。根据大型煤电基地发展对区域生态环境的损伤以及影响生态修复的因子分析，结合大型煤电基地生态特点，采用层次分析法逐步分解综合评价的目标，构建生态修复效果评价指标体系，包括生态系统稳定安全作为一级指标、3 个二级指标、8 个三级指标和 30 个四级指标，并确定了单项技术效果评价法、分类技术效果评价法和综合技术效果评价法三种大型煤电基地生态修复技术效果评价方法。

(3) 创建了大型煤电基地生态修复工程实施模式、工程管理及质量管控方法，为大型煤电基地生态修复管控提供管理支撑。结合大型煤电基地生态修复对象差异的问题，在大型煤电基地生态修复过程中，应按照“一景一策”的原则，一是针对大型煤电基地生态修复对象特点各异的问题，根据治理区实际选用适宜的技术体系和匹配的实施模式，依据新技术编制示范工程实施方案，就新技术实施的条件、步骤、过程，对受损区域进行综合生态治理；二是结合当地酷寒、半干旱、土壤瘠薄等生态脆弱特征，基于大型煤电开发的生态影响机理及累积效应、生态恢复关键技术研发成果和示范区生态建设总体规划，集成和布局采排复一体化生态减损和水资源保护、土地整治和土壤改良技术、植被配置与恢复技术、景观生态修复等关键技术，形成大型煤电基地受损生态系统生态修复示范工程设计方案；三是按照 PDCA 循环管理理念和生态修复蓝图，选择适宜的技术编制修复规划，将生态诸要素协调综合治理，实时调整工程实施方案，总结完善大型煤电基地生态修复技术体系，形成适用于大型煤电基地生态修复示范工程实施管控方法。

第二篇　半干旱草原区露天煤矿生态修复与地下水保护利用技术示范

锡林郭勒示范区是我国半干旱草原区煤炭高强度开采和煤电开发的典型代表区域，依据锡林郭勒草原区生态区划特点，旨在形成适应于该区域生态情景的大型煤电基地生态修复关键技术体系。示范区建设工程针对高强度开采系统减损、土壤贫瘠和水资源短缺、排土场水土流失控制和植被恢复、矿区景观格局提升等难点问题，按照技术目标明确、工程布局合理、实施责任到位、建设全程管控的原则，开展了数据采集、景观生态恢复、采排复一体化与土壤重构、土壤改良提质、植被恢复等方面的关键技术试验和开采损伤区系统修复工程。通过运用减损型采排复一体化生态修复技术、水–土–植提质增容新技术体系，修复损毁土地，不仅每年可以生产牧草，产生一定的经济效益，更重要的是改善了矿区生态环境，示范区平均植被盖度提高了40%左右，植被覆盖度总体接近、部分优于周围草原；应用保水抗蚀技术、水资源保护利用技术，利用工业废弃地修建了东湖、西湖，使矿区水域面积大幅增加，对调节区域小气候，协调生态用水起到了积极的作用，生态效益显著。通过示范工程建设，形成了适合于类似胜利矿区的采排复一体化技术体系、排土场保水抗蚀技术体系、厂区范围内提质增容技术体系，为东部草原区大型煤电基地生态修复提供了可以借鉴的模式。在此基础上，结合高强度煤炭开采下生态修复的理论与实践成果，基于近自然恢复理念，坚持煤炭开采系统减损和水–土–植生态修复一体化，以关键技术为支撑集成半干旱草原区适宜的修复技术，以生态优先和绿色发展为导向，采用矿区系统规划、修复“一景一策”推广思路，研究形成适用可推广方案，为大型露天矿区绿色矿山建设提供技术支撑作用。

第 4 章　锡林郭勒大型煤电基地生态修复技术背景与示范工程设计

4.1　锡林郭勒大型煤电基地生态修复示范区概况

4.1.1　锡林郭勒示范区域概况

4.1.1.1　地理位置与气候特点

胜利露天矿示范区位于内蒙古自治区锡林郭勒盟的锡林浩特市，地理位置处于内蒙古高原的中部，大兴安岭西延的北坡，区内地貌形态由构造剥蚀地形、剥蚀堆积地形、侵蚀堆积地形和熔岩台地等四个地貌单元组成。胜利一号露天矿区位于锡林河以西，西北部为低缓丘陵，地形标高 1000 ~ 1323.6m，中部为低缓丘陵与河谷冲、湖积平原的过渡地带，东部为河谷冲、湖积平原，属锡林浩特盆地水文地质单元的一部分。地形西北高、东南低，东西高差较大，海拔 973 ~ 1000m。

本区属于中温带半干旱大陆性季风气候，气候特点可概括为春季风大多干旱，夏季温热雨集中，秋高气爽霜雪早，冬季寒冷风雪多。多年年均气温 1.7℃，年降水量 294.74mm，年蒸发量 1759mm。降雨主要集中在 6 ~ 8 月，占全年降水量的 70%。多年平均 24h 暴雨量 46.8mm，20 年一遇 24h 最大设计暴雨量为 142.6mm，20 年一遇 1h 最大设计暴雨量为 50.45mm，10 年一遇 24h 最大设计暴雨量为 87.1mm。春季多风，年平均风速为 3.5m/s，大风日数年均 61d，瞬时最大风速 36.6m/s。冻结期为 10 月初至 12 月上旬，解冻期为翌年 3 月末至 4 月中旬，最大冻土深度 2.89m。

4.1.1.2　草原地貌特征

矿区位于锡林河以西的缓坡丘陵干草原与河谷冲、湖积平原的过渡带，西部属缓坡丘陵，东部为河谷中、湖积平原，隐域性土壤发育。在区域内，以草甸土为主，构成非地带性土壤，有机质含量 2% ~3.68%，pH 8.0，土壤养分状况是缺磷、富钾、氮中等。

矿区位于典型草原植被类型区，以丛生禾草为主，伴有中旱生杂类草及根茎苔草，优势种有针茅、羊草和野韭。矿区属于缓坡丘陵典型草地及河流两岸非地带性草甸草场类，由芨芨草-杂草类、芨芨草-针茅+羊草+杂草类植被组成，植被盖度 40% ~75%。项目区及周边地区人工播种、栽植的草类有黄花苜蓿、披碱草、羊草、草木樨，树种有小叶锦鸡儿、丁香、垂枝榆、云杉、黄刺玫、榆叶梅、馒头柳、白榆等。

4.1.1.3　地表水系分布

锡林浩特市最大河流为锡林河，属于内陆河，发源于赤峰市克什克腾旗的敖伦诺尔和呼伦诺尔，海拔为1334m，河流从东向西流经赤峰市的克什克腾旗、锡林郭勒盟的阿巴嘎旗，在贝尔克牧场转向西北流经锡林浩特市，最后流入查干诺尔沼泽后自然消失。锡林河全长268.1km，流域面积10542km^2，主要由三条支流汇入，右岸汇入支流有好来吐郭勒、好来郭勒；左岸汇入支流有呼斯特河，这几条河均在锡林河水库上游汇入，水库以下无支流汇入，整个流域水系呈不对称分布。河流蜿蜒曲折，上游比降1/300，河宽3～4m；下游比降1/500，河宽4～12m，水深为0.5～1.0m，水位标高968～970m。年平均流量0.6m^3/s，年平均径流量2000万m^3。每年1、2月为断流期。本区河水流量的多寡取决于上游水库的控制。目前，锡林河水库下游基本无地表径流。锡林河流域水资源总量40000万m^3/a，地下水资源量38000万m^3/a。径流系数为0.02，大气降水对径流的贡献不大，河水主要依靠地下水补给。

锡林浩特水库位于锡林浩特市南15km，始建于1958年。水库总库容为20Mm^3，正常蓄水水位标高1013.40m，设计洪水位标高1013.95m，正常水位以下库容15.39万m^3。水库弃水时间为每年6月底至9月初，防洪高水位时下泄流量30m^3/s。原有河道距露天矿采掘场最近点约350m，由于第四系含水层较薄，厚度在10～15m，采取预先疏干措施，对露天矿开发不会造成威胁。可利用水资源量35000万m^3，其中锡林河水库供水量2000万m^3，现有污水处理厂日处理污水能力达6万m^3，煤矿疏干水可供工业用水1000万m^{3}以上，城市中用水1000万m^{3}以上，为当地的居民生活用水、牧区牲畜用水及工业用水提供了保障。

4.1.1.4　矿产资源开发

根据大型煤电基地各矿数据资料（锡林浩特市发展和改革委员会，2015年6月）显示，目前大型煤电基地分布有西三号露天矿、西一号露天矿、西二号露天矿、露天锗矿、东一号露天矿、东二号露天矿、东三号露天矿、东一井工区、锡凌井工煤等矿（表4-1）。2016年生产矿井3座，原煤产量超过3000万t。

表4-1　示范区域煤炭资源开发现状一览表

名称	面积/km^2	储量/万t	设计能力/(万t/a)	生产状态
西三号露天矿	19.98	50170	60000	已生产
西一号露天矿	5.40	1617	18000	已生产
西二号露天矿	17.92	58480	100000	已生产
露天锗矿	2.1	3727	12000	已生产
东一号露天矿	41.82	316370	300000	已生产
东二号露天矿	49.63	532890	600000	试运行
东三号露天矿	37.71	335088	200000	无开工
东一井工区	87.0	160466	60000	无矿建

续表

名称	面积/km^2	储量/万 t	设计能力/(万 t/a)	生产状态
锡凌井工煤	13.84	2911	15000	已生产
合计	275.4	1461719	1365000	—

锡林郭勒草原煤炭资源绝大部分是中灰、低硫、低磷褐煤，平均收到基低位发热量为3500kcal①/kg以上，是优质动力煤和化工用煤，适合于就地转化。而且煤层厚、结构稳定、开采条件好，适合于综合技术的应用和集约化生产，具有低成本开发优势。

胜利一号露天矿，位于胜利煤田的中西部，锡林浩特市北5km。矿区地表东西平均长6.84km，南北平均宽5.43km，矿区面积37.14km^2，截至2019年底剩余可采储量137000万t。该项目于2006年2月得到国家发展和改革委员会核准，核准建设规模为2000万t/a。2014年11月二期工程2000万t/a通过竣工验收。2020年2月国家煤矿安监局同意胜利一号露天矿产能由2000万t/a核增至2800万t/a。

4.1.2　胜利露天矿示范工程概况

4.1.2.1　地质概况

1. 地层

示范区域被第四系全部覆盖。区内发育的地层自下而上有：中生界下白垩统巴彦花群锡林组（K_1bxl）和胜利组（K_1bsh）；新生界新近系上新统（N_2）及第四系（Q）。其中，锡林组（K_1bxl）和胜利组（K_1bsh）是本区的含煤地层。地层由老至新分述如下（表4-2）。

表4-2　示范区区域地层表

系	统	组	段	符号	厚度/m	主要岩性
第四系	全新统			Q_4	0～108.00	浅黄色粉砂、中细砂、砂质黏土或黑色沼泽土、砂质淤泥、砂砾石等
	上更新统			Q_3	0～82.48	冲洪积、坡积、风积、冰水湖相堆积物，以浅黄色、灰白色，粉、细、中砂夹薄层粗砂、砂砾石等为主
	中更新统			Q_2	0～44.10	冰水堆积物，以杂色、浅黄色砂砾、卵石层夹薄层黏砂土，粗、中、细砂为主
	下更新统			Q_1	0～47.00	冰积物，以棕红色、褐色含砾亚黏土、黏土，夹薄层泥砾及砂砾石为主

① 1cal=4.1868J。

续表

系	统	组	段	符号	厚度/m	主要岩性
新近系	上新统			N_2	3.19 ~ 192.14，49.84	以冲、洪积紫红色、灰紫色砂砾层及黏土为主，含萝卜螺（*Radiz* sp.）
白垩系	下白垩统	胜利组（K_1bsh）	上砾岩段	K_1bsh^2	14.66 ~ 287.37，120.92	分布于盆地中心部位，主要岩性为淡绿色砂砾岩，粗砂岩夹粉砂岩及薄煤层（1 煤组）
			上含煤段	K_1bsh^1	38.80 ~ 606.74，368.00	为本区主要含煤段，主要岩性为煤层，以及灰、深灰色粉砂岩、泥岩、细砂岩、粗砂岩夹砾岩。含 2 ~ 9 煤组，其中 4 ~ 8 为主要开采煤组。在盆地中心，上部以煤层为主，夹泥岩、粉砂岩，下部为粉砂岩、泥岩，煤夹粗砂岩及砾岩，往西北部岩性变粗，为砾岩、砂砾岩
		锡林组（K_1bxl）	上泥岩段	K_1bxl^3	132.90 ~ 468.60，160 ~ 180	岩性以灰、深灰色泥岩、粉砂岩为主，含 10、11 煤组，仅局部可采
			下含煤段	K_1bxl^2	120.43 ~ 310.58，180 ~ 200	深灰色、灰色泥岩、粉砂岩夹细砂岩、粗砂岩及煤层，含 12 ~ 15 煤组
			下砾岩段	K_1bxl^1	70.02 ~ 584	以灰绿色、紫红色砾岩、砂砾岩为主，夹泥岩、细砂岩、粗砂岩薄层，具斜层理。该段厚度受古地理形态控制变化较大，与下伏地层呈不整合或断层接触
侏罗系	上侏罗统			J_3	>3734	为一套基性和中酸性火山岩系。岩性为灰色、黑灰色气孔状致密状玄武岩，灰色、灰紫色岩屑、晶屑凝灰岩、凝灰火山角砾岩、石英粗面安山岩、安山岩、流纹岩等
二叠系				P_1	680 ~ 3550	上部为黄绿色、紫色砂质泥岩、砾岩、粉砂岩夹灰岩、安山质凝灰岩透镜体，灰白色生物灰岩夹杂色灰岩、泥岩。下部为灰色、灰白色生物碎屑灰岩、泥灰岩、灰岩、砂岩，灰绿色、黄绿色、灰色安山岩夹安山质凝灰岩、流纹岩、火山碎屑岩及砂岩、泥岩和砾岩
志留系—泥盆系				S+D	>2383	为一套由灰色、灰绿色绢云母石英片岩、黑云母石英片岩、二云母石英片岩、石英岩等组成的变质岩系，中部含石英岩

1）下白垩统巴彦花群（K_1b）

中生界下白垩统巴彦花群是一套陆相沉积并多相结合的含煤建造，根据其岩性组合及古生物化石特征，将该群分为锡林组（K_1bxl）和胜利组（K_1bsh）。

（1）锡林组（K_1bxl）：该组按其岩性可分为下砾岩段、下含煤段和泥岩段。

下砾岩段（K_1bxl^1）：以灰白-灰绿色、紫红色砾岩、砂砾岩为主，夹细砂岩、粗砂岩薄层。砾石成分主要为花岗岩、石英岩、片岩、板岩及安山岩等，钙质胶结，局部含炭屑及动物化石。该段为巴彦花群底砾岩，其厚度受古地貌形态控制，变化较大，没有一定的规律，起伏不平的盆地基底被其填平补齐。矿田内仅198号孔见此段，钻孔见该段地层厚度126.94m，但未穿过此层位。该段地层岩性粒度从盆地两侧向中心部位由粗逐渐变细，垂向由上至下逐渐变粗，与下伏地层不整合接触。

下含煤段（K_1bxl^2）：该段是以湖相为主的含煤段。主要岩性为深灰色、灰色泥岩、粉砂岩夹细砂岩、粗砂岩及煤层。本段只含1组煤层，为12号煤层，为局部可采煤层。该段以11煤组底板为顶界，以12煤组底板为底界。区内共有12个钻孔揭露此地层，揭露厚度为120.43～310.58m。该段地层由西向东增厚，岩性粒度变化由盆地中心向两侧变粗，为冲洪积相的砂砾岩、砾岩。与下伏地层整合接触。

泥岩段（K_1bx^3）：该段以9煤组底板为上界，以11煤组顶板为下界，含10、11煤组，包含10、11、11下煤3层，是胜利组、锡林组含煤段之间的过渡段。岩性以灰、深灰色泥岩、粉砂岩为主，为湖相沉积，沉积厚度较稳定。通过对区内穿过本地层的13个钻孔统计，该地层厚度为132.90～468.60m。与下伏地层呈整合接触。

（2）胜利组（K_1bsh）：该组是本区主要含煤地层，具有含煤系数大、煤层厚、资源储量大、剥采比小的特点，底界为9煤组底板，按岩性确定为上含煤段（K_1bsh^1）。地层厚度为38.80～894.11m，均厚488.92m。

上含煤段（K_1bsh^1）：是本区主要含煤段，以河流沼泽相和泥炭沼泽相为主，主要岩性为煤层、灰-灰白色粉砂岩、泥岩、细砂岩、粗砂岩夹砾岩；含8个煤组。其中，2～4煤组在本区内遭受剥蚀未见，5、6煤组为全区可采煤层，5下、7煤组为大部可采煤层，6上、6-1煤组为局部可采煤层，6下煤组为不可采煤层，8煤组为局部可采煤层，9煤组为不可采煤层。该段地层以9煤组底板为界，与下伏锡林组整合接触。地层厚度38.80～606.74m，平均厚368.00m。其厚度变化总的规律是西薄东厚，在靠近Ft1盆缘断裂附近岩性变粗，为砾岩、砂砾岩，与下伏地层整合接触。

下砾岩段主要分布在盆地中心部位，主要岩性为灰绿色及灰色砂砾岩、粗砂岩、夹粉岩及薄煤层，岩性在北部较粗，主要为砂砾岩夹砂岩，向南有变细趋势，与下伏地层整合接触。

2）新近系上新统（N_2）

新近系全区分布，岩性主要为冲洪积灰绿色砂砾层、砂及棕红色、灰白-灰绿色黏土组成，属早成岩期，胶结不好，未固结成岩，质地松散。厚度3.19～192.14m，平均厚49.84m。

3）第四系（Q）

第四系全区分布，岩性主要由浅黄-灰黄色砂砾及粗、中、细粉砂和亚黏土、亚砂土、覆盖土组成，松散。

2. 构造

示范区位于胜利煤田内，在大地构造上属于二连拗陷（亦称二连盆地群）东端乌尼特断陷带中，北为查干敖包-阿荣旗深断裂带，南以西来庙-达青牧场大断裂与腾格尔拗陷为界，西邻苏尼特隆起带，东邻大兴安岭隆起带，属锡林郭勒盟北部新华夏系弧形构造体系。

聚煤盆地中的下白垩统含煤地层总体为单斜构造，矿区范围内发育次一级宽缓的北东-南西向向斜构造。盆地的形成与发展始终受盆缘两侧 Ft1、Ft2 两条同沉积断裂控制，Ft1 断裂的北侧为下二叠统，Ft2 断裂的南侧为上侏罗统兴安岭群。两条断裂都向盆地内倾斜，其性质为正断层，下盘长期处于上升剥蚀部位，是盆地内沉积碎屑物的补给来源。盆地内发育两组正断层，一组为北东向，一组为北西向，北西向断层切割北东向断层。

区域总体构造形态为一倾向北西的单斜，在此基础上发育有次一级的北东东向宽缓的向斜。地层总体向北和北西方向倾斜，倾角平缓，均小于5°。略有缓波状起伏。区域边界断层较为发育，矿区内地质构造应属简单类型。

4.1.2.2　水文地质

1. 区域含水层与隔水层

根据含水介质的空隙类型，地下水的补、径、排条件，含水层的富水性及其水化学特征，可将勘探区内含水层分为：第四系孔隙潜水含水层、第四系孔隙承压含水层、古近系—新近系孔隙、裂隙承压含水层组、煤系地层的裂隙含水层组及锡林组底部砾岩含水层组。含水层的岩性以亚砂土、砂砾岩、中粗砂岩及煤层为主。

1）含水层

（1）第四系孔隙潜水含水层：分布于锡林河周围及毛登一带，岩性主要由冲积、湖积相及少量冰水湖相细、中砂组成，局部夹砂砾石层及黏性土透镜体，最大厚度 63. 27m，水力坡度 0. 64‰ ~ 1. 53‰，渗透系数 1. 145 ~ 27. 31m/d，属中等-强富水性含水层。

（2）第四系孔隙承压含水层：主要分布于敖包山以南，锡林河以东，ZK23、CK35 一线以北，由承压水向潜水过渡。岩性由中更新统的冰水堆积的砂砾石层间夹细、中、粗砂及黏性土透镜体组成。该含水层上覆有薄层黏性土，一般厚 2 ~ 5m，渗透系数 21. 99m/d，属强富水含水层。

（3）古近系—新近系孔隙、裂隙承压含水层组：主要分布于锡林河以东及毛登一带。岩性以黄、杏黄、棕红色细砂岩、砾岩为主，厚 10 ~ 43m。据 ZK43 孔简易抽水资料渗透系数 46. 36m/d，属强富水含水层。

（4）胜利组含水岩组：该含水岩组包括煤系顶砾岩段、5 煤、6 煤 3 个主要含水组。煤系顶砾岩裂隙、孔隙承压含水岩组在区域发育不连续，厚度变化大，局部与第四系含水层、5 煤含水层呈冲刷接触，富水不均匀。5 煤、6 煤承压裂隙含水层组与煤层分布一致，基本全区发育，局部缺失。富水性受裂隙发育程度控制，差异大，构造裂隙发育部位富水性好。

2）隔水层

开采煤层区域的隔水层共有 4 层，其中：

（1）第四系孔隙潜水含水层与下部含水层之间均有较稳定的隔水层，一般厚度 2 ~ 25m，以泥岩、泥质砂岩为主；

（2）砾岩段顶部普遍发育有泥岩、砂质泥岩、粉砂岩，隔水性良好，厚度1. 14 ~ 25m；

（3）5 煤层顶部与上部第四系孔隙潜水含水层及砾岩段裂隙、孔隙承压含水岩组间除个别地段外均有泥岩、砂质泥岩、粉砂岩隔水层相隔，一般厚度 5 ~ 25m；

（4）5煤层底与6煤层含水岩组间全区有稳定隔水层，岩性为泥岩、砂质泥岩、粉砂岩，厚度1.9～36m。

2. 地下水边界和补径排特征

示范区处于锡林浩特盆地水文地质单元-锡林河谷水文地质亚区，胜利煤田水文地质单元小区内。锡林河由南向北流经本区，其河床为本区最低侵蚀基准面。地下水总的运动规律为：低山丘陵、高原丘陵、山间沟谷洼地为补给-径流区，而锡林河谷则为地下水径流及排泄的集中场所。该单元的西部高地丘陵区为小区分水岭，锡林河为水文地质小区的排泄区。因矿区南部整体地势较矿区稍高，故胜利一号露天矿、西二号露天矿、西三号露天矿、西一井工矿、锡林锗矿矿区成为径流区，为较完整的水文地质单元小区。

本区地下水补给在天然状态下以大气降水（包括冰雪融水）为主，少量为大气凝结水与侧向径流，大气降水在低山丘陵，高原丘陵，河谷冲、湖积平原入渗补给地下水。补给量的大小由降水方式、强度、时间及接受补给的岩土层的入渗性等决定。一般特征是低山丘陵、缓坡丘陵、高原丘陵接受的补给量比河谷冲、湖积中生代平原较多，原因是河谷冲、湖积平原区表面有薄层淤泥、亚黏土存在，影响大气降水渗入。河谷平原区地下水位较浅，地表水（大气降水为主）入渗较高原丘陵区难。

据对地下水长期观测资料表明，本区潜水位每年有两次不同程度的上升，分别为4～5月及7～9月，与冰雪融化期和雨季相吻合。潜水年平均变幅为0.4m。本区雨季为6～8月，而每年最高水位出现在9月，说明大气降水的垂直入渗补给具有一定的滞后性，地下水在低山丘陵、缓坡丘陵补给、径流条件比河谷冲、湖积平原好。河旁观测孔的水位升降与河水流量的变化同步表明锡林河与第四系孔隙潜水有水力联系。在矿坑大降深疏干条件下，锡林河河水补给第四系孔隙潜水含水层。

地下水的主要补给来源为大气降水、河水渗透及侧向径流，主要排泄方式为潜水面蒸发、植物蒸腾、地下水径流人工排泄的形式。露天区地下水的补、径、排与区域地下水的补、径、排条件基本一致。现简述如下：

示范区内东侧、东南侧边界条件为流经矿区的锡林河，其河床为本区最低侵蚀基准面。西侧、西北侧为较高海拔区，与周边高程差百米。地下水总体的运动规律为：低山丘陵、高原丘陵、山间沟谷洼地为补给-径流区。因此，径流方向总体流向为由西向东和由北向南。而锡林河谷则为地下水径流及排泄的集中场所。潜水补给由大气降水、锡林河河水侧向渗透、冰雪融化水、大气凝结水及地下水径流补给组成，其中以大气降水为主。砾岩段裂隙、孔隙水，5煤和6煤，裂隙承压含水岩组主要是由大气降水通过含水层隐伏露头下渗补给及隔水层的局部薄弱地段越流渗透补给。例如，5煤在4-2、5-2、5-3孔周围接受顶部潜水的下渗补给，740孔一带受天窗的影响，5煤、6煤接受顶部砾岩水的下渗补给。露天区内基岩含水层（组）的另一补给来源为地下径流。随着时间的延长，地下水的补给量将趋于稳定至减小。

4.1.2.3　煤炭资源开发与建设情况

胜利一号露天矿是由胜利公司开发的，采用的是煤电联营模式。该露天矿于2006开始建设，2011年已实现年产商品煤2.0×10^7t/a的二期目标。煤炭开采后经破碎直接运输至发电厂进行发电。

目前，主要开采煤层为 5、5 下和 6 号煤层。露天矿开采工艺采用半连续综合开采，剥离采用单斗－卡车工艺，采煤工艺为单斗－卡车+破碎站－带式输送机半连续工艺，储煤方式采用封闭式储煤场方案。

现 5 煤开采范围已推进至 12 勘探线，6 煤开采范围推进至 8 勘探线。工作帮整体坡高 220m，坡角 18°；台阶坡面角煤层台阶 70°，岩石台阶 65°；剥离台阶坡面高度 15m，采煤台阶坡面高度 10m。

目前该矿已进入成熟期矿区，生产规模稳定在 2000 万 t/a 左右。露天矿疏干水最大排放量 28378m^3/d。在工业场地内设疏干水复用水池，经处理后水质能够达到一般景观水体要求，露天矿平均绿化用水量为 600m^3/d，完全可以满足矿区水土保持植物措施生态用水的需要。

4.1.2.4　矿区生态修复现状

截至 2018 年末，胜利露天矿累计投入近 2.1 亿元，完成绿化复垦 1.238×$10^7$$m^2$，排土场绿化治理 8.64×$10^6$$m^2$，布设沙障 2.42×$10^6$$m^2$，栽植各类乔灌木 1.675×$10^5$株，铺设绿化喷灌管道 53km。

露天矿生态修复重点区域分为外排土场（北排土场、南排土场和沿帮排土场）和内排土场，外排土场已全部排弃到位，2013 年全部实现绿化治理，治理面积 8.76×$10^6$$m^2$，实现了 100%绿化，且无裸露空地。2013 年全部实现内排后，修复重点由外排土场转至内排土场，截至 2018 年已完成内排土场治理近 1.75×$10^6$$m^2$。修复充分利用露天矿疏干水，经处理将水质达到一般景观水体要求后满足修复用水需要。

北排土场：2005 年投用，位于采掘区东北侧，距采掘场地表境界约 150m，共分 4 个台阶，排弃总高度 60m，排土量 3.549×$10^7$$m^3$，占地面积 1.22×$10^6$$m^2$。2007 年排土场到界，并进行了治理，主要种植了草本植物。2008 年排土场全部实现绿化，绿化覆土量 5.32×$10^5$$m^3$，绿化面积 1.01×$10^6$$m^2$，其中坡面面积 3.55×$10^5$$m^2$，平盘面积 6.55×$10^5$$m^2$。2015 年开始对其减少人为干预，放归自然。目前沿坡滑坡现象、雨水冲蚀现象，以及植被退化现象都较为严重，并有牧民的马、牛、羊等牲畜进入。

南排土场：2006 年投用，靠近采场东南侧，距采掘场地表境界约 180m，共分 5 个台阶，排弃总高度 75m，排土量 6.20×$10^7$$m^3$，占地面积 1.72×$10^6$$m^2$，2010 年到界，同样也进行了治理，主要种植了草本、乔本、灌木等植被。尤其是排土场南部，按照景观带的要求进行了全面治理。2011 年排土场实现全部种草绿化，绿化覆土量 1.22×$10^6$$m^3$，复垦绿化面积 2.53×$10^6$$m^2$，其中坡面面积 6.91×$10^5$$m^2$，平盘面积 1.84×$10^6$$m^2$。但整个排土场迎风北坡、西部土壤侵蚀和草本植物退化现象也较严重。

沿帮排土场：2008 年投用，位于采掘场北部，排弃总高度 90m，排土量 2×$10^8$$m^3$，占地面积 4.38×$10^6$$m^2$，2012 年到界，2013 年实现全部绿化。绿化覆土 2.70×$10^6$$m^3$，绿化面积 5.10×$10^6$$m^2$，其中坡面 1.24×$10^6$$m^2$，平盘 3.86×$10^6$$m^2$。

4.2　东部半干旱草原区露天矿生态修复实践难点

胜利露天矿区主要位于中轻度退化的典型草原地段和草甸草原，属内蒙古高原栗钙土地区，大型露天矿开采致使表土层将被完全损伤，地表堆积巨量岩土剥离物，引发风蚀、水蚀使土壤侵蚀量有所增加，形成大气扬尘，影响当地大气环境，煤矿开发还会破坏地下含水层的连续性，影响地下水的正常流动，导致浅层地下水水位降低，煤炭生产的固体废弃物污染主要体现在水体和土壤污染、占地、扬尘等方面。传统的露天矿开发中强调边开采、边治理、边保护、边发展的原则，采取必要严格的生态保护和水土保持措施，及时高标准绿化排土场、硬化工业广场和厂区道路，破碎、装煤和运输系统采取全封闭运行，尽可能把环境影响降低到较小范围。

大型露天开发是一项系统工程，涵盖煤炭开采、损伤区域治理和生态修复等内容，在我国生态脆弱的东部草原区大型露天矿开发中，尤其对损伤扰动区，通过科学设计、先进合理的有效措施，以确保矿山的存在、发展直至终结，始终与周边环境相协调，与区域社会可持续融合。大型露天矿区一体化整治效果也代表了一个大型煤炭企业的资源开发利用总体水平和可持续发展潜力，以及保护生态环境平衡和维护区域生态安全的能力。近年来，我国根据“科学发展观”提出的“绿色矿山”理念已经成熟，绿色矿山建设是一项复杂的系统工程，重点包括资源综合利用、节能减排、环境保护、土地复垦等内容，旨在煤炭资源的科学、有序、合理的开发利用过程中，将煤炭开采的生态损伤控制在最小，并且通过技术创新突破生态修复难点，解决开采污染、地质灾害、生态失衡、生态安全等问题。特别是国家在2018年首次将生态文明写入宪法，将绿色矿山建设上升为国家战略，到2020年基本形成节约高效、环境友好、矿地和谐的绿色矿业发展模式，这不仅是煤炭企业高质量发展的重要途径，也是体现矿山全生命周期的“资源、环境、经济、社会”综合效益最优化的必然要求。神华北电胜利能源有限公司作为示范区建设单位，在大型露天矿区一体化整治中着眼示范区的煤炭资源开发与生态环境和谐，按照国家提出的《煤炭行业绿色矿山建设规范》（DZ/T 0315—2018），针对东部草原区生态脆弱本底条件，充分利用国家重点研发计划平台，积极布局绿色矿业发展示范区，突出采中减损和生态修复关键技术的重大突破，提高生态修复的整体水平，通过一体化建设为绿色矿山建设和区域生态安全提供生态安全保障。

4.3　锡林郭勒大型煤电基地生态修复关键技术示范工程设计

4.3.1　关键技术示范总体设计与工程布局

4.3.1.1　总体任务

示范区建设是东部草原区大型煤电基地生态修复与综合整治技术及示范项目的重要内

容之一。根据锡林郭勒大型煤电基地的生境特点，结合大型煤电基地发展造成的生态问题，针对生态恢复的难点，运用研发的关键技术体系进行生态恢复示范工程。通过示范区试验，实现项目所研发的关键技术从实验室到现场的转化，保证技术的可行性；通过示范区建设，验证技术应用效果，为关键技术改进提供可靠的基础信息；通过典型示范区建设，总结东部草原区大型煤电基地生态修复模式，集成适合东部草原区大型煤电基地生态修复的技术体系，为同类地区生态修复提供技术支撑和应用示范。

按照示范工程设计，结合示范区实际，在锡林浩特胜利矿区开展示范工程。计划建成示范区 8000 亩，植被覆盖率较本底值提高 35%，废弃地治理率达到 96%。为此，示范区内计划开展减损型采排复一体化生态修复示范区 5000 亩、采矿损毁土地植被恢复和综合整治示范区 2000 亩、生态稳定性提升示范区 1000 亩，使露天矿排土场植被覆盖率较本底值提高 35% 和废弃地示范区治理率达到 96% 的技术指标，促进锡林郭勒大型煤电基地区域生态安全与和谐发展。同时，形成适合东部草原区大型煤电基地生态修复科技体系，创建适合大型煤电基地不同景区的生态修复新模式。

4.3.1.2 设计思路与要求

1. 示范区建设设计思路

针对锡林郭勒示范区酷寒、半干旱、土壤瘠薄等生态脆弱特征和高强度煤炭开采引起的地下水位下降、土地损伤、土壤沙化、植被退化、景观破损等生态问题，基于大型煤电开发的生态影响机理及累积效应、生态恢复关键技术研发成果和示范区生态建设总体规划，布局确定关键技术试验区、效果研究对比区和适用技术推广区，通过关键技术试验、比较区同步观测研究、推广区技术适应性研究等工作，集成采排复一体化生态减损和水资源保护、土地整治和土壤改良技术、植被配置与恢复技术、景观生态修复等关键技术，形成适用于锡林郭勒大型煤电基地受损生态系统恢复的关键技术体系和区域生态安全协调控制模式（图 4-1），为大型煤电基地区域生态安全提供科技支撑。

示范区设计关键技术示范工程技术研发主要集中在 3 个方面：采排复一体化生态减损技术、采矿损毁土地综合整治技术和露天煤矿地下水库建设技术等。配套生态恢复工程主要是提供研究对比、技术推广区域及示范区建设保障支撑。按照示范区的作用，示范区包括了关键技术试验区、效果研究对比区和适用技术推广区。

（1）关键技术试验区：基于项目初期关键技术的研究初步结果，经过充分技术论证，选定具有对大型煤电基地生态恢复起主要作用，且在示范区尚未应用的关键技术，开展系统的现场试验与研究，确定关键技术在该区应用的有效性、主要技术参数和实际应用方法，为大型煤电基地生态恢复提供核心技术支撑。

（2）效果研究对比区：基于项目初期示范区域生态恢复现状和应用技术方法，选定具有代表性的区域，开展与现场试验同步的系统研究，研究传统的生态恢复技术在该区的有效性及局限性，对比关键技术试验研究提出改善生态恢复效果的技术途径，为示范区关键技术试验效果评价提供详细的比较依据。

（3）适用技术推广区：是大型煤电基地生态建设系统规划中生态恢复工程的重点区域。技术推广区设置着眼于大型煤电基地生态恢复效果和关键技术试验对比研究，按照高

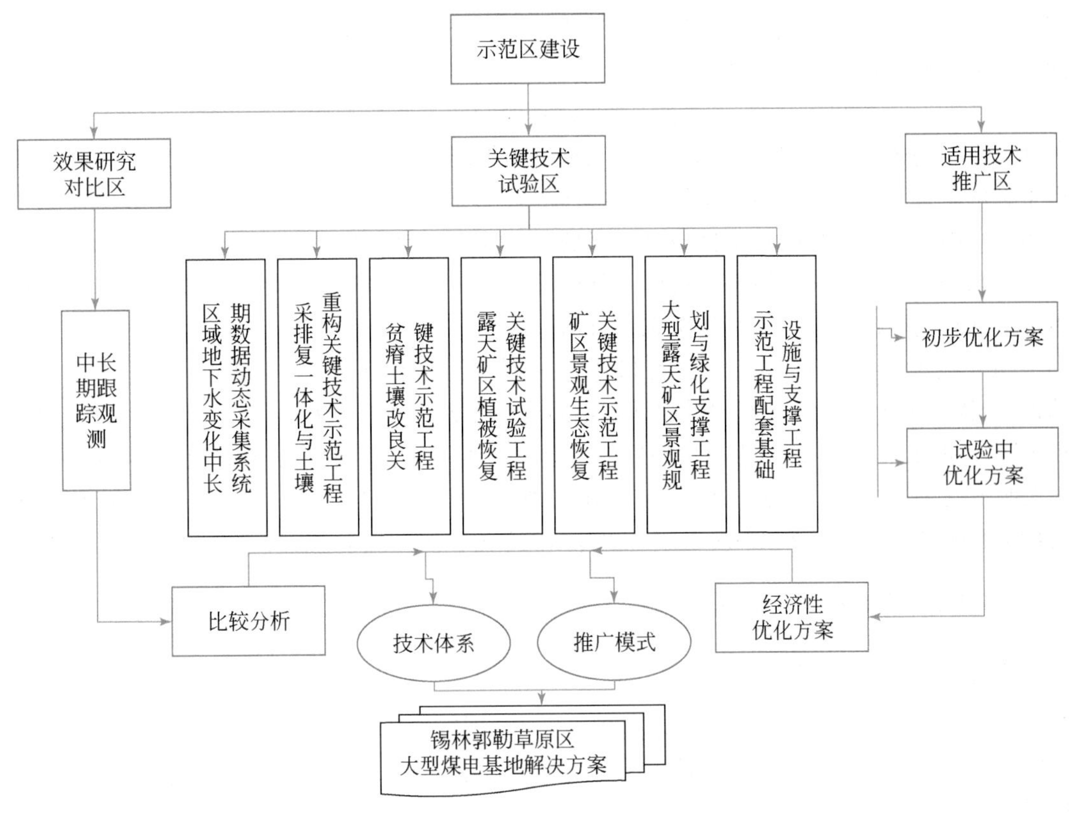

图4-1　示范区建设总体设计思路

强度煤炭开采扰动区“采排复一体化”的技术思路，基于生态减损、水位恢复与水资源保护利用、土地整治、植被恢复、景观再造等关键技术的适用性研究，确定适宜于示范区生态恢复的技术体系和实施模式，系统安排大型煤电基地生态恢复重点区域和采用的关键技术，重在消除大型煤电基地区域内生态恢复重点和安全隐患，为大型煤电基地的可持续开发及区域生态安全提供保障。

2. 示范工程设计要求

示范工程是为了验证、提升生态修复关键技术，形成适合东部草原区大型煤电基地生态修复的技术体系和修复模式，所以示范工程应根据示范区的实际来设计，同时要考虑到关键技术的适用性。因此，在示范工程设计中，应坚持技术的创新性，并考虑其针对性和集成的关键性，同时示范区在选择上要注意区域的代表性。

（1）难点问题针对性强。生态修复关键技术研发旨在解决东部草原区大型煤电基地生态修复的技术困境。示范工程设计按照项目总体目标，针对该区土壤贫瘠、水资源短缺和干旱气候等生态修复条件，突出水土流失控制、土壤提质增容、矿区废物生态利用、适生植物生长促进和植被恢复与良性演化等难点问题，系统布局示范工程。

（2）试验技术具有先进性。示范工程对未来东部草原区大型煤电基地生态修复具有指导作用。在前人研究与实践基础上，示范区工程设计以研发新技术为主，针对提出的生态恢复新技术进行系统的现场科学试验和传统技术比较，进一步验证新技术的合理性和适宜性，形成有效的技术实施工艺流程。

（3）示范工程可推广性。示范区在东部草原应具有良好的代表性。示范经验有利于在东部草原区的类似地区移植，真正起到示范引领作用。示范区是应用研发的新技术解决典型生态修复难题的试点，目的是最终形成面向东部草原区大型煤电基地生态修复的关键技术体系。因此，所选择的示范区应具有区域代表性，所解决的问题具有针对性。示范成功后，生态修复模式和技术体系就可以在其他同类地区推广。因此选择了半干旱、土壤贫瘠条件下胜利露天矿大型煤电基地生态修复示范区。

（4）技术集成区域代表性。生态修复是一项复杂的系统工程，单一的技术无法解决其中的各种问题。因此，示范工程设计时就要遵循技术集成的思想，按照“一区一策，自然情景相融”的原则，总结生态要素与生态修复的重点与难点，从时空关系考虑相关技术的集成，并按照示范区的类型和特点，针对大型煤电基地具有代表性的生产区、待修复区、已修复区进行生态修复模式的研究，系统集成为适合东部草原区大型煤电基地生态修复的技术体系。

4.3.1.3 示范区建设总体布局

1. 示范区建设布局详情

根据遴选的示范区生态修复与综合整治技术需求，选择采排复一体化生态减损、水资源保护与利用、土壤改良技术、植被配置与恢复技术、景观生态修复等与示范区生态环境特征和生态修复目标相匹配的科技成果，开展工程示范形成大型煤电基地受损生态系统生态恢复关键技术集成体系。示范区由试验区（关键技术试验区）、改进区（适用技术推广区）和对比区（效果研究对比区）组成，总体布局见表4-3和图4-2。

表4-3 示范区建设布局详情表

类型	项目	面积/亩	备注
试验区（1）	减损型采排复一体化试验区	2317	—
	近自然地貌整治区	122	—
	土壤改良技术试验区	449	—
	土壤提质增容技术试验区	96	—
	废弃地利用技术试验区	2093	1421亩（西湖）/672亩（东湖）
	景观廊道试验区	470	—
改进区（2）	技术改进区1	1979	内排土场
	技术改进区2	250	南排土场喷播区
对比区（3）	对比区1	576	南排平台
	对比区2	1777	南排边坡
	对比区3	310	北排平台/无养护
	对比区4	983	沿帮平台
	对比区5	724	沿帮边坡
合计	（1）+（2）+（3）	12146	—

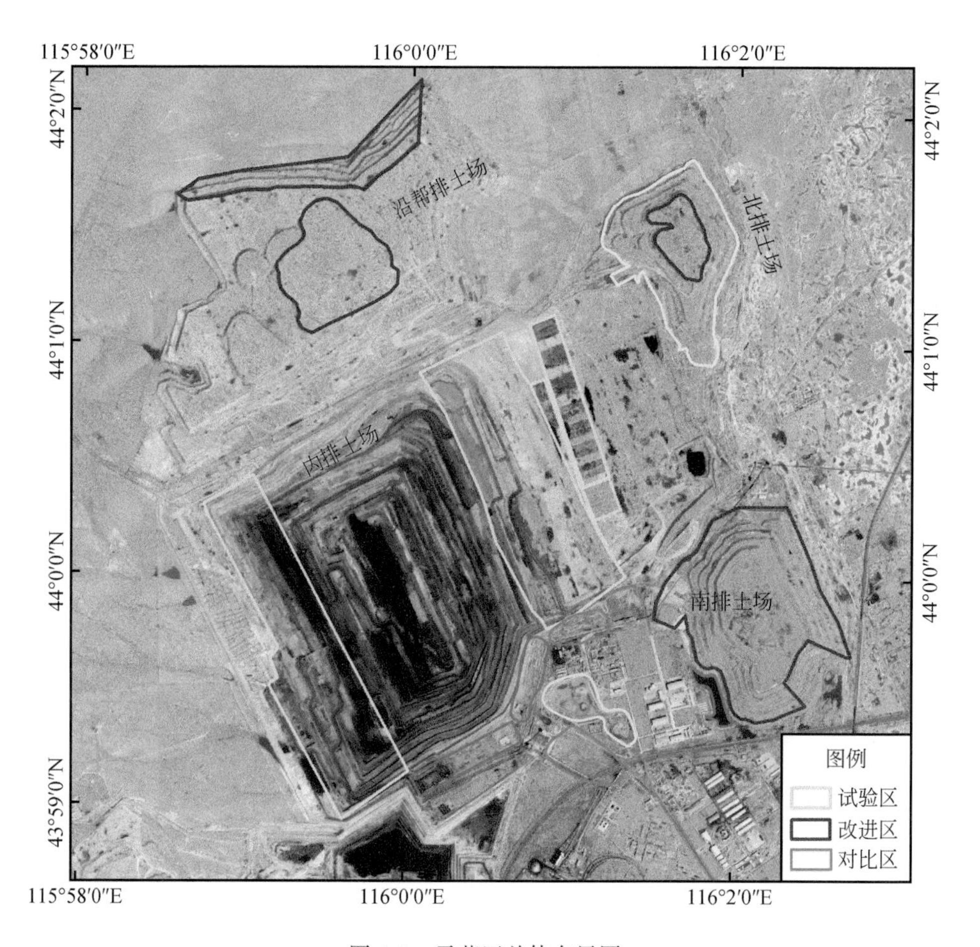

图4-2　示范区总体布局图

示范区总面积为12146亩，其中试验区5547亩，包含关键技术试验工程6项；改进区修复2229亩；各种试验对比区4370亩。示范区建设详情如下。

2. 示范工程具体技术目标

示范工程建设是技术从研发到推广应用不可或缺的一环。在揭示矿山巨量矿岩开挖、运移、排卸作业对矿区生态系统的影响规律的基础上，从露天矿工艺选择、设备选型、开采参数、开采程序、开拓运输系统、总平面布置等方面集成研究降低草原区露天开采生态损害的技术体系。将大型煤电基地主要固体产物均纳入露天矿生产系统，以优采工艺优化和应用为手段，排弃与复垦协调技术为依托，新技术的先进性、适宜性、可操作性经过了示范应用，才能达到实践验证，方有可能被推广应用。因此，开展示范工程建设非常必要。其技术目标主要体现在验证性、改进性、提升性和引领性四个方面。

1）大型露天矿区减损型采排复一体化

（1）生态减损型采排复一体化技术试验工程。揭示矿山巨量矿岩开挖、运移、排卸作业对矿区生态系统的影响规律，以综合开采工艺优化和应用为手段，排弃与复垦协调技术为依托，地层和土壤重构为目标，构建涵盖源头减损、过程控制和末端治理的大型煤电基地生态减损型采排复一体化工艺，优化露天矿采剥、物料运输和剥离物及粉煤灰排弃作业，实现大型煤电基地采排复生产的经济、生态综合效益最佳。

(2) 近地表层结构优化与重构试验工程。针对胜利矿区表土稀缺的自然条件，一方面，以实现排土场人工重建生态系统的自维持为终极目标，以露天矿开采工艺设备和生产成本条件为约束，研究近地表土壤精细化重构的施工方法；另一方面，针对胜利矿区表土稀缺的自然条件，研究以露天矿剥离物为骨料的表土替代材料制备方法和铺设使用方法。

2) 地表生态修复新技术试验

(1) 贫瘠土壤改良与重构技术。针对表土稀缺矿区，通过将矿区排弃物料（煤矸石、岩层剥离物混合物，粒径2～5mm）与煤泥、表土科学组合和熟化培养处理方法，研究不同比例情况下熟化土壤的理化性质，包括土壤容重、土壤紧实度、土壤持水能力、土壤pH、土壤养分等，分析土壤理化性质的差异及机理，试验研究胜利矿区大尺度土壤与植被耦合关系，寻找土壤替代物的快速形成途径，促进表土稀缺矿区的土壤重构与植被恢复，有利于企业利用固废资源，减少企业的土地复垦成本。

(2) 优势植物筛选及优化配置。根据研究区原有立地条件，结合原始草原生境以及国内相关研究的结果，灌、草本植被有保持水土、投入相对较少的优势，建立草、灌不同植物配置模式，针对胜利露天矿区干旱少雨、土壤贫瘠等现状，通过选择乡土、优良抗逆（耐干旱、贫瘠）植物，进行排土场植物群落优化配置试验，有利于该区域土壤的快速改良和植被的可持续修复。

(3) 基于微生物的植物促生保育技术。微生物是自然生态系统的重要组成，是矿区受损生态系统的自修复与人工植被建设不可忽视的生物因子。与其他工程措施相比，微生物复垦技术具有成本低廉、环境友好、操作简单等优点，同时能够大幅度提升土壤肥力和土壤生物活性状况，最大程度上促进植被生长，形成良性循环生态系统。在采用不同植物群落配置复垦模式的同时，利用有益土壤微生物与植物的互惠共生关系，形成适合研究区生境和土壤条件的植物-微生物菌根联合技术是解决煤矿区生态恢复及土壤改良的重要支撑。

3) 大型露天矿区景观生态恢复关键技术示范工程

(1) 仿自然地貌整形（内排）水土流失控制。针对矿区现存的地貌景观，采取近自然地形重塑的方法，在内排场重新规划沟道水系及其子流域系统基础上，最终发展成与周围环境相融合的地貌景观，实现矿区与周围景观的自然有机衔接。主要解决传统修复方式后内排土场地貌重塑中水文系统不成熟、边坡侵蚀现象频发、地貌融合效果差等缺点，提出一种采排复一体化内排土场地貌近自然重塑技术方法，以坡向迭代与特征参数为依托，提出一套制度化的自然地貌特征提取技术手段，为自然稳定地貌特征提取提供理论依据；以采排复一体化、土方平衡及景观融合为目的，为今后草原矿区内排土场近自然修复提供了一种新的实践方法。

(2) 矿区生态景观廊道生境恢复。采用现场调查与高分遥感相结合的方式监测矿坑开采斑块、运煤栈道等矿业景观周边粉尘的空间分布规律。以露天采坑及主导风下风方向为研究对象，研究露天采坑下风方向不同植被覆盖形式下粉尘量的减少情况，确定能达到最佳抑尘效果的植被分布形式，根据研究区实际植被情况设定植被种类为当地最常见的乔木或灌丛，分析植被覆盖的抑尘效果。

根据开采规划、观景台迁移现状，依托胜利矿区原有排土场绿化斑块、道路绿化带、运煤栈道绿化带等景观屏障，针对该区域扰动斑块负边缘效应，运用景观隔离、景观渗透、海绵矿区等基础理论，集成多层次景观隔离带构建技术、绿色生态廊道构建技术打造多层次景观屏障带。通过连点补缺将原有的排土场绿化带、交通干道绿化带形成网络，改变负边缘效应影响区域物质流；此外，结合项目组试验区设置，基于物质源汇理论，集成微环境水循环利用技术、退化生境保护及植被修复技术、污染场地原位修复技术构建污染原位修复和退化生境改良区。

4）大型露天矿区废弃地生态恢复工程

大型露天矿区废弃地指露天采矿准备和生产过程中损坏的土地资源，包括矿山建设过程中形成的毁损土地，以及矿山生产过程中由于剥离煤层而损坏的土地、固体废弃物压占的土地。大型露天矿区废弃地具有土地用途临时改变、地层或地表结构发生人为损伤的特点。由于地层或地表结构发生变化，必然引发生态系统的扰动：一方面，局部生态系统受到损伤；另一方面，与此相关的区域生态系统受到影响。该项工程针对大型露天矿生产、生态实际情况，按照采排复一体化技术思路系统规划生态修复布局和部署，采用适用传统技术和适宜新技术，按照绿色矿山建设指标要求，全面修复开采损伤区，确保96%以上的治理率、绿色全覆盖和生态修复“零库存”的目标，着力缩短开采生态影响周期。

（1）开采损伤废弃地生态恢复。开采损伤废弃地生态恢复与绿色矿山建设内容相结合，秉承科学绿色发展的理念，借助人类发展与进步的唯一途径——科技创新，加强科学管理（依法办矿、规范管理、地企和谐、企业文化等），夯实生态基础（生态景观格局优化、斑块生态修复和治理、绿色景点建设），推进煤电清洁生产（资源综合利用、节能减排、环境保护）。针对周期性生态损伤，基于生态修复实践经验的总结，调整改进，实现损伤区的修复，提升生态稳定性、生态功能。根据示范区布局总体安排，以及土壤条件与植被恢复方法研究进展，逐步优化调整绿化植被的植物配置和种植方法，2017～2020年同步完成试验和追踪观测，形成不同年份、不同方法的示范区域。

（2）废弃地利用-矿坑水储存与生态景观利用。矿山开发造成地下水资源流失、矿井水排放造成地表水体和环境污染的问题一直是矿山企业致力于解决的重大问题之一，也是社会极为关注的生态环境敏感问题。因此开展矿井水的处理技术、储存技术、利用技术的研究是解决绿色矿山建设中环境问题、资源问题、经济问题的必由之路，具有重大战略意义和经济社会效益。按照“绿水青山就是金山银山”的理念，以打造“绿色矿山，美丽矿山”为目标，依托国家重点项目和矿区生态恢复规划，依据项目研究成果有序布局绿化工程，为关键技术开发研究提供系统性比较研究支撑，为关键技术的推广提供有效的实施方案。

5）大型露天矿区地下水观测网及数据采集

针对煤炭高强度开采对水资源及生态的影响问题，以北电胜利一号露天矿为研究对象，以露天矿采场为中心布局放射状水文长观点，通过水文地质调查，和钻探、抽水试验、土力学及岩石物理力学采样化验，构建长期水文观测系统，实现地下水动态监测数据，并通过通用分组无线服务（GPRS）网络-地下水自动监测平台，实现对地下水的远程动态管理与分析研究。

4.3.2 大型露天矿减损型采排复一体化

4.3.2.1 设计思路与预期目标

传统的复垦技术多是在整个矿区开采完成、闭坑后才进行。采排复一体化技术则更加注重复垦的时效性，一边开采同时在另一边就开展复垦工作。传统的露天矿土地复垦滞后于开采的理念没有考虑复垦的时效性，其实将剥离的适合复垦的表土长期堆存，会造成一系列不良后果。适合植被生长的土层主要是腐殖质层和残落层等，这些土壤具有一定的时效性，若长期堆存不用，则会因为水土流失、有机质下降、土壤沉降板结等造成土壤肥力下降，多年后再用于复垦时就会效果不佳，有的甚至需要花费大量时间、资金进行土壤改良提升土壤肥力，这就好比露天矿开采环节的二次剥离，增加了露天矿复垦的成本，在经济上不合理，所以采排复一体化技术便应运而生。

胜利露天矿采排复一体化工程针对煤炭资源开发造成的土地占用、地下水流失等问题，以露天矿生产和生态修复协调推进为目标，综合应用靠帮开采、季节性作业协调、地层重构、土壤重构等技术，以排土场人工重建生态系统自维持为终极目标，以露天矿开采工艺设备和生产成本条件为约束，针对胜利矿区表土稀缺的自然条件，研究以露天矿剥离物为骨料的点地表地层重建和土壤精细化重构的施工方法，从而降低煤电基地建设的区域生态环境影响强度。

胜利露天煤矿以自营剥离为主，主要剥离台阶为全年作业，台阶追踪开采，露天矿工作帮开采程序优化后的生态修复窗口期为 5 月至 8 月中旬。该时间段的主要作业内容是已覆土排土场的土壤改良和植被恢复，同时伴随一定量的采排复一体化作业；8 月末至 11 月进行土壤的收集、运输、铺设作业，并进行土壤改良，但考虑到复垦植被可能难以越冬，因此不进行植被恢复作业；其中，植被死亡至 11 月土壤冻结的这段时间内，加速进行表土采集（完成冬季剥离区的表土剥离工作）并储存到排土场合适位置，表土堆存过程同时进行土壤改良作业；次年 3 月底至 4 月初气温回升至冰点以上时，进行表土的铺设（冬季排弃到界的排土场）和改良作业，为生态修复窗口期内的植被恢复作业奠定基础。

为满足上述不同目的，选择和优化应用综合工艺成为必然。现阶段，胜利露天煤矿采用单斗挖掘机卡车间断剥离工艺、单斗-卡车-地面破碎站-带式输送机半连续采煤工艺。随着开采纵深推进和深度增大，卡车运距和提升高程也增大，急需对采剥运输系统进行优化。针对综合开采工艺系统多运输方式相互影响等问题，以综合开采成本最低为目标建立综合开采工艺物流规划模型（图 4-3），缩短剥离物内排运距和原煤卡车运距。

4.3.2.2 试验技术方案

1. 露天矿采排复一体化工艺优选

根据矿产资源的赋存条件，将采排复一体化技术分为条带开采-内排-复垦一体化技术（图 4-4）和分期开采-外排-复垦一体化技术（图 4-5）两大类。

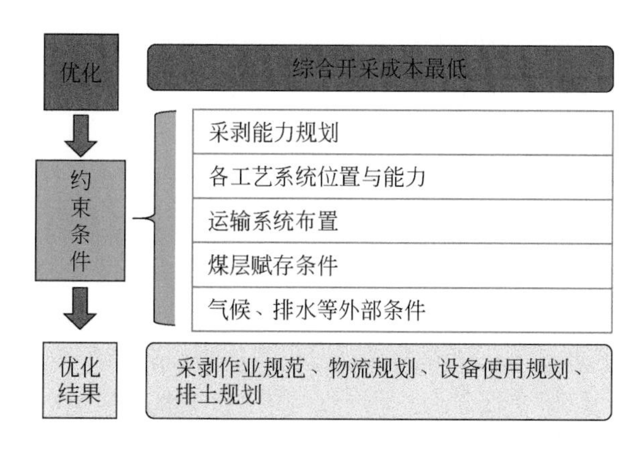

图 4-3　综合开采工艺物流规划模型思路

结合研究实际情况，建立的采排复一体化工艺适应度评价模型最终确定了赋存条件、开采参数、物料特性、运输排弃条件和气候影响等 5 个方面，以及这 5 个方面的 14 个具体指标。因为露天矿的表土剥离、岩石剥离工艺和采矿工艺很可能分别采用不同的工艺，而三者对露天矿土地复垦的影响并不相同，整个工艺评价体系是由三部分组成的：露天矿表土剥离工艺适应度、露天矿岩石剥离工艺适应度和露天矿采矿工艺适应度。

2. 胜利露天矿区排弃物料季节性优化调配方案

胜利露天煤矿现已进入完全内排阶段，剥离以外包为主，主要剥离台阶只在夏季作业，逐台阶由上至下开采，因此其生态修复窗口期受到表土铺设情况、气候条件和排土场到界情况三大方面因素的限制。

（1）表土铺设情况：为复垦而新铺设的表土一般存在容重显著增大、有机质和全氮含量等重要的养分偏低、土壤 pH 与电导率升高等问题，必须采用相应的工程、工艺、生物等措施予以解决才能提供适合植物生长的土壤环境。

（2）气温条件：新到界排土场的复垦需要适合的地温条件，因此除极少数能适应当地冬季严寒条件的冬播物种外，绝大多数植被物种只有待春天气温和地温上升到一定程度后才能种植。胜利矿区位于我国蒙东地区，属寒温带大陆性气候，具有冬季寒冷漫长，夏季温凉短促，春季干燥风大，秋季气温骤降霜冻早等特点。

（3）排土场到界情况：主要由采剥关系和剥采排计划决定（图 4-6）。一方面，可以通过调整剥采排计划改变排土场各区域到界时间，使其满足生态修复的需要，是大型煤电基地采排复一体化技术的核心；另一方面，剥离作业是露天矿最大的生产成本构成项，其费用动辄上亿元，每年甚至可达十数亿元，因此剥采排计划优化必须统筹考虑经济和生态效益，充分考虑技术和成本约束。

在到界排土场的表面（图 4-7），按设计铺设一定厚度的土壤（土壤层厚度的确定主要依据生态重建需求和表土供应量）。露天矿表土采集、堆存、使用的时间和方法在一定程度上是可以人为调控的，但表土数量和质量的约束是相对刚性的。

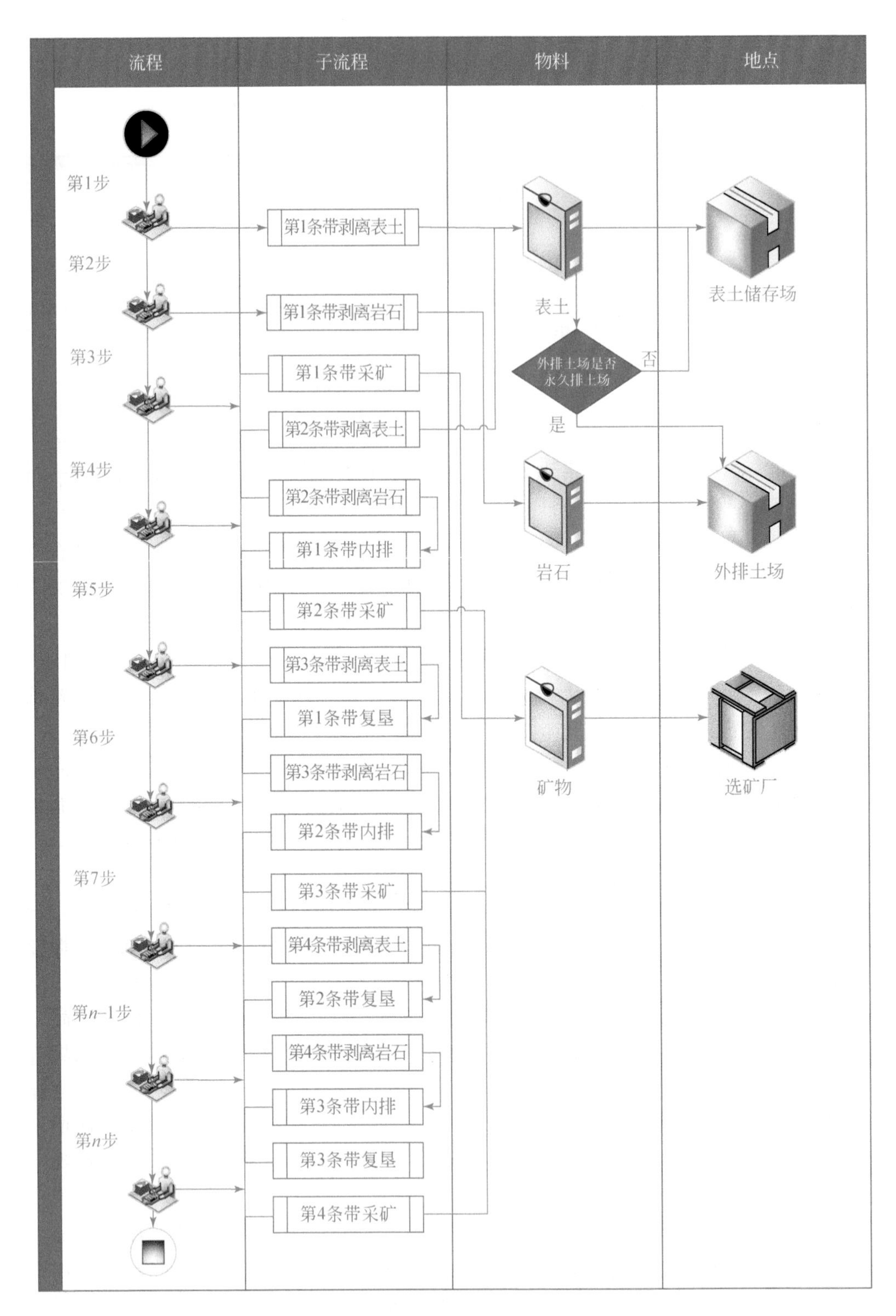

图 4-4　条带开采-内排-复垦一体化技术流程图

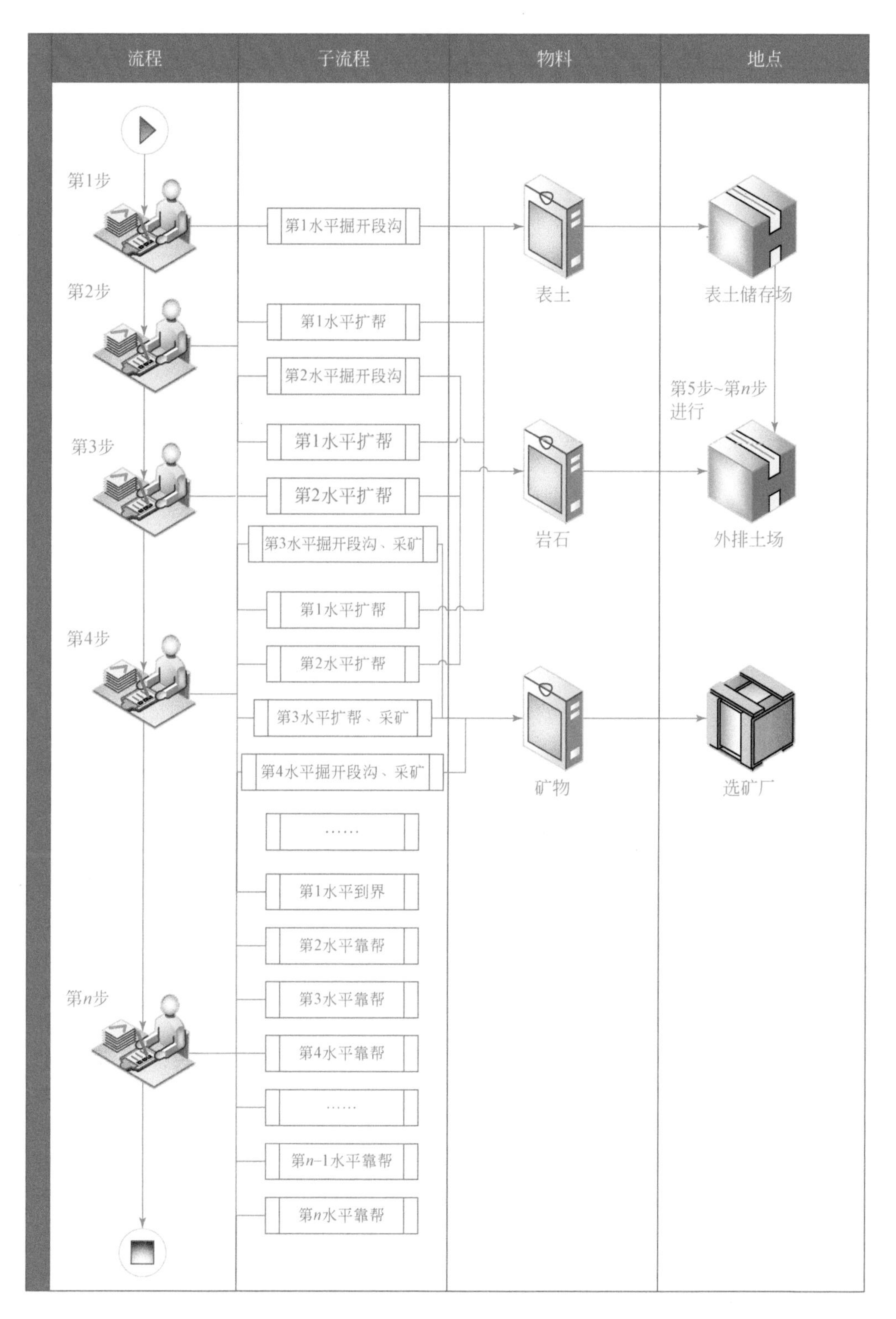

图 4-5　分期开采-外排-复垦一体化技术流程图

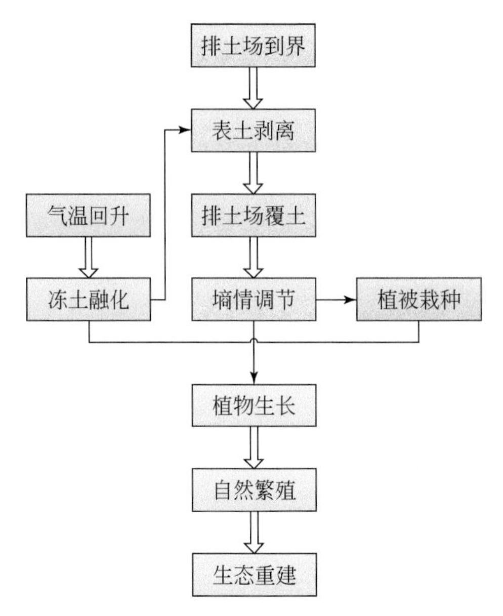

图 4-6 排土场生态重建条件的逻辑关系

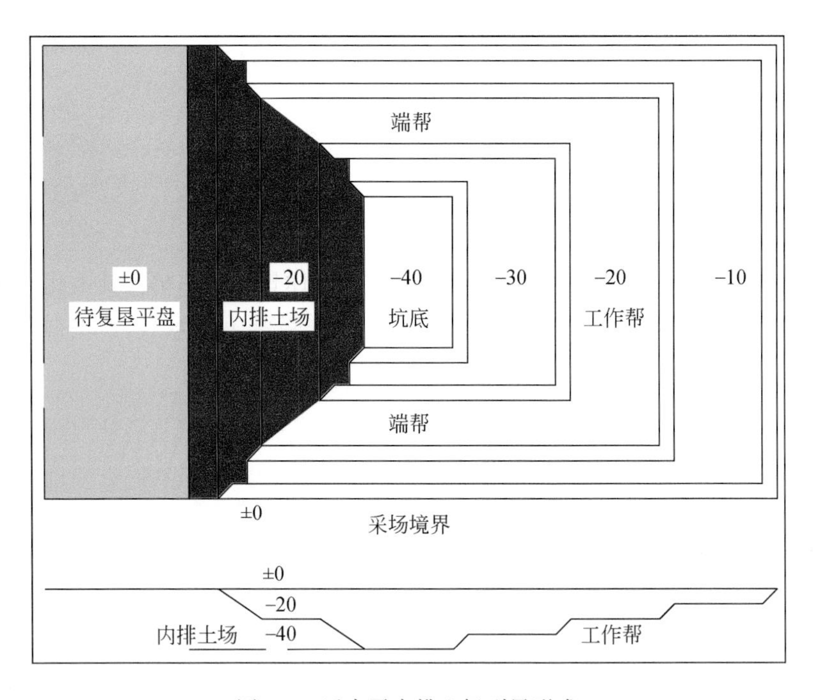

图 4-7 近水平内排土场到界形成

综上所述，露天矿生态修复的三大条件中，“到界排土场”的可调范围最大，但可能需要付出巨大的经济代价；由于生态重建所需的表土量占露天矿总采剥量的比例很小（在东部草原区的几大露天矿区均不足 1%），所以满足土量约束的前提下调整表土的采集、运输、储存、铺设使用的时间与方式使其与“到界排土场”（条件1）、“气温与地温”（条件3）相协调是采排复一体化技术的核心；矿区的“气温与地温”条件是自然赋予的，在排土场这种广大区域内人为控制难度极大且存在不稳定性，因此只能通过工程调整和植被优选适应这一条件。据此，分析胜利露天煤矿排土场生态修复窗口期（图4-8）。

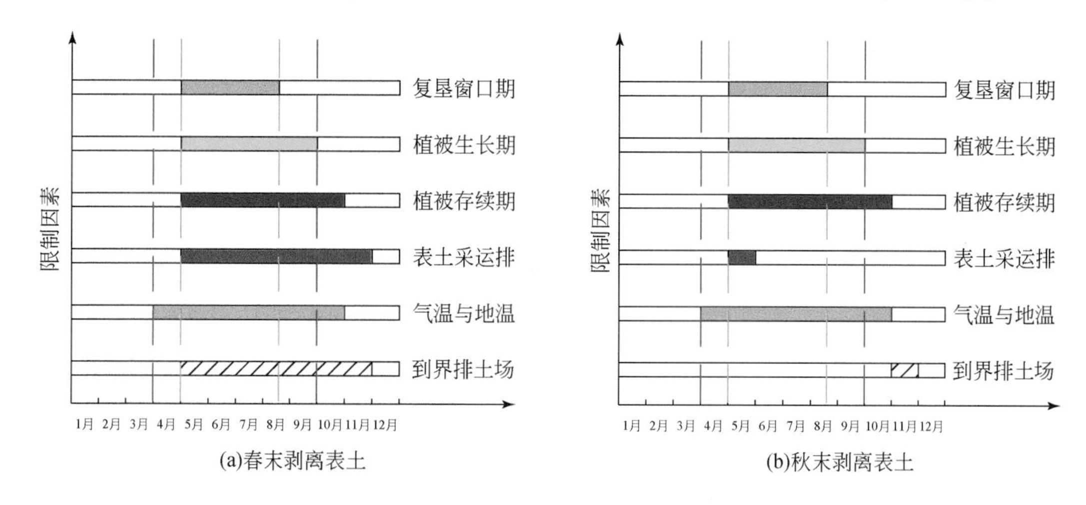

图4-8　胜利露天矿的生态修复窗口期

如图4-8（a）所示，在春末剥离表土作业方式下，表土开采超前于其他剥离物，表土需要经过一个夏季的存储，待年末开采结束、到界排土场形成后才能使用。如图4-8（b）所示，将表土剥离台阶超前一个年度开采，可以实现表土的采集、运输、排卸铺设作业一体化，从而使生态修复窗口期得到充分利用。虽然从表面上看露天矿采场占用面积增大了，但因此造成的地表植被和生产系统损伤面积并未增大，这主要是因为表土剥离作业是在草原植被生产期结束后进行的。

进入春季后，气温和地温逐渐回升，现有植被逐渐返青和进入生长季，但是当地的冻结深度较大（锡林郭勒在2m以上），表土的采运排作业要待冻土基本融化后才能进行，因此滞后将近1个月。同样，秋季转冷后，土壤冻结深度逐渐增大，表土的采运排作业一般滞后于平均气温低于0℃约1个月停止，因此大部分植被冻死后仍可进行表土的采运排作业。

对草原区生态修复时间选择构成严重制约的另外一个主要因素是植被的生长期。随着气温和地温降低，锡林郭勒草原在9月底至10月初，草原植被逐渐枯黄死亡。为保证复垦植被的成活率和生态重建效果，排土场复垦的植被栽种作业应提前1个月停止，即夏季的后期可进行覆土作业但不能再进行植被复垦作业（播种可越冬的种子除外）。因此，全年剥离条件下锡林郭勒草原区露天矿生态修复窗口期只有3个月左右，一般为5月下旬至8月中旬。

1）全年剥离条件下的工序优化

生态修复窗口期使用的表土可能来自两个方面：一是上一年度堆存的表土，二是本年度超前剥离的表土（图4-9）。生态修复窗口期前期所使用的表土主要来源于上一年度的堆存量。这一开采程序存在表土堆存量大、堆存时间长、冬季风蚀严重等问题；但与图4-8（b）所示的开采程序相比，其表土的超前剥离少，尤其是在植被生长期（一般为5～9月），这有利于减少矿产资源开发造成的生态损伤面积。结合胜利露天矿示范区生态修复条件特点，研究提出综合两开采程序方案特点的表土开采方案（图4-10）。

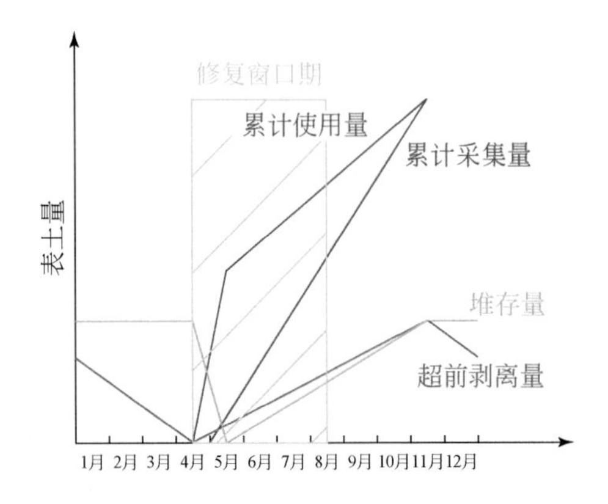

图4-9 全年剥离条件下年度表土使用情况图

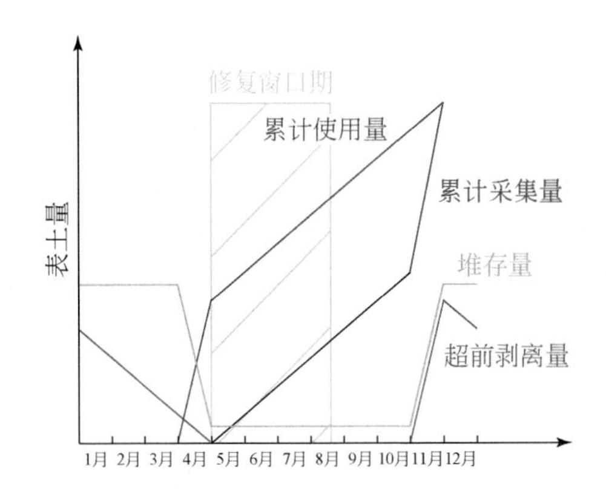

图4-10 开采程序优化后年度表土使用情况

研究应用方案特点如下。

（1）充分利用秋末冬初这段植被基本死亡但地温未降低到土壤深度冻结的时间，采集工作帮前方一定区域（预计的冬季开采范围）内的表土并堆存在排土场合适位置。

（2）采用合适的方式避免堆存的表土严重冻结，在进入生态修复窗口期间完成到界排土场的覆土作业。该方案优缺点如下：

①除当季生产使用外，表土的采集、铺设作业均不占用生态修复窗口期，因此可从源头上减少对区域生态环境造成的影响（在植物生长季的超前剥离量基本为零）和提高排土场生态修复速度（在进入生态修复窗口期前完成表土铺设）。②冬季表土存量大，且需二次采剥，费用高。③秋末冬初进行表土集中剥离，需短期内集中大量的设备和人员，生产组织管理难度大，且极易受到天气变化影响（若提前降温可能导致表土剥离作业无法顺利

进行，从而影响工程推进和表土存量)。

2）季节性剥离条件下的生态修复窗口期

为避免冬季严寒条件下作业造成的设备效率低、故障率高、安全隐患大等问题，部分矿山（尤其是以外包剥离为主的矿山）采用季节性作业方式，如胜利露天煤矿。在这类露天矿，剥离作业期称为夏季，剥离停产期称为冬季；采煤作业全年进行，其生产进度主要取决于市场需求（一般为冬季大、夏季小)。

工作帮开采方式如图4-11所示。图4-11（a）所示为台阶追踪推进，内排土场也随着采剥工程推进而逐渐到界，适用于现有各露天开采工艺；图4-11（b）所示为逐台阶开采，内排土场在年度开采末期迅速到界，适用于以单斗液压反铲作为主要采装设备的露天矿。

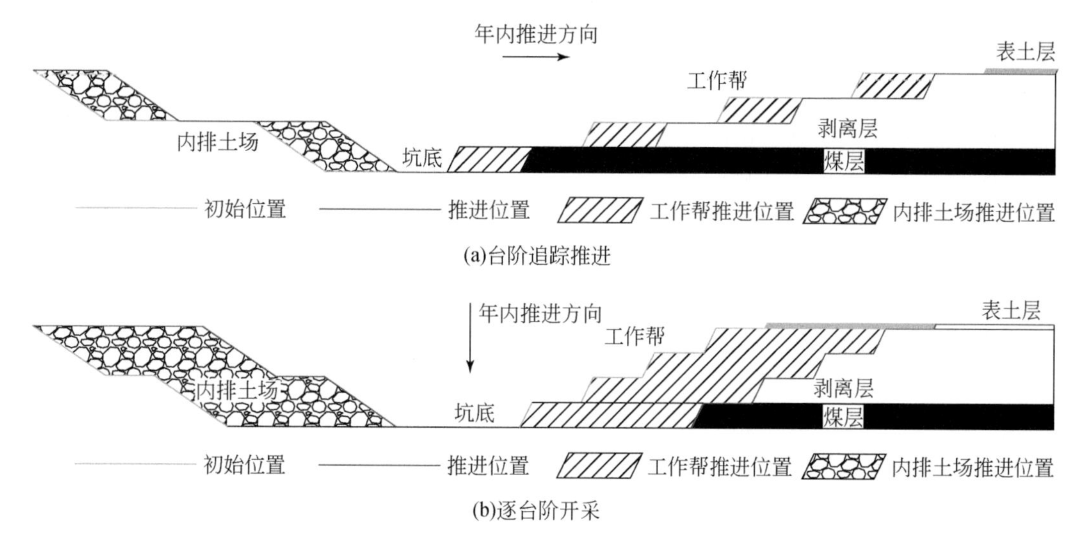

图4-11　季节性剥离条件下典型工作帮开采方式

3. 胜利露天煤矿地层重构技术方案

该区第四系松散层总厚度为8～10m。其中，表土层（含腐殖质）厚度约0.5m，砂质层厚度一般3～5m，黏土类隔水层厚度一般3～5m。在第四系松散层以下，为厚度大于60m的泥岩层。露天矿生产过程中，下部砂砾岩层经采装、运输、排卸后排弃在内排土场最下层，近似原地层排弃；上部三层需要精细化作业才能实现近似原地层排弃。本方案重点是以露天矿采剥物料为基础，进行近地表含水层和隔水层重构。

根据胜利露天矿开采地层中物料赋存情况，提出如下3个地层重构方案（图4-12)。

（1）以露天矿剥离的沙土、砂砾土、黄土、砂砾岩等物料为基础构建含水层，以亚黏土为主要物料构建隔水层；该方案所构建的近地表地层最大限度地接近露天矿原始地层，验证亚黏土在正常排弃后自然构建隔水层的可行性。含水层的厚度为3m左右，隔水层的厚度为5m左右。

（2）含水层物料不变，亚黏土是露天矿的一种较稀缺资源，且分布不均匀，因此试验寻找亚黏土的替代品。本试验中采用亚黏土与黄土或泥岩以1∶1混合排弃，验证亚黏土与其他露天矿剥离物1∶1混合排弃后的隔水效果，以便在亚黏土不足的情况下使用。

（3）与方案（2）类似，不同的是在隔水层物料排弃后进行一次压实作业。方案目标是验证压实作业对隔水层构建的作用，通过隔水效果、生产组织管理、经济费用等指标对比方案（1）和方案（2），为亚黏土稀缺条件下隔水层构建物料选择提供依据。

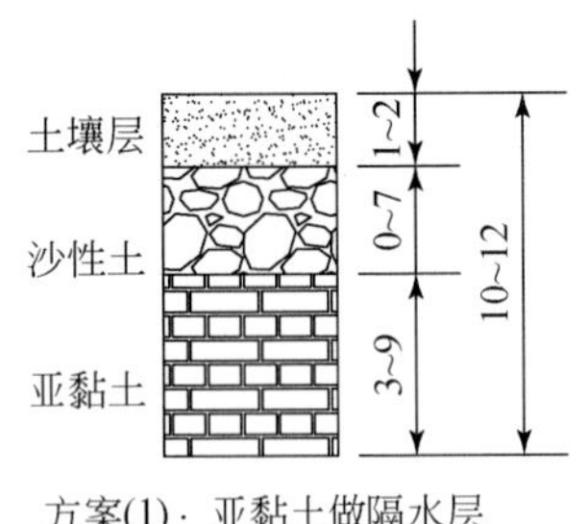

方案(1)：亚黏土做隔水层

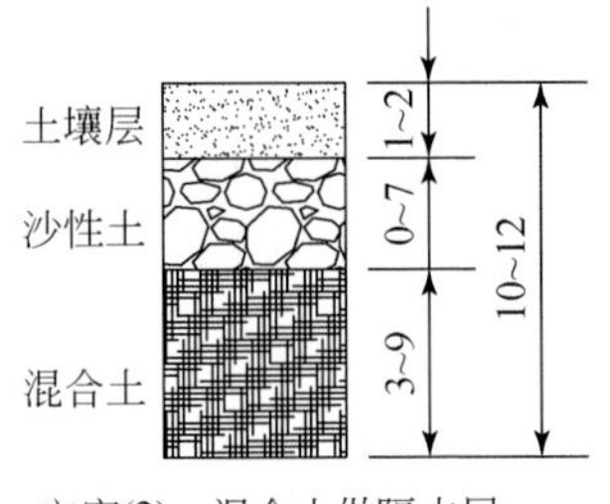

方案(2)：混合土做隔水层

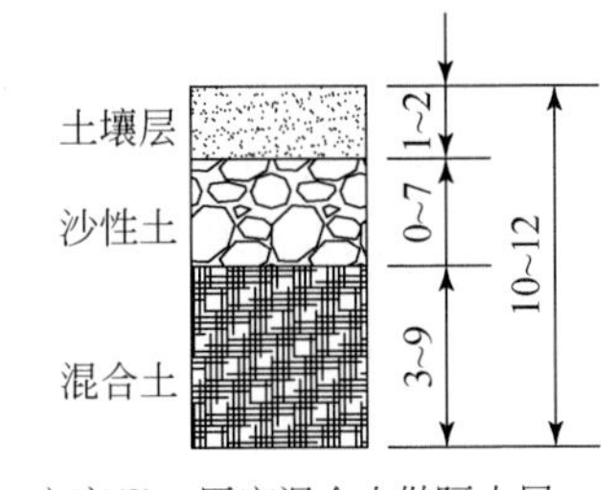

方案(3)：压实混合土做隔水层

图4-12　近地表地层重构方案
图中数据单位为m

另外，在内排土场选择一块区域仍按现行参数排弃，上部覆土以便进行生态重建；主要用作对照组，以便论证项目研究方案的应用效果。

含水层再造的目标是建立和恢复地表潜水位，隔水层完整性、连续性是前期地层重构效果评价的主要指标，并采用地层含水率监测系统（图4-13）监测效果。当经过灌溉或高强度降水后，如果隔水层上下两个监测点的水分差达到设计要求，则认为隔水层构建成功；同等灌溉量条件下，经过一段时间的自然蒸发后如果土壤层水分含量显著高于对照组，则说明含水层对于土壤水分起到了有效补充作用，即含水层构建成功。

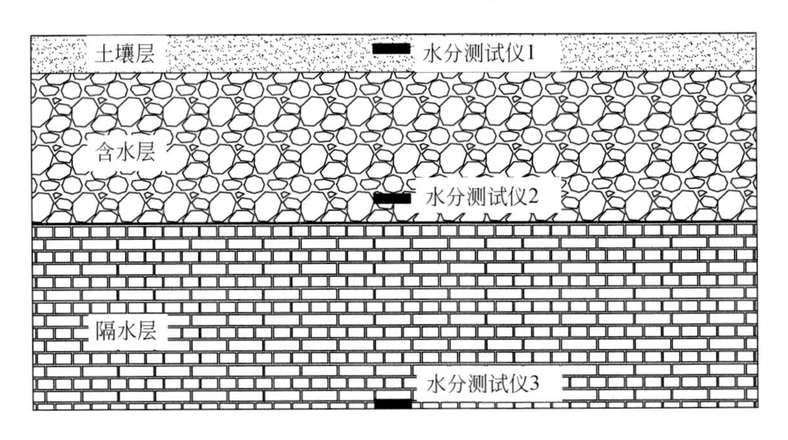

图4-13　水分测试仪布置与地层重构效果评价

另外，重构各地层的实际位置与当年的采排关系有关，即由于采排关系不同，不同年份的露天矿排土场最上台阶高程也不同。为保证地层重构效果，应使各重构地层层位在平面上具有连续性。一方面，应当尽量编制露天矿长远规划，以实现排土场整体排弃效果达到仿自然地貌的目标；另一方面，在内排土场与端帮、非工作帮自然地层之间有良好的过渡，不同年份之间的内排土场也应保证连续性良好（图 4-14）。

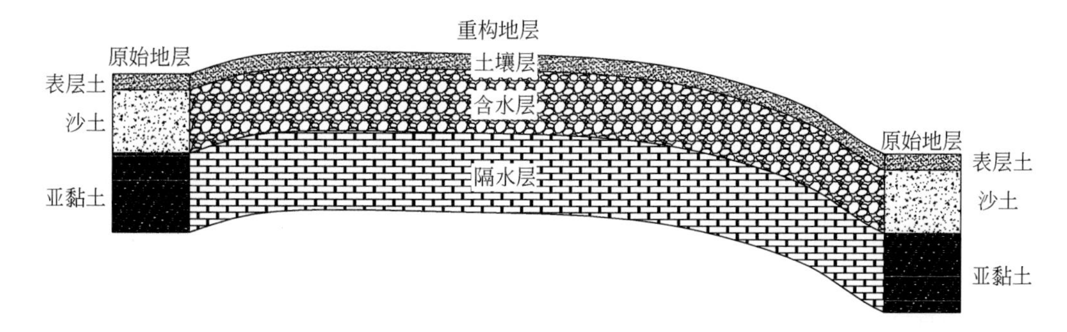

图 4-14 露天矿重构地层与周边地层的连续性

4. 近地表土壤精细化重构方案

露天矿开采伴随的是大量上覆岩层的剥离，导致原始土层和土壤结构受损，这些经剥离、无序堆存然后用于排土场复垦的土壤，其持水能力通常较自然土壤差，难以达到预期的复垦效果。而土壤有效水分对于半干旱区的植被恢复至关重要，研究表明表土的粗粉粒含量为 58. 23% ，属于粉砂土，Ⅱ层的风化及原状基质的细黏粒含量分别为 24. 03% 、59. 14% ，属于粉黏土和黏土，Ⅲ层的风化及原状基质的细黏粒含量分别为 95. 35% 、99. 85% ，属于黏土（表 4-4）。构造层状土壤具有明显的层状结构和持水特点（图 4-15）。

表 4-4 胜利露天矿研究区颗粒组成

样品	物理性黏粒含量（≤1mm）				物理性砂粒含量（>1mm）			
	<0. 1mm	0. 1 ~ 0. 2mm	0. 2 ~ 0. 5mm	0. 5 ~ 1mm	1 ~ 5mm	5 ~ 25mm	25 ~ 100mm	100 ~ 300mm
	细黏粒	粗黏粒	细粉粒	中粉粒	粗粉粒	细砂粒	粗砂粒	石砾
表土（对照）	2. 2	9. 17	13. 77	12. 02	58. 23	4. 61	0	0
Ⅱ1	24. 03	38. 29	22. 66	7. 28	7. 74	0	0	0
Ⅱ2	59. 14	35. 61	3. 84	1. 12	0. 29	0	0	0
Ⅲ1	95. 35	4. 63	0. 02	0	0	0	0	0
Ⅲ2	99. 85	0. 15	0	0	0	0	0	0

土壤的持水能力通常与构造剖面的土壤性质有关。为提高修复土壤的持水率，近地表土壤精细化重构是针对胜利露天矿区表土稀缺的自然条件，研究试验以露天矿剥离物为骨料的表土替代材料现场制备方法和铺设使用方法，提升土壤持水率。结合露天煤矿土壤赋存特点和生态修复需要，初步确定土壤层序重构设计方案（图 4-16）。分析各方案特点如下。

（1）方案一：表土作为上层土壤，其养分和土壤质地均优于其他种类土壤，但是经现

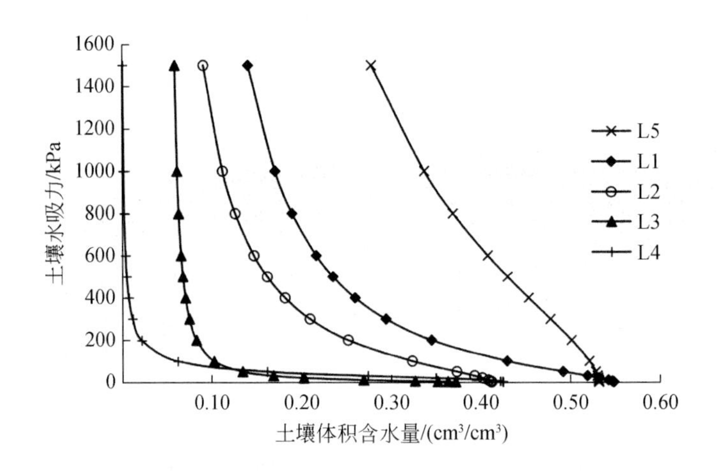

图 4-15 不同深度下土壤体积含水量与土壤水吸力的关系

L1 为地表 0.2m 内；L2 为地表 0.6m 内；L3 为地表 1.5m 内；L4 为地表 5m 内；L5 为地表 10m 内

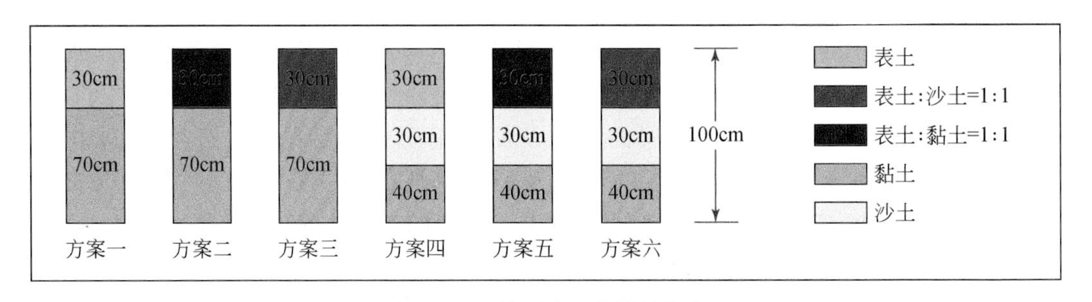

图 4-16 土壤层序重构设计方案

场调研，当地表土缺乏，并不总能使覆土厚度达到国家标准；黏土层作为下层土壤可以有效减少土壤入渗，防止人工灌溉情况下的水分流失。

（2）方案二：改良方案作为表土不足情况下的替代方案。表土与黏土混合增加了改良土的持水性，但是在矿区机械碾压情况下，黏土的增加可能会造成土壤板结，植物难以扎根，且土壤通气性差；下层土壤方案设计与上同。

（3）方案三：改良方案作为表土不足情况下的替代方案。表土与沙土混合，由于沙土的无结构性，可以改善机械压实带来的板结情况，作为与方案二的比较方案，探究在实际压实情况下改良方案的保水、通气和植被生长情况；下层土壤方案设计与上同。

（4）方案四：表土层和黏土层设计与方案一同，夹砂层的设计与方案一比可以增加表土层的持水量，并且利于强降雨情况下的排水。

（5）方案五：改良表土层和黏土层设计与方案二同，夹砂层设计目的与方案四同。

（6）方案六：改良表土层和黏土层设计与方案三同，夹砂层设计目的与方案四同。

根据国家相关规范和煤矿生态修复需要，土壤重构参照土地复垦质量控制标准见表 4-5。通过各上覆岩土层质地、化学成分、酸碱性、电导率、含盐量、重金属含量、出苗率等方面的分析，筛选出亚黏土作为表土替代材料。

表4-5 胜利露天煤矿土地复垦质量控制标准

复垦方向	指标类型	基本指标	控制标准
其他草地	土壤质量	有效土层厚度/cm	≥30
		土壤容重/(g/cm³)	≤1.45
		土壤质地	砂土至砂质黏土
		砾石含量/%	≤15
		pH	6.0~8.5
		有机质/%	≥0.5
	生产力水平	覆盖度/%	≥30
		产量/（kg/hm²）	五年后达到周边地区同等土地利用类型水平

为改善亚黏土性质，在使用过程中添加改良剂，室内实验得到的最优组合为蛭石：秸秆：硝基腐殖酸=50：50：0.5。

各项指标比较表明发现表土替代材料的容重降低，总孔隙度增大，通气性与蓄水性均有所提高，团聚体含量增加、持水性能增强，同时养分含量、土壤酶活性及微生物数量显著增加。

为避免不同技术试验效果相互掩盖，试验采用交叉法，即3个地层重构方案和6个土壤重构方案，交叉构建出18个采排复一体化方案。

4.3.3 大型露天矿区地表生态修复新技术试验工程

大型露天矿区地表生态修复是在露天开采剥离层排放到界的条件下，根据区域本底自然状况，按照近自然条件对地表生态进行修复，以达到地表生态恢复到近自然的过程。大型露天矿区地表生态修复新技术试验工程是将项目研发的生态修复新技术在大型露天矿区开展的示范性试验，旨在验证新技术的先进性和适宜性。主要包括贫瘠土壤改良与重构关键技术试验工程和生物综合修复技术试验工程。通过地表生态修复新技术试验工程，为形成适合东部草原区大型煤电基地内不同形态的生态修复区域提供适宜的修复技术，并与采排复一体化技术、景观修复生态恢复技术、生态安全保障技术衔接配合，形成适用于东部草原区的大型煤电基地生态修复技术体系。

4.3.3.1 贫瘠土壤改良与重构关键技术

该试验针对生态修复可利用土壤资源匮乏的问题，充分利用煤电基地固废资源-粉煤灰等，寻求可替代土壤进行生态修复的替代物以及快速修复途径，通过土壤重构与植被恢复解决矿区受限于表土稀缺的实际问题。

1. 试验方案设计

(1) 土壤层重构物料配置及剖面构建。依据矿区可获取物料来源（表土、煤矸石、粉煤灰)，构建三种土壤剖面设计方案，深度 50cm，剖面底部材料为煤矸石，结构如图 4-17所示。

方案一：100% 表土；表层为 50cm 岩土剥离物，下面全部为采矿剥离物自然堆积体；

方案二：40% 表土，60% 煤矸石，表层为 50cm 的岩土剥离物、煤矸石的均匀混合物，配比为 2∶3，下面全部为采矿剥离物自然堆积体；

方案三：30% 表土，40% 煤矸石，30% 粉煤灰，表层为 50cm 的岩土剥离物、煤矸石、粉煤灰的均匀混合物，配比为 3∶4∶3，下面全部为采矿剥离物自然堆积体。

利用推土机对内排土场平盘进行平整，平整后覆盖土壤重构材料，覆土厚度为 0. 5m。铺平后通过深翻与旋耕混合均匀。

(2) 土壤处理方法。土壤处理试验基于翻耕次数、绿肥、种植时间几方面综合考虑，设计 4 种方法，8 种方案（图 4-17），进行不同翻耕处理、翻耕与不翻耕、翻耕与自然改进的比较。其中：

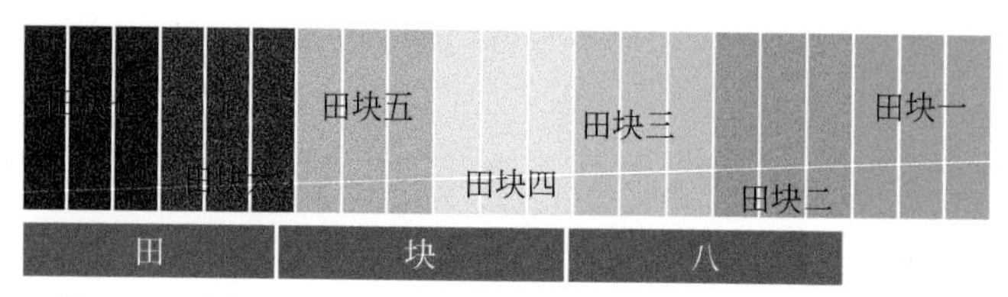

田块一：15d翻耕一次，翻耕处理一年并种植苜蓿，年底将苜蓿翻压至土里，再重新种植一年苜蓿

田块二：30d翻耕一次，翻耕处理一年并种植苜蓿，年底将苜蓿翻压至土里，再重新种植一年苜蓿；

田块三：60d翻耕一次，翻耕处理一年并种植苜蓿，年底将苜蓿翻压至土里，再重新种植一年苜蓿；

田块四：当年翻耕处理，并种植苜蓿，年底将苜蓿翻压至土里，再重新种植一年苜蓿；

田块五：15d翻耕一次，翻耕处理两年，最后一年种植苜蓿；

田块六：30d翻耕一次，翻耕处理两年，最后一年种植苜蓿；

田块七：60d翻耕一次，翻耕处理两年，最后一年种植苜蓿；

田块八：当年不种植，不翻耕，最后一年种植苜蓿

图 4-17　田块布置图

方法 1：翻耕处理一年（各为 15d、30d、60d 翻耕一次）并种植苜蓿，年底将苜蓿翻压至土里，再重新种植一年苜蓿；

方法 2：翻耕处理两年（各为 15d、30d、60d 翻耕一次），最后一年种植苜蓿；

方法 3：土壤当年不种植，不翻耕，最后一年种植苜蓿；

方法 4：土壤当年翻耕处理，并种植苜蓿，年底将苜蓿翻压至土里，再重新种植一年苜蓿。

(3) 改良土壤水配置。为控制粉尘污染，在每次深翻之前，都对示范区进行灌溉，直

到浇透为止。建设的配套设施有供水管道、喷灌系统（浇水）、周围路网（路面宽5m，碎石路）、路边绿化等。灌溉采用三级管道灌溉的方式，干管沿观光道靠近田块一侧布设；支管沿田间道靠近田块一侧布设；田块间每隔30m布设橡胶软管进行灌溉（图4-18）。

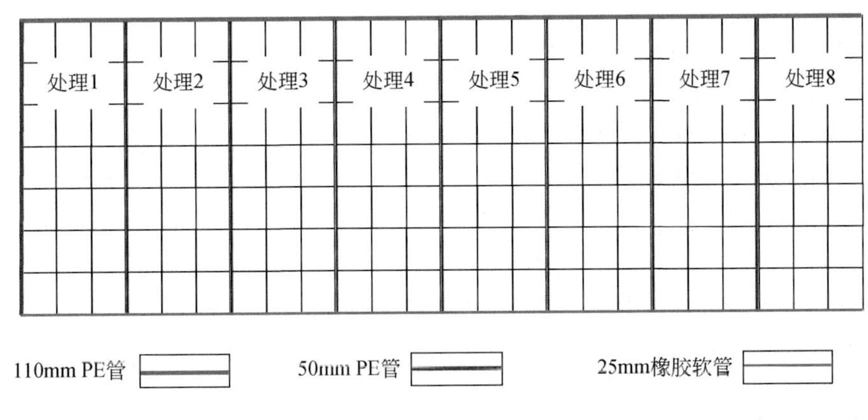

图4-18　实验区灌溉系统布置图

PE管即聚乙烯管

（4）种植植物选取。种植植物选取紫花苜蓿、柠条、小叶锦鸡儿、苜蓿、沙蒿、沙打旺、披碱草、杨柴等本地适生植物。

试验实施地点位于内排土场顶部平台区，与矿区已复垦区域连接，交通、取水方便。项目区东西方向230m，南北向1621m，面积约为560亩。沿示范区长轴方向分为8个大田块，田块四周建造6m宽的观光道，示范区内部大田块之间建造5m宽田间道作为各大田块分割带。每个大田块内部，通过构建田埂，将每个大田块分割成三个小田块。在小田块上分别对优化的三个技术方案进行土壤剖面的构建，通过不同的熟化处理方案与土壤剖面构建方案的对比，研究熟化措施的效果以及最优的土壤剖面构建方案。

主要实验工程包括表土稀缺区剖面构建、熟化处理、道路修建、灌溉、植被种植。

2. 工程实施流程及主要技术要求

根据本工程表土稀缺矿区土壤构建与改良技术施工方案的施工内容、气候状况、现场情况、土质条件对工程的要求，主要采取以下施工方案的技术措施：

（1）施工准备。准备进行图纸会审及技术交底，根据设计要求对各施工队伍明确施工内容、范围，交叉工程协作与分工，准备施工过程中各项技术资料、表格。

（2）施工步骤。测量放线→推土机场地平整→岩土剥离物、煤矸石、粉煤灰运输和铺撒→深翻与旋耕→人工播种草籽。

（3）施工方法。平台覆土最终形成自北向南的平盘，覆土厚度0.5m（±5cm），覆盖表土植被绿化，充分利用工程施工前收集的表土覆盖于表层。施工时，要根据现场情况采用并列施工和流水施工，保证按期完工。

（4）土壤重构材料的运输与铺设。按现场人员指定的位置装运和铺撒岩土剥离物、煤矸石、粉煤灰等重构材料，确保土壤重构材料的质量和数量，保证运输沿途土壤重构材料不受损失和洒落。应按照计划用量均匀地成堆卸车，挖掘机、装载机、推土机推开并摊铺、初平，对局部凸凹不平处，挖掘机应作重复处理，以达到图纸设计要求。土壤重构材料铺垫厚度不低于 0.5m。土壤重构材料粒度不大于 30mm。

（5）平台播种。本期共治理内排土场平盘面积约为 181815m²。播种的草籽为紫花苜蓿，播种量为 20g/m²。

（6）熟化处理。采用 8 种不同的熟化处理方案，以设计要求为准。

（7）灌溉工程。利用现有水源管道分别向喷灌区域铺设 PE 热熔主管道，主管道连接边坡顶端横向铺设的管线，通过主管道分支铺设，完成整个区域的浇水管线布置；采用三级管道灌溉的方式，沿观光道靠近田块一侧布设干管；沿田间道靠近田块一侧布设支管；田块间每隔 30m 布设橡胶软管进行灌溉。

（8）翻耕技术控制。翻耕作业应严格按照划定的田块内进行，翻耕深度要求为 50cm±10cm。翻耕后立即对其进行耙平作业，无漏耕、无漏耙。

三种表土覆盖模式不同，方案二和方案三植被覆盖度达到 60% 即可。

4.3.3.2　生物综合修复技术试验

根据胜利露天矿的自然条件和实际情况，集成土壤、植被与微生物相互结合的复垦模式与技术，充分利用当地植物和微生物种质资源，进行东部草原区草场生态结构优化，以生态承载力及功能结构优化为目标，形成优化生态结构的有机生物修复技术与方法。

1. 试验方案设计

示范区设置 18 个植被样区，总占地 82.1 亩，净试验区面积 80.50 亩，1.6 亩作为内排土场植被自然恢复区。选择已经刚覆完表土的排土场，经过人工平整，种植植被，分别为草、灌结合和草本混播模式，实验工程小区布设方式如图 4-19 所示。在露天矿排土场植被建成的基础上，通过对原生草原的主要牧草植物根系进行内生真菌的分类筛选与培育，在示范区进行有益微生物菌群接种，进行生物综合修复技术试验。

2. 工程实施流程及主要技术要求

工程实施流程：示范区区位管控、监测设施埋设、灌溉管线布设、植被栽植、菌肥施用。

主要技术要求如下。

示范区区位管控：示范工程建成后按此范围核准面积，要求位于规划区。

监测设施埋设：①监测设施布设原则为三种设备布设与样区设计图统一；②进行植物根系监测，埋设根管规格为长 100cm，直径 70mm 有机玻璃管；③进行土壤呼吸监测，呼吸环为 218mm×10mm×115mm 聚乙烯材料；④土壤水分监测仪，需 EM-50 水分监测仪含 5 个探头/套。

灌溉管线布设：①灌溉管线布设原则与样区设计一致；②管线布设规格，长度，走向与设计图一致。

植被栽植：①草灌混合区分别栽种柠条和牧草，牧草采用条播，柠条采用密植的方式栽植；②草本混合区采用条播的播种方式；③实验区最外围隔丁香防护带；④植物栽种位置以设计图为准，柠条种植间距为 1m×1m，灌木种植采用种植时根系蘸浆的方法；⑤每

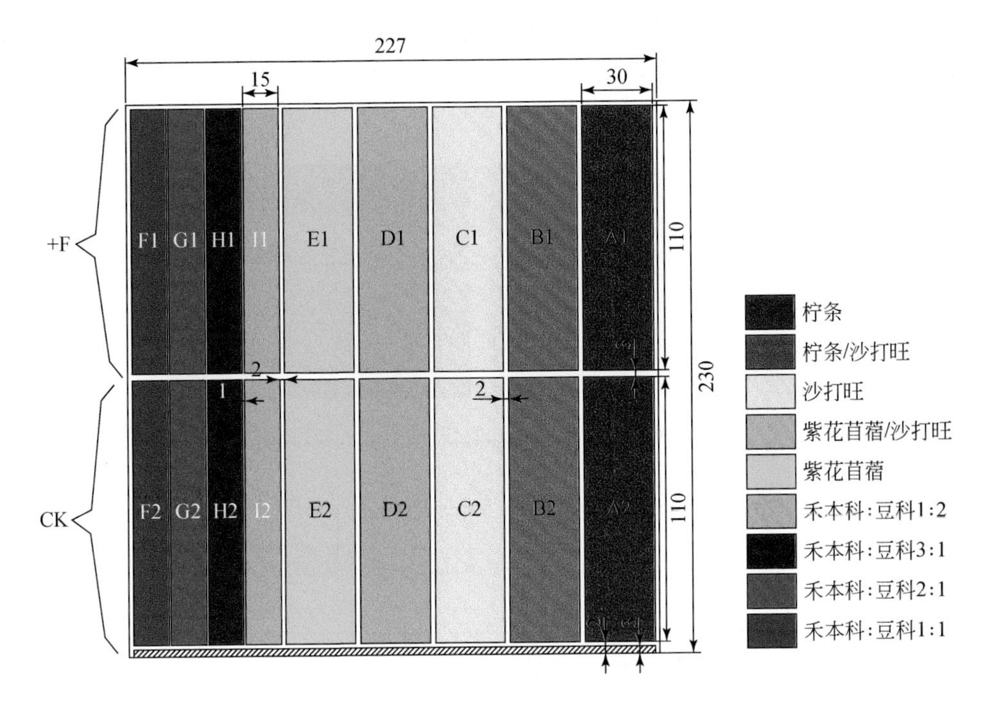

图 4-19　实验工程小区布设

CK 为对照区；+F 为接菌区；A ~ F 为序号

穴按照 40cm 直径、30cm 深度进行挖机挖掘，将挖出的 30cm 深的土堆坑进行围拢；⑥采用滴灌带滴灌方式浇水管护，植被管护年限 2 年，监测期间共浇水 20 次；⑦示范工程建成后按照设计进行效果校核，其中包括灌木与种子的埋深与设计是否相符，每平方米草籽的播种量、混播均匀程度是否与设计相符，只有符合植物种植的技术标准，才能保证植物的出芽与成活；⑧灌木进行提前育苗，待管道完成后移栽。

菌肥施用：①菌肥施用-草灌组合区，随柠条栽植，每穴施入菌剂 50g，紫花苜蓿、沙打旺播种时，随草籽一同播撒，菌剂平均 $20g/m^2$。②草本接菌区，将菌剂与草籽混匀，随草籽一同播撒，按草籽：菌剂=1：1 混播。③自然生长恢复区不施入菌剂。

4.3.4　大型露天矿区景观生态恢复技术示范工程

4.3.4.1　边坡生态稳定性提升技术

针对排土场边坡立地条件和失稳问题，通过边坡干草转移和能源植物优选技术试验，构建大型煤电基地生态稳定性提升技术体系，提升大型边坡生态稳定性。

（1）场地设计。刈割场地：为在自然条件下开展试验，避开道路、灌溉等干扰，本技术选择排土场水、热差异对照明显的坡面作为实施场地。在排土场的平盘设置实施样地，面积为 5m×5m，共设置 30 个。每个样地间隔 0.5 ~ 1m。

覆草场地：覆草选择在排土场边坡进行，在边坡不同的高度设置实施样地，面积为5m×5m，共设置 30 个。每个样地间隔 0.5 ~ 1m。干草转移技术设计及现场图如图 4-20 所示。

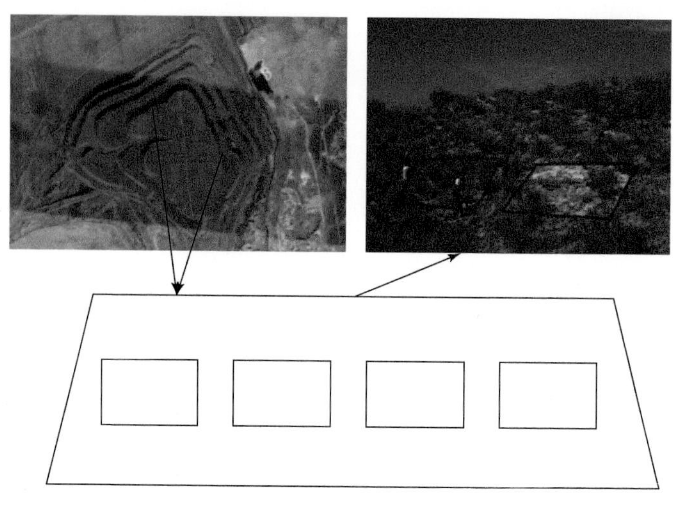

图 4-20　干草转移技术设计及现场图

（2）干草刈割。选择草本成熟期在平盘进行干草刈割。首先在平盘的样地进行刈割（图 4-21），然后打包并称重。随后进行条带刈割，打包并记录重量。

图 4-21　平盘干草刈割现场图

坡面覆草。将收割的干草自然风干，储存后，分春、秋季两次进行坡面干草转移。将在平盘收获的干草覆盖至坡面上，即将 5m×5m 样地收获的干草按照一定的重量转移至对应梯度的样地。转移干草的重量根据场地实际情况确定。覆草时，将刈割的干草均匀、水平地平铺在坡面样地，厚度 1 ~ 3cm。用铁钎和麻绳确定样方边界，用尼龙网和地钉固定干草。

4.3.4.2　仿自然地貌整形（内排）水土流失控制

1. 设计思路

在自然稳定地貌特征提取过程中，针对传统规则状内排土场地貌所存在的表土侵蚀严重、地貌特征消失、景观破碎及维护成本高等问题，基于自然的解决方案（Nature-based Solution，NbS）理念，采用自然稳定边坡地貌形态替代传统地貌。在此过程中，主要可分为四小类技术难题及设计解决思路：

（1）如何在各采排复周期中，保证采区至复填区土方剥离量时刻保持平衡。基于采排复周期安排，进行采复子区空间位置识别，确定采复子区一一对应关系，以此利用内排自然地表高程数据，矿层底板高程数据和矿层厚度空间分布数据，保证采排复过程中土方动态平衡。

（2）如何使内排土场地貌与周边自然地貌“无缝”融合。以自然稳定坡线特征提取结果作为形态参考，构建地表调整曲面，并通过曲面土方控制，在解决关键问题的前提下，实现近自然地貌重塑过程中复填区域与周边自然地貌的“无缝”融合。

（3）如何在内排土场近自然地貌重塑过程中保证地貌形态稳定。基于区域坡度缓和目标，定向筛选各地表调整曲面形态下复填区内排土场近自然地貌构建结果（土方调整后地表调整曲面与自然原始地貌的空间叠加）中整体坡度最小的对象，以此实现复填区地貌形态稳定。

（4）如何确保内排土场近自然地貌重塑结果内沟道水系符合自然稳定特征。基于内排土场采前自然地貌中稳定沟道特征提取结果，结合地貌临界理论对重塑区沟道进行再优化，解决上述地貌近自然重塑筛选结果因形变产生的自然沟道稳定特征丧失问题，实现沟道再优化下内排土场近自然重塑地貌符合自然稳定水系特征。

2. 试验技术方案

1）地貌临界模型构建

在获取沟道数据之前，为提高运算效率，首先分别对缓斜坡、斜坡和陡坡区域进行重采样，使分辨率降至 1m×1m，而后根据 GeoNet 组件进行沟道提取。为获取符合示例区的地貌临界模型，结合自然学习区沟道提取结果，提取沟头所在位置的局部坡地坡度，并以沟头为倾泻点获取上方汇水面积。根据沟道提取结果可知，微斜坡区域沟道呈梳状分布，缓斜坡区域沟道呈树状分布，与坡度分析的结果相一致。统计各区域的沟道密度，陡坡区域为 21.83m/hm^2，缓斜坡区域为 24.63m/hm^2，斜坡区域为 30.07m/hm^2。

2）内排土场采复子区空间识别

胜利一号露天矿可采煤层为 5、6 煤层，依据矿区储量报告及卫星遥感影像，获取目标区采前自然地表高程平面分布数据、煤层顶板标高平面分布数据及底板标高平面分布数据。通过查阅矿山地质勘查结果，将胜利一号露天矿采区按照“一横三竖”的方式对全生命周期开采范围进行了划分，共分为 4 个采区，现开采区称为首采区，位于采区的东部边缘区。为分析方便且避免数据空间分辨率差异造成的干扰，将影像空间分辨率统一设置为30m×30m，数据形式均为263列×223行的栅格影像。其中，复填子区和开采子区均设计为沿开采方向水平投影长90m、宽2880m的矩形区域，以保证采复工作前后采坑的水平投影尺寸不变（图4-22，图4-23）。

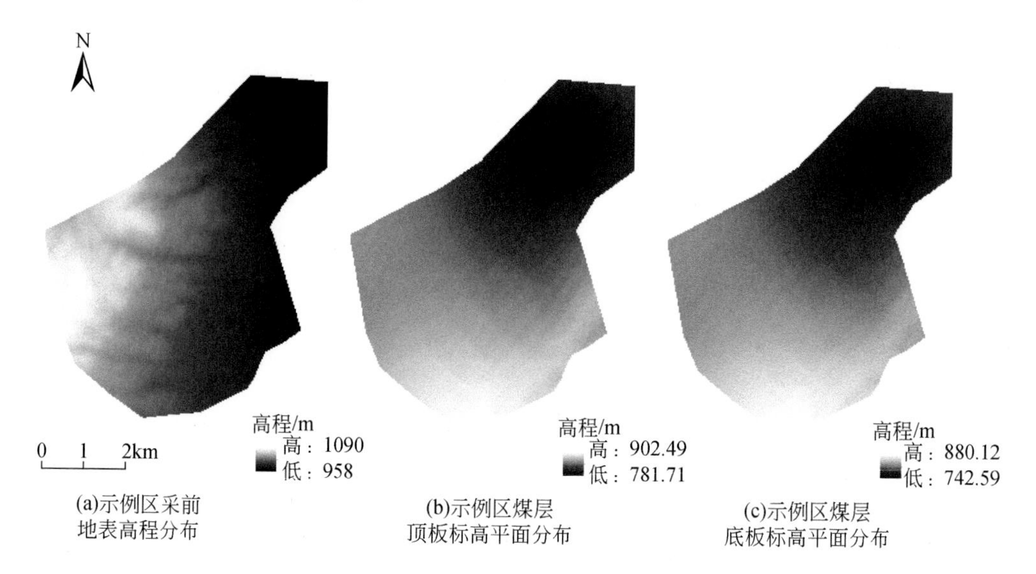

图4-22　采前地表及煤层顶底板标高

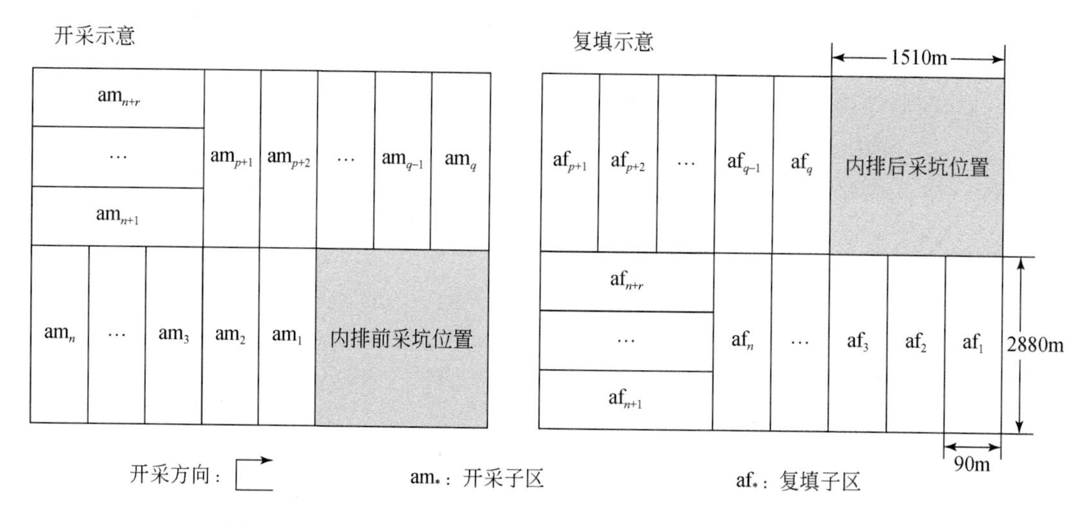

图4-23　示例区开采子区及复填子区空间位置示意图（$p=n+r$）

3）基于原始地貌的内排土场土方平衡优化

在上述内排土场采复子区空间识别的基础上，依据内排土场地表近自然设计方法，通过MATLAB软件以0.01为控制点数值最小变化间距，膨胀系数k取1.2，生成示例区内排土场数字高程模型（DEM）近自然设计结果。受示例区“开采子区地表原始标高”“复填子区煤层底板标高”“复填子区煤层顶板标高”的直接影响，近自然设计结果较原始地貌发生不规则形变。例如，在重塑区东南部分，设计结果较原始地貌有所抬升，而在西部区域，近自然设计结果较原始地貌有所下降。将该设计地貌作为基底数据，以进行后续的近自然地貌沟道优化。

4）沟道优化及近自然重塑地形结果

根据主要山脊线将重塑区划分为三个流域，利用GeoNet组件进行沟道提取，根据重塑区沟道进行优化设计，特别对于中部区域的主沟道，其西侧为自然区域流域的下游，需要承接上游汇入此流域的径流，因此中部区域主沟道的沟头应当位于自然区域主沟道在重塑区边界的出水口处。此外，三个区域的主沟道出水口均连接至下部流域的沟头，但北、中部区域具有多个相近的出水口，在后期地貌养护过程中会提升控制水土流失的成本，故将子沟道通过梯度下降法选择最短路径连接至主沟道，使整个流域的出水口相一致。

重塑区沟道经优化后，坡度较缓的中、南部流域形成树状沟道，坡度较陡的北部流域形成格状沟道。通过提取各流域的预设沟道长度及流域面积，计算得出三个流域的沟道密度由上至下分别为19.72m/hm^2、15.76m/hm^2、20.84m/hm^2。而根据自然学习区提取的沟道密度为（21.83±2.183）m/hm^2，这表明中部流域需要更小的子脊间距，其子沟道也需要更大的沟道弯曲度以提高沟道长度，增大流域的沟道密度。

对重塑区边界周围的自然地貌数据进行插值并提取高程点，对土方优化设计后地貌的沟头、沟道交汇处及山脊线也分别进行插值提取高程点，以这些点作为GeoFluv近自然地貌设计的高程预表面。将优化设计后的重塑区沟道导入GeoFluv模型中，根据参数对重塑区进行整体设置和沟道的微调设置，使沟道密度符合自然学习区的提取值，见图4-24。对子脊和临时性汇水沟道的二维形态进行调整，使子脊间距满足地貌模拟，最终实现胜利一号矿内排土场的近自然地貌重塑。将重塑结果生成的等高线导入ArcGIS中，将其进行空

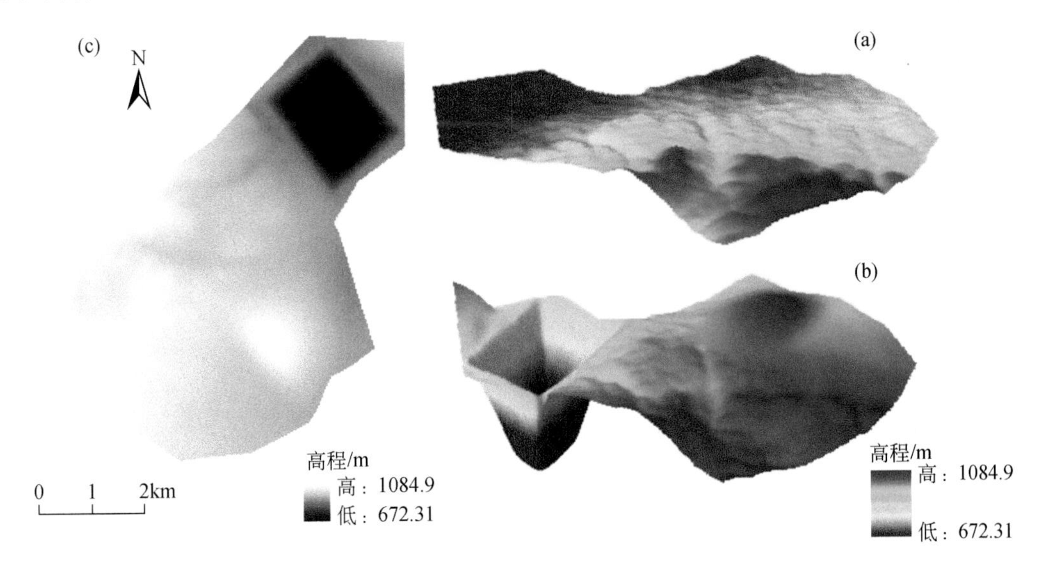

图4-24　土方优化设计地貌及与原始地貌的对比

（a）原始地貌；（b）土方优化设计地貌；（c）土方优化设计地貌俯视图

间插值转为地形栅格数据。提取的地貌重塑参数见表 4-6，GeoFluv 重塑结果如图 4-25 所示。

表 4-6　地貌重塑参数提取值统计表

参数类型	参数名称	取值
全局参数	山脊线到沟头的最大距离/m	260
	主沟道出水口坡度/（°）	0.6
	A 型沟道长度/m	60
	2 年 1 小时/50 年 6 小时最大降雨量/cm	2.73/3.56
	沟道密度/（m/hm^2）	21.83±2.183
	东/北向最大坡度/（°）	26.6
沟道参数	最大流速/（m/s）	Ⅰ：0.15～0.68
		Ⅱ：0.49～2.5
		Ⅲ：2.15～4.5
	上游坡度/（°）	1.14～4.68
	径流系数	0.015
	沟道宽深比	9.8～11.6/12.5～14.5
	沟道弯曲度	1.12～1.16/1.25～1.48
	子脊间距	7～11

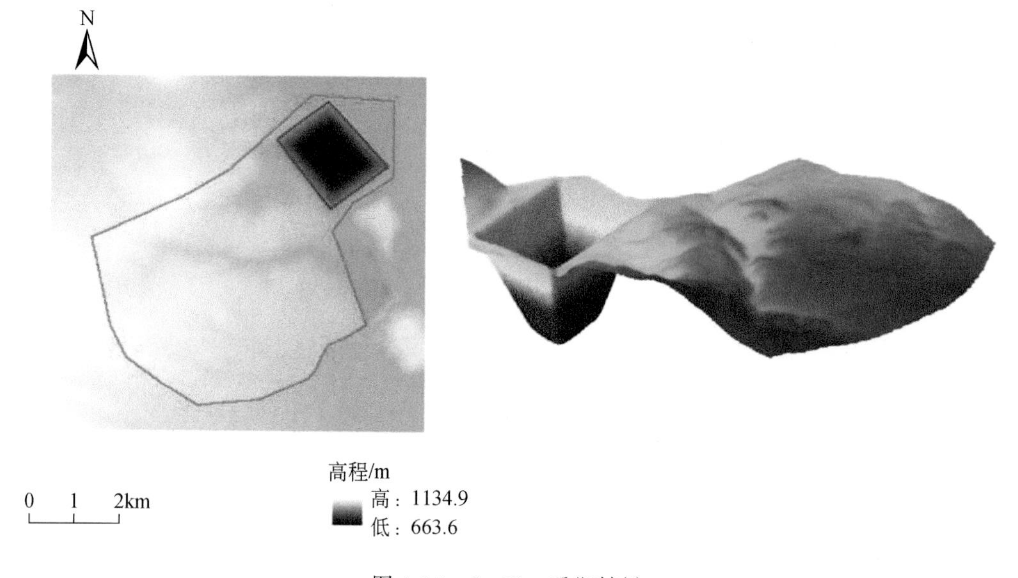

图 4-25　GeoFluv 重塑结果

3. 工程实施流程及主要技术要求

施工方依据设计方案的要求进行削坡工程，土地整理后进行苗木栽植、草籽播种，以及后续养护。

排土场地形突变处削坡，通过大型机械将排土场平台凸起与下坡处进行削坡处理，从平台距边坡 19.15m 起，挖方横截面 $40m^2$，填方至远离坡脚 19.15m 处，填方横截面 $40m^2$，削坡挖方与填方均为 $30400m^2$。削坡后边坡角度 15°，坡体横向总长度 760m，坡面田块表面撒播冰草：羊草=1：1（$20g/m^3$），要求灌木存活率不小于 80%，草皮覆盖度不小于 75%。

4.3.4.3 矿区生态景观廊道生境恢复

1. 设计思路与预期目标

根据大型煤电基地实际情况，在分析牧矿交错带粉尘分布特征和扩散规律的基础上，总体通过生态廊道规划、景观隔离带配置、滞尘植物选择三个层次来控制粉尘扩散，阻滞与消减空气中粉尘含量，实现牧矿交错带生境保护。

针对大型煤电基地多区域、多环节产生粉尘特点，具体试验分为：

（1）以生态源地为锚点或节点，以生态源地联结多条景观隔离带为基础打造生态廊道网络，通过网络式生态廊道多级阻滞粉尘扩散，降低粉尘环境影响。

（2）以景观隔离带作为生态廊道建设基本单位，通过优化空间配置充分发挥景观隔离带的滞尘作用。拟构建波浪式水平配置、乔灌草相结合的垂直格局、充分利用矿区微地形来构建立体景观隔离带，实现多层次消减粉尘浓度，提高隔离带滞尘能力。

（3）针对区域降水量少，冬季寒冷干燥，植物生长季节短，植被生长受到抑制而影响滞尘效果，通过常绿针叶树种与落叶阔叶树种的合理搭配，有效增加非生长季节滞尘效果。

2. 试验技术方案

1）粉尘扩散规律和范围圈定

采用现场定点叶片采集及滞尘量测定与高光谱检测方法研究粉尘扩散规律和圈定粉尘扩范围及强度。

（1）共采集 66 个样点植物叶片样本，采集时选取健康、无病斑和无虫害的叶片，同时用实时动态（RTK）载波相位差分技术定点。植物叶片密封在离心管内，带回实验室后对每组叶片进行称质量、除尘、测叶面积等工作。使用同一样点所有叶片的平均滞尘量作为冠层滞尘量。

（2）高光谱数据采集及预处理。使用手持高光谱相机（SPECIM IQ）测定叶片光谱反射率，波长范围为 397～1004nm，半峰全宽 7nm，波段数 204 个。由于小于 450nm 和大于 1000nm 的波段信噪比较低，实验中只取 450～1000nm 范围内的波段进行分析。研究结果表明粉尘增强了植物叶片可见光波段的反射率，抑制了近红外波段的反射率。

（3）植物冠层滞尘波谱分布特征估算。有效提取冠层滞尘的特征波段，构建稳定的反演模型是实现大范围冠层滞尘监测的关键步骤。分析冠层滞尘光谱响应的敏感光谱区间为 468～507nm、662～685nm 和 763～802nm，使用竞争性自适应重加权算法提取得到光谱带宽为 2.5nm 的 11 个特征波段。

（4）利用航空高光谱影像和滞尘量估算模型反演植被区滞尘量分布情况，并使用归一化植被指数（NDVI）区分植被区（NDVI>0.15）和非植被区（NDVI≤0.15），得到胜利矿区及其周边草原植物冠层滞尘量空间分布图（图4-26）。植物冠层滞尘量在3.039～54.999g/m²，滞尘量达到29.936g/m²以上的区域主要分布在露天煤矿的东南侧以及矿业加工、仓储用地附近。在采煤、装卸和运输等过程中产生的粉尘通过介质搬运在矿区周边传播并聚集；破碎站、筛分楼以及煤炭仓储用地在工作生产及运输过程中产生的粉尘导致周边环境滞尘量升高。

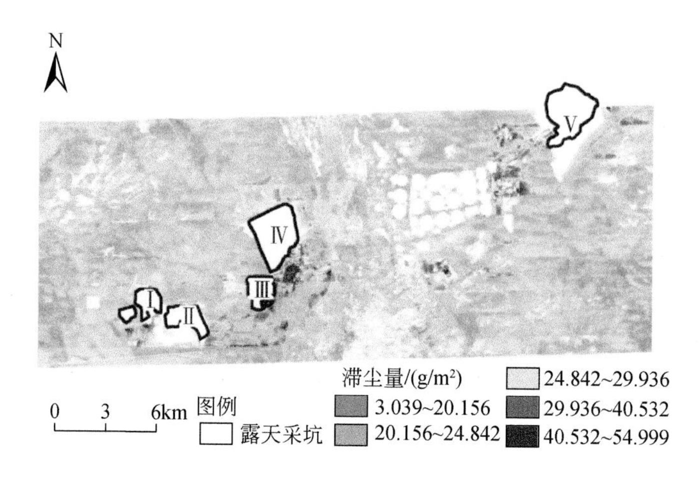

图4-26　胜利矿区及其周边草原植物冠层滞尘量空间分布图

Ⅰ为露天锗矿；Ⅱ为西二号露天矿；Ⅲ为西三号露天矿；Ⅳ为一号露天矿；Ⅴ为东二号露天矿

植物冠层滞尘量扩散规律分析。根据研究区风向统计情况，确定西北、西南、西和北四个方向为上风方向，以其相对的方向为下风方向。以矿坑为缓冲区中心，以500m步长分别统计上风和下风各缓冲带内的冠层滞尘量均值，发现随着与矿区距离的增加，上风和下风方向的滞尘量均值大致呈先减小后增大的趋势，不同的是与矿区相同距离的缓冲环内，上风方向的滞尘量均值要小于下风方向，而且上风方向在4～4.5km处曲线趋于平缓，在5～5.5km出现上升趋势；下风方向在4.5～5km出现曲线拐点，在5～5.5km滞尘量继续上升（图4-27）。结果表明，露天矿区粉尘对周围环境的影响范围是有限、可控的，注重影响范围内的环境治理可以为环境可持续发展提供保障。

2）景观生态隔离带构建模式

植被具有吸附颗粒物、净化污染气体、降低噪声等功能，而矿区周边以草原群落为主，露天采坑周边缺乏有效的植物带（斑块）吸滞，易扩散粉尘。为有效抑制干旱-半干旱矿区粉尘扩散，提升矿区环境质量，以矿山原有的苗圃、防护带为基础，建设以减尘为主要目标的景观隔离带意义重大。根据不同类型植物的滞尘能力，选择合适的植物组合构建生态阻力面，并与矿区原有绿化斑块和防护林带构成景观隔离带。

（1）景观生态隔离带滞尘植物选择。影响绿色植物叶片滞留大气粉尘的因素是复杂多样的，主要包括叶面积指数、冠层结构、叶片绒毛、分泌液等。不同树种滞留大气粉尘的能力有很大差别，对研究区常见绿化物种单位滞尘能力进行调研后进行排序，发现乔木中雪松、悬铃木与毛白杨的滞尘能力较强，灌木中榆叶梅、小叶黄杨与柠条锦鸡儿滞尘能力

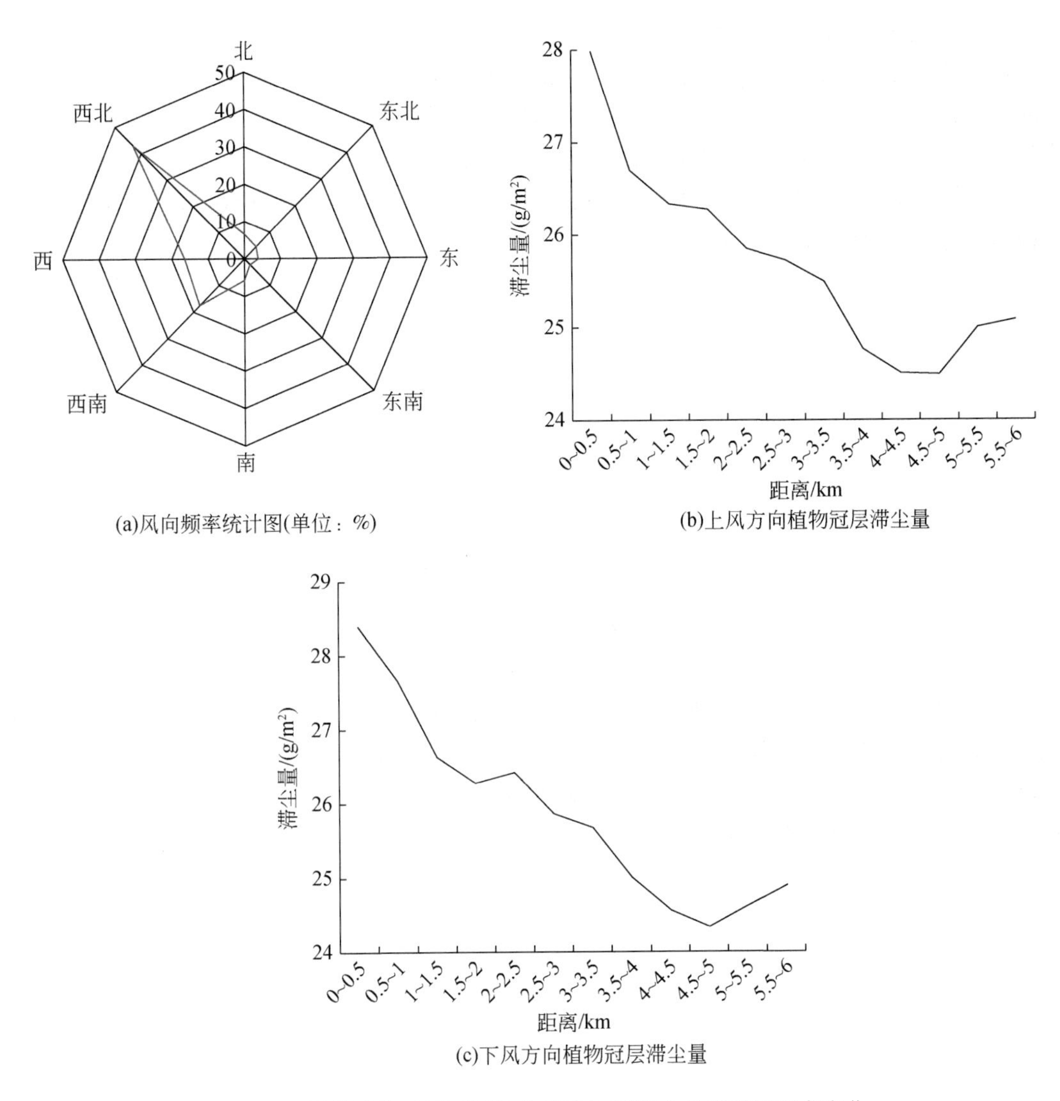

(a)风向频率统计图(单位：%)

(b)上风方向植物冠层滞尘量

(c)下风方向植物冠层滞尘量

图4-27　锡林浩特矿区不同风向植物冠层滞尘量随矿区距离变化

较强，这些物种均可作为植物滞尘廊道的备选物种。

(2）绿色植物廊道建设。廊道建设按照融入区域景观、矿区斑块间衔接柔和、兼顾矿区整体格局优化原则，在单位绿化面积有限情况下创造更多层次空间，提高单位面积植物滞尘能力，丰富植物绿色廊道的层次感，利于大气降水的截留等生态功能。试验依托胜利矿区原有排土场绿化斑块、公路绿化带、运煤栈道绿化带等景观屏障，采用“联点补缺，林分改造”思路，构建四区绿色植物廊道。其中，区域Ⅰ位于内排场与工业广场之间区域，其目的是将排土场、观景台、苗圃等生态源点及潜在生态源点联为一体，规划区建设包括乔灌草建设；区域Ⅲ位于观景台和新破碎站之间，依据已有防护林带，建设重点在于林分改造，构建乔灌混合林、林下灌木层及地被层补建，实现多层次景观隔离带。区域Ⅱ则是将区域Ⅰ和区域Ⅲ联合起来。区域Ⅳ主要用于露天矿坑和破碎站粉尘的阻隔。

3）景观隔离带植物配置模式

（1）乔灌镶嵌隔离带。乔灌镶嵌隔离带共计50m，又分为两种种植模式，每种模式25m。草混交景观隔离带长25m，以现有乔木防护林为基础，乔木株间种植灌木（模式1为沙柳；模式2为柠条）。乔木与露天采坑间种植2排灌木（模式1为柠条；模式2为沙柳），灌木为3年生以上，高度0.5～0.9m，分支3个以上，植株间距0.8m，行间距2m。示范区内草本层为撒播（图4-28）。

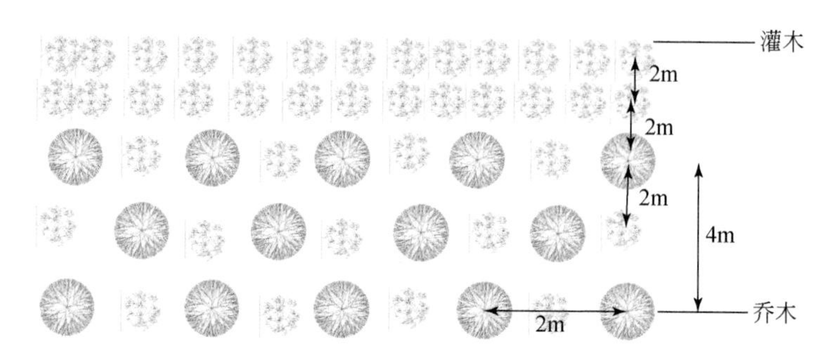

图4-28　乔灌镶嵌隔离带

（2）多行纯林模式。多行纯林模式总长度共计50m，又分为两种种植模式（沙柳/柠条），每种模式25m。多行纯林模式景观隔离带长25m，乔木与露天采坑间种植3行灌木（沙柳/柠条），灌木林为水平种植3行，株间距0.8m，行间距为2m，相邻行间为品字形种植，示范区区域内草本层为撒播（图4-29）。

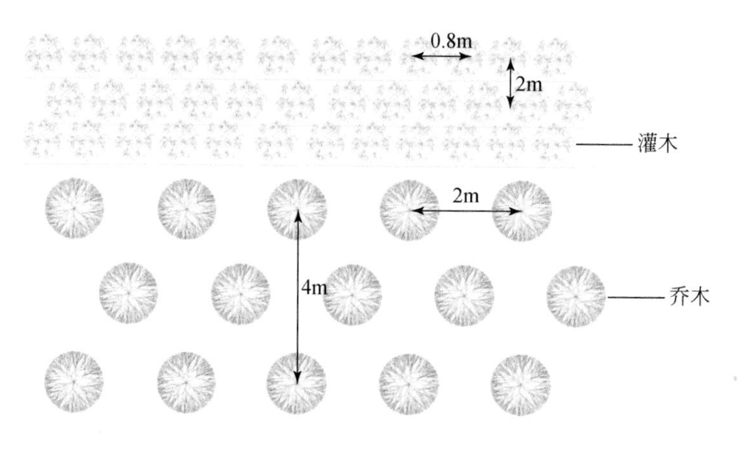

图4-29　多行纯林模式

（3）多行混交林模式。多行混交林模式景观隔离带共计50m，又分为两种模式（沙柳/柠条），每种模式25m。多行混交林模式景观隔离带长25m，种植模式为乔木-灌丛间隔，灌木（沙柳/柠条）株间距0.8m，相邻乔灌间距为2m，示范区区域内草本层为撒播（图4-30）。

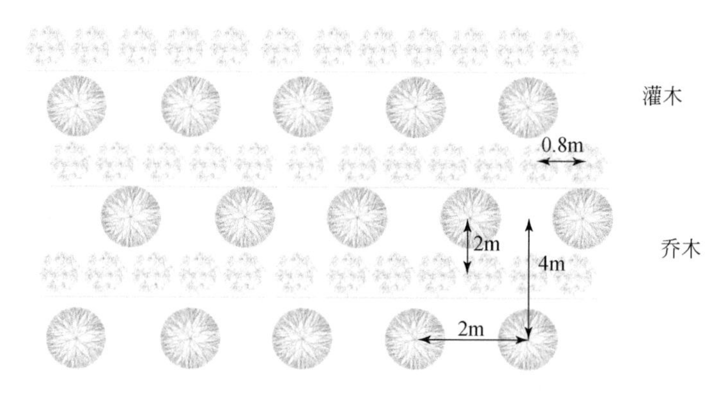

图4-30　多行混交林模式

3. 工程实施流程及主要技术要求

根据“联点补缺，林分改造”原则，构建三区立体景观隔离带，其中建设区域Ⅱ将区域Ⅰ（观景台建设区）和区域Ⅲ（林分改造区）耦联起来（图4-31）。根据微地形、植物生长特性与景观功能建设需要，进行示范区设置。

图4-31　立体景观隔离带建设示范工程

（1）立体景观隔离带示范建设区域Ⅰ：主要针对露天采坑和内排场区域滞尘重点带构建多层次景观隔离带，主要物种有樟子松、云杉、刺柏、杨树、糖槭、榆树、旱柳、金叶榆、李子、山丁子、丁香、柽柳、珍珠梅、月季、金叶榆、丁香（图4-32）。

（2）立体景观隔离带示范建设区域Ⅲ：位于露天采矿、旧破碎站、运煤栈道、新破碎站和城区之间（图4-33），其生态功能定位于防风滞尘，此区域粉尘浓度高、土壤养/水分含量少，因而此区域在结构上采用乔灌草结合，乔木选择高大、滞尘能力高的毛白杨，灌木采用根系生物量大、耐寒旱的柠条锦鸡儿，草本植物采用土著草本植物混播。

图 4-32　立体景观隔离带示范建设区域Ⅰ

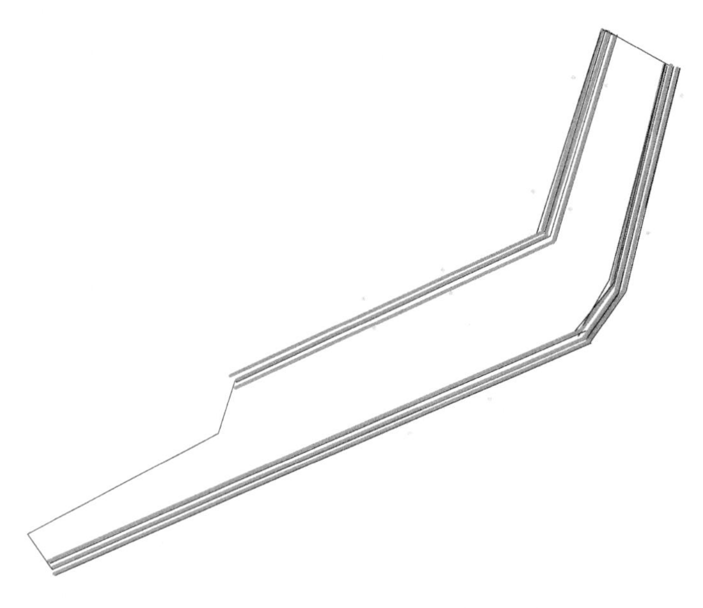

图 4-33　立体景观隔离带示范建设区域Ⅲ

立体景观隔离带示范建设区域Ⅲ还兼有试验功能，因此灌丛在种植上同时考虑了疏透度变化情况，共设置7种模式区（表4-7）。具体技术要求：以带状混交为主，复层，乔灌草结合。在已有防护林外侧1.5m处布置疏透度1～7区种植灌木-柠条，株间距0.4m、0.6m、0.8m、1.0m，行间距为0.6m、0.8m、1.0m，灌木为1年生以上，高度0.4～0.5m，分支3个以上。工程措施为灌木种植点呈品字形排列。

表4-7　立体景观隔离带示范建设区域Ⅲ

模式区	面积/m^2	数量/株	株距/m	行距/m
疏透度1区	360	450	0.4	2
疏透度2区	360	225	0.8	2
疏透度3区	360	150	1.2	2
疏透度4区	360	115	1.6	2
疏透度5区	54	115	0.8	0.6
疏透度6区	108	115	0.8	1.2
疏透度7区	162	115	0.8	1.8

4.3.4.4　矿区退化生境区修复

1. 设计思路与预期目标

针对矿区粉尘沉降严重的区域，土壤表面粉尘层的存在抑制植物凋落形成腐殖质，导致土壤微生物胁迫下休眠，土壤速效养分降低，粉尘重金属淋滤改变土壤元素组成、退化生境木质化植物入侵等问题，依靠退化生境本身已经很难恢复到自然草原生长生境，通过粉碎入侵植物作为腐殖来源，施用外源小分子激发土壤休眠微生物，在强还原条件下腐殖酸-重金属吸附钝化改变退化土壤理化性质，增加土壤腐殖含量、微生物数量和质量、群落多样性组成，同时还能降低退化生境区土壤重金属生物有效性，降低土壤病虫害、调节土壤pH等，形成包括腐殖质层再造-土壤激发-植物生长引导为一体的局地退化生境修复技术。

2. 试验技术方案

该试验技术主要包括以下3项内容。

（1）腐殖质层构建：通过悬空耙将植物地上部分粉碎至2～5cm，与废弃地表层粉尘（1～2cm）层混合；施加10～20g/m^2土壤激发剂；激发剂组成及比例为谷氨酸（Glu）10mg/g，丙氨酸（Ala）1mg/g，乙酸（Acetic acid）0.1mg/g，草酸（Oxalic acid）0.1mg/g，谷氨酸：丙氨酸：乙酸：草酸为100：10：1：1（质量比）；随后用螺旋式犁壁将破碎植物、粉尘层、激发剂混合以形成腐殖质层，腐殖质层构建深度为15～35cm，厚度为5～10cm，植土混合比为1：1～1：2.5，构建后土壤紧实度为120～190 PSI。

（2）模拟植物分泌物土壤激发：区块化处理废弃地，将废弃地分成30m×30m（长×

宽）斑块，四周构筑土垄（15cm×10cm，高×宽）将斑块隔离，平整后斑块内土壤平整度偏差≤5cm；厌氧环境构建，区块化处理后是土壤充分灌溉，使土壤含水为100%最大田间持水量，确保土壤孔隙被水分子充满，土壤0～5cm处于厌氧状态，溶解氧含量≤0.2mg/L；厌氧环境及强还原反应维持，土壤表面覆膜处理维持厌氧状态15～20d，处理期内15～30cm处溶解氧含量≤0.2mg/L，微氧层0～10cm溶解氧≤0.5mg/L，溶解氧含量低于此标准则补水。厌氧条件下，腐殖质层土壤微生物在外源小分子激发下与粉碎后的植物反应，处理一周后腐殖质层土壤氧化还原电位不高于-170mV。

（3）基于生存策略差异的植物生长引导：根据修复后土壤环境自修复生长趋势和景观防尘需要，可在部分区域调整腐殖质层厚度及腐殖质含量提高土壤保水能力，还可通过腐殖质层深度控制不同深度土壤水分含量，引导木质化植物（深根）或禾本科植物生长，以实现人工引导植物物种分化，促进群落多样性恢复。

3. 工程实施流程及主要技术要求

本次示范分为5个区域进行，分别为对照区1、退化生境修复区1、退化生境修复区2、退化生境修复区3、对照区2，为避免环境空间异质性引起修复效果差异，对照区分别在示范区两端各设置一个（图4-34）。

图4-34 胜利矿区退化生境修复技术示范区

主要技术要求：进行林分改造，针对现有防护林乔木层以下0～2m空窗区域，根据正激发效应原理，添加群落亚层，降低风速，增加土壤表面粗糙度、减少土壤水分蒸发，增强景观缓冲带立体滞尘能力。根据不同植物间植物根系分泌物激发效应试验和适宜盖度拟合回归结果，增加协同乔木层增强土壤激发效应的灌丛物种。工作内容包括粉尘层破碎、入侵植物粉碎，植株-粉尘混合物翻压还土，土壤灌溉及覆膜，引导群落生长。要求施工方以带状混交为主，复层，乔灌草结合进行修复。工程措施中，灌木种植点呈品字形排列。

4.3.5　大型露天矿区废弃地生态恢复工程

4.3.5.1　开采损伤或采矿废弃地生态恢复工程

1. 设计思路与预期目标

示范区生态建设是一项系统工程，按照重点突出关键技术试验、协同生态修复工程、集中配套基础设施保障的思路，依据项目研究成果有序布局绿化工程，解决开采损伤及采矿废弃地的生态恢复，系统提升示范区开采损伤区域的绿化率和植被覆盖度，完成露天矿排土场植被覆盖率较本底值提高35%和废弃地示范区治理率达到96%的技术指标。

2. 技术方案

根据示范区布局总体安排和露天开采进度安排，以排弃-复垦区为重点，根据土壤条件与植被恢复方法研究进展，逐步优化调整绿化植被的植物配置和种植方法，开展系统的生态恢复工作，如图4-35所示。重点包括以下区域。

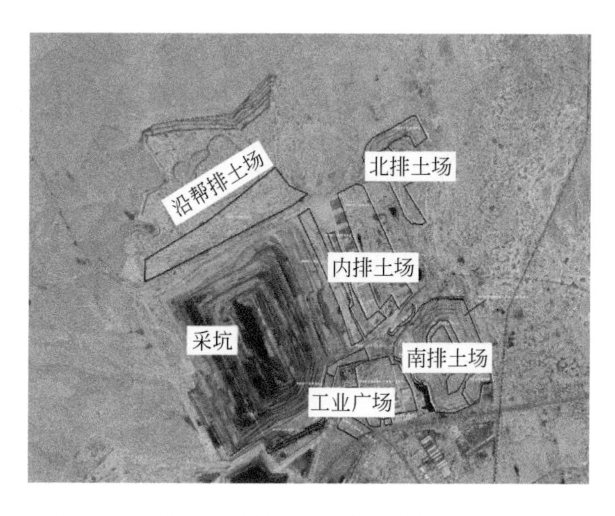

图4-35　大型露天矿区生态损伤区植被恢复区示意图

开采生态受损区：指采煤后完成排弃和土壤重构后具备生态恢复条件的区域，胜利示范区包含内排土场和3个外排土场（南排土场、北排土场和沿帮排土场）。内排综合利用采排复一体化技术和传统草本复垦技术，南排土场、北排土场和沿帮排土场均采用灌木草本混种的方法。

煤矿工业文化区：指与矿区开发和生产利用有关的区域，包含厂区建筑用地、皮带走廊和一些放弃原有用途的废弃地等。在此区域内采用景观绿化的方法，种植观赏类植物，提高工人办公及生活的环境质量。

3. 工程实施流程及主要技术要求

（1）内排土场绿化工程：内排土场绿化工程与示范区采排复一体化试验区同步进行，

内排土场治理率达到 100%，植被分布均匀，覆盖率达到 70% 以上。

（2）矿区景观格局优化：矿区景观格局优化景观廊道优化和整治区域达到 5 亩，治理率达到 90% 以上；采矿遗迹地区域治理率达到 96% 以上。

（3）仿自然地貌综合治理：基于排弃区地貌分析，获得地貌异常点后，异常消坡处理达到 10% 以上。

（4）外排土场边坡管涌治理率达到 80% 以上。

4.3.5.2　废弃地利用–矿坑水储存与生态景观利用

1. 设计思路与预期目标

本次按照“绿水青山就是金山银山”的理念，以打造“绿色矿山，美丽矿山”为目标，依托国家重点项目和矿区生态恢复规划，依据项目研究成果有序布局绿化工程，为关键技术开发研究提供系统性比较研究支撑，为关键技术的推广提供有效的实施方案。在矿山建设期间，临时工棚报废所形成的部分废弃地、修理厂周边尚没有综合高效利用。虽然这些废弃地地表植被有所恢复，但其地表特征、地理位置等条件，具备进一步高效利用的潜力。受季节性影响，夏季地表植被生产灌溉用水不足，水资源是影响矿区植被生长的最主要因素；另外，冬季植物枯谢，对水资源的需求量降低。在矿坑水涌水量相对稳定的条件下，水资源的供需矛盾比较激烈。冬季，矿井矿坑涌水会影响矿井安全生产；夏季，水资源不足会影响植物生产。为此，寻求解决冬夏水资源供需矛盾是协调矿井安全生产和矿区生态健康的一个重要问题。在如此背景下，修建地表人工湖，就可以以空间换时间，冬季将多余的矿坑水排入地表人工湖，解决影响矿井生产的矿井水问题，并实现水资源保护性储存；夏季将人工湖的水抽出用于植被浇灌，解决植被生产缺水的问题，实现矿区协调均衡发展。同时，人工湖利用了废弃地，美化了矿区环境，实现了水资源的有效利用和土地资源的高效利用。

2. 试验技术方案

根据示范区布局总体安排，基于河流地貌学、水文学及生态学的相关原理，综合采用 3S 技术①及仿生技术，开展区域自然场景（风场、流场、排弃场等）综合研究大型露天矿物质流、能量流、信息流的控制方法，结合现代露天矿采排复一体化工艺和生态恢复方法，建立景观生态健康的矿区与区域相协调的生态景观格局，提出胜利示范区生态协调景观格局的演化模型与发展规划，为大型煤电基地企业制定合理的矿山景观生态修复策略，为有效地控制矿区景观生态环境退化提供科学依据。

（1）东湖景观建设项目：南排土场西侧建设疏干水蓄水池及其附属系统，该蓄水池蓄水量约为 $1.3\times10^5 m^3$，周长 1448m，占地面积为 6.72 万 m^3，池顶宽度为 8.5m，高度为 6.4m，坡比随现状地形为 1∶3.75。池顶高程为 981.40m，最高蓄水位为 979.40m，水池底高程为 975.00m。路面设计宽度为 4m，采用沥青混凝土路面，坡面采用抛石护坡加绿

① 遥感技术（remote sensing，RS）、地理信息系统（geographic information system，GIS）和全球定位系统（global positioning system，GPS）。

滨垫做法。

（2）西湖景观建设项目：建设疏干水蓄水池及其附属系统，该蓄水池蓄水量约为 $2.70\times10^5m^3$，周长2035m，占地面积 $1.58\times10^5m^3$。土方部分和泥岩防渗层已完成，对湖底、坡面进行防渗，对环湖道路、围栏、凉亭等附属工程进行施工，东湖、西湖平面布置图如图4-36所示。

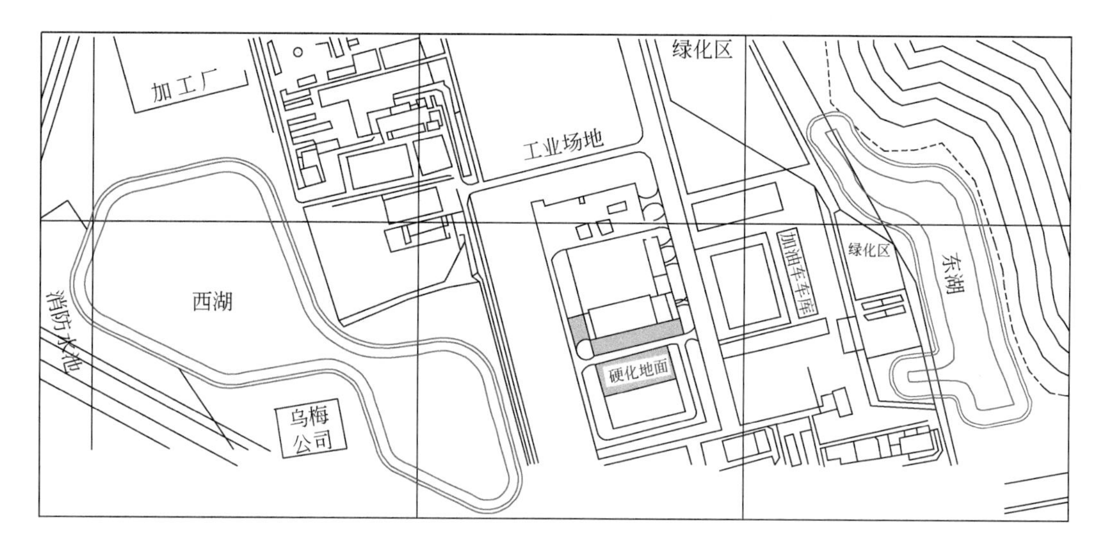

图4-36　东湖、西湖平面布置图

3. 工程实施流程及主要技术要求

1）回填

（1）回填土应分层进行，每层填土的厚度应随填土的深度及所选压实机械性能确定，一般为100～300mm，但筋上第一层填土厚度不小于150mm。极软地基采用后卸式运土车，先从土工合成材料两侧卸土。施工平面应始终呈凹形（凹口朝前进方向），一般地基采用从中心向外侧对称进行，平面上呈凸形（凸口朝前进方向）。土工合成材料上第一层填土，填土机械只能沿垂直于土工合成材料的铺放方向运行。

（2）防渗土料回填：填筑控制指标压实度为0.96，从料场运至施工处，采用羊足碾压实，局部采用蛙式夯实机夯实。单次防渗料铺料厚度控制在20cm以内，宽度一次性铺足，避免纵向接缝，防渗土料的最优含水率和碾压变数最终应由现场试验确定。

（3）砂砾料及开挖土料回填：砂砾料回填前应根据料场的土料做好碾压试验，确定合理的碾压参数，填筑控制指标相对密度不应低于0.70。碾压工作面不宜小于30cm分层碾压，填筑接缝必须呈斜坡形。对于基础隐蔽的砌体附近，狭窄部位边隅地段的砂砾料回填，必须选取级配良好的砂砾料回填，用蛙式夯实机结合人工夯实对其压实。砂砾料填筑完必须整坡。上下游坡面在护坡施工前必须进行人工夯实、整形处理。清除表面松散、不密实的填料，并按设计坡面对边坡进行修整，使衬砌施工坡面平顺、密实、美观。

2）防渗工程

（1）护坡砌石前进行人工平整边坡，人工铺设中粗砂垫层、碎石垫层，人工平整垫层；人工进行干砌石施工，块石砌筑自下而上进行。砌体块石之间咬扣紧密，错缝无通缝，不得叠砌和浮塞，块石表面应保持平整、美观。中粗砂、碎石、块石采用外购。

（2）土工膜施工工艺应按铺设、剪裁、对正、搭齐、压膜定型、擦拭尘土、焊接试验、焊接、检测、修补、复检、验收程序完成。施工宜在气温5℃以上、35℃以下，风力4级以下并无雨、无雪、无沙尘天气进行。若遇特殊环境需要施工，应在正式施工前进行工艺试验，并采取有效的防护措施。

（3）复合土工膜接合部的填筑：复合土工膜施工完成经验收后进行回填，选用小型运输设备进占法卸料，复合土工膜上铺土厚度在0.5～0.6m，采用轮胎薄层静碾；厚度达0.6～0.8m时采用选定的压实机具薄层静碾压；厚度在0.8～1.2m可采用选定的压实机具和碾压参数正常碾压。复合土工膜上0.2～1.2m范围，压实度按低于设定标2%控制。

3）湖边景观工程

大坝背水坡采用草皮护坡。池顶路面：对路基用103kW推土机辅以人工进行整平，用振动碾压机碾压，后布设路面边桩、轴线桩。然后进行水泥砂浆稳定层填筑，安装路缘石，最后进行沥青砼路面施工。

4.3.6　大型露天矿区地下水观测网构建及数据采集

4.3.6.1　系统设计思路与预期目标

煤炭高强度开采对水资源的影响问题伴随着煤矿的整个生命周期，从早期开采对含水层的疏干损伤，到开采过程矿井疏干与补给达到动态平衡，再到矿山回填闭坑含水层的再造，地下水流场的重新分布，地下水每时每刻都在进行着动态变化调整。因此，分析地下水随矿山开采的变化规律，预测后期开采对地下水的影响，对于探寻矿山开采与地下水保护并行的绿色模式具有重要的意义。

本章以胜利露天矿采场为中心，通过建立外围放射状水文长观网和综合抽水试验、土力学及岩石物理力学样分析，系统采集水文地质参数、矿区及周边地下水位与水量变化数据，研究总结矿山开采前、开采中和开采后地下水资源变化规律，揭示地下水扰动机理和作用边界及范围，实现长周期高强度煤炭开采的地下水动态监测。

4.3.6.2　技术方案

本章重点是探查高强度开采对草原生态的累积效应，探查重点放在第四系含水层及上部砾岩段含水层系统的研究上。

（1）观测网布局：围绕露天矿群采场呈放射式布置，目的层主要是第四系孔隙含水层与上部砾岩段半承压含水层，兼顾5煤组含水层、6煤组含水层。充分利用各含水层原有抽水试验数据与观测数据，以及调查的民井数据，综合考虑工程衔接及露天矿实际生产，且满足3年内不受影响区域（图4-37）。

（2）钻探工程及同步检测：设计水文钻孔25个，其中观测孔1个，总进尺2580m。采集水样23件，进行全分析，2个含水层各采集一件同位素测试。采集工程物理学样20

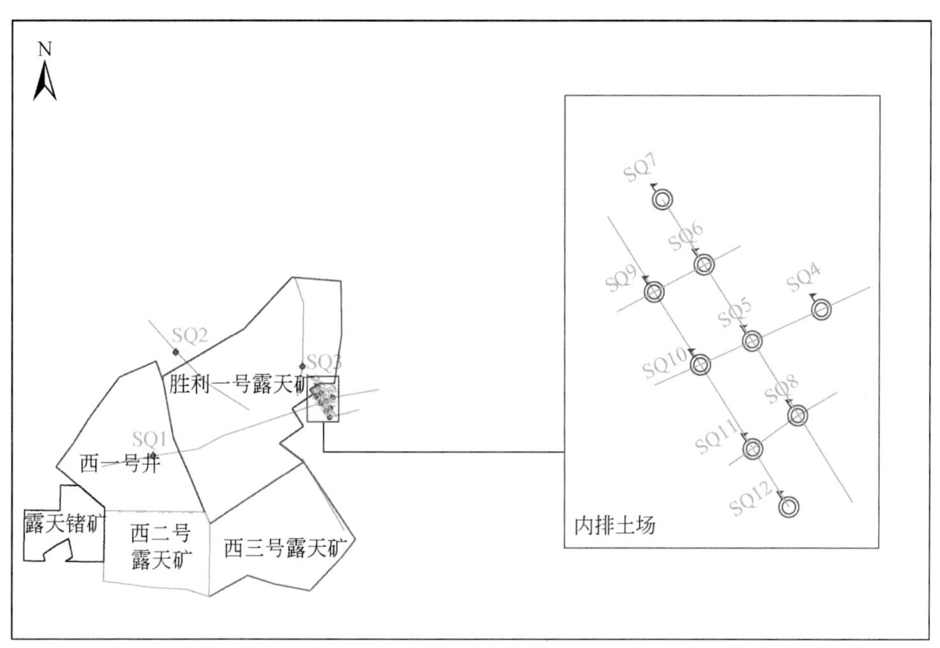

(a)第四系含水层

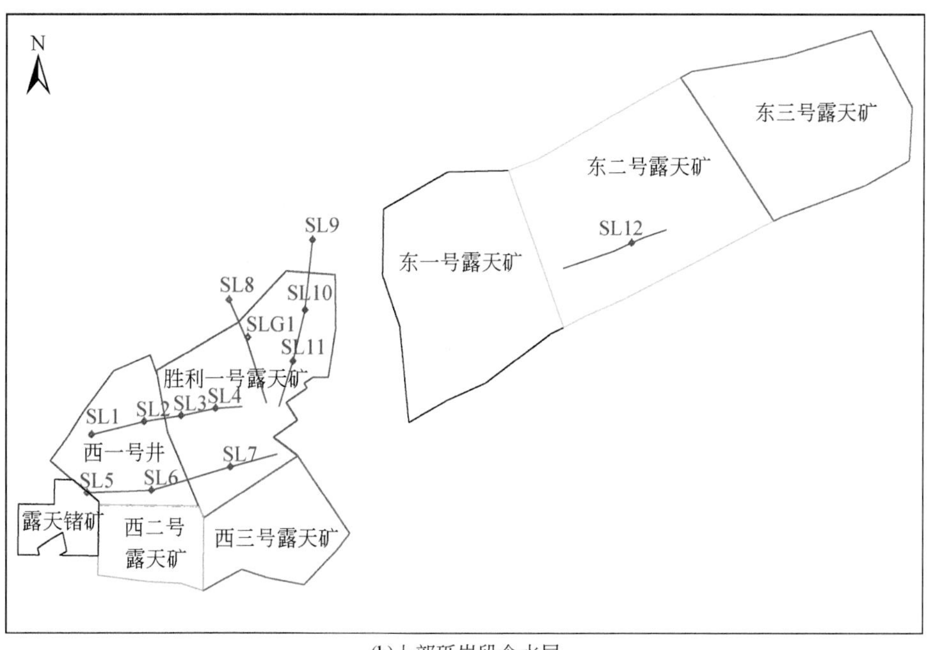

(b)上部砾岩段含水层

图4-37　锡林郭勒示范区地下水中长期观测钻孔布局示意图

SQ代表第四系含水层钻孔；SL代表上部砾岩段含水层钻孔；后面数字代表钻孔序号

组，进行土力学试验，获得物理参数。选取3个第四系钻孔进行土力学参数试验。

（3）地下水位智能动态监测设备配置：水文智能监测建设采用统一标准，建设专用监测井、井口装置（井台、井口保护装置、井口固定点标志、永久标识牌）、水准石等基础设施；在23个水文井安装配备地下水水位自动监测设备（含自动存储设备），配备自动传输设备等技术装备。

（4）地下水位智能动态监测平台配置：针对露天煤矿开采过程中地下水监控管理问题，配备地下水监测与分析系统软件平台，通过远程监控系统统一管理，基于物联网将地下水监测数据通过GPRS发送到云监测平台，由监测平台记录、接收、展示、分析和管理地下水监测数据，以图形化展示露天矿区地下水位在开采前、开采中和开采后的变化规律。

4.3.6.3　主要技术要求

（1）钻孔布局：重点控制第四系潜水含水层和上部砾岩段含水层层位，具体孔位布设在未来3年内基本不受采矿影响区域，可连续观测3年以上。

（2）第四系测试采样率：土样测试选取3个钻孔，采集20件土力学样品。测试项目包含颗粒分析、天然含水率、比重、持水度、渗透性、给水度。

（3）抽水试验要求：依据《煤矿床水文地质、工程地质及环境地质勘查评价标准》（MT/T 1091—2008）、《煤炭地质勘查钻孔质量标准》（MT/T 1042—2007）规范全部抽水试验。抽水试验连续进行，同步进行水位、水温、气温、流量测量。其中，①上部砾岩段含水层进行两次多孔抽水试验；②第四系水文孔孔内无水，无法完成抽水试验，则不再进行抽注水试验，亦不进行水样的采样测试；③应尽设备能力做最大降深；④第一次水位降深的延续时间不少于24h，各点稳定时间必须达8h；⑤基岩含水层一般宜先深后浅，松散含水层宜先浅后深，逐次进行。

（4）地下水位观测系统：①矿区观测，采集频率为2次/d，采集精度为水位±0.05%FS，精确到毫米；定期无线传输（含水位、水温、设备电压参数）；发生异常情况时，监测界面自动报警，水位出现明显波峰、波谷时需要确认原因并处置，设备电压过低时需要及时更换电池。②内排土场-锡林河过渡区、控制区要求同前。

（5）辅助数据采集：周边民用水井观测周期为每月一次；水位数据，使用电测水位计人工测量；水质数据，使用便携式水质测试设备现场化验+定期取样进行实验室测试得出。民井在灌溉时会使水位下降，造成异常，不进行数据采集，记录观测井是否受到附近井位抽水影响，以做参考使用。

第5章　锡林郭勒大型煤电基地生态修复关键技术效果评价

5.1　大型露天矿减损型采排复一体化

5.1.1　减损型采排复一体化

5.1.1.1　技术应用过程

露天矿生产对区域生态环境的影响主要是土地的占用和土地状态改变对周边区域生态要素的影响。不同的露天程序与开采工艺对土地的损毁形式有所不同，总体而言规划区内露天煤矿对土地的损毁主要表现为三种形式：采掘场土岩的挖损、排土场的压占以及少量工业用地的占用土地，见图5-1。

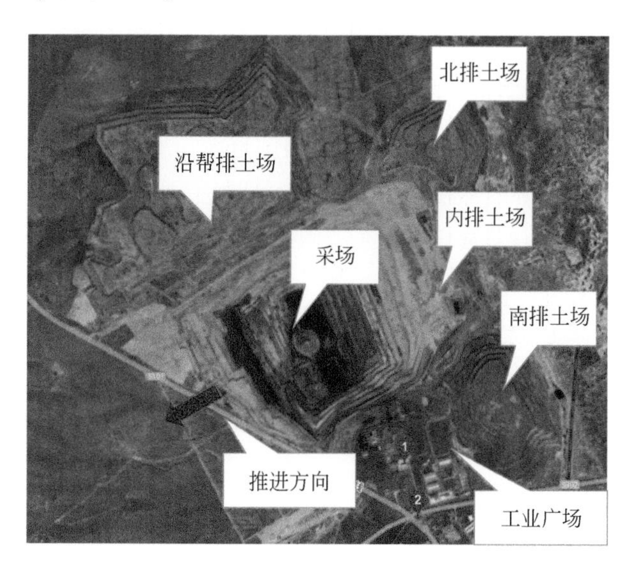

图5-1　胜利露天矿开采现状

土地的挖损和压占是规划区土地损毁的主要原因。胜利露天矿现已实现完全内排，因此现阶段已无新增压占土地。另外，胜利露天矿工业用地面积约900亩，随着露天矿采场的推进，会新增部分道路等工业用地，但部分道路等工业用地也会逐渐废弃，因此需采用相应技术治理。利用采排复一体化技术来实现对挖损土地的修复，已经成为当前露天矿绿色开采的必然要求，以胜利露天煤矿及周边电厂为典型案例开展大型煤电基地采排复一体化技术研究和示范，对于推进锡林浩特地区和整个蒙东草原区的生态文明建设、实现全面建成小康社会的目标具有十分重要的意义。

1. 靠帮开采技术示范

露天开采的基本作业程序是先将矿体覆盖层剥离掉，然后采出有用矿体，再将剥离物滞后于矿体开采位置一定距离的采空区进行回填。其动态演化过程是在“实体上构造空间”和在“空间上构造实体”，见图 5-2。

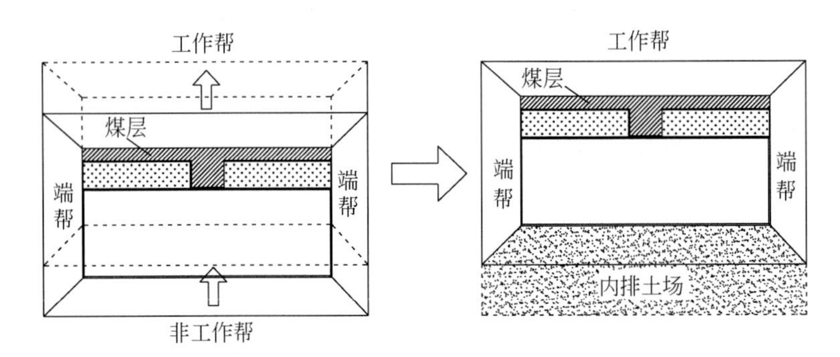

图 5-2　采场推进示意图

从图 5-2 可以看出，露天开采时，工作帮以一定的速度向前连续推进，完成覆盖层的剥离和煤层的开采，推进至采场具有足够空间时，进行剥离物的内排作业。此时，露天矿的内排土场和工作帮便实现了动态追踪式的推进状态。对于采场端帮，其几何结构（角度）是影响矿区平均剥采比的重要指标。端帮角度越大，平均剥采比越小，见图 5-3。

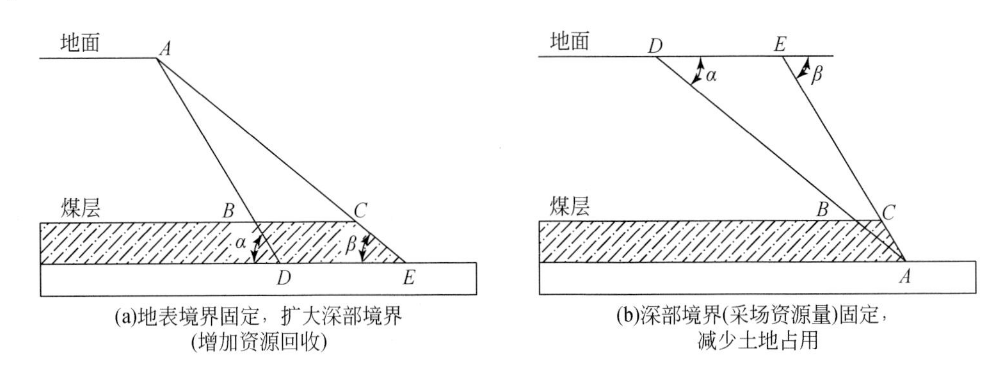

图 5-3　节地减损开采方案

对于地表境界固定的情况，如图 5-3（a）所示，在保证边坡服务期限内稳定的前提下，坡脚由 *E* 点推进至 *D* 点，则需要剥离 *ABC* 区域，可回收 *BCED* 区域的煤炭资源，这一阶段的剥采比是远小于矿区平均剥采比的，因此，这种靠帮开采方式的经济效益显著。对于深部境界固定的情况，如图 5-3（b）所示，在保证边坡服务期限内稳定的前提下，

坡顶位置由 D 点收缩至 E 点，则损失 ABC 区域的煤炭资源，减少 $BCED$ 区域的剥离量，这一区域的剥采比远大于矿山平均剥采比，因此，将地表境界向采场内部收缩，可以减少矿区用地面积，具有显著的社会和环境效益。

基于时效边坡理论开发的靠帮开采技术，可根据需要来提高经济效益或增加环境效益。将这一技术方案与绿色开采的理念相融合，提出节地减损开采方案，在矿区的建设之初和生产进程中有针对性地调整端帮参数，实现矿山经济效益和矿区环境的双赢。下面以2019年情况为例进行露天矿南北端帮靠帮开采设计。

（1）胜利北端帮陡帮开采按照▽870平盘宽度20m，6煤顶板▽840平盘宽度20m，6煤其他平盘5m进行生产，▽885平盘以下台阶边坡角为29°。

（2）南端帮陡帮开采按照▽885平盘宽度20m，6煤顶板▽878平盘宽度20m，6煤其他平盘5m进行生产，▽945平盘以下台阶边坡角为20.1°。

根据生态修复的剥采比需要，对关键层物料编制详细开采和排弃规划。以2019年生产计划为例，编制开采规划和剥离物排弃规划见表5-1和表5-2。根据《神华北电胜利露天煤矿作业规程》，剥离台阶高度为15m，采煤台阶高度一般为10m和15m两种；排土台阶高度为15m，特殊时期可以分层排土并段，但不允许一次30m段高排土。

表5-1　2019年月度开采规划

月份	采煤/万t	自营剥离/万 m^3	外委剥离/万 m^3	开拓煤量/万t	回采煤量/万t
1	185	360	—	680	225
2	180	—	—	550	200
3	185	360	90	600	250
4	185	430	460	500	210
5	180	460	600	500	190
6	180	420	600	600	220
7	180	330	400	650	290
8	185	330	400	600	240
9	185	540	560	700	300
10	185	560	430	750	350
11	185	540	—	800	350
12	185	535	—	925	350
合计	2200	4865	3540		

2. 土壤重构与地表生态修复技术示范

胜利露天煤矿现已转入完全内排，因此对内排土场进行复垦的条件主要有三个：一是最上排弃台阶推进，二是完成到界排土台阶的表土铺设作业和性质改良，三是具备植被栽种的气温和地温条件。露天矿生态修复的三大条件中，“到界排土场”的可调范围最大，但可能需要付出巨大的经济代价；由于生态重建所需的表土量占露天矿总采剥量的比例很小（在东部草原区的几大露天矿区均不足1%），所以满足土量约束的前提下调整表土的采集、运输、储存、铺设使用的时间与方式使其与“到界排土场”（条件1）、“气温与地温”（条件3）相协调是采排复一体化技术的核心；矿区的“气温与地温”条件是自然赋予的，在排土场这种广大区域内人为控制难度极大且存在不稳定性，因此只能通过工程调整和植被优选适应这一条件。

表 5-2　2019 年剥离物排弃规划

标段	剥离水平	工程量/万 m^3	排弃水平	排弃工程量/万 m^3	运距/m	工程量合计/万 m^3	综合运距/m	正提升高度/m	负提升高度/m
一标段	▽1035	125	▽1005	125	3602	1820	3815	0	30
	▽1020	415	▽1005	415	3933			15	15
	▽1005	645	▽1005	252	4037			16	0
			▽990	393	3962			16	15
	▽990	635	▽990	292	3713			15	0
			▽975	343	3640			6	0
二标段	▽975	620	▽975	436	3357	1720	3147	8	0
			▽960	184	3345			8	15
	▽960	610	▽960	273	3121			18	14
			▽945	337	3051			18	15
	▽945	430	▽945	112	2942			25	10
			▽930	318	2912			25	15
	▽930	60	▽930	60	3304			40	0

结合生态重建需求，将露天矿生产分为深层土剥离/岩石剥离、采煤、内排、覆土、复垦六大环节（图5-4）；同时根据植被生长和复垦工程需要，将生态修复条件又分为排土场到界、表土剥离、排土场覆土、墒情调节等方面。

如图5-4所示，从露天矿生产的角度看，表土剥离、深层土剥离、岩石剥离、采煤同步推进，随着深层土和岩石的剥离物的排弃，排土场逐渐到界，可进行表土回填。考虑到各台阶从上到下的制约关系，表土剥离可采用两种方式保证排土场复垦需要：一是储存少量的表土（约一个采掘带的量），待排土场到界后再铺设，这增加了表土的储存和倒装费用，而且会产生存储阶段的流失；二是表土剥离超前一个采掘带，这可以使表土的采集、运输、排卸铺设作业一体化（作业流程如图5-4右侧），但会增大露天矿采场占用土地面积。

季节性剥离给露天矿生态修复造成的主要影响是不存在冬季到界的排土场，因此年初采集的表土资源只能用于上一年度末形成的到界排土场复垦或储存起来留待本年度形成到界排土场后再使用。与全年剥离作业方式（均采用台阶追踪开采方式）不同，季节性剥离条件下排土场的到界集中在夏季甚至夏季末期，这就导致排土场到界成为生态修复窗口期的一个实际约束。

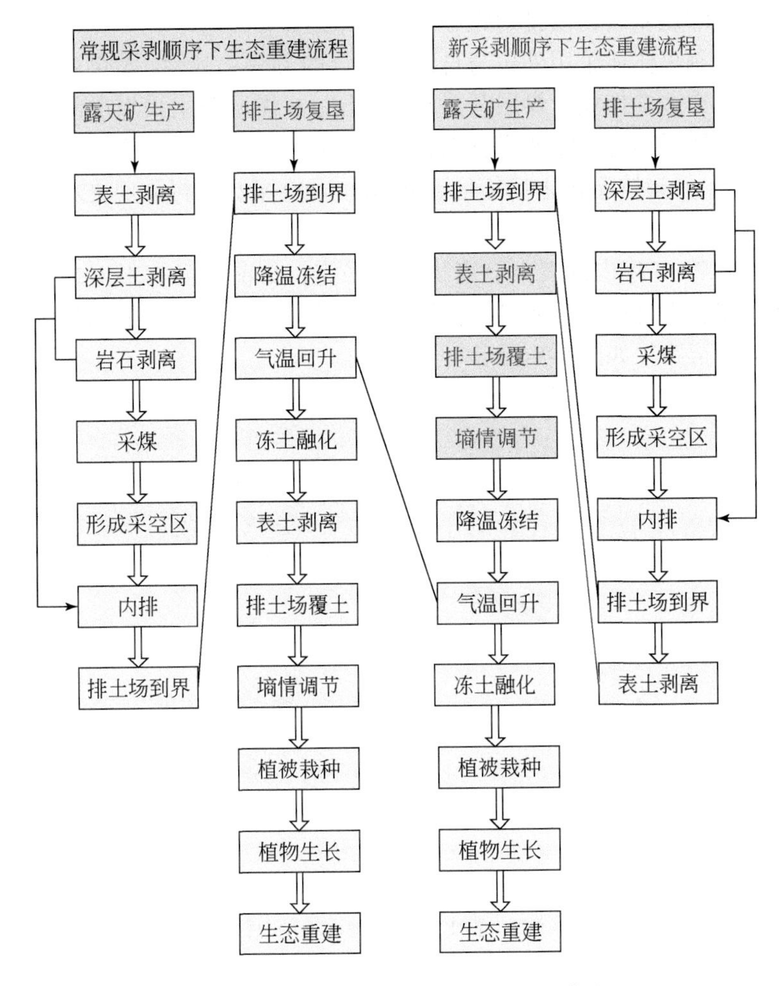

图5-4　季节剥离条件下排土场生态重建流程

该作业方式保证了生态修复窗口期的充分利用，有利于提高排土场复垦速度和生态修复质量。但应用该作业方式的技术难点主要体现在如下方面：

（1）设备大规模调动。在夏季剥离作业快结束时，将大量设备从坑底调到地表进行表土的采集、存储、覆土作业，生产组织管理难度大；如果采用专门的设备进行表土剥离作业，则全年绝大部分时间内该类设备闲置，效率低。

（2）在临近冬季时进行表土的采运排作业易受到外界因素（如气温骤降导致表土冻结等）干扰，因此需要有严密的生产组织计划。

（3）逐台阶剥离存在采排物料顺序与原地层相反的问题，不利于实现地层重构和生态重建，解决这一问题的方法是扩大各内排土场平盘从而实现近似同水平内排，因此该开采方式适用于工作线长度、年推进度较小的情况。

针对综合开采工艺系统的多运输方式存在相互影响等问题，以采剥物料总运输成本最低为目标建立综合开采工艺物流规划模型，形成综合开采工艺系统采剥作业和运输系统发展规划编制方法，缩短剥离物内排运距和原煤卡车运距。

胜利露天煤矿剥离作业采用外包与自营相结合的方式。其中，5 煤层以上的各剥离台阶采用外包方式，季节性作业；煤层开采和 5 煤层、6 煤层两主采煤层间的夹岩层剥离为自营作业。示范区地层构建所需的黑黏土和亚砂土均需要从采场工作帮进行剥离（属于外委剥离作业区域），并运输至排土场复垦区域 980 ~ 990 平盘进行分层堆载排弃、构筑仿真实地层。

胜利露天煤矿 2018 年内的表土剥离物已经采完，目前已没有表土余量，对于五个区块的地层重构所需表土材料，全部采用替代材料来完成。替代材料从采场外部运至排土场示范区，基本的调运路径如图 5-5 所示。

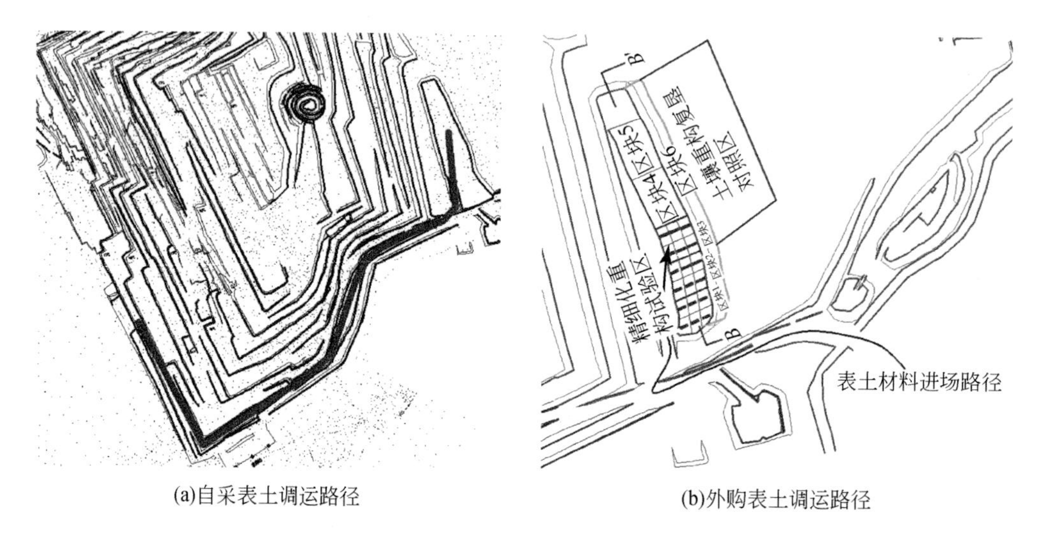

(a)自采表土调运路径　　(b)外购表土调运路径

图 5-5　表土替代材料入坑示意图

表土的运输作业，采用载重量较小的汽车进行倒运，采用液压铲和推土机进行摊铺作业，能够较好地满足排土场表土快速复垦，保证复垦的及时性。

结合胜利露天煤矿示范区生态修复条件特点，研究提出综合两开采程序方案特点的表土开采方案，见图 4-10。

在试验区内，划分出 6 个含水层再造试验区块，如图 5-5（b）所示。含水层再造后的近地表地层情况如图 5-6 所示。

示范工程重点强调露天煤矿剥采排复的协调，以完成排土场复垦的场地和土壤条件准备为根本目标，不涉及复垦植被的优选和种植。因此在上述 5 个采排复一体化技术试验方案完成后，由绿化施工方负责植被种植。根据 2018 年的试验情况，通过水分监测结果和复垦植被生长情况综合评价各试验方案，最终结合生产作业费用和组织管理难易程度，综合优选出最适合的 3 个方案。

5.1.1.2　技术应用效果

根据露天矿资源开发条件，利用工作帮推进和内排土场跟进之间的空间条件以及露天

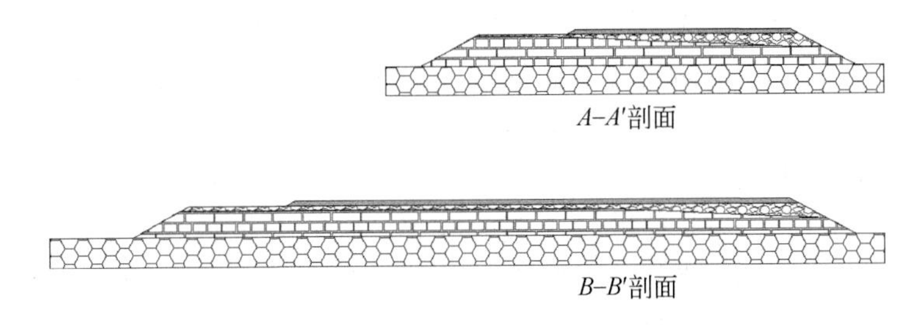

图 5-6　含水层再造后的近地表地层

矿季节性采剥形成的空间条件，在短期内将部分运输平盘改为保安平盘从而实现下部台阶原煤的靠帮开采（图 5-7）。部分台阶靠帮开采后，对应运输平盘消失，所服务台阶的剥离物内排运输通道消失，利用采运排作业的时空关系，以及剥离物在端帮堆筑新的运输通道后再开采这部分剥离物。

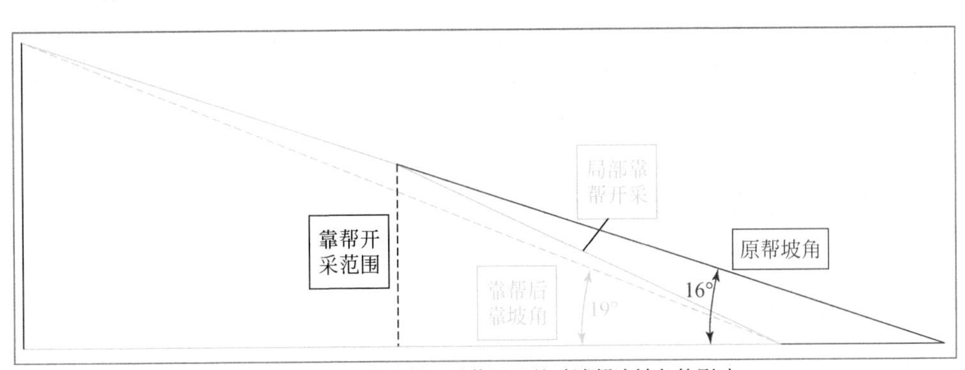

(a)胜利露天煤矿靠帮开采范围及其对端帮边坡角的影响

(b)南端帮靠帮开采卫星影像

图 5-7　胜利露天煤矿靠帮开采

胜利露天煤矿以自营剥离与外委剥离相结合，5煤以上剥离台阶以外委为主，采用季节性作业，由上而下逐台阶开采；5煤以下的剥离和采煤台阶为自营作业，全年作业，台阶追踪开采，露天矿工作帮开采程序优化后的生态修复窗口期为5～8月中旬。该时间段的主要作业内容是已覆土排土场的土壤改良和植被恢复，同时伴随一定量的采排复一体化作业；8月末～11月进行土壤的收集、运输、铺设作业，并进行土壤改良，但考虑到复垦植被可能难以越冬，因此不进行植被恢复作业；其中，植被死亡至11月土壤冻结的这段时间内，加速进行表土采集（完成冬季剥离区的表土剥离工作）并储存到排土场合适位置，表土堆存过程同时进行土壤改良作业；来年3月底～4月初气温回升至冰点以上时，进行表土的铺设（冬季排弃到界的排土场）和改良作业，为生态修复窗口期内的植被恢复作业奠定基础。通过优化露天矿工作帮开采程序（主要是5煤以上的剥离台阶）和剥离物排弃位置，显著提高了露天矿工作帮坡角和内排帮坡角，缩小了露天矿采场占地面积。

相比于2016年，2019年底胜利露天煤矿新增采损面积2022356m^2，新增排土场可修复面积2274715m^2，减少采场占用土地面积252359m^2。根据分析确定的示范露天矿的生态修复窗口期，综合运用采排复一体化技术缩小锡林浩特胜利露天煤矿采场占地1128亩。

5.1.2 近地表层结构优化与重构

5.1.2.1 技术应用过程

通过露天矿内排场原位试验和实验室压实固结试验，揭示内排土场松散物料在不同压力-含水率下物理力学性质随时间的变化规律和重塑岩体渗水性变异对地下水恢复的影响规律，掌握内排土场地下水渗流及有害成分运移规律，结合国家土壤和地下水质量标准，确定内排场各层位有害成分的安全上限、人工隔水层位置及参数，进而采用边坡稳定性、土壤质量及地下水质量作为约束维度优化内排土场物料排弃层序、工艺及参数；揭示外排土场对原地层的损伤与重构机理，研究基于边坡稳定的草原露天矿外排技术。研究粉煤灰的成分构成及其可能的生态危害，通过理论分析、室内实验和现场试验掌握粉煤灰及混合排放体物理力学性质重构机理，优化电厂粉煤灰无害化露天矿坑排弃的工艺及参数，揭示矿坑排灰作业与内排土场推进的耦合关系，研发以粉煤灰为主要骨料的人工隔水层构建关键技术。

露天矿的开发伴随着大量的上覆岩层的剥离，致使原始地层和土壤结构被损伤，这些岩土经剥离后无序堆存形成排土场，使得排土场内部存在很多孔隙甚至裂隙，水分入渗时会沿优先流路径快速下渗，极少留存在土壤内，故在进行排土场土壤复垦时因其持水能力通常较自然土壤差，难以达到预期的复垦效果。而土壤中的有效水分对于干旱、半干旱地区的植被恢复至关重要。研究表明，构造具有层状剖面结构的土层可以提高土壤的持水能力，持水能力通常与构造土层层序的土壤性质有关，同时地质勘探发现胜利露天煤矿上覆原生岩层具有明显的层状结构。

故提出基于原生地层的层序结构对排土场进行地层重构。而重建后土壤层序工作机理的核心就是重构含水层土壤在非饱和时利用其持水性来存储水分，利用重构隔水层土体的低渗透性防止水分向更深地层下渗以致流失，在一定程度上能够使上部含水层储存更多的水分。其作用过程是：在有降水的时候，重构的含水层将水分保持在其中，重构的隔水层进行“兜底”，使得水分不会一直下渗到地底深部，无法被植物生长所利用。所以，选取合适的重构土壤层序物料至关重要，而影响土壤存储水分和阻挡水分下渗的两个重要因素是土体的持水性和渗透性。

将露天开采区的原始地层划分为四层，分别为表土层、砂土层、黏土层和底层基底部分。根据胜利露天煤矿开采地层中物料赋存情况，提出如下3个地层（6个区块）重构方案（图5-8）。

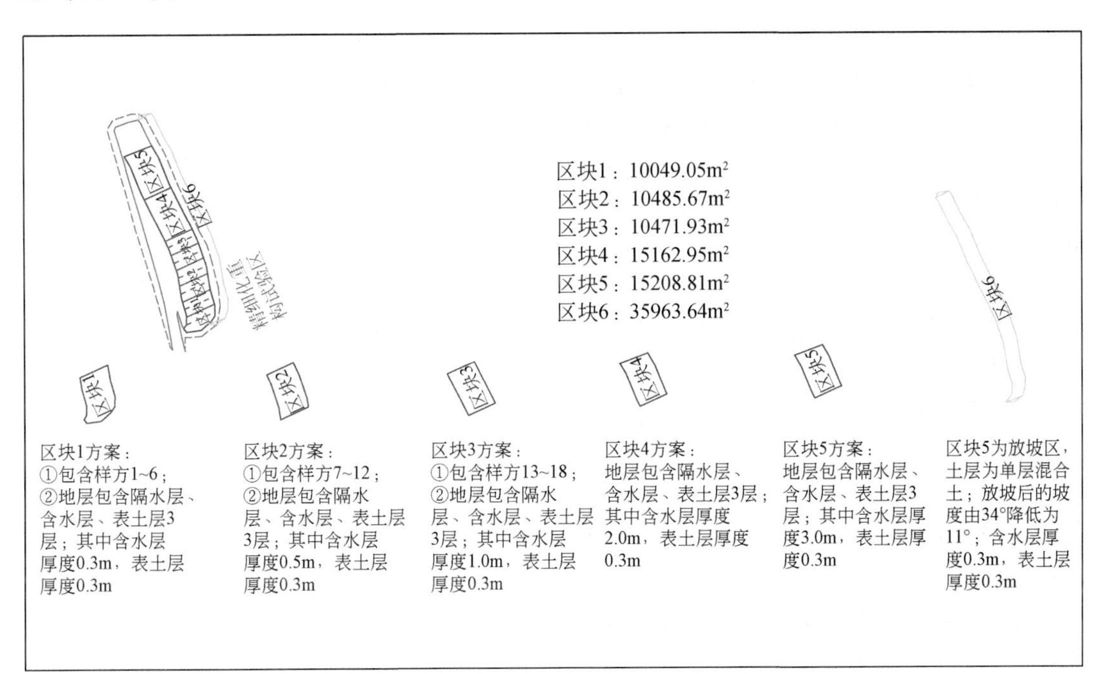

图5-8　近地表地层重构方案

不同重构方案中，每个岩层的厚度见表5-3。

工程内容一：以露天矿剥离的沙土、砂砾土、黄土、砂砾岩等物料为基础构建含水层，以亚黏土和泥岩为主要物料构建隔水层；该方案所构建的近地表地层最大限度地接近露天矿原始地层，验证亚黏土在正常排弃后自然构建隔水层的可行性。根据设计的地层重构区块，该工程的区域主要为990排土平盘作业区，将该区域划分为6个区块。每个区块工程量如下。

区块1：隔水层厚度10m，含水层厚度0.3m，表土层厚度0.3m；

区块2：隔水层厚度10m，含水层厚度0.5m，表土层厚度0.3m；

区块3：隔水层厚度10m，含水层厚度1m，表土层厚度0.3m；

表 5-3　地层重构方案中各层厚度参数　(单位：m)

重构方案	黏土层	砂土层	表土层（施工方）
区块 1	10	0. 3	0. 3
区块 2	10	0. 5	0. 3
区块 3	10	1	0. 3
区块 4	10	2	0. 3
区块 5	10	3	0. 3
区块 6	0 ~ 10	0	0. 3

区块 4：隔水层厚度 10m，含水层厚度 2m，表土层厚度 0. 3m；

区块 5：隔水层厚度 10m，含水层厚度 3m，表土层厚度 0. 3m；

区块 6：隔水层厚度 0 ~ 10m，表土层厚度 0. 3m。

6 个工程示范区块，每个区块的隔水层为 10m，其中区块 6 的隔水层厚度为 0 ~ 10m（由坡面形成），含水层厚度依次为 0. 3m、0. 5m、1m、2m、3m、0m，该部分的工程由胜利露天煤矿负责完成。

工程内容二：在已经构筑的隔水层与含水层上部铺筑 0. 3m 的表土层，为后期的种植提供条件，以便进行生态重建；该工作区域与工程内容一的范围相同。这部分的工作由施工承包方完成。

在该区域内划分出一定数量的土工方格，该区域作为土壤精细化重构和表土替代材料的示范区。

工程内容三：990 排土平盘和平盘东帮放坡区的隔水层与含水层修筑之后，由施工承包方负责完成表土层的覆土工作，覆土厚度不小于 30cm，整平之后进行翻耕种草，后期进行养护。

在 990 排土平盘上部的示范工程区域中的区块 1、区块 2 和区块 3 划分为 18 个 50m×50m 的土工格，作为表土精细化重构区域，进行表土材料的替代和改性实验。具体每个土工格的样方和工程量见表 5-4 和表 5-5。

步骤一：沙土层覆土样方 1 ~6 覆土厚度均为 0. 3m，样方 7 ~ 12 覆土厚度均为 0. 5m，样方 13 ~18 覆土厚度均为 1. 0m。

步骤二：表土层覆土样方 1、2、7、8、13、14 均为覆盖原剥离腐殖土；样方 3、4、9、10、15、16 均为覆盖改良土（1），改良土（1）为沙土与黏土以 1 ∶ 1 混排；样方 5、6、11、12、17、18 均为覆盖改良土（2），改良土（2）为沙土与黏土的 2 ∶ 1 混排。

步骤三：样方 2、4、6、8、10、12、14、16、18 添加改良剂。

5. 1. 2. 2　试验效果分析

试验效果采用植物和土壤性质指标比较分析。其中，以土壤重构技术为基础建设的生态修复示范区如图 5-9 所示。试验的效果采用植物和土壤性质指标进行比较分析。

表5-4　土壤重构样方布设方案（精细化重构区域）

样方1	样方2	样方3	样方4	样方5	样方6
覆土厚度：沙土0.3m，腐殖土0.3m；改良剂：无	覆土厚度：沙土0.3m，腐殖土0.3m；改良剂：牛羊粪、牧草各50g/kg	覆土厚度：沙土0.3m，改良土（1）0.3m；改良剂：无	覆土厚度：沙土0.3m，改良土（1）0.3m；改良剂：牛羊粪、牧草各50g/kg	覆土厚度：沙土0.3m，改良土（2）0.3m；改良剂：无	覆土厚度：沙土0.3m，改良土（2）0.3m，改良剂：牛羊粪、牧草各50g/kg
样方7	样方8	样方9	样方10	样方11	样方12
覆土厚度：沙土0.5m，腐殖土0.3m；改良剂：无	覆土厚度：沙土0.5m，腐殖土0.3m；改良剂：牛羊粪、牧草各50g/kg	覆土厚度：沙土0.5m，改良土（1）0.3m；改良剂：无	覆土厚度：沙土0.5m，改良土（1）0.3m；改良剂：牛羊粪、牧草各50g/kg	覆土厚度：沙土0.5m，改良土（2）0.3m；改良剂：无	覆土厚度：沙土0.5m，改良土（2）0.3m，改良剂：牛羊粪、牧草各50g/kg
样方13	样方14	样方15	样方16	样方17	样方18
覆土厚度：沙土1.0m，腐殖土0.3m；改良剂：无	覆土厚度：沙土1.0m，腐殖土0.3m；改良剂：牛羊粪、牧草各50g/kg	覆土厚度：沙土1.0m，改良土（1）0.3m；改良剂：无	覆土厚度：沙土1.0m，改良土（1）0.3m；改良剂：牛羊粪、牧草各50g/kg	覆土厚度：沙土1.0m，改良土（2）0.3m；改良剂：无	覆土厚度：沙土1.0m，改良土（2）0.3m；改良剂：牛羊粪、牧草各50g/kg

表5-5　土壤重构样方布设的土石方工程量

区块	样方编号	土层划分	面积/亩	土质	含水层	表土层		
					土方量/m^3	腐殖土土方量/m^3	改良土（1）土方量/m^3	改良土（2）土方量/m^3
区块1	样方1	表土层	2.51	腐殖土		502.45		
		含水层	2.51	沙土	502.45			
	样方2	表土层	2.51	腐殖土		502.45		
		含水层	2.51	沙土	502.45			
	样方3	表土层	2.51	沙土			251.23	
				黏土			251.23	
		含水层	2.51	沙土	502.45			
	样方4	表土层	2.51	沙土			251.23	
				黏土			251.23	
		含水层	2.51	沙土	502.45			
	样方5	表土层	2.51	沙土				334.97
				黏土				167.48
		含水层	2.51	沙土	502.45			
	样方6	表土层	2.51	沙土				334.97
				黏土				167.48
		含水层	2.51	沙土	502.45			

续表

区块	样方编号	土层划分	面积/亩	土质	含水层	表土层		
					土方量/m³	腐殖土土方量/m³	改良土（1）土方量/m³	改良土（2）土方量/m³
区块2	样方7	表土层	2.62	腐殖土		524.28		
		含水层	2.62	沙土	873.81			
	样方8	表土层	2.62	腐殖土		524.28		
		含水层	2.62	沙土	873.81			
	样方9	表土层	2.62	沙土			262.14	
				黏土			262.14	
		含水层	2.62	沙土	873.81			
	样方10	表土层	2.62	沙土			262.14	
				黏土			262.14	
		含水层	2.62	沙土	873.81			
	样方11	表土层	2.62	沙土				334.97
				黏土				167.48
		含水层	2.62	沙土	873.81			
	样方12	表土层	2.62	沙土				334.97
				黏土				167.48
		含水层	2.62	沙土	873.81			
区块3	样方13	表土层	2.62	腐殖土		523.60		
		含水层	2.62	沙土	1745.32			
	样方14	表土层	2.62	腐殖土		523.60		
		含水层	2.62	沙土	1745.32			
	样方15	表土层	2.62	沙土			262.14	
				黏土			262.14	
		含水层	2.62	沙土	1745.32			
	样方16	表土层	2.62	沙土			262.14	
				黏土			262.14	
		含水层	2.62	沙土	1745.32			
	样方17	表土层	2.62	沙土				334.97
				黏土				167.48
		含水层	2.62	沙土	1745.32			
	样方18	表土层	2.62	沙土				334.97
				黏土				167.48
		含水层	2.62	沙土	1745.32			
总计					18729.48	3100.66	1551.02	2009.81

续表

区块	样方编号	土层划分	面积/亩	土质	含水层	表土层		
					土方量/m³	腐殖土土方量/m³	改良土（1）土方量/m³	改良土（2）土方量/m³
分类统计	沙土	22290. 31						
	黏土	2555. 92						
	腐殖土	3100. 67						

图 5-9　胜利露天煤矿排土场生态修复示范区

1. 植物生长效果比较

1）植物株高分析

试验区植物株高共采集两期数据，分别为 7 月与 9 月。采集时，根据实际情况，每个小样方中披碱草与苜蓿分别采集 10 个数据。并就每个小样方计算出两种植物的平均值，同时计算出每个小区块的平均值以及大区块的平均值。

表 5-6 中可见 7 月 18 个小区块披碱草和苜蓿的平均株高以及三个大区块的平均株高。披碱草最大值出现在区块二的小区块 3，达到 13. 68cm，最小值出现在区块三的小区块 4，为 8. 83cm。对于三个大区块平均值，可以看出区块二最大，为 11. 65cm。相对于披碱草而言，7 月苜蓿最大值同样出现在区块二的小区块 3，达到 8. 57cm，最小值出现在区块三的小区块 4，为 2. 57cm。对于三个大区块平均值，可以看出区块二最大，为 5. 42cm。

表 5-7 中 9 月数据显示，披碱草最大值出现在区块一的小区块 2，达到 27. 03cm，最小值出现在区块三的小区块 5，为 12. 43cm。对于三个大区块平均值，可以看出区块一最大，为 21. 58cm。对于 9 月的苜蓿来说，最大值同样出现在区块一的小区块 2，达到 20. 15cm，最小值出现在区块三的小区块 5，为 5. 43cm。对于三个大区块平均值，可以看出区块一最大，为 15. 15cm。

表 5-6 7 月区块株高平均值 （单位：cm）

小区块	区块一		区块二		区块三	
	披碱草	苜蓿	披碱草	苜蓿	披碱草	苜蓿
1	12. 34	5. 87	12. 06	7. 74	11. 01	6. 04
2	11. 86	6. 65	11. 96	6. 62	12. 02	5. 26
3	10. 45	6. 16	13. 68	8. 57	12. 50	8. 32
4	9. 18	3. 92	11. 12	3. 07	8. 83	2. 57
5	11. 23	3. 97	10. 68	2. 93	10. 51	2. 71
6	9. 47	5. 13	10. 40	3. 58	10. 09	3. 55
平均值	10. 76	5. 28	11. 65	5. 42	10. 83	4. 74

表 5-7 9 月区块株高平均值 （单位：cm）

小区块	区块一		区块二		区块三	
	披碱草	苜蓿	披碱草	苜蓿	披碱草	苜蓿
1	24. 4	15. 78	20. 79	14. 31	20. 59	13. 81
2	27. 03	20. 15	16. 21	11. 53	18. 85	12. 51
3	19. 55	14. 65	21. 57	13. 82	18. 23	11. 62
4	19. 84	14. 52	17. 33	10. 92	13. 93	6. 32
5	20. 25	14. 02	15. 78	9. 66	12. 43	5. 43
6	18. 41	11. 79	16. 07	10. 74	15. 49	8. 53
平均值	21. 58	15. 15	17. 96	11. 83	16. 59	9. 70

由表 5-8 可见，相对 7 月的植物株高，9 月两种植物的株高有了十分明显的增长。但相对于 7 月三个大区块株高平均值相近的情况，9 月三个大区块的株高平均值并不相近。从 9 月的植物株高情况明显看出，区块一植物长势最好，其次为区块二，区块三长势最差。

表 5-8 两期株高平均值对比 （单位：cm）

区块	7 月		9 月	
	披碱草	苜蓿	披碱草	苜蓿
区块一	10. 76	5. 28	21. 58	15. 15
区块二	11. 65	5. 42	17. 96	11. 83
区块三	10. 83	4. 74	16. 59	9. 70

2）植被覆盖度分析

试验区植被覆盖度共采集两期数据，分别为 8 月与 9 月。采集时，根据实际情况，每个小区块中取 4 个小样方进行采样拍照，并就每个小样方计算出其植被覆盖度，同时计算出每个小区块植被覆盖度的平均值以及大区块的平均值。表 5-9 中所列出的数据为 7 月 18

个小区块植被覆盖度以及三个大区块的平均植被覆盖度，可以看出，植被覆盖度最大值出现在区块一的小区块1，为57.7%，最小值出现在同区块小区块4，仅为11.4%。对于三个大区块的平均植被覆盖而言，区块一植被覆盖度最高，达到了29.8%。根据《植被覆盖度划分标准》，三个大区块均属于低覆盖度区域。表5-10中显示9月所采集植被覆盖度数据。可以看出，植被覆盖度最大值为区块一的小区块2，达到了70.1%，植被覆盖度最小值为区块三的小区块5，仅为18.7%。就大区块而言，区块一的植被覆盖度仍然最高，达到46.6%。按《植被覆盖度划分标准》，区块一已属于中覆盖度区域，区块二与区块三属于中低覆盖度区域。

表5-9　7月区块植被覆盖度平均值　（单位:%）

小区块	区块一	区块二	区块三
1	57.7	27.8	31.5
2	43.1	41.8	41.4
3	23.7	34.9	49.1
4	11.4	26.1	14.4
5	21.8	14.6	12.5
6	21.3	11.9	13.6
总平均值	29.8	26.2	27.1

表5-10　9月区块植被覆盖度平均值　（单位:%）

小区块	区块一	区块二	区块三
1	41.5	35	54.8
2	70.1	56.4	62.4
3	62.8	28.8	57.5
4	24	34	25.9
5	47	27.2	18.7
6	34.1	51.3	26.5
总平均值	46.6	38.78	41.0

3）生物量比较

由于试验区播种时期延后，区域生物量共采集一期数据，为9月。采集时，根据实际情况，每个小区块中取10个小样方进行采样拍照。每个小样方就出现植物种类进行分析，植物类别如下：披碱草、苜蓿、黄栌、油菜花、粟、藜、猪毛菜、苋以及狗尾草共9种。当样方中出现该植物时标记为1，未出现标记为0，同时计算出每个小区块每种植物出现的概率值以及大区块的概率值。由表5-11可见除播种的披碱草与苜蓿两种草种之外，区块内还出现了另外7种植物。总体来说，区块一中各种植物的出现率是最高的，区块二次之，区块三出现率最低。其中，油菜花在三个区块中出现率均偏高，有同样情况的还有藜与狗尾草，但这两种植物出现率均低于油菜花。而黄栌仅在区块一与区块二中出现较多，除此之外，粟、苋两种植物在三区块中均出现较少，出现率均未超过50%。而猪毛菜在区块一出现较多，区块二与区块三出现较少；对黄栌、油菜花、粟、藜、猪毛菜、苋以及狗尾草7种植物赋予权重（0.13、0.18、0.1、0.18、0.13、0.1、0.18），经计算获得各区块区间生物出现率（表5-12）。由于披碱草以及苜蓿为播种草种，出现率为1，因此不将这两种植物放入权重计算。

表5-11　区块生物出现率

植物类型	区块一	区块二	区块三
披碱草	1	1	1
苜蓿	1	1	1
黄栌	0.57	0.52	0.3
油菜花	0.68	0.67	0.68
粟	0.32	0.15	0.2
藜	0.6	0.57	0.59
猪毛菜	0.6	0.47	0.17
苋	0.43	0.17	0.22
狗尾草	0.58	0.55	0.58

表5-12　区间生物出现率　（单位:%）

区块一	区块二	区块三
60.40	49.90	43.90
58.10	51.70	44.90
51.90	50.70	46.50
55.20	48.70	46.00
57.30	40.70	44.20
54.70	46.60	46.50

从整体上来看，区块一的生物出现率要高于区块二与区块三，其中区块三的生物出现率最低。经过计算，区块一的平均生物出现率为56.27%，区块二的平均生物出现率为48.05%，区块三的平均生物出现率为45.33%。其中，最大值出现在区块一的小区块1，达到了60.40%，最小值出现在区块二的小区块5，仅40.70%。

2. 土壤物理性质

试验区土壤样本共采集一次，采集时间为9月。采集时，根据实际情况，每个小区块中均进行采样取土。取土深度为30～40cm，超过表土深度。采集完成后当场使用电子称重仪称量土壤湿重，并记录保存。土壤容重以及土壤自然含水量使用烘箱进行土壤烘干，得到土壤恒重，并就每个采样点土壤计算土壤容重与土壤自然含水量。土壤容重采用环刀法测定，土壤自然含水量采用烘干法测定。

1）土壤容重

表5-13显示18个小区块中土壤容重最高的是区块三小区块1，达到了1.9g/cm^3，最

低的是区块一的小区块 4，仅为 1.12g/cm³。另外，区块三中的小区块 2、5、6 以及区块二中的小区块 2 土壤容重较高，均超过了 1.5g/cm³，而区块二中的小区块 3 和区块一中的小区块 4、5 土壤容重较低，均未超过 1.3g/cm³。从大区块来看，区块三的土壤容重平均值最高，超过了 1.5g/cm³，达到了 1.59g/cm³，区块一的土壤容重平均值较低，仅 1.3g/cm³。区块一、二、三均属于低等变异程度，其中区块三的变异系数最高，为 27.04%，区块二的变异系数最低，仅 14.18%。

表 5-13　各区块土壤容重及特征　（单位：g/cm³）

小区块	区块一	区块二	区块三
1	1.42	1.43	1.9
2	1.33	1.54	1.74
3	1.3	1.29	1.4
4	1.12	1.47	1.45
5	1.23	1.39	1.51
6	1.4	1.34	1.56
平均值	1.3	1.41	1.59
标准偏差	0.25	0.2	0.43
变异系数/%	19.23	14.18	27.04

2）土壤自然含水量

表 5-14 显示，各区块中土壤自然含水量最大的是区块三的小区块 1，达到了 21.69%。而区块一的小区块 4 是土壤自然含水量最小的区块，仅为 6.68%。另外，区块三中的小区块 3 以及区块一中的小区块 5 土壤自然含水量较高，均超过了 14%，而区块二中的小区块 3 以及区块一中的小区块 3、6 土壤自然含水量较低，均未超过 9%。从大区块来看，区块三的土壤自然含水量平均值最高，超过了 14%，达到了 14.32%，区块一的土壤自然含水量平均值较低，仅 9.25%。除此之外，区块一、二、三的变异系数均超过了 40%，属于中等变异等级。其中区块三的变异系数最高，达到了 70.32%，区块二的变异系数最低，仅 54.77%。

表 5-14　各区块土壤自然含水量及特征　（单位：%）

小区块	区块一	区块二	区块三
1	9.37	9.02	21.69
2	9.25	11.18	10.54
3	7.39	6.92	17.4
4	6.68	9.2	9.76
5	14.1	12.76	12.89
6	8.73	13.77	13.65
平均值	9.25	10.48	14.32
标准偏差	5.82	5.74	10.07
变异系数	62.92	54.77	70.32

5.2 大型露天矿区地表生态修复新技术试验工程

5.2.1 贫瘠土壤改良与重构关键技术

5.2.1.1 试验过程

胜利露天煤矿内排土场现场实验总体布置方案为沿示范区长轴方向划分不同熟化处理的田块（图5-10），通过田埂分割成3类不同土壤剖面结构子田块布局。

（1）子田块1：表层为50cm的岩土剥离物，下面全部为采矿剥离物自然堆积体；

（2）子田块2：表层为50cm的岩土剥离物、煤矸石的混合物，配比为2∶3，下面全部为采矿剥离物自然堆积体；

（3）子田块3：表层为50cm的岩土剥离物、煤矸石、粉煤灰的混合物，配比为3∶4∶3，下面全部为采矿剥离物自然堆积体。

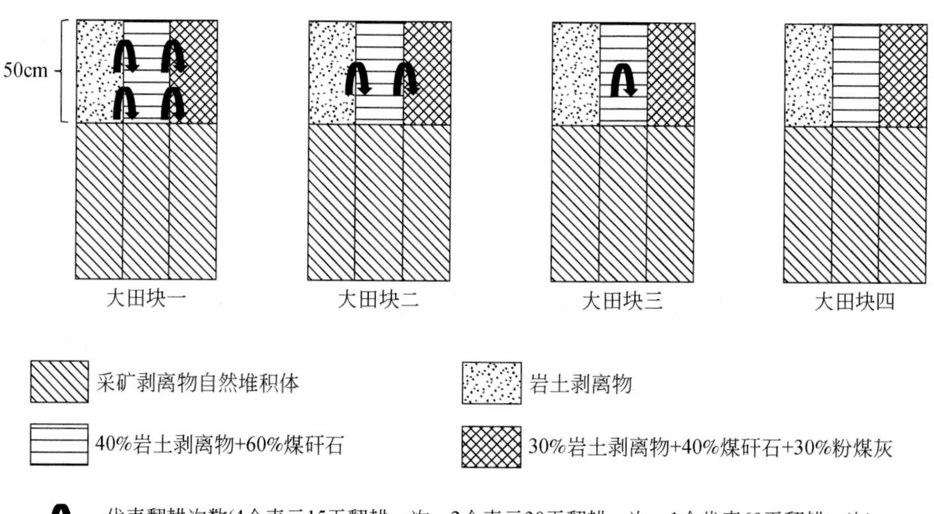

图5-10 田块的土壤重构方案纵截面图及熟化处理方式

工程进度总工期2年，分阶段工程内容为：①土壤剖面构建试验工程，自2018年6月～2020年6月；②剖面构建施工，工期60d，自2018年6～7月；③土壤熟化与植被，工期2年，自2018年6月～2020年6月；④试验工程监测，2018～2020年每季度监测植被、土壤，如图5-11、图5-12所示。

(a)土地重构材料铺设与翻耕

(b)施工现场指导

(c)土地平整与播种

(d)灌溉设施安装

(e)浇水管护

(f)场地平整

图5-11　2018年现场主要工作

(a)植被管护1

(b)现场采样2

(c)秋季翻耕1

(d)秋季翻耕2

图 5-12　2019 年现场主要工作

5.2.1.2　试验效果分析

大田试验土壤理化性质差异性见图 5-13 ~ 图 5-15。

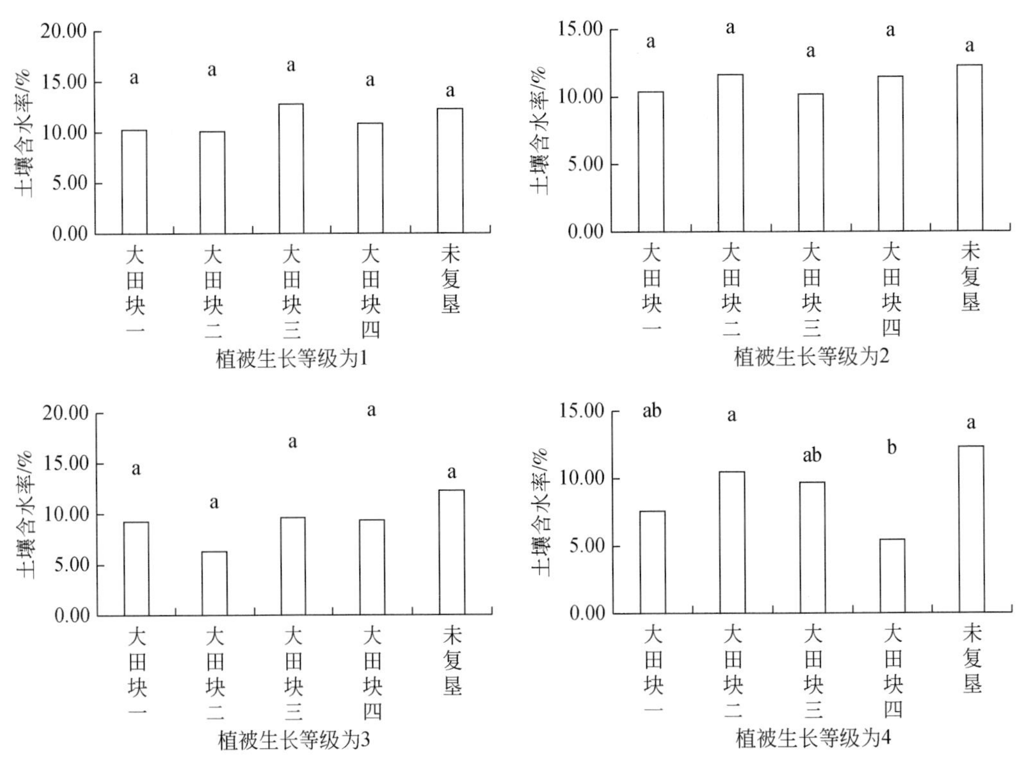

(a)不同植被等级的田间土壤含水率

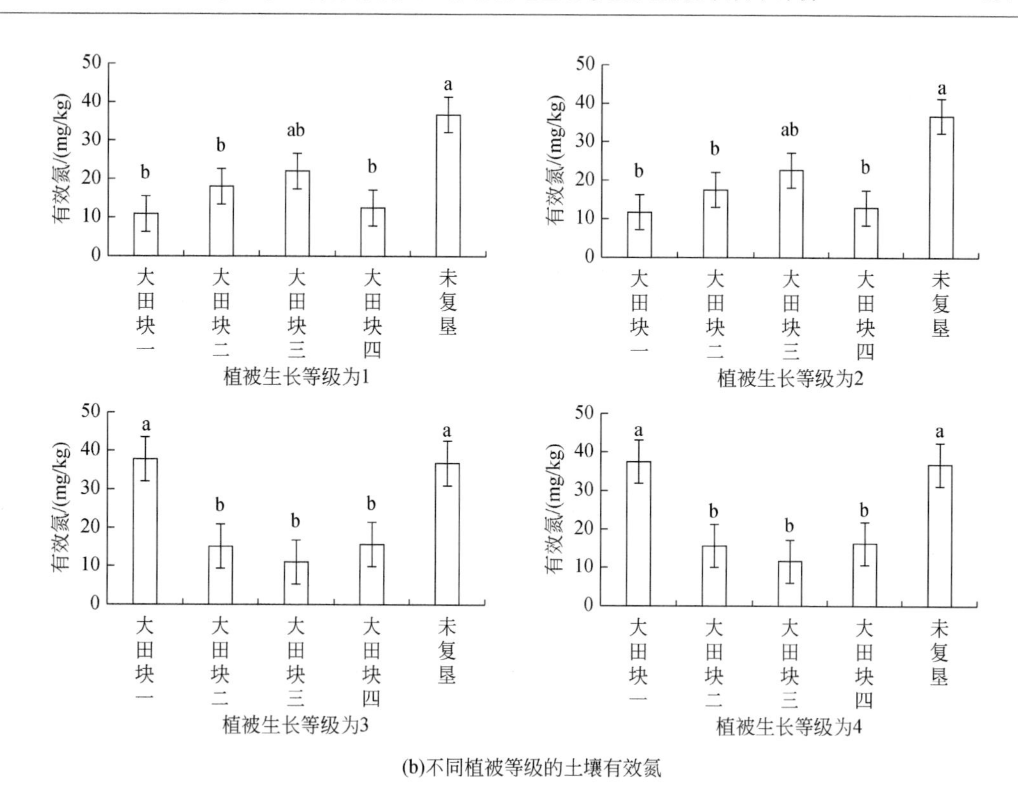

(b)不同植被等级的土壤有效氮

图 5-13　重构方案 1 对比

同一幅图中直方柱上方英文小写字母不同表示存在显著性差异（$p<0.05$）

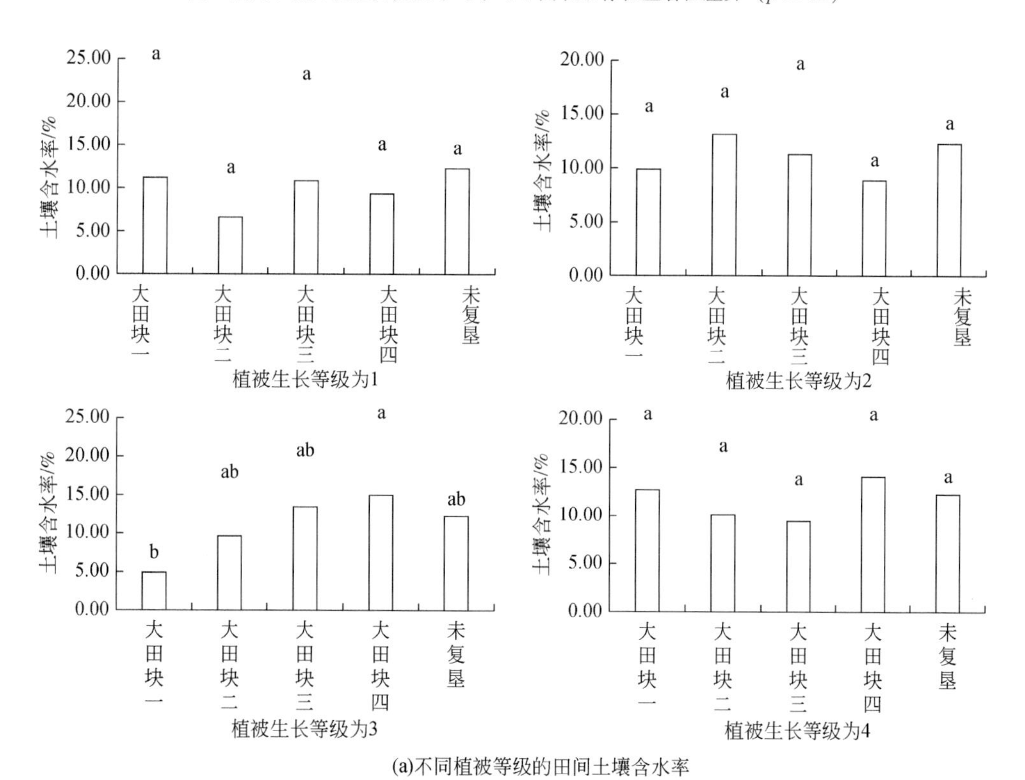

(a)不同植被等级的田间土壤含水率

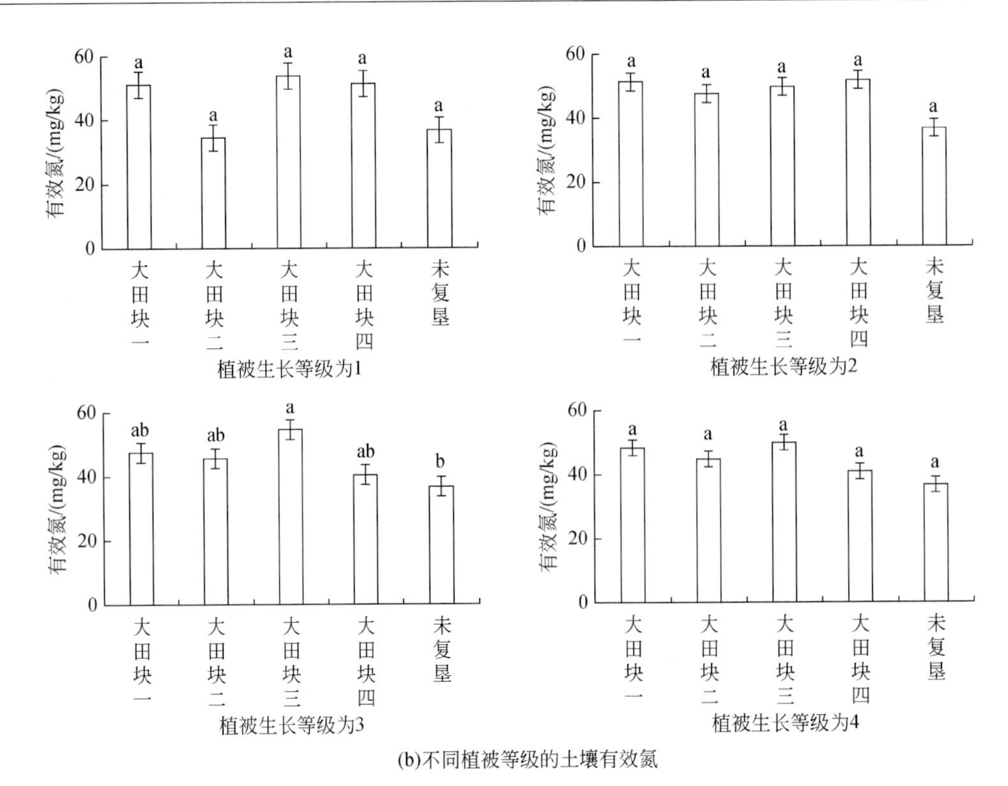

(b)不同植被等级的土壤有效氮

图 5-14　重构方案 2 对比

同一幅图中直方柱上方英文小写字母不同表示存在显著性差异（$p<0.05$）

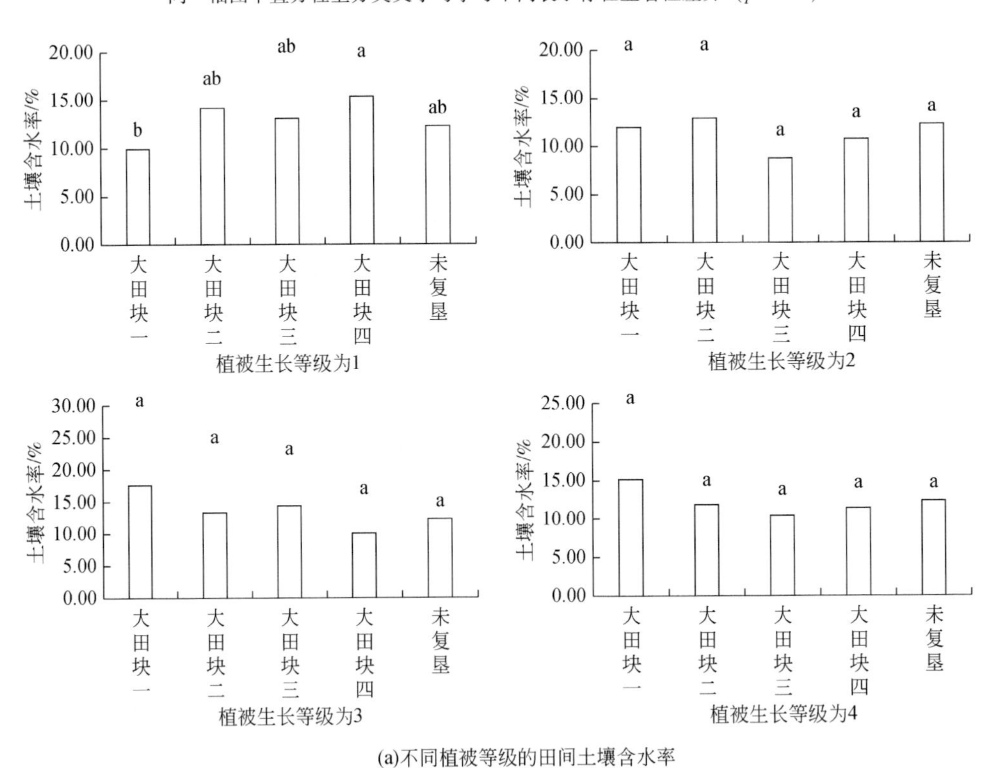

(a)不同植被等级的田间土壤含水率

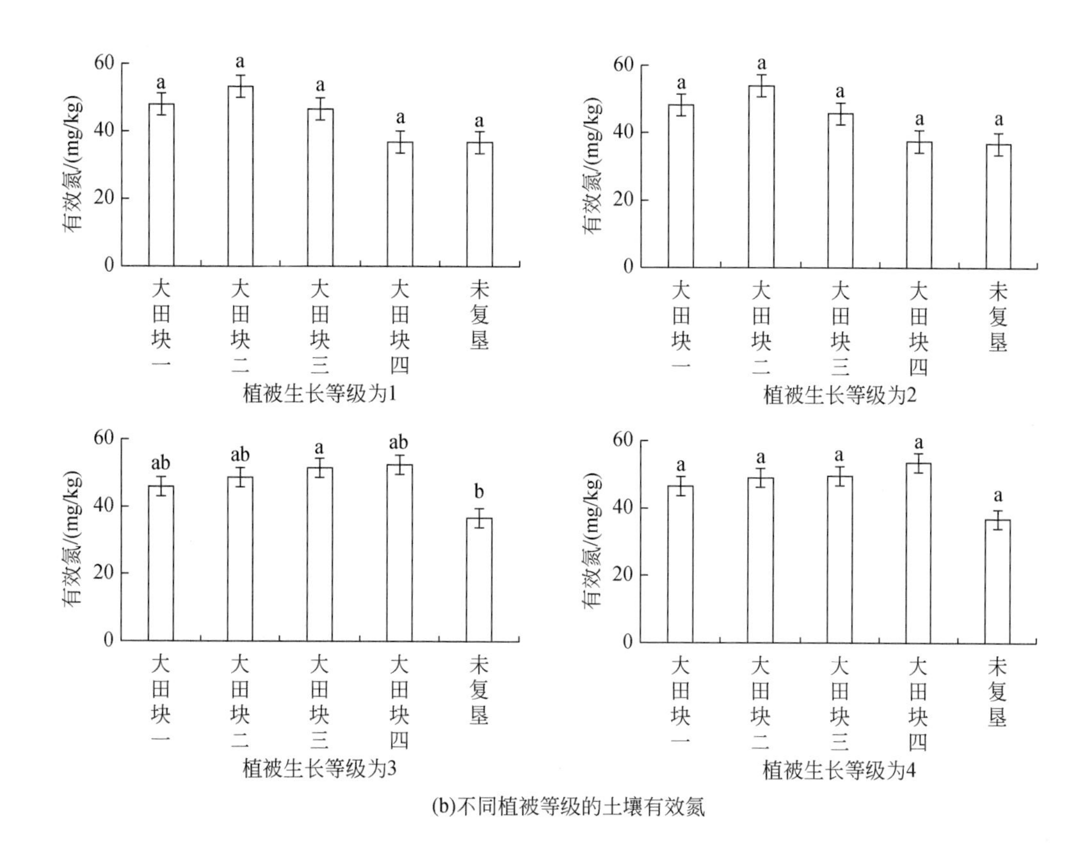

(b)不同植被等级的土壤有效氮

图5-15　重构方案3对比

同一幅图中直方柱上方英文小写字母不同表示存在显著性差异（$p<0.05$）

（1）对土壤含水量进行比较发现，重构方案1中不同植被生长等级下重构土壤田间土壤含水率大都低于未复垦地；重构方案2和重构方案3土壤田间土壤含水率相对重构方案1表现较优，也优于未复垦地。不同熟化方式下田间土壤含水率与未复垦地之间大都不存在显著性差异。

（2）对土壤有效氮进行比较发现，重构方案1时，植被生长等级为4的重构土壤中有效氮含量均最高；重构方案2时，植被生长等级为2的重构土壤中有效氮含量最高；重构方案3时，植被生长等级为2的重构土壤有效氮含量最高。植被生长等级为1时，重构方案2的土壤有效氮含量最高；植被生长等级为2时，重构方案2的土壤有效氮含量最高。因此植被生长等级为2对提升土壤有效氮含量有明显效果。

5.2.1.3　效益分析

生态效益：从土壤含水率及植物耐旱性来看，重构土壤的保水性能明显优于当地的表土。这一结果表明，在相同的灌溉条件或者降雨条件下，重构土壤能够将更多的水分固定在土壤中，相应地，植物也能从土壤中获取更多的水分用于生长。更好的植物生长状况对生态环境的改善具有重要意义，也能够更好地达到改善土壤的效果，土壤与植被的耦合程度更高，更能促进整个“土壤-植被”生态系统的完善与平衡。

经济和社会效益：在煤电基地开发过程中，除生产外，矿企还面临排土场复垦以及采矿固废处理两大难题。充分利用采矿固体废弃物的优势，将煤矸石及粉煤灰作为土壤替代材料，既解决了占地及处置问题，又能获取其中的有利价值，使得固体废弃物资源化与无害化，实现资源环境与经济效益的协调发展，节约与综合利用资源。以胜利矿区为例，矿区在复垦过程中排土场地表表面积大大增加，为在排土场达到一定的覆土厚度，减少开采或剥离表土远远不足，将采矿固废作为表土替代材料与之前剥离的表土混合得到重构土壤来进行土地复垦。如果按照锡林浩特当地表土价格 30 元/m^3，以覆土厚度 30cm，每亩覆土所需的表土用量约为 200m^3，且表土用量三分之一计算，每亩节约成本约 4000 元。

5.2.2　优势植物筛选及优化配置

5.2.2.1　试验过程

植被种植前，犁机翻耕处理，翻耕深度为 30 ~ 40cm，翻耕结束后，使用旋耕机将土壤打松，旋耕深度为 20 ~ 30cm。根据小区布设情况，人工划分田垄。灌木（柠条）种植行间距 1m，株距 1m，为保证成活率，柠条 2 株/穴。工程施工如图 5-16 ~ 图 5-18 所示。

图 5-16　土地整理

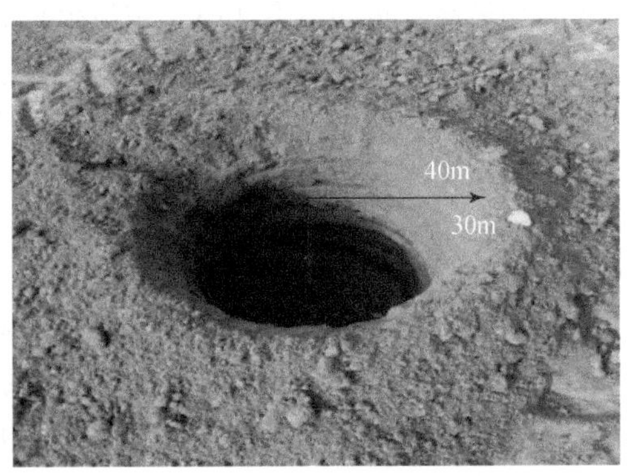

图 5-17　灌木挖坑

图5-18　示范小区边界划定与草本种植

工程实施中，采用水分监测系统、根系扫描系统、土壤呼吸监测系统（埋设土壤呼吸环）等方法对植物生长和土壤物理参数变化进行持续监测。

种植完成生长一年后对不同处理区土壤和生物量进行采样，依据“S”形采样方法在每个小区随机设置5个1m×1m的小样方，在样方内分别采集土壤样品并收获地上植物，除去表层约1cm土壤后，采集0～20cm土壤约500g。土壤样品去除枯枝落叶等杂质后，过2mm筛风干，在4℃条件下保存。对植物样品进行烘干，以测定地上生物量。植物生长状况现场采样分析如下。

（1）草本混播区：利用钢尺测量植物的株高、丛幅等，叶片叶色值（也称SPAD值）采用便携式叶绿素测定仪（型号：SPAD-502）进行测定。每样方随机测定9株优势植物，老芒麦、沙打旺和紫花苜蓿（每种3株），三种优势植物在每小区分别测定15株。对各样方进行拍照处理，并记录样方内的植被盖度等植被生长指标。

（2）草灌结合区：在每个样地分别选取3个1m×1m的样方，统计测量植物种类、高度、密度和盖度，采用5点取样法采集表层土壤1.5kg，混合均匀置于无菌塑料袋内，带回实验室，自然晾干，用于土壤理化性质测定，另取一部分土样自然风干后过35目筛置于4℃冰箱保存，用于土壤酶活性等指标的测定。

5.2.2.2　试验效果分析

试验效果按照不同植物配置方案分述。

1. 草本混播区的不同比例

草本种植模式对土壤和植被生长有显著影响，主要体现如下。

（1）土壤影响程度：不同草本配比处理下土壤因子具有显著差异。草本播种提高了土壤 pH，土壤偏弱碱性。土壤有机碳含量在1∶1比例下最高，在 1∶2 比例下最低，可能与微生物参与土壤有机质利用有关。豆科牧草在露天矿排土场不同植物群落演替过程中效果显著，可有效改良土壤物理结构、改善土壤贫瘠。混播区域中土壤平均氮含量较低，土壤硝态氮、铵态氮和全氮含量在不同种植模式下差异显著，硝态氮和铵态氮在 1∶2 比例下最高。对植物与土壤进行综合分析评价，氮素是植物生长的主要影响因子；土壤中有机碳多来源于植物体，如枯落物等，在复垦初期，植物根系与土壤微生物活动较强，使土壤中有机碳分解加快。接菌区高于相应对照区和自然恢复区，说明接种丛枝菌根真菌（arbuscular mycorrhizal fungi，AMF）提高了土壤氮含量；但接菌对土壤有机碳的作用并不明显，可能与土壤微生物参与的有机碳利用等因素有关。

（2）植物影响：植被频度，不同植物在各小区的植被频度差异较大，其中豆科植物的沙打旺和紫花苜蓿，禾本科的老芒麦，其植被频度远高于其他植物，被认为是该区域环境的优势物种；三种优势植物（沙打旺、紫花苜蓿、老芒麦）叶色值（SPAD 值）差异显著，优势植物的株高和在不同处理条件下差异显著；综合植物生物量和土壤养分状况，豆科∶禾本科=1∶2 种植模式下能有效提高植物生物量、增加植被多样性等，豆科∶禾本科=1∶3 种植模式下土壤养分含量最高。

（3）种植模式比较：豆科∶禾本科=1∶2 种植模式能有效提高植物生物量，增加植被多样性等，豆科∶禾本科=1∶3 种植模式土壤养分含量最高；同时，接种 AMF 可提高植物地上生物量和土壤氮含量，对植物具有良好的促生效果。

2. 草灌结合区

试验区共发现 4 科 12 属共计 12 种植物，其中豆科、禾本科和藜科植物种类较多，分别为 4 属 4 种、4 属 4 种和 3 科 3 种，占总物种数的 91.67%。

（1）土壤影响程度：种植柠条的样地 pH 较低，种植柠条可能有利于降低土壤 pH。紫花苜蓿单种和混种区的铵态氮含量较高，推测种植紫花苜蓿会提高土壤铵态氮含量。根据土壤速效磷含量差异性分析，推测种植紫花苜蓿会提高土壤速效磷含量。种植紫花苜蓿样地的脲酶活性表现出较高的水平，推测种植紫花苜蓿会提高脲酶活性。

（2）植被比较：A 样地柠条类株高显著高于 B 样地；种群密度为 1.00 株/m^2；植物多样性指数具有相对更高水平，而自然恢复区的植物多样性均显著低于其他的样地。在单作柠条的样地中，植被盖度较低，地表裸露，有较多当地植物入侵，当地植物的种子较易进入其中，所以会表现出更高的植被多样性。

植被多样性指标与土壤因子相关性分析表明，蔗糖酶与香农-维纳（Shannon-Wiener）指数、辛普森指数极显著相关，与均匀度指数显著相关。因此，草灌结合区、种植柠条区具有较高的植物多样性，有利于本地植物的恢复；种植紫花苜蓿区铵态氮含量、速效磷含量、脲酶活性表现出更高的水平，有利于改善土壤因子，接种 AMF 对植被生长和养分积累均有显著促进作用。因此，柠条+微生物菌剂种植模式有利于提高植物多样性，增加土壤养分积累能力。综合植被生长和土壤养分状况，结合本次试验获得优选生物复垦模式为：柠条+微生物菌剂；豆科∶禾本科=1∶2+微生物菌剂；豆科∶禾本科=1∶3+微生物菌剂。

5.2.3　基于微生物的植物促生保育技术

5.2.3.1　试验过程

（1）本地微生物分类：针对调查获取草原主要牧草植物根内生真菌分类筛选，分别从大针茅、羊草和糙隐子草的 1355 个根部组织块中，共分离到 483 株内生真菌的纯培养物，最终鉴定到 2 个门、5 个纲、12 个目、23 个科、35 个属、42 个种，部分试验过程如图 5-19 ~ 图 5-21 所示。

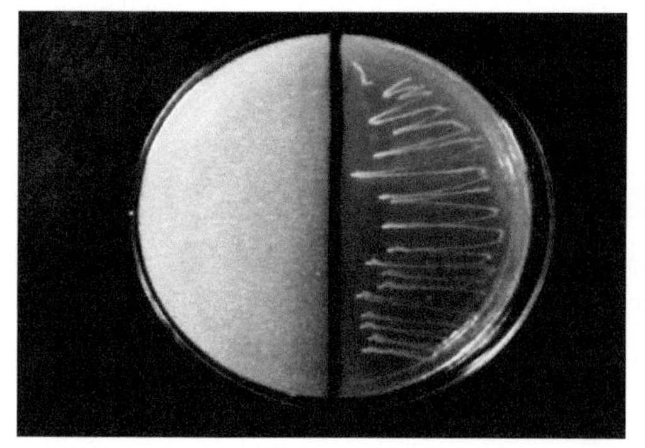
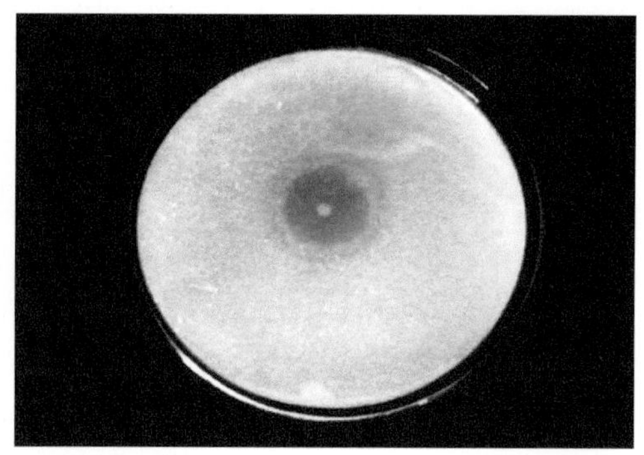

图 5-19　部分菌株的形态特征

图 5-20　不同寄主植物配置诱集培养微生物菌种

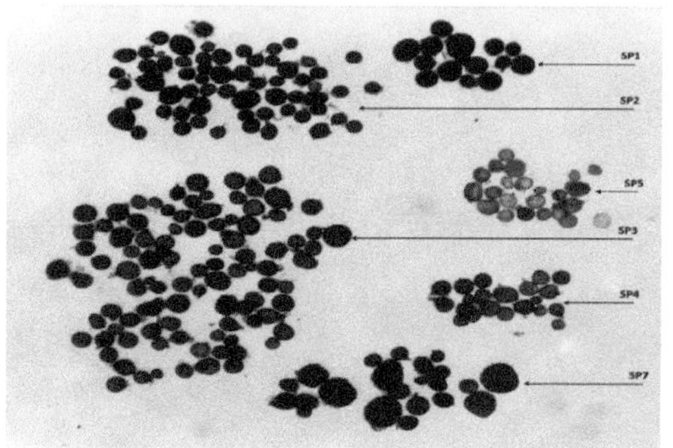

图 5-21　微生物菌剂施入

（2）诱导培育：利用高粱、玉米和紫花苜蓿对土壤 AMF 诱集培养，优势种类有网状球囊霉（*Glomus reticulatum*）、沙漠球囊霉（*Glomus deserticola*）、大果球囊霉（*Glomus macrocarpum*）、幼套近明球囊霉（*Claroideoglomus etunicatum*）、布氏球囊霉（*Glomus brohultii*）、闪亮和平囊霉（*Pacispora scintillans*）、细凹无梗囊霉（*Acaulospora scrobiculata*）、苏格兰球囊霉（*Glomus caledonium*）。

（3）适应性优势种类筛选：筛选同时具有耐盐、耐碱、固氮和溶磷四种促生特性的优良细菌 3 株，同时具有耐盐、耐碱和溶磷三种促生特性的真菌 9 株。通过形态学及分子生物学鉴定得出，3 株细菌均为芽孢杆菌属（*Bacillus*）；9 株真菌中，3 株（XF1、XF5、XF6）为青霉属（*Penicillium*），2 株（EF1、EF5）为曲霉属（*Aspergillus*），1 株（XF8）为散囊菌属（*Eurotiales*），另外 3 株（EF2、EF6、WF1）为踝节菌属（*Talaromyces*）。

（4）优选出对植物生长具有良好促进作用的内生真菌，进行大量菌种扩繁，应用于现场小规模试验。

5.2.3.2　试验效果分析

针对微生物接菌区，采用样方法（1m×1m）定期监测植物的株高、丛幅等生长指标，植物叶片叶色值测定使用便携式叶绿素测定仪；记录样方内植被盖度、物种丰度等，统计测量植物种类、高度、密度和盖度。同时采用 5 点取样法采集表层土壤，置于无菌塑料袋内，用于土壤理化性质测定和土壤酶活性等指标的测定。微生物接菌区效果分析如下。

（1）土壤影响：接种 AMF 和不同草本配比对土壤因子有显著影响。土壤全氮含量在 1∶3接菌区显著最高；硝态氮和铵态氮在 1∶2 和 1∶3 接菌区最高，接菌提高了土壤氮含量。

（2）植物生长：接种 AMF 对植被生长有显著影响。植被的地上生物量在四种不同比例草本的接菌区均显著高于相应对照区和自然恢复区，说明接种 AMF 有利于植物干物质累积。AMF 能与植物形成良好的共生关系，其大量根外菌丝可帮助植物扩大根系吸收面积，同时协助植物运输养分。

（3）不同种植区比较：草本混播区土壤硝态氮和铵态氮在 1∶2 比例下最高，且接菌区高于相应对照区和自然恢复区，说明接种 AMF 提高了土壤氮含量。草灌结合区接种微生物菌剂具有相似结果。因此，接种 AMF 可提高植物地上生物量和土壤氮含量，对植被生长和养分积累均有显著促进作用。

5.3　大型露天矿区景观生态恢复技术示范工程

5.3.1　基于干草的植物恢复型边坡生态稳定性提升技术

5.3.1.1　植被调查与评价

1. 本底植物调查

根据野外植被调查结果可知（表 5-15），胜利露天煤矿北排土场南北坡样地共设置 30

个样方，记录高等植物22种，隶属于8科21属。其中，蒿属共有两种，分别为油蒿（*Artemisia ordosica*）和大籽蒿（*Artemisia sieversiana*）。研究区域为干旱半干旱草原气候，植被多由耐干旱耐盐碱的草本植物组成。21属中，所在禾本科的属共计9个，占比最高，为42.86%；其次为菊科，占19.05%；豆科和百合科均为9.52%；藜科、旋花科、牻牛儿苗科和十字花科均为4.76%。研究表明禾本科、菊科、豆科和百合科的植物对排土场生境适应性较好，因此在进行物种选择时，尽可能选取以上科属的物种进行植被恢复。

表5-15 样地内种子植物科属统计

科名	属名		
禾本科 Gramineae	冰草属 *Agropyron*	鹅观草属 *Roegneria*	高粱属 *Sorghum*
	狗尾草属 *Setaria*	虎尾草属 *Chloris*	画眉草属 *Eragrostis*
	赖草属 *Leymus*	隐子草属 *Cleistogenes*	针茅属 *Stipa*
菊科 Compositae	狗娃花属 *Heteropappus*	蒿属 *Artemisia*	—
	鸦葱属 *Scorzonera*	栉叶蒿属 *Neopallasia*	—
豆科 Leguminosae	黄芪属 *Astragalus*	锦鸡儿属 *Caragana*	—
百合科 Liliaceae	葱属 *Allium*	天门冬属 *Asparagus*	—
藜科 Chenopodiaceae	猪毛菜属 *Salsola*	—	—
旋花科 Convolvulaceae	旋花属 *Convolvulus*	—	—
牻牛儿苗科 Geraniaceae	牻牛儿苗属 *Erodium*	—	—
十字花科 Cruciferae	燥原荠属 *Ptilotricum*	—	—

2. *群落评价方法*

采用标准化群落结构完整性指数（$CSII_{norm}$）和高丰度指数（HAI），将恢复群落（AC）中的物种丰度与参考群落（RC）作对比，对恢复群落的组成和结构进行完整性评价。

$CSII_{norm}$指数是指在恢复群落中代表的参考生态系统中物种丰度的平均比例，该指数重点关注的是被评价群落中物种丰度的“缺失”，其范围从0~1，其中，1代表所有物种在这两个群落中拥有相同的丰度。低于 1 的值表明，在恢复的生态系统中，来自参考生态系统的某些物种数量较少或缺失。

$$\mathrm{CSII} = \left| \frac{\sum_{i=1\cdots S} (n_i - \Delta_{\overline{i,j}})}{\sum_{i=1\cdots S} n_{i,j}} \right| \quad (j = 1\cdots K) \tag{5-1}$$

$$\mathrm{CSII}_{\mathrm{norm}} = \frac{\mathrm{CSII}}{\mathrm{CSII}_{\mathrm{RC}}} \tag{5-2}$$

HAI 表示仅在恢复的生态系统中出现的物种，或高于参考生态系统中所观察到的物种丰富度，数值范围从 0 ~ 1，其中，1 对应的是所有物种在处理地块的丰度都比参考生态系统要高。计算公式如下：

$$\mathrm{HAI} = \left| \frac{\sum_{i=1\cdots S} \Delta^{+}_{i,j}}{\sum_{i=1\cdots S} n_{i,\mathrm{AC}}} \right| \quad (j = 1\cdots K) \tag{5-3}$$

$$\Delta_{i,j} = | i,\mathrm{AC} - n_{i,j} | \tag{5-4}$$

式中，i 为给定物种；n 为确定时间段内该物种在给定区域内的丰度，n 取值为大小、生物量、丰富度系数、覆盖率等；j 为参考群落；$\Delta_{\overline{i,j}}$ 为参考群落中高于恢复群落中的物种丰度；$\Delta^{+}_{i,j}$ 为参考群落中低于恢复群落中的物种丰度；S 为所有群落的物种总数；K 为参考群落的物种总数；$\mathrm{CSII}_{\mathrm{RC}}$ 为在所有参考群落中计算出的 CSII 的算术平均值。

5.3.1.2 试验效果分析

1. 对草本植物生长状况的影响

总体来看，平台草本植物的密度和盖度均高于坡面；坡面草本植物盖度占比远低于灌木。经干草转移后，各试验样地草本植物的盖度均有所提高；南坡试验样地的草本植物密度显著提高（$P<0.05$），北坡试验样地草本植物的密度高于对照组，具体区别如下。

（1）植物生长方面：平盘参考样地植物平均高度高于坡面样地；总体来看，试验样地草本植物平均株高与空白对照样地比较，转移梯度为 100% 的样地平均株高最大。

（2）植物密度方面：平盘样地草本植物密度远高于坡面；试验样地草本植物密度均高于对应坡面的空白样地；秋季干草转移梯度为 300% 的草本植物密度最高。北坡秋季样地草本植物密度较高，南坡当春季和秋季干草转移梯度为 300% 时草本植物密度较高，表明干草转移能促进坡面草本植物的恢复。

（3）植物再生潜力：平盘样地幼苗密度远高于坡面；相比空白样地，试验样地与平盘样地均有大量幼苗；坡面试验样地中，秋季干草转移梯度为 300% 的幼苗密度最高，依次为秋季 100%、春季 300%，表明该技术有助于促进植物再生潜力。

（4）生物量比较：平盘参考样地地上生物量显著高于坡面；坡面试验样地地上生物量显著高于坡面空白对照样地（$P<0.01$），说明干草转移促进了样地内植物的生长发育。

2. 对土壤化学性质影响

总体看，平台的草本植物密度、盖度显著高于坡面；坡面草本植物盖度占比远低于灌木。经干草转移后，各试验样地的草本植物盖度均有所提高；南坡试验样地的草本植物密度显著提高，北坡试验样地的草本植物密度高于对照组，具体对比如下。

（1）pH 比较：研究区域土壤 pH 大于 8.0，属于碱性土壤。0 ~ 5cm 土层的 pH 低于 5 ~ 10cm 土层；试验样地和平盘样地 pH 均低于空白样地，但无显著性差异（$P>0.05$）。

（2）土壤有机质：其中 0 ~ 5cm 土层的土壤有机质含量与 5 ~ 10cm 土层的土壤有机质含量并未呈现明显的分层规律，南坡样地的土壤有机质含量优于北坡样地。0 ~ 5cm 土层，平盘样地有机质含量显著高于坡面样地；南坡经干草转移的试验样地的土壤有机质含量均高于坡面空白对照样地，且在春季干草转移梯度为 300% 与秋季干草转移梯度为 100% 的样地达到显著性差异（$P<0.01$）。5 ~ 10cm 土层，试验样地的土壤有机质含量均高于对应坡面的空白样地；北坡春季干草转移梯度为 300% 与秋季干草转移梯度为 100% 的样地以及空白样地的有机质含量得到显著提高；南坡在秋季干草转移梯度为 100% 与 300% 的样地的土壤有机质含量显著高于空白样地的土壤有机质含量。

（3）土壤全钾含量：0 ~ 5cm 土层土壤全钾含量高于 5 ~ 10cm 土层，北坡样地高于南坡；0 ~ 5cm 土层坡面试验样地土壤全钾含量均高于空白样地，在北坡差异性显著（$P<0.05$），南坡只在秋季干草转移梯度为 100% 时呈显著差异（$P<0.05$）；5 ~ 10cm 土层土壤全钾含量在北坡空白样地含量达到最大，高出全钾含量最少的南坡空白样地 32.78%。

（4）土壤含氮量：0 ~ 5cm 土层土壤含氮量显著高于坡面空白样地和平盘样地，平盘最低；春季和秋季干草转移梯度为 300% 的样地土壤含氮量最高，南、北坡试验样地分别高出对应坡面空白样地 15.56% 和 100%，南坡样地普遍高于北坡样地；5 ~ 10cm 土层试验样地土壤含氮量均高于空白样地；南坡平盘样地最低，为 0.19g/kg，而北坡最高，为 0.70g/kg；北坡春季干草转移梯度为 300% 与秋季干草梯度为 100% 的样地最高，南坡春季和秋季干草转移梯度为 300% 的样地较高。

（5）土壤全磷含量：0 ~ 5cm 土层土壤全磷含量均高于 5 ~ 10cm 土层，南坡样地高于北坡样地。0 ~ 5cm 土层试验样地的土壤全磷含量显著高于空白样地，南、北坡秋季干草转移梯度为 100% 的土壤全磷含量最高为 0.41g/kg 与 0.40g/kg，对应坡面空白样地的 32.26% 和 21.21%；春季和秋季干草转移梯度为 300% 的样地，分别高出对应坡面空白样地 23.32% 和 8.47%、12.45% 和 7.99%；南、北坡平盘样地最高分别为 0.41g/kg 与 0.42g/kg；5 ~ 10cm 土层土壤全磷含量均高于对应坡面空白样地，南坡春季干草转移梯度为 300% 和春季干草转移梯度为 100% 的样地，高出空白样地 23.32% 和 1.89%；北坡秋季进行干草转移梯度为 100% 和 300% 的样地差异性达到显著性水平（$P<0.05$），高出空白样地 21.61% 和 7.99%。

3. *对植物群落组成及物种多样性影响*

植被调查共记录种子植物 20 种，分属 7 科 17 属，以一、二年生植物为主。研究结果表明，样地植物多样性指数均存在显著性差异（$P<0.01$）；试验样地的 Pielou 指数和 Shannon-Wiener 指数均高于对照组和对应的平台样地，北坡的 Margalef 指数显著高于对照组；北坡的物种丰富度和多样性指数普遍高于南坡。这可能是由于进行干草转移后，试验样地物种种类和数量较空白样地均有所增加，盖度和密度显著增大（$P<0.05$），试验样地物种丰富度和均匀度显著增加，其中物种均匀度指数（Margalef 和 Shannon-Wiener 指数）显著升高（表 5-16）。排土场南坡样地草本植物密度较低，但盖度和群落结构指数较高，

北坡的群落结构稳定性高于南坡，北坡的物种丰富度和均匀度指数均高于南坡。

表 5-16　物种多样性指数方差分析

变量	组别	平方和	自由度	均方	*F*	*P*
Margalef 指数	组间	0.474	5	0.095	6.784	0.003
	组内	0.168	12	0.014		
	总计	0.642	17			
Pielou 指数	组间	0.217	5	0.043	7.305	0.002
	组内	0.071	12	0.006		
	总计	0.288	17			
Shannon-Wiener 指数	组间	1.282	5	0.256	5.504	0.007
	组内	0.559	12	0.047		
	总计	1.841	17			

5.3.2　仿自然地貌整形（内排）水土流失控制

5.3.2.1　实施过程

按照示范工程设计，建设边坡横向总长度 760m、宽 67m，相继完成土地整理、灌木栽植及养护、样区草场播种及养护等内容，指标要求：灌木存活率不小于 80%，草皮覆盖度不小于 75%。其中：

（1）坡面削坡工程 31d，翻耕耙地与播种草籽 5d，栽植灌木 2d。

（2）购买表土并根据设计方案覆盖在坡面田块，合计覆土面积 50920m^2，表土厚度 0.2m，表土量 10184m^3。

（3）坡面田块表面撒播冰草：羊草 = 1 : 1（20g/m^2），增加播草面积 14941m^2。

（4）灌溉与养护监测时间为 2019 年 5 月 31 日 ~ 2020 年 10 月 30 日。

施工质量控制根据工程设计方案设置质量控制点、实行每道工序质量跟踪，全面控制施工过程。

5.3.2.2　试验效果分析

1. 排土场衔接效果

（1）周边地形融合效果：矿山地貌复垦的一个重要原则就是保证修复后的地貌景观与周围未受干扰的自然景观在地貌和生态上相互衔接，融为一体。传统方式形成的内排土场地貌与自然地貌在衔接处以边坡形态相连，水土流失严重影响到内排土场重塑地貌稳定性。近自然方式将重塑地貌与自然地貌间以自然坡面形态连接，一定程度上减少地貌异常突然变化，提高了与周边地貌的衔接融合效果（图 5-22）。

采用 DEM 分析法，将地貌重塑结果按照 30m 分辨率重采样，掩膜到开源 DEM 上，以

(a)传统方式

(b)近自然方式

图5-22　内排土场衔接处边坡比较

重塑边界为中心建立60m宽缓冲区作为地貌衔接区，计算并统计地形坡度变化（表5-17）。结果表明，传统方式重塑地貌在坡度分布上比自然原始地貌广，平均坡度为7.24°，远高于自然地貌0.99°的坡度均值；近自然方式重塑地貌将地貌衔接处的坡度降为4.82°，地貌间融合效果要高于传统方式重塑地貌。另外，在此过程中地貌重塑结果重采样精度对衔接区坡度统计产生很大程度的影响，传统方式重塑地貌的坡面实际坡度要远大于统计结果。

表5-17　地貌衔接处坡度分布

坡度/(°)	自然地貌/%	近自然方式重塑地貌/%	传统方式重塑地貌/%
0～5	89.65	68.02	27.6
5～10	10.35	29.61	51.5
10～15		2.37	16.15
15～20			4.36
20～25			0.37
坡度均值	0.99°	4.82°	7.24°

（2）衔接处水力连接性：传统方式重塑地貌的排土场边坡破坏了原有水系的连接，上游降水在流动过程中侵蚀地表面，并将侵蚀物质搬运、堆积至衔接处，原本汇流被切断的情况下会引发严重地质灾害，使区域地貌处于不稳定状态，并将地表堆积物中有害物质挟带至下游区域造成水质下降，给区域生态安全带来威胁。近自然方式重塑地貌与自然地貌水力连接减小了衔接处坡度并确保地貌间物质流动稳定，重塑稳定地貌能缩短重塑区地貌演化进程，减少自然灾害的发生。在宏观领域加强了区域间水土资源配置，遵循水、土两大资源及地形地貌在复垦中的不可分割性、系统耦合性的自然规律（图5-23）。

2. 重塑地貌稳定性分析

（1）坡度与坡向比较：坡度是评价一个地区地貌稳定性的重要因子，坡度越大，坡面上水流速度越快，土壤冲刷量也就越大。按照重塑区范围统计自然地貌、近自然方式重塑

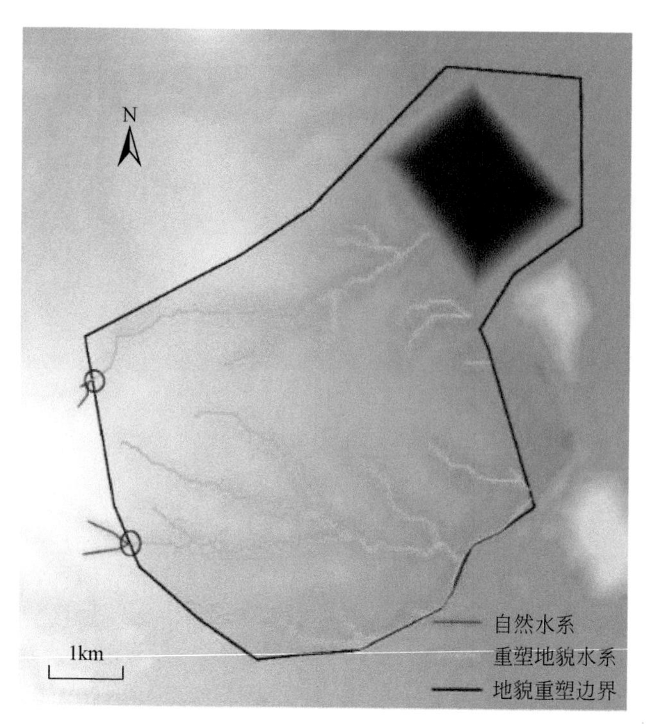

图 5-23　近自然地貌水力连接

地貌和传统方式重塑地貌的坡度分布（表 5-18），发现采矿前自然地貌坡度均值较高，为 2.01°，主要集中在 5°以下（占到 97.96%），没有超过 10°的斜坡；近自然方式重塑地貌平均坡度为 1.83°，较自然地貌低；传统方式重塑地貌以内排土场平台坡度均值最低为 1.47°，但边坡使地貌存在局部高坡度区域，边坡占地面积有限，高于 10°区域仅为 2.39%。坡向是使地貌接受太阳辐射时间产生差异的直接因素，使不同坡向地貌在土壤水、营养元素及地表温度上产生差异，形成多种局部地表环境，影响动植物生长环境条件。按方位角不同将重塑区范围的自然地貌、近自然方式重塑地貌、传统方式重塑地貌的坡向分为平面、北、东北、东、东南、南、西南、西和西北 9 个方位，并统计每个方位的面积占比（图 5-24）。结果表明，重塑区地貌整体形态为西北高，东南低，因此三种地貌均以东为主要的坡面朝向。其中原始自然地貌坡面朝向以东、东北和东南为主，三者占到

表 5-18　不同情景下重塑区的坡度分布

坡度	自然地貌比例/%	近自然方式重塑地貌比例/%	传统方式重塑地貌比例/%
0°~5°	97.96	97.58	91.31
5°~10°	2.04	1.56	5.31
10°~15°		0.86	1.53
15°~20°			0.86
坡度均值	2.01°	1.83°	1.47°

71.29%，其他朝向分布占比较均匀；近自然方式重塑地貌以构建的近自然水系为主，因此在坡向分布上与自然地貌相似，其中东、东南、东北朝向的坡面占到75.81%，而朝西坡向的占比要低于自然地貌，整体坡向分布与自然地貌差别较小；传统方式重塑地貌形成边坡和平台相间的梯田式形态，坡向分布以东和东南方向为主，占到83.2%，除西北、东北和平面地形外，其他坡向占比均不到1%，整体地貌多样性较弱。

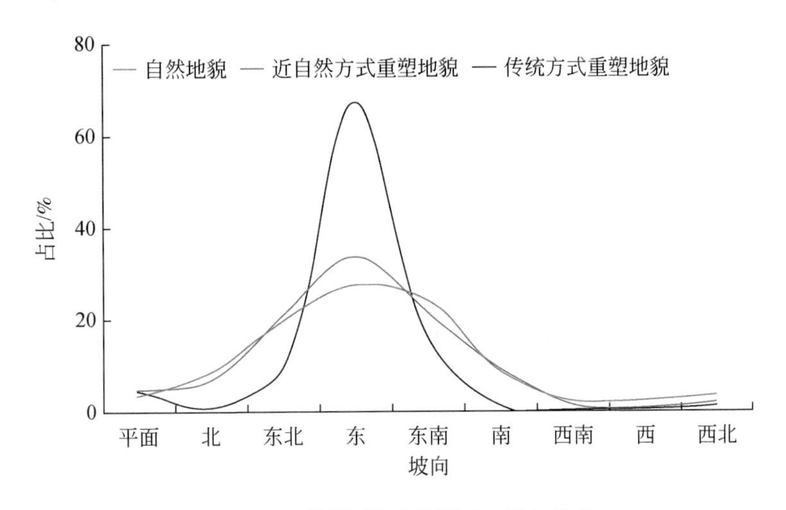

图5-24　不同情景下重塑区的坡向分布

（2）稳定性比较：采用河网分形参数和熵指分析法比较。由于原始自然地貌在重塑范围内河网没有形成汇集，并且传统方式重塑地貌没有水系网布设，所以只对近自然方式重塑地貌进行河网分形维数（D）的计算（图5-25）。结果表明，河网分形维数为1.7，根据地貌发育阶段确定近自然方式重塑地貌处于地貌发育壮年期末期，整体上达到相对均衡阶段，并且如按反S形坡面设计，整体地貌形态满足山脊浑圆、沟道漫滩平缓的特征，具备一定稳定性。自然地貌、近自然方式重塑地貌及传统方式重塑地貌的地貌信息熵比较结果（图5-26）表明，三种地貌对应的面积高程积分值和地貌信息熵，自然地貌为0.46和0.24，近自然方式重塑地貌为0.40和0.31，传统方式重塑地貌为0.5和0.2。由于重塑区范围内的自然地貌处于所在流域的上游，相对地势较高，不能仅靠该值判断其发育状态。传统方式形成的地形虽然表面平缓，但是按地貌发育程度来讲，处于发育的壮年期初期，发生水土流失的风险较高，该结果也从侧面反映出了顺应区域水土耦合关系对地貌重塑的重要性。近自然方式重塑地貌的信息熵计算结果与河网分形维数相一致，并且重建的水系具备整体性特征，结果表明重塑地貌处于发育的壮年期末期，具备相对稳定的特征。

综合比较可见，近自然方式重塑地貌的衔接区平均坡度小于传统方式重塑地貌，水力连接优化了地貌融合效果，并且水系分形维数与地貌信息熵的计算结果均表明近自然方式重塑地貌处于地貌发育的壮年期末期，而传统方式重塑地貌处于壮年期初期，地貌整体稳定性弱于近自然方式重塑地貌。

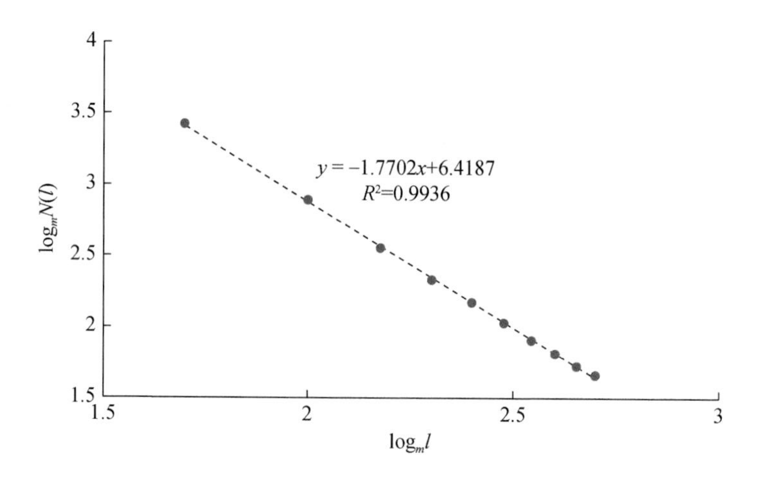

图 5-25　近自然方式重塑地貌水系分形维数计算

N 为沟道相交格网数；l 为格网边长

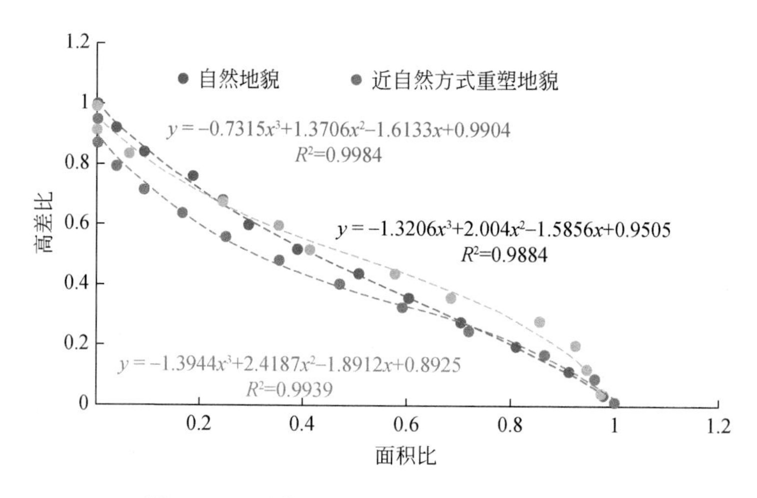

图 5-26　不同情景下地貌的面积高程积分计算

5.3.3　矿区生态景观廊道生境恢复工程

5.3.3.1　试验过程

景观廊道生境恢复是着眼矿区景观分布现状，以现有生态源地为锚点或节点，按照阻滞机制，依托矿区景观绿化情景，通过“连点补缺，线面结合”，建设立体景观隔离带，如图 5-27 所示。①隔离带空间结构：设计单面、双面和夹心式水平格局，乔灌草结合垂直格局的立体隔离滞尘模式，实现最优滞尘效果。②植物配置原则：根据物种生长特征、抗旱抗污染能力，筛选适宜物种；优化群落郁闭度与疏透性，进行群落空间密度控制。最终形成围绕粉尘源点的多层次粉尘滞留体系，实现矿区生境保护。

图5-27 生态景观廊道生境恢复采样及集尘缸布设

工程实施结合设计与矿区建设需要，立体景观隔离带示范工程一区、二区分别于2018年、2019年完成，三区于2019年完成。示范工程面积635亩，其中：①2018年景观隔离带长度1.2km，建设面积310亩；②2019年扩大示范面，对破碎站与运煤栈道分别进行了景观隔离带建设和林分改造，施工长度1.439km和0.921km，建设面积165亩和160亩，并且和公共交通防护林网络有效连接。

5.3.3.2 试验效果分析

为论证生态隔离带建设技术有效性，现场分别设置水分修复区、草本修复区、灌丛修复区及对照区（图5-28，图5-29）。通过对比植物叶片滞尘中重金属含量、土壤含水率及团聚体含量等相关指标以判断生态隔离带滞尘技术是否有效消除粉尘层造成的环境胁迫。调查分析表明，植物物种组成由蒿属转变为禾本科植物为主，生物量和生物多样性有了显著提升。

（1）土壤含水率及团聚体分析表明：水分修复区、草本修复区和灌丛修复区土壤含水率分别比对照区增加了36.31%、118.12%和6.00%，修复区的土壤水稳性团聚体含量分别高于对照区13.00%、17.14%和83.60%；其中灌丛修复区团聚体分别高于其他两个修复区62.49%和56.73%。

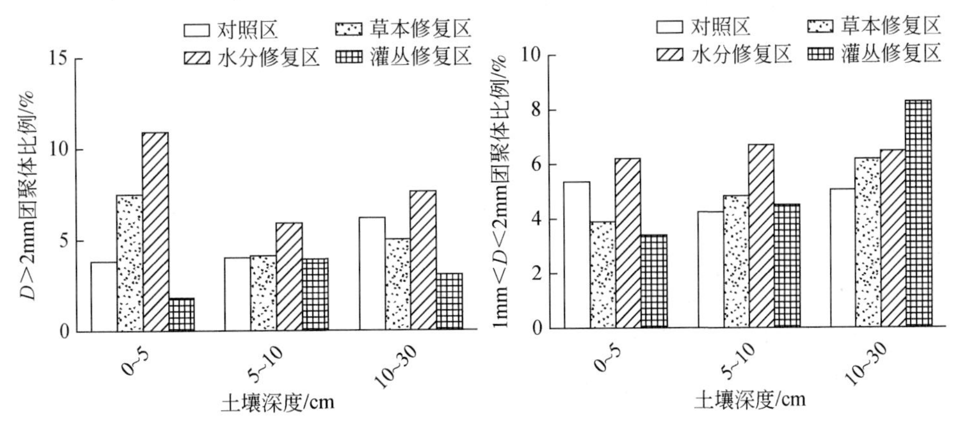

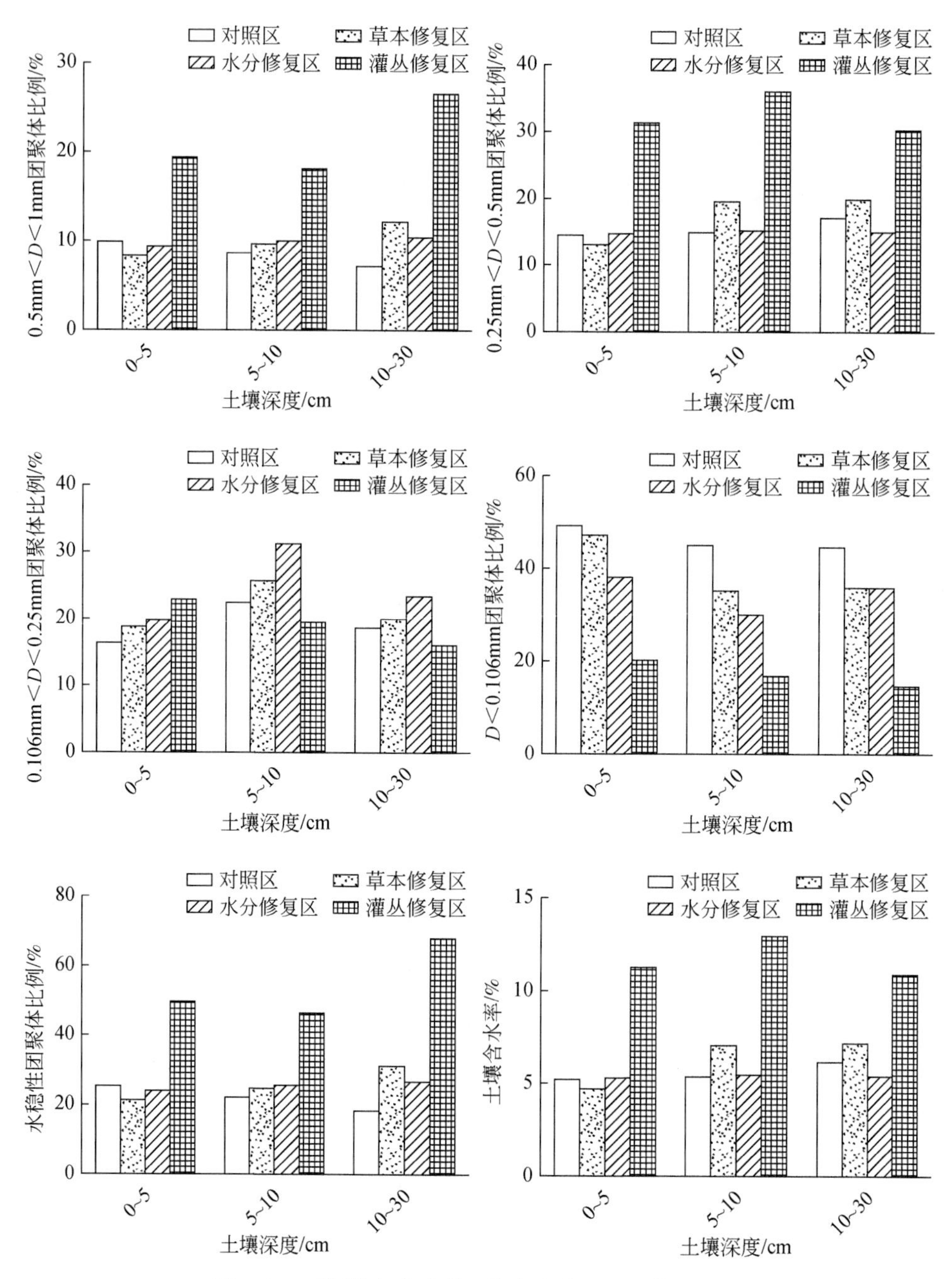

图 5-28　不同修复方式的土壤含水率及团聚体对照图

（2）重金属含量：粉尘中重金属是导致矿区植被生长受到胁迫的主要因素，通过对隔离带内、外侧植被重金属检测发现，柠条叶片外侧 Al、Fe、Zn、Cr、Ni、Cu、Cd 和 Pb 含量比内侧分别降低了 51.03%、62.58%、49.49%、35.95%、34.38%、54.13% 和 62.08%；防护林油蒿叶片外侧 Al、Fe、Zn、Cr 和 Ni 等含量比防护林内侧分别低 70.84%、29.61%、16.16%、68.60% 和 22.63%，说明景观隔离带有效降低了粉尘扩散。

(a)对照区1 (b)对照区2

(c)草本引导修复区2 (d)灌丛引导修复区

图5-29 现场对比照片

5.3.4 矿区退化生境区修复工程

5.3.4.1 试验过程

根据设计与矿区建设需要，退化生境修复技术示范由神华大雁工程建设有限公司执行，已经于2019年6月完成粉尘层破碎、入侵植物粉碎，植株-粉尘混合物翻压还土，土壤灌溉及覆膜，群落引导性生长等工作。具体包括如下。

（1）液态激发剂配置：称取土壤激发剂10g溶于100mL水中，充分搅拌，直到溶质完全溶解为止。在植株与粉尘混合物形成后施用，使用量为100mL/m^2，

（2）使用方式：以无人机方式进行喷洒，无人机飞行高度5m，飞行速度2m/s，也可以人工使用喷雾器喷洒，以便促进退化生境区土壤微生物复苏并促繁（图5-30）。

5.3.4.2 试验效果分析

为论证腐殖质层再造修复技术的有效性，现场设置水分修复区、草本修复区、灌丛修

图 5-30　激发剂喷洒及生境修复示范区调研

复区和对照区。通过对比物种组成、植被生物量及生物多样性等相关指标以判断腐殖质层再造修复技术是否有效修复植被生境问题。

群落调查结果显示：修复后水分修复区、草本修复区和灌丛修复区群落 Shannon-Wiener 指数比对照区分别高出了 68. 32%、38. 61% 和 45. 54%；修复区植被盖度比对照区分别增加了 12. 50%、81. 25% 和 120. 00%；修复区植被生物量分别比对照区高出 39. 90%、373. 49% 和 887. 77%；草本修复区、灌丛修复区植株含水率比对照区增加了 12. 74% 和 36. 43%（图 5-31）。

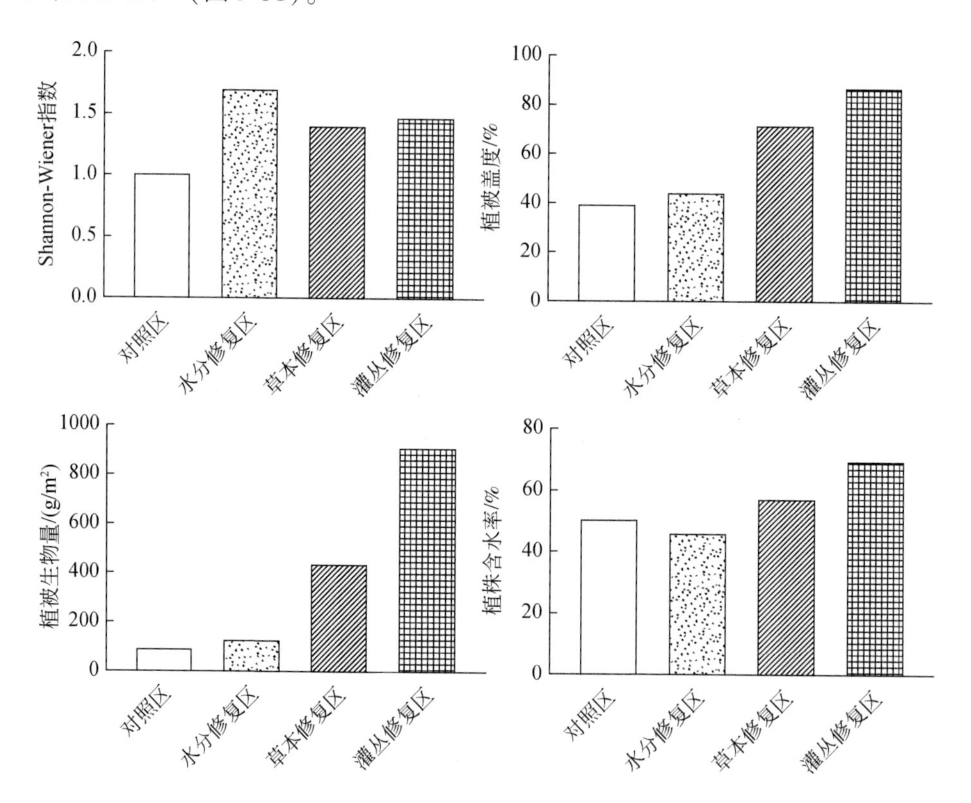

图 5-31　不同修复方式的生物多样性对照图

5.4　大型露天矿区废弃地生态恢复工程

5.4.1　开采废弃地生态恢复

大型露天矿区废弃地生态恢复工程主要针对开采生态受损区和煤矿工业文化区两类区域。开采生态受损区是采煤后完成排弃和土壤重构后具备生态恢复条件的区域，一般包含内排土场和外排土场，针对排土场的特殊地层结构、地形地貌特征、土壤及水源条件，进行生态修复工程，目的是提升植被覆盖率，改善矿区生态环境。煤矿工业文化区是指已放弃原有用途的与矿区开发和生产利用有关的区域，包含厂区建筑和用地的废弃地等。开采废弃地生态恢复是在该区域采用新技术或传统有效的植被恢复方法，通过系统规划布局绿化工程，实现矿区废弃地治理率 96% 的指标。

5.4.1.1　实施过程

工程实施期间（2017 ~ 2020 年），示范区生态修复（绿化）工程投入 3421 万元，工程量面积合计 3893 亩（表 5-19）。

表 5-19　胜利露天煤矿 2017 ~ 2020 年生态修复工程一览表

年份	序号	合同名称	位置	工作内容
2017	1	2017 年绿化及养护工程一标段合同	内排土场	内排土场种草
	2	2017 年绿化及养护工程二标段合同	新建筛分系统及储运中心	种树
	3	2017 年绿化及养护工程三标段合同	南排土场	种树
	4	2017 年绿化及养护工程四标段合同	工业广场	种树
2018	5	2018 年绿化及养护工程一标段合同	三号观礼台周边	种树
	6	2018 年绿化及养护工程二标段合同	新建筛分系统及储运中心	种树
	7	2018 年绿化及养护工程三标段合同	南排土场	微喷+容器苗
	8	2018 年绿化及养护工程四标段合同	内排土场	种草及养护
	9	2018 年绿化及养护工程五标段合同	南排土场	养护
2019	10	2019 年绿化及养护工程一标段合同	三号观礼台周边及储运中心	种树
	11	2019 年绿化及养护工程二标段合同	北排土场	植被退化区植被恢复
	12	2019 年绿化及养护工程三标段合同	南排土场	客土喷播
	13	2019 年绿化及养护工程四标段合同	工业广场及储运中心	养护

续表

年份	序号	合同名称	位置	工作内容
2020	14	2020 年绿化及养护工程一标段合同	沿帮排土场	植被退化区植被恢复
	15	2020 年绿化及养护工程二标段合同	内排及北排	植被退化区，坡面生态篱笆治理，平台区种草
	16	2020 年绿化及养护工程三标段合同	一号观礼台及南排	客土喷播

（1）开采损伤修复区域包括：内排土场、南排土场、北排土场和沿帮排土场。

（2）开发区修复包括：新建筛分系统及储运中心、工业广场、三号观礼台周边、一号观礼台等区域及南排土场。

采用方法包括：内排土场种草、边坡面生态篱笆治理、平台区种草、客土喷播；开发区修复包括种草、种树、微喷+容器苗、客土喷播等方式，其中引入部分成熟技术。

5.4.1.2　工程效果分析

为客观评估生态修复工程效果，在露天矿外草原区选取 5 个区域作为对比区，分布于露天矿西部和北部，东部和南部因受西三号露天矿和居民用地影响未选。

效果评估采用土地利用现状、植被覆盖度和植被覆盖率 3 类指标，数据基于高分影像和目视判读与人机交互结合方法采集提取土地利用现状和植被覆盖率，植被覆盖度信息采用像元二分模型测算，并确定选用概率累积法求参，实现植被覆盖度信息自动提取，使不同分辨率和不同时相数据具有可操作性和可比性。

结果表明，2017 ~ 2020 年示范区植被覆盖度有一定提升，但变化较小，总体处于中覆盖度水平。植被覆盖度（图 5-32，图 5-33）与统计表（表 5-20）对比分析，矿区中高植被覆盖度以上比例总体上呈增加的趋势。中国天气网（http://www. weather. com. cn/）公布数据显示，胜利一号矿区所在的锡林郭勒市于 2017 年、2018 年发生较大旱情，因此 2017 年、2018 年植被覆盖度整体较低。覆盖度分级显示，2020 年中高植被覆盖度及以上的区域面积比例增加明显，占比提升 22. 81%；低植被覆盖度以下的区域面积比例下降明显，共下降 22. 46%；中、中高植被覆盖度区域面积比例变化较小。

总体来看，在植被覆盖率方面，关键技术试验区在 2017 年示范工程建设前几乎无植被覆盖，2020 年植被覆盖面积为 7880 亩，植被覆盖率为 51. 78%，达到本底值以 2017 年为基准年、植被覆盖率小于 10% 作为考核基础，露天排土场植被覆盖率较本底值提高 35% 的要求。

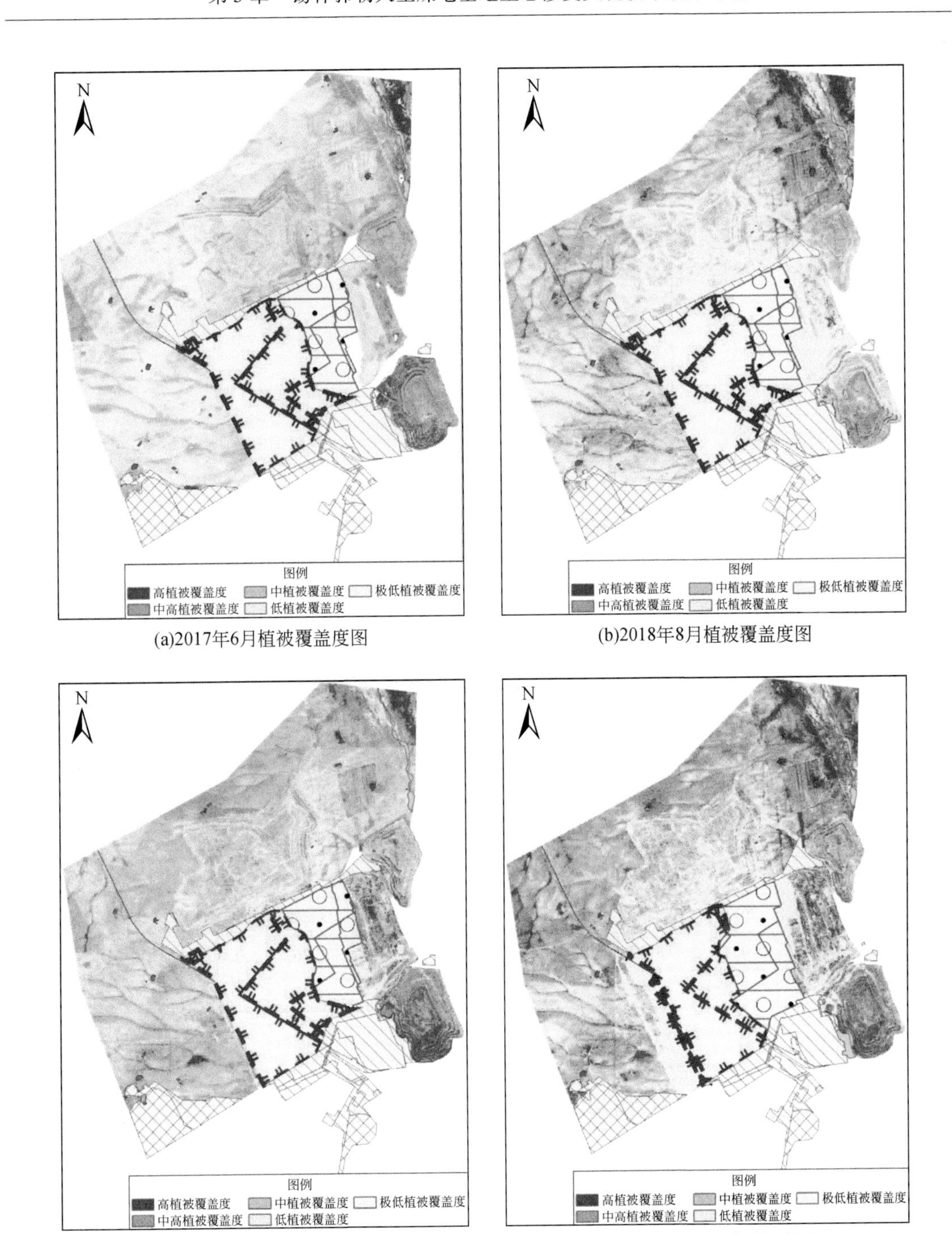

(a)2017年6月植被覆盖度图

(b)2018年8月植被覆盖度图

(c)2019年8月植被覆盖度图

(d)2020年8月植被覆盖度图

图5-32 植被覆盖度对比图

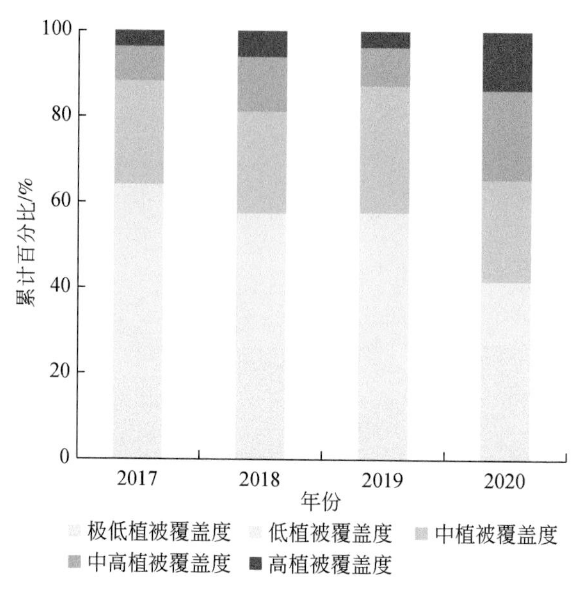

图 5-33　矿区植被覆盖度累计百分比

表 5-20　胜利一号矿区植被覆盖度分级统计表

年份	极低植被覆盖度（<15%）		低植被覆盖度（15%～30%）		中植被覆盖度（30%～50%）		中高植被覆盖度（50%～80%）		高植被覆盖度（≥80%）	
	面积/km²	占比/%	面积/km²	占比/%	面积/km²	占比/%	面积/km²	占比/%	面积/km²	占比/%
2017	5. 91	19. 36	13. 66	44. 78	7. 36	24. 13	2. 51	8. 21	1. 07	3. 52
2018	7. 90	26. 19	9. 40	31. 14	7. 19	23. 84	3. 88	12. 86	1. 80	5. 96
2019	4. 40	14. 42	13. 17	43. 19	9. 05	29. 70	2. 76	9. 06	1. 11	3. 63
2020	8. 36	27. 43	4. 34	14. 25	7. 25	23. 78	6. 37	20. 89	4. 16	13. 65

5. 4. 2　废弃地利用-矿坑水储存与生态景观利用

5. 4. 2. 1　工程实施概述

根据矿区废弃地、水资源保护和利用的特点，在矿区内建设了东湖和西湖两座人工湖。现场实施包括土石方工程、防渗土料回填、复合土工膜施工、景观湖上游护坡、湖堤道路等，施工历时一年，由建设单位负责具体施工。

工程施工：

（1）施工前对原地形、建筑物高程、宽度等设计出数据进行认真复核，确保基础信息准确可靠。

（2）设置监测站，对周边建设、排土场进行稳定性监测，尤其是对南排土场东南边坡，以及采场西北工作边坡进行监测，湖水蓄水后第1年加强监测。

（3）设计湖水储用管线。西湖调水线路与回水线路并排布置。由西湖到加水点单向长度为1016m，由加水点至西湖方向单向长度为948m，设计冻深为2.6m，管道埋深2.6m。新建潜水泵井室1座，安装2台扬程为16m的潜水泵。

（4）要求砾石料、推填土填筑标准为压实后相对密度不低于0.70，泥岩防渗料根据室内试验确定最大干密度和最优汗水量，填筑标准为压实度不低于96%。

（5）混凝土挡墙，预制台阶及输水管线进水口挡墙强度等级为C25，抗冻等级为F200，抗渗等级为W4，栈桥混凝土面板强度等级为C25，抗冻等级为F200，抗渗等级为W4。潜水泵井室混凝土强度等级为C30，抗渗等级为W6，抗冻等级为F200，素混凝土垫层强度为C15，抗冻等级为F200，抗渗等级为W4。

（6）干砌石（抛石）护坡、护底块石强度等级不小于MU30，软化系数大于0.8，栈桥浆砌石强度等级不小于MU30，软化系数大于0.8，M10水泥砂浆砌筑。

（7）护坡碎石垫层为级配碎石，其下部的细粒土为开挖利用中的粗砂。

5.4.2.2　工程效果分析

建成的东湖占地672亩，库容$1.321\times10^5m^3$，宛若一颗镶嵌在南排土场与机修车间的明珠，承担着调蓄排干水在冬夏两季的抽用任务，更是调节区域小气候环境、促进水资源微循环的重要节点，同时也为美化矿区环境，增添矿区生机起到了积极的作用。

建成后的西湖占地1421亩，充分利用了矿区内原来废旧工棚的废弃地，提高了土地利用效率。西湖库容$2.453\times10^5m^3$，与东南部的东湖遥相呼应，成为矿区内重要的潜力景区。西湖同样是调蓄露天矿排干水的重要设施，通过管路与水源、用水点连成网络，便于冬季蓄水，服务安全生产；夏季提供绿化灌溉用水，服务于矿区生态建设。更为重要的是，西湖的建设使矿山生态风貌发生了显著的变化，成为重要的生态节点，是绿色矿山建设的点睛之笔。随着露天矿山开采的推进，西湖的作用越来越彰显（图5-34）。

(a)东湖实景

(b)西湖实景

图5-34　东西湖规划及实体建设图

可见，东湖和西湖的建设，在调节区域小气候、改善矿区生态环境、高效利用矿区土地资源、保护和充分利用水资源方面都起到了积极的作用，为同类地区合理利用自然资源，综合治理山水林田湖草矿创立了全新的模式。

5.5　大型露天矿区地下水观测网构建及数据采集

5.5.1　技术应用过程

针对煤炭高强度开采对水资源及生态的影响问题，以北电胜利一号露天矿为研究对象，以露天矿采场为中心，向采场外围放射状布设水文长观钻孔，建立水文观测网，进行地下水动态监测。选取其中部分钻孔，开展不同含水层的抽水试验。综合抽水试验、土力学及岩石物理力学采样化验和长期水文观测结果，提取研究区水文地质参数、矿区与周边地下水位及水量变化数据，结合已有相关资料，进一步研究总结矿山开采前、开采中和开采后地下水资源变化规律，揭示地下水扰动机理和作用边界及范围。

（1）工程钻孔：该项目于2019年5月19日开工，开展了钻探等工作（图5-35，表5-21），2019年10月25日完成钻孔野外施工作业，共完成水文地质钻孔25个，水文地质钻探总进尺2570m。

(a)DPP-100钻机正常钻进

(b)水-400钻机施工SQ10钻孔进行堵漏

(c)潜孔锤钻机施工SQ8钻孔

(d)潜孔锤钻机施工SQ11钻孔

图5-35　钻探工作图

表 5-21　钻探工程量一览表

孔号	开工日期（年．月．日）	竣工日期（年．月．日）	孔号	开工日期（年．月．日）	竣工日期（年．月．日）
SQ1	2019. 8. 25	2019. 8. 26	SL1	2019. 8. 20	2019. 8. 26
SQ2	2019. 8. 14	2019. 8. 17	SL2	2019. 9. 14	2019. 9. 22
SQ3	2019. 8. 26	2019. 8. 26	SL3	2019. 8. 11	2019. 9. 6
SQ4	2019. 8. 21	2019. 8. 21	SL4	2019. 8. 6	2019. 10. 2
SQ5	2019. 6. 15	2019. 6. 17	SL5	2019. 6. 17	2019. 10. 15
SQ6	2019. 6. 19	2019. 6. 19	SL6	2019. 8. 20	2019. 8. 24
SQ7	2019. 5. 31	2019. 6. 10	SL7	2019. 8. 5	2019. 8. 11
SQ8	2019. 7. 23	2019. 7. 23	SL8	2019. 9. 22	2019. 10. 10
SQ9	2019. 6. 12	2019. 6. 13	SL9	2019. 9. 6	2019. 10. 14
SQ10	2019. 7. 25	2019. 8. 25	SL10	2019. 9. 8	2019. 10. 28
SQ11	2019. 6. 14	2019. 6. 15			
SQ12	2019. 8. 20	2019. 8. 21			

（2）水文网构建：水文网以第四系含水层与煤系顶部砾岩段含水层为监测对象，第四系含水层监测井实施 12 个，包含胜利矿内排土场钻孔 9 个，煤系顶部砾岩段含水层监测井实施 13 个钻孔。

（3）水文观测工作量：在 23 个水文观测孔中安装了地下水自动监测设备（图 5-36），从 2019 年 10 月开始，每个钻孔观测水位和水温两种数据，每天观测 2 次。

图 5-36　现场第四系含水层水文观测测试

5.5.2　试验效果分析

5.5.2.1　抽水试验成果

（1）第四系含水层抽水试验：第四系水文孔 12 个（SQ1 ~ SQ12），其中 SQ1、SQ11 因水量太小，未能满足抽水试验要求（表 5-22）。其余钻孔均正常进行抽水试验，抽水质量优质 6 层次，合格 4 层次。除 SQ9 外，其余钻孔单位涌水量 $q<0.1$L/（s · m），含水层为弱富水性。根据地下水静水位埋深推断，内排土场靠南排、北排及水仓附近地下水水位较浅，内排中部及内排西侧地下水水位较深。

表 5-22　第四系含水层抽水试验成果一览表

孔号	抽水段孔径/mm	抽水起止日期（月．日）	水位降深/m	Q/(L/s)	q/[L/(s·m)]	K/(m/d)	静水位/m
SQ1							29.81
SQ2	168	8.19 ~ 8.21	20.37	0.102	0.0050	0.015	2.71
SQ3	168	9.1 ~ 9.4	4.25	0.033	0.0067	0.036	10.33
			7.5	0.046			
			9.86	0.062			
SQ4	168	8.16 ~ 8.18	3.15	16.08	5.105	11.77	10.27
SQ5	168	6.29 ~ 7.1	3.89	0.114	0.0293	0.2	53.88
SQ6	168	7.8 ~ 7.13	2.97	0.114	0.0670	0.148	37.91
			7.79	0.513			
			10.84	1.046			
SQ7	168	6.20 ~ 6.25	16.74	1.763	0.0550	0.078	10.45
			8.61	0.4			
			4.41	0.062			
SQ8	168						69.17
SQ9	168	6.26 ~ 6.29	4.56	0.68	0.1340	0.27	18.15
			8.14	1.094			
			12.29	1.461			
SQ10	168	9.28 ~ 9.30	8.73	0.027	0.0031	0.013	77.95
SQ11	168	7.16 ~ 7.18	21.56	0.022	0.001	0.0021	102.15
SQ12	168	9.24 ~ 9.26	14.74	0.14	0.009	0.018	29.51

注：Q 为出水量；K 为渗透系数。

（2）煤系顶部砾岩段含水层：共施工 12 个钻孔（SL1 ~ SL12），抽水 12 层次，抽水质量优质 4 层次，合格 8 层次（表 5-23）。根据现场地层实际情况，SL7、SL9 和 SL11 钻孔位置第四系与下部砾岩段含水层之间无明显隔水层，地下水为第四系与砾岩段的混合水。其他钻孔位置第四系与砾岩段之间发育有泥岩、砂质泥岩稳定隔水层，钻孔施工过程中，对第四系含水层进行了下管止水。根据抽水试验结果，砾岩段含水层和混合含水层单位涌水量 $q<0.1$L/(s·m)，含水层为弱富水性。

表 5-23　煤系顶部砾岩段含水层抽水试验成果一览表

孔号	含水层厚度/m	抽水段孔径/mm	水位降深/m	Q/(L/s)	q/[L/(s·m)]	K/(m/d)	静水位/m
SL1	11.85	133	6.25	0.61	0.098	0.709	63.38
			9.56	0.87	0.091		
			14.75	1.14	0.077		
SL2	49.46	133	30.53	0.303	0.01	0.018	40.74
SL3	40.9	133	5.87	0.08	0.0110	0.022	53.1
			22	0.24			
			33.07	0.325			
SL4	10.65	133	33.31	0.039	0.0012	0.0095	26.1
SL5	2.5	133	8.33	0.08	0.01	0.042	69.47
SL6	17.34	133	6.06	0.349	0.0520	0.127	20.41
			10.5	0.544			
			14.99	0.717			
SL7	25.08	133	30.11	0.022	0.0007	0.003	4.22
SL8	56.92	168	17.52	2.03	0.116	0.24	28.23
			11.47	1.46	0.127		
			5.85	0.79	0.136		
SL9	83.1	168	10.98	0.87	0.079	0.104	1.88
SL10	21.3	168	26.5	0.17	0.0060	0.027	5.2
			37.11	0.221			
			55.7	0.303			
SL11	15.6	168	31.08	0.091	0.0029	0.016	10.94
SL12	53	168	28.25	1.83	0.065	0.187	47.97
			18.96	1.35	0.071		
			10.04	0.83	0.082		

5.5.2.2　土力学试验成果

施工过程中在3个钻孔中采取了20组土力学样品，主要为粉砂、中砂、粗砂、砾砂和圆砾，分别进行了颗粒分析、天然含水率、比重、持水度、渗透性和给水度试验。同时，对第四系含水层和上部砾岩含水层在抽水试验中采取全分析水样23件（第四系含水层3件，内排含水层7件，煤系顶部砾岩段13件），两个含水层各取同位素分析水样2件，并进行相关分析，结果见表5-24。

表5-24　不同密度土样水特性测试结果一览表

野外土样编号	取样深度/m	石粒/%	砾粒/%	沙粒/%			粉粒/%	不均匀系数 C_u	曲率系数 C_c	颗粒密度/(g/cm^3)	含水率/%	渗透系数 K_{20}/(cm/s)	给水度 μ	持水度 W_{vs}	土定名依规范(GB 50021—2001)分类
		20～40mm	2～20mm	0.5～2mm	0.25～0.5mm	0.075～0.25mm	<0.075mm								
SLG-5	4.5～5.5	16.9	19.1	14.8	25.3	22.3	1.6	11.70	0.54	2.97	8.45	1.45×10^{-2}	0.24	0.41	砾砂
SLG-6	5.5～6.5	7.5	29.2	13.7	24.2	23.6	1.8	12.55	0.50	3.02	6.65	1.35×10^{-2}	0.22	0.46	砾砂
SLG-7	6.5～7.5	28.9	36.5	9.3	12.0	12.1	1.2	20.97	1.50	2.93	6.74	2.57×10^{-2}	0.40	0.25	圆砾

5.5.2.3　数据采集与分析

地下水自动监测平台包含23套监测设备。图5-37为SQ5孔第四系含水层监测情况。图5-38为SL5孔煤系顶部砾岩段含水层监测情况。从2019年12月开始进行数据采集与监测，所有水文监测井监测设备工作正常，监测系统平稳运行，监测周期已超过20个月。

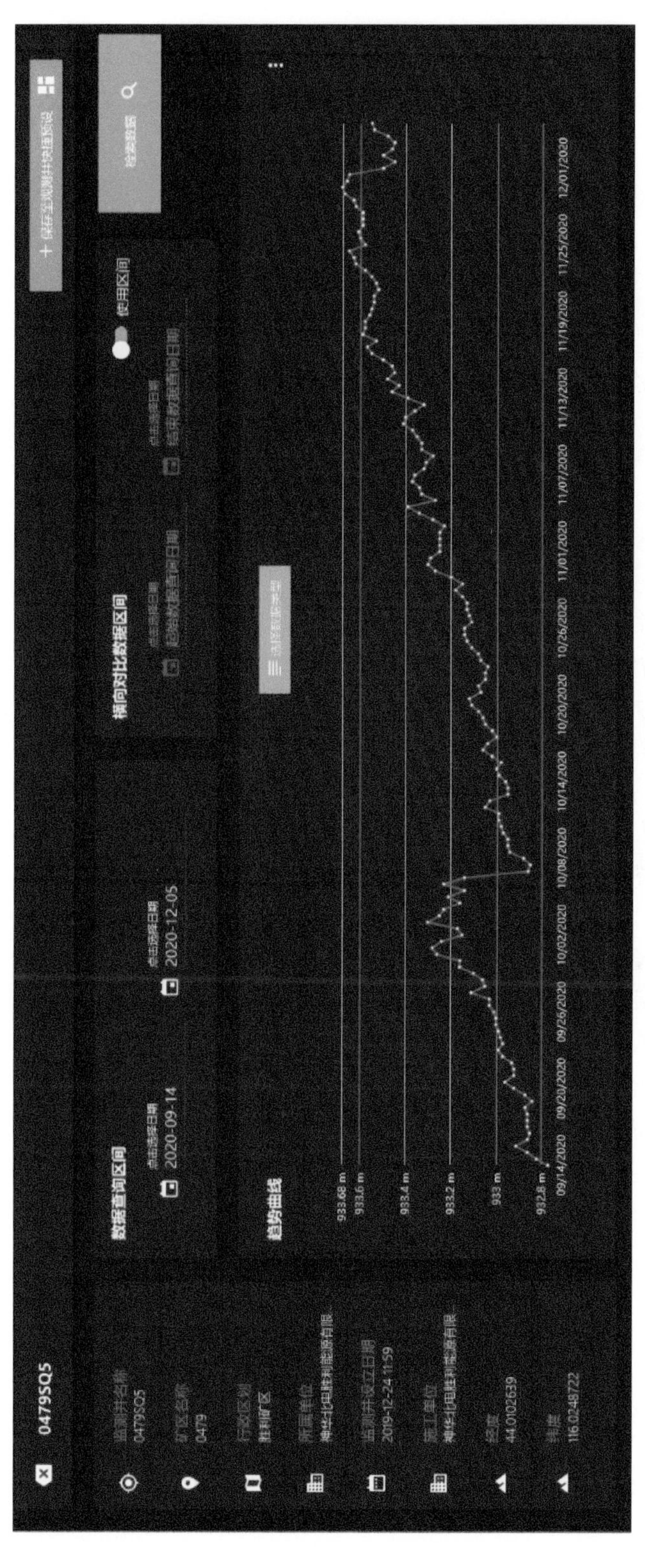

图 5-37　SQ5孔第四系含水层监测数据显示

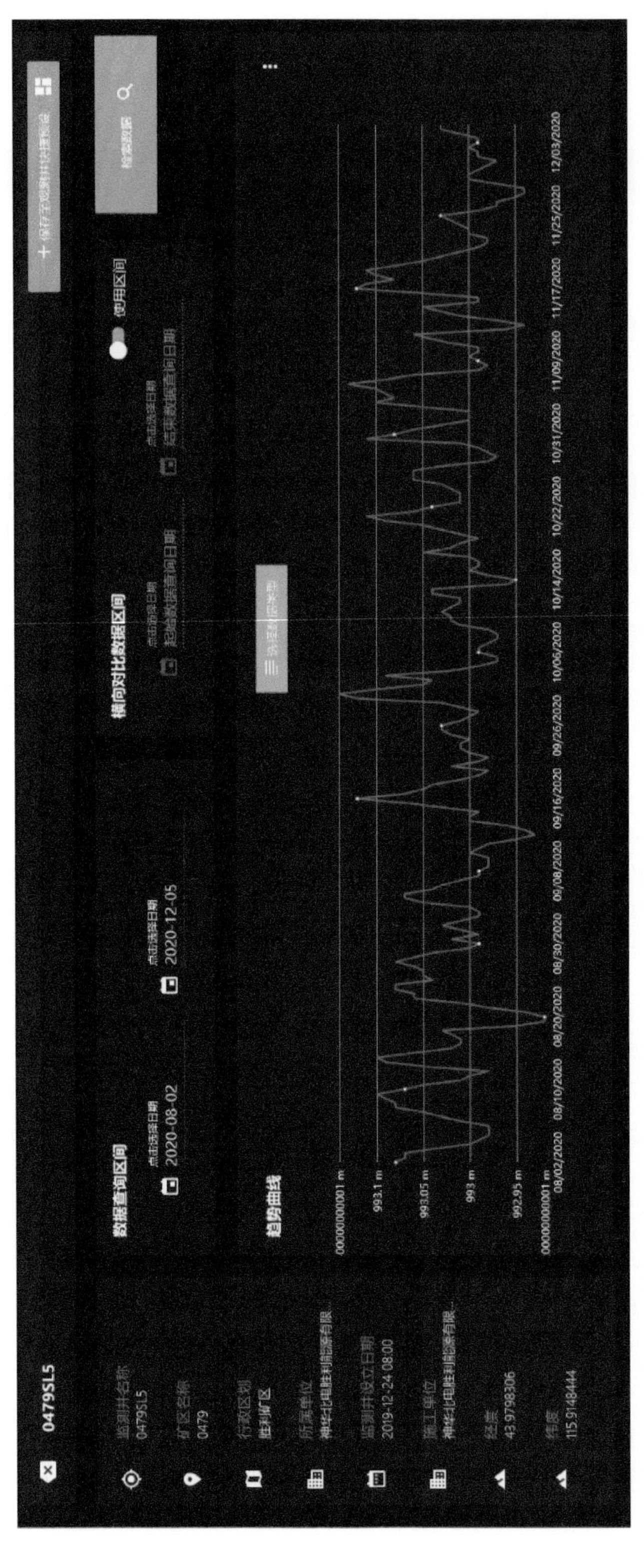

图 5-38　SL5孔煤系顶部砾岩段含水层监测数据显示

第6章 蒙东半干旱草原区大型露天矿生态修复技术应用解决方案

6.1 大型露天矿生态建设面临问题和需求

6.1.1 大型露天矿生态建设面临问题

1. 区域生态本底脆弱和草原退化趋势凸显

胜利露天煤矿位于内蒙古高原东北部，属中温带半干旱大陆性季风气候。区域气候特点可概括为春季风大多干旱，夏季温热雨集中，秋高气爽霜雪早，冬季寒冷风雪多。区域干旱缺水，蒸发量为降水量的3～4倍，大气降水对径流的贡献不大，地下水资源量$3.8\times10^8m^3/a$，河水主要依靠地下水补给。周围草地因气候变暖、人类活动（城镇化、旅游、工业）逐年退化，土壤为栗钙土向砂土过渡，表土稀缺且瘠薄，有机质含量2%～3.68%，pH=8.0，并且有沙化趋势，植物盖度和多样性锐减，建群种针茅的优势度降低，杂类草（苜蓿、蒿等）物种增多。

2. 土地功能损伤及退化

外排土场水土流失严重，正常水文功能下降。外排土场（如胜利南排、沿帮排土场）边坡陡峭，覆土没有抵抗大雨和暴雨的冲蚀能力，加之缺乏植被护坡，导致表土流失严重，主要表现为坡体局部开裂，坍塌，雨水冲蚀沟密集，导致局部滑坡和冲蚀沟连片分布。现场调研发现，南排土场塌方区域10处，冲蚀沟12处，植被枯死和退化区6处，北排土场塌方区域5处，冲蚀沟14处，植被枯死和退化区10处（图6-1）。

从外排土场阳坡、阴坡，有植被和无植被等区域取样检测，其养分与周边草原相比，有机质含量和腐殖质含量明显偏低，植物生长所必需的氮磷钾等缺乏，按照养分分级标准，有机质、总氮和全磷均在六级左右。

内排土场排弃物是一些混乱疏松剥离物，通常是表土、泥岩、高灰分劣质煤、煤矸石和砂岩的混合物。表层土壤为深层绿色泥岩土，质地黏重，透水通气性差，采用简单的覆土措施和种草绿化办法，不能从根本上解决土壤养分缺失和改变物理性状的问题，导致重构土壤贫瘠，植物生长困难，植被覆盖度低。随着内排面积逐年递增，按照土壤提质、固土保水、优化模式、分块治理路径，选择固土保水能力强，抗逆性强的植物种类及植物配置模式（草、灌、乔），实现较高的郁闭效果和景观效应，建立较稳定的人工重建生态系统，使其能适应当地恶劣的自然条件是十分必要的。

(a)边坡塌方

(b)表土缺失

图 6-1　土地功能损伤示意图

3. 生态修复资源匮乏

区域大气降水普遍不足，年降雨量仅为240mm，且变率大，时空分布不均。矿区所属的锡林浩特市可利用水资源量为$3.5×10^8m^3$，其中锡林河水库供水量2003万m^3。现有污水处理厂日处理污水能力达6万m^3，煤矿疏干水可供工业用水1000万m^3以上，城市中用水1000万m^3以上。近年来，锡林河水库下游基本无地表径流，河水主要依靠地下水补给。由于气候原因，大气降水不足，锡林河水量逐年下降，区域经济发展需水量增加，总体显现区域需水量逐年增加与水资源供给不足的矛盾，特别是大型露天矿区开采损伤区生态恢复初期，水资源保障是重要的条件。

矿区原生土壤资源不足，区内第四系主要由浅黄–灰黄色砂砾及粗、中、细粉砂，亚黏土，亚砂土，覆盖土组成。土壤为栗钙土向砂土过渡，表土稀缺且瘠薄。大型露天开采复垦区域由于表土松散和排弃结构坡–面地貌单一化，难以抵挡暴雨冲蚀，裸露地表缺乏植被覆盖，遭受雨滴溅击和阳光曝晒加速水土流失，土壤质地损伤，水土流失严重，植物难以生存，生物量枯枝落叶无法回归地面，使得生态环境恶性循环，植物适生的土壤资源严重匮乏。

研究表明，生态水文功能与植被盖度呈正比关系，植被盖度高，枯落物含量高，土壤土质好，生态水文功能好，反之则差。如对矿区南排土场进行春季、夏秋季土样取样检测，边坡植被盖度≥40%，20%~30%区域检测显示枯落物平均值255g/m^2，最大持水倍数2.45~2.44，最大持水量958.5g/m^2，最大持水率145%，结果显示土壤含水与养护喷灌密切相关，进行喷灌的区域含水高于草原土，未进行喷灌的区域含水大大低于草原土。因此，为维持露天矿排土场生态修复效果和维护排土场水文功能，生态修复区域需要大量水资源用于修复区域养护，需要多期次工程不断控制水土流失和提升生态水文功能。原生态系统存在很大的差异。

因此，该区形成自然降雨资源难用、生态修复水土资源匮乏，水土流失反复加剧、设计生态水文功能丧失和生态修复区自然退化趋势严重的恶性循环。

6.1.2　大型露天矿区生态建设技术需求

大型露天矿区生态建设是一项系统工程，也是集采矿损伤规律性、工程治理阶段性、生态修复长期性、生态恢复稳定性、生态管理导向性等多方面的科学规律、工程技术和管理要求的管理系统。根据国家、内蒙古自治区绿色矿山建设要求及胜利矿区生态建设面临的突出问题，围绕胜利矿区绿色矿山建设和区域山水林田湖一体化生态建设目标，结合大型露天矿生产和生态修复特点，重在降低露天开采生态损伤水平、提升生态修复效率和生态稳定性水平、系统优化矿区景观格局，重点治理改进边坡、平台和廊道区，优化改善水、土、植要素间一体化关系，提升采损区工程治理、复垦区生态修复、恢复区稳定健康协同，做到矿区生态重建景观与草原区景观总体融合。

大型露天开采生态损伤与井工开采生态损伤具有显著的差别，草原区原生水-土-植结构的颠覆性损伤，造成开采生态损伤程度高、占地影响范围大、生态恢复周期长的显著特点，加之草原区生态环境本底脆弱，致使采后生态恢复难度大、治理工程规模大、融合自然周期长。针对锡林郭勒大型煤电基地生态修复的水、土、植资源匮乏，适宜性生态修复技术和模式显得尤为重要。

1. 系统降低生态损伤程度和提升露天矿区安全生产与生态恢复协同效率

东部草原区大型露天矿生产作业与生态修复季节性显著，且生态修复时间短。按照系统降损和源头控制思路，生态修复需要针对现阶段矿区复垦偏重于末端治理问题，通过拓展露天矿区生态修复时间维度，从时效性和季节性角度揭示露天矿巨量矿岩开挖、运移、排卸作业对草原矿区生态系统的影响规律，应用开采源头减损-过程控制和采后综合治理的生态减损型采排复一体化工艺，系统降低开采生态损伤程度，减少采后生态修复工程量和恢复周期。

2. 生态修复水土资源开发与节约利用，提升水土植一体化修复水平

充足的水、土资源是生态修复的基础条件。针对该区原生土壤瘠薄、水资源匮乏问题，开发适用于生态修复的土壤资源和充分提高有限水资源利用效率显得尤为重要。按照水土植一体化修复模式，一是深入研究露天矿第四系剥离物岩土力学性质、电厂粉煤灰等煤电基地固体排弃物特点，通过土壤重构、改良、提质和增容，开发表土替代材料，扩展成土资源和降低废弃物排放量，弥补生态修复示意土壤不足；二是科学应用表土无损采集与堆存方法，近地表层生态型重构，地表水土保持局域系统构建，形成大气降雨集水、修复土壤储水、植被根系用水的循环关系，充分优化利用有限的水土资源，系统提升水土植一体化修复水平和抗自然影响的能力。

3. 大型排土场水土保持与生态景观同构，系统提升生态修复与草原自然融合程度

大型排土场近自然地貌修复模式是矿区生态修复的客观趋势，也是区域山水林田湖一体化生态建设的必然要求。大型排土场是矿区生态修复重点，也是与草原区景观不协调区块。为系统提升生态修复与草原自然融合程度，在仿自然地貌生态修复理论指导下，重点加强：

大型排土场边坡近自然地貌改造。露天开采设计排土场边坡安息角45°，基本解决边坡稳定性和安全开采问题，但边坡“特色”景观已经成为草原景观“瑕疵”点，阻滞自然物质（地表水、植物迁移等），引发了侵蚀土壤贫瘠化、流失水土斑块化等生态问题。为此，内蒙古自治区按照近自然地貌修复模式，将排土场边坡角度原有安息角调整为≤25°，指明了方向，而草原区原生地形变化趋势分析表明地形坡度大致在15°~18°区间变化。因此，大型排土场边坡要针对边坡情景，结合边坡有限占地空间、水土流失控制、草原景观融合、工程可操作性等因素，按照边坡角15°左右进行系统改造，系统控制边坡水土流失，为边坡生态修复奠定边坡结构基础。

大型排土场平台区草原区景观构建。露天开采排土场平台区是按照采矿工程设计形成的平台地貌，地形坡度变化小（0°~3°），地表平整规则。平台生态修复效果研究表明，由于排弃物结构不均匀，局部地表沉陷和土蚀及水蚀严重，造成有限瘠薄的土壤流失，如沿帮排土场生态修复工程在干旱气候和无管护条件下，恢复的植被呈逐年退化趋势。因此，针对大型排土场平台区水土流失难点问题，采用近自然地貌设计和局域微水系网重构思路，着力控制水土流失现象，提高有限土壤资源和大气降水的利用率。

排土场修复植被稳定性与健康水平提升。恢复植被的植物多样性和健康稳定性是生态修复效果的重要标志。针对大型排土场生态修复区的生态稳定性差、植物多样性差、群落结构差等问题，亟须结合草原草场植被生存环境特点，精心筛选培育抗逆性强的优势生物种，应用促进植被恢复与稳定的最佳生物配置模式与保育技术，推行快速、低成本、近自然的人工引导与自恢复相匹配的修复模式，系统恢复大型排土场的植被稳定和健康水平，促进恢复植被的良性循环可持续。

4. *矿区生态景观格局优化，促进矿区“绿色矿山”建设水平*

针对草原煤电基地土地开发利用与景观生态保护的矛盾冲突，统筹土地利用规划、矿产资源开发规划、草原保护建设利用规划与土地复垦方案等规划，生态优先、明确生态保育空间，整合衔接各类空间边界等，采用多规融合途径景观尺度下的草原煤电基地景观生态格局优化方法，按照草原区块景观协调、矿业物质流带畅通、采矿斑块植被恢复、局地园林景观构建等不同尺度，将矿区中采损修复区、压占场地、工业广场等灰色设施相融合，形成具有草原区煤电基地特色的矿区绿色基础设施网络构建模式和绿色矿山格局，基本解决草原煤电基地区域景观生态的整体性和连续性。

针对锡林郭勒示范区酷寒、半干旱、土壤瘠薄等生态脆弱特征和高强度煤炭开采引起的地下水位下降、土地损伤、土壤沙化、植被退化、景观破损等生态问题，基于大型煤电开发的生态影响机理及累积效应、生态恢复关键技术研发成果和示范区生态建设总体规划，确定关键技术试验区、研究比较区和技术推广区，通过关键技术试验、比较区同步观测研究、推广区技术适应性研究等工作，集成采排复一体化生态减损和水资源保护、土地整治和土壤改良技术、植被配置与恢复技术、景观生态修复等关键技术，形成适用于锡林郭勒大型煤电基地受损生态系统恢复的关键技术体系和区域生态安全协调控制模式，为大型煤电基地区域生态安全提供科技支撑。

6.2　大型露天矿区生态修复关键技术应用推广设计

胜利露天煤矿位于锡林浩特市西南方，邻近锡林河水源、牧区、农业区，对生态建设的要求较高。应用设计是基于东部草原区大型煤电基地生态修复关键技术研发与试验成果，针对胜利露天煤矿不同生态景观（采区、排土场、廊道等）、生态损伤特点、生态修复立地条件和生态恢复要求，采用“一景一策”设计思路，集成相关适用技术，形成解决方案。

6.2.1　内排土场：生态减损与修复区

内排土场位于胜利露天煤矿的中心，位于首采区的采空区，也是矿区景观中生态损伤显现区。内排土场于2010年开始建设，2012年底实现完全内排，目前正在使用，排土量约$2.0\times10^{8}m^{3}$，面积约6300亩，每年新增面积约1000亩。该区总体显现为草原区土地占用后损伤原生地层结构和局地生态系统内部关系，排弃重构地层与原有地层结构相比紊乱，破坏了地下含水层和地表土壤层连续性，形成了占用区域的系统生态损伤，表现为损伤的空间扩张性和时间延续性。目前胜利露天煤矿的开采已经进入内排阶段，运用系统修复理念进行生态减损成为采损区生态建设的重要内容。

6.2.1.1　基本问题和技术集成应用模式

开发的露天开采减损型采排复一体化技术重在压缩损伤空间和减少损伤持续时间，实现系统生态减损，降低生态修复工程量。为确保有效提升排弃区复垦效果，结合采损区工程特点，地层重构结构合理、表层水土保持能力强、表层修复土壤充足等成为排弃区的生态复垦工程目标。技术集成采用“紧缩型”开采推进、“生态型”结构重构、协同型工序优化思路集成生态修复关键技术，形成具有胜利露天煤矿特色的减损型采排复一体化技术集成模式。

6.2.1.2　具体应用技术与方法

（1）近自然地貌恢复布局。在内排土场地貌近自然重塑过程中，针对传统规则状内排土场地貌所存在的表土侵蚀严重、地貌特征消失、景观破碎及维护成本高等问题，基于NBS理念，采用自然稳定边坡地貌形态替代传统地貌，主要解决四个技术难点：①各采排复周期中保证采区至复填区土方剥离量平衡；②提高内排土场与周边自然地貌景观融合性；③确保地貌重塑结果稳定；④确保重塑结果内沟道水系符合自然稳定特征。

（2）采排复协同优化。采排复一体化技术注重复垦的时效性，一边进行开采，同时在另一边就开展复垦工作。针对胜利露天煤矿剥、采、排、复作业的季节特征，分析其生产能力、车流密度、高程折返、物料类型等因素，主要运用接地减损开采技术、靠帮开采技术、“生态窗口期”协同利用增时技术，提出采排复协同优化方案。

（3）近地表层“生态型”储水层构建方法。针对该区回填物料多为软岩的特点，通过人为创造储水空间，以采场颗粒砂岩为主要骨料，添加配比具有水性胶结的材料，通过人工造砾或者3D打印技术，快速形成强度较高、粒径较大的大尺度储水块体。在新排区域从土地整治环节就做好微地貌设计与缓渗层、储水层、表土层构建，为保水控蚀系统构建和植被恢复提供基础。

(4) 土壤层重构与改良方法。针对胜利露天煤矿表土稀缺且贫瘠的生态难题，采用土壤层精细化重构方法、近地表土壤改良方法，将采煤固体废弃物充分资源化利用。对内排土场未复垦区的平台区域结合生物熟化措施，种植固氮植物，包括紫花苜蓿和/或沙打旺。

经试验及应用效果显示，确定推广的土壤重构方式为30%岩土剥离物+40%煤矸石+30%粉煤灰，完成作业后施加生物炭。内排土场未复垦区的表层土壤较厚，存在大量积水区域，且植被生长状况良好，因此对内排土场未复垦区的平台区域结合生物熟化措施，种植固氮植物，包括紫花苜蓿和/或沙打旺。播种的方法包括覆盖播种，播种的间距为15cm，播种的深度为1.5～2.5cm，播种的种子用量为17～25g/m^2。在完成重构土壤的构造后，将固氮植物的种子播种在重构土壤中，利用固氮植物实现生物熟化。紫花苜蓿优选根据（DB51/T 406—2004）标准进行种植管理；沙打旺优选根据（DB21/T 2047—2012）标准进行种植管理。种植固氮植物，不仅可以利用固氮植物的固氮能力，增加土壤中的氮素含量，而且在秋季将其深翻进重构土壤中，其植株还能够作为生物质肥料，提高重构土壤的肥力。在播种完成后，需进行浇水作业，浇水作业必须对铺设重构土壤后的区域做到全覆盖。

在内排土场的表层土壤区域加入热解温度为400～600℃的生物炭，生物炭的制备温度优选500℃。该生物炭的热解温度从150℃上升到500℃时，其比表面积从12m^2/g增加到307m^2/g，大孔隙数量显著增多，大孔隙对重构土壤的通气性和保水性都有很大的保障，而且能够为微生物提供栖息地和增殖的场所，同时降低厌氧程度，抑制反硝化作用；生物炭的碱性随着裂解温度升高而增大，芳香化的程度越来越大，稳定性越来越强，调节重构土壤pH的能力增强。施用生物炭能够提高土壤的肥力，生物炭促进作物增产主要通过改变土壤的物理、化学和微生物学性质来实现。生物炭的多孔性和高比表面积特性对土壤容重的降低、孔隙度和持水能力的提高有着明显影响，并且是土壤微生物的良好栖息地。

上述生物炭选用将生物质经500℃高温热裂解后生成的生物炭，其可降低土壤的容重，提高土壤的饱和含水量，蓄持土壤水分，提高土壤肥力，生物炭的制备材料可采用如玉米秸秆、棉秆或稻壳等豆科植物作为原料。

(5) 植被恢复方法。根据研究区原有立地条件，通过选择乡土、优良抗逆（耐干旱、贫瘠）植物，进行排土场植物群落优化配置试验。在采用不同植物群落配置复垦模式的同时，利用菌根真菌及其有益土壤微生物与植物的相互作用关系，形成适合研究区生境和土壤条件的复合微生物菌根技术是解决煤矿区生态恢复及土壤改良的重要支撑。充分利用乡土植物和微生物种质资源，进行东部草原区草场生态结构优化，以提高生态承载力及优化功能结构为目标，形成优化生态结构的有机生物修复技术与方法。在不扰动基质的前提下种植乡土先锋豆科作物，利用优势生物组合模式与方法，研究土壤理化性质的变化、植物的生长发育规律、微生物群落演替、生态结构功能变异过程等，监测不同物种的演变规律，分析判断生态结构功能的变异趋势，揭示复合生物对退化生态修复的功能，优化其生态结构。因此，内排采用传统草灌结合种植技术即可达到恢复效果，优选乡土优势物种针茅、羊草，适生物种柠条、沙打旺。

6.2.2　外排土场（沿帮排土场）：系统重整区

沿帮排土场位于胜利露天煤矿的采区北北东侧，占地面积约7600亩，是胜利矿区后期采煤的主要区域，涉及转向问题，是需要系统重整处理的生态修复重点区域。该区域生态修复面临土壤贫瘠、水资源短缺、植被多样性差等基本修复问题，平台植被优选沙打旺、紫花苜蓿、柠条、冰草、披碱草等，其面积宽广、土壤瘠薄且植被恢复能力差，当前的生态修复重点为优化开采剥离程序，土壤提质增容，保证矿区高质量生产，提高矿区自然景观融合性，提供系统重整基质。

6.2.2.1　基本问题和技术集成应用模式

开发“生态窗口期”提效增时技术和土壤提质增容修复技术，针对土壤瘠薄、植被退化等问题，重在提高修复土壤增量、瘠薄土壤提质增容，通过提升生态修复工程质量，缩短工程管护周期，促进自修复水平。为确保沿帮排土场的生态修复效果，结合生态景观现状和采区进度安排采矿，以边坡近自然地貌融合、表层修复土壤充实等为该区生态修复目标。技术集成采用“生态窗口期”提效增时、瘠薄土壤提质增容、抗逆性优势植物组合的协同修复思路集成生态修复关键技术，形成胜利矿区大型排土场系统重整协同修复的一体化技术集成模式。

6.2.2.2　具体应用技术与方法

技术选择配合排土场系统整治与提升工程，针对修复区土方剥离、土壤贫瘠、植被单一抵抗力差等难点，形成系统重整设计、生物措施与工程措施相结合的生态功能提升途径。

（1）“生态窗口期”提效增时的程序优化：胜利露天煤矿大部分剥离作业是全年进行的，但受限于冻结等因素，表土剥离作业仍只在气温较高的季节进行。对草原区生态修复时间选择构成严重制约的另外一个主要因素是植被的生长期。随着气温和地温降低，在9月底的锡林郭勒草原，植被逐渐枯黄死亡，为保证复垦植被的成活率和生态重建效果，排土场复垦的植被栽种作业应提前1个月停止，即夏季的后期可进行覆土作业但不能再进行植被复垦作业。针对上述现场情况提出合理的“生态窗口期”提效增时方案设计。

（2）贫瘠土壤提质增容方法：利用近地表层生态型重构+表土替代材料，将采煤固体废弃物（煤矸石、粉煤灰、采矿伴生黏土等）充分资源化利用，将岩土剥离物、煤矸石、按照4∶6的比例进行混合，或者将岩土剥离物、煤矸石、粉煤灰按照3∶4∶3的比例进行混合。在重构土壤的配比中，煤矸石的加入能够有效改善土壤养分状况，降低重构土壤的pH；煤矸石的加入可以弥补粉煤灰缺氮等营养元素的短板，同时由于岩土剥离物中养分元素含量较低，在考虑植被生长所需养分状况的前提下，岩土剥离物+煤矸石实验组中的岩土剥离物含量应控制在40%及以下，岩土剥离物+煤矸石+粉煤灰实验组中的粉煤灰与岩土剥离物含量应控制在30%及以下。将上述得到的土壤重构物表面进行植被种植，植被优选为柳枝稷、羊草和冷蒿，最优的选择为柳枝稷和羊草。在具体的实施方式中，土壤重构物表面覆盖肥料后再种植植被，肥料优选为火土（牛羊粪肥）。

（3）生物综合修复技术：在分析沿帮排土场土壤理化性质、植物的生长发育规律、微生物群落的演替、生态结构功能变异等基础上，充分利用当地植物和微生物种质资源，选择乡土、优良抗逆（耐干旱、贫瘠）植物进行植物群落优化配置模式，利用菌根真菌及其有益土壤微生物与植物的相互作用关系，应用适合瘠薄土壤生境的复合微生物菌根技术，有效提高土壤养分，特别是土壤全氮和有效氮含量，提高土壤相关酶活性，促进土壤中有效养分的累积，提高植物多样性，增加物种丰度，形成多种优势植物共存的稳定生态环境，促进排土场生态系统健康水平和良性循环趋势，提升生态系统稳定性和可持续性。

6.2.3　外排土场（南排土场）：生态系统健康提升区

南排土场位于胜利露天煤矿的采区南东东侧（图6-2），占地面积约2700亩，2006年投用，2010年到界，是胜利露天煤矿最早也是持续维护的外排土场。该区域常年人工维护，生态修复面临的难题是排土场人工台阶痕迹明显，与自然景观不相融；长期人工维护，植被自维持能力差；边坡侵蚀沟大量发育，植被显著退化。因此提高自然景观融合性、使生态系统健康持续发展是该区域生态修复的重点。

图6-2　胜利露天煤矿南排土场景观现状示意图

6.2.3.1　基本问题和技术集成应用模式

开发水土植协同修复技术，针对生态修复成熟区的土壤瘠薄、水土流失、植被退化等问题，重在提高修复土壤增量、瘠薄土壤提质增容、降低水蚀土蚀等，通过提升生态修复工程质量，缩短工程管护周期，促进自修复水平。为确保南排土场生态景观效果，结合生态景观现状和矿区生态建设规划，以边坡近自然地貌融合、表层水土保持能力强、表层修复土壤充实等作为该区生态修复目标。技术集成采用“水网型”微地貌重构、瘠薄土壤提质增容、抗逆性优势植物组合、植物群落健康提升的水土植协同修复思路集成生态修复关键技术，形成矿区大型排土场“公园”景观特色的水土植协同提升的一体化技术集成模式。

6.2.3.2　具体应用技术与方法

（1）构建与完善分布式保水控蚀系统：为达到阻断降雨向排土场边坡汇水导致水土流失，降低坡体浸润线，提高边坡稳定性、土壤持水能力、雨水利用率，降低浇灌维护成本的目的，借鉴低影响开发策略（low impact development），采用自然恢复与人工辅助恢复相结合、生物措施与工程措施相结合，遵循截流、保边护底，以增加植被、控制水土流失、改善生态系统为核心的调控原则，通过不同坡位、不同植物配置、不同水流路径优化控制地表径流，综合采用“渗、导、蓄、用、排”等工程技术措施，构建潜流湿地-植物塘-植物沟系统，将排土场建设成为具有“自然积存、自然渗透、自然净化、科学利用”功能的生态源地，增强排土场的蓄水、护土和保植功能，系统控制水土流失和提高水资源生态利用效率及植被系统自维持性水平，提升排土场生态地质稳定性。

（2）边坡近自然微地貌整治方法：在排土场地貌近自然重塑过程中，针对传统规则状排土场地貌所存在的表土侵蚀严重、地貌特征消失、景观破碎及维护成本高等问题，基于NBS理念，采用自然稳定边坡地貌形态替代传统地貌。主要解决四个技术难点：①各采排复周期中保证采区至复填区土方剥离量平衡；②提高排土场与周边自然地貌景观融合性；③确保地貌重塑结果稳定；④确保重塑结果内沟道水系符合自然稳定特征。

（3）土壤改良方案：南排土场的表层土壤厚度大于40cm，表层土壤厚度较优，但其养分状况相较于未损毁地与北排土场较差。针对南排土场表层土壤存在的土壤养分状况相对未损毁地与北排土场较差的现状，提出表层土壤改良的方案，结合400℃下制备的玉米秸秆生物炭作为改良剂，铺设于平台表层后，可利用机械翻耕耙地使得生物炭与表层土壤混合均匀，施用量0.8～3.2t/亩，施用深度为10～20cm，使改良后的土壤适合植物生长。

（4）生物综合修复技术：在分析南排土场土壤理化性质、植物的生长发育规律、微生物群落的演替、生态结构功能变异等基础上，充分利用当地植物和微生物种质资源，选择乡土、优良抗逆（耐干旱、贫瘠）植物进行植物群落优化配置模式，利用菌根真菌及其有益土壤微生物与植物的相互作用关系，应用适合瘠薄土壤生境的复合微生物菌根技术。建议种植模式为：柠条+微生物菌剂；豆科∶禾本科=1∶3+微生物菌剂，禾本科中可加入该排土场现有优势物种——披碱草。有效提高土壤养分，特别是土壤全氮和有效氮含量，提高土壤相关酶活性，促进土壤中有效养分的累积，提高植被多样性，增加物种丰度，形成多种优势植物共存的稳定生态环境，促进排土场生态系统健康水平和良性循环趋势，提升生态稳定性和可持续性。

6.2.4　外排土场（北排土场）：生态稳定性恢复区

北排土场位于胜利露天煤矿的采区北东侧，占地面积约1800亩，是胜利露天煤矿2020～2023年生态建设重点提升区域。该区基于采矿生产及安全标准设计的外排土场，具有高差大、边坡陡、多台阶的地貌特点。尽管已经完成生态修复工作，但该区存在边坡水土流失严重、修复土壤贫瘠、修复水源不足、植被多样性差等基本问题，导致重建植被逐步退化。为维持排土场的生态稳定性和景观协调性，生态修复多年处于半管护状态，补修补种成为常态。因此，提高该区自然景观融合性、生态系统稳定性和生态自维持水平成为重整与系统提升的重点。

6.2.4.1 基本问题和技术集成应用模式

开发的水土植协同修复技术，针对土壤瘠薄、水土流失、植被退化等问题，重在提高修复土壤增量、瘠薄土壤提质增容、降低边坡水蚀土蚀作用等，通过提升生态修复工程质量，缩短工程管护周期，促进自修复水平。为确保北排土场的生态修复效果，结合生态景观现状，以边坡近自然地貌融合、表层水土保持能力提升、土壤提质增容和植被多样性提升为该区生态修复目标。技术集成采用边坡抗蚀型微地貌改进、土壤提质增容、优势植物组合与生物促进的水土植协同修复思路集成生态修复关键技术，形成具有胜利矿区大型传统排土场近自然改进特色的水土植协同修复的一体化技术集成模式。

6.2.4.2 具体应用技术与方法

项目开发水土植协同修复技术，针对土壤瘠薄、水土流失、植被退化等问题，重在提高修复土壤增量、瘠薄土壤提质增容、降低干旱区水蚀土蚀作用等，通过提升生态修复工程质量，缩短工程管护周期，促进生态系统稳定性恢复（图6-3）。

（1）边坡微自然地貌重整与水土流失控制：为提高草原自然景观融合度、边坡稳定性和土壤持水能力，有效利用大气降雨降低人工浇灌维护强度，采用自然恢复与人工辅助恢复相结合、生物措施与工程措施相结合，遵循截流、保边护底，以控制水土流失，增加植被稳定性、改善边坡生态系统为核心的调控原则，按照平台水土保持系统优化、不同植物配置、水流路径优化控制边坡径流，综合采用“削坡、覆草、导流、蓄水、用水”等工程技术措施，构建平台–边坡–草原的“自然积存、浅层渗透、生态利用”功能的生态源地，系统控制水土流失和提高水资源生态利用效率及植被系统自维持性水平，提升排土场生态地质稳定性。基于胜利露天煤矿的草原水土流失特征和排土场场区局限性，提出斜坡式整形模型：将排土场终了台阶边坡由33°削为11°左右，设置挡水墙，截、排水沟。

（2）基于干草覆盖与适生植物配置的边坡稳定性提升：为提升排土场边坡的稳定性和水土保持能力，遵循固土护坡、瘠薄土壤提质增容的原则，以提升边坡植被丰富度和控制水土流失为导向，采用优选原生草原+平台适生植被，夏末秋初干草刈割储存，冬春季节覆盖于排土场边坡的技术措施，系统解决土壤三相结构失衡、养分贫瘠、植被类型单一等关键问题，实现土壤重构和生态恢复，达到水土保持、提升生态稳定性的目标。

（3）构建与完善平台分布式保水–控蚀系统：为达到阻断降雨向排土场边坡汇水导致水土流失，降低坡体浸润线，提高边坡稳定性、土壤持水能力、雨水利用率，降低浇灌维护成本的目的，借鉴低影响开发策略，采用自然恢复与人工辅助恢复相结合、生物措施与工程措施相结合，遵循截流、保边护底，以增加植被、控制水土流失，改善生态系统为核心的调控原则；通过不同坡位、不同植物配置、不同水流路径优化控制地表径流；通过在关键地段选址并建立以分布式保水控蚀系统等地表蓄水与释水设施为主体的排土场水土物质流控制系统，以减少地表径流提高水资源生态利用效率，提升排土场植被系统自维持性水平。基于地表潜在汇水区与径流路径分析，确定在雨季强降雨情况下每个子区域的汇水面积，进而确定每个潜流湿地-植物塘-植物沟系统，可在达到蓄水、护土的同时，提升排土场生态地质稳定性。

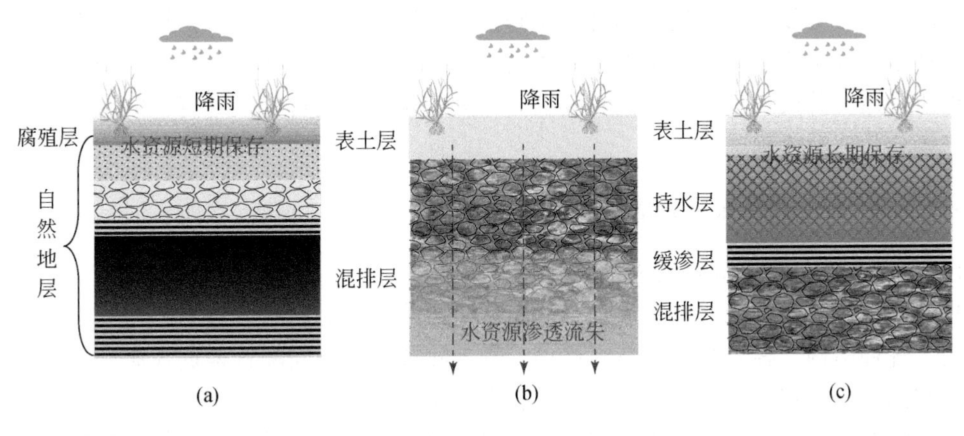

图6-3　降雨条件下自然地层

（4）植物优化配置与生物综合修复技术：在分析北排土场土壤理化性质的变化、植物的生长发育规律、微生物群落的演替，生态结构功能变异等基础上，充分利用当地植物和微生物种质资源，选择乡土、优良抗逆（耐干旱、贫瘠）植物进行植物群落优化配置模式，利用菌根真菌及其有益土壤微生物与植物的相互作用关系，应用适合瘠薄土壤生境的复合微生物菌根技术，有效提高土壤养分，特别是土壤全氮和有效氮含量，提高土壤相关酶活性，促进土壤中有效养分的累积，提高植被多样性，增加物种丰度，形成多种优势植物共存的稳定生态环境，提升排土场生态系统的稳定性和抵抗力、恢复力。为解决植被正向演替缓慢的问题，建议豆科∶禾本科=1∶2+微生物菌剂（禾本科中可加入该排土场现有优势物种，如草隐子草、狗尾草、针茅）。

6.2.5　露天矿区景观优化与功能提升

草原煤电基地粉尘来源多。大型煤电基地露天采坑属于开放性尘源，产尘点多、涉及面大，当受到风力和机械力时会产生浓度较大的煤尘。除露天矿坑内爆破、采掘外，煤炭运输、破碎、转载、排弃等很多环节都能产生粉尘。草原气候干燥，空气湿度小，煤尘在风速为3m/s以上时就会飞扬起来，加上草原矿区缺乏高大植被，草本群落防风滞尘能力差，因此煤尘在空旷草原的扩散范围远高于其他区域。

草原煤电基地现有人工林林分单一，主要是人工种植的纯林，如垂榆防尘带、毛白杨防尘带、樟子松防尘带等。这些已有的纯林空间利用不够充分，冠幅以下无滞尘能力，滞尘效果差；纯林林分结构单一，不利于改善林地小气候，树木生长的环境条件较差，长期依赖人工管理；纯林改善林地立地条件的能力弱，不利于土壤中营养物质的储备及养分循环速度提高，纯林土壤地力难以维持和改善。

6.2.5.1 基本问题和技术集成应用模式

开发的水土植协同修复技术，针对土壤瘠薄、水土流失、植被退化等问题，结合生态景观现状，以边坡近自然地貌融合、表层水土保持能力提升、土壤提质增容和植被多样性提升为该区生态修复目标。通过提升生态修复工程质量，缩短工程管护周期，促进自修复水平。技术集成采用边坡抗蚀型微地貌改进、土壤提质增容、优势植物组合与生物促进的水土植协同修复关键技术，形成具有胜利矿区大型排土场近自然改进特色的水土植协同修复的一体化集成技术模式。

6.2.5.2 具体应用技术方法

1）矿区生态景观隔离带功能提升技术

景观隔离带的空间配置是实现景观隔离带防风滞尘能力的最关键参数之一，是涵盖土地利用、林种结构、林分结构的空间格局。景观隔离带的空间配置根据牧矿交错带生境保护目标和内容，确定水平格局、垂直格局、生态位配置，并且因地制宜地合理利用微地形配置植物种类。基于景观格局优化和生态廊道建设目标，景观隔离带不仅是矿区粉尘扩散控制的主要措施，也是大型煤电基地生态文明建设的重要支撑系统。通过防控牧矿交错带中的粉尘污染，能使光照、温度、水文、土壤等综合环境条件得到改善。不同于常见植被建设工程，景观隔离带对大型煤电基地而言不仅仅是美化作用，而且还具有功能分区、吸尘降噪、涵养水源、保护土壤、调节区域小气候、保护生物多样性和丰富牧矿交错带生态文化等功能特征。通过对物种滞尘能力和物种光合特性的调查，进行景观隔离带物种选择。景观隔离带建设中乔木水平格局宜采用建群种（主）与亚优势种（伴）混交格局：一般采用高大阔叶树种作为建群种，低矮的针叶树种、阔叶树种、高大灌木作为亚优势种，也可采用深根系树种与浅根系树种、耐阳性树种与耐阴性树种等混交方式。其中常绿伴生树种比例一般应不低于30%，以满足冬季滞尘需要。主要混交模式包括株间混交、行间混交、带状混交、带行混交、块状混交和不规则混交等。

2）牧矿交错区退化生境改善

大型煤电基地历年沉降的粉尘可在退化生境区形成1～2cm厚的粉尘层，因粉尘扩散影响，土壤厚度可达5～10cm深。植物凋落物是土壤有机质的主要来源，而粉尘层的存在阻断了植物凋落物进入土壤的途径，导致土壤有机质来源缺失，土壤团聚体数量减少，养分肥力下降。土壤微生物是土壤养分循环的主要驱动力，粉尘层的存在改变了微生物生境，在粉尘中有害物质胁迫下土壤微生物数量减少，部分微生物处于休眠状态。而由土壤微生物驱动的有机矿化、硝化、氨化效率降低，碳、氮、磷、钾等元素的生物地化循环受阻。木质化植物入侵退化生境区是草原生态系统面临的重要生态问题之一。木本植物对原生草本植物群落的入侵造成群落内部资源分布的异质性和生产力下降，威胁了草地生态系统的稳定性。此外，木质化入侵植物往往分泌次生代谢物，次生代谢物抑制了草原原生物种的生长，入侵植物的化感作用也是造成群落结构改变、草地植被退化加剧的原因之一。

针对退化生境区物质循环途径受阻、土壤微生物区系变化、植物化感作用抑制原生植物生长等问题，利用矿区退化生境修复技术，通过腐殖层再造、微生物激发剂研发、小分子激发剂施用，可有效提高土壤持水性，修复后的生境土壤有利于抗旱、保墒，不易产生地表径流，可显著改善退化生境区植物生物量和生物多样性等指标，消除入侵植物的化感作用，促进原生植被群落恢复优势地位。

具体应用方式如下。

（1）腐殖层再造

粉尘沉降形成的粉尘层阻碍了草原生态系统物质循环途径，退化后的土壤生态系统不能依靠系统自我调节改变此状态。土壤生态系统腐殖质层重建通过外力破坏粉尘层，将粉尘层翻入15～35cm土层中，改变退化生境区土层结构。腐殖质层重建能使得植物凋落物进入土壤并促使其分解形成腐殖质，增加土壤有机质含量。此外，木质化的入侵植物是退化生境优势物种，破坏后可作为土壤腐殖质来源。研究发现，相对于凋落后植株，处于生长季节的植株更易于腐殖化。通过野外调查发现，草原退化群落中木质化植物物候期较草原上其他物种开始得早，一般在春季回温时立刻返青，可以将其破碎后作为有机质来源且不影响土壤原生植物生长。本技术主要针对粉尘重度污染区，即土壤粉尘厚度>0.5cm，植物群落逆行演替严重，以多年生小灌木或木质草本为主，粉尘在表面形成类似结皮状物质，植物凋落物分解缓慢，土壤腐殖质层不足的区域。腐殖质层再造技术要点如下。

腐殖质层时间控制：入侵植物返青时间一般早于原生植物，为减小对原始植物生长的影响，将腐殖质层再造时间控制在入侵植物返青后且未进入繁殖期时。

入侵植物破碎化：采用旋耕机将入侵植物植株粉碎（长度不超过5cm），同时破碎0～5cm粉尘层与入侵植物主根，使破碎后的入侵植物植株与粉尘层充分混合，均匀覆盖地表。如果入侵植物粉碎程度不够，应进行二次粉碎作业。

植株粉尘混合物还土：采用大马力机械（≥150马力①）配套液压翻转犁进行深翻作业，调节翻耕深度应达到15～30cm，使入侵植物植株、粉尘翻转进入20cm左右的土层中。

修复区网格化：翻耕后土壤松散，易发生水土流失。为防止雨季来临造成水土流失，翻耕后将退化生境区分割成50m×30m的区块，区块间以田埂隔开，田埂宽度×高度为20cm×15cm。

平整土地：平整翻耕后土壤，应用平地机耙平2～3遍，区块内土壤坡度不大于2.5°，避免翻耕区因高程差形成地表径流并出现大面积积水。

（2）微生物激发剂施用

现场配置液态激发剂溶液：称取土壤激发剂10g溶于100mL水中，充分搅拌，直到溶质完全溶解为止，在植株与粉尘混合物形成后施用。使用量为100mL/m^2，使用无人机进行喷洒，无人机飞行高度5m，飞行速度2m/s，也可以人工使用喷雾器喷洒，以便促进退化生境区土壤微生物复苏并促繁。

入侵植物分泌的化感物质不仅抑制原生植物生长，还会刺激病原微生物富集、破坏土壤微生态平衡并最终对植物生长产生负面影响，是群落结构发生退化的重要原因。本阶段土壤强还原处理作为一种原生草本植物萌发前的土壤前处理方式来消除土壤化感作用，并

① 1马力=745.7W。

实现缓解土壤酸化和盐渍化、杀灭土壤病原微生物、重组土壤微生物组以及提升微生物活性等功能。技术要点如下。

在退化生境土壤上均匀添加有机物料（备选物料有风干紫花苜蓿、针茅等，添加量为 15t/hm^2，也可用粉碎后的入侵植物作为有机物料），为弥补退化土壤碳源不足的问题，可按照 15g/m^2 的用量添加葡萄糖作为微生物底物，利用旋耕机将有机物料与土壤混合均匀，

灌溉至田间最大持水量后覆盖可降解塑料薄膜，以维持厌氧和高温。

强还原处理时间为 14～25d，处理期间土壤温度为 20～30℃，处理一周后腐殖质层土壤氧化还原电位不高于-170mV。

测定土壤 pH、电导率 EC、氧化还原电位 Eh，以及 NH_4^+、NO_3^-和 SO_4^{2-}含量，分析强还原作用效果。

本篇小结

针对我国东部半干旱草原区大型煤电基地露天煤矿开采引起的生态问题，结合锡林郭勒地区土壤贫瘠、水资源不足和干旱气候等生态脆弱特征，以胜利矿区为依托进行关键技术成果进行集成和工程设计，建成示范区总面积12146亩，集中了减损型采排复一体化技术（面积约2317亩）、近地表地层重构技术、近自然地貌治理技术、土壤改良技术、土壤提质增容技术、景观廊道生境修复技术，以及废弃地景观利用和蓄水池构建等关键技术，生态修复与综合整治效果评价表明，植被覆盖率较本底值提高41.78%，废弃地治理率达到100%，形成适于我国东部半干旱生态脆弱草原区的生态修复模式与修复工程技术体系。具体工程内容及效果如下：

（1）针对露天开采对地表大面积破坏、生态修复有效时间短等问题，按照生态减损型采排复一体化模式，综合应用靠帮开采–快速回填、季节性作业协调、地层重构等大型煤电基地采排复一体化与土壤重构关键技术，建设了靠帮开采–快速回填技术示范区，并综合利用倾斜基底内排、露天矿内排土场原煤一级破碎站布置优化、采场中部搭桥剥离物多通道内排、排土场“生态窗口期”生态减损等技术，在保证煤炭生产能力的前提下，减少了示范露天煤矿土地挖损和压占面积，端帮帮坡角由16°提高到19°，排土场生态修复期提前1年以上。

（2）针对半干旱露天矿排土场土壤贫瘠、表土侵蚀严重等问题，按照水土植协同修复模式，集成贫瘠土壤改良与重构关键技术、植物优选及微生物促进技术，建成了大型露天矿区地表生态修复新技术示范工程；针对传统露天开采排土场地貌所存在的表土侵蚀严重、地貌特征消失、景观破碎及维护成本高等问题，开展了基于干草的植物恢复型边坡生态稳定性提升技术试验、仿自然地貌整形（内排）水土流失控制试验，构建乔–灌–草结合垂直格局的立体景观隔离带等，提高矿区生态稳定性和景观融合效果；充分利用矿区废弃地建设了东湖、西湖人工蓄水工程，蓄水量分别可达13万m^3、24万m^3，实现了水资源的有效利用和土地资源的高效利用；建设了大型露天矿区废弃地生态恢复工程，以及开采损伤或采矿废弃地生态恢复工程。

（3）通过关键技术在示范区的推广应用，共建成大型露天矿减损型采排复一体化、大型露天矿地表生态修复新技术、大型露天矿区景观生态恢复、大型露天矿废弃地生态恢复、矿区地下水观测网构建及数据采集5项示范工程，建设期间进行各项生态恢复的面积约12146亩。通过示范区建设，矿区生态质量显著提高。据第三方（中国神华生态环境遥感监测中心）评估，示范区的平均植被盖度提高了40%左右，植被覆盖度总体接近、部分优于周围草原，矿区废弃地综合整治利用率达到100%，达到了示范工程预定的计划指标。

（4）基于东部草原区大型煤电基地生态修复关键技术试验及工程实施效果，针对胜利露天煤矿不同生态景观（采区、排土场、廊道等）、生态损伤特点、生态修复立地条件和生态恢复要求，结合露天矿开发规划协同布局生态建设内容，采用“一景一策”设计思路，集成相关适用技术，形成了内排场生态减损与修复技术应用区、外排土场（沿帮）系统重整协同修复技术应用区、外排土场（南排土场）生态系统健康提升技术应用区、外排土场（北排土场）生态系统稳定性恢复技术应用区、露天矿区景观优化与功能提升技术应用区设计方案，形成适于东部半干旱草原区大型露天矿生态修复技术应用解决方案。

第三篇　酷寒草原区露天煤矿生态修复与地下水保护利用技术示范

呼伦贝尔示范区是我国酷寒草原区煤炭高强度开采和煤电开发的典型代表区域，本篇针对我国酷寒和半干旱草原区大型煤电基地露天煤矿开采引起的土地挖损与压占、地表沉陷、水土流失、植被退化等生态问题，结合当地气候、土壤基质等条件，将已取得的各项关键技术成果进行集成与工程设计，示范区工程设计涉及数据采集背景调研、采排复一体化、土壤重构与土壤改良、植被恢复、水土保持、景观功能提升等方面的技术集成示范应用，建成大型露天矿减损型采排复一体化示范工程、大型露天矿区地下水流场信息采集示范工程、大型露天矿地下水库构建试验工程、大型露天矿区地表生态修复新技术试验工程、大型露天矿区景观功能提升关键技术示范工程。示范区平均植被盖度提高了58%左右，植被覆盖度总体接近、部分优于周围草原；实现了矿井水的立体储存，保证了煤矿区高质量发展。在此基础上，结合高强度煤炭开采下生态修复的理论与实践成果，基于近自然恢复理念，坚持煤炭开采系统减损和水土植生态修复一体化，以关键技术为支撑集成酷寒草原区适宜的修复技术，以生态优先和绿色发展为导向，采用矿区系统规划、修复“一景一策”推广思路，研究形成适用可推广方案，为大型露天矿区绿色矿山建设提供技术支撑作用。

第7章　呼伦贝尔大型煤电基地生态修复技术背景与示范工程设计

7.1　呼伦贝尔大型煤电基地生态修复示范区概况

7.1.1　呼伦贝尔煤电基地示范区域概况

7.1.1.1　地理位置

宝日希勒露天煤矿位于内蒙古自治区东部的呼伦贝尔草原腹地的陈巴尔虎旗，行政区域隶属内蒙古自治区呼伦贝尔市，地理位置为：118°22′30″E～121°10′45″E，48°43′18″N～50°10′35″N。省道S201（海拉黑公路）从露天矿西侧100m处通过，滨洲铁路及301国道从露天煤矿南侧通过，宝日希勒—海拉尔铁路专用线已建成通车，经海拉尔东站与滨洲铁路相连，西行可至满洲里，东行经牙克石可到全国各地，交通便利。

7.1.1.2　地形地貌

宝日希勒露天煤矿位于海拉尔河以北，莫尔格勒河东南的楔形地带，其宏观地貌显示为略有起伏的高平原，北部及东北部与低山丘陵相接，地势东北高而南西低，东南低且略有起伏并呈缓波状，海拔最高约667m，最低约617m，高差约50m。当地地下水侵蚀基准面标高为601.00m。示范区地貌如图7-1所示。

7.1.1.3　气象水文

本区属大陆性亚寒带气候，经常遭受西伯利亚寒潮的袭击。春秋两季风较多，风力较大，冬季严寒，夏季凉爽。根据陈巴尔虎旗中心气象站观测资料，气温-48～37.7℃，年平均气温-2.6℃。年平均降水量315.0mm，年最大降水量542.9mm，月最大降水量199.0mm，日最大降水量55.6mm，小时最大降水量31.7mm，连续降水日数12d。雷暴日多在4月3日～10月14日，年平均28.5d。年平均蒸发量1344.8mm。春季多东南风，冬季多西北风，风力3～5级，风速最大17m/s，年内大风日数8～43d，平均23.4d。年平均积雪日数149.9d，平均降雪日数11d；年平均结冰日期172d，最长结冰日期183d；封河日期10月13日～11月25日，开河日期4月11日～5月1日。冻土深度为10cm时，其冻结日期最早是10月14日，解冻日期最晚是4月24日。季节性冻结深度2.41m，永久性冻土厚度2～4m，最大厚度5.7m。霜初日最早是8月31日，霜冻日最晚是9月16日，霜期

图7-1　示范区地貌示意图

125～196d，年平均日数170.1d。

本区地处额尔古纳河流域。露天矿境界外有海拉尔河、莫尔格勒河两条地表河流。海拉尔河位于露天矿南部约7km，发源于大兴安岭山区，自东向西注入额尔古纳河，最高水位499.28～500.70m，最低水位497.20～497.79m，平均水位498.00～498.68m，最大流量1550.00m^3/s，最小流量0.05m^3/s，平均流量52.40～222.00m^3/s；最小流速0.055m/s，积冰厚度为岸边1.42m，中心1.39m。

莫尔格勒河位于矿田西部约5km，该河自北东向南西流经露天矿北部注入海拉尔河。该河曲率大、河流弯曲，最大流量80～204m^3/s，平均流量1.41～8.28m^3/s，最大流速2.70m/s，积冰厚度0.40～0.98m。河水一般在10月底～11月初封冻，翌年4～5月初解冻。

7.1.1.4　土壤与植被

矿区内土层由上往下基本分为三类：亚砂土、黑黏土和砂砾岩。其中，栗钙土为黑黏土层的一部分，其土体构型主要由三个层次组成，即腐殖质层、钙积层和母质层。

根据矿山地质报告，腐殖质层一般厚20～40cm，暗棕色，质地较粗；钙积层一般出现在30～60cm深处，其厚度在20～40cm之间，以菌丝和斑块状为主。腐殖质层的有机质平均含量为4.9%；钙积层的碳酸钙平均含量为9.95%，pH为9.19；土壤有机质平均含量为3.57%，全氮含量为0.19%，速氮159g/kg，速磷11g/kg，速钾161g/kg。在矿区范围内，不同区域表土层分布不均匀。

示范区为呼伦贝尔平原典型草原，自然植被以羊草草原生态为主，分布有贝加尔针茅、羊草、大针茅、野豌豆、冰草、糙隐子草、小叶樟、冷蒿等植物，草群高度25～44cm，植被盖度为50%～70%。本地区适宜人工播种的草种有羊草、冰草、披碱草、紫花苜蓿等；树种有樟子松、落叶松、小叶杨、柳树、小叶锦鸡儿、胡枝子等；绿化树种为垂枝榆、丁香、黄刺梅、榆叶梅等；绿化草坪草种为早熟禾等。

7.1.1.5 区域地质

根据内蒙古古生代地层区划图，本区属北疆-兴安地层大区兴安地层区达赉-兴隆地层分区。中新生代地层区划属滨太平洋地层区大兴安岭-燕山地层分区博克图-二连浩特地层小区。区域发育的地层有：古生界上泥盆统变质岩系，中生界上侏罗统白音高老组，下白垩统梅勒图组和大磨拐河组，第四系。

陈巴尔虎旗煤田主要含煤地层为大磨拐河组，本组地层厚度595～1540m，与下伏龙江组为不整合接触。按其岩性组合和含煤性，由下而上共分为砂砾岩段、泥岩段、中部砂砾岩段、砂泥岩段和含煤段等五个岩段。

7.1.1.6 矿区地质

宝日希勒露天煤矿地势平坦，地表被植被覆盖，地层自下至上发育有上侏罗统兴安岭群和扎巧诺尔群南屯组砂岩粉砂岩，大磨拐河组含煤地层，第四系更新统和全新统松散层等。其中，砂岩粉砂岩地层厚度50～210m，大磨拐河组含煤地层全区发育，厚度在595～1540m之间，第四系松散层在全区发育广泛分布，厚度变化较大，第四系厚度在4.85～77.95m之间。宝日希勒露天煤矿煤炭地质储量7661万t（不包含备用采区），露天煤矿主采12煤层。煤层构造简单，倾角2°～3°，煤层最大可采厚度28.00m，最小可采厚度7.21m，平均厚度22.16m。煤层上覆剥离物薄，剥采比小，极适合露天开采。

宝日希勒露天煤矿的二采区位于宝日希勒勘查区第48～66勘探线南部，面积约9.7km^2。根据本区钻孔揭露资料，本区发育地层为下白垩统大磨拐河组的含煤段和第四系。

1. 地层

根据地表出露及钻孔揭露，区内自下而上主要发育下白垩统、新生界（表7-1）。

大磨拐河组（K_1d）：全区发育，以含特厚或中厚煤层为特征，煤层赋存集中而且埋藏较浅，区域上按其岩性组合和含煤性，由下而上共分为砂砾岩段、泥岩段、中部砂砾岩段、砂泥岩段和含煤段等5个岩段。煤层共计9层，自上而下编号为：B、1^2、1^3、2^1、2^2、3^1、3^{2+3}、4、5。

第四系（Q）：十分发育，广泛分布于煤系地层之上，厚度在19.35～42.90m之间，平均31.13m。岩性由褐黄色黏土、砂质黏土、砂砾，少量的中砂、细砂、粉砂、砖红色砾石和腐殖土等组成。

表7-1 示范区主要地层单位岩性特征表

地层单位				地层厚度/m	岩性特征	分布范围
界	系	统	组			
新生界	第四系			5～78	包括冲积、洪积、残坡积砂砾层及松散砂粒、泥砂；冰积、湖积和冰水沉积黏土、亚黏土及泥砾层	地表大面积分布

续表

地层单位				地层厚度/m	岩性特征	分布范围
界	系	统	组			
中生界	白垩系	下白垩统	大磨拐河组（K_1d）	139.4	含煤段（K_1d^5）：主要由黑褐色煤、碳质泥岩，灰、深灰色泥岩和灰、浅灰色粉砂岩、细-粗砂岩、砂质砾岩等组成。含6个煤层群共13个煤层，为矿区主要含煤岩段	全井田发育
				110～330	砂泥岩段（K_1d^4）：以灰、浅灰色粉砂岩、泥岩、细砂岩为主，夹薄层灰白色中砂岩、粗砂岩	
				15～190	中部砂砾岩段（K_1d^3）：以灰、灰绿色砾岩、砂质砾岩，深灰、暗灰色粉砂岩为主，夹薄层泥砾岩和泥岩	
				300～520	泥岩段（K_1d^2）：主要为灰、深灰色泥岩，灰、暗灰色粉砂岩，夹薄层细砂岩，局部可见1～2层煤	
				20～100	砂砾岩段（K_1d^1）：主要为灰绿、灰白色砂砾岩、灰白色细砂岩	
			南屯组（K_1n）	120～210	砂粉砂岩段（K_1n^3）：以灰、深灰色粉砂岩、砂岩为主，夹薄层含砾粗砂岩	井田东北部发育
				80～135	含煤段（K_1n^2）：以灰、灰白色粉砂岩、砂岩和煤层为主，夹薄层粗砂岩、含砾岩。含4～5个煤层群	
				50～100	底砾岩段（K_1n^1）：以灰、灰绿色砾岩、粉砂岩为主，夹薄层泥岩、砂岩	

2. 构造

示范区位于新华夏系第三沉降带海拉尔沉降区中北部，构造形态是一个走向近东西、南北分别被断裂所控制的向斜盆地构造，盆地宽缓，其轴向西部为98°，向东逐渐转为75°，呈一向南稍微突出的弧形。向斜内地层倾角平缓，两翼倾角在5°～10°之间，有少数次一级的波状起伏。

示范区内地质构造属简单构造类型。从平面上看，向斜构造西部稍窄些，东部则宽缓，波幅宽约3000m，起伏高差仅40m，两翼倾角一般在2°以下，最大不超过5°，局部有微波状起伏。区内探明断层19条，可划分为三组，第一组走向北东—北北东，倾向南东或北西，倾角27°～60°，断距12～80m，均为正断层；第二组走向近东西，倾向南，倾角45°左右，断距30～40m，为逆断层；第三组走向北西，倾向南西，倾角42°左右，断距30m左右，为正断层。

3. 水文地质

本区地下含水层主要为第四系松散层和下白垩统大磨拐河组。其中第四系松散岩类孔隙水分布广泛，根据所处地貌部位及含水层岩性、结构、厚度和补径排条件不同，其富水性有明显差异。河谷及冲积平原含水层颗粒粗、厚度大、渗透性强、补给条件好、富水性强；高平原区含水层厚度相对较薄、泥质含量高、渗透性弱、补给条件差、富水性弱。

白垩系碎屑岩类含水层分布于整个陈巴尔虎旗断陷盆地，主要发育于大磨拐河组含煤岩段的上部，岩性为弱胶结砂岩、砂砾岩及褐煤。砂岩、砂砾岩结构松散、孔隙发育，煤层受构造作用，裂隙较发育。根据较稳定可采煤层的沉积旋回，自上而下可细分为B、Ⅰ、Ⅱ、Ⅲ四个含水层组，垂向上一般由其中2～3个含水层组合成含水岩组，不同地段中的含水层组合存在差异。

本区地下水补给来源有2个，一是大气降水，补给时间为每年4月中旬的冰雪融水和7、8月的大气降水；二是地表水体莫尔格勒河的补给。大气降水的补给源区一是通过盆地周边的丘陵，低山区的基岩裸露区直接入渗，二是通过矿区内的砂砾石裸露区入渗，进入第四系含水层，再通过煤层露头或煤系地层越流，补给其他含水层。

由于各含水地层的顶、底板为隔水层，地下水在各地层中以顺层径流为主，汇集于盆地内各含水层中，在疏干流场的影响下，向露天矿疏干区排泄。地表水则以地表径流的方式，汇集于盆地低洼处，或以地表径流的方式向下游排泄，或渗透于第四系中，或以蒸发的形式排泄。

7.1.1.7　煤炭资源开发概况

呼伦贝尔区域煤炭资源开发始于20世纪80年代。1980年3月宝日希勒第一、第二煤矿（简称宝一矿、宝二矿）斜井破土动工，1985年3月宝日希勒第三煤矿（简称宝三矿）开始建设，1987年由于国家压缩基本建设投资，建设中的宝日希勒第三煤矿停建。此时，小井开采占据了该区煤炭产量的绝对优势，整个矿区除宝一矿和宝二矿各生产45万t/a煤炭外，均为小煤窑开采，小煤窑数最多时达218个，矿区总产量355万t。

为扭转该区煤炭生产混乱局面，地方政府决定以宝一矿为主体，组建成宝日希勒煤炭公司，现代化露天煤矿成为该区煤炭开采的主体。随着国家关井压产政策的实施及宝日希勒露天煤矿的正式建设，此处小煤窑已经全部关闭。截至2022年，该矿区资源储量超过25.61亿t，开采能力保持3000万～4000万t（表7-2），其中露天煤矿产量占85%以上。

表7-2　示范区域煤炭资源开发现状一览表

名称	面积/km^2	储量/亿t	可采煤层	开采方式	产量/（万t/a）
顺兴煤矿	1.95	0.178	2-1、2、3	炮采放顶煤	40
蒙西煤矿	5.65		1-2、2-1、2、3	综采？	120
宝一矿	4.08		1-2	长壁综采	45
宝日希勒一号露天煤矿	43.72	23	1-2	露天单斗卡车	2600
东明矿业	4.01	0.97	1-2	露天单斗卡车	150
天顺煤矿	3.73	0.47	12、31	综采	120
呼盛煤矿	10.54	0.99	1-2、1-4、2-2、3-1	综采放顶煤	120
合计	73.68	25.61			3000～4000

宝日希勒一号露天煤矿是该区的主力矿。该矿采用单斗-汽车工艺，剥离台阶采掘带宽度为15m，采煤台阶采掘带宽度为30m，最终采掘场边坡角为26°，排土场边坡角为

18°。洒水降尘工作主要依靠100t和40t大型洒水车及时洒水，同时土方剥离时由各施工单位定期洒水降尘，储煤场利用洒水管路安设喷头进行自动洒水。地面生产系统主要为2台2000t/h的破碎机，一套快速装车系统。煤炭储存主要依靠两个直径为22m的圆筒仓和地面储煤场。煤炭运输由火车外运和汽车地销相结合。

7.1.2　宝日希勒露天煤矿示范工程区概况

7.1.2.1　示范区现状

宝日希勒露天煤矿于1998年9月开工建设，2001年4月竣工移交生产，生产能力为$0.6×10^6$t/a。2002年10月由内蒙古煤矿设计研究院完成《宝日希勒露天煤矿改扩建可行性研究报告（代初步设计）》，根据经济发展的需要，露天矿由$0.6×10^6$t/a扩建为$1.8×10^6$t/a，2004年达到$2.2×10^6$t/a，2005年达到$3.0×10^6$t/a，2006年开始$10.0×10^6$t/a改扩建工程，现露天采掘坑深度90m，开采12煤层，共5个剥离台阶，2个采煤台阶。露天煤矿开采工艺为单斗-汽车工艺。开拓运输方式为工作帮移动坑线组沟开拓，实现煤岩分流的采场运输方式。开采设备主要有108、TR-100、220等大型车辆55台、10m^{3}电铲4台和35m^{3}电铲5台。采用每小时2000t的2台一级破碎机和每小时3000t的2台一级破碎机进行破碎。土方剥离初期采用外排，后期实现全部内排。采场地下水采用坑内强排方式。

受区域内煤矿高强度开发模式和气候条件制约，东部草原矿区脆弱生态系统部分区域呈现退化态势。呼伦贝尔煤电基地，生产（在建）矿井主要有神华宝日希勒露天煤矿、东明露天煤矿等一系列露天及井工煤矿。宝日希勒露天煤矿及周边区域自20世纪以来处于长期高强度开采状态，高强度开采造成大型采坑、内（外）排土场、工业广场、运煤栈道（公路）、工业废弃地等典型扰动斑块及廊道等。

宝日希勒露天煤矿共有3个排土场，其中外排土场2个，分别是南排土场和东排土场，另一个是内排土场，即北排土场。南排土场排土高度683m，分为四级台阶，高差36m；东排土场排土高度730m，分为7个台阶，高差77m。矿山建设受用地限制，排土场均高出原始地表。目前露天矿内、外排土场基本连成一片。

7.1.2.2　绿色矿山建设状况及成效

2013年神华宝日希勒能源有限公司露天煤矿申报国家级绿色矿山试点单位，依照《神华宝日希勒能源有限公司露天煤矿国家级绿色矿山试点建设规划》，始终坚持以依法办矿，以矿产资源高效开发与合理利用为主线，以科技创新为动力，兼顾节能减排、矿山环境恢复与综合治理、土地复垦绿化等绿色矿山建设目标，不断追求绿色矿山发展之路。

神华宝日希勒能源有限公司制定下发并严格执行《环境保护管理办法》《节约能源管理办法》《节约用水管理办法》《横班连挂交叉绩效考核办法》；按照制定的《安全生产责任制》《事故隐患排查、治理、报告制度》《事故报告与责任追究制度》《未遂事件控制办法》《露天煤矿安全生产标准化实施细则》《承包商安全管理实施细则》等52项安全管理制度、172项标准作业流程，实现了现场作业有流程、管理工作有制度的安全管理模式，形成了“横向到边、纵向到底”的制度管理体系，实现矿山管理的科学化、制度化和规范化。

资金保障方面，由财务部门对绿色矿山建设资金进行管理，单独设立复垦绿化专项资金科目，做到专款专用；绿色矿山建设重大工程项目开工前，编制资金使用计划；建立健全绿色矿山建设财务管理制度，定期对绿色矿山建设重大工程项目资金使用情况进行监督检查，保证绿色矿山建设资金落到实处，确保绿色矿山建设重大工程项目的按时实施。

截至 2018 年，宝日希勒露天煤矿共完成绿化面积 1553.33 万 m^2（表 7-3），种植乔木 4 万余株，灌木 6 万余丛；建成了苗圃实验林和种植示范基地；培育了 1 万余株樟子松和云杉的容器苗；修建了集观赏和灌溉为一体蓄水量合计 25 万 m^3 的三个景观池，其中分布于北排土场顶盘西面景观蓄水池 1 个；养护草地面积 816 万 m^2，养护树木 10 万余株。

表 7-3 “十一五”期间水土保持和土地复垦工程投入统计

时间	工程量/万 m^3	投入资金/万元
2005 年以前	440	763.15
2006 年	3.2	85.00
2007 年	13.32	309.20
2008 年	3.96	424.97
2009 年	138.7	6178.115
2010 年	16.3	1043.17
2011 年	45.6	1259.25
2012 年	164.8	1617.56
2013 年	404.5	4815
2014 年	158.12	3500
2015 年	29.05	390.526
2016 年	76.90	420
2017 年	58.88	1547.08
2018 年		3500
合计	1553.33	25853.021

绿色矿山建设取得如下成效：

投资 63.4 万元，建成“露天煤矿供电设备远程数据采集管理”系统和“露天煤矿车辆检修信息化技术”系统；

投资 1278.9 万元，创建了地面扫灰吸尘系统，包含破碎站卸料口安装挡墙护栏、破碎站微米级干雾抑尘装置等，实现了对各平台分区域、不留死角的粉尘治理；

地质灾害及环境安全隐患治理，共投资 745 万元，勘探钻孔 798 个，进尺 7.23 万 m，确认并治理小煤窑采空区 20 个，累计充填 4.2 万 m^3。

土地复垦工程共投入资金 25853.021 万元，成立专门的土地复垦绿化公司，设有专职、专业、全方位的组织管理体系。坚持做到生产到哪里，复垦绿化到哪里，从排土、整形、种植、浇灌、养护五个环节着手，确保绿色矿山建设成果。矿区绿化主要集中在北排土场，包含整形、冲沟治理、西侧和北侧监控系统、养护工程、工业广场绿化工程等，以最快的速度恢复土地的利用价值。

7.2 东部酷寒草原区露天矿生态修复实践难点

1. 生态本底条件脆弱和草原退化趋势凸显

东部草原区煤电基地开发在保障我国东北部能源供应的同时，也引起了地下水位下降、土地损伤、土壤沙化、植被退化、景观破损等生态问题，煤电开发与生态保护矛盾突出，直接影响区域和国家生态安全。而煤电基地开发引起的东部草原区生态退化机理不清，生态恢复技术研发滞后，国外尚无成熟的技术可借鉴应用，现有生态修复模式和技术难以支撑东部草原区煤电基地生态修复与综合治理。

2. 地下水资源不足和生态用水短缺

此外，东部草原区是我国 14 大煤炭基地之一，也是我国重要的露天开采基地，产能超 4 亿 t，约占东北区产能 57%，主要煤田有锡林郭勒盟的胜利煤田、白音华煤田，呼伦贝尔市的扎赉诺尔煤田、陈巴尔虎旗煤田、伊敏煤田，通辽市的霍林河煤田等，煤田规模大，适合于大规模露天开采。露天开采的明显特征是要先将表土层和上覆岩土层剥离后再采出煤炭资源，这种采煤方式带来了土地挖损与压占、水资源流失、植被退化、区域景观破损等生态损伤，其中水资源保护与利用是该区域煤炭资源开发过程中生态修复的关键因子，如何解决地下水资源不足和生态用水短缺问题是东部草原煤炭开采过程中面临的核心难题之一。

以宝日希勒矿区为例，矿区大部分为第四系所覆盖，按照地层岩性组合、含水特征及地下水水力性质，将矿区含水层组划分成松散沉积物孔隙潜水与基岩孔隙裂隙承压水两大类以及四个含水层（表 7-4）。

表 7-4 露天矿区主要含、隔水层水文地质特征表

名称	水文地质特征
第四系孔隙潜水含水层	冲洪积砂砾石层，厚 5 ~ 20m，富水性强，冲积平原区水位埋深一般小于 2m，地表水补给充分
第四系孔隙潜水含水层底部隔水层	由黏土、亚黏土及冰碛泥砾组成
白垩系碎屑岩类孔隙裂隙 I 号煤层含水层	含水层岩性以 1-2 煤层及其顶底板中砂岩、粗砂岩和含砾粗砂岩为主，平均厚度 29. 23m，富水性弱-中等
I 号煤层组底部隔水层	整矿区发育，由泥岩、粉砂岩或细砂岩组成，底板厚度 2 ~ 21m
白垩系 Ⅱ 号煤层裂隙承压含水层	Ⅱ 号含水层岩性为 2-3 褐煤层及其层间、顶底板中砂岩、粗砂岩和含砾粗砂岩，平均厚度 20. 65m，富水性中等
Ⅲ 号煤层裂隙承压含水层顶、底部隔水层	整矿区发育，由泥岩、粉砂岩或细砂岩组成，底板厚度 5 ~ 20m，顶板厚度 2 ~ 40m

续表

名称	水文地质特征
白垩系Ⅲ号煤层裂隙承压含水层	Ⅲ号含水层岩性以 3 号褐煤为主，包括部分中、粗砂岩和砂砾岩，局部与Ⅱ号含水层连通，矿区内平均厚度 24.23m

矿区自 2000 年左右开始进行规模化开发，煤炭开采过程中对区域水资源的影响为矿井水涌水疏干，主要分为采场内部强排和外围地面疏干井疏干两部分组成，按照矿区采掘与疏排水强度大概可分为 3 个阶段。第一阶段为初期（2000～2006 年），矿区以宝日希勒露天煤矿首采区生产为主，采区平均排水量 2.3 万 m^3/d；第二阶段为加剧期（2007～2010 年），矿区西部莫尔格勒河东侧的东明露天矿与北部的呼盛和天顺井工矿相继开采，东明露天煤矿的平均排水量达到 18.27 万 m^3/d，约占研究区总排水量的 92%；第三阶段为稳定期（2011 年之后），宝日希勒露天煤矿首采区闭坑，2 采区相继开采，矿区排水量趋于稳定，约为 14.93 万 m^3/d（表 7-5）。矿区煤化工企业工业用水主要来自东明露天煤矿排水和海拉尔河地表水体，矿山疏排水是研究区地下水主要排泄方式。

表 7-5　矿区开发与疏排水概况

阶段	时间	平均排水量/（万 m^3/d）	开发区域（排水量/(万 m^3/d)，占比/%）
第一阶段（初期）	2000～2006 年	2.3	宝日希勒露天矿首采区（2.3，100）
第二阶段（加剧期）	2007～2010 年	19.47	宝日希勒露天煤矿首采区（0.9，5），东明露天煤矿（18.27，92），呼盛和天顺井工矿（0.3，3）
第三阶段（稳定期）	2011 年之后	14.93	宝日希勒露天煤矿 2 采区（0.9，6），东明露天煤矿（13.74，92），呼盛和天顺井工矿（0.29，2）

矿区周边地下水水位阶段性观测（2009～2011 年）资料显示，在矿山疏排水影响下，矿区西南侧第四系松散层接收莫尔格勒河补给，水位下降幅度较小，约为 0.5m/a，白垩系孔隙裂隙含水层水位下降幅度为 1.2m/a，东明与宝日希勒露天煤矿之间白垩系孔隙裂隙含水层水位下降幅度达到 2.3m/a。

综上，煤炭开采过程中，会对地下水造成损伤，引起区域水资源循环发生变化，导致水资源在矿坑附近形成降落漏斗，区域生态环境发生恶化，使本就十分稀缺的水资源成为制约东部草原区煤炭开采过程中生态修复的关键因素。为保障煤炭开采过程中生态环境保护，实现绿色开采，必须对区域水资源进行保护，将有限的水资源作为区域煤炭开采过程中生态环境修复的核心进行研究，充分利用研发的关键技术，保障区域生态环境安全，为我国西部煤炭资源开发利用提供基础。

7.3　呼伦贝尔煤电基地生态修复关键技术示范工程设计

7.3.1　关键技术示范总体设计与工程布局

7.3.1.1　示范区总体任务

在宝日希勒区建成示范区7000亩，露天排土场植被覆盖率较本底值提高35%，废弃地示范区治理率达到96%，地下水库示范工程储水容量100万 m^3以上。

7.3.1.2　设计思路与要求

1. 示范区总体设计思路

针对呼伦贝尔示范区酷寒、半干旱、土壤瘠薄等生态脆弱特征和高强度煤炭开采引起的地下水位下降、土地损伤、土壤沙化、植被退化、景观破损等生态问题，基于大型煤电开发的生态影响机理及累积效应、生态恢复关键技术研发成果和示范区植被生态建设总体规划，布局确定关键技术试验区、研究比较区和集成技术示范推广区，通过关键技术试验、比较区同步观测研究、集成技术示范推广区技术应用等工作，集成采排复一体化生态减损和水资源保护、土地整治和土壤改良技术、植被配置与恢复技术、景观生态修复等关键技术，形成适用于宝日希勒大型煤电基地受损生态系统恢复的关键技术体系和区域生态安全协调控制模式，为大型煤电基地区域生态安全提供科技支撑。

2. 示范工程设计要求

示范工程是为了验证、提升生态修复关键技术，形成适合东部草原区大型煤电基地生态修复的技术体系和修复模式。示范工程应根据示范区的实际来设计，同时要考虑到关键技术的适用性。因此，在示范工程设计中，应坚持技术的创新性，并考虑其针对性和集成的关键性，同时示范区在选择上要注意区域的代表性。

1）示范区具有代表性

示范区是应用研发的新技术解决典型生态修复难题的试点，目的是最终形成面向东部草原区大型煤电基地生态修复的关键技术体系。因此，所选择的示范区应具有区域代表性，所解决的问题具有针对性。示范成功后，生态修复模式和技术体系就可以在其他同类地区推广。因此选择了宝日希勒酷寒气候下露天开采大型煤电基地生态修复示范区，胜利矿区干旱、土壤贫瘠条件下露天开采大型煤电基地生态修复示范区，以及井工敏东一矿酷寒、土壤贫瘠下生态修复示范区。三个示范区各具特点，在东部草原区具有良好代表性。示范经验有利于在东部草原区的类似地区移植，真正起到示范引领作用。

2）难点问题具有针对性

关键技术研发就是为了解决东部草原区大型煤电基地生态修复的技术困境。因此示范区所选用的技术应以针对大型煤电基地生态修复做研发的新技术、新方法为主，论证新技术的先进性和适宜性，并进一步改进、提升。因此，示范工程设计应针对示范区特点，以及项目总体目标，包括示范区的类型设计、示范区的布局设计、示范区的施工设计等。

3）示范技术保持先进性

示范区将为未来东部草原区大型煤电基地生态修复提供示范引领作用。项目研发的关键技术即为了解决示范区生态修复面临的难点问题，应具有科学性和先进性。因此，示范区工程设计应以研发的新技术为主，根据实际，配合传统技术开展示范区建设。同时，通过示范区工程实施来验证新技术的科学性和先进性，并为新技术的提升改进提供基础信息。

4）技术体系体现集成性

生态修复是一项复杂的系统工程，单一的技术无法解决其中的各种问题。因此，示范工程设计时就要遵循技术集成的思想，按照生态要素、修复的重点，从时空关系考虑相关技术的集成，并按照示范区的类型和特点，逐步形成适宜于大型煤电基地生产区、待修复区、已修复区进行生态修复的模式，系统集成为适合东部草原区大型煤电基地生态修复的技术体系。

7.3.1.3 示范区整体布局

1. 示范区建设总体布局

根据遴选的示范区生态修复与综合整治技术需求，选择采排复一体化生态减损、水资源保护与利用、土壤改良技术、土地整治技术、植被配置技术、植被恢复技术、景观生态修复等与示范区生态环境特征和生态修复目标相匹配的科技成果，开展示范工程形成大型煤电基地受损生态系统恢复关键技术集成体系，见表7-6。

表7-6 示范区主要工程设计一览表

工程编号	工程名称	主要内容	所处区块	控制面积
1	煤炭高强度开采扰动下地下水变化中长期数据动态采集系统	23个钻孔（进尺2000m），常规测井14个、水文扩散测井22个，多孔抽水试验1层，岩石力学样分析，水位智能动态监测设备安装和远程监测管理平台3套	a	$10km^2$
2	高强度开采下采排复一体化与土壤重构关键技术示范工程	（1）含水层重构试验； （2）表土层重构试验； （3）近地表土壤精细化重构	a	4000.9亩
3	高强度开采下土地整治关键技术示范工程	（1）阶式、波浪式和斜坡式整形工程； （2）三种配置的土壤剖面构建； （3）3区同步径流实验观测； （4）试验区植被覆盖工程	a	1811.03亩
4	露天矿区植被恢复关键技术试验工程	（1）土地平整和翻耕总面积$196288m^2$； （2）植物栽种与观测； （3）植物接菌处理	a	325.07亩

续表

工程编号	工程名称	主要内容	所处区块	控制面积
5	大型露天矿区景观生态恢复关键技术示范工程	(1) 人工湿地系统构建； (2) 北坡基质改良工程； (3) 侵蚀沟、排土场地形突变处削坡； (4) 内排土场近自然地貌重塑	a	1778.09 亩
6	自修复对比试验区工程	人工管护对照区、草原自然生长对照区	b	1781.91 亩
7	大型露天矿地下储水系统设计与试验工程	西库	a	>100 万 m^3
8	大型露天矿区景观规划与绿化支撑	(1) 大型露天矿区生态景观规划区 15000 亩； (2) 示范区生态修复绿化与治理工程 5000 亩； (3) 景观隔离带建设及遗迹地治理 2000 亩； (4) 拟自然地貌重点治理工程 2000 亩	c	520.03 亩

注：a 为关键技术试验区；b 为研究对比区；c 为技术改进区。

2. 示范工程具体技术目标

1）地表生态修复新技术示范

在宝日希勒露天煤矿选取典型的复垦区域进行科研型生态示范区建设，以消除和缓解灾害性限制性因子为出发点，以建立稳定生态系统为最终目的，基于东部草原露天矿区特殊的生态环境条件，构建科学合理的水资源调控环境，促进整体生态环境改善与提升，实现生态效益最大化。本示范区的试验布设预期可找到相应措施以促进植物在该种立地条件下持续和稳定生长。通过植被恢复关键技术示范工程的建设，将贫瘠的排土场变为绿地，增加绿地覆盖率，进一步改善土壤，进而改善微环境，改善生态环境。结合当地土壤的自修复能力，选用矿区开采废弃物作为土壤改良添加剂，选取当地物种，适当使用微生物菌剂，以期减少对剥离表土的需求，减少工作量，增加经济效益。通过对排土场水资源进行调控，依托现有水文网，构建分布式保水控蚀系统，形成控水、集水、用水为一体的“海绵”排土场，提升了排土场景观的地质稳定性与水土保持功能。在保水控蚀单元上种植适生植物，在保水控蚀单元边缘种植当地适生灌木，对排土场景观功能进行提升，以控制边坡松散基质稳定性，保持稀缺水土资源，令重建植被群落实现自维持。结合当地气候条件，使系统可以达到自维护程度，无须过多人工维护，为矿区景观功能推广提供一条新思路。

2）地下水资源保护与利用示范

针对我国煤炭规模化开采引发的生态环境问题，如何依靠技术进步，通过煤炭资源与环境协调开采，将采矿活动对生态环境的影响降低到最低程度是煤炭开发亟待解决的重大实践问题。采用多种方案考虑在露天煤矿排土场进行储水空间重构，建立地下水库，进行水资源调蓄、提高生态效用和水资源保护利用是一种创造性技术思路，这与井工条件下建设煤矿地下水库的技术思路相接近，但又有条件差别。依托宝日希勒露天煤矿作为高标准示范工程建设基地，其目标要求达到：①根据矿区相关地质资料，计算不同高程区域储水能力，确定分布式地下水库的库容–水位曲线，为水库库容储量和安全评价提供依据；

②建立分布式地下水库的地下水分析模型，预测矿区的涌水量，为分布式地下水库系统中每个水库的实际库容评估提供依据；③通过开展采排复一体化技术，验证其时效性和可行性，发挥矿区资源、资金和管理优势，集约化、规模化高效利用矿区复垦土地资源，破解矿区可持续发展面临的瓶颈约束，实现生态效益、经济效益和社会效益的协调发展。

以上研究内容建立了露天煤矿地下水库的新模式和理论体系，提出露天矿人造含水层水资源存储地质评价方法，构建宝日希勒露天煤矿地下储存水质风险控制技术体系；与此同时，创立和优化示范工程实施技术方案，为东部草原区大型煤电基地水资源保护建立新的工程范例提供实践和理论依据。

3）煤炭开采损伤区生态修复工程

针对大型露天矿生产、生态实际情况，按照采排复一体化技术思路系统规划生态修复布局和部署生态修复工程，着力缩短开采影响周期和促进景观恢复速度，明确“排、整、覆、种、灌、养”六步走和绿色矿山“零指标”要求（排土场绿化零死角、浇灌零死角，厂区绿化零死角，矿坑水零排放，粉尘有效控制），建设示范区，确保示范区建设达到采排复一体化生态减损5000亩、采矿损毁土地综合整治2000亩、露天煤矿地下水库建设$1.00\times10^6m^3$的目标，露天排土场治理示范区植被覆盖率较本底值提高35%和废弃地示范区治理率达到96%的技术指标，促进大型煤电基地区域生态安全与和谐发展。

针对宝日希勒露天煤矿面临的生态修复窗口期短，开采占地面积大，地下水流场特征不明，水资源时空分布不均，露天矿土壤、植被、景观损伤等问题，设计了大型露天矿减损型采排复一体化技术试验工程、大型露天矿区地下水流场信息采集示范工程、大型露天矿地下水库技术试验工程、大型露天矿区地表生态修复新技术试验工程、大型露天矿区景观功能提升及关键技术示范工程等5大工程内容，通过试验-工程相结合的方式促进宝日希勒露天煤矿生态恢复。

7.3.2　大型露天矿减损型采排复一体化技术试验工程

针对露天开采对地表大面积损伤、酷寒草原区生态恢复有效时间短等问题，开展大型露天矿减损型采排复一体化技术试验工程。

7.3.2.1　设计思路与预期目标

1. 设计思路

示范工程的设计思路是，针对煤炭资源开发造成的土地占用、地下水流失等问题，以露天矿生产和生态修复协调推进为目标，综合应用靠帮开采、季节性作业协调、地层重构、土壤重构等大型煤电基地采排复一体化与土壤重构关键技术，对露天矿开采参数、开拓运输系统、开采程序、综合工艺系统布置等矿山生产内容进行调整，从而降低煤电基地建设的区域生态环境影响强度。

为降低示范工程建设的风险，提高生态修复质量和保证设计方案与矿山生产条件的适应性，研究将现场示范分为试验和示范两阶段。现场试验阶段的主要任务是将实验室研究成果在宝日希勒露天煤矿生产现场进行工业化试验，以解决实验室研究存在的样本尺寸、自然环境等问题，同时考察现场施工条件下的方案应用效果，为现场示范工程建设提供最优方案。

2. 预期目标

（1）降低煤炭资源开发的生态扰动强度。受帮坡角等因素影响，露天矿开采的坑底境界小于地表境界。在宝日希勒露天煤矿现阶段的生产中，提高端帮帮坡角可以缩小坑底境界与地表境界的差距，从而提高单位土地面积的煤炭采出量，即降低单位煤炭开采量的土地占用量和生态扰动强度。

（2）提高排土场生态修复速度。排土场的生产修复作业开始时间受到排土场到界情况、表土铺设情况和气候条件三大方面因素的限制。宝日希勒露天煤矿冬季严寒、无霜期短，因此必须优化露天矿生产作业以便充分利用短暂的夏天进行生态修复作业。

（3）降低排土场生态修复成本。采排复一体化技术有两大目标：一是提高生态修复速度，二是降低生态修复成本，实现资源开发的经济效益与生态效益的有机融合。在露天矿采剥作业方式、设备、时间等方面充分考虑生态修复需要，减少甚至避免表土等生态修复关键物料的储存和二次倒运，实现露天矿物料调配综合优化。

（4）保障区域生态环境安全。在传统的覆土、绿化方式下，人工重建的生态系统需要长期的维护才能够维持。通过应用地层重构、土壤重构等技术，实现排土场人工重建生态系统的自维持，对于降低生态重建成本和保障区域生态环境安全具有重要的意义。

7.3.2.2 主要试验内容

试验工程区建设面积约 321 亩，共分为 7 个分区。考虑坡面角等因素，设计坡顶平台面积约 168 亩。

1. 近地表层重构试验

该地区采前第四系松散层总厚度为 8 ~ 10m。其中，表土层（含腐殖质）厚度约 0.5m，砂质层厚度一般 3 ~ 5m，黏土类隔水层厚度一般 3 ~ 5m。在第四系松散层以下，为厚度大于 60m 的泥岩层。试验以露天矿采剥物料为基础，重构近地表含水层和隔水层，达到自然保水、土壤保质和生态提质的综合目标。

（1）台阶主体仍按现行参数排弃，上部覆土以便进行生态重建；本方案主要用作对照组，以便论证项目研究方案的应用效果。

（2）以露天矿剥离的表土层作为植物的植根生长层，厚度 0. 3m；其下以亚砂土、砂砾岩等为基础物料构建含水层，共设计 0. 3m、0. 5m、1m、2m、3m 等 5 种含水层厚度方案；以黑黏土为主要物料构建隔水层，隔水层厚度为 1m；该方案所构建的近地表地层最大限度接近露天矿原始地层，可验证黑黏土在正常排弃后自然构建隔水层的可行性。

（3）隔水层物料和厚度不变，由黑黏土构成，厚度为 1m；表土层采用原始剥离表土，砂土和黏土按 1 : 1 混合成改良土，砂土和黏土按 2 : 1 混合成改良土这三种方案配置复垦区表土层，对比验证不同成分和配比的表土对于植物复垦的效果。

（4）在改良表土的精细化重构试验区，分别加入改良剂来进行土壤改性研究，以对比改良剂对于示范区复垦效果的影响。

重构各地层的实际位置与当年的采排关系有关，即由于采排关系不同，不同年份的露天矿排土场最上台阶高程也不同。为保证地层重构效果，应使各重构地层层位在平面上具有连续性。一方面，应当尽量编制露天矿长远规划，以实现排土场整体排弃效果达到仿自然地貌的目标；另一方面，在内排土场与端帮、非工作帮自然地层之间有良好的过渡，不同年份之间的内排土场也应保证连续性良好。

2. 土壤层精细化重构

土壤有效水分对于半干旱区的植被恢复至关重要，土壤持水能力通常与构造剖面的土壤性质有关。根据宝日希勒露天煤矿土壤赋存特点和生态修复需要，初步确定土壤层序重构实际为两种模式，六种方案。

（1）二层结构模式。上层土壤其养分和土壤质地均优于其他种类土壤，但当地表土缺乏，利用黏土层作为下层可有效减少土壤水分下渗流失。

表土+黏土二层结构；

混合土（表土：黏土=1：1）+黏土二层结构；

混合土（表土：沙土=1：1）+黏土二层结构。

（2）三层结构模式（30：30：40）。针对表土与黏土混合增加了改良土的持水性，但在机械碾压后可能造成土壤板结、通气性差，植物难以扎根问题，下层采用砂土层改进。

表土+沙土+黏土三层结构；

混合土（表土：黏土=1：1）+沙土+黏土三层结构；

混合土（表土：沙土=1：1）+沙土+黏土三层结构。

为改善亚黏土性质，在使用过程中添加改良剂，室内实验得到的最优组合为蛭石：秸秆：硝基腐殖酸=100：100：1。添加改良剂后，根据表土替代材料的各项指标发现表土替代材料的容重降低，总孔隙度增大，通气性与蓄水性均有所提高，团聚体含量增加、持水性能增强，同时养分含量、土壤酶活性及微生物数量显著增加。

7.3.2.3　主要技术指标

1. 含水层重构试验

植物植根生长层-含水层-隔水层的复合结构。其中，剥离表土层作为植物植根生长层，厚度0.3m；含水层，成分以亚砂土、砂砾岩等物料为主，厚度分别为0.3m、0.5m、1m、2m、3m；隔水层，主要物料为黑黏土，隔水层厚度为1m。

2. 表土层重构试验

含水层和隔水层物料和厚度不变，表土层配置采用原始剥离表土，砂土和黏土按1：1混合成改良土，砂土和黏土按2：1混合成改良土。

3. 近地表土壤精细化重构

在改良表土的精细化重构试验区，设计7种方案，分别加入改良剂来进行土壤改性研究，以对比改良剂对于示范区复垦效果的影响。

7.3.3 大型露天矿区地下水流场信息采集示范工程

针对煤炭高强度开采对水资源及生态的影响问题，以宝日希勒露天煤矿为研究对象，以露天矿采场为中心，向采场外围放射状布设水文长观钻孔，建立水文观测网，进行地下水动态监测。

7.3.3.1 系统设计思路与预期目标

设计过程中选取其中部分钻孔，开展不同含水层的抽水试验。综合抽水试验、土力学及岩石物理力学样采样化验和长期水文观测结果，提取研究区水文地质参数、矿区及周边地下水位与水量变化数据，结合已有相关资料，进一步研究总结矿山开采前、开采中和开采后地下水资源变化规律，揭示地下水扰动机理和作用边界及范围。

7.3.3.2 水文钻孔设计及技术要求

1. 设计

（1）系统收集研究区各阶段勘查及水文勘查资料，地质及水文地质测绘资料，建井阶段的各类地质资料，露天矿开采过程中进行的疏降水、工程地质资料，生产补勘资料及生态监测资料，综合归纳研究，形成研究区水资源、生态环境背景值；

（2）在研究上述资料基础上，针对本次需解决的技术问题编制详细的实施方案；

（3）通过施工水文地质、工程地质钻孔，辅以地球物理测井、抽水试验、水样、岩土样测试及动态水文监测，提取研究区水文参数、水位及水量变化数据、研究区岩土层的水理、物理力学性质数据；

（4）开展以地球物理的方法对胜利露天煤矿周边进行地下水位动态监测；

（5）基于以上成果，进一步研究总结煤炭开采前、开采中和开采后地下水资源变化规律，揭示地下水扰动机理和作用边界及范围。

2. 技术要求

技术上按照以下规范执行：

（1）《煤矿防治水规定》（国家安全生产监督管理总局和国家煤矿安全监察局，2009年）；

（2）《水文测井工作规范》（DZ/T 0181—1997）；

（3）《煤矿床水文地质勘查工程质量标准》（MT/T 1163—2011）。

7.3.3.3 数据采集装置设计与技术要求

1. 数据采集装置设计

地下水动态监测目的是进一步查明和研究水文地质条件，地下水补给、径流和排泄条件，掌握地下水动态规律，为地下水科学管理和环境地质研究与防治提供科学依据。

研究区位于酷寒地区，冬季最低气温可达到零下40℃以下，低温环境条件会使地下水自动监测设备工作状态发生改变，导致设备故障停机，甚至损坏，影响监测数据采集与传输。因此，要实现冬季在酷寒地区进行地下水自动监测，需要对地下水自动监测井采取保温防冻措施，以确保仪器设备正常运转。为满足地下水监测井在低温环境下能正常工作，利用研制出的酷寒地区地下水自动监测系统，可以确保地下水自动监测系统能在酷寒条件下正常运转。

2. 技术要求

地下水动态监测是按照一定时间间隔，对地下水位和水温等要素进行监测和综合研究。

7.3.3.4　数据传输与处理功能设计和技术要求

地下水自动监测系统主要对煤炭开采条件下地下水数据进行采集，基于网络化平台管理，将前端数字采集到的数据利用无线通信终端，通过GPRS网络传到地下水自动监测平台，实现对水资源监控与管理，为水资源保护和利用提供全面的数据支持。

地下水自动监测系统包括地下水数据采集设备和地下水监测与分析系统两部分组成。

地下水数据采集设备集传感器、数据采集、数据传输和无线通信于一体；由传感器、监测终端和通信网络组成，具有水位监测和水温监测等功能。

地下水监测与分析系统采用阿里云物联网技术，以物联网、自动监测和网络传输为核心，将地下水监测数据通过物联网卡传输到地下水自动监测平台，实现对地下水的远程动态管理与分析研究。

7.3.3.5　工程实施流程和技术要求

针对煤炭高强度开采对水资源影响问题，采用水工钻探、地球物理测井、样品采集测试及动态水文监测方法，根据地下水流场变化分析，系统地部署水文观测钻孔，构建地下水长期观测系统，综合抽水试验、土力学及岩石物理力学样采样化验和长期水文观测结果，系统提取研究区水文参数、水位及水量变化数据，进一步研究总结煤炭采前、采中和采后地下水资源变化规律，揭示地下水扰动机理和作用边界及范围（图7-2）。

1. 钻探工程

设计水文钻孔22个，观测孔1个，钻探工程量2115m。其中，13个第四系水文监测孔，9个基岩含水层水文监测井（设计1～2口一孔多层监测井），与已有观测孔和民井构成区域第四系和基岩含水层的水文监测网。

2. 同步检测

同步检测包括抽水试验和化验。22个钻孔中，单孔抽水试验21层，多孔抽水试验1层；采集22件全分析水样，在2个含水层采集一件同位素测试水样；采集20组土样和30组岩石力学样进行土力学试验。

3. 地下水位智能动态监测配置

安装22个水文钻孔的智能动态监测设备和3套设备远程监测管理平台，构建智能化远程监测与管理系统，实现长周期动态监测，实物工作量见表7-7。

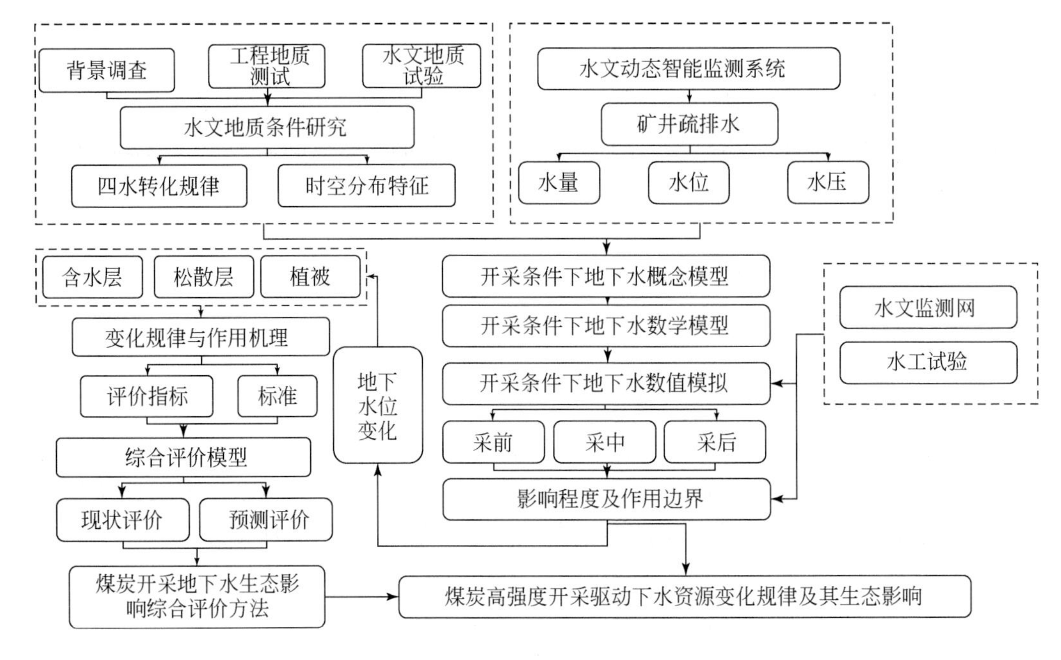

图 7-2　中长期地下水观测系统工程设计思路

表 7-7　实物工作量一览表

项目	工作量
临时征地青赔	23 个井位点及施工期间进出场临时压占的草原道路
测量工作	RTK 测量 23 个点
钻探	22 个钻孔，包含 13 个第四系水文监测孔，9 个基岩含水层水文监测井（设计 1 ~2 口一孔多层监测井）
测井	14 个钻孔，包含常规测井及水文扩散测井
抽水试验	22 个钻孔，其中单孔抽水试验 21 层，多孔抽水试验 1 层
采样	22 个全分析样，20 组土样，30 组岩石力学样
监测设备	22 个井水位智能动态监测设备安装
远程监测管理平台	远程监测管理平台安装 3 套

4. 观测网布局

采用水工钻探、地球物理测井、样品采集测试及动态水文监测的综合方法来开展研究。设计水文钻孔 22 个，观测孔 1 个，钻探工程量 2115m，见表 7-8，除潜水含水层钻孔外所有钻孔均进行常规测井。设计 1 ~2 口一孔多层监测井，实现一个钻孔同时监测第四系含水层与 I 号含水层水位。施工的 I 号含水层基岩孔除观测孔外均进行扩散测井。设计采集水样 22 件，进行全分析。采集土样 20 组，岩石学 30 组，进行岩矿鉴定及物性参数测试。选取 4 个第四系钻孔进行土力学参数试验。

表 7-8　宝日希勒一号露天矿地下水观测钻孔布置

序号	孔号	X	Y	高程 H/m	钻深 h/m	目的含水层
1	SQ1	5478808	495452	650	60	第四系含水层
2	SQ2	5477301	490965	650	60	第四系含水层
3	SQ3	5476344	488104	680	60	第四系含水层
4	SQ4	5475035	484220	680	50	第四系含水层
5	SQ5	5472381	476263	620	50	第四系含水层
6	SQ6	5470432	472132	610	50	第四系含水层
7	SQ7	5470896	495428	620	50	第四系含水层
8	SQ8	5481428	482157	630	50	第四系含水层
9	SQ9	5479486	482143	625	50	第四系含水层
10	SQ10	5476409	482129	675	50	第四系含水层
11	SQ11	5469451	482139	650	50	第四系含水层
12	SQ12	5465677	482136	690	50	第四系含水层
13	SQ13	5466632	475843	629	50	第四系含水层
14	SM1	5474136	499416	625	200	Ⅰ号含水层
15	SM2	5476069	484372	632	150	Ⅰ号含水层
16	SM3	5474125	485516	680	135	Ⅰ号含水层
17	SM4	5474049	484359	680	130	Ⅰ号含水层
18	SM5	5473195	476937	629	150	Ⅰ号含水层
19	SM6	5473232	473910	620	150	Ⅰ号含水层
20	SM7	5473277	470250	620	150	Ⅰ号含水层
21	SM8	5479484	481311	624	100	Ⅰ号含水层
22	SM9	5476505	481290	640	150	Ⅰ号含水层
23	SMG1	5474090	485517	680	120	Ⅰ号含水层观测孔
总计					2115	

SQ1～SQ6（剖面Ⅰ-Ⅰ）：上部潜水含水层水文地质剖面。

布置原因：历次报告均表明第四系含水层为不含水层，因其含水层底板标高高于侵蚀基准面标高，故而在矿权北部及东北部接收补给后，沿地势方向由高至低逐渐向海拉河方向排泄。在枯水期为无水含水层；在丰水期（4～5 月融雪，6～8 月降雨）观察其水流方向及流量。西南部由于侵蚀基准面为海拉尔河的 601m 标高，其第四系厚度约为 40m，地面标高为 630m 左右，故在排土场中西侧有 10m 的含水层内可见水位。内排土场中因松散堆积，故可视为一个孔隙含水层，需判断其流场方向及水力联系。

剖面布置方向：沿地下水流场方向。推断采场东北部地下水流向为北东向至南西向，采场西南部地下水流向为南西向至北东向。

含水层：均为完整含水层。

抽水试验：若各孔有水，则进行每孔的抽水试验，以期获得第四系含水层水文地质参数；若无水，则不进行抽注水试验。

施工顺序：先施工 SM4 及 SM5，然后自采坑位置由近及远渐次施工。

施工工艺：①取芯判层，过 K_1d 顶风化层 6m 后停止；②扩孔或反循环扩至大于 Φ190mm 后，下入 Φ168mm 缠丝包网花管，并填砾；③底部预留 6m 沉沙管。

SQ8～SQ12（剖面Ⅱ）：第四系含水层。

布置原因：该剖面穿采场中部。采场北部为天顺煤矿，天顺煤矿以北为山前冲积扇，近水文地质单元边界，SM9 孔在天顺煤矿以北，用作探查第四系水位标高；SM10 在天顺煤矿与宝一矿之间，用作探查水位，判断两矿开采后扰动水位，及地下水的流场方向与影响范围。采场南部布置两个第四系水文孔，以判断南部的地下水流场、水位及影响范围。

流场方向：向采坑内汇聚。

含水层：完整含水层。

抽水试验：若各孔有水，则进行每孔的抽水试验，以期获得第四系含水层水文地质参数；若无水，则不进行抽注水试验。

施工顺序：先施工邻近采场水文孔，渐次向外施工。

施工工艺：①取芯判层，过 K_1d 顶风化层 6m 后停止；②扩孔或反循环扩至大于 Φ190mm 后，下入 Φ168mm 缠丝包网花管，并填砾；③底部预留 6m 沉沙管。

SQ5、SQ13（剖面Ⅲ）：第四系含水层。

资料推断：因无天顺煤矿开采资料，假定天顺煤矿开采的为 1-2 煤，其与宝一矿形成相互干扰的地下水流场，该剖面可获得动态的紊流场水文地质数据。

布置原因：判断采场以西，近两河交汇处的地下水流场方向。

方向：地下水流场指向海拉尔河。

含水层：完整含水层。

抽水试验：若各孔有水，则进行每孔的抽水试验，以期获得第四系含水层水文地质参数；若无水，则不进行抽注水试验。

施工顺序：先施工邻近采场水文孔，渐次向外施工。

施工工艺：①取芯判层，过 K_1d 顶风化层 6m 后停止；②扩孔或反循环扩至大于 Φ190mm后，下入 Φ168mm 缠丝包网花管，并填砾；③底部预留 6m 沉沙管。

SQ1、SQ7（剖面Ⅳ）：第四系含水层。

布置原因：历次报告均表明第四系含水层为不含水层，因其含水层底板标高高于侵蚀基准面标高，故而在矿权北部及东北部接收补给后，沿地势方向由高至低逐渐向海拉尔河方向排泄。在枯水期为无水含水层；在丰水期（4～5 月融雪，6～8 月降雨）观察其水流方向及流量。

剖面方向：沿地下水流场方向。

含水层：完整含水层。

抽水试验：若各孔有水，则进行每孔的抽水试验，以期获得第四系含水层水文地质参数；若无水，则不进行抽注水试验。

施工工艺：①取芯判层，过 K_1d 顶风化层 6m 后停止；②扩孔或反循环扩至大于

Φ190mm后，下入Φ168mm缠丝包网花管，并填砾；③底部预留6m沉沙管。

SM1～SM4（剖面Ⅴ）：Ⅰ号含水层。

布置原因：以采坑为中心，钻孔呈发散式布置，揭示西部露天煤矿群开采对Ⅰ号含水层东部的降落漏斗范围。

剖面方向：近乎陈巴尔虎旗宽缓向斜的轴向布置，推断地下水的流场方向指向采场。

含水层：完整含水层。

抽水试验：各水文钻孔均进行抽水试验，若无水，不进行抽注水试验；为准确获取Ⅰ号含水层的水文地质参数，布置一组多孔抽水试验，在SM3号进行多孔抽水试验，SMG为其观测孔；先施工SM4，然后自采坑位置由近及远渐次施工。

施工工艺：①取芯判层，过1-2煤10m后停止；②分级扩孔，地表至Ⅰ号含水层顶板以上5m裸孔孔径为Φ190mm，下入Φ168mm止水无缝管；③Ⅰ号含水层下入Φ133mm缠丝包网花管；④底部接一个6m长沉沙管。

SMG1孔施工工艺：据SM3的见煤情况，确定该观测孔的终孔深度，可不穿透1-2煤，采用无芯钻进。煤系地层以上的松散层扩孔至Φ133mm，下入止水无缝管；下部为裸眼，当作观测孔使用，不进行抽水试验。

SM5～SM7（剖面Ⅵ）：Ⅰ号含水层。

布置原因：本剖面延剖面Ⅴ偏南布置，减小东明露天矿对该含水层的影响，探查因宝一矿开采对地下水流场方向的影响。其与剖面Ⅰ形成跨采场的东西向完整剖面。

方向：地下水的流场方向指向采场。

含水层：完整含水层。

抽水试验：各水文钻孔均进行抽水试验，若无水，不进行抽注水试验。先施工SM5，再施工SM6、SM7。

施工工艺：①取芯判层，过1-2煤10m后停止；②分级扩孔，地表至Ⅰ号含水层顶板以上5m裸孔孔径为Φ190mm，下入Φ168mm止水无缝管；③Ⅰ号含水层下入Φ133mm缠丝包网花管；④底部接一个6m长沉沙管。

SM8、SM9（剖面Ⅶ）：Ⅰ号含水层。

布置原因：本剖面自北向南布置，探查与自然地下水垂直方向的水文地质参数。SM8探查天顺煤矿北部的补给情况，SM9探查两矿开采扰动地下水的流场及水文地质参数。

方向：地下水的流场方向指向采场。

含水层：完整含水层。

抽水试验：各水文钻孔均进行抽水试验，若无水，不进行抽注水试验。先施工SM9，再施工SM8。

施工工艺：①取芯判层，过1-2煤10m后停止；②分级扩孔，地表至Ⅰ号含水层顶板以上5m裸孔孔径为Φ190mm，下入Φ168mm止水无缝管；③Ⅰ号含水层下入Φ133mm缠丝包网花管；④底部接一个6m长沉沙管。

7.3.4 大型露天矿地下水库构建技术试验工程

高强度开采与煤电开发引起的生态环境问题直接影响着区域和国家生态安全。宝日希勒露天煤矿地下水库建设是“东部草原区大型煤电基地生态修复与综合整治技术及示范”——呼伦贝尔示范区建设项目的重要组成部分，也是神华宝日希勒能源有限公司开展工程示范的重要内容。

7.3.4.1 设计总体思路与目标

根据总体任务安排，结合矿区地下水区域分布规律和矿坑水管理需求，综合考虑露天矿生产过程中采排复一体化过程，按照目标明确、布局合理、经济可行原则，确保宝日希勒露天矿地下水库建设初步具备地下水库的基本功能，储水容量超过 $1.00\times10^6\text{m}^3$ 的技术指标要求，开展与宝日希勒露天矿现有采排复一体化过程相适应的地下水库工程方案设计。露天矿地下水库工程设计总体思路如图 7-3 所示。

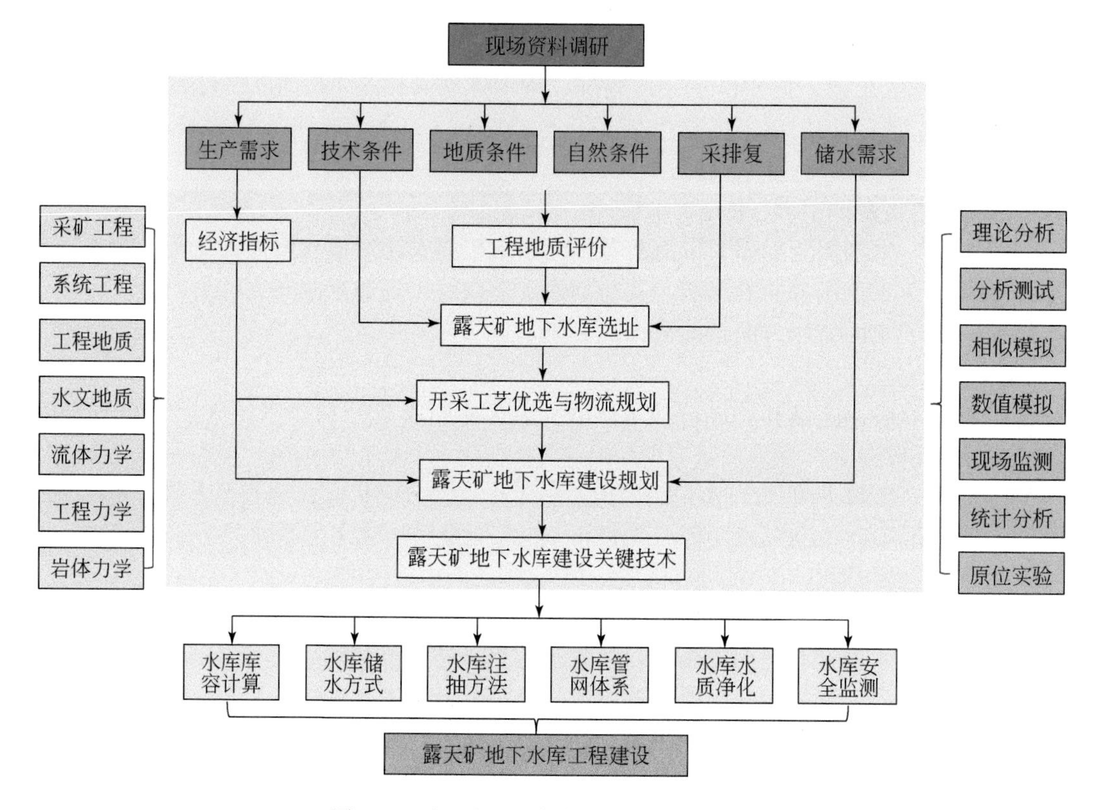

图 7-3 露天矿地下水库工程设计总体思路

7.3.4.2 地下水库选址

大型露天矿区地下水库主要由储水地质体、坝体和注排水井组成。其中，储水地质体的容量和充足的地下水源是考虑地下水库选址的首要条件，在确定的露天开采区域环境条件下储水地质体是选址的关键。

2011 年 6 月宝日希勒露天煤矿开采过程中，1 号煤层顶板含水砂岩层涌水量可达 10 万 m^3/d，此区域内煤层底板以上排土以砂岩为主，煤层底板高程从 545～510m 起伏变化，底板起伏表现为中间高、两侧低的变化趋势。内排土场重构砂岩含水层以煤层底板起伏变化为主，同时为边坡和排土场稳定，在低洼处投放大量毛石，构建了稳定排土场基础的毛石网格，毛石沟槽标高553～567m，沟槽宽度4m、厚度3m、长度350m，目前在积水坑位置标高555m处观测到水位上升趋势。

因此，地下水库选址考虑借助井田西侧低凹地势区域作为地下水汇聚区，利用内排土场重构砂岩含水层作为储水体，以毛石沟槽位置作为露天煤矿地下水库取水位置，根据1号煤层底板等高线初步确定地下水库选址。根据聚水区的分布，宝日希勒露天煤矿西区地下水库选址如图7-4所示。

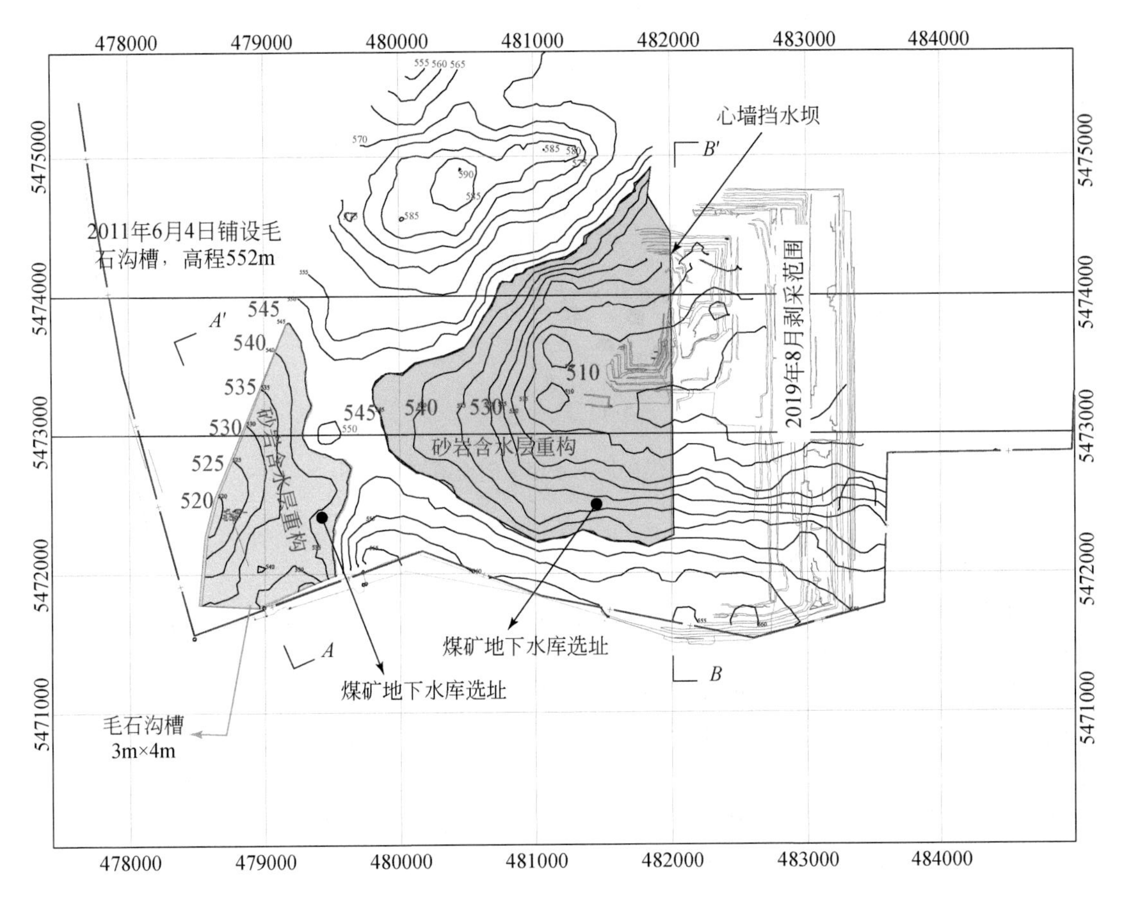

图7-4 利用内排土场重构砂岩含水层作为地下水库选址

等高线单位为m

7.3.4.3 地下水库剖面设计

1. 地下水库横剖面结构

地下水库结构形式以储水地质体、坝体和注排水井组成，储水地质体以砂岩重构含水层为主，考虑到地下水库坝体构筑问题，建议以内排土场为边界，分段碾压形成心墙式挡水坝体，取水井设计在毛石沟槽位置附近，由垂直钻井施工至毛石沟槽底部，注水井设计在煤层底板等高线较高位置，整个地下水库横剖面结构形式如图 7-5 所示。

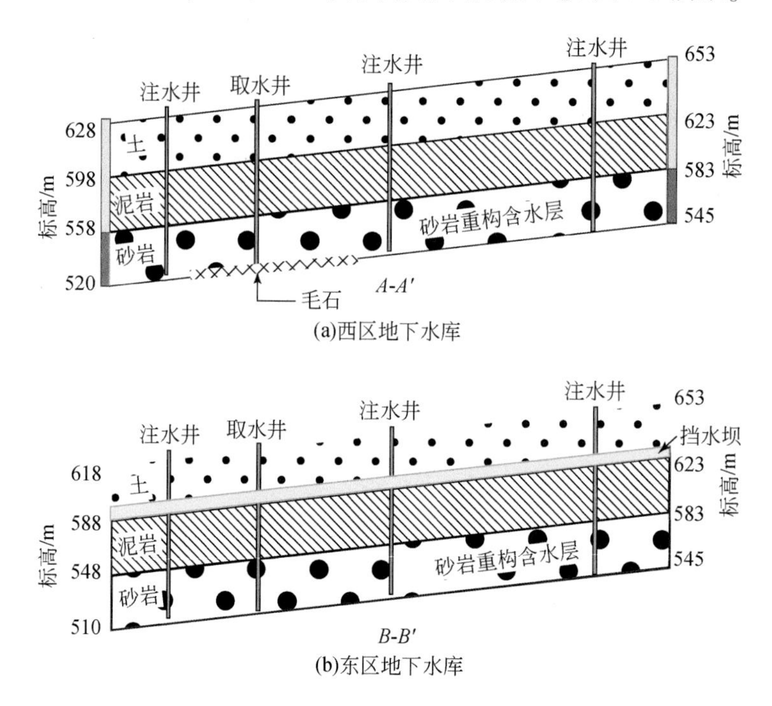

图 7-5　露天煤矿地下水库横剖面结构示意图

2. 地下水库纵剖面结构

在井田中东部区域设计建设地下水库，目前为内排土场作业范围，依据重构砂岩含水层标高位置，考虑在 1 号煤层底板位置处建立心墙挡水坝，坝体采用黑黏土和砂岩进行构筑、分段式碾压；而在井田西侧区域建设地下水库，1 号煤层西侧覆土已完成，因此采用碾压式技术筑坝，考虑对应区域地面标高 690～710m，地表距离煤层底板厚度约 150m，建议采用注浆孔进行注浆坝体构筑或形成注浆帷幕，保证西南侧地势低凹地带能够保持较高水头，形成地下水库蓄水有利条件，也保证了井田内部重构含水层与井田外部原始含水层的屏蔽，保证了露天煤矿地下水库系统的独立运行。

内排土作业是保障露天煤矿正常运营的重要环节，合理调节挡水坝构筑工程进度和内排土作业的关系，需确定好挡水坝结构形式，随着排土作业的进行，露天煤矿底部逐渐抬高，因此挡水坝构筑也应为多阶段施工，以保证坝体高度的工程需求。合理储水体材料的选择可保证地下水体的有效净化、储存与利用，储水体材料优先考虑成本低廉、具有吸附或过滤功能的孔隙、裂隙介质，倘若能将矿山废弃矸石、建筑废物等具有固体力学性质的材料作为储水体或者库底防渗铺设材料，则对矿山生态修复与水资源保护具有重要意义。因此，有必要发展一种适用于露天煤矿建设的地下水库结构形式，见图 7-6。

3. 地下水库安全运行机制

地下水库的封闭性和聚水性是安全运行的标志。根据地下水库储水体的空间位置和其

图7-6　露天煤矿地下水库纵剖面结构

与周围含水层地下水补、径、排关系，地下水库的安全运行通过调控地下水位高度，确保地下水库水不“外溢”。运行时，设置基于储水介质厚度的“最大储存高程”和基于周围含水层补、径关系的“安全储存高程”，控制安全储存高程低于含水层地下水的高度（图7-7）。同时，借助于地下水库储水体的相对低位特点和周围含水层地下水的径流效应，引导含水层地下水向水库聚集。

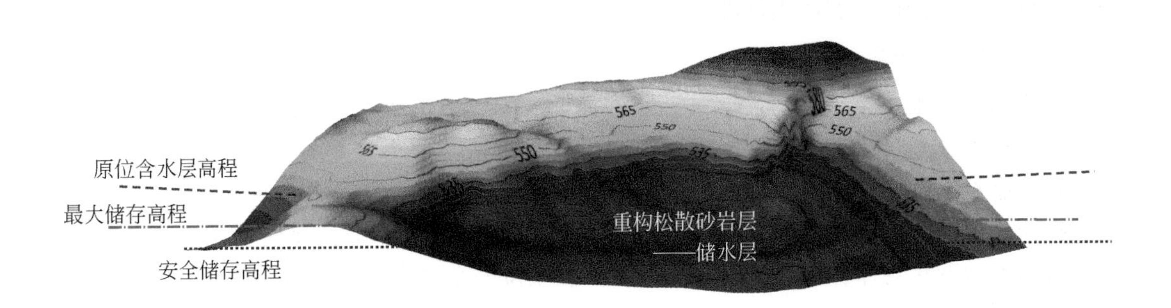

图7-7　地下水库安全运行机制（单位：m）

7.3.4.4　地下水库功能设计

根据宝日希勒露天煤矿地下水库选址、采场水源地和周围设施辅助条件，设计多源储水功能、洁净处理功能、运行调控功能和安全预警功能（图7-8）。

1. 多源储水功能

地下水库水源来自三个方面，一是矿坑采动煤层的含水层涌水，即矿坑水，通过采坑蓄水池储存和处理后注入地下水库；排土场周围含水层自然聚水，通过径流方式向地下水库“漏斗”补给；大型露天矿采区的大气降水聚水，通过处理后补充至地下水库。

2. 洁净处理功能

洁净储存是地下水库安全运行的水质保障，分质利用是地下水库储水的目标，洁净处理功能是针对露天矿矿坑水的特殊性设计。洁净处理包括：矿坑水的一次物理处理，重点去除水中悬浮物和杂质；矿坑水处理后再处理，重点去除水中污染地下水的化学成分，确保达到地下水储存的化学安全指标；地下水抽取后的处理，重点是按照用途，确定水处理

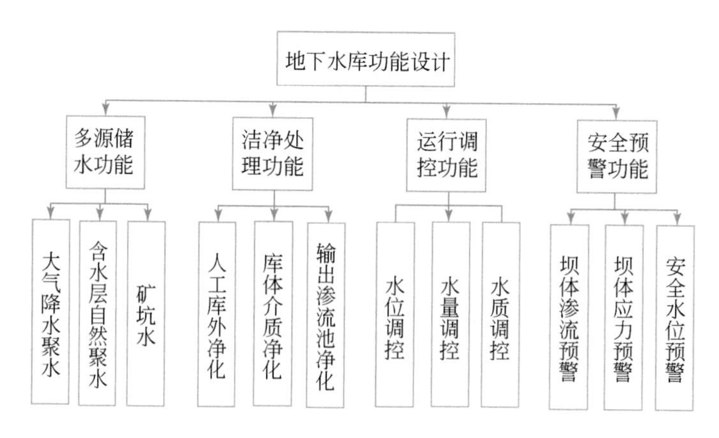

图 7-8　地下水库主要功能示意图

方法，确保水质指标达到使用标准。

3. 运行调控功能

安全是地下水库运行的基本要求，主要包括水质安全、抽注系统安全和输送管网安全。运行调控是通过参数动态获取（水质、水位、水量、应力应变等），按照地下水库安全运行机制控制地下水位安全高度、按照地下水库注入水要求控制洁净处理的工艺流程参数、按照水用途及用量调整地下水库的出水水质和分质用量。通过系统集成动态获取参数、分析参数变化规律，按照设置的水质标准和水位安全高度等，动态调整，实现地下水库安全运行。

4. 安全预警功能

安全预警是确保地下水库安全运行的基本保障，重点包括安全水位预警、坝体渗流预警和坝体应力预警等。安全预警就是系统地动态采集进出库的水质、地下水库区域及周边区的水位、坝体的应力应变、管网压力参数等，基于相关的设计安全标准和允许范围，持续分析安全监测参数的动态变化趋势，超出安全许可范围时及时预警，为地下水库运行调控提供支持。

7.3.4.5　地下水库储水容量试验分析

1. 地下水库库容

宝日希勒露天煤矿重构砂岩含水层为主要松散储水介质，对于此类松散砂岩层组成的地下水库，在计算地下水库库容时主要有两种方案，第一种只考虑水文地质分区，不考虑各区沿高程分布差异性，依据水文地质参数分别求出各区的库容；第二种采用等高程分区分层计算法，先从库区平面上进行水文地质分区，然后考虑不同高程含水层面积的差异进行计算，等高程分区分层计算公式如下：

$$V = \sum_{i=1}^{n} \sum_{j=1}^{m} (u_{ij} h_{ij} A_{ij}) \tag{7-1}$$

式中，V 为地下水库总库容，单位 m^3；m 为高程分层个数；n 为水文地质分区个数；A 为水文地质分区的面积；h 为地下水库水文地质分区的高度；u 为含水层的储水系数。因此，对于宝日希勒露天煤矿西侧地下水库选址，重构砂岩含水层储水系数需要具体试验，采用上述地下水库库容公式计算，这里初步假设松散砂岩储水系数为0.1，砂岩重构厚度约40m，计算中初步确定地下水库储水高度大于10m，得到井田西南侧地下水库库容为$1.50\times10^6m^3$，地下水库选址均满足$1\times10^6m^3$储水需求。

2. 地下水库水质

1）年矿井涌水及用量规模

矿井排水量按夏秋季排水量6500～7000m^3/d和冬春季排水量4000～4500m^3/d的最大值计算，则年排水量为2.1×10^6万m^3；矿区植被绿化需水量约为145万t，降尘洒水约100万t，总需水量约245万t，其中具体水量如表7-9所示。

表7-9　矿井总水量供需关系　（单位：万t）

季节	排水量	需水量	蓄水量
冬春季	81	0	81
夏秋季	126	245	-119

2）地下水库进水水质要求

矿坑水经过“高效旋流混合澄清+机械过滤器+回灌砂滤池”联合工艺处理后，建议水质需满足《城市污水再生利用　地下水回灌水质》（GB/T 19772—2005）和《地下水质量标准》（GB/T 14848—2017）后即可注入地下水库。地下水库进水水质要求见表7-10。

表7-10　地下水库进水水质要求

检测指标	单位	矿坑水处理前	GB/T 19772—2005	GB/T 14848—2017
pH		8.39	6.5～8.5	6.5～8.5
溶解性总固体	mg/L	880.0	1000	1000
化学需氧量（COD）	mg/L	137	15	3.0
总硬度	mg/L	60.0	450	450
硫酸盐	mg/L	67.20	250	250
氯化物	mg/L	117.000	250	250
氨氮	mg/L	0.06	0.2	0.5
硝酸盐（N）	mg/L	0.85	15	20
铁	mg/L	0.184	0.3	0.3
总大肠菌群	CFU/100mL	17	不得检出	3.0
耐热大肠菌群	CFU/100mL	11	不得检出	
大肠埃希氏菌	CFU/100mL	2	不得检出	
色度	铂钴色度单位	<5.0	15	15
浊度	NTU	220	5	3
肉眼可见物	无	微量沉淀	微量沉淀	无

3）地下水库出水回用水质要求

矿坑水在地下水库储存过程中通过填充材料的自净化作用，使水质进一步得到净化，需满足矿区绿化和降尘用水的标准，以实现矿坑水的资源化利用。地下水库出水回用指标见表 7-11。

表 7-11　地下水库出水回用指标

检测指标	单位	洒水	绿化
pH		6.0～9.0	6.0～9.0
色度	铂钴色度	30	30
嗅		无不快感	无不快感
浊度	NTU	10	10
溶解性总固体	mg/L	1500	1000
五日生化需氧量	mg/L	20	10
氨氮	mg/L	20	10
阴离子表面活性剂	mg/L	1.0	1.0
铁	mg/L		
锰	mg/L		
溶解氧	mg/L	1.0	1.0
总余氯	mg/L	接触 30min≥1.0，管网末端≥0.2	接触 30min≥1.0，管网末端≥0.2
总大肠菌群	CFU/100ml	3	3

3. 水库注抽能力

结合矿区涌水量及回用水量的要求，地下水库注水量按夏秋季排水量 6500～7000m^3/d 和冬春季排水量 4000～4500m^3/d 的最大值计算，则矿井涌水量为每年 210 万 m^3，折算注水能力为 200m^3/h。考虑到矿区植被绿化需水量约为 145 万 t，降尘洒水约 100 万 t，故抽水能力约为 245 万 t。

4. 水质水位监测

地下水库监测方面涉及水质监测和水位监测，分别对这两类监测设定不同的指标。

（1）水质监测指标：包括注水水质和出水水质监测，水质监测可进行简易便携式仪器检测，指标包括温度、含氧量、浊度、有机物含量及 pH，根据实际需要，可每天进行 1 次，也可以每周进行 1 次。此外，出水水质监测可根据利用类型不同，如降尘或浇灌，可开展实验室测试检测。

（2）水位监测指标：采样频率可以按照每天 2 次，分别在 8 点和 20 点各采集一次数据，分别采集每口监测井的水位数据和水温数据。监测水位标高可以设定预警值，监测水位误差控制在5cm以内。

7.3.5　大型露天矿区地表生态修复新技术试验工程

露天开采引起大量土方剥离，在排土场构建过程中丧失草原原有地貌特征，针对这一问题，应用生态学原理和方法，在研究区微地貌特征及生态环境现状调查基础上，结合复杂系统理论、应用数学、应用计算模拟等先进理论和技术，通过微地貌对生态影响与实验模拟研究，构建仿自然微地貌数值模拟模型和分析微地貌特性对生态环境影响的抑制作用，按照仿自然微地貌整形后的露天矿排土场最大限度保蓄水土、低养护成本、具有自维护能力的要求，依据露天矿采损区地形地貌特点，构建与区域自然、地理、地质、植被等相适应且与当地地形地貌相协调的原则优选典型仿自然微地貌形态，构建排土场仿自然微地貌形态，系统采集和分析人工排土场仿自然微地貌形态的水土保持效果，探索仿自然微地貌工程效果，提出适于示范区域的土地整治关键技术。

7.3.5.1　仿自然微地貌整治示范工程设计

1. 示范工程设计与实施目标

生态保护与安全并举。示范工程的选择应以东部草原区大型煤电基地生态修复与综合整治技术及示范项目的“生态修复”为目标，确保工程实施满足生态环境保护；同时应在保证安全的前提下实施。

面向煤矿安全需求。示范工程的选择应紧密围绕现场面临的工程技术难题，以响应现场工程技术需求为目标导向。本次示范工程正是为了解决宝日希勒露天煤矿排土场边坡变形加剧而最终引发滑坡灾害以及现有边坡方法投资大、维护多、生态效益低等问题而进行的。

实施方案经济可操作。示范工程实施方案的确定应满足经济、可靠原则，保证工程实施所需的成本最低、效果最好，以利于示范工程在东部草原区大型煤电基地的大范围推广。

预期目标如下：

（1）提高排土场生态修复速度。排土场的生产修复作业开始时间受到排土场到界情况、表土铺设情况和气候条件三大方面因素的限制。宝日希勒露天煤矿冬季严寒、无霜期短，因此必须合理设计边坡以及排土过程以便充分利用短暂的夏天进行生态修复作业。

（2）降低排土场边坡维护成本。仿自然地貌整形技术的目标是降低生态修复成本，实现资源开发的经济效益与生态效益的有机融合，依据露天矿采损区地形地貌特点，构建与区域自然、地理、地质、植被等相适应、与当地地形地貌相协调，开发投资低、维护少、生态效益高的仿自然地貌。

实验区域位于宝日希勒露天煤矿北排土场北边坡区域，排土台阶高度10m，平盘宽度40m，台阶坡面角33°。项目区包括东西方向600m，自680平台下的3个平台，3个斜坡，面积约为200亩。

2. 实验主要内容

主要实验工程包括排土场整形、表土稀缺区土壤重构、道路及宽浅沟修建、植被种植和水土流失实验建设。

1）排土场整形工程

排土场为塔状多台阶式，边坡角33°左右。排土场边坡是排土场最不稳定、水土流失最严重的地方，因其坡度大，水分易流失，所以治理难度远大于平盘，是排土场绿化复垦的关键区域。

2）排土场边坡仿自然微地貌整形技术

设计三种类型的边坡整治方案（图7-9）。从径流量、地表是否发生细沟侵蚀、土壤机械组成、植物生长状况等方面评价边坡整治方案。

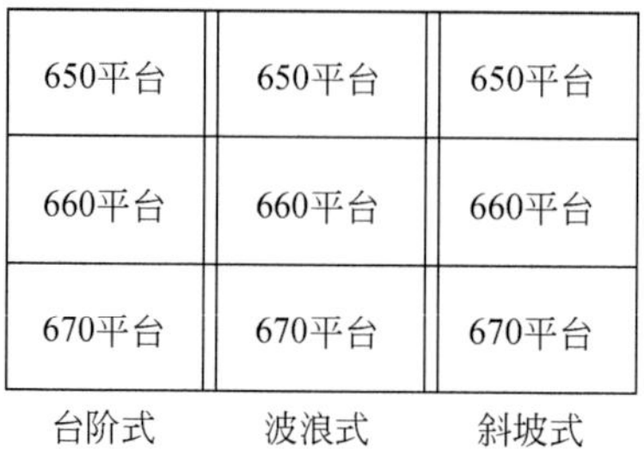

台阶式	波浪式	斜坡式
650平台	650平台	650平台
660平台	660平台	660平台
670平台	670平台	670平台

图7-9　实验区布置情况

（1）台阶式整形技术。台阶式整形技术是本实验的对照实验。不对原有边坡进行整形，只对其进行优化。施工面积必须保证东西方向200m，且包含3个平台（670，660，650），以及3个斜坡。在每一个平台底部设计宽浅沟，宽度为6m，深度0.8m，上铺0.3m的砾石。在680平台顶部修挡土墙，规格为上顶宽2m，高度1m，自然放坡（图7-10）。

（2）斜坡式整形技术。斜坡式整形是将原有台阶式排土场进行削坡处理，使原有33°的边坡角进一步缩小成11°±0.5°，如现场还有空间可以进一步放缓。施工面积必须保证东西方向200m，且包含3个平台（670，660，650），以及3个斜坡。在平盘底部设计宽浅沟，做法同原地貌整形。在680平台顶部修挡土墙，规格为上顶宽2m，高度1m，自然放坡（图7-11）。

（3）波浪式整形技术。波浪式整形技术是将原有的33°的排土场削坡成与周边地貌相似的15°±0.5°，同时在平台边缘修建反坡，坡度3°～5°。施工面积必须保证东西方向200m，且包含3个平台（670，660，650），以及4个斜坡。在平盘底部设计宽浅沟，做法同原地貌整形。在680平台顶部修挡土墙，规格为上顶宽2m，高度1m，自然放坡（图7-12）。

（4）外围拦土围堰。在项目区的外缘设置挡土围堰。经计算，围堰蓄水深最大为1.0m，考虑当地具有降雨强度大、历时短的特点，安全超高取0.5m，围堰总高度为2m。围堰采用梯形断面，顶宽1.0m，内外坡比均为1∶1.5，为预防排土场边坡土体的水力侵蚀产生的泥沙淤积，围堰与边坡之间预留2m的水平段（图7-13）。

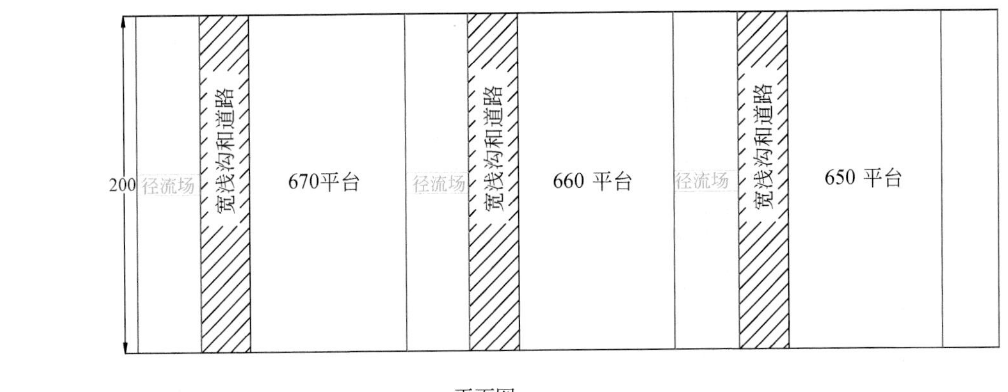

平面图

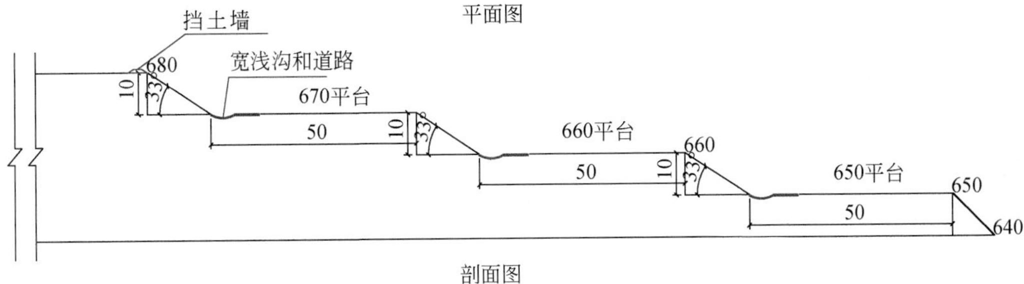

剖面图

图 7-10　台阶式整形平面图和剖面图

图中数据单位为 m

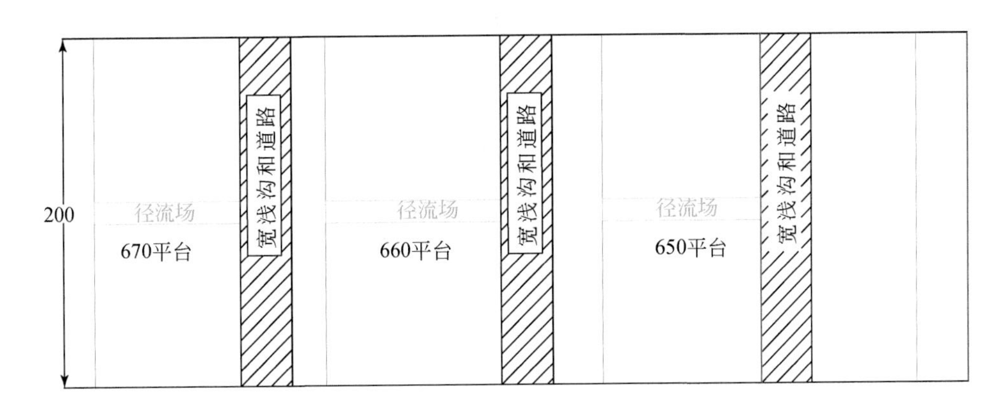

平面图

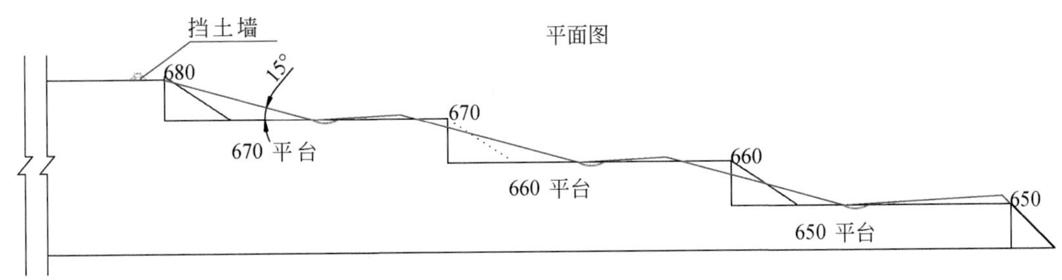

剖面图

图 7-11　斜坡式整形平面图和剖面图

图中数据单位为 m

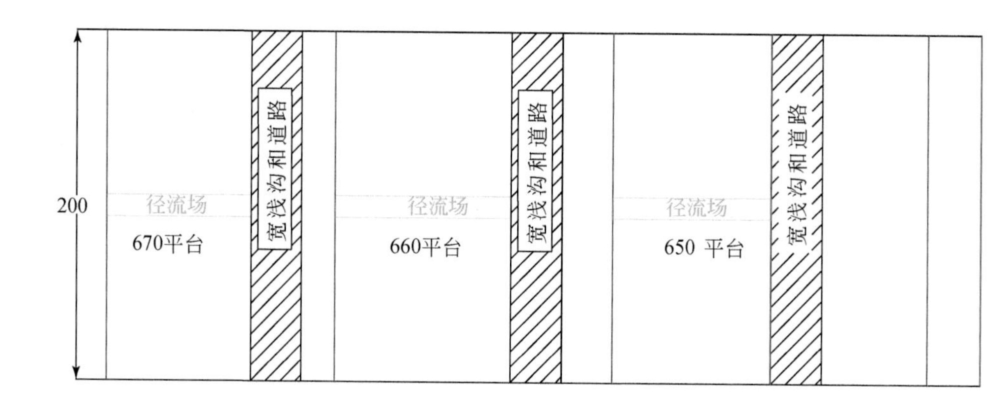

平面图

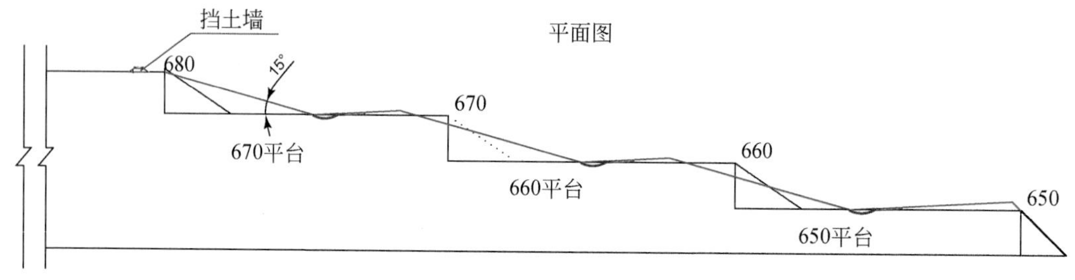

剖面图

图 7-12　波浪式整形平面图和剖面图
图中数据单位为 m

台阶式	波浪式	斜坡式
650平台 方案二	650平台 方案二	650平台 方案二
660平台 方案三	660平台 方案三	660平台 方案三
670平台 方案一	670平台 方案一	670平台 方案一

图 7-13　土壤剖面构建技术实验工程

3. 表土稀缺区土壤剖面构建技术

（1）方案 1：表层为 40cm 的表土，下面全部为自然堆积体，铺设在 670 平台斜坡处。

（2）方案 2：表层为 40cm 的表土、黏土、粉煤灰的混合物，配比为 1∶1∶1，铺设在 660 平台斜坡处。

（3）方案 3：表层为 40cm 的表土、黏土、砂砾岩的混合物，配比为 1∶1∶1，铺设在

650平台斜坡处。

4. 灌溉与排水工程

1）灌溉工程

项目区位于东部草原区，水资源短缺，对于排土场边坡植被恢复，灌溉是保证坡面植被生长发育所需水分的最主要手段，可弥补大气降水量不足和水气在空间上分布不均匀，有利于植物的正常生长和增强其竞争力。

本区域采用半固定式喷灌，即输水主管道固定在排土场平台，通过软管与喷头连接进行灌溉，并设定相应的灌溉制度，保证坡面稳定、不产生坡面径流，最大限度满足坡面植被恢复所需水分。

从720平台水源管道分别向喷灌区域铺设PE热熔主管道，主管道连接边坡顶端横向铺设的管线，通过主管道分支铺设，完成整个区域的浇水管线布置；从水平铺设的PE管线上每隔50m分支出一条纵向PE热熔管，每条PE管上隔2m分支一条PE热熔管，在PE热熔管线上每隔2m安装一个小喷嘴雾化式喷头进行喷洒，完成浇灌任务。

在坡面顶端PE主管线上设置进排气阀进行水流稳压，喷嘴均匀布置坡面，喷洒直径3.5～4m，水流量每小时50L。管道铺设于地表，用U形卡固定，在管道末端采用泄水阀泄水，防止冻害。

2）排水工程

排土场全部是松散剥离物，排土场防排水措施的合理、完善是保证排土场边坡稳定的前提。修建排水沟槽可有效缓解雨水冲刷和滑坡。排水沟槽水平集水沟部分的容积按暖季最大降雨量、径流面积和径流系数计算。

宽浅沟设计为弧形沟，设计深度0.8m，宽6m，截面积3.24m^2，长度1800m，上铺0.3m厚的砾石。

同时为防止局部汇水面积过大，产生地表径流，在小区内应每100m设计一道拦水墙。挡土墙不宜过高，保证播种机可以翻越。

3）田间道路工程

为便于排土场复垦后的管护，在排土场需布设道路。道路充分利用原排土时道路，边坡与台阶平台的道路在排土时已经基本形成，位于台阶平台外围，已纳入主体工程设计。在项目区周边及各平台修建一般剥离物道路，压路机压实，设计为6m宽，0.4m厚，总长度3290m。

4）植被工程设计

在坡面以及平台覆土区域进行植被覆盖，播种披碱草，播种量为50g/m^2，条播距离15cm。要求方案一覆盖40cm表土，覆盖度达到70%，方案二和方案三覆盖度达到60%。

5）水土流失实验工程设计

水土流失预测与治理是建设项目水土保持、环境影响评价工作的重要组成部分，而水土流失监测是水土流失预测与治理的重要依据，径流场观测是水土流失监测的主要方法之一。项目布置径流实验主要是为观测排土场不同边坡类型水土流失的影响。

在各平台斜坡处布置径流小区实验，整形与表土覆盖后进行铺设。径流场为长方形，宽度5m，长度为坡长，边缘用镀锌板围起，锤子夯实，黏土填缝。出水口用PVC管连接至水箱，用水泥和乳胶固定。每个实验方案设 3 个径流场，共计 9 个。

5. 工程实施流程及主要技术要求

1）施工关键技术指标监控

主要工程为排土场整形工程，对整形坡度有要求。斜坡式整形要求坡度为 11°，工程为排土，波浪式整形要求坡度为 15°。其他工程应满足当地相关要求。

2）工程材料质量监控

选用正规厂家的产品，把握好水泥标号，以及预制件的完整度和可靠性。六边形嵌草砖规格为 100mm 厚 C20 砼预制块。

3）施工效果达到指标

三种表土覆盖模式不同，要求方案一覆盖 40cm 表土，覆盖度达到 70%，方案二和方案三覆盖度达到 60% 即可。

7.3.5.2 植被恢复关键技术示范工程设计

示范工程的选择应紧密围绕现场面临的工程技术难题，以响应现场工程技术需求为目标导向。本次示范工程正是为了解决宝日希勒露天煤矿排土场生态复垦的问题而进行的。

1. 设计思路与实施目标

1）设计思路

针对宝日希勒露天煤矿排土场亟须解决的土壤贫瘠、寒冷周期长、植被重建困难等问题，遵循生态系统自我修复的功能原则和采动区的生态自修复规律，选择乡土、优良抗逆（耐干旱、贫瘠）植物，以草、灌、乔植物配置模式的人工生态工程，采用土壤微生物的恢复与土壤养分的改善等技术，建立起持续稳定的人工生态系统，加速矿区生态的自修复功能，探索以微生物修复技术为核心、生态植被恢复为根本、土壤修复改良为促进的露天矿区复垦集成技术，保护区域自然原生植被、植物群落来减少生物入侵危害。

2）预期目标

根据采动区的生态自修复规律，选择乡土、优良抗逆（耐干旱、贫瘠）植物，以草、灌、乔植物配置模式的人工生态工程。通过土壤微生物等关键技术应用，加速矿区生态的自修复功能，减少资金投入，力求最大的环境修复与利益，建立起持续稳定的人工生态系统。

2. 实验技术方案设计

在宝日希勒露天矿区选取典型的复垦区域，示范区面积超过 250 亩，划分为两带（表土带、黏土带）和 8 区（黏土风化区、黏土接菌区、表土覆盖区、表土接菌区、覆草翻耕区、表土压实区、育苗育草区、自然生长区），见表 7-12。

1）土壤优化改良实验

表土覆盖区（A1 ~ A5，B1 ~ B5 区）在基底上覆盖 50cm 的黏土后再覆盖 20cm 厚的表土；黏土风化区（C1 ~ C5，D1 ~ D5，E1 ~ E6，I1 ~ I5 区）在基底上覆盖 70cm 厚的黏土进行风化；无覆土区为 G1 ~ G6 区；表土区为 H1、I6、I7 区。覆土完成后，A、B、C、D、E、F、G、H、I 九个区域均进行翻耕，深度 20cm，总面积 196288m^2。覆草翻耕区在基底上覆盖70cm厚的黏土，第一年种植毛苕子+燕麦，5月播种，待生长成熟后翻耕作为绿肥，翻耕深度为20cm。

2）植物栽种模式实验

灌木（草）模式：采用沙棘、柠条种子进行育苗，待浇水管网布设完成后移栽。其中，A1、B1、C1、D1栽种柠条，播种方式为穴播；A5、B5、C5、D5区栽种沙棘，栽种方式为穴播；A3、B3、C3、D3区栽种紫花苜蓿（草籽），播种方式为机器条播。

灌草模式：采用栽种柠条、紫花苜蓿（草籽）、沙棘、毛苕子组合。其中，A2、B2、C2、D2区栽种柠条（穴播）和紫花苜蓿（草籽、条播）；A4、B4、C4、D4区栽种沙棘（穴播）和紫花苜蓿（草籽、条播）；E1～E6区和F1～F6区第一年栽种毛苕子和燕麦（草籽），播种方式为机播。

土壤改良实验：第一年生长结束后用收割机将草收割。第二年先进行20cm深度的翻耕，然后E1～E6区穴播（一穴两株）栽种柠条（两年生）；F1～F6区穴播（一穴两株）栽种沙棘（两年生）。

牧草混种实验：I1～I4区栽种四种权重牧草混合（表7-12）；I6、I7区以密植的方式栽种柠条和沙棘；I5区播种马蔺（已自备种子）。

表7-12　I1～I4区牧草配比方案

植物种	豆科与禾本科权重比1∶1		豆科与禾本科权重比1∶2		豆科与禾本科权重比1∶3		豆科与禾本科权重比2∶1	
	权重1	每平方米播量/g	权重2	每平方米播量/g	权重3	每平方米播量/g	权重4	每平方米播量/g
无芒雀麦	0.125	5.00	0.167	6.67	0.188	7.50	0.083	3.33
冰草	0.125	2.50	0.167	3.33	0.188	3.75	0.083	1.67
高羊茅	0.125	3.13	0.167	4.17	0.188	4.69	0.083	2.08
羊草	0.125	3.38	0.167	4.50	0.188	5.06	0.083	2.25
黄花苜蓿	0.250	0.48	0.167	0.32	0.125	0.24	0.333	0.63
扁蓿豆	0.250	0.50	0.167	0.33	0.125	0.25	0.333	0.67

3）微生物改进实验

所有穴播植物将种子混合20g菌剂放入土中，机器条播区域将种子混合菌剂后用条播机均匀播撒。所有种子播种前湿润一定时间。接菌区为B1～B5，D1～D5，E1～E3，F1～F3区。

4）主要技术指标

（1）土壤优化改良实验：表土覆盖区在基底上覆盖50cm的黏土后再覆盖20cm厚的表土，然后栽种植被；黏土风化区在基底上覆盖70cm厚的黏土进行风化；覆草翻耕区在第一年种毛苕子+燕麦，5月播种，待生长成熟后翻耕，翻耕深度为20cm，将毛苕子和燕麦当成绿肥，第二年再栽种原筛选植物。

（2）植物栽种模式实验：A1、B1、C1、D1区栽种柠条；A2、B2、C2、D2区栽种柠条/紫花苜蓿混作；A3、B3、C3、D3 区栽种紫花苜蓿；A4、B4、C4、D4 区栽种沙棘/紫花苜蓿混作；A5、B5、C5、D5 区种植沙棘。植物种植间距为 2m 种植间。第一年需柠条 21003 穴，沙棘 19776 穴；育苗区需沙棘、柠各 10000 棵。第二年需柠条 9103 穴，沙棘 9159 穴。采用条播方式，将草籽润湿后混合沙子、菌剂后进行播撒。采用种植时根系蘸浆的方法种植灌木。栽植所需菌剂 375kg。

（3）表土覆盖区种草区域盖度达到 85%，灌木成活率 95% 以上；黏土覆盖区种草区域盖度达到 60%，灌木成活率 80% 以上。越冬后计算成活率。

3. 工程实施流程及主要技术要求

1）工程实施流程

测量放线→排土场整形工程→重构土运输和铺撒→径流场→宽浅沟→播种草籽→灌溉系统。

测量要根据给定的高程和尺寸，采用水准仪和投点及钢尺丈量的方法，在现场定好高程桩，桩体要定稳，同时保护好桩，避免设备及人为的碰桩引起标高变动。

（1）监测仪器 10 套，按照设计要求布设。

（2）监测系统安装工程量：10 套（由根管、呼吸环、水分监测器构成）。

（3）监测系统安装的位置：实验区随机安装。

（4）根管的铺设方式：根管的埋设以灌木为例，在造坑的边界向下挖一个 30°倾斜的通道，宽度比根管的宽度略大，按照根管的长度将根管放置其中后，用土覆盖。要求根管长度 1m，向下倾斜 30°埋于土中，漏出部分不超过 5cm；根管上部盖上保护帽，再套上防水袋，进行保护；呼吸环的铺设方式是在灌木根际外侧偏离 5cm 的位置原地放入土壤，下限深度 10cm。

（5）水分监测器的铺设方式：①在样区内随机安装 EM50 水分监测器，将水分探头埋在不同样区。②在实验区中间竖立一个杆子，露出 30cm 即可，把监测器绑在上面，然后把监测器上面的传感线牵扯到周围的实验区进行埋设。传感线探头埋设深度 30cm。水分监测器上部盖上保护帽，再套上防水袋，进行保护。

（6）灌溉工程：从 720 平台水源管道分别向喷灌区域铺设 PE 热熔主管道，一条主管道分别接通三个主要区域内支干管线，通过主管道分支铺设，完成整个区域的浇水管线布置；从水平铺设的 PE 管线上每隔 5m 分支出一条微喷带。

（7）排土场整形工程：土方整形施工方法，采用挖掘机进行土方开挖。人工整形，多余土方用自卸车运料至指定地点。

测量放样，施工测量时应注意整治线顺直。根据施工图纸及建设单位提供的测量控制点，布置施工用平面及高程控制网，控制点引测到不易被破坏的地方，并随时复测，以便能及时准确放样。

整平土方，根据施工段不同进行整平，根据设计单位提供的轴线，确定堤肩线，人工挂线。机械整平时测量人员随时对相应的高程进行测控，机械整平的误差控制在±10cm 之内。机械削坡后对坡面进行复测挂线，然后人工精削以达到设计要求。

（8）覆土工程：覆土工程施工工艺为确定覆土顺序—定位放线—自卸汽车运土至现场—压路机压实。

Ⅰ. 确定覆土顺序

根据现场施工道路及各区域位置确定覆土顺序由区域1至区域7逐步进行，每个区域的覆土顺序自北向南。

Ⅱ. 定位放线

施工测量平面控制网的测投：①场区平面控制网布设原则；②高程控制网的布设。

Ⅲ. 自卸汽车运土至现场

利用挖掘机、10T自卸汽车将建设方指定位置的腐殖土装运至施工现场覆土。按照自北向南的顺序一次性松铺30cm厚的土，利用高程网控制覆土量，用推土机按覆土顺序将腐殖土推平，并按照工程控制网的标高将松铺土料推平即可。

Ⅳ. 压路机压实

按照设计位置定位放线，利用自卸汽车按照放线区域在原土层上松铺10cm厚砂砾石，松铺系数1.2，利用振动压路机压实，碾压遍数不超过4遍，碾压至砾石无松动为止。道路施工分段进行，压实度达到90%，砂砾石质量符合规范要求级配良好，不得有超粒径的现象。

(9) 种草工程：包括整地、播种、植被工程、割草工序、菌剂施工。

Ⅰ. 整地（翻、耙地）

机械施工边坡时，清除土壤表层中的碎石、杂物，使播草区域质地疏松、透气、排水良好，适于草籽生长。

Ⅱ. 播种

选择优良草籽，不得含有杂质，播种前对种子进行处理。采用条播方式，将草籽润湿后混合沙子、菌剂后进行播撒。播种时应在雨季进行，保持土壤湿润，边坡播种披碱草草籽，播种量依照设计要求，稍干后将表层土耙细，机械撒播，覆土厚度在0.5～1.0cm，然后喷水。要求覆盖度达到60%。播种后及时浇水，水点宜细密均匀，浸透土层5～10cm。那些遭践踏而被磨损的地块需补播。

Ⅲ. 植被工程

选择健康、无病虫害、生长健壮的植物进行栽植。栽植穴的深度及宽度按照设计内容施工，挖坑机施工时要求对准点位，挖至规定深度，整平坑底，必要时可加人工辅助。每个穴按0.4m直径、0.3m深度进行人工挖掘。为黏土覆盖区准备1/4挖掘体积的沙供填埋浇水时产生的裂缝使用。将挖出的30cm深的土对坑进行围拢。取挖出体积黏土的等体积表土进行回填。植被栽植过程中，要与原土痕一致。栽植时一人将植被放置坑中心，另一人将坑边的好土填置20cm后，用手将苗木轻轻提起，使根茎部位与地面相平，根系自然向下舒展开来，然后用脚踏实，并用土做好围水水盆。

Ⅳ. 割草工序

定位、现场处理、割草、清除牧草。采用机械割草，人工辅助作业。施工前准备工作，要进行场地清理，消除工作区域内的石块、杂物等障碍物，避免机具碰触。场地平整，无障碍物、安全环境许可的尽量使用机械割除牧草，无法使用机械的地方用人工进行割除。机械割草有遗漏或留茬过高的要用人工进行修整，应尽量做到将牧草除净、除尽。根据施工现场的情况确定机械的合理走向。剪完牧草后，集中堆放，及时清理现场。

Ⅴ. 菌剂施工

对草籽使用拌种法，将紫花苜蓿等作物种子浸湿后与菌剂拌匀，使种子表面粘满菌剂，稍晾干即可播种，亩用菌剂量与草籽重量相同，各个草籽的播种量按设计要求进行配比。播种前两小时拌种效果最佳，播后及时复土，防止日晒与干燥。对柠条、沙棘使用覆盖法，先往营养杯内装满配合好的种植土，然后在一个 3cm 直径的圆洞，加入 20g 菌剂，再放入柠条、沙棘的灌木种子，最后覆土回填。接下来就进入正常的养护阶段。

（10）广告牌及监测仪器：广告牌施工工序为定点定位、基础处理、安装、清理现场、确定施工地点，并定点放线。按设计要求对广告牌进行基础处理。按规格尺寸进行挖基础坑，并按设计要求对基础坑进行处理（采用混凝土 C20 基础墩或回填土），将成品广告牌固定到基础面上（采用预埋件或螺栓固定）。工程完工后清理现场。按照设计要求将广告牌放置在规定位置。

监测仪器 10 套，按照设计要求布设。

2）工程实施样区布局

示范工程的选择应紧密围绕现场面临的工程技术难题，以响应现场工程技术需求为目标导向。本次示范工程正是为了解决宝日希勒露天煤矿排土场生态复垦的问题而进行的。

选择新形成未经土壤熟化的排土场，经过人工平整，种植柠条、紫花苜蓿、沙棘三个物种，包括接菌和对照两种处理。选择两种微生物处理，即菌根真菌 Funneliformis 属（简称 F）和其他共生微生物（简称 M）。

供试植物：柠条、紫花苜蓿、沙棘及牧草混播。

种植模式：柠条、紫花苜蓿、沙棘、柠条/紫花苜蓿间作、沙棘/紫花苜蓿间作、4 种牧草混播模式。

接菌模式 2 种：F、对照组（CK）。

覆土模式 3 种：表土覆盖区、黏土风化区、覆草翻耕区（图 7-14）。其中，表土覆盖区在基底上覆盖 50cm 的黏土后再覆盖 20cm 厚的表土，然后栽种植被；黏土风化区在基底上覆盖 70cm 厚的黏土进行风化，按照实验图布设进行植物栽培；覆草翻耕区在第一年种毛苕子+燕麦，5 月播种，待生长成熟后翻耕，翻耕深度为 20cm，将毛苕子和燕麦当成绿肥，第二年再栽种原筛选植物。

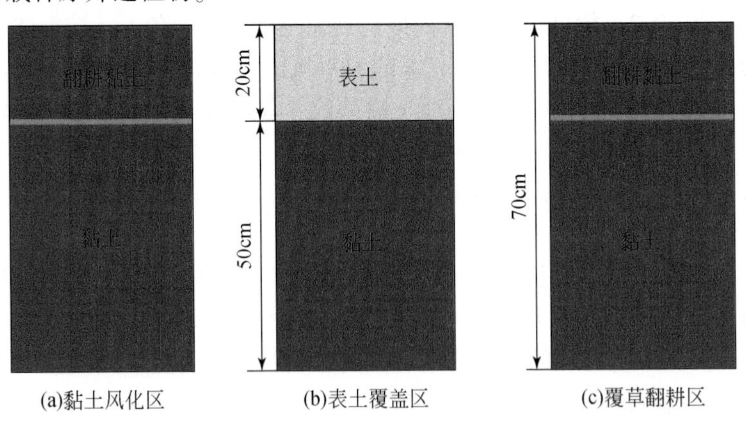

图 7-14　3 种覆土模式示意图

对样区设计说明如下。

育苗育草区：实验区最北端设计 7 个育苗育草区，总面积为 9520m²，分别栽种柠条、沙棘及四种配比比例的牧草。牧草采用条播的播种方式；柠条和沙棘采用密植的方式栽植，栽种数量各为 10000 棵，以便于实际施工时候补苗。四种牧草配比的具体方案见表 7-13。

表 7-13　育苗区牧草配比方案

植物种	豆科与禾本科权重比 1∶1		豆科与禾本科权重比 1∶2		豆科与禾本科权重比 1∶3		豆科与禾本科权重比 2∶1		总量/kg
	权重 1	每平方米播量/g	权重 2	每平方米播量/g	权重 3	每平方米播量/g	权重 4	每平方米播量/g	
无芒雀麦	0.125	5.00	0.167	6.67	0.188	7.50	0.083	3.33	169.4
冰草	0.125	2.50	0.167	3.33	0.188	3.75	0.083	1.67	84.7
高羊茅	0.125	3.13	0.167	4.17	0.188	4.69	0.083	2.08	105.8
羊草	0.125	3.38	0.167	4.50	0.188	5.06	0.083	2.25	114.3
黄花苜蓿	0.250	0.48	0.167	0.32	0.125	0.24	0.333	0.63	12.4
扁蓿豆	0.250	0.50	0.167	0.33	0.125	0.25	0.333	0.67	13

覆草翻耕区：覆草翻耕区为 E1 ~ E6、F1 ~ F6，总面积为 36572m²；表土覆盖区为 A1 ~ A5、B1 ~ B5，总面积为 49584m²；黏土风化区为 C1 ~ C5、D1 ~ D5，总面积为 50095m²；表土堆旧址为 G1 ~ G6，总面积为 36848m²；H1 ~ H3 为辅助实验区，面积为 13669m²。

实验区总面积为 186767m²；小区之间用 0.5m 宽、0.3m 高的田埂隔开；设计 3 条宽为 3m 的道路，总长为 603m，分别位于 I 区与 A 区中间、D 区与 G 区中间、C 区与 E/F 区中间。最外圈隔 2m 设计刺玫防护带，共需要 1993 株。

植物栽种位置：A1、B1、C1、D1 区栽种柠条；A2、B2、C2、D2 区栽种柠条/紫花苜蓿混作；A3、B3、C3、D3 区栽种紫花苜蓿；A4、B4、C4、D4 区栽种沙棘/紫花苜蓿混作；A5、B5、C5、D5 区栽种沙棘。植物种植间距为 2m。第一年需柠条 21003 穴，沙棘 19776 穴；育苗区需沙棘、柠条各 10000 棵。第二年需柠条 9103 穴，沙棘 9159 穴。草采用条播方式，将草籽润湿后混合沙子、菌剂后进行播撒。灌木种植采用根系蘸浆的方法种植。栽植所需菌剂 375kg。每个穴按 0.4m 直径、0.3m 深度进行人工挖掘。为黏土覆盖区准备 1/4 挖掘体积的沙以填埋浇水时产生的裂缝。将挖出的 30cm 深的土对坑进行围拢。取挖出体积黏土的等体积表土进行回填。

管护及监测：灌溉设施设置为滴灌设施浇灌。植物养护时间 3 年，第一年管道浇水 6 次，第 2、第 3 年浇水 4 次，不施肥，不除草。第一年秋覆草翻耕区割草 55 亩。从 2018 年起至 2020 年项目结束，每年 6 ~ 9 月进行监测，监测三年，每年一次，共监测三次。

7.3.6　大型露天矿区废弃地生态恢复工程

7.3.6.1　开采损伤或采矿废弃地生态恢复工程

1. 设计思路与预期目标

依托呼伦贝尔草原独特生态环境，以露天矿排土场植被生态修复及景观提升建设为推手，调整景观生态格局；以保土保水、植被景观修复规划设计作为手段，为露天矿保土保水、植被景观生态修复建立样板，为国家大型煤电基地矿山公园建立示范，与国家重点研发项目“东部草原区大型煤电基地生态修复与综合整治技术及示范”紧密结合。

2017～2019年，建设完善以东、南排土场为重点的生态样板区，落实各项生态修复适用新技术，基本形成严寒草原区露天煤矿生态修复建设技术体系；实现生态覆盖率达到80%以上；东、南排土场生态修复区建设喷灌系统，充分发挥疏干水对植被生态修复区的作用。

2020～2021年，建设完善两线一面、北排土场为重点的景观再造矿山公园示范区，建设完善生态覆盖率100%；北排顶盘建设蓄水库群，矿井水利用率100%。

2. 技术方案

宝日希勒露天煤矿以排土场和工业场区为重点，坚持做到生产到哪里，复垦绿化到哪里，并从排土、整形、覆土、种植、浇灌、养护六个环节着手，提高复垦绿化效果。排土环节，将珍贵的0.3～0.5m腐殖土单独存放，排土场按照质量标准进行排弃；整形环节，按照2020年《内蒙古自治区矿山环境治理实施方案》文件要求，对排土场进行削坡整形，降低坡面角至13°～15°，以利于水土保持和植被恢复；覆土环节，整形达到覆土要求时，先铺撒1.5m厚黑黏土作为防渗保水层，再铺撒0.5m厚预先存放的腐殖土，构造植被生长环境；种植环节，采用乔、灌、草、花立体结合、灌草混交等方式种草绿化；浇灌环节，将经污水处理厂处理后的矿坑水输送至排土场顶部景观湖，经灌溉网络进行集中灌溉；养护环节，严格按照三年养护标准，强化养护过程管理，保证植被成活率，提高复垦绿化效果。

（1）表土回收。在土方剥离过程中，采用推土机和挖掘机，配合自卸卡车进行回收，将珍贵的0.3～0.5m腐殖土单独存放在指定场地，并做好防护，改善土壤中的酸碱度、有机物、腐殖质等因子，防止水土流失和养料流失。

（2）黑黏土熟化。将表土层下方的黑黏土单独存放，通过技术措施，使土壤的耕性不断改善，肥力不断提高，即生土变熟土。熟化的黑黏土具有土层深厚，有机质含量高，土壤结构良好，水、肥、气、热等各项肥力因素相协调，微生物活力旺盛，供给植被水分、养分的能力强等特点。

（3）黑黏土保水。由于灰岩土层有较多的风化裂隙，保水性极差，需要有防渗措施，而黑黏土一般由致密黏土构成，具有空隙小，地下水不易透过，透水性能差等特点，矿区收集黑黏土主要用于构造蓄水池、沉淀池、复垦绿化土地的隔水层，帮助贮存水分，起到水土保持作用。

（4）地层重构。宝日希勒露天煤矿在内排过程中将排土场地层重构工作贯穿于采运排生产全过程，保证排土台阶逐层排土到界，通过工程控制措施形成适合植物生长的土质结构及隔水层含水层。排土工作要强调尽可能保持高程不变，这不仅有利于降低露天矿生产成本，而且有利于实现地层重构。根据二采区工程地质构造情况，由上至下主要为腐殖土层、粉质黏土、泥岩及粉砂岩互层、煤层等。为满足内排土场到界台阶复垦绿化要求，在施工过程中对到界台阶分层排土逐步到界，内排土场到界台阶地层重构过程中主要包含由上至下三个结构，即地表层、含水层和隔水层。通过优化排弃、表土替代、添加营养物质、熟化等手段，实现土壤重构和改良，适宜植被生长。

（5）削坡整治造型。依据周边草原自然选择形成的地形地貌，结合自然相似度参数，在露天生产过程中随采区推进形成工作帮和边帮，根据边坡段的岩体性质、结构发育和组合的特征，减少边坡的角度，对边坡进行削坡整治造型，营造植被生长环境。放坡到界排土台阶平盘宽度约30m，分层排土段高10m，排弃形成的自然安息角为33°，自然缓坡的坡面角度在13°～15°之间。根据削坡整治造型技术，自然缓坡坡面比较稳定，有利于水土保持和植被生长。

（6）植被修复。根据宝日希勒露天煤矿当地气候特征、水土条件、植被生长特性等条件，利用植物生物特性，结合10多年来的复垦绿化经验，最终选择了根系发达、成活率高、速生的披碱草、紫羊茅、羊草和沙棘等植物作为排土场植物修复的主要品种。同时利用生态毯技术、混播技术、试验田技术、微喷技术等对植物生长环境进行修复，并且考虑气候影响、植被多样性因素，在坡面及平盘种植灌木缓冲带，在北排土场边缘种植根系发达的乔木防风林带，起到防风固沙、乔灌草立体相结合的生态保护作用。

3. 工程实施流程及主要技术要求

分项工程施工前，施工单位应全面了解施工图设计文件，分析施工现场的供水、供电、地下管线、地上交通等有利和不利因素。非正常种植季节绿化种植及大规格树木移植等施工应制定专项施工方案，且经过项目管理单位或监理机构的批准后实施，要符合公司相关管理规定。施工单位要在施工前编好施工方案，并做好分项工程技术交底。

7.3.6.2　废弃地利用–矿坑水储存与生态景观利用

1. 设计思路与预期目标

宝日希勒露天煤矿矿坑水年涌出量约150万m^3，根据宝日希勒露天煤矿矿坑水零排放的环保要求，结合现有蓄水池蓄水能力，计划建设若干座蓄水池，提高矿坑水蓄水能力，实现矿坑水冬储夏用，达到零排放的目的。

2. 试验技术方案

根据排土场推进计划，利用土方排土直接形成蓄水池地形，然后进行整形和碾压。蓄水池防渗采用高密度聚乙烯（HDPE）土工膜。

3. 工程实施流程及主要技术要求

（1）根据蓄水池储水量、储水深度及实际使用年限确定适当厚底的防渗土工膜成品。

材料安装如遇冬季施工，应保证接缝处的强度筒母材强度。土工膜的铺设和管理应符合《聚乙烯（PE）土工膜防渗工程技术规范》（SL/T 231—1998）外，尚应符合国家现行有关标准的规定。

（2）蓄水池底部需清底并将底部黏土碾压，如黏土不足0.5m厚则需要回填黏土并碾压。铺设土工膜厚需覆0.5m黏土并碾压，压实系数≥0.97。

（3）蓄水池顶部边缘应采用锚固沟的形式对土工膜进行压实，防止土工膜滑落。

7.3.7　大型露天矿区景观功能提升关键技术示范工程

7.3.7.1　试验设计思路与预期目标

1. 设计思路

本工程针对东部草原区大型煤电基地景观生态现状和示范区域土壤瘠薄表土缺乏的实际，基于景观生态学和恢复生态学原理，煤电长期高强度开采下草原煤电基地景观生态结构、功能与过程的关键影响因素及其影响机理研究初步结果，结合空间分析和种群配置技术，按照因地制宜就地取材、植物生长生理特性和场景一致性原则，优选大型煤电基地景观生态修复中难点，按照拟自然地貌重塑思路，通过采损地貌景观近自然重塑和稳定采后地貌顺自然修复的大比例尺度试验工程，探索控制农牧矿生态交错带边缘效应与退化生境修复的关键技术，系统提升景观生态功能的有效技术途径。

2. 预期目标

（1）基于东部草原露天矿区特殊的生态环境条件，构建科学合理的水资源调控环境，促进整体生态环境改善与提升，实现生态效益最大化。

（2）通过系统调控排土场水资源，建立人工湿地系统（图7-15）、拟自然地貌重塑等途径，充分汇集与利用大气降雨，构筑湿地景观，提升排土场景观生态功能。

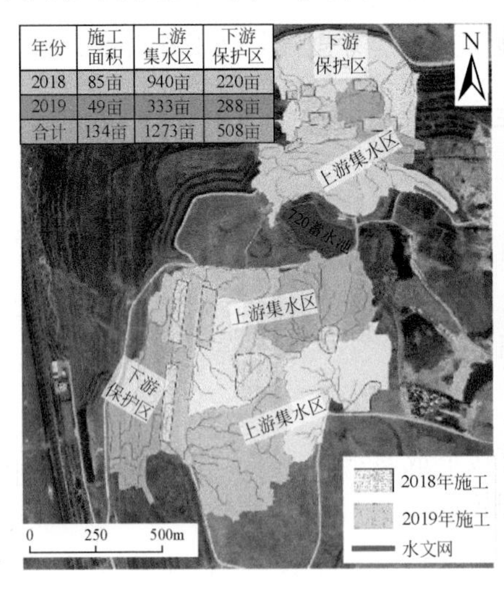

年份	施工面积	上游集水区	下游保护区
2018	85亩	940亩	220亩
2019	49亩	333亩	288亩
合计	134亩	1273亩	508亩

图7-15　人工湿地系统构建示意图

（3）通过系统集成试验，结合当地气候条件，形成集人工湿地系统构建、内外排土场地貌重塑、内外排衔接区自然融合、土壤基质基质改良方法，为矿区生态景观功能提升提供一条新思路，为大型煤电基地景观生态修复策略和有效地控制矿区景观生态环境退化提供科学依据。

7.3.7.2　试验主要内容及技术要求

根据示范区景观生态功能的难点，选择人工湿地系统构建、北坡基质改良工程、近自然地貌改造与重塑作为工程试验的主要内容。

1. 人工湿地系统构建

人工湿地系统构建包括植物塘施工、潜流湿地施工、植物沟施工等（图 7-16）。

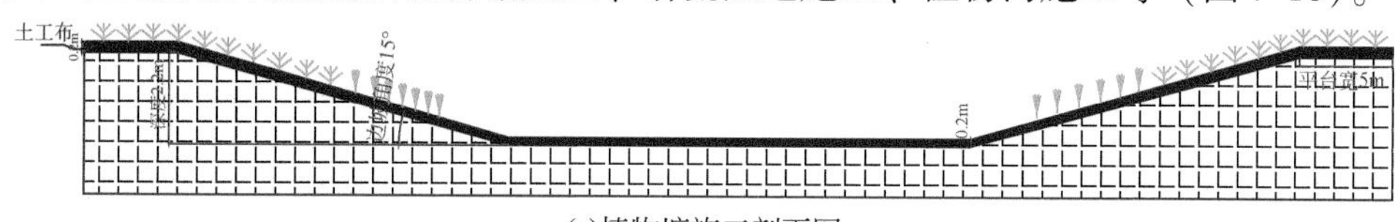

(a)植物塘施工剖面图

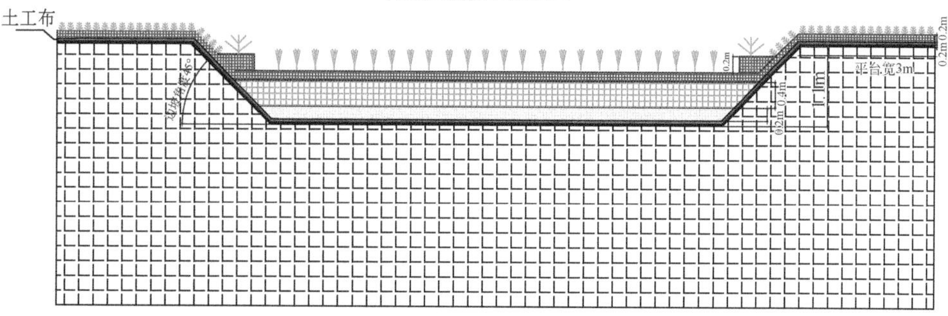

(b)潜流湿地施工剖面图

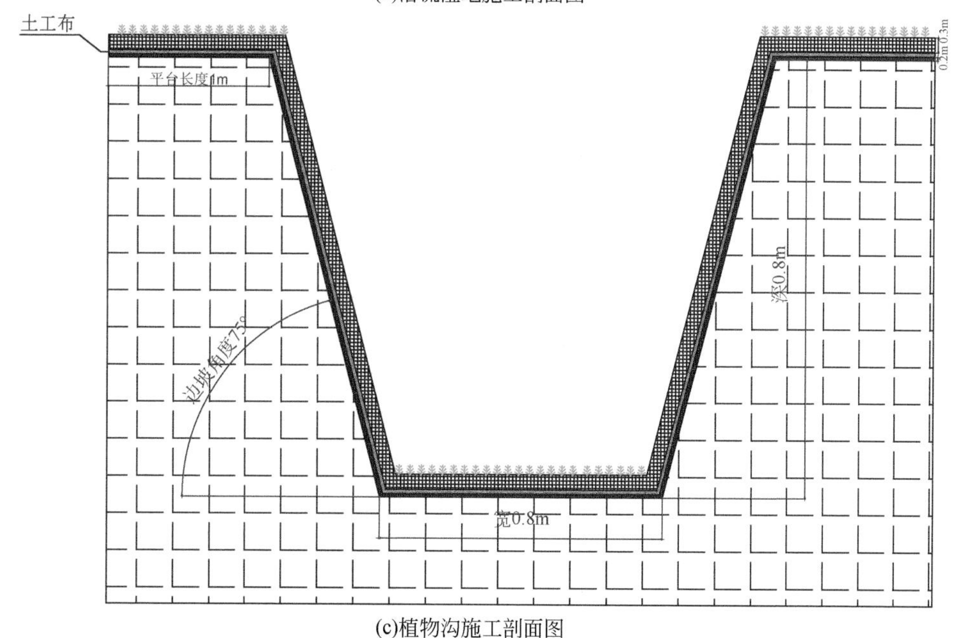

(c)植物沟施工剖面图

图 7-16　人工湿地系统施工图

2. 北坡基质改良工程

基质改良土方8800m³，开挖后混合保水剂回填（图7-17）。

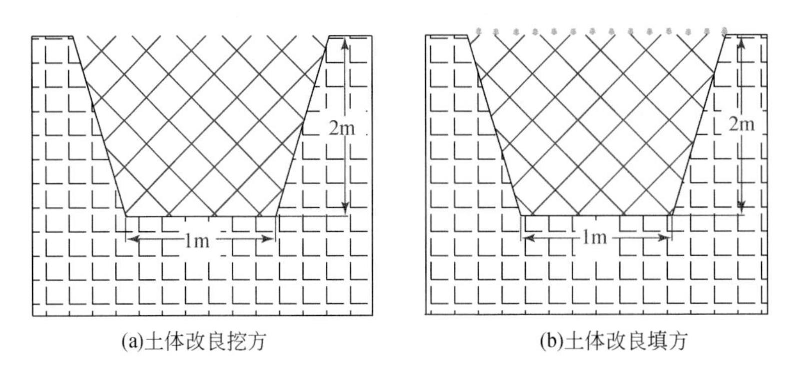

图7-17　土体改良设计施工图

3. 近自然地貌改造与重塑

近自然地貌改造：通过排土场削坡处理，实现传统排弃效果的近自然趋势。

侵蚀沟削坡：将侵蚀沟深V字形削坡为缓坡，挖方与填方相当，利用小型挖掘机进行削坡处理（图7-18）。

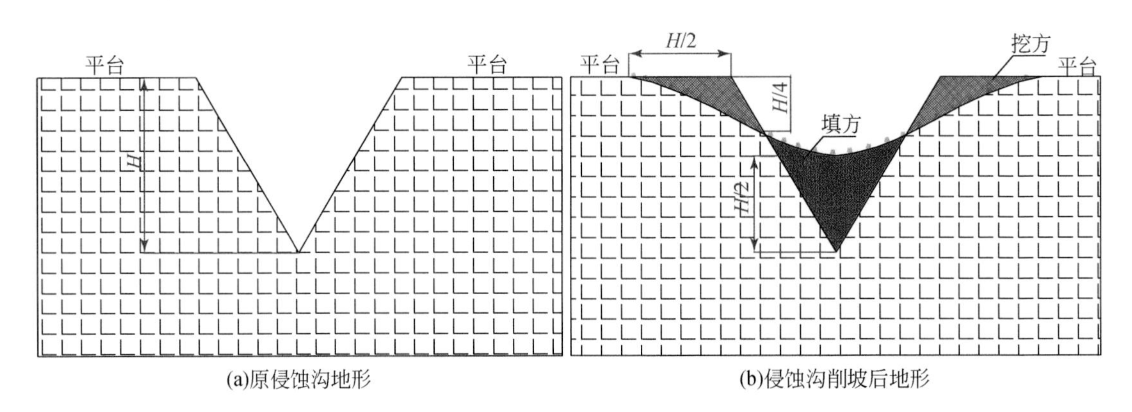

图7-18　侵蚀沟削坡施工图

排土场地形突变处削坡：将排土场720平台凸起与下坡处进行削坡处理，削坡挖方与填方相等，总量约10万m³。

内排土场近自然地貌重塑：根据未来5年开采和排放规划来确定形成的重塑范围，在内排场堆土接近预期设计高度的条件下，利用GPS RTK放样，控制后续排土高度，实现近自然地形重塑。

主要技术指标：①人工湿地系统构建，植物塘开挖深度2.2m，有效深度为1.8m，植物塘面积6229m²；潜流湿地面积61000m²，开挖深度1m；植物沟为底边宽0.8m、深0.8m、沟宽1m的倒梯形，截面积0.45m²，长度合计5500m。②北坡基质改良工程，土方

$8800m^3$，开挖后混合保水剂回填其中，挖掘机开挖2m宽、2m深土方，以$250g/m^3$比例混合保水剂后就地回填。③近自然地貌改造与重塑，将侵蚀沟深V字形削坡为缓坡，挖方与填方相当；利用网格法确定放样点的数量和位置，样点包括核心点和普通点，样点共16349个，利用GPS RTK按照样点的位置进行放样，选择高度为3m木桩由机械固定标定样点，埋深0.5m，以木桩顶端高程控制后续排土高度。

7.3.7.3　实施技术流程与施工方法

排土场分布式水资源调蓄系统实施技术流程：现场踏勘、无人机超低空航拍数据采集、精细地形提取与水文网识别、分布式水资源调蓄系统及人工湿地科学选址、示范工程现场试验与数据采集和示范工程景观生态提升评价与修正。

1. 植物塘

植物塘开挖深度2.2m，有效深度为1.8m，植物塘面积$6229m^2$。

施工工序：测量放线→挖掘机开挖→掘黏土运输和铺撒→土运铺设土工布→设覆盖腐殖土→盖人工播种灌木、草籽。测量要根据给定的高程和尺寸，采用水准仪和投点及钢尺丈量的方法，在现场定好高程桩，桩体要定稳，同时保护好桩，避免设备及人为的碰桩引起标高变动。

具体施工方法：挖掘机开挖2.5m，边坡坡度15°；塘底及边坡摊平后铺20cm黏土保护层并压实，保护层上铺设土工布，土工布铺设向植物塘边缘外再延伸5m，土工布上覆盖腐殖土，塘底腐殖土厚度20cm，边坡腐殖土厚度呈渐变式，由坡顶向坡底从1m变为20cm。植物塘蓄水深度1.5～1.8m，塘下游设控水阀。塘边坡长度约5m，上面1/3种植沙柳，中间1/3种植芦苇和香蒲，下面1/3不做植被处理。

2. 潜流湿地

潜流湿地合计面积$61000m^2$，开挖深度1m。

施工工序：测量放线→挖掘机开挖→掘黏土运输和铺撒→土运铺设土工布→设分层覆盖腐殖土等→人工播种灌木草籽。测量要根据给定的高程和尺寸，采用水准仪和投点及钢尺丈量的方法，在现场定好高程桩，桩体要定稳，同时保护好桩，避免设备及人为的碰桩引起标高变动。

具体施工方法：挖掘机开挖1m，边坡45°；湿地底部摊平后铺20cm黏土保护层并压实，保护层上铺设土工布，土工布向湿地边缘外再延伸3m（若遇到边坡则不要延伸），土工布上自下而上分层回填（回填原则为自下而上颗粒由小到大，表层覆腐殖土），夯实粉煤灰（坡顶）或筛选后细颗粒土壤（北坡）10cm、砂砾岩40cm，腐殖土20cm。湿地内靠近边缘处种植沙柳，内部芦苇、香蒲混种。

3. 植物沟

植物沟为底边宽0.8m、深0.8m、沟宽1m的倒梯形，截面积$0.45m^2$，长度合计5500m。

施工工序：测量放线→挖掘机开挖→掘黏土运输和铺撒→土运铺设土工布→设覆盖腐殖土→人工播种草籽。测量要根据给定的高程和尺寸，采用水准仪和投点及钢尺丈量的方法，在现场定好高程桩，桩体要定稳，同时保护好桩，避免设备及人为的碰桩引起标高变动。

具体施工方法：挖掘机开挖后，在植物沟底部铺 20cm 摊平后的黏土保护层并压实，保护层上铺设土工布，土工布铺设向沟边缘外再延伸 1m，土工布上覆盖 30cm 左右表土。植物沟内种植牧草，播种密度为 $40g/m^2$，草种播撒前作预处理以保证发芽率达标。

4. 北坡基质改良工程

基质改良土方 $8800m^3$，开挖后混合保水剂回填。

施工工序：测量放线→挖掘机开挖→混合保水剂→就地回填。

测量要根据给定的高程和尺寸，采用水准仪和投点及钢尺丈量的方法，在现场定好高程桩，桩体要定稳，同时保护好桩，避免设备及人为的碰桩引起标高变动。

具体施工方法：挖掘机开挖 2m 宽、2m 深土方，以 $250g/m^3$ 比例混合保水剂后就地回填。

5. 削坡工程

1）侵蚀沟削坡

施工工序：侵蚀沟底部填方→将侵蚀沟深 V 字形削坡为缓坡。

将侵蚀沟深 V 字形削坡为缓坡，挖方与填方相当，利用小型挖掘机进行削坡处理。

2）排土场地形突变处削坡

施工工序：720 平台凸起削坡→土方运输和回填→下坡处削坡整形。

将排土场 720 平台凸起与下坡处进行削坡处理。

削坡挖方与填方相等，总量约 10 万 m^3。

排土场分布式水资源调蓄系统实施技术流程：现场踏勘、无人机超低空航拍数据采集、精细地形提取与水文网识别、分布式水资源调蓄系统及人工湿地科学选址、示范工程现场试验与数据采集、示范工程景观生态提升评价与修正。

主要技术指标：利用水文及气象数据分析现有矿区水资源利用情况、建立人工湿地后水资源利用率提升情况；对不同方案的设计结果生成 DEM 图，利用水土流失预测模拟软件，在植被、土壤和气候参数支持下，模拟预测不同方案 3 年、5 年和 10 年的水土流失结果。

第8章 呼伦贝尔大型煤电基地生态修复关键技术效果评价

8.1 大型露天矿减损型采排复一体化

8.1.1 节地减损开采新技术试验及效果分析

宝日希勒露天煤矿地层中软岩比例较大，对边坡稳定不利，整体稳定帮坡角较小，导致相同底部境界条件下占用土地面积更大，因此亟须研究相关边坡稳定性保持技术和靠帮开采技术，降低资源开发造成的土地占用和生态资源损伤。

8.1.1.1 新技术试验过程

原始地层经过长期的应力卸荷和分异达到平衡状态，露天开采打破了完整地层，破坏了原始的应力平衡状态，此时不平衡应力（包含构造应力）会重新卸荷，作用于边坡临空面，造成岩石圈变形、松弛甚至破裂。

当采场高陡边坡垂直于主应力的方向时，每次开挖都会造成地下应力系统失衡，不平衡应力重新卸载、寻找平衡结构，首先会在临空面进行卸载，竖向应力拱退行，这个过程会造成临空面围岩圈变形、松弛，甚至破裂，见图8-1。

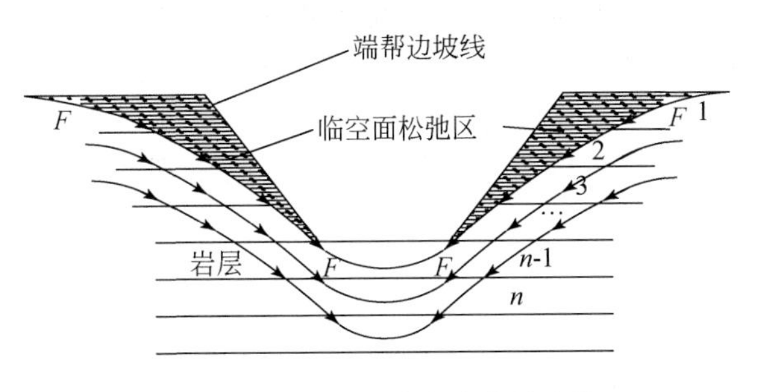

图8-1 边坡不平衡应力分异迹线

*F*为不平衡应力；*n*为迹线数量

黏聚力C和内摩擦角φ是边坡岩土体抗剪强度的衡量标准。黏聚力指的是岩土材料内部颗粒之间的相互黏结力，与岩土材料的初始破坏有密切关系；内摩擦角指的是岩土材料颗粒之间的错动和咬合，与孔隙发育程度有直接关系。不同冻融循环次数状态下试样的黏聚力和内摩擦角变化见图8-2。

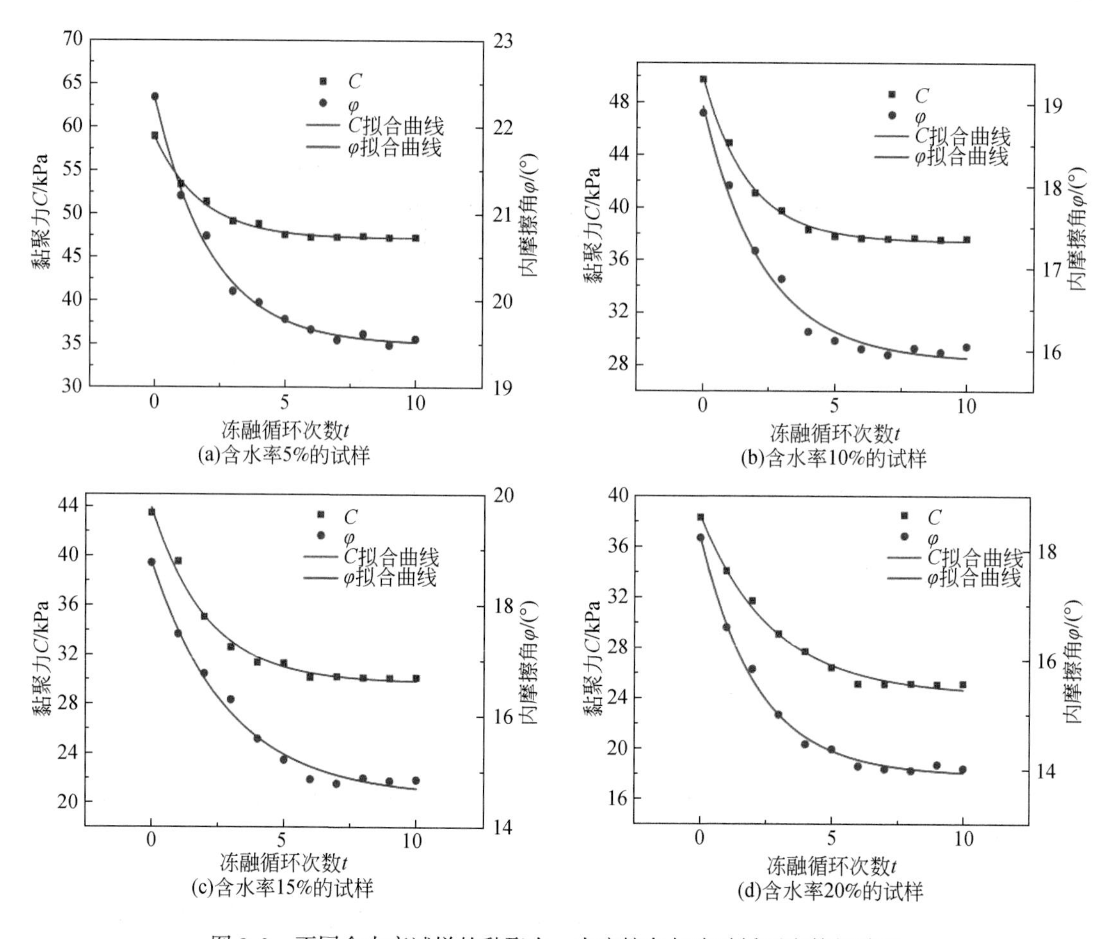

图 8-2　不同含水率试样的黏聚力、内摩擦角与冻融循环次数的关系

试样的黏聚力及内摩擦角与冻融循环次数都呈指数函数关系，不同含水率试样的拟合曲线见图 8-2，$C_{5\%}$、$C_{10\%}$、$C_{15\%}$、$C_{20\%}$ 分别为含水率为 5%、10%、15%、20% 试样的黏聚力，$\varphi_{5\%}$、$\varphi_{10\%}$、$\varphi_{15\%}$、$\varphi_{20\%}$ 分别为含水率为 5%、10%、15%、20% 试样的内摩擦角；R 为相关性系数。不同含水率试样的黏聚力和内摩擦角都与冻融循环次数呈指数函数规律：

$$\begin{cases} C = C_0 + A\mathrm{e}^{-t/B} \\ \varphi = \varphi_0 + D\mathrm{e}^{-t/E} \end{cases} \tag{8-1}$$

式中，A、B 为散体软岩黏聚力特征系数；D、E 为内摩擦角特征系数。

针对露天矿季节性冻融边坡，若将一次季节性冻结融化作为一次冻融循环周期，得到冻融循环下的时效稳定性系数计算公式：

$$F_S = \frac{\sum \left[(C_0 + A\mathrm{e}^{-t/B}) l_1 + N_i \tan(\varphi_0 + D\mathrm{e}^{-t/E}) \right]}{\sum W_t \beta_i} \tag{8-2}$$

式中，F_S为冻融循环边坡的稳定性系数；t 为冻融循环周期年数；W_t 为条块重力；β_i 为条块底滑面倾角；N_i 为底滑面正压力。

根据已有的地质参数资料，取冻土深度为 1.5m，在 FLAC3D 中建立模型，采用条带式二次靠帮开采避免剥离煤层上覆岩层的同时尽可能地回收残煤。不同的条带宽度对应的稳定系数如图 8-3 所示。

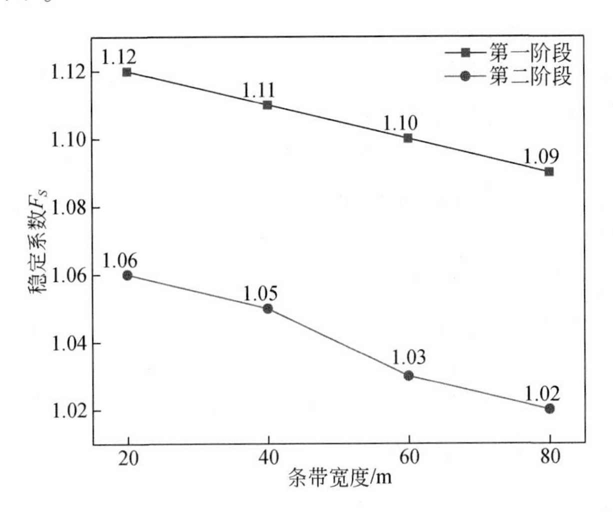

图 8-3　不同条带宽度对应的稳定系数

由图 8-3 可知，在进入冻期后，按照一定宽度的条带进行二次靠帮开采，利用保护条带支撑作用和岩层表面冻结层强度提升的效果，可以较好地保证端帮稳定。不同的条带宽度对应不同的边坡稳定系数，条带宽度越大，稳定性越差，反之稳定性越好。通过技术经济比选最终确定采用 60m 宽的条带靠帮开采。

结合边坡的岩性层序，建立三维的边坡实体模型，按照初步设定的条带宽度 D 进行第一阶段开采后，计算稳定系数 $F_{S1}=1.27$；第二阶段开采保护条带后，预留一定的暴露煤层冻结时间，计算稳定系数 $F_{S2}=1.21$。两阶段开采后，边坡角由 24°提升至 27°。

选取第一阶段开采后暴露煤层坡顶特征点 A，第二阶段开采后新暴露煤层台阶坡顶特征点 B，以及与 B 点对应的保护条带煤层坡顶特征点 C，并监测其在 x 方向的位移曲线如图 8-4 所示。

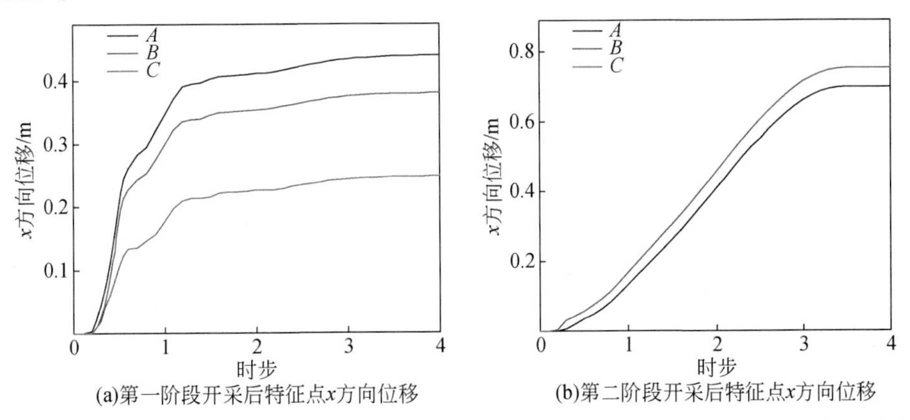

图 8-4　特征点 x 方向位移曲线

从图 8-4 中可看出，第一阶段开采后出现的不平衡力随时间增加逐渐收敛，在第二阶段开采后出现二次不平衡力，然后继续收敛至平衡状态，二次不平衡力峰值大于一次不平衡力峰值。图 8-4 反映了两阶段开采后端帮边坡在 x 方向的应变情况，在第一阶段开采后，应变量在煤层台阶坡顶线位置最大，呈现出明显的缺齿形，x 方向最大位移达到了 0.47m。这是因为部分条带被开采后，边坡下部煤层压脚作用减弱，更容易从下部滑出，而留有的保护条带起到了一定的支挡作用，故整体呈现出缺齿形状；在第二阶段开采后，煤层台阶坡底线向内收回，与上部台阶合并成为新台阶，在新台阶坡面位置应变量最大。

从图中可以看出，A、B 点在两次开挖过程后均不断向采场移动，第二阶段开采后位移量均大于第一阶段开采后位移量，这是因为相较于第一阶段，第二阶段开采后失去了保护条带的支挡，引起了台阶边坡位移量的增大；C 点位于保护条带坡顶线，第一阶段开采后位移量很小，说明保护条带起到了很好的支挡作用，B 点第一阶段开采后的位移量小于 A 点也说明了保护条带具有较好的支挡作用。C 点所处的保护条带于第二阶段被开采，故 C 点无第二阶段开采后位移。B 点第二阶段开采后的位移量大于 A 点，这是因为此时第一阶段开采后暴露的煤层表面已产生冻结层，起到了一定支承作用。

8.1.1.2 试验效果分析方法及主要指标

针对宝日希勒露天煤矿南帮 1–1 剖面现状边坡采用极限平衡分析软件 Geo-Slope 进行了稳定性分析，见图 8-5，边坡高度 94.08m，稳定性为 1.02，整体边坡角为 27°，1 煤以上边坡角为 24°，边坡处于极限平衡状态，小于安全储备系数 1.2 的要求，存在安全隐患，同时表明弱层是影响边坡稳定性的主控因素。

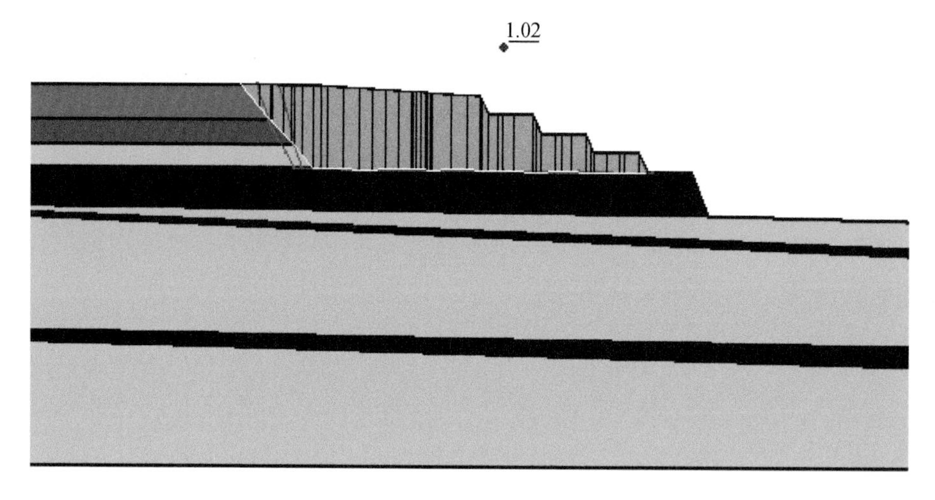

图 8-5　南帮 1–1 剖面现状稳定性评价结果图

针对宝日希勒露天煤矿北帮 2–2 剖面现状边坡采用极限平衡分析软件 Geo-Slope 进行了边坡稳定性分析，见图 8-6，边坡高度 149.85m，边坡稳定性为 1.602，整体边坡角为 14°，1 煤以上局部边坡角为 14°，1 煤下部第一个平盘大于 90m，1 煤下部的局部边坡角为 22°，现状边坡稳定性比较好，可以满足安全储备系数 1.2 的要求。

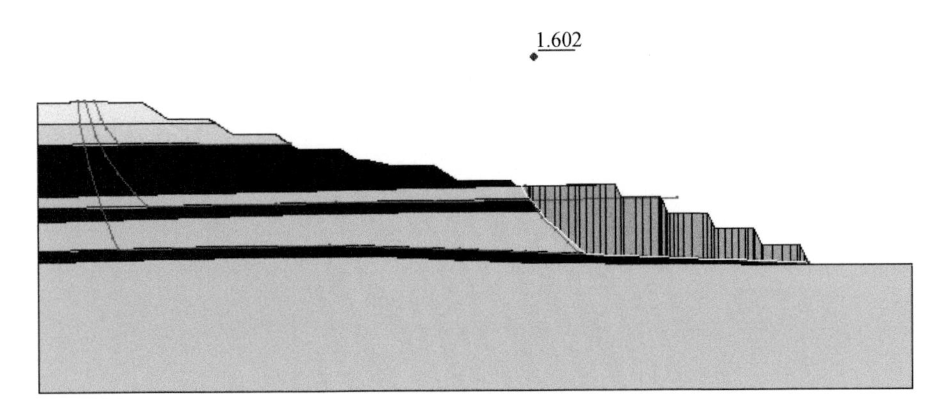

图 8-6　北帮 2-2 剖面现状稳定性评价结果图

8.1.1.3　试验效果分析

2019 年度宝日希勒露天煤矿靠帮开采技术试验区域拐点坐标见表 8-1。根据 2019 年度试验成果，2020 年在南端帮推进靠帮开采技术示范（约 75 亩，图 8-7），并探讨在北端帮 3 煤层采场应用的可行性。

表 8-1　2019 年度宝日希勒露天煤矿靠帮开采技术试验区域拐点坐标

拐点编号	X 坐标	Y 坐标	Z 坐标	备注
1	483078.07	5471772.36	+570	2019 年度靠帮开采试验区
2	482820.91	5471733.09	+570	
3	482947.67	5471582.50	+670	
4	483078.07	5471602.41	+670	
5	483374.37	5471817.61	+570	2020 年度靠帮开采试验区
6	483078.07	5471772.36	+570	
7	483078.07	5471602.41	+670	
8	483374.37	5471647.66	+670	

宝日希勒露天煤矿靠帮开采后回填如图 8-7 所示。

现场靠帮开采试验结果表明，在地表境界变的情况下，利用冬季冻结期边坡稳定性改善的条件实施靠帮开采，仅南帮就多回收煤炭资源 69.55 万 t，占年生产能力的 2% 以上，在满足露天矿生产能力的前提下可少征地 36 亩/a。

8.1.2　露天矿剥采排复协同新技术试验及效果分析

根据露天开采生态减损和系统修复的理念，宝日希勒露天煤矿不断优化露天矿剥采排复生产计划，通过工作帮组合台阶开采、采场储备煤量优化调整、开拓运输系统和剥离物

图 8-7 宝日希勒露天煤矿靠帮开采后回填

排弃作业优化，实现了内排土场含水层-隔水层体系的重构，提高了工作帮坡角和内排帮坡角，露天矿采场占地面积缩小近 500 亩，剥离物内排的端帮运距缩短近 200m。

8.1.2.1 新技术试验过程

1. 生态修复窗口期

季节性剥离给露天矿生态修复造成的主要影响是不存在冬季到界的排土场，因此年初采集的表土资源只能用于上一年度末形成的到界排土场复垦或储存起来留待本年度形成到界排土场后再使用。与全年剥离作业方式（均采用台阶追踪开采方式）不同，季节性剥离条件下排土场的到界集中在夏季甚至夏季末期，这就导致排土场到界成为生态修复窗口期的一个实际约束。

该作业方式保证了生态修复窗口期的充分利用，有利于提高排土场复垦速度和生态修复质量。但应用该作业方式的技术难点主要体现在如下方面：

（1）设备大规模调动。在夏季剥离作业快结束时，将大量设备从坑底调到地表进行表土的采集、存储、覆土作业，生产组织管理难度大；如果采用专门的设备进行表土剥离作业，则全年绝大部分时间内该类设备闲置，效率低。

（2）在临近冬季时进行表土的采运排作业易受到外界因素（如气温骤降导致表土冻结等）干扰，因此需要有严密的生产组织计划。

（3）逐台阶剥离存在采排物料顺序与原地层相反的问题，不利于实现地层重构和生态重建，解决这一问题的方法是扩大各内排土场平盘从而实现近似同水平内排，因此该开采方式适用于工作线长度、年推进度较小的情况。

综上所述，宝日希勒露天煤矿以外包剥离为主，主要剥离台阶只在夏季作业，逐台阶由上至下开采，露天矿工作帮开采程序优化后的生态修复窗口期为 5 月下旬～7 月下旬，该时间段的主要作业内容是已覆土排土场植被恢复。露天矿 4～10 月由上至下逐台阶进行剥离作业，在 9 月底植被死亡至土壤冻结前这段时间内排土场快速到界，同时进行土壤的收集、运输、铺设作业和土壤改良作业；同样，考虑到复垦植被可能难以越冬，因此排土场覆土后不进行植被恢复作业；来年4月底~5月初气温回升至冰点以上时，进行土壤改良作业，待进入生态修复窗口期后只进行植被恢复作业。

2. 表土资源调配

大型煤电基地的物料调配不仅涉及剥离物、煤、粉煤灰等固态物质，还涉及水等液态物质，并且受到开采方式、生产系统布置、季节变化等多因素影响，综合调配难度较大，此处只介绍与露天矿生态修复关系最大的表土资源，结合生态修复窗口期和宝日希勒露天煤矿生产作业特点的表土使用情况如图8-8所示。

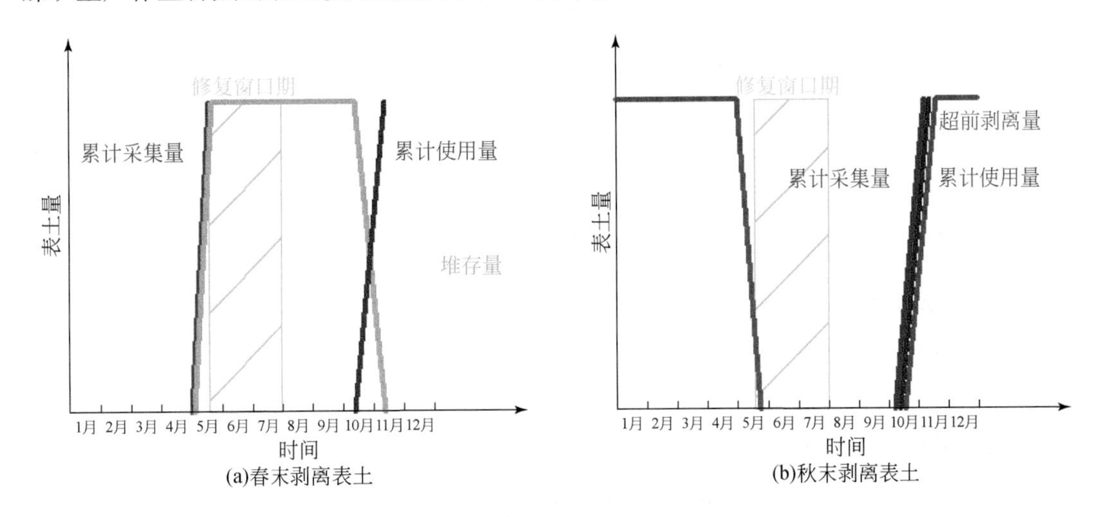

图8-8　季节性剥离条件下年度表土使用情况

3. 露天矿采场储备煤量

露天矿的储备煤量是露天采矿本身生产特点所决定的。为了保证采矿工作在时间和空间上的相互衔接，避免剥岩欠量、掘沟落后等原因造成生产中断，设置储备煤量以保证在开拓和准备工程发生意外时仍能在一段时间内正常出煤。鉴于外包剥离和季节性剥离等原因，宝日希勒露天煤矿现采用的开采方式是今年露煤、明年开采，即采场内储备煤量最大时大于年开采量。

过大的储备煤量给宝日希勒露天煤矿生产带来了增加了剥离物的排弃运距、原煤长期存储风化（甚至产生自燃）、占用企业资金等一系列不利影响。影响露天矿储备煤量确定的因素众多，在确定露天矿的储备煤量时需要根据矿山自身煤层赋存情况，综合考虑生产效率和经济等因素。

从露天矿的采排关系看，内排土场排土台阶的推进与3煤层的台阶位置有很大的关系。在无法剥离期间，由于没有剥离物需要内排，3煤层的工作线是否向前推进对内排土场没有影响；但是当露天矿开始剥离而3煤层的工作线在2~3个月内依然无法向前推进时，就使得露天矿为了在这段时间内有内排空间可供剥离物排弃，内排土场要在剥离结束时与工作帮预留出一定的距离，从而增加了整体剥离物的内排运距；若不留这部分距离，剥离物就需要到外排土场或者是加高的内排土场进行排弃，一样会增加剥离物的排弃距离。因此将所有的储备煤量都由 1-2 煤层留设是不合理的。

综上所述，宝日希勒露天煤矿 3 煤层合理留设储备煤量应为该煤层 3 ~7 个月的开采量，具体情况由 3 煤层的揭露情况决定（表 8-2）。

表 8-2　一次露煤时各煤层储备煤量

年份	1-2 煤层/Mt	3 煤层/Mt	合计/Mt	3 煤层所占比例/%
2018	21.36	4.07	25.43	16.00
2019	20.77	4.65	25.42	18.29
2020	20.07	4.76	24.83	19.17
2021	19.49	5.38	24.87	21.63
2022	18.82	5.95	24.77	24.02
2023	18.20	6.44	24.64	26.14
2024	17.00	7.29	24.30	30.00

4. 工作帮开采程序优化

宝日希勒露天煤矿常规逐层剥离露煤方式下一次最小露煤宽度为 80m，按露天矿推进度 300m/a 考虑，该矿可行的 1 煤层年露煤次数为 1 次、2 次和 3 次，据此对不同露煤次数下的主要参数进行对比见表 8-3。

表 8-3　1-2 煤层不同露煤次数比较

露煤次数	储备煤量/Mt	露煤长度/m	相对比例/%
全年露一次煤	18.30	275	100.00
两次露煤量相同	12.50	187.5	68.31
两次露煤量不同	11.00	165	60.11
三次露煤量相同	10.50	157.5	57.38
三次露煤量不同	9.85	147.5	53.83

通过分析可以得出，1-2 煤层全年露煤三次，并且三次露煤量不同方案的储备煤量最少。但是由于宝日希勒露天煤矿所采用的剥离设备为外包工程队的小型设备，且露天矿的年剥离量大、剥离时间短，就需要大量的剥离设备；虽然从经济上看，全年露一次煤的经济效果要远低于多次露煤的经济效果，但是采用多次露煤就意味着每一次的露煤平台宽度要小，会导致露天矿的剥离工作管理混乱且生产过程中需要进行大量设备的调动，反而影响了露天矿 1-2 煤层的揭露。

综合考虑露天矿生产稳定性和生产组织管理等因素，本书推荐的该阶段 1-2 煤层露煤方式为全年露一次煤方案。但是通过上面的分析可知，露煤次数越多，露天矿的储备煤量就越少，剥离物内排运距越短，所以露天矿改变现有的剥离工艺或取得一年多次露煤经验后可以考虑逐步试验多次露煤（首先考虑两次等量露煤，如图 8-9 所示，然后试验三次不等量露煤）。

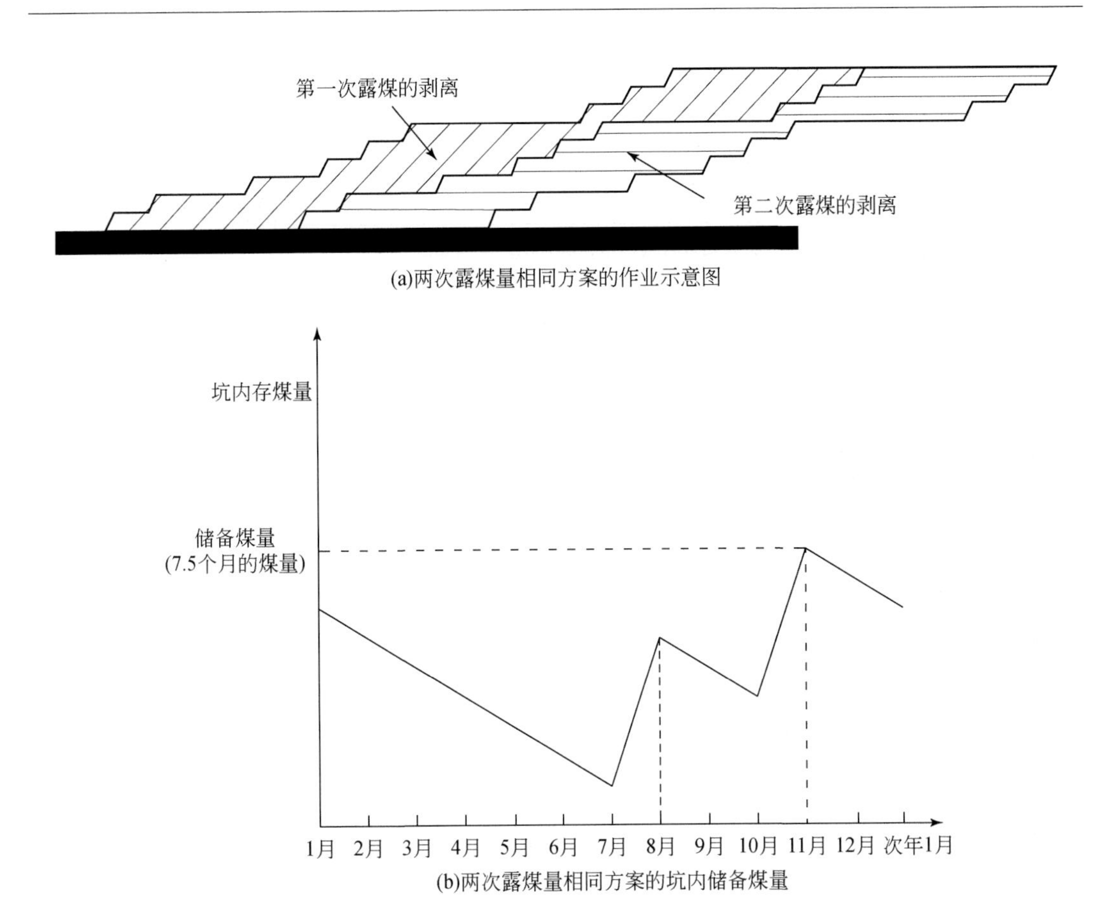

图 8-9　1-2 煤层全年两次露煤开采程序与采场储备煤量

对于 3 煤层储备煤量的优化需要综合考虑到 1-2 煤层的露煤方式以及这两层煤之间的储备煤量分配问题。与 1-2 煤层相比，3 煤层采用年度多次露煤具有如下优势：

（1）3 煤层与 1-2 煤层之间的剥离层厚度和工作线长度都小于 1-2 煤以上的剥离层，所以年剥离量小于 1-2 煤层以上的剥离量。因此 3 煤层顶板以上的剥离作业所需设备较少，即多次露煤造成的设备布置问题较小。

（2）3 煤层增加露煤次数、降低储备煤量进而缩短工作帮和内排土场间追踪距离可以影响到整个露天矿剥离物的内排运距（对于 1-2 煤层而言增加露煤次数只能缩短 1 煤层顶板剥离物的内排运距），即增加露煤次数的效益更为明显。

3 煤层全年露煤两次，第一次的露煤长度为 180m，第二次露煤长度为 120m。但该方案需增加首次露煤时的剥离强度和采煤强度（图 8-10）。

首次露煤的剥离量为 $9.60\times10^6\text{m}^3$，用 3 个月的时间将首次露煤工作完成，则首次露煤时的月剥离能力为 $3.20\times10^6\text{m}^3$；宝日希勒露天煤矿现有剥离强度下的月剥离能力为 $2.38\times10^6\text{m}^3$，因此为满足宝日希勒露天煤矿 3 煤层顶板剥离强度要求需要从 1-2 煤层以上台阶下调月剥离能力为 $0.83\times10^6\text{m}^3$ 的液压铲（大约总斗容 33m^3）。

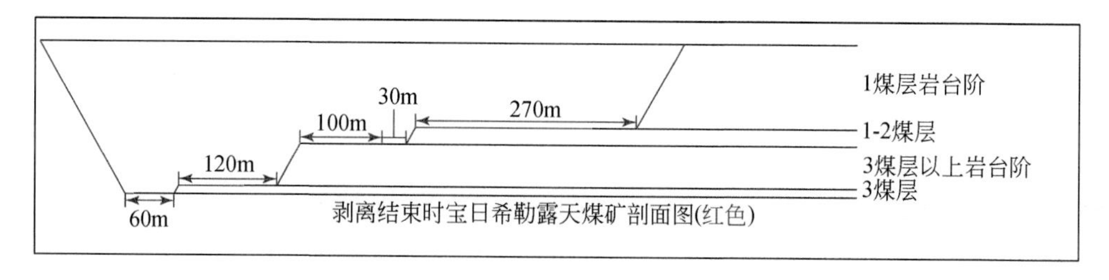

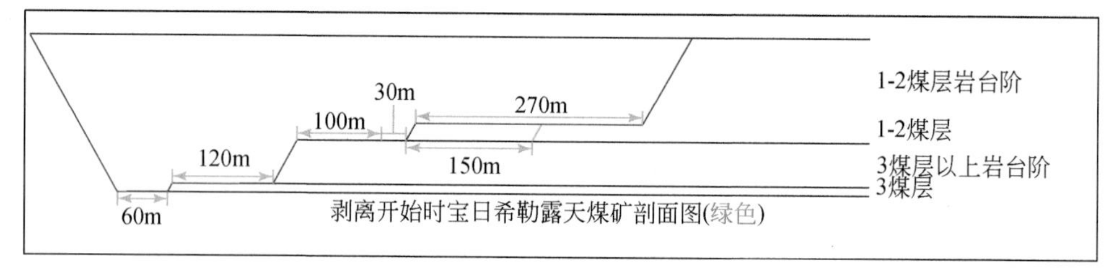

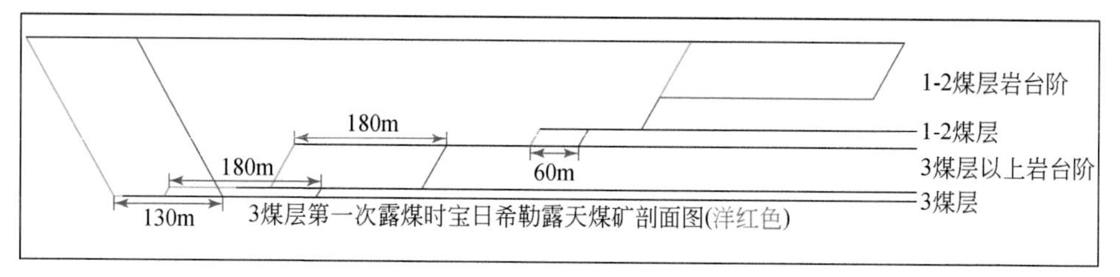

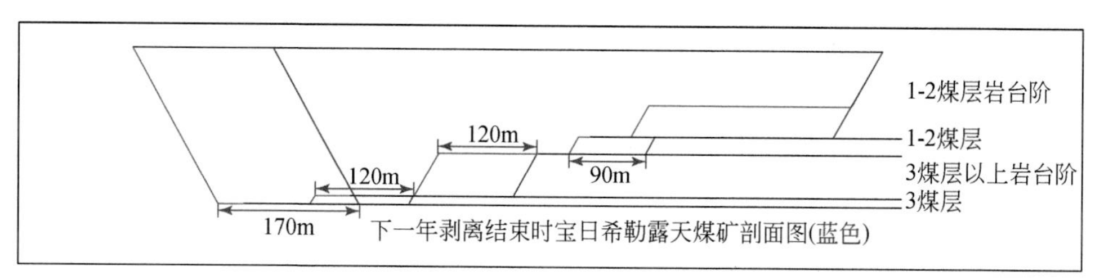

图 8-10　3 煤层全年露煤两次时露天矿推进示意图

3 煤层的第二次露煤长度为 120m，用 4 个月的时间将第二次露煤工作完成。3 煤层第二次露煤的剥离量为 $6.40\times10^6\mathrm{m}^3$，此时 3 煤层的月剥离能力为 $1.60\mathrm{Mm}^3$，需要向 1-2 煤层以上岩台阶调月剥离能力为 $1.60\times10^6\mathrm{m}^3$（大约 $64\mathrm{m}^3$）的液压铲。

3 煤层只开采 5 个月，开采强度增加推进度约 60m/月，月开采能力由 $0.42\times10^6\mathrm{t}$ 增加为 $1.00\times10^6\mathrm{t}$，需要从 1-2 煤层向 3 煤层调总斗容为 $35\mathrm{m}^3$ 的挖掘机。在 3 煤层开采时，1-2 煤层的推进度为 20m/月，月开采能力约 $1.52\times10^6\mathrm{t}$；3 煤层开采结束时，1-2 煤层的推进度增加到 30m/月，月开采能力由 $1.52\times10^6\mathrm{t}$ 增加为 $2.28\times10^6\mathrm{t}$。

1-2 煤层的露煤长度为 275m，储备煤量为 $1.83\times10^7\mathrm{t}$；3 煤层的露煤长度为 120m，储备煤量为 $2.00\times10^6\mathrm{t}$。总储备煤量为 $2.03\times10^7\mathrm{t}$，端帮平均运距为 1450m。

5. 露天矿采场内原煤破碎站布置与移设技术

半连续工艺布置主要考虑系统稳定性以及与其他生产要素之间的相互影响，因此多将破碎站和带式输送机安装到露天矿地表或者近地表。对于没有实现内排的露天煤矿，有时也将破碎站及带式输送机布置在非工作帮，减少与其他设备之间的相互影响。对于有内排的露天煤矿而言，在系统布置于移动帮如内排土场或剥离台阶时，移动帮卡车走行与带式输送机存在交叉运行的弊端，同时，带式输送机的布置将影响移动帮正常推进，制约露天煤矿的剥离或内排，增加剥离物的内排运距。因此，目前国内内排露天煤矿大都采用沿端帮布置提升带式输送机的方式，但即使如此，提升带式输送机与端帮路之间仍存在交叉，严重影响端帮卡车运输，增加了剥离物的内排运输距离，同时，带式输送机移设时，提升带式输送机无法实现平行移动，需要将全部提升带式输送机机架拆除后移设至指定地点，重新进行安装调试，移设周期长，系统稳定性较差。

针对上述问题和宝日希勒露天煤矿的生产条件，可利用露天煤矿坑底中间桥的露天煤矿半连续工艺布置方式。

首先在露天煤矿的坑底布置中间桥，所述坑底中间桥由露天矿剥离的岩石在露天矿坑底堆砌形成的连通露天矿采煤台阶与内排土场的运输通道构成，中间桥设置为上下两层台阶，分别为中间桥上层台阶与中间桥下层台阶，其中中间桥上层台阶与煤层顶板位于同一水平，带式输送机沿露天矿推进方向布置在坑底中间桥下层台阶上，破碎站出料口与带式输送机连接，在内排土场折线段内布置提升带式输送机，内排土场折线段为同一内排台阶推进不同步而造成的露天矿内排土场错位位置，提升带式输送机一端与坑底带式输送机连接，联络输送机布置在地表靠近内排土场折线段处，沿露天矿推进方向，提升带式输送机另一端与联络输送机连接，地面带式输送机布置于地表，联络输送机与地面带式输送机连接，地面带式输送机将煤炭运输至地面其他位置，具体步骤如下。

（1）中间桥上层台阶的宽度为 40m，便于露天矿卡车运输通行，中间桥上层台阶两侧靠近台阶坡顶线处设有岩土堆砌高度为 1.5m 的卡车安全挡墙。

（2）中间桥下层台阶与凹槽底面水平齐平，中间桥下层台阶宽度设为 B_x，中间桥下层台阶中并排设有人工基础和检修车道，人工基础上设有坑底带式输送机，人工基础为混凝土浇筑的高度为 20cm 的地基，中间桥下层台阶靠近台阶坡顶线处利用岩土堆砌高度为 1m 的检修车安全挡墙，坑底带式输送机宽度为 B_k，检修车辆宽度为 B_j，检修车辆与坑底带式输送机及检修车安全挡墙之间的安全距离均为 B_a，中间桥下层台阶宽度为：$B_x = B_k + B_j + 2B_a$。

（3）内排土场折线段包括斜坡面，斜坡面角度在 12° ~ 14°之间，斜坡面宽度为 300 ~ 400m，斜坡面坡底连接中间桥下层台阶，斜坡面坡顶连接地表，在地表远离斜坡面的坡顶和坡底处分别设有两道高度为 1.2m 的阻水挡墙Ⅰ和阻水挡墙Ⅱ，阻水挡墙Ⅰ和阻水挡墙Ⅱ分别距离斜坡面 20m，下层台阶人工基础与斜坡面坡底的阻水挡墙之间设置 30m 的安全距离。

（4）内排土场推进距离接近斜坡面宽度时，破碎站需要向露天矿推进方向移设，所述内排土场推进距离为内排土场在露天矿推进方向上延伸的距离：

首先将破碎站移设至新的工作面中，然后从靠近内排土场一侧开始拆除坑底带式输送机并在移设后的破碎站处组装，坑底带式输送机拆除长度与斜坡面宽度相同，靠近破碎站一侧的坑底带式输送机向前延伸，与移设后的破碎站出料口连接；

破碎站移设的同时，移设提升带式输送机，采用胶带移设机将提升带式输送机整体沿露天矿推进方向移动，不整体拆除提升带式输送机；

移设提升带式输送机后，将原本放置提升带式输送机的斜坡面改造成用于检修车辆通行，高度为 10m 的检修台阶，检修台阶宽度设置为 10m；

移设提升带式输送机后，联络带式输送机与移设前的提升带式输送机连接的一端延长并与移设后的提升带式输送机连接，联络带式输送机另一端保持不动，继续与地面带式输送机连接。

8.1.2.2　试验效果分析方法及主要指标

1. 露天矿采场储备煤量

假设各个方案的 1-2 煤层露煤位置相同，对比各方案的主要指标见表 8-4。

表 8-4　3 煤层不同露煤次数比较

方案	方案 1	方案 2	方案 3
1-2 煤层储备煤长度/m	275	275	275
1-2 煤层储备煤量/Mt	18. 30	18. 30	18. 30
1-2 煤层底板平盘宽度/m	180	130	105
3 煤层储备煤量长度/m	275	120	80
3 煤层储备煤量/Mt	4. 60	2. 00	1. 30
总储备煤量/Mt	22. 90	20. 00	19. 30
端帮平均运距/m	1600	1450	1390

通过表 8-4 对比可以得出如下结论：

（1）3 煤层实现多次露煤的效益是显著的；

（2）从经济角度考虑方案 3 为最优方案，也就是 1-2 煤层年露煤一次，3 煤层年露煤 3 次的方案为最优方案；

（3）3 煤层露煤次数增加一次（实现两次露煤）可缩短剥离物内排运距 150m，降低剥离物内排运费约 2000 万元/a；

（4）3 煤层实现三次露煤较一次露煤可缩短内排运距 210m，降低内排运费约 2800 万元/a，与两次露煤相比可降低内排运费约 800 万元/a。

由表 8-4 可知，经济效益最好的方案为 3 煤层三次露煤的方案，但是该方案与 3 煤层两次露煤的方案相比，端帮运距仅减少了 60m，却增加了一次剥离设备的上下调动，降低了露天矿的生产效率。考虑到宝日希勒露天煤矿缺乏全年多次露煤的经验，且对增加露煤次数带来的效益缺乏直观感受。所以通过综合考虑，研究最终推荐方案 2，即 1-2 煤层全年露煤一次，3 煤层全年露煤两次。待宝日希勒露天煤矿取得全年多次露煤生产经验后，考虑试验全年露煤三次。

未来一段时间内 1-2 煤层全年露一次煤，年底停止剥离时采场内储备煤量为 11 个月的开采量；3 煤层全年露两次煤，年底停止剥离时采场内储备煤量为全年采煤量的 40%。

优化得到的露天矿2018～2024年储备煤量见表8-5。

表8-5　露天矿2018～2024年储备煤量

年份	1-2煤层储备煤量/Mt	3煤层储备煤量/Mt	年储备总煤量/Mt
2018	19.11	1.86	20.97
2019	18.48	1.90	20.38
2020	17.93	2.15	20.08
2021	17.32	2.38	19.70
2022	16.74	2.58	19.32
2023	15.64	2.92	18.56
2024	14.99	2.97	17.96

2. 基于矿山生态修复目标的工作帮开采程序优化

本研究的目的是克服现有露天矿剥离排弃顺序过程中的不足，提供一种利于露天矿排土场复垦的剥离排弃顺序，保证露天矿剥离排弃后表层土与原位岩层相同，同时保持土壤松散性，保证土壤肥力，降低采排工程费用及排土场复垦成本，提高复垦率。因此，采用如下技术方案。

图8-11中表示的是开采方式内循环示意图，具体过程如下：

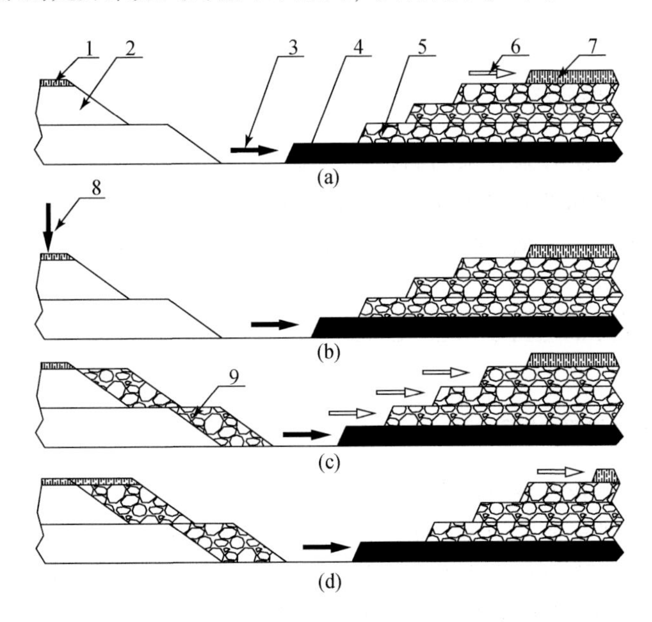

图8-11　开采方式内循环示意图

1为待复垦土层；2为内排土场；3为煤炭开采方向；4为煤层；5为台阶；6为剥离推进方向；7为表层腐殖土；8为灌溉点；9为内剥离的岩土

(1) 第一年秋季开始时，将全部剥离设备置于露天矿的表层，使用电铲、前装机、液压挖掘机等开采设备，采用单斗卡车-间断工艺或者单斗-卡车-输送机半连续工艺将表层腐殖土7超前剥离一年推进距离，剥离的表层腐殖土7不单独堆放，直接排弃至内排土场2的表层，作为待复垦土层1，等待复垦。

(2) 第一年冬季，停止所有表层腐殖土7剥离工作，只进行采煤作业，煤炭开采方向如箭头3所示。同时，在待复垦土层1出现大量冻土层以前，采用人工或者半机械化的方式对待复垦土层1进行灌溉，如箭头8所示，直至待复垦土层1被水浸透。

(3) 第二年春季，待复垦土层1冻土层消失后各个台阶同时开始剥离工作，同时在上一年秋天已完成覆土作业区域即待复垦土层1进行植被修复作业。剥离从表层腐殖土7以下第一个台阶5开始进行，表层腐殖土7不剥离，表层腐殖土7以下各个台阶之间同步或者接近同步向前推进，将当年内剥离的岩土9排弃至内排土场2。剥离工作一直持续到本年度秋季。

(4) 第二年秋季，表层腐殖土7以下台阶停止剥离，其他按照 (1) 中所述进行。以此完成一个周期的采排工作。

(5) 第二年冬季开始，采排工作按照 (2)、(3)、(4)、(1) 的顺序进行往复循环。

3. 原煤破碎站采场内布置于移设方案

从破碎站布置对生产系统影响、原煤平均运输费用及破碎站移设投资等方面与单破碎站进行比较，确定双破碎站布置增加投资所需的回收期为1.59年。投资回收期极短，经济效益显著。与生产现状相比，原煤运输费用每年可节约13500万元，节省卡车运输距离为2.81km。

8.1.2.3 试验效果分析

通过工作帮组合台阶开采和采场储备煤量调整，使采场工作帮坡角由11°提高到13°；通过开拓运输系统优化和剥离物排弃规划，使内排帮坡角由8°提高到11°，两者合计实现采场占地面积缩小500亩，剥离物内排的端帮运距缩短近200m。

8.1.3 地表土壤层重构与生态修复新技术试验及效果分析

8.1.3.1 新技术试验过程

露天矿的开发伴随着大量上覆岩层的剥离，原始地层和土壤结构被损伤，这些岩土经剥离后无序堆存形成排土场，使得排土场内部存在很多孔隙甚至裂隙，水分入渗时会沿优先流路径快速下渗，极少留存在土壤内，故在进行排土场土壤复垦时因其持水能力通常较自然土壤差，难以达到预期的复垦效果。而土壤中的有效水分对于干旱、半干旱地区的植被恢复至关重要。研究表明，构造具有层状剖面结构的土层可以提高土壤的持水能力，持水能力通常与构造土层层序的土壤性质有关，同时地质勘探发现宝日希勒露天煤矿上覆原生岩层具有明显的层状结构，从上到下Ⅰ层腐殖土0.5m、Ⅱ层砂土18.4m、Ⅲ层黏土16m、Ⅳ层砂砾石8m、Ⅴ层中砂6m、Ⅵ砂砾石26m、Ⅶ砂土0.8m、煤层，见图8-12。

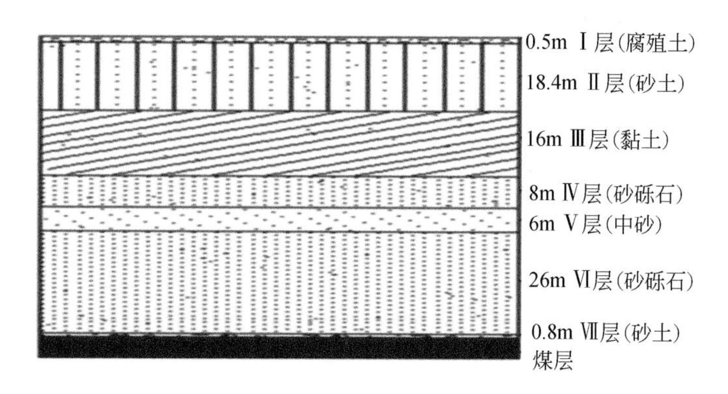

图 8-12　宝日希勒地质剖面示意图

由宝日希勒地质勘探报告得知，宝日希勒矿区表土的粗粉粒含量为 58.23%，属于粉砂土，Ⅱ层的风化（Ⅱ1）及原状基质（Ⅱ2）的细黏粒含量分别为 24.03%、59.14%，属于粉黏土和黏土，Ⅲ层的风化（Ⅲ1）及原状基质（Ⅲ2）的细黏粒含量分别为 95.35%、99.85%，属于重黏土。各层土壤颗粒的组成和基础物理性质见表 8-6。

表 8-6　宝日希勒研究区颗粒组成　（单位：%）

样品	物理性砂粒含量（>1mm）					物理性黏粒含量（≤1mm）		
	<0.1mm	0.1～0.2mm	0.2～0.5mm	0.5～1mm	1～5mm	5～25mm	25～100mm	100～300mm
	细黏粒	粗黏粒	细粉粒	中粉粒	粗粉粒	细沙粒	粗砂粒	石砾
对照	2.2	9.17	13.77	12.02	58.23	4.61	0	0
Ⅱ1	24.03	38.29	22.66	7.28	7.74	0	0	0
Ⅱ2	59.14	35.61	3.84	1.12	0.29	0	0	0
Ⅲ1	95.35	4.63	0.02	0	0	0	0	0
Ⅲ2	99.85	0.15	0	0	0	0	0	0

通过对比、研究前人的经验，自主研发设计了地层重构模型试验台。主体部分高度为 150cm，直径 60cm，内径 58cm。在垂直距离底部 135cm 筒壁一侧打孔预装排水管，底部开直径 40cm 圆用作底部排水以及土体通气。筒壁四面贴刻度尺以记录尺寸和便于观察记录数据。透明的筒体可以在装入岩土后根据岩土颜色的变化在外部观察湿润锋的前进，并且大致判断水流的下渗位置。

铺土前准备工作以及铺土程序与小型土柱试验相同。但不同的是，在铺土过程中，于距离土体表面 27cm、54cm、81cm 和 110cm 四个水平位置放置传感器，放置时使得传感器与土层充分接触，减小误差。四个传感器分别监测黏土隔水层、砂土含水层底部、中部和上部含水率，尽量使传感器和岩土之间压实，防止产生大孔隙。顶部安装径流量导出软管装置，使用塑料瓶测量顶部径流量，使用塑料桶对底部渗透量进行间接测量。

三次降水试验结果如图 8-13 所示，由于传感器设置每 5min 采集一次数据，从开始试验到结束试验总历时近一个月，时间跨度过长，所以横坐标时间没有进行刻度标记，对于下文进行分析的一些数据点进行了辅助线标记。分别将三次降水命名为长时间内弱降水、长时间内强降水和极端情况下强降水。每次降水完成后都需要等待含水率传感器读数达到稳定再开始下一次降水试验，然后将三次降水曲线单独截取出分析。

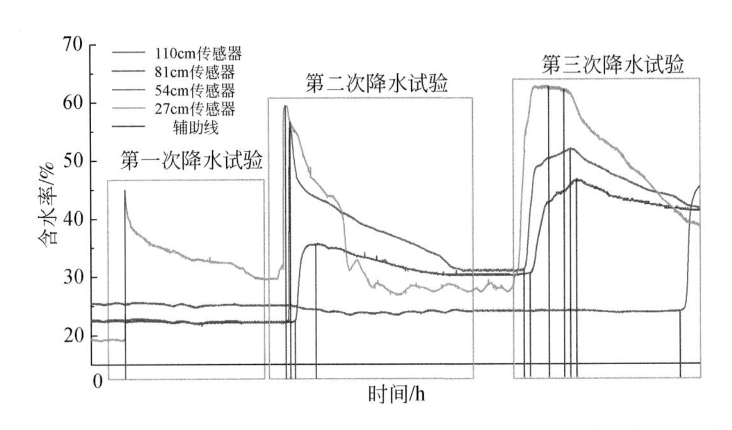

图 8-13　三次降水试验结果

试验结果表明，降雨后一部分水形成表面径流顺着坡面流走，不会入渗到土壤内，如图 8-14 所示。一部分水在土壤基质吸力、水分自身重力等作用下向土壤下部不断运移，这部分水有些在孔隙极为细小的位置成为薄膜水，有些受到孔隙中水分弯月面的毛管力留存在孔隙中形成毛管水，还有部分水超出毛细作用力受到重力作用，沿着较大孔隙继续下渗，最终会从土柱中渗漏流出。

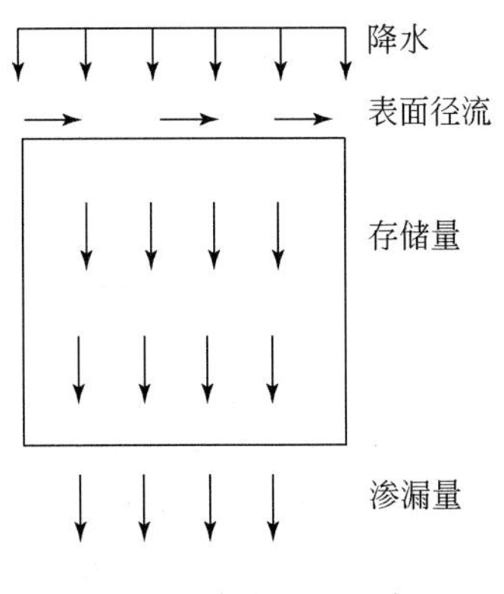

图 8-14　降水去向示意图

土体含水率随降水入渗过程的变化如图 8-15 所示（θ_i 为初始含水率，θ_s 为饱和含水率）：降水一段时间后，土柱沿垂直方向的剖面含水率会形成四个区域：饱和区、过渡区、传导区和湿润区。其中饱和区位于土柱表层，饱和区的含水率大小受降水强度、降水时间影响较大；过渡区和传导区较饱和层含水率要低，并且传导区的区域高度随降水入渗过程会增加；湿润区土体含水率随着土柱深度增加而减少，而湿润锋位于湿润区的末端，是湿润土体与下层土体的分界面。随着水分的渗流，湿润锋会不断向下推进。湿润区土体与下层土体有一个含水率的突变，在土体的初始含水率比较低的时候，湿润锋会比较明显。

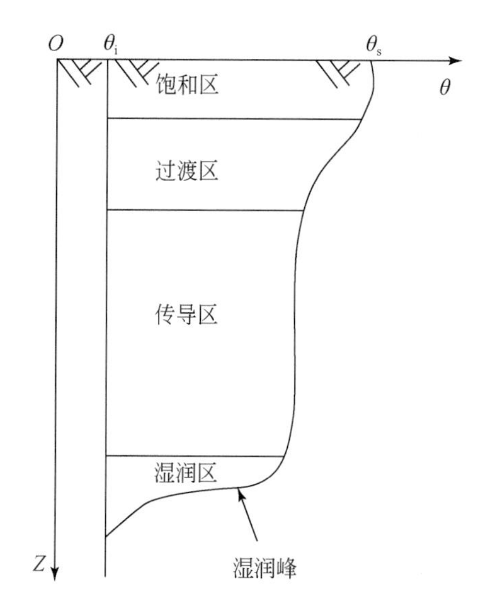

图 8-15　土体含水率随降水入渗过程的变化

根据 Green-Ampt 分布式水文模型，将入渗速率表示为

$$f=\frac{K_s(S_f+Z_f+h)}{Z_f} \tag{8-3}$$

式中，f 为入渗速率；K_s 为土壤饱和渗透系数；S_f 为下渗锋面处平均吸力，kPa；Z_f 为下渗深度，mm；h 为地表总水势，kPa。

结合本试验及相关研究文献，将具有层序结构的土壤降水入渗规律总结如下：当降水强度小于上层土体饱和渗透系数时，降水过程没有地表径流产生，雨水全部入渗形成土壤水，如果降水时间足够长，上层土体含水量由于下部土层的阻挡，会远远大于田间持水量，并逐渐达到饱和。随着降水强度的增大，土柱渗流达到稳定状态时其含水率会有所增大。

在降水强度大于土体饱和渗透系数时，会产生积水入渗。在降水初期，土体的入渗能力比较大，土体的渗透速率等于降水强度。随着降水的进行，雨水渗入土柱内，在土柱表面形成一个饱和带，土体的入渗能力下降，到达积水点，部分降水变为表面径流，土柱开始在有积水的情况下入渗。随着入渗深度的增加，土体的入渗速率逐渐减小，当到达饱和点时，土体接近饱和，达到稳流状态，入渗率接近于饱和渗透速率。

以积水点与饱和点为分界点，整个降水入渗过程分为降水强度控制入渗阶段、非饱和状态土控制入渗阶段和饱和状态土控制入渗阶段。第一个阶段中，无积水入渗，降水强度是决定性因素，会影响入渗量和积水时间，是流量边界条件。此时，水分在上部土体中的运动受分子力作用明显，被土体颗粒吸附成为薄膜水。在第二个阶段，上部土柱在有积水的情况下入渗，入渗能力受降水强度影响减小，而受土体的初始状态影响比较大，是水头边界条件。在此阶段中，上部土体处于非饱和状态时，水分在毛管力和重力的作用下在土体孔隙中流动，并逐渐填充土壤孔隙。而且由于下层土体渗透系数极低，土层间基质吸力梯度减小，土体吸水能力减弱，即上部土体的入渗率不断下降。第三个阶段，上部土体已经接近饱和，土体孔隙被水填充，此时水分在重力的作用下流动，水分开始向下部土体渗透。在降水时间足够长时，水分最后变为底部渗透量流出。

在暴雨以下的降水强度，只要降水时间不超过含水层最大含水量，层序重构后的土壤可以完全将水分保持住，并且不会产生地表径流；对于极端情况下的强降水，由于底部隔水层的下渗率极低，地表会产生部分径流，含水层还是较好地保持住了水分。所以对于露天矿排土场进行地层重构是可行的，对于复垦效率的提高也是极为有效的。

根据室内测定胜利露天煤矿煤层上覆岩土层土壤的容重、孔隙度、水力特征曲线等指标，筛选出了适合剖面重构的材料并设计了“夹砂层层状土体”构型，提出“A 剖面：L1∶L4∶L5=3∶0∶7”“B 剖面：L1∶L4∶L5=3∶3∶4”“C 剖面：L1∶L4∶L5=3∶5∶2”“D 剖面：L1∶L4∶L5=3∶7∶0”4 种重构方案。通过重构剖面的入渗性能和排水性能，选取入渗速率、累积入渗量、湿润峰运移速率、剖面体积含水量作为分析指标，对比优选出持水性能最佳的重构层状剖面。

通过对 4 种重构方案进行室内土柱水分入渗和排水实验，选取入渗速率、湿润峰运移速率、累积入渗量、剖面体积含水量等四个指标，综合比较这 4 种剖面的保水持水性能，结果如下：

（1）从入渗开始至入渗结束，D 剖面的入渗速率一直保持在较快的水平，且其湿润峰到达剖面底部用时最短，即 D 剖面的平均入渗速率最大，不利于矿区复垦土壤保水。相反，C 剖面湿润峰到达底部用时最长，其剖面平均入渗速率最小，稳定入渗速率也最小。而 A 剖面表层水分入渗速率高于夹砂层剖面构型，这有利于地表水快速入渗，减少地表径流。B 剖面和 A 剖面相比，由于 30cm 夹砂层的存在，初始入渗速率相近，平均入渗速率略小，稳定速率相近。这种剖面构型对于干旱区降雨的利用具有重要意义。

（2）D 剖面的湿润峰运移速率最快，其到达土体底部用时最短。湿润锋运移速率太快，不利于水分在土壤上层的蓄积。就 A、B、C 剖面来讲，夹砂层的设计延长了湿润峰向下运移的时间，且不同的夹砂层厚度对于湿润峰向下运移的阻碍程度不同。A 剖面 L4 土层厚度为 0cm，B 剖面 L4 土层厚度为 30cm，C 剖面 L4 土层厚度为 50cm，综合比较，B 剖面湿润峰运移速率适中，有利于水分储存。

（3）在入渗结束前，A 剖面的累积入渗量一直大于同一时间其余剖面的累积入渗量。B 剖面与 A 剖面完成入渗的时间接近，但其累积入渗量小于 A 剖面。累积入渗量最小的是 D 剖面，其完成入渗所需要的时间最短。而 C 剖面入渗量缓慢，完成入渗的时间最长，C 剖面的渗透性能较差，说明随着夹砂层厚度的增加，累积入渗量减少。由此可知，土壤剖面中砂土层的存在具有减渗作用，可以减少下渗水量。

（4）对不同重构土壤剖面的入渗速率、湿润峰运移速率、累积入渗量坐标函数拟合，R^2 均大于 0.812，拟合效果良好。

（5）随着入渗的进行，各剖面从上至下各土层体积含水量依次出现骤升并趋于平稳的现象。D 剖面 30cm 以下的砂土层体积含水量均不足 25%，说明 70cm 砂土层的重构剖面不利于水分的保持，漏水现象严重。就 50cm 砂土层和 30cm 砂土层的重构剖面来看，湿润峰到地土体底部时，第三层黏土层的体积含水量较高，接近饱和含水量。B 剖面的表层土壤（0～30cm）体积含水量大于 C 剖面的体积含水量。对于中间的砂土层，B 剖面砂土层的体积含水量均高达 30%，而 C 剖面体积含水量则在 25% 左右。这说明，30cm 夹砂层的剖面保水性较好。

（6）通过比较同一土壤剖面不同位置排水特征以及不同剖面同一位置的体积含水量变化，综合比较下，B 剖面的持水能力较强。剖面 B 上层土壤和中层土壤体积含水量减少相对较慢，25～35cm 处的土壤含水率变化幅度很小，在此区域内，土壤有着较高的持水能力，有利于植物吸水和促进植物在干旱条件下的生长。

综合以上 6 个方面，选取“B 剖面：L1∶L4∶L5＝3∶3∶4”为最优重构剖面。

8.1.3.2　试验效果分析方法及主要指标

宝日希勒露天煤矿试验区共分为 7 个区域，如图 8-16 所示。整个试验工程设计建设面积约 321 亩；考虑坡面角等因素，试验区坡顶平台面积约 168 亩。各区域建设面积、工程量、运距等信息见表 8-7。

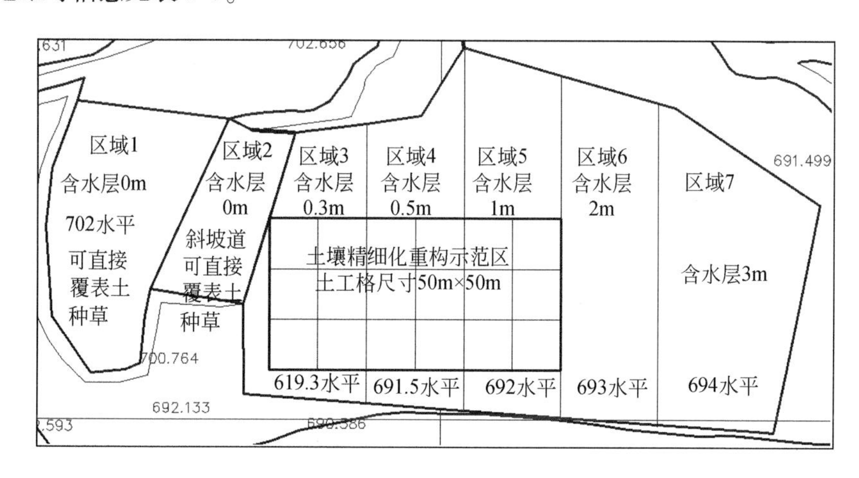

图 8-16　试验区建设分区

等高线单位为 m

表 8-7　试验区建设内容

区域	面积/亩	现标高/m	排弃标高/m	建设内容	工程量/m^3	平均运距/km	建设单位
1	48	702	702.3	在 702 平台铺设近似等厚的表土材料（30cm）	9590	1.1	
2	22	691～702	691.3～702.3	在 690～702 斜坡道铺设等厚表土材料（30cm）	4395	1.1	
3	44	691	691.3	在 690 平台铺设 1m 厚的隔水层物料和 0.3m 厚的含水层物料	38095	4.0	宝日希勒露天煤矿
				在 691 平台铺设 0.3m 厚的表土层物料	8791	1.1	

续表

区域	面积/亩	现标高/m	排弃标高/m	建设内容	工程量/m³	平均运距/km	建设单位
4	45	691	691.5	在690平台铺设1m厚的隔水层物料和0.5m厚的含水层物料	44955	4.0	宝日希勒露天煤矿
				在691平台铺设0.3m厚的表土层物料	8991	1.1	
5	52	691	692	在690平台铺设1m厚的隔水层物料和1m厚的含水层物料	69264	4.0	宝日希勒露天煤矿
				在691平台铺设0.3m厚的表土层物料	10389	1.1	
6	49	691	693	在690平台铺设1m厚的隔水层物料和2m厚的含水层物料	97902	4.0	宝日希勒露天煤矿
				在692平台铺设0.3m厚的表土层物料	9790	1.1	
7	61	691	694	在690平台铺设1m厚的隔水层物料和3m厚的含水层物料	162504	4.0	宝日希勒露天煤矿
				在693平台铺设0.3m厚的表土层物料	12187	1.1	

2018年，宝日希勒露天煤矿与神华大雁园林绿化有限责任公司合作开展了试验区建设，但由于后来露天矿生产条件变化，对排土空间进行了调整，在试验区建设区域加排了一个台阶，因此决定调整示范工程建设规划，本期仅在设计的区域1和区域2位置进行了施工。因此实际建设试验工程面积小于原设计，实际施工的示范区拐点坐标见表8-8。

表8-8　实际施工的示范区拐点坐标

示范区域	拐点编号	X坐标	Y坐标	Z坐标	施工面积/m²
区域1	1	479625.61	5472814.50	703.53	28145.11
	2	479594.80	5472725.31	703.10	
	3	479598.77	5472601.12	701.50	
	4	479639.60	5472545.70	700.27	
	5	479690.81	5472554.76	700.67	
	6	479696.94	5472630.30	700.79	
	7	479735.43	5472830.81	700.78	
区域2	8	479696.94	5472630.30	700.79	19024.44
	9	479735.43	5472830.81	700.78	
	10	479831.98	5472790.68	693.50	
	11	479799.17	5472624.73	692.43	
合计					47169.55

试验区建设过程中，进行了表土铺设厚度监测和播种情况监测，结果见表 8-9 和表 8-10，由于后期加排台阶，养护工作无法进行，所以无法进行植被情况监测。

表 8-9　实测表土厚度

测点编号	所属区域	实测厚度/mm	是否满足设计要求
1	区域 1	325	是
2	区域 1	318	是
3	区域 1	354	是
4	区域 1	330	是
5	区域 1	309	是
6	区域 2	334	是
7	区域 2	327	是
8	区域 2	316	是
平均厚度		326. 63	

表 8-10　工程量计算

区域	面积/m^2	表土铺设厚度/cm	工程量/m^3	播种密度/g/m^2	播种量/kg
1	28145. 11	30	8443. 53	50	1407. 26
2	19024. 44	30	5707. 33	50	951. 22
合计	47169. 55		14150. 86		2358. 48
备注			=面积×表土铺设厚度/100		=面积×播种密度/1000

随着加排台阶逐渐到界，新的 700 平台逐渐展现了复垦可能，因此可在新排弃的台阶上进行示范区建设，生态修复试验区植被状况如图 8-17 所示。

图 8-17　生态修复试验区植被状况

8. 1. 3. 3　试验效果分析

在内排土场建设生态修复试验区 270 亩，构建隔水层–储水层–表土层的近地表土壤层序结构调运物料约46万m^3，减少养护工程量约1/3，示范推广面积1100余亩（图8-18）。

图8-18　剥采排与排土场生态修复一体化示范区

8.2　大型露天矿区地下水资源保护与利用技术试验及效果

为了厘清露天开采与地下水流场之间的关系，保护与利用地下水资源，开展地下水观测网建设工程、地下水库构建工程及近地表生态型储水构建试验工程，建设测井21个，建设水文观测平台1个；建设可储水100m^3的地下水库。

8.2.1　矿区地下水观测网建设及效果分析

8.2.1.1　新技术试验过程

新技术试验过程包括：现场布孔、地下水自动监测设备安装及调试（图8-19，图8-20）、数据监测及分析等步骤。

图8-19　地下水自动监测设备安装现场

图 8-20　地下水自动监测设备调试现场

8.2.1.2　试验效果分析方法及主要指标

1. 钻孔设计情况

为了验证宝日希勒露天煤矿排土场地下水库储水情况，项目组在内排土场施工 1 个水文钻孔，编号 SG1（图 8-21），位于宝日希勒露天煤矿北排土场上，孔位坐标为 478798.5000，

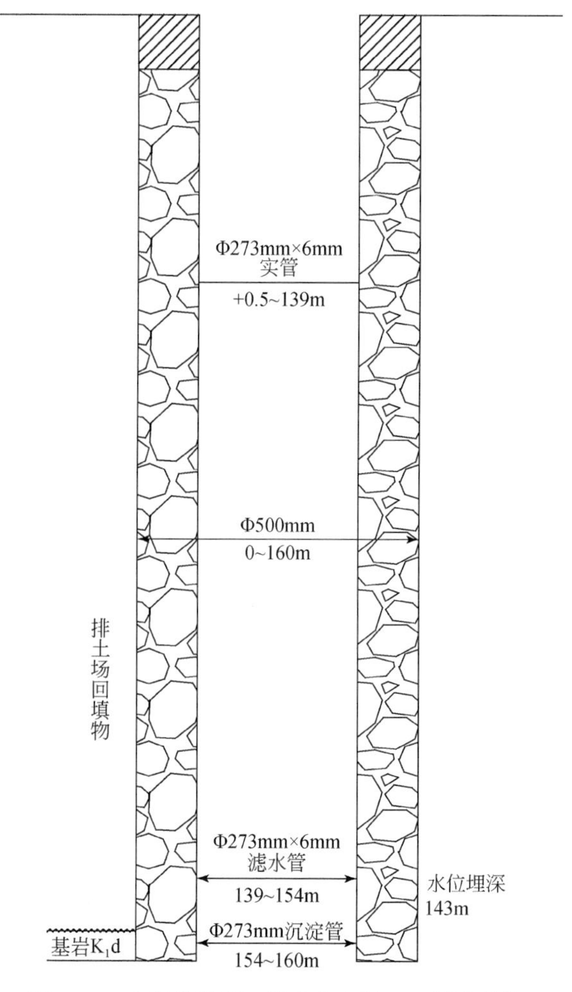

图 8-21　宝日希勒露天煤矿排土场 SG1 钻孔结构

5472453.5000，地面标高 703m。SG1 钻孔设计孔深 160m，终孔层位为排土场煤层底板以下 5m，孔径 Φ500mm，全孔下入 Φ273mm×6mm 无缝钢管，对管外环空回填滤料和黏土球。该钻孔为 2019 年设计，采用 Φ500mm 钻孔，因考虑这个井将来满足排土场地下水库储水 100 万 m^3 的要求，如果孔径小了，则排水或注水量就小，达不到水量的要求，故设计孔径较大。

2. 现场施工情况

钻进施工中，8～32.8m 孔段漏浆严重，每进尺 2～5m 就会发生 1 次全漏，要堵 2～3 次才能堵住。开始用膨润土和锯末堵漏，后来用黏土、河砂堵漏。32.8m 以下孔段以渗漏为主，采用稠泥浆循环钻进，渣土既造浆又使泥浆中砂砾增多，废活塞，活塞至少两天换一组。起钻后经常出现钻头下不到原孔深的情况，推测为孔壁掉土所致。10 月底～11 月，气温降至−10℃，一停钻，泥浆泵和管线就会被冻住，每天都要拆泵、烤泵、清洗再安装；再者泥浆池也结了厚冰，需要不断刨冰及排冰。因此为了继续施工必须做防寒工作。11 月 10～11 日在搭建防冻棚、架火炉过程中，出现孔壁掉土、坍塌现象，11 月 12 日下钻探得井深剩余 8m。13～15 日采用填黏土、下钻冲扫等多种方法，未能处理坍塌，确定该孔报废。经过 2 年的设计和施工，SG1 钻孔向下钻进了约 120m，最终发生了不能处理的坍塌，确定该孔报废。虽然该孔最终未能成孔，但施工过程中的一系列经验教训可供借鉴（图 8-22，图 8-23）。

图 8-22 SG1 钻孔钻进现场

3. 钻孔实施方案

宝日希勒露天煤矿地下水库建库区域地表为内排土场台阶，海拔从近地表的+660m 左右到排土场顶部的+730m 左右，这意味着终孔深度相同的情况下，钻孔长度可相差数十米（相差 60% 以上），因此在满足地下水库建设需求的前提下应尽量选择在地表海拔较低的区域开钻，以降低工程难度和加快施工速度。

排土场地下水库主要是利用排弃物料孔隙储水，为了避免储存的矿坑水污染地下水，抽注水井应避开露天矿未开采的区域，即钻井终孔位置应在露天矿采场深部境界以内，处于内排土场的正常排土区域。根据前期研究成果和抽注水井布置的影响因素，在宝日希勒露天煤矿排土场西南部建库区布置 6 个抽注水孔。

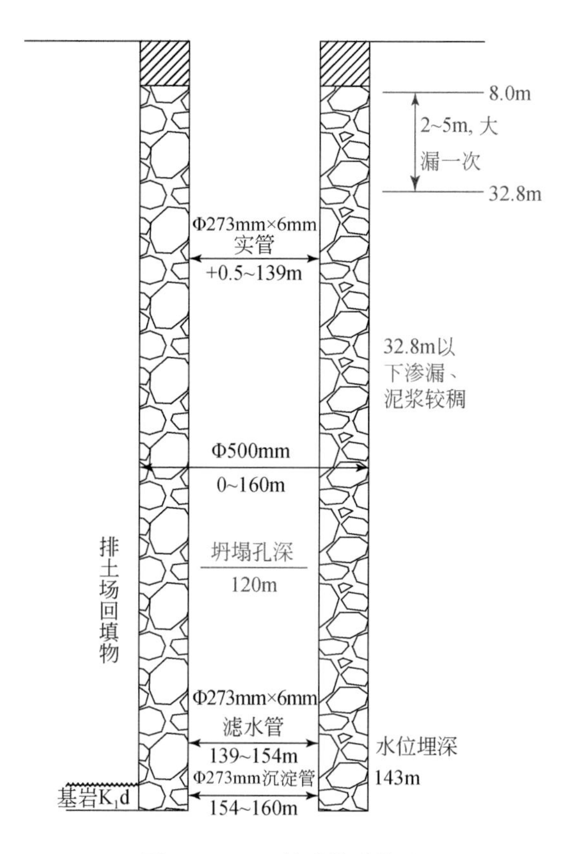

图8-23　SG1钻孔钻进情况

8.2.1.3　试验效果分析

2019年6月21日工程正式开工，截至2019年8月30日完成了野外施工，2019年9月组织审查并完成了水文地质勘查的外业工作验收。设计施工23孔监测井，后期先行施工的SQ11、SQ12孔内无水，对第四系监测井进行设计调整，将Ⅰ-Ⅰ′勘探线SQ1～SQ4孔的工程量合并为2孔监测井，共施工监测井21孔。设计钻探进尺2115m，实际钻探进尺2170.35m；设计测井工作量1435m，实际完成1545.09m。施工地下水监测井21孔，其中，第四系监测孔11孔，基岩监测孔9孔，观测孔1个；进尺2170.35m；完成水文地质编录和抽水试验工作，其中抽水试验16层；完成常规测井及扩散测井10孔；采集土力学样20组，岩石力学样31组，进行了土力学参数试验及物性参数试验，水化验16件；结合水工钻探、地球物理测井、样品采集测试的综合方法，开展了矿区地下水资源动态变化研究，获得了宝日希勒露天煤矿地下水水流场的分布特征，提供水文监测井野外施工总结报告（表8-11）。

表 8-11 水文地质勘探设计工作量与完成工作量对比表

序号	项目名称		单位	设计工作量	完成工作量
1	工程测量		次	50	50
2	水文地质钻探		m/孔	2115/22	2170.35/21
3	测井	常规测井	m/孔	1435/23	1545.09/10
		扩散测井	m/孔	1435/9	1545/10
4	抽水试验	单孔抽水试验	层	16	16
5	水化验	水质全分析	组	22	16
6	岩石力学化验		组	50	51
7	长观孔留设		孔	23	21

在23孔水文监测井中安装了自动监测设备，其中煤系顶部砾岩段含水层自动监测井11孔，第四系含水层自动监测井12孔。水文监测井设备安装见表8-12。

表 8-12 水文监测井设备安装一览表

序号	监测井名称	水位深度/m	水位标高/m	传感器距液面深度/m	实际深度/m	监测设备线长/m	监测起始日期(年.月.日)	备注
1	SQ1							与SQ2合并
2	SQ2	23.77	621.53	14.93	104.00	60.00	2019.8.13	Ⅰ号含水层
3	SQ3				70.00			无水，打到采空区
4	SQ4							与SQ3合并
5	SQ5	35.00	572.45	13.39	50.00	60.00	2019.8.19	第四系含水层
6	SQ6	16.84	593.09	13.58	50.00	60.00	2019.8.20	第四系含水层
7	SQ7	5.50	615.26	16.93	50.00	60.00	2019.8.19	第四系含水层
8	SQ8	73.50	629.82	3.50	84.00	100.00	2019.11.11	第四系含水层
9	SQ9	14.48	610.81	15.14	50.00	60.00	2019.8.20	第四系含水层
10	SQ10	42.43	614.37	4.51	49.00	60.00	2019.8.20	第四系含水层
11	SQ11	49.13	607.18	10.83	80.00	60.00	2019.8.18	第四系含水层
12	SQ12	38.50	633.84	9.99	55.00	60.00	2019.8.19	第四系含水层
13	SQ13	23.12	598.31	12.39	51.00	60.00	2019.8.21	第四系含水层
14	SM1	15.38	611.62	15.09	148.00	60.00	2019.8.12	Ⅰ号含水层
15	SM2	30.63	600.91	20.17	150.00	60.00	2019.8.12	Ⅰ号含水层
16	SM3	104.95	570.00	15.05	155.60	150.00	2019.11.10	Ⅰ号含水层
17	SM4	116.06	553.64	23.94	146.00	150.00	2019.11.10	Ⅰ号含水层
18	SM5	53.02	573.47	7.00	150.00	60.00	2019.8.14	Ⅰ号含水层

续表

序号	监测井名称	水位深度/m	水位标高/m	传感器距液面深度/m	实际深度/m	监测设备线长/m	监测起始日期（年. 月. 日）	备注
19	SM6	46.40	570.85	13.28	150.00	60.00	2019.8.14	I 号含水层
20	SM7	13.35	591.24	16.88	141.00	60.00	2019.8.12	I 号含水层
21	SM8	13.91	605.53	14.83	130.00	60.00	2019.11.11	I 号含水层
21	SM8-2	14.50	604.94	17.78	130.00	60.00	2019.11.11	第四系含水层
22	SM9	102.76	561.61	5.24	150.00	150.00	2019.11.10	I 号含水层
23	SMG1	105.86	569.08	8.00	140.00			不安装
合计					2283.60			

图 8-24 为地下水自动监测平台运行界面，目前 20 台套监测设备工作平稳、正常。图 8-25 为SM8 一孔双层（第四系含水层和 I 号含水层）水位监测情况，监测情况均正常。截至 2022 年，所有水文监测井监测设备工作正常，监测系统平稳运行，监测周期为 1 个水文年。

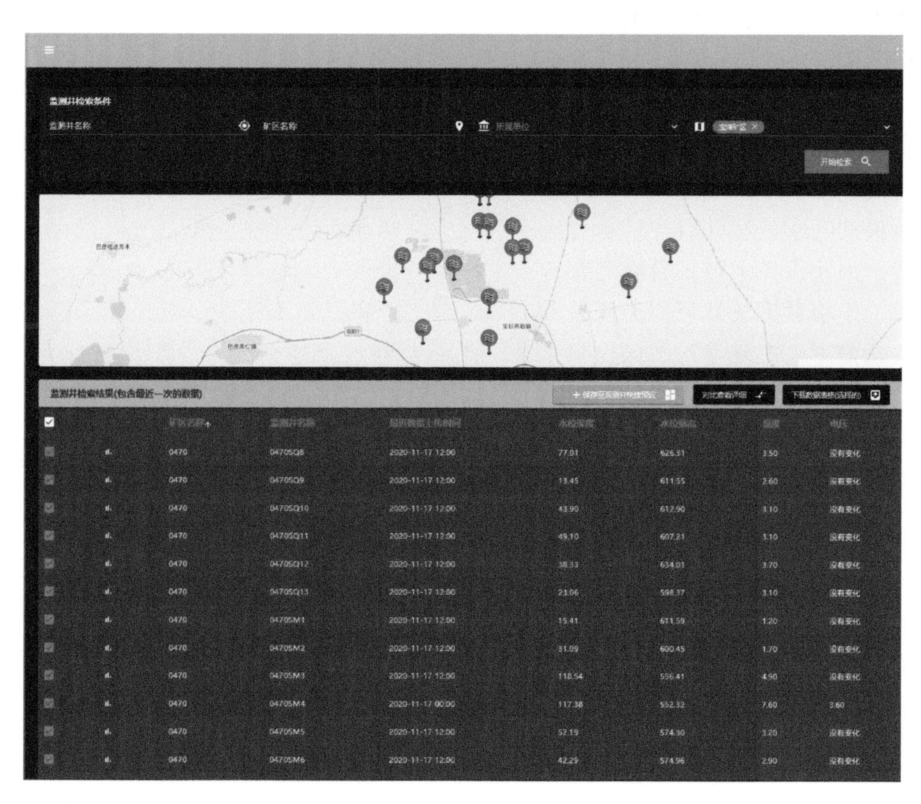

图 8-24　地下水自动监测平台运行界面

(a)第四系含水层水位

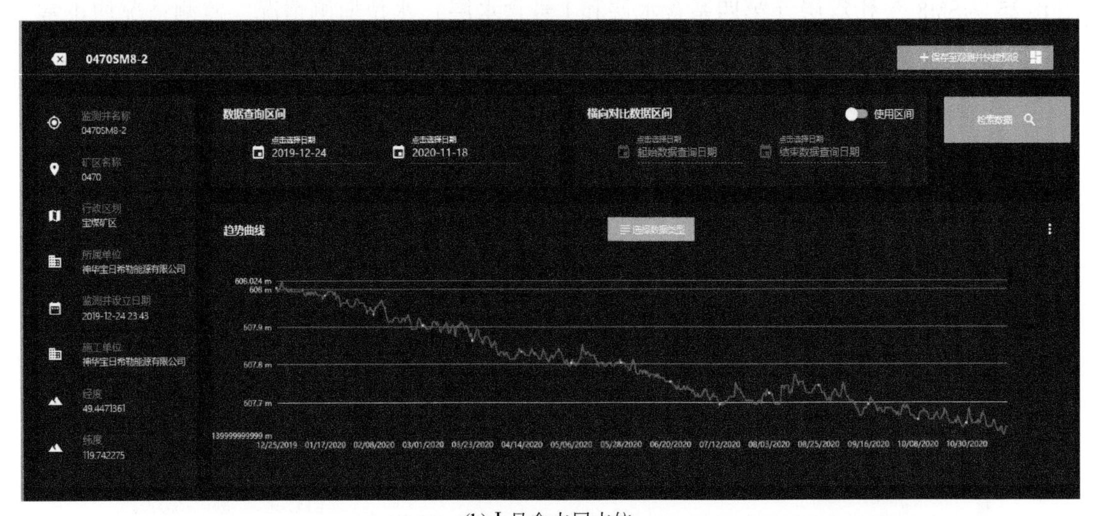

(b) Ⅰ号含水层水位

图 8-25　SM8 一孔双层水位监测

8. 2. 2　露天矿地下水库构建及效果分析

宝日希勒露天煤矿地下水库储水模式为内排土场重构砂岩形成的高孔隙材料介质储水，借助重构含水层地势变化情况，将重构含水层地势低凹地带作为储水空间。本次地下水库库容计算采用分层总和法进行计算，即将地下水库每分层的储水量计算后进行加和计算，得出地下水库总库容。基于上述计算方法，需要准确获取地下水库储水介质的孔隙性。排土场钻孔能够真实揭露重构砂岩储水介质的各项力学和水理特性，和室内试验相比的优势在于现场钻孔方法保留了储水介质原有的压实状态和应力环境，能够真实反映地下水库的储水特征，因此本节采用现场钻孔法进行储水介质水理参数的获取。试验钻孔钻进完成后，采用现场注水试验方法测定储水介质的渗透性，从而推断储水介质的分层孔隙性，采用分层总和法计算地下水库的库容。因此计算地下水库储水量需要开展以下三方面工作：①基于地下水库建设情况设计钻孔方案，完成排土场钻孔工作；②在钻孔基础上开展钻孔注水试验，测定储水介质的分层渗透性；③利用储水介质的分层渗透性计算孔隙性，基于地下水库等高线信息沿高程分层，计算每个分层储水量，通过累加计算地下水库总储水量。

8.2.2.1　钻孔施工情况

1. 地下水库建设范围

宝日希勒露天煤矿西区地下水库选址考虑借助井田西侧低凹地势和中东部低凹地势区域作为地下水汇聚区，利用内排土场重构砂岩含水层作为储水体，以毛石沟槽位置作为露天煤矿地下水库取水位置，以毛石沟槽为边界取水位置，根据 1 煤层底板等高线初步确定地下水库选址。

2. SG1 钻孔施工经验

1）现场施工情况

施工设备为车载水 600 钻机。2020 年 9 月 15 日开钻，11 月 1 日钻至孔深 120m，采用 Φ500mm 刮刀钻头钻进。9 月及 10 月中上旬降雨频繁，排土场路面湿滑、泥泞，堵漏材料较难运输进钻场，为了满足现场施工需要，现场配备了液压挖掘机和吊车的设备进行辅助作业（图 8-26）。

图 8-26　SG1 钻孔施工过程中使用的设备

2）可借鉴的钻孔经验

根据 SG1 钻孔过程中取得的经验和教训，总结出如下问题和措施供本次钻探单位借鉴，以保证地下水库抽注水系统建设顺利实施。

（1）排土场由以碎砾石、黏土岩、亚黏土等松散的露天矿剥离物为主堆积而成，松散、存在大量空隙，没有经过充分的压实，易于掉块、坍塌。

（2）本区泥质岩类、砂质岩类均为泥质胶结，泥质含量高，水浸泡后膨胀，易于坍塌，钻进中造浆、包钻、坏泵。

（3）SG1孔位于排土场高处，孔深达160m，增大了钻进和最终成孔的难度，因此本次钻孔建议优选在地形较低的钻孔3先开工，为后续钻孔施工积累经验。

（4）SG1孔采用了较大的孔径（500mm），孔径越大、孔壁越不稳定，因此本次钻进优选采用较小的孔径施工（330mm左右），为后续钻孔施工积累经验。

（5）2020年9～10月中旬雨水较多，有段进场道路积水，材料运不进去，停等时间长，影响了施工进度；10月下旬～11月气温低，泥浆泵、管线、泥浆池冻结，经常修泵、烤管线，停钻较多，严重影响施工。因此建议抢抓气温较高、降雨较少的春夏时节进行钻孔施工。

3）可借鉴的安全保证措施

（1）防风措施：当得知七级以上大风来临时，应将塔衣卸除，加固场房；检查钻塔绷绳坚固程度，同时切断电源，人员撤离到安全地带暂避；报表、易损坏及小件工具应装箱妥善保管。必要时可将钻具下至孔内利用升降机悬吊，以增强钻塔稳定性。

（2）防寒措施：在冬季施工时，塔衣及场房衣应封闭严密，并没有必要的取暖设施，场房内温度不应低于0℃。在冬季或高寒地区较长时间停钻、更换设备或搬迁时，应事先将所有设备（柴油机、水泵等）机体内的积水放尽。

（3）防洪措施：在雨季对有可能受洪水侵袭的钻场施工，应适当变更孔位或避开雨季施工。如实在避让不开时，机场地基应修筑拦水坝或修建防洪设施。钻机人员上下班通道被洪水阻挡时，可绕道通行，不应强行通过。

3. 钻孔实施方案

1）钻孔位置选择

宝日希勒露天煤矿地下水库抽注水井布置应综合考虑地下水库应用的需要、工程量、露天矿剥采排历史等因素。

（1）地下水库建设区域煤层底板高程从545～560m起伏变化，整体表现如图8-27所示。从充分利用库内储水的角度考虑，抽水井应布置在建库范围内煤层底板最低处。

（2）宝日希勒露天煤矿地下水库建库区域地表为内排土场台阶，海拔从近地表的+660m左右到排土场顶部的+730mm左右，这意味着终孔深度相同的情况下，钻孔长度可相差数十米（相差60%以上），因此在满足地下水库建设需求的前提下应尽量选择在地表海拔较低的区域开钻，降低工程难度和加快施工速度。

（3）排土场地下水库主要是利用排弃物料孔隙储水，为了避免储存的矿坑水污染地下水，抽注水井应避开露天矿未开采的区域，即钻井终孔位置应在露天矿采场深部境界以内，处于内排土场的正常排土区域。

根据前期研究成果和抽注水井布置的影响因素，在宝日希勒露天煤矿排土场西南部建库区布置6个钻孔（表8-13）。

（1）钻孔1位于地下水库的煤层底板最深处，因此作为主要抽水井建设；

（2）钻孔3和钻孔5位于地下水库的南北两端，煤层底板较高（海拔555m），作为主要注水井建设，一方面可利用地形坡度实现储存水的自由汇流，另一方面可以充分利用较长的汇流距离达到净化矿坑水的目的；

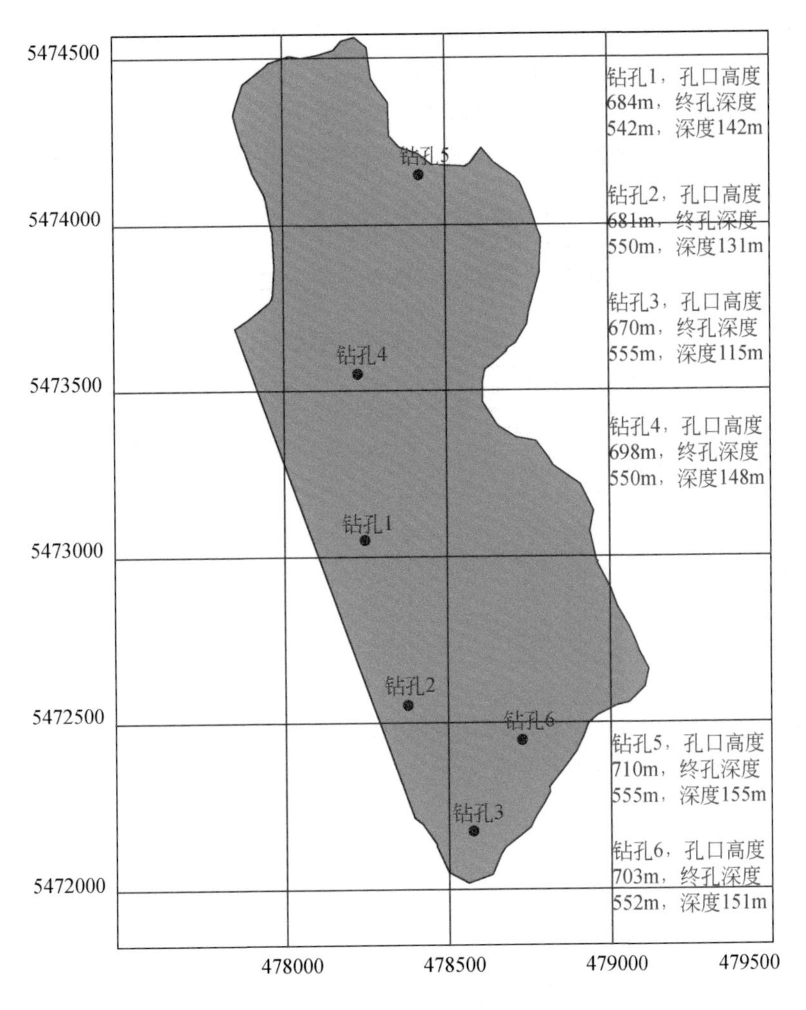

图 8-27　抽注水井布置图

表 8-13　宝日希勒露天煤矿排土场地下水库抽注水系统钻孔参数

钻孔	开孔坐标			终孔坐标/m	孔径/mm	预计深度/m	备注
	X 坐标	*Y* 坐标	*Z* 坐标				
1	478300	5473049	684	542	330	142	抽水井
2	478379	5472554	681	550	330	131	监测/注抽井
3	478609	5472181	670	555	330	115	注抽/监测井
4	478226	5473550	698	550	330	148	监测/注抽井
5	478418	5474144	710	555	330	155	注抽/监测井
6	478727	5472446	703	552	330	151	备用井
合计						842	

（3）钻孔 2 和钻孔 4 位于拟建设的注水井和抽水井之间，主要作为监测井建设，用于

观测库内水位和水质变化，同时兼作注水井或抽水井使用；

（4）钻孔6位于拟建设的地下水库西南部，底部铺设有毛石集水沟，具有较好的汇集地下水的条件，但在整个库区底板高度较大（552水平），且前期施工钻孔在完成120m钻进后最终塌孔，说明该区域施工难度较大，因此作为备用注水井或抽水井建设。

2）钻孔施工方案

根据初步确定的地下水库建设范围、抽注水井位置和可能通过的地层条件，初步确定各井的工程量见表8-14，完成施工后各钻孔剖面如图8-28所示。

表8-14　各井工程量

钻孔	开孔高程/m	终孔坐标/m	孔径/mm	预计深度/m	套管/m	花管/m	备注
1	684	542	330	142	34	48	抽水井
2	681	550	330	131	31	40	监测/注抽井
3	670	555	330	115	20	35	注抽/监测井
4	698	550	330	148	48	40	监测/注抽井
5	710	555	330	155	60	35	注抽/监测井
6	703	552	330	151	53	38	备用井
合计				842	246	236	

注：①各钻孔套管和花管工程量根据钻孔位置和可能通过的地层条件初步确定，现场施工过程中根据实际钻探结果修正。②上部套管直径根据施工需要确定。

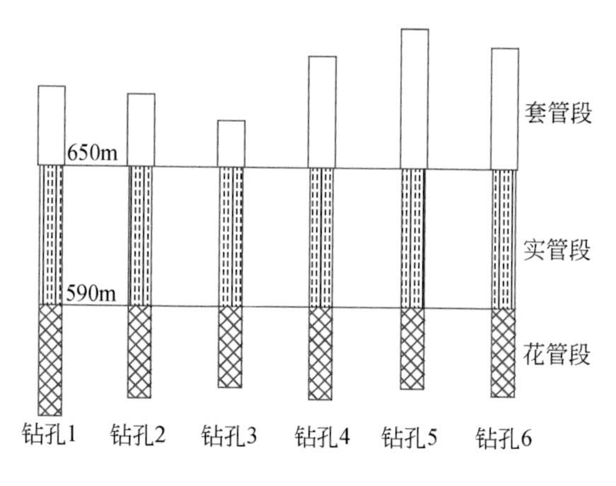

图8-28　钻孔剖面示意图

为了适应宝日希勒矿区的气候条件，建议宝日希勒露天煤矿地下水库抽注水系统采用分期建设。

（1）综合考虑各钻孔的重要性和施工难度，建议优先施工钻孔3，因为其施工难度最小，且可以满足注水和小规模抽水试验的需要；

（2）同时开工钻孔1，因为其终孔位置对应地下水库的最深处，是本库的主要抽水井，重要性高；

（3）待钻孔3和钻孔1施工结束后，总结经验进行钻孔5和钻孔4的施工，使库区形成完整的抽注水与监测系统；

（4）最后施工难度较大的钻孔2和钻孔6，形成更加完备的地下水库抽注系统。

根据地下水库抽注水系统分期建设方案，以计划最先开工的钻孔3为例，简要介绍钻孔施工方案。

（1）孔位选在排土场的低处，孔深变小一些。钻孔1开孔高程670m，设计终孔坐标555m，预计孔深115m（图8-29）。宝日希勒露天煤矿已进行的排土场地下水库试验钻孔SG1实际钻深已达120m，因此仅从孔深的角度考虑（未考虑排土场内物料性质变化）该孔钻探施工是可行的。

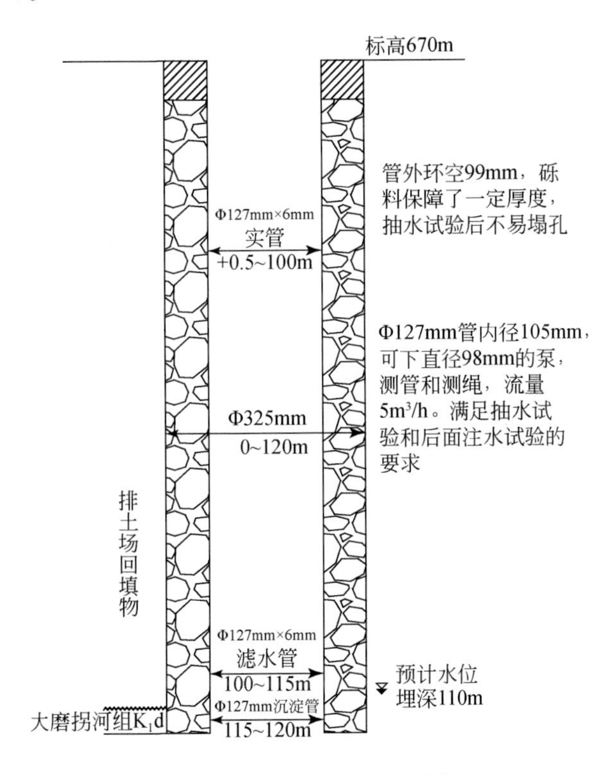

图8-29 钻孔1深度和结构

（2）钻孔结构调整为开孔孔径Φ325mm，通过缩小孔径（试验钻孔SG1开孔孔径500mm）降低施工的风险，增加成孔的概率。

（3）钻孔1成孔后全孔下入Φ127mm×6mm无缝钢管，管外环空99mm，保证填充粒料厚度，保证抽水试验时不至于塌孔（钻孔断面结构见）。

（4）钢管内径105mm，可下Φ98mm的水泵，抽水流量可达$5m^3/h$，同时具备下测管和测绳的空间。

（5）抓紧在4~6月温暖、少雨的有利天气条件施工，提高钻进效率和时间利用率。

4. 钻孔施工过程

为了验证宝日希勒露天煤矿排土场地下水库储水情况，神华大雁工程建设有限公司按照上述钻孔施工方案进行排土场钻孔施工。排土场钻孔工作自 2021 年 4 月 10 日开始准备施工，截至 6 月 9 日，已顺序完成 3#、1#和 5#钻孔的施工工作，见图 8-30、图 8-31。施工按照由易到难的顺序进行，其中 3#、1#和 5#钻孔施工较容易，除了设计深度有稍小差异外，其钻孔工艺、钻进钻头、孔径等都采用相同参数，现对首钻 3#钻孔施工情况进行介绍。

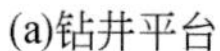

(a)钻井平台　　(b)钻杆

图 8-30　钻井设备

图 8-31　3#钻孔完成后实物图

宝日希勒露天煤矿排土场 3#钻孔采用的钻井设备为 SPC-1000 型钻机；该钻机可进行 5 档调速，1～5 档对应的转速分别为 146r/min、259r/min、426r/min、696r/min、1107r/min，单据拉力为 68600N，提杆速度为 1. 32m/s，最大钻进深度为 1000m。钻孔编号为 BKCZ3，终孔深度 127m，终孔直径 205mm，终孔层位为煤。该孔深 122. 4m，井筒总长 122. 9m，井壁管高于地表 0. 5m。使用水位测钟进行孔内水位测量发现，该孔为干孔，未见地下水存在。井壁管安装位置为 0. 0～75. 0m，井壁管孔径为 Φ127mm；过滤管位置为 133. 0～166. 0m，过滤管孔径为 219mm；沉淀管位置为 166. 0～172. 7m，过滤管孔径为 219mm。

钻孔取芯过程发现，孔芯物料与宝日希勒露天煤矿生产计划图和现场技术人员回忆所推断的物料基本一致：排土场浅部排弃物为近地表松散层，岩层组主要有黏土、粉质黏土、砂砾石层；其中黏土、粉质黏土主要分布于地表，全区广泛分布；砂砾石层局部分布，呈透镜状；排土场浅部排弃物呈散体结构。排土场中深部为剥离物混排层，该层主要为碎屑岩类，主要由风化岩组、砂岩、泥岩和砾岩组成；其中风化岩组煤系顶部与第四系的接触带连接，砂岩、泥岩和砾岩全区分布，呈互层状或透镜状；排土场中深部剥离物混排层整体呈碎裂结构。排土场深部为砂砾岩储水层，该层为人工构筑物，作为地下水库主要的储水空间具备较高的孔隙性。排土场最底部为煤层底板，具有较好的隔水性。同时可以看出，排土场浅部排弃物由于上部载荷较小，密实程度较差，结构松散；深部排弃物由于上部载荷大，密实程度很好，结构紧密。

由于露天矿生产过程中，剥离物一般按照就近排弃的原则进行排土，并结合边坡稳定、生态修复等特殊需要进行调整。通过3#排土场钻孔施工过程可知，宝日希勒露天煤矿剥离区内岩（土）体主要划分为三大岩类（表 8-15，表 8-16）。

表 8-15　3#钻孔钻探原始记录表　（单位：m）

深度	厚度	采长	序号	岩石描述
0.20	0.20	0.20	1	黑土：以回填为主
6.80	0.60	1.00	2	中砂：以砂、砾石混排物为主，松散
10.30	3.50	0.60	3	黏土：黄褐色，中夹回填黑土，松散
15.48	5.18	0.80	4	黏土含砾：黄色至黑色，层间不呈散体堆积 以黏土物和砾石胶结一起的混排物，松散
40.78	25.30	2.40	5	黏土：黄褐色，松散状
52.00	11.22	2.00	6	黏土含砾：黄褐色，呈松散状，主要由第四系的砾石与黏土以及泥岩碎块组成
57.00	5.00	2.20	7	中砂：灰色，中夹 1mm 左右的砾石及砂土，呈松散状
65.70	8.70	2.60	8	砂砾石：以砂砾石和黏土，泥岩块混排而成
75.20	9.50	2.40	9	细砂：以沉积岩里的砂泥岩和第四系的黏土为主
84.80	9.60	1.60	10	砂：以粗砂为主，灰色，含砾石，主要为采坑相砂岩排弃物
102.50	17.70	2.00	11	砂：以采场的砂质泥岩为主，含砾石
119.20	16.70	2.50	12	砂岩：以粗砂为主，灰色含砾石，其中 111.0 ~ 111.5m 为黑色的煤
121.80	2.60	0.50	13	煤：黑色，木质结构，褐色条纹，参差状
122.40	0.60	0.20	14	砂泥岩：灰色，砂泥质结构，原层状

表 8-16　剥离区岩（土）体工程地质分类

工程地质分类	岩层组	空间分布	岩体结构
松散岩类	黏土、粉质黏土	分布于地表，全区广泛分布	散体结构
	砂砾石层	局部分布，呈透镜状	
碎屑岩类	风化岩组	煤系顶部与第四系的接触带	碎裂结构
	砂岩、泥岩和砾岩	全区分布，呈互层状或透镜状	层状结构
煤岩类	煤层	全区分布，个别煤层不稳定	

根据宝日希勒露天煤矿生产记录，排土场钻孔施工前初步预计各钻孔施工过程中通过

物料情况（图 8-32）。3#钻孔取芯编录情况与钻孔前岩芯物料预计情况吻合程度很高，进一步验证了当初预计的准确性。

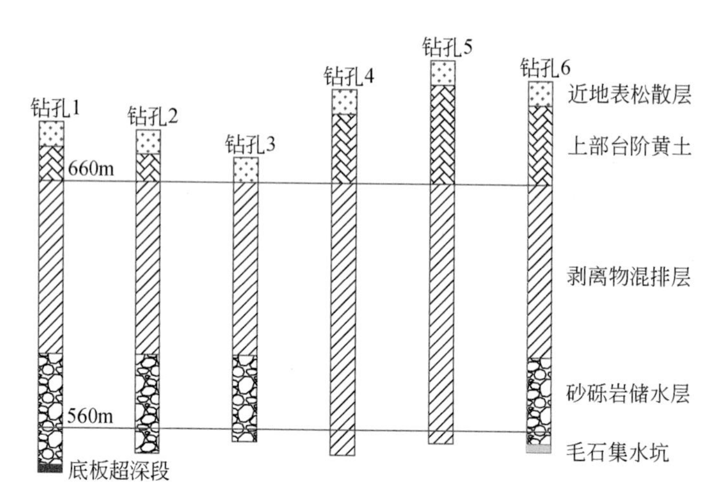

图 8-32　钻孔区地层概况

钻孔完成后需要对孔底进行清洗以排出钻进过程中产生的沉淀物，本次采用空压机进行高压水洗井，首先向孔内注入清水，注水完成后采用空压机向孔内输入高压气体，将孔内清水喷出，由图 8-33 可以看出清水由孔内喷出至井塔位置，清水喷出的同时可将孔底沉淀物一起喷出达到洗井目的。洗井完成后采用水位测钟测量井内地下水位，经测量 3#钻孔为干孔，孔内无水。

(a)空压机洗井

(b)水位测钟

(c)测钟法测量井底水位

图 8-33　洗井及粗测井底水位

宝日希勒露天煤矿西区地下水库排土场 3#钻孔的成功完成，为后续 1#和 5#钻孔的施工奠定了坚实的基础，3#钻孔于2021年4月23日完成并开展洗井工作，同时对1#孔准备钻进工作。1#钻孔于2021年5月11日完成并开展洗井工作，5#钻孔于2021年6月9日完成钻进（表8-17，表8-18）。

表8-17　1#钻孔现场工作时序表

序号	日期	施工情况描述	备注
1	2021年4月23日	3#孔洗井完毕，往1#孔搬运设备，铲车平整开路	
2	2021年4月26日	搬运设备完毕，1#孔开孔钻进	
3	2021年4月27日	钻进至孔深24.5m，9～24.5m处漏失严重；拉水、搅拌泥浆	
4	2021年4月28日	钻进至孔深34m，由于沉淀多、岩粉粒径大，加不上钻杆；安装30m长度护壁管，候凝	水泥固井
5	2021年4月29日	水泥固井候凝结束，准备二开钻进并处理沉淀	
6	2021年4月30日	钻进至孔深35m，二开钻进泥浆正常上返，进尺到35m后泥浆全部漏失。灌注水泥浆进行堵漏，今日候凝	
7	2021年5月1日	准备利用钻场现有的泥浆，进行扫孔。调用铲车进行修整道路	
8	2021年5月2日	钻进至孔深52m，应矿方要求停工	
9	2021年5月5日	孔内泥浆全部漏失，上部有坍塌、掉块迹象。下午准备注泥浆、处理沉淀、堵漏等工作	
10	2021年5月6日	拉水、搅拌泥浆，处理沉淀	
11	2021年5月7日	钻进至孔深72m，使用优质堵漏材料、优质膨润土及水泥堵漏，共计投入使用7t。顶漏钻进，同时拉水搅拌泥浆	
12	2021年5月8日	顶漏钻进至98m。拉水、搅泥浆、钻进	
13	2021年5月9日	使用Φ127mm的有岩钻头施工至终孔深度145m，并进行了测井工作。采用Φ200mm的无岩钻头从98m处进行扩孔至孔底，扩孔结束后将进行安装井壁管及过滤器	
14	2021年5月10日	扩孔已至145m终孔处，安装完毕井壁管及过滤器，并填砾洗井	
15	2021年5月11日	用空压机进行洗井，处理沉淀	
16	2021年5月12日	洗井完毕，测水位显示孔内无水，定下孔的位置	

表8-18　5#钻孔现场工作时序表

序号	日期	施工情况描述	备注
1	2021年5月18日	搬运设备至5#孔，准备联系平盘现场施工的挖掘机挖设泥浆池、储水池、沉淀池	
2	2021年5月19日	起塔、安装附件。挖掘机挖泥浆坑、储水池、沉淀池	
3	2021年5月20日	施工现场的泥浆坑已挖设完成、泥浆配制搅拌及机械设备安装也已完成，准备开孔	
4	2021年5月21日	现一开（Φ330mm）孔深28m。顶漏钻进，下护壁管	
5	2021年5月22日	顶漏钻进至55m，进行了水泥固井，全天候凝	水泥固井
6	2021年5月23日	继续候凝	

续表

序号	日期	施工情况描述	备注
7	2021 年 5 月 24 日	候凝结束。正常二开（Φ205mm）钻进。现孔深 69m，泥浆在 61m 处漏失	
8	2021 年 5 月 25 日	孔深 102m，上钻具提升过程中，在 92m 处出现卡钻，回转不动，怀疑掉块卡钻。联系吊车，视路面情况进场处理事故	
9	2021 年 5 月 26 日	用吊车将孔内钻具吊出。处理沉淀并采用 Φ127mm 的岩芯管钻进	
10	2021 年 5 月 27 日	顶漏扩孔至 125m 孔深（Φ205mm）。将继续采用 Φ127mm 岩芯管钻进	
11	2021 年 5 月 28 日	孔深 125m。钻孔上部井壁出现坍塌现象，沉淀增多。采用水泥浆进行堵漏护井，候凝	
12	2021 年 5 月 31 日	孔深 125m。扫塞钻进至 116m，孔壁仍然坍塌，无法正常加杆进尺。准备扩孔下护壁管（Φ219mm）	
13	2021 年 6 月 1 日	扩孔深度已至 116m，准备安装护壁管（Φ219mm）	
14	2021 年 6 月 2 日	护壁管未下放到位，重新下放护壁管	
15	2021 年 6 月 3 日	护壁管安装完成，深度 102m。顶漏钻进至 118m（采用 Φ127mm 的岩芯管）	
16	2021 年 6 月 4 日	孔深 118m。处理管内泥饼后，准备加杆钻进时，由于管底部为红色黏土，出现缩径现象，导致加不上钻杆，无法正常钻进。准备调配冲洗液，改换钻头	
17	2021 年 6 月 5 日	顶漏钻进至 137. 2m（采用 Φ200mm 无岩钻头）	
18	2021 年 6 月 6 日	钻进至 142m。因底部岩层均为黏土层，黏土遇水易膨胀，造成孔径变小，每次加杆进尺，都需重新扫孔，然后再加杆进尺，并且底部黏土层存在冲洗液漏失，所以造成目前进尺缓慢，难度增大	
19	2021 年 6 月 7 日	钻进至 149. 5m，底部岩层仍为黏土	
20	2021 年 6 月 8 日	施工至终孔孔深 160m。该孔一开护壁管（Φ273mm）下放至 55m，二开钻进至 125m 处，由于上部粉土坍塌造成埋钻，后经吊车将钻具拔出。为了保住该孔不得已下放了二次护壁管（Φ219mm）至 102m 处。由于该孔基本上都为黏土，在钻进过程中存在缩孔现象。故今日仍需扫孔，准备下步工作	
21	2021 年 6 月 9 日	已施工至终孔孔深 160m，现做搬运准备工作	

5. 钻孔经验总结

通过宝日希勒露天煤矿西区地下水库排土场已完成 3#、1#和 5#钻孔的施工经验和 SG1 钻孔失败的过程，可总结类排土场的松散地层钻孔工作经验如下：

（1）在条件允许情况下，孔位选在排土场的低处，缩小孔深、减小孔径将有效提高钻孔成功率。

（2）选在 4 ~6 月施工，气温较暖和。气温条件也有利于施工，大幅减少停钻现象。

（3）松散材料在原始三向应力状态时强度较高，钻进使其解除一个方向的应力后强度降低；采用快速钻进的方法可在松散材料完全变形前完成钻孔，提高成孔概率。

8.2.2.2　现场注水试验

由钻孔注水试验规程可知，钻孔常水头注水试验适用于渗透性比较大的壤土、粉土、砂土和砂卵砾石层，或不能进行压水试验的风化、破碎岩体，断层破碎带和其他透水性强的岩体等；钻孔降水头注水试验适用于地下水位以下渗透系数比较小的黏性土层或岩层。为了增加试验结果的可靠性，本节采用钻孔常水头和降水头两种试验方法测定地下水库储水介质的渗透性。

1. 试验设备

结合《水利水电工程注水试验规程》及工程现场可提供的设备条件，本次试验用到的设备见表8-19。

表8-19　钻孔注水试验设备一览表

设备类型	名称
供水设备	矿用洒水车（自带短距离输水管路）
量测设备	水表、超声波流量计、秒表、米尺等
水位计	电测水位计

2. 试验过程

（1）用钻机造孔，至预定深度下套管，严禁使用泥浆钻进。孔底沉淀物厚度不得大于10cm，同时要防止试验土层被扰动。

（2）在进行注水试验前，应进行地下水位观测，作为压力计算零线的依据。本次试验在钻孔完成洗井时采用测钟进行地下水位粗测，发现孔内无水。

（3）由于钻孔工艺的限制，本次使用一次性全段注水法进行注水试验，测量数据即为花管所在平均深度处储水介质的渗透性。

（4）用带流量计的注水管或量筒向套管内注入清水，套管中水位至孔口并保持固定不变，观测注入流量。本次试验采用40t矿用洒水车进行钻孔注水，采用水表和超声波流量计同时测量注水量以减小试验误差，试验过程中采用秒表测量时间。最后一次注水后，使用电测水位计测量孔内水位的下降高度与时间的定量关系。

3. 试验数据整理

1）常水头注水试验

在常水头注水试验中，通过超声波电磁流量计、水表和秒表可以直接测量得出单位时间注入量 Q（L/min）。洗井后使用测钟法测量孔内水位可知，3#、1#和5#钻孔均为干孔，即试验土层位于地下水位以上。根据钻孔注水试验规程，当试验土层位于地下水位以上时，采用式（8-4）进行渗透系数计算：

$$k=\frac{7.2Q}{H^2}\lg\frac{2H}{r} \tag{8-4}$$

式中，k 为试验土层的渗透系数，cm/s；r 为钻孔半径，cm；Q 为注入流量，L/min；H 为试验水头，cm。

2）降水头注水试验

在常水头注水试验中，通过电测水位计和秒表可以直接测量得出不同时刻 t_i 对应的孔内试验水头 H_i。根据钻孔注水试验规程，通过注水试验的边界条件和套管中水位下降速度与延续时间的关系，试验土层的渗透系数可采用式（8-5）进行计算：

$$k = \frac{\pi r^2}{A} \cdot \frac{\ln \frac{H_1}{H_2}}{t_2 - t_1} \tag{8-5}$$

式中，k 为试验土层的渗透系数，cm/s；H_1 为在时间 t_1 时的试验水头，cm；H_2 为在时间 t_2 时的试验水头，cm；r 为套管内径，cm；A 为形状系数，cm。

8.2.2.3　地下水库 100 万 m³ 储水量验证

1. *库容计算方法*

本次宝日希勒露天煤矿西区地下水库库容采用分层总和法进行计算，即将地下水库每分层的储水量计算后进行加和计算出地下水库总库容。为确保完成宝日希勒示范区露天煤矿地下水库建设任务和储水容量超过 100 万 m³ 的项目技术指标要求，综合考量宝日希勒露天煤矿地下水库储水库容，需要对宝日希勒露天煤矿地下水库设计并实施一系列现场试验以探究地下水库的储水特性和储水效果。

宝日希勒露天煤矿地下水库储水模式为内排土场重构砂岩形成的高孔隙材料介质储水，借助重构含水层地势变化情况，将重构含水层地势低凹地带作为储水空间。地下水库选取的地势低凹地带为宝日希勒露天煤矿 1 煤层底板，该煤层底板地势中间低洼，可作为天然的储水空间。地下水库储水模式为重构排土场材料孔隙储水，水库储水能力受制于储水材料的孔隙性，因此需要通过现场注水试验等手段测定重构材料的孔隙度。

地下水库储水空间实际为内排土场排弃材料孔隙储水，因此需要获取排土场孔隙度。考虑到排土场的实际排土工艺和排弃物不同层位的压实状态，排土场同一高程处排弃物料基本为同一种材料，且同一高程处的排弃物料处于相同的应力环境和压实状态，因此同一高程处的地下水库储水介质具有相同的孔隙特征。在确定好储水介质分层并已知每分层孔隙度的基础上，通过分层总和法计算每一分层的储水容量然后将所有分层加和计算出地下水库总体储水容量，为宝日希勒露天煤矿地下水库储水容量超过 100 万 m³ 技术指标提供理论支撑（图 8-34）。

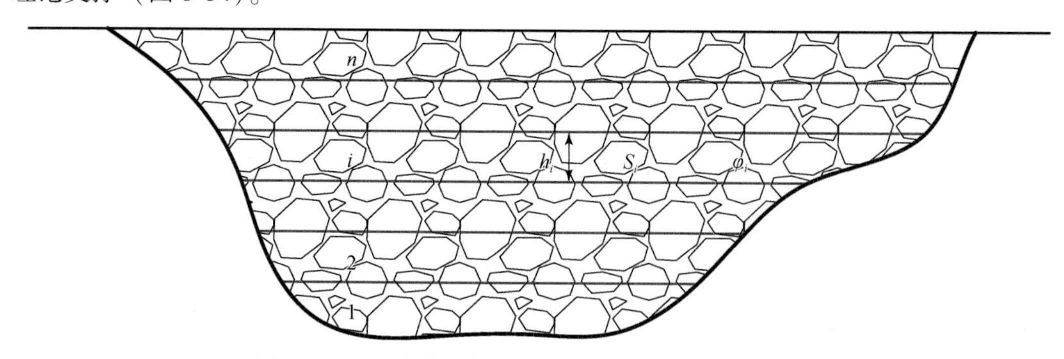

图 8-34　地下水库纵剖面分层总和法计算储水量示意图

$$Q = \sum_{1}^{n} \varphi_i \cdot h_i \cdot S_i \tag{8-6}$$

式中，Q 为地下水库储水容量；φ_i 为地下水库储水介质第 i 分层的孔隙率；h_i 为地下水库储水介质第 i 分层的分层厚度；S_i 为地下水库第 i 分层的储水面积；n 为分层数目。

2. 西区地下水库库容计算

宝日希勒露天煤矿西区地下水库储水介质为人工构筑砂岩，储水介质为同一种材料，内部孔隙结构相同或具有较高的相似性；但由于所处高程不同，储水介质所处的应力环境不同，不同压实状态下的储水介质呈现出不同的渗透性；由以上分析可知，介质高程（即上覆载荷）对储水介质渗透性的影响最大，且基本为唯一影响因素，因此可通过统计归纳法拟合得出储水介质渗透性与高程的关系。

对于常规的材料来说，渗透性和孔隙性之间没有必然的函数关系，但是对于同一种材料或内部空间结构相似的材料来说，孔隙性与渗透性之间具有较大的相关关系，即渗透性越大，材料的孔隙度也就越大。对于西区地下水库来说，储水介质为重构砂岩，基本为同一种材料或相近内部空间结构的材料，因此其渗透性和孔隙度之间存在必然联系。地质学家、石油工程师、土木工程师和土壤科学家已经得到关于流体流动性质与像砂岩那样的自然界多孔介质的表面积之间的各种关系，特别是为了推导出一个明确的公式，许多科学家都对松散介质沉积层和含水层的孔隙率与渗透率之间的关系进行了研究。其中以柯兹奈和卡尔曼关于测定地下流体流动的公式比较有名，其公式如下：

$$\phi = k\frac{S_p^2}{C} \tag{8-7}$$

式中，k 为渗透率；ϕ 为孔隙度（以小数表示）；S_p 为每一单位孔隙体积内的表面积；C 为依胶结程度和其他因素而定的常数。

为确保计算结果的精度，分层厚度取值应尽量小，结合西区地下水库的等高线信息，本次计算取分层厚度为 5m，西区地下水库位置及高程信息见图 8-35，计算结果见表 8-20。由表可知，西区地下水库的总储水量为 122.33 万 m^3。

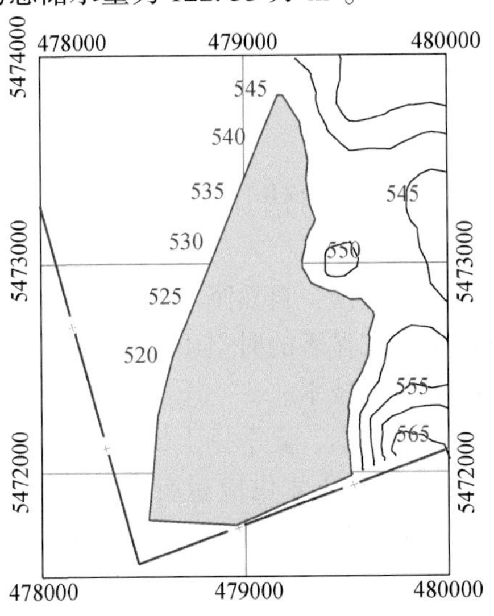

图 8-35　西区地下水库位置及高程信息（单位：m）

表 8-20　西区地下水库库容计算表

分层编号	分层高程/m	每分层中部高程/m	每分层体积/m^3	每层中部平均孔隙度	每层储水容量/万 m^3
1	520 ~ 525	522. 5	286120. 32	0. 0842	2. 41
2	525 ~ 530	527. 5	849790. 18	0. 0889	7. 55
3	530 ~ 535	532. 5	1734162. 56	0. 0913	15. 83
4	535 ~ 540	537. 5	3654950. 71	0. 0964	35. 23
5	540 ~ 545	542. 5	5676705. 69	0. 108	61. 31
总计					122. 33

将开采底板作为水库底部（库容计算 0 高程点），通过逐层累加的方法计算地下水库库容，确定了水位–库容曲线。宝日希勒露天煤矿西区地下水库满库时的储水能力约为 122. 33 万 m^3，满足地下水库设计 100 万 m^3 的需求，其 0 ~ 25m 水位的总库容如图 8-36 所示。

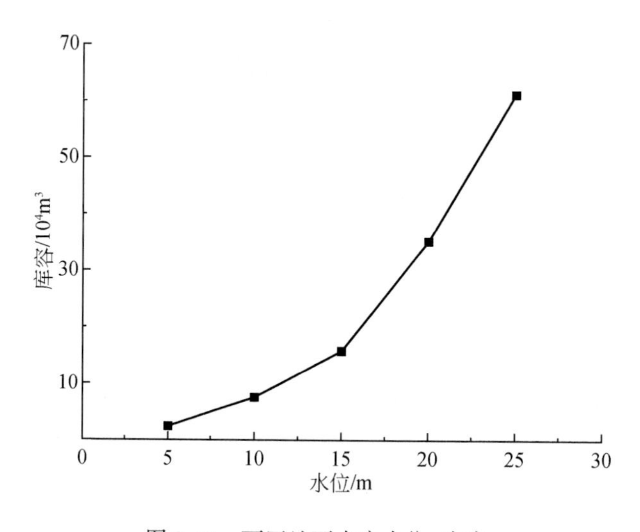

图 8-36　西区地下水库水位–库容

8. 2. 3　近地表生态型储水层构建试验及效果分析

宝日希勒露天煤矿属于半干旱地区，自然降水难以满足矿区生态修复的需要，而矿坑水产量与露天矿生产、生态需求存在显著的时空不协调，需要研发适合宝日希勒露天煤矿特点的矿坑水资源储存与跨季节调配技术。

一方面，宝日希勒露天煤矿在春季、夏季排土场复垦时需水量较大（露天矿生产所需的道路降尘用水量也大），地表水与地下水供应量有限，很难满足矿山生产复垦用水，需进行水资源的调配工作；另一方面，矿区冬季寒冷，大部分剥离和排土场复垦工作停止，矿山生产和生态修复用水需求减少，虽然大气降水有所减少，但地下水涌出量基本不变，导致矿坑水出现富余，为保证矿山生产的安全性，一般将富余水排弃至矿区地界以外，既造成了水资源的极大浪费，同时矿坑水还可能影响周围环境。

因此，亟须通过技术改造对矿区水资源进行综合调配，满足不同季节的用水需求，降低矿山生产成本。

8.2.3.1 新技术试验过程

针对宝日希勒露天煤矿矿坑水跨季节调配的需要，在露天煤矿排土场排弃至距离最终高度8~10m时，在内排土场并列布置两块矩形储水区，即a、b两块；所述储水区底部铺设厚度为3~5m的压实黏土层，为人工隔水层，所述人工隔水层下表面与上表面分别布置水分传感器；每块储水区内的人工隔水层设置水力坡度，储水区中心的人工隔水层水平高度最低，储水区边缘的人工隔水层水平高度最高；各个储水区的人工隔水层之间相互连接，靠近露天矿端帮附近的人工隔水层与原始地层中的隔水层连接，各个储水区周围均留出宽度为20m的施工道路。

（1）人工隔水层上方继续排弃露天矿剥离物中孔隙大，遇水变形小，亲水性差的沙质土或者沙土作为含水层，所述含水层排弃至距离露天矿内排土场最终高度0.5~1m位置时停止排弃；在每个储水区地表边缘使用露天矿泥状剥离物堆砌高度20~30cm，底宽1m的阻水挡墙；同时在每个储水区中心位置布置垂直取水井，所述取水井井筒底部安装过滤网，所述过滤网底部与人工隔水层上表面相平，井筒采用直径为1m的预制混凝土管，取水井最上部混凝土管上表面高出所述含水层表面0.5~1m。

（2）随着内排土场在露天矿推进方向不断延伸，连续并列布置多个储水区，即c、d两块，且露天矿推进方向由所述内排土场指向采场。

（3）当年秋季末期，露天矿剥离工作停止，待空气最低温度下降至-10~-5℃后，将地表径流或者坑底涌水通过管路输送至储水区，直至储水区表层出现5~10cm积水且取水井中的水面与含水层上表面相平时停止注水。

（4）冬季冰冻时期，储水区表层冰层消失或取水井中的页面高度低于含水层上表面时，继续向储水区注水，确保储水区表层出现5~10cm冰层厚度或取水井中的水面与含水层上表面相平时再停止注水。

（5）次年春季储水区内冰层融化，使用水泵从取水井中将储水抽取输送到矿区需水地点，取水时先从靠近采场的储水区开始；储水抽取后，将取水井掩埋，所述阻水挡墙拆除，将矿区地表腐殖土或腐殖土的替代材料排弃至含水层上部作为复垦层；所述复垦层铺设完成后，内排土场完成全部排土计划，实际排土高度达到最终高度，在复垦层上部种植草木，进行露天煤矿排土场的复垦工作。

根据宝日希勒露天煤矿小型地下水库施工工艺流程（图8-37），在内排土场的最上部台阶选定一块区域作为试验场地，以露天矿剥离物为主体构建近地表地下水库的小型试验库（图8-38）。

（1）以露天矿剥离物为基础，通过筛选、级配、压实等方法构建库底隔水层，面积≥$2000m^2$，厚度≥1m，物料渗透系数<0.001m/d。

（2）以露天矿剥离物为基础，通过筛选、级配、压实等方法构建水库周边坝体，坝体

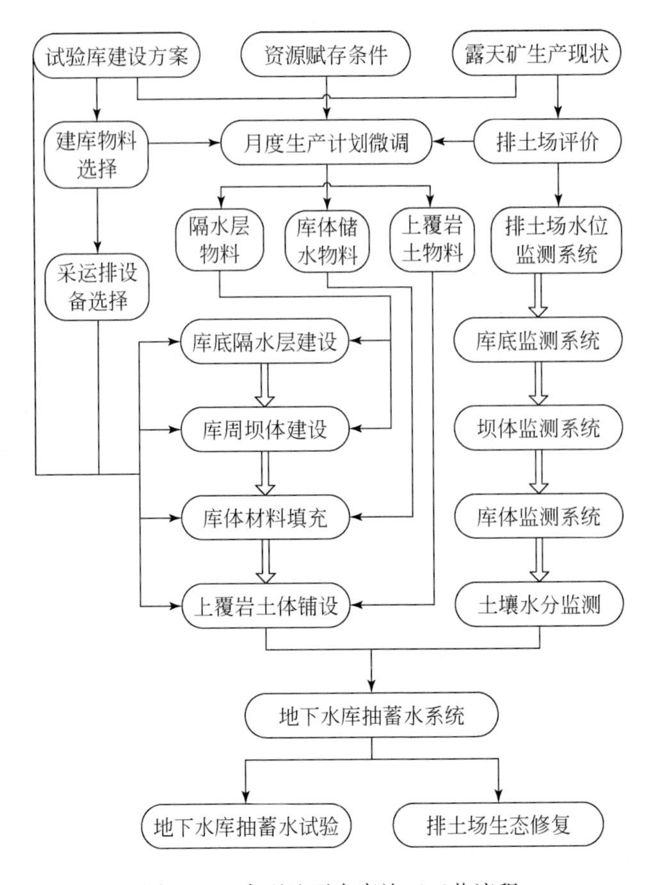

图 8-37　小型地下水库施工工艺流程

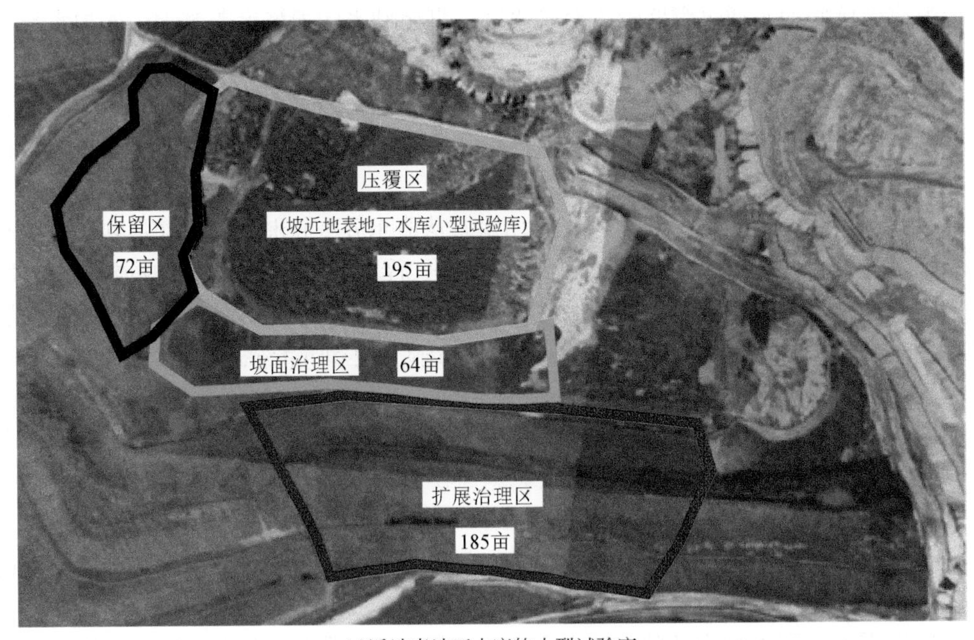

(a)近地表地下水库的小型试验库

(b)隔水层-储水层结构构建

(c)隔水层效果监测

图 8-38　宝日希勒露天煤矿近地表地下水库的小型试验库构建

高度根据排弃台阶参数和水库参数确定，坝顶宽度≥3m，坝体坡面坡度≤1∶3，坝体物料渗透系数<0.001m/d。

（3）根据优选的储水物料，采用卡车自然排弃与推土机整平相结合的方法构建储水库体，库体底面积≥1000m^2，体积≥10000m^3，单边尺寸≥40m。

（4）根据排土场建设和生态修复需要，在库体上方布置排弃层、毛细阻滞层、耕作层等各层物料（具体层序设置根据实际需要确定）。

（5）在库底隔水层、坝体、库体和上覆岩土层构建过程中，预埋水分和应变监测系统（监测点不少于 20 个）监测水的渗流过程和库体变形情况。

（6）根据库体参数和试验需要，在库体布置抽水孔（≥1 个）、蓄水孔（≥3 个）和监测孔（≥5 个）。

8.2.3.2　试验效果分析方法及主要指标

宝日希勒露天煤矿地下水库抽注水井布置应综合考虑地下水库应用的需要、工程量、露天矿剥采排历史等因素。在隔水层效果现场验证的基础上，根据设计由中国矿业大学和宝日希勒露天煤矿合作开展排土场近地表小型试验库建设。

坝体构建采用露天开采过程中剥离的黏土，通过卡车分层场地排土和设备碾压而成。坝体构筑完成后，在外侧排弃与坝体等高、宽度不小于 30m 的剥离物用于支撑坝体，确保近地表小型试验库的坝体安全。在建成的近地表小型试验库坝体范围内（包括储水区和注入区）填充储水物料，回填后库体高度低于坝体高度约 0.3m；其中靠近坝体的 10m 范围为过渡区，平均坡度 3%。储水体构建采用露天开采过程中剥离的砂砾岩，通过卡车从坝体由周边向中间排弃而成，以减少重载卡车在储水体上往返的次数和路程，从而减少建库过程中的物料压实。在库内储水材料上部，铺设约 1m 厚的黄土作为隔离层，起到防止腐殖土中细颗粒随大气降水渗入库体的作用。最上部铺设厚度约 0.3m 的腐殖土，用于地表生态修复。完成地表生态修复后，近地表小型试验库坝体及周边典型地层与工程布置剖面如图 8-39 所示。

储水系数是衡量储存层优劣的一个重要参数，将 10% 作为评价储水效果优劣的分界线，储水系数高的储水层渗透性好、可储水量大，因此试验分析的过程中将储水量换算为

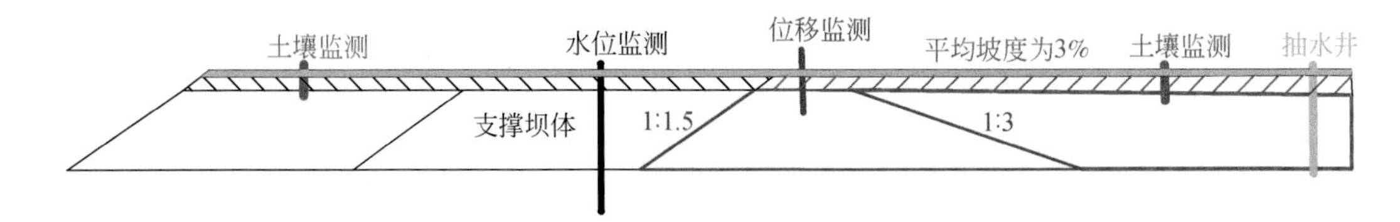

图 8-39　近地表小型试验库坝体及周边典型地层与工程布置剖面

储水系数进行分析。试验记录的不同压力下的平均储水量和换算后的储水系数见表 8-21。

表 8-21　物料的储水量及储水系数

储水层位置/m	级配 1		级配 2		级配 3	
	储水量/L	储水系数/%	储水量/L	储水系数/%	储水量/L	储水系数/%
1	5. 267	6. 35	20. 245	23. 27	30. 122	33. 84
3	4. 021	5. 09	18. 734	21. 78	29. 249	32. 86
5	2. 784	3. 62	17. 721	21. 10	28. 829	32. 69
7	2. 357	3. 10	16. 856	20. 07	28. 714	32. 53
9	2. 285	3. 05	16. 245	19. 34	28. 238	32. 09

利用多项式拟合函数（图 8-40），计算出各位置的储水系数，用于估算整体水库的储水量，y 代表储水系数，x 代表上覆岩层厚度。

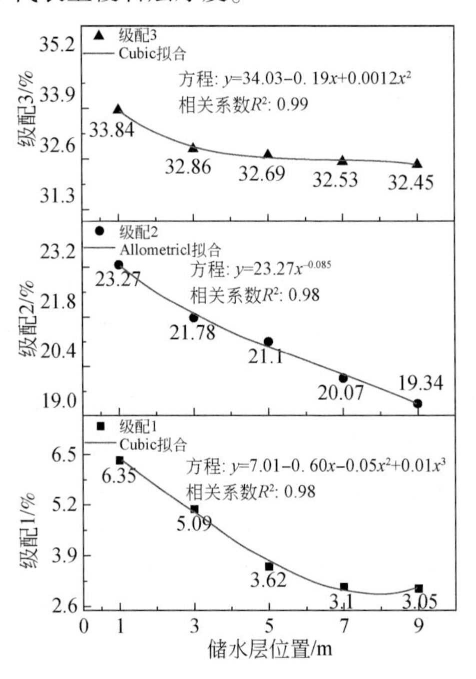

图 8-40　不同压力下储水系数的变化

由图 8-40 可知，不同压力下物料的储水系数差异性显著，且压力与储水系数呈负相关，即压力越大，储水系数越低；级配 1 的储水系数总体较低，均不足 10%，其储水系数满足关系式：$y=7.01-0.60x-0.05x^2+0.01x^3$，通过关系式可知其在上覆无压力的状态下，储水系数达到最大值仅为 7.01%，该级配砂岩的储水效果较差，可储水量较少，不适宜直接作为地下水库的储水物料。

级配 2 的储水系数在 19.34% ~23.27% 之间，储水效果良好，其储水系数满足关系式：$y=23.27x^{-0.085}$，该式表明，继续加压使物料处于更深层位置时，在颗粒不发生破坏的情况下，该级配仍能保持良好的储水效果。

在 1 ~9m 的压力等级下，级配 3 的储水系数在 32.45% ~33.84% 之间，储水效果是三种级配中最优的，且在 20m、50m、100m 的位置储水系数分别达到 30.90%、30.06%、27.10%，仍保持良好的储水性能，其储水系数满足关系式：$y=34.03-0.19x+0.0012x^2$，利用该式可估算 0 ~100m 范围内任一位置的储水量。

分析储水次数的目的是判断地下水库的使用频率是否会对储水量造成影响。级配 1 的储水系数数值稳定，储水次数对储水系数的变化影响较小，图 8-41 中压力 1 ~5 的方差为 0.01、0.01、0、0、0，以上表明该级配下的储水系数基本不会影响该粒径砂岩的储水效果；由图 8-41（b）知，级配 2 的储水系数先增长后降低，除压力 2 以外，第 5 次试验后的储水系数均小于第 1 次，且减小的数值逐渐减小，说明越深层的位置，储水次数对储水效果的影响越小，在压力 1 和压力 5 时，级配 3 的储水系数变化显著，压力 1 ~5 的方差为 0.08、0.03、0.02、0.03、0.62，其中发生明显变化的是压力 5 的第 4 次试验后，储水系数减小了 1.70%，但在第 5 次试验储水系数提高了 0.13%，储水系数逐渐趋于稳定。总而言之，储水次数对含砾砂岩的各级配储水特性影响程度均较小，三种级配的砂岩都可作为长期稳定的储水材料，不会产生因抽蓄水频率过高造成储水量急剧减小的情况。

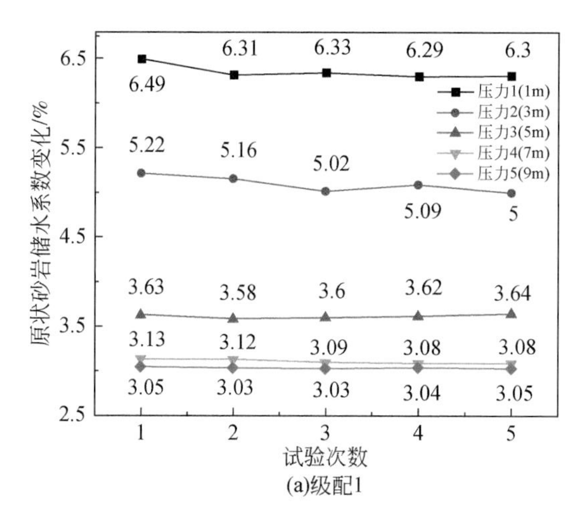

(a)级配1

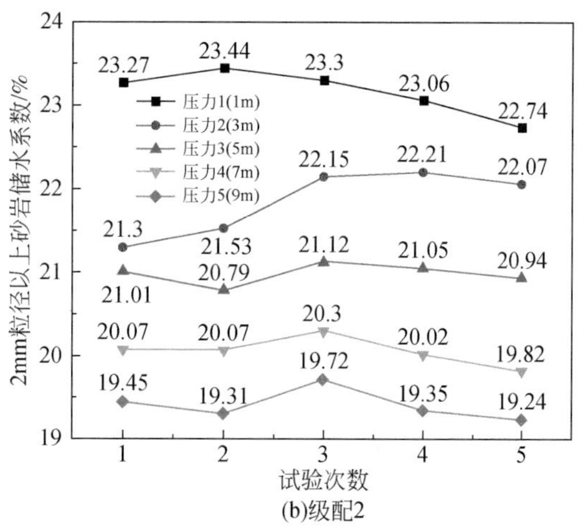

(b)级配2

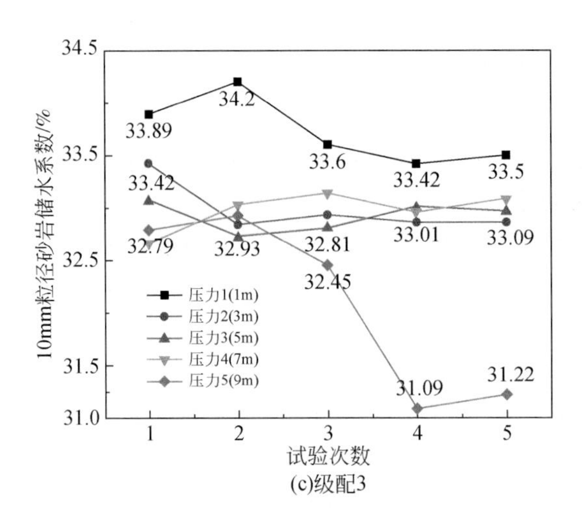

图 8-41　不同储水次数对储水系数的影响

8.2.3.3　试验效果分析

受疫情、征地等多重外部因素制约，近地表生态型储水层构建现场试验仍在进行中，因此无法进行现场评价。从实验室数据看，近地表生态型储水层能够实现如下目标：

（1）可以实现储水层与大气降水、土壤水的有效沟通，储存多余大气降水的同时通过毛细作用支撑地表植物生长，提高生态修复效果。

（2）采用近地表生态型储水层存储富余的矿坑水，一是可以减少不必要的矿坑水蒸发，节约水资源；二是可以通过物料过滤净化矿坑水（主要是悬浮物），便于后续利用；三是可以减少冬季冻结的影响，便于春季利用（地面裸露水池会将储水变成储冰，春季难以取用）。

（3）根据宝日希勒露天煤矿矿坑水产生量和矿区生产、生态用水的时空差异，可以利用储水层空间调剂多余的矿坑水。按储水层厚度 5m 估算，单位面积有效储水量可达 0.3m^3以上；宝日希勒露天煤矿年到界排土场 1000～1500 亩，按 50% 的构建成近地表储水层估算，年有效调剂水量可达 200 万 m^3以上，大于露天矿冬季矿坑水产生量。

（4）根据实验室测试结果，储水层的有效储水量和渗透效率会随着循环次数的增加而衰减，但是前几次的变化不大，可以根据露天矿采剥工程推荐不断建设新的储水单元代替已衰减严重的单元。即使是已经废弃的单元仍可起到储存富余大气降水和支撑地表植物生长的作用，对于提高排土场生态修复效果具有积极意义。

8.3　大型露天矿区地表生态修复新技术试验及效果分析

宝日希勒露天煤矿地表生态恢复包括仿自然地貌构建、贫瘠土壤提质增容及植物、微生物优选，集成边坡仿自然地貌土地整形新技术、贫瘠土壤提质增容技术、植物优选及微生物促进技术进行地表生态恢复。

8.3.1　排土场边坡仿自然微地貌土地整形新技术试验及效果分析

8.3.1.1　新技术试验过程

依据宝日希勒露天煤矿采损区地形地貌特点，模仿周围临近成熟的、未扰动的地貌对边坡进行 3 种不同整形处理，即台阶式、斜坡式及波浪式。边坡为 2018 年统一进行整形，2019 年开始植被恢复工作。台阶式整形是对原排土场设计的 670m、660m、650m 3 个平台及边坡进行优化，为其余两种整形方法的对照，在 680m 平台顶部修挡土墙，规格为上顶宽 2m，高度 1m，自然放坡设计参数中平台宽度为 50m，台阶高度为 10m，斜坡角度为 33°；斜坡式整形是根据排土场条件及边帮角趋势，将排土平台边坡进行削坡处理，取消 50m 平台，台阶高度不变，使原有 33°的边坡角进一步缩小成 11°±0.5°，形成 4 个斜坡；波浪式整形也是根据排土场条件及边帮角趋势，将排土平台原有的 33°边坡进行削坡处理，并在平台边缘构建反坡区，坡度 3°~5°，用以控制水土流失和保水，设计参数为取消 50m 平台，台阶高度不变，最终形成与周边地貌相似的斜坡角度 15°±0.5°。在每个平台内侧设计宽浅干砌区，宽度为 6m，深度 0.8m，上铺 0.3m 的砾石。最后在平台与斜坡处播种披碱草，每平方米播种量为 40g。管护措施为定期喷灌进行浇水。

通过分析整形区域及自然区域的植物覆盖状况、边坡稳定性来评价边坡整治效果，筛选出最适合的整形方法，以期为排土场边坡整形提供技术支撑。

8.3.1.2　试验效果分析方法及主要指标

1. 数据来源与处理

使用的遥感影像为欧洲空间局（European Space Agency，ESA）Sentinel-2 卫星在 2019 年 7 月 27 日 L1C 级别的影像数据，空间分辨率为 10m×10m。数据来源于 Copernicus Open Access Hub（https://scihub.copernicus.eu[2022-12-01]），L1C 产品首先需要利用 SNAP 软件中 Sen2cor 模块进行大气校正处理为 L2A 级别数据；然后将校正结果用波段运算方法提取归一化植被指数（NDVI）；最后在 ArcGIS 中对其进行裁剪得到研究区的 NDVI。区域像元数据的统计、方差分析在 SigmaPlot、SPSS 软件中进行。边坡物料的数据来源于相关工程地质报告及文献，边坡的稳定性分析在 Slide 软件中进行。

2. 研究方法

1）NDVI 的计算及比较方法

植被光谱特征反映了植被的灰度属性，可以建立相关植被指数来表示植被信息，植被区域光谱特征明显，反射率高。NDVI 是目前最为常用的表征植被状况的指标，可以在一定程度上客观反映植被覆盖信息，计算如下：

$$\mathrm{NDVI}=\frac{\rho_{\mathrm{NIR}}-\rho_{\mathrm{RED}}}{\rho_{\mathrm{NIR}}+\rho_{\mathrm{RED}}} \tag{8-8}$$

式中，ρ_{NIR}和ρ_{RED}分别为 Sentinel-2 数据的 Band8 和 Band4 的反射率。

方差分析是对试验数据进行分析，检验方差相等的多个正态总体均值是否相等，进而判断各因素对试验指标的影响是否显著。用于两个及两个以上样本均数差别的显著性检验，在本书中将各地块所包含的像元分为四组，对每组像元的 NDVI 值进行单因素方差分析。

箱线图（BoxPlot）是利用数据中的 5 个统计量——最小值、第一四分位、中位数、第三四分位与最大值来描述数据的一种方法。分析上、下四分位以及上、下限相对于中位数的跨度，可以得出相关数值是否稳定，而中位数可以对比不同类型的大致趋势，通过箱线图法可以分析不同整形地块的植被覆盖状况，从而验证研究区不同整形方法的整形效果。

2）边坡稳定性分析

极限平衡分析法是边坡稳定分析性中最早出现的方法，也是发展最完善的方法，它能满足力和力矩的平衡、摩尔-库仑破坏准则和应力边界条件。张莲花等总结了土-岩复合型边坡的稳定性分析方法和具体思路，提出对排土场可以采用圆弧滑动和组合滑动分析。本书根据外排土场边坡工程地质条件，采用简化 Bishop 法计算 3 种整形边坡的稳定性。

8.3.1.3　试验效果分析

1. 不同整形方式对植被覆盖度影响

植被覆盖情况可以反映不同边坡整形方法对水分保持与抵抗侵蚀的能力的大小。对 3 种边坡整形方式的 NDVI 值进行分析。650 平台的 NDVI 值明显高于 660 平台和 670 平台，670 平台 NDVI 值最低。在降雨条件下雨水部分向表层下渗，当雨水继续下渗时，下层土壤渗透系数低于上层土壤，雨水会积聚在上层，由于坡降存在，在重力作用下积水将沿坡降向下流动，最终形成在表层流动的壤中流。由此可知，表层流对排土场的侵蚀最先发生的位置位于坡面上部和中部，670 平台受到侵蚀概率会比其他两个平台大，650 平台最小。

3 个整形边坡上部 680 平台均修建有挡土墙用以挡土，台阶式整形仅在平台之间存在径流场，而斜坡式和波浪式整形边坡均存在径流场，波浪式和斜坡式整形边坡排水效果优于台阶式整形边坡；坡角影响了边坡侵蚀的程度，台阶式边坡坡角为 33°，大于斜坡式和波浪式，虽然斜坡式和波浪式坡角相近，但波浪式边坡设有反坡区，能够储存更多的水分和减少侵蚀损害，边坡受侵蚀程度越轻，植被生长情况越好，植被覆盖度越高。

将台阶式、波浪式、斜坡式三个斜坡及排土场附近典型自然地貌地块像元的 NDVI 值提取出，采用箱线图来汇总和分析其变化情况。斜坡式整形边坡像元的 NDVI 离散程度较大，波浪式和台阶式次之且较为接近，自然地貌最小，自然地貌和斜坡式呈现左偏态，台阶式和波浪式呈现右偏态；从中位数来看，自然地貌 NDVI>波浪式 NDVI>斜坡式 NDVI>台阶式 NDVI，自然地貌地块未受到或受采煤活动影响较小处于稳定状态，排土场 3 种整形边坡是在人为干预下修建且完成时间较短，相比较于自然地貌区域其稳定性较差，而在 3 种整形边坡中，波浪式的 NDVI 值最大且接近于自然地貌，斜坡式次之，台阶式最差；第一、第三四分位与中位数呈现相同的趋势。由此可知，波浪式边坡的植被覆盖度大于斜坡式和台阶式，但因其完成时间较短且基底稳定性较差，低于自然地貌。

将从上述地块提取出的 4 组 NDVI 值进行单因素方差分析（表 8-22），方差分析的前提是各个水平下的总体服从方差相等的正态分布，用 homogeneity of variance test 方法进行方差齐性检验。4 个地块中自然地貌植被覆盖度最高，台阶式最低，斜坡式与总体均值较为接近。不同边坡整形方式下 NDVI 的方差齐性检验值为 35.932，概率 P 值为 0.00，明显小于显著性水平 0.05，应该拒绝零假设，认为不同整形地块的 NDVI 值总体方差具显著差异（表 8-23）。3 种整形边坡在初始阶段虽有相同的植被措施，但随着时间推移，不同边坡对水土保持的能力产生差异，水土保持效果越好的植被覆盖度越高。由此可知，波浪式整形的水土保持能力最好，NDVI 值最大，但对于处于稳定状态的自然地貌而言，波浪式整形仍有改进之处。

表 8-22　不同整形边坡 NDVI 值描述性统计

处理类型	N	平均值	标准差	标准误	平均值的 95% 置信区间		极小值	极大值
					下限	上限		
斜坡式	495	0.475	0.150	0.007	0.462	0.489	0.119	0.816
台阶式	495	0.340	0.134	0.006	0.328	0.352	0.112	0.750
波浪式	522	0.551	0.138	0.006	0.539	0.563	0.243	0.788
自然地貌	522	0.657	0.102	0.004	0.649	0.666	0.401	0.877
总计	2034	0.509	0.175	0.004	0.501	0.516	0.112	0.877

表 8-23　NDVI 值的方差齐性检验

Levene 统计量	df1	df2	显著性
35.932	3	2030	0.00

2. 不同整形边坡稳定性分析

排土场边坡稳定性的影响因素主要有基底地质条件、气候条件、排土工艺、排弃物料物理性质等。排弃物料的强度直接影响边坡稳定性，是边坡稳定性分析计算的主要参数。根据宝日希勒露天煤矿工程地质资料，确定排土场剖面构型及岩土体物理力学指标，剖面构型为排弃物-粉砂层-黏土层，排弃物容重为 16.86kN/m^3，内摩擦角为 25.5°，黏聚力为 2.98kPa；粉砂层容重为 18.42kN/m^3，内摩擦角为 26°，凝聚力为 2.62kPa；黏土层容重为 18.42kN/m^3，内摩擦角为 20°，黏聚力为 6.78kPa。外排土场边坡的潜在滑动模式为圆弧滑动，采用简化 Bishop 法结合 Slide 软件对排土场 3 个整形边坡进行稳定性分析，揭示坡角对边坡稳定性的影响规律，确定边坡最优形态。

台阶式边坡的安全系数 F<斜坡式的安全系数 F<波浪式的安全系数 F；排土场边坡安全系数与坡角呈负相关关系，坡角越小，边坡越稳定，越不容易发生滑坡。根据《煤炭工业露天矿设计规范》（GB 50197—2015）中服务年限大于 20 年的外排土场边坡安全系数在 1.2～1.5 之间和《滑坡防治工程勘查规范》（DZ/T 0218—2006）中滑坡稳定状态划分，台阶式整形边坡安全系数（F=1.073）低于 1.2，边坡滑坡处于整体暂时基本稳定-变形状态，斜坡式、波浪式整形边坡处于稳定状态，其中波浪式边坡安全系数最高（F=2.711），斜坡式（F=2.513）次之。3 个边坡位置相邻且排弃物、地质条件相一致，坡角对宝日希勒露天煤矿外排土场边坡的稳定起着关键作用。

8.3.2　植物优选与微生物促进技术试验及效果分析

8.3.2.1　新技术试验过程概述

煤矿区生态环境治理应是生物综合治理。该地区被损伤土地生态重建的主要障碍因素表现为损伤植被、水土流失、土地沙化、贫瘠化、盐碱化等，部分还会有尾矿库、采空区等，影响局部地貌稳定性。煤炭开采扰动了自然生态系统，露天煤矿开采直接毁坏地表土层和植被，势必影响土壤微生物及其功能，引起生态系统结构与功能的紊乱。

生态恢复的关键是复垦种植，即恢复系统非生物成分的功能，进行植被的恢复和微生物群落的构建。微生物是土壤中的重要生物组成，也是重要的环境监视器，反映生态系统受扰动的状态及影响植被恢复潜力。其中，丛枝菌根真菌和根瘤菌是重要的高等植物共生真菌，其种类与多样性直接影响植物养分的吸收、生长和抗逆特性，增加自然生态系统植物的多样性、分布与生产力，影响生态修复与植被重建过程。

大型煤电基地植被恢复关键技术，主要包括对草原矿区土壤修复、矿区地貌重塑、植被恢复及景观重塑等方面进行相关技术的开发，尤其是对微生物联合修复技术进行研究。该项目将创立草原矿区的生态恢复与重建工作中新技术的应用研究，对持续支撑我国生态脆弱区煤炭现代开采、有效缓解水电资源短缺矛盾、保障国家煤炭安全供给、建设美丽东部矿区具有示范作用，对推进我国煤炭科学开发具有引领作用。现场样点布设与监测见图8-42。

示范区放样基准点布设

示范区建设样点布设

示范区根管埋设

示范区土壤呼吸监测

图8-42　现场样点布设与监测

本研究主要是充分利用草原生态系统中的丰富的植被类型与微生物资源，通过将复垦植物和有益微生物进行有机组合，以获得生物种互相促进的最佳组合比例与方法，揭示在不同的逆境条件下，东部草原典型植被与微生物最佳组合的生态效应；探索出微生物原位修复促进根系生长发育的方法，土壤养分与水分的协调供应能力，形成适于东部草原矿区生物联合修复的技术与方法。

8.3.2.2　试验效果分析方法及主要指标

以土壤熟化为起点，利用前沿微生物修复技术进行改土培肥，促进植物生长，提高土地利用效率，为后续大规模生态修复进行技术储备。

1. 植物物种的优选与优化配置模式

根据研究区原有立地条件，草原植被灌草优先，建立草、灌植物的不同配置模式，通过优选乡土、优良抗逆（耐干旱、贫瘠）植物，进行排土场植物群落优化配置试验。该地区纬度较高，有效积温低，因此选择适生性豆科植物或者具有固氮作用的植物进行种植，既能保证植被成活生长，又能快速培肥土壤，还能有经济收益，探索不同植物及其配比组合的生态适应性，为露天矿区植被重建及关键技术示范提供材料基础。通过两年示范区植被生长监测与研究，发现黏土区适宜种植灌木沙棘，包括沙棘单种与沙棘苜蓿混种，表土区适宜种植草本植物。

2. 微生物修复综合生态效应

根据宝日希勒露天矿的自身条件，露天排土场的土壤结构差肥力低，生物群落少，植被的抗逆性差，在前期调查与筛选基础上，将筛选出的优势微生物菌剂应用于示范工程，通过长期动态监测，研究微生物修复后对土壤的改良及其生态效应，评价其生态功能，探索植被配置、微生物改良及综合生态功能的变异，寻找最适合的生物修复模式与技术，构建一个持续稳定的重建生态系统，尽快实现生态的自修复。

筛选优势微生物将其应用于示范区后，研究发现，接种丛枝菌根菌可以提高植物的生长和抗逆性，在黏土风化区和绿肥黏土区灌木效果较为显著，在表土黏土区草本植物效果显著。较优生物修复模式为：①绿肥+黏土+丛枝菌根真菌+沙棘+紫花苜蓿；②表土+黏土+丛枝菌根真菌+紫花苜蓿；③黏土+丛枝菌根真菌+沙棘+紫花苜蓿。

8.3.2.3　试验效果分析

根据研究区原有立地条件，草原植被灌草优先，建立草、灌植物的不同配置模式，通过优选乡土、优良抗逆（耐干旱、贫瘠）植物，进行排土场植物群落优化配置试验。

1. 植物生长状况

植物的株高、冠幅、地径是描述植物形态的基本指标，直观表现了植物的生长状态。植物的株高、冠幅、地径越大，说明植物生长状态越好，反之，说明植物生长状态越差。

黏土区沙棘株高显著高于表土区，沙棘/紫花苜蓿 CK（对照组，不做接菌处理）、沙棘/紫花苜蓿 FM（接菌根处理）、沙棘 CK、沙棘 FM 处理下，在黏土区沙棘的株高比表土区分别高了 74.41%、105.61%、39.30%、59.31%；柠条的株高表现为表土区显著高于黏土区，柠条/紫花苜蓿 CK、柠条/紫花苜蓿 FM、柠条 CK、柠条 FM 处理下柠条的株高在表土区分别是黏土区的 3.93 倍、1.44 倍、1.98 倍、1.54 倍。接种丛枝菌根真菌后，植物株高均高于接菌前，且除了表土沙棘/紫花苜蓿处理外，其余处理接菌前后植物的株高均达到显著性差异。沙棘的冠幅表现为黏土区显著高于表土区，沙棘/紫花苜蓿 CK、沙棘/紫花苜蓿 FM、沙棘 CK、沙棘 FM 处理下沙棘的冠幅在黏土区分别为表土区的 3.01 倍、3.05 倍、1.65 倍、1.89 倍；柠条冠幅在表土区与黏土区整体上无显著性差异。接种丛枝菌根真菌后，植物的冠幅均展现出增加现象，且除了表土沙棘/紫花苜蓿、表土沙棘、表土柠条/紫花苜蓿处理外，其余处理下植物冠幅在接菌前后均达到显著性差异。沙棘的地径表现为黏土区显著高于表土区，分别为表土区的 2.07 倍、2.50 倍、2.25 倍、1.69 倍；柠条的地径在表土区与黏土区整体上无显著性差异。接种丛枝菌根真菌后，植物的地径均呈增加现象，且除了表土沙棘/紫花苜蓿、表土柠条/紫花苜蓿、黏土柠条/紫花苜蓿处理外，其余处理下植物地径在接菌前后均达到显著性差异。

2. *植物光合作用*

植物光合作用是植物生产过程中物质积累与生理代谢的基本过程，既可表征植物水分利用特征，也可反映植物对环境的适应性，是认识植物属性与立地条件是否相符的重要指标。

净光合速率（Pn）体现了植物光合作用积累的有机物，净光合速率越高，表明植物在单位时间内积累的有机物的数量也就越多。植物气孔是控制叶片水蒸气和 CO_2 扩散的通道，植物的光合作用过程直接受到气孔的影响。蒸腾作用是植物体内的水分以气体形式从植物体内散失到外界大气间的过程，是促进水分在植物体内输送的主要动力。叶片的 SPAD 值与叶片的叶绿素显著相关，是叶绿素的一种表达形式。

由表 8-24 可知，沙棘的净光合速率表现为黏土区显著高于表土区，沙棘/紫花苜蓿 CK、沙棘/紫花苜蓿 FM、沙棘 CK、沙棘 FM 处理下沙棘的净光合速率在黏土区分别比表土区高了 52.49%、79.08%、106.04%、87.42%；柠条的净光合速率表现为表土区高于黏土区，且在柠条/紫花苜蓿 CK、柠条 FM 处理下达到显著性差异。接种丛枝菌根真菌后，除表土柠条/紫花苜蓿处理外，其余处理下植物的净光合速率均显著提高。

沙棘的气孔导度（Gs）表现为黏土区显著高于表土区，沙棘/紫花苜蓿 CK、沙棘/紫花苜蓿 FM、沙棘 CK、沙棘 FM 处理下沙棘的气孔导度在黏土区分别为表土区的 1.66 倍、1.85 倍、2.07 倍、1.70 倍；柠条的气孔导度表现为表土区高于黏土区，且除了柠条 FM 处理外，在其余处理下达到显著性差异。不同接菌处理同种土质同种植被类型下，除表土柠条/紫花苜蓿处理外，其余处理下植物的气孔导度均显著增加。

沙棘的蒸腾速率（Tr）表现为黏土区高于表土区，且除沙棘/紫花苜蓿 CK 处理外，其余处理均达到显著性差异；柠条的蒸腾速率表现为表土区高于黏土区，且在柠条/紫花苜蓿 CK、柠条/紫花苜蓿 FM 处理下达到显著性差异。接种丛枝菌根真菌后，除表土柠条/紫花苜蓿处理外，其余处理下植物的蒸腾速率均有所提高，且除表土沙棘、黏土沙棘处理外，其余处理下的蒸腾速率在接菌前后均达到显著性差异。

不同土质同种植被类型同种微生物处理下，沙棘的叶色值表现为黏土区显著高于表土区，沙棘/紫花苜蓿 CK、沙棘/紫花苜蓿 FM、沙棘 CK、沙棘 FM 处理下沙棘的叶色值在黏土区分别比表土区高了 15.77%、25.00%、49.00%、23.44%；柠条的叶色值表现为表土区高于黏土区，且在柠条/紫花苜蓿 CK、柠条/紫花苜蓿 FM 处理下达到显著性差异。接种丛枝菌根真菌后，除表土柠条/紫花苜蓿处理外，其余处理下植物的叶色值均呈增加现象，且除了黏土沙棘外，其余处理下的叶色值在接菌前后均达到显著性差异。

表 8-24　植物净光合速率及叶色值

土壤	植物	AMF	净光合速率（Pn）/（μmol · m^{-2} · s^{-1}）	气孔导度（Gs）/（mol · m^{-2} · s^{-1}）	蒸腾速率（Tr）/（mmol · m^{-2} · s^{-1}）	叶色值
表土	沙棘+苜蓿	-	2.28gh	0.15gh	3.13hij	43.43gh
	沙棘+苜蓿	+	3.6def	0.26cdef	4.27defg	52.02de
	沙棘	-	2.17gh	0.14h	2.96ij	38.45hi
	沙棘	+	3.33ef	0.23def	3.92efghi	50.05ef
	柠条+苜蓿	-	5.85ab	0.39b	5.36abc	61.78ab
	柠条+苜蓿	+	3.97de	0.29cd	4.65bcde	56.47bcd
	柠条	-	3.12efg	0.23ef	3.58fghi	49.57ef
	柠条	+	5.32bc	0.32c	5.07bcd	58.45bc
黏土	沙棘+苜蓿	-	3.47ef	0.25def	4.08defgh	50.27ef
	沙棘+苜蓿	+	6.44a	0.49a	6.15a	65.03a
	沙棘	-	4.47cd	0.29cd	4.76bcde	57.29bcd
	沙棘	+	6.25a	0.4b	5.61ab	61.79ab
	柠条+苜蓿	-	1.86h	0.11h	2.42j	33.61i
	柠条+苜蓿	+	3.03efg	0.21fg	3.58fghi	48.23efg
	柠条	-	2.64fgh	0.16gh	3.45ghi	45.65fg
	柠条	+	3.94de	0.27cde	4.5cdef	53.48cde

注：表中小写字母表示差异性，当同一列数字后面具有相同字母时表示差异性不显著，无相同字母表示差异显著。

3. 植物氮磷钾含量

氮、磷、钾是植物生长必需的营养元素。氮（N）是植物体内核酸、蛋白质、维生素、酶及生物碱等的重要组分，也是植物生长发育、品质、产量的重要影响因素，更是植物的生命基础，氮素可以促进植物生长，提高光合作用。磷（P）是形成原生质和细胞核的主要元素，是植物生长发育过程中必需的一种营养元素，可以促进根系生长，提高植物适应外界条件的能力。钾（K）是植物的主要营养元素，在植物代谢活跃的器官和组织中分布量较高，具有保证各种代谢过程的顺利进行、促进植物生长、增强抗病虫害和抗倒伏能力等功能。

沙棘的全氮含量表现为黏土区显著高于表土区，分别为表土区的 1.24 倍、1.14 倍、1.45 倍、1.44 倍；柠条的全氮含量表现为表土区高于黏土区，且除了柠条/紫花苜蓿 FM 处理外，其余处理下柠条全氮含量在不同土壤类型下均达到显著性差异。接种丛枝菌根真菌后，除表土柠条/紫花苜蓿处理外，其余处理下植物的全氮含量均呈增加现象，且除了黏土柠条/紫花苜蓿外，其余处理下的植物全氮含量在接菌前后均达到显著性差异。

除沙棘 CK、沙棘 FM 处理下植物全磷含量表现为黏土区显著高于表土区，其余处理下均表现为表土区显著高于黏土区。接种丛枝菌根真菌后，除表土柠条/紫花苜蓿处理外，其余处理下植物的全磷含量均呈显著增加现象。

沙棘的全钾含量表现为黏土区高于表土区，且除了沙棘/紫花苜蓿 CK 处理外，其余处理下植物全钾含量在不同土壤类型下均达到显著性差异；柠条的全钾含量表现为表土区显著高于黏土区。接种丛枝菌根真菌后，除表土柠条/紫花苜蓿处理外，其余处理下植物的全钾含量均呈增加现象，且除了表土沙棘处理外，其余处理下的植物全氮含量在接菌前后均达到显著性差异。

4. 自证结论

通过室内试验探索与示范区植物的形态特征、光合特征及养分含量生长监测，研究发现柠条更适合在表土区生长；沙棘更适合在黏土区生长；接菌对植物的生长有促进作用。接种丛枝菌根真菌可以促进植物的生长发育，提高植物的光合作用，促进植物对土壤中氮、磷、钾元素的吸收，接菌后植物的株高、冠幅、地径分别提高了 44.01%、31.74%、36.83%；净光合速率、气孔导度、蒸腾速率分别提高了 38.74%、42.99%、26.81%；植物全氮、全磷、全钾含量分别增加了 12.53%、63.06%、43.98%。

8.4 大型露天矿区地表废弃地生态修复与景观提升技术试验及效果分析

为评估呼伦贝尔示范区生态修复工程生态建设效果，在宝日希勒露天煤矿外非开采影响的原生态草原上选 5 个区域作为原生态草原对比区，主要分布于宝日希勒露天煤矿与东明露天煤矿间和宝日希勒露天煤矿东部及北部农牧矿交错带上。

8.4.1 废弃地生态修复及效果分析

8.4.1.1 新技术试验过程

呼伦贝尔示范区生态修复工程评估范围包括关键技术试验区、传统技术提升区、自修复（无人工管护）对比区和原生态草原对比区。其中，关键技术试验区包括景观重构技术试验区、边坡仿自然地貌水土保持技术试验区、植被修复技术试验区、减损型采排复一体化技术试验区、土壤重构技术试验区和近地表地层重构技术试验区，共 6 个区域分析范围，为重点分析区域。

1. 关键技术试验区

关键技术试验区主要位于宝日希勒露天煤矿西部，总面积约为 8077.39 亩。在关键技术区中，景观重构技术试验区位于宝日希勒露天煤矿内排土场北部区域，总面积约为 1075.97 亩；边坡仿自然地貌水土保持技术试验区位于内排土场北部和南部边坡，其中北部边坡试验区面积约为 204.21 亩，试验时间为一年，南部边坡试验区面积约为 1128.76

亩，试验时间为三年；土壤重构技术试验区位于南部边坡试验区北侧，面积约为 297.59 亩；近地表地层重构技术试验区位于露天采场南部，面积约为 478.06 亩；减损型采排复一体化技术试验区位于露天采场西侧、土壤重构技术试验区与北部边坡试验区之间，面积约为 4567.73 亩；植被修复技术试验区位于内排土场中部、减损型采排复一体化技术试验区西侧，面积约为 325.07 亩（图 8-43）。

图 8-43　宝日希勒露天煤矿关键技术试验区位置及分布图

2. 传统技术提升区

传统技术提升区包括 4 个区域，总面积约为 523.03 亩，由北至南面积分别为 90.10 亩、149.98 亩、35.91 亩和 247.04 亩（图 8-44）。

3. 自修复（无人工管护）对比区

自修复（无人工管护）对比区包括 2 个区域，总面积约为 2489.08 亩，其中位于南排土场的区域面积为 695.17 亩，位于东排土场的区域面积为 1793.91 亩（图 8-45）。

4. 原生态草原对比区

原生态草原对比区包括 5 个区域，每个区域面积为 600 亩，共 3000 亩。其中西侧区域位于宝日希勒露天煤矿与东明露天煤矿之间，其余区域位于农牧矿交错带（图 8-46）。

8.4.1.2　试验效果分析方法及主要指标

1. 分析方法

根据宝日希勒露天煤矿地下水保护利用与生态修复工程示范评估总体要求，对评估区

图 8-44　宝日希勒露天煤矿传统技术提升区位置及分布图

图 8-45　宝日希勒露天煤矿自修复（无人工管护）对比区位置及分布图

所采用的遥感数据进行图像处理，包括图像增强处理、遥感图像纠正等处理流程，通过遥感图像处理工作，针对不同的监测内容得到相应的遥感影像图。

评价工作分别采用 2017 年 6 月的空间分辨率为 0. 8m 的北京二号卫星数据和 2020 年 7 月的空间分辨率为 1. 0m 的高分二号卫星数据，均为不低于 1m 的高分辨率遥感数据。从理论上讲，完全可以满足本次评价工作所需的土地利用/覆被制图精度要求。

图8-46　宝日希勒露天煤矿原生态草原对比区位置及分布图

1）图像增强处理

本次工作的主要提取信息为植被覆盖信息，主要包括植被覆盖率解译和植被覆盖度反演。因此，为消除传感器和大气辐射等因素引起的误差，需对遥感数据进行必要的辐射定标和大气校正。

2）遥感图像纠正

遥感卫星数据的纠正首先按照生成模拟真彩色的原则，选择波段进行彩色合成；再以地形图为基础控制资料，对彩色合成数据进行纠正；最后对纠正后彩色合成影像进行镶嵌、分割，形成宝日希勒露天煤矿示范区影像图。

3）影像数据要求

原则上，同景遥感影像各波段之间配准精度要求误差不大于0.5个图像像素；相邻景图像之间应存在满足工作要求的重叠度。影像云层覆盖度应<10%，且不能覆盖重要地物。

为保证工作区整个图幅影像色调一致，便于色调调整工作，选用同源数据、成像季节相近且成像质量良好的图像。鉴于成像区域地理气候特征，选择夏季数据开展遥感影像专题信息的提取与识别分类工作。

2. 主要指标

宝日希勒煤矿示范区地处呼伦贝尔高平原典型草原、大兴安岭北段支脉的西麓，为大陆性亚寒带气候，无论自然植被生态，还是人工植被生态都具有典型草原的特点。为客观评估示范区生态建设效果，评估主要选取土地利用现状、植被覆盖度、植被覆盖率共3类指标进行分析与评估。

1）土地利用现状

土地利用现状，是宏观生态分析与评估的重要指标，也是反映地区宏观生物丰度情况的生态指标。土地利用现状分类中，草地、水域等地类的变化直接反映生态系统结构的变化；工矿用地等地类的变化是废弃地利用变化的重要依据。

土地利用现状分类，主要参照《土地利用现状分类》（GB/T 21010—2017）执行。

2）植被覆盖度

植被覆盖度通常以现场样方实测估算的方法获得，随着遥感技术的应用，植被覆盖度遥感估算日益普及与成熟。

3）植被覆盖率

植被覆盖率指某地类面积占评估总面积的百分比，它是从总体上反映植被平面生态格局的生态指标，主要依据土地利用现状分类标准，结合评估区范围计算得出。

8.4.1.3　试验效果分析

1. 植被覆盖度统计

通过像元二分模型测算，2017 ~ 2020 年宝日希勒露天煤矿植被覆盖度存在小幅提升但变化较小，植被覆盖度总体均处于中低植被覆盖度水平（表 8-25）。

表 8-25　宝日希勒露天煤矿植被覆盖度分级统计表

时间	极低植被覆盖度（<15%）		低植被覆盖度（15% ~ 30%）		中植被覆盖度（30% ~ 50%）		中高植被覆盖度（50% ~ 80%）		高植被覆盖度（≥80%）	
	面积/km^2	占比/%	面积/km^2	占比/%	面积/km^2	占比/%	面积/km^2	占比/%	面积/km^2	占比/%
2017 年	4.70	11.05	13.16	30.93	10.32	24.25	9.51	22.35	4.86	11.42
2018 年	8.58	20.91	12.05	29.36	12.89	31.41	6.63	16.15	0.89	2.17
2019 年	4.37	10.56	5.78	13.96	13.46	32.52	13.26	32.04	4.52	10.92
2020 年	2.05	6.61	3.88	12.52	6.67	21.52	7.36	23.74	11.04	35.61

通过统计表 8-25 和图 8-47 对比分析，宝日希勒露天煤矿高植被覆盖度比例总体上呈增加的趋势。中国气象局主办的中国天气网（www.weather.com.cn）公布的数据显示，宝

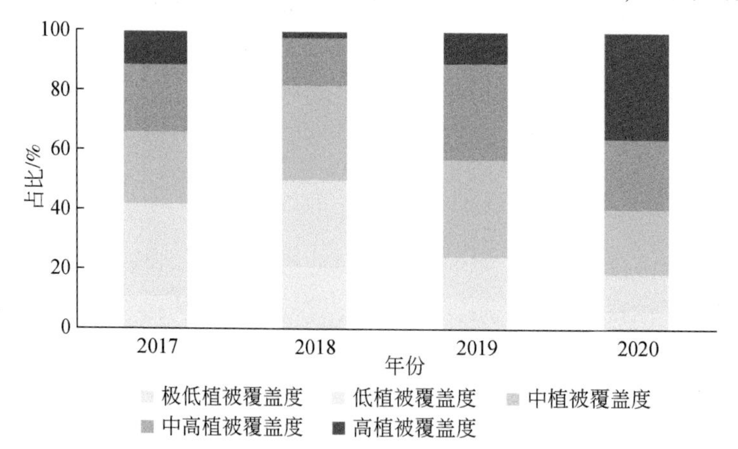

图 8-47　宝日希勒露天煤矿植被覆盖度累计百分比图

日希勒露天煤矿所在的呼伦贝尔市西部是 2018 年夏季草原蝗虫危害发生的主要集中区域，2018 年植被覆盖度数据时相为 9 月，为草原蝗虫危害发生后时期，故 2018 年植被覆盖度整体较低。

2. 关键技术试验区

本次重点区植被覆盖度遥感测算，采用与一般区相同的植被覆盖度遥感计算方法，即基于概率累计的像元二分模型法。

因示范工程种类众多，仅有景观重构技术试验区、边坡仿自然地貌水土保持技术试验区和植被修复技术试验区涉及植被工程，为科学合理地评价示范工程建设效果，故在本部分仅测算上述三区的植被覆盖度及其变化。其中，2017 年数据时相为 6 月，2020 年数据时相为 7 月（表 8-26，图 8-48）。

表 8-26　关键技术试验区示范工程建设前后植被覆盖度对比表　　（单位:%）

试验区		2017 年植被覆盖度	2020 年植被覆盖度	差值
植被修复技术试验区		16. 40	70. 67	54. 27
景观重构技术试验区		42. 97	73. 20	30. 23
边坡仿自然地貌水土保持技术试验区	一年	13. 74	19. 92	6. 18
	三年	21. 07	38. 80	17. 73
	小计	19. 95	35. 91	15. 96
合计		30. 88	57. 66	26. 78

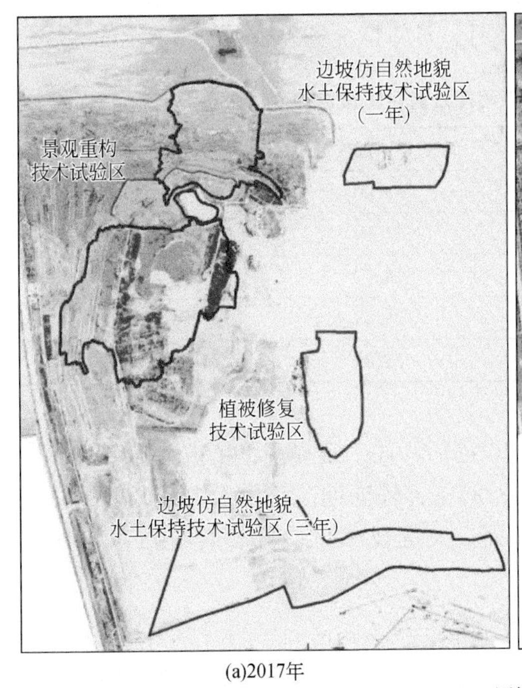

(a)2017年

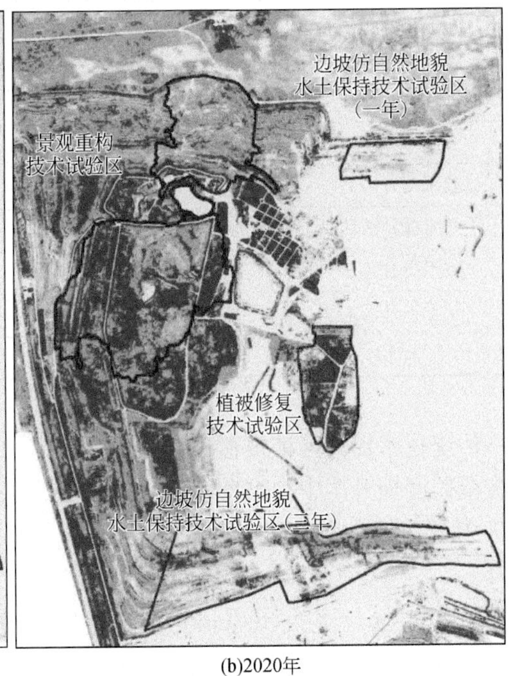

(b)2020年

图例

高植被覆盖度　中高植被覆盖度　中植被覆盖度　低植被覆盖度　极低植被覆盖度

图 8-48　关键技术试验区示范工程建设前后植被覆盖度图

关键技术试验区（涉及植被建设部分）在示范工程建设前后植被覆盖度存在显著增长。总体植被覆盖度由示范工程建设前的30.88%（中植被覆盖度）增长为57.66%（中高植被覆盖度），共增长了26.78%。其中，以植被修复技术示范区增长最为显著，示范工程建设前后其植被覆盖度增长了50.47%（图8-49）。

图8-49　关键技术试验区示范工程建设前后植被情况图

结果表明，关键技术试验区中涉及植被建设的景观重构技术试验区、边坡仿自然地貌水土保持技术试验区和植被修复技术试验区取得了良好的示范效果，经示范，其区域内植被覆盖度得到大幅提升。

3. 传统技术提升区

在关键技术示范工程实施的同时，选取了4个区域进行传统技术的提升，通过传统技术提升区与关键技术试验区同期植被覆盖度的对比，侧面评价关键技术试验区示范效果，2017年数据时相为6月，2020年数据时相为7月，具体情况见表8-27。

表8-27　传统技术提升区示范工程建设前后植被覆盖度对比表　（单位：%）

技术提升区	2017年植被覆盖度	2020年植被覆盖度	差值
技术提升区1	23.66	48.90	25.24
技术提升区2	16.69	31.99	15.30
技术提升区3	14.17	18.77	4.60
技术提升区4	14.70	35.49	20.79
合计	16.78	35.65	18.87

传统技术提升区植被覆盖度在示范工程建设前后存在一定提升，植被覆盖度总体由低植被覆盖度提升至中植被覆盖度，提升值为18.87%，较同期关键技术提升区植被覆盖度低7.91%。结果表明，在植被覆盖度提升方面，关键技术试验区较传统技术实现较大提升。

4. 自修复（无人工管护）对比区

自修复（无人工管护）对比区位于宝日希勒露天煤矿的南排土场和东排土场。该区域中的植被生长状态为自然修复，为无人工管护条件下宝日希勒露天煤矿植被自然恢复效果的代表，通过自修复（无人工管护）对比区与关键技术试验区同期植被覆盖度的对比，侧面评价关键技术试验区示范效果，2017年数据时相为6月，2020年数据时相为7月，具体情况见表8-28。

表8-28　自修复（无人工管护）对比区示范工程建设前后植被覆盖度对比表

（单位：%）

对比区	2017年植被覆盖度	2020年植被覆盖度	差值
自修复（无人工管护）对比区（南排土场）	25.36	32.50	7.14
自修复（无人工管护）对比区（东排土场）	13.74	13.84	0.10
合计	18.24	21.07	2.83

自修复（无人工管护）对比区植被覆盖度在示范工程建设前后仅存在小幅提升，提升值为2.83%，植被覆盖度总体仍处于低植被覆盖度水平，较同期关键技术提升区植被覆盖度（23.95%）低。

由于遥感监测时间较早，自修复的植被尚未充分发育，导致自修复（无人工管护）对比区植被覆盖度较低。经实地踏勘，植被覆盖情况如图8-50所示。

图8-50　2017年和2020年关键技术试验区示范工程建设前后植被情况图

结果表明，自修复（无人工管护）条件下，植被覆盖度能够实现小幅提升，但关键技术试验区较自修复（无人工管护）对比区植被覆盖度提升显著。

5. 原生态草原对比区

原生态草原对比区共包括5个区域，分别位于宝日希勒露天煤矿与东明露天煤矿之间和农牧矿交错带上，每个区域面积为600亩，共3000亩。该区域中的植被生长受农牧矿共同影响。通过原生态草原对比区与关键技术试验区同期植被覆盖度的对比，侧面评价关键技术试验区示范效果（表 8-29，图 8-51）。

表 8-29 原生态草原对比区示范工程建设前后植被覆盖度对比表 （单位：%）

原生态草原对比区	2017 年植被覆盖度	2020 年植被覆盖度	差值
原生态草原对比区 1	26. 26	18. 94	-7. 32
原生态草原对比区 2	24. 88	67. 42	42. 54
原生态草原对比区 3	42. 09	31. 87	-10. 22
原生态草原对比区 4	57. 94	27. 39	-30. 55
原生态草原对比区 5	46. 50	33. 74	-12. 76
合计	39. 53	35. 87	-3. 66

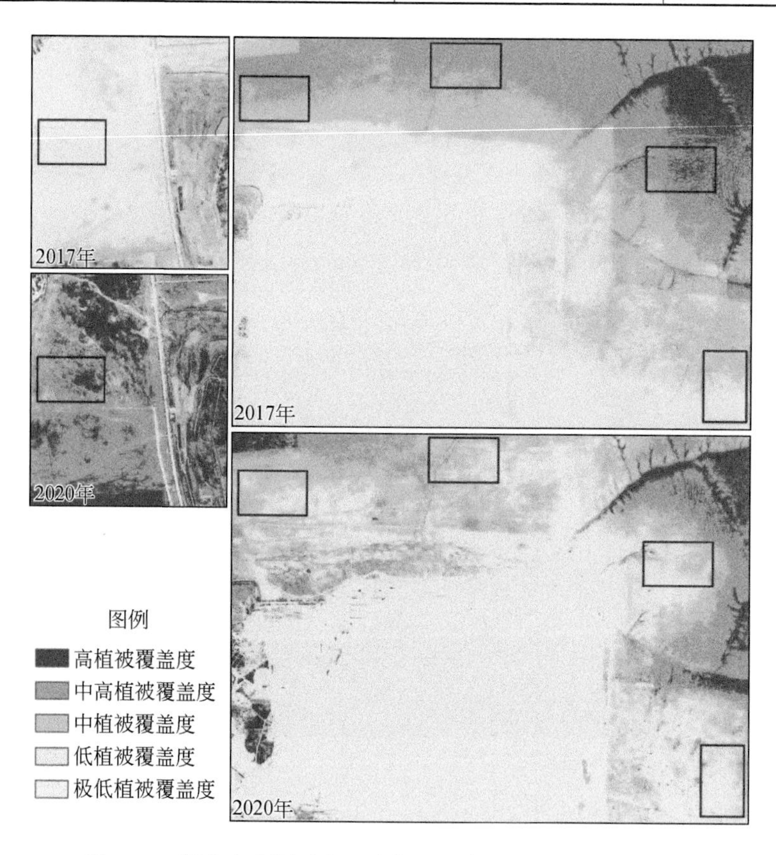

图 8-51 原生态草原对比区示范工程建设前后植被覆盖度图

原生态草原对比区植被覆盖度总体处于中植被覆盖度水平，略有下降，植被覆盖度下降区域主要位于宝日希勒露天煤矿东部，为矿区露天采场推进方向。

结果如表 8-29 和图 8-51 所示，示范工程建设前关键技术示范区平均植被覆盖度较原生态草原对比区低8.65%，示范工程建设后，关键技术示范区平均植被覆盖度显著提升，较原生态草原对比区高21.79%。

6. 植被覆盖率测算与变化分析

植被覆盖率指林、草地等植被覆盖面积占区域面积百分比，因关键技术试验区中仅景观技术重构试验区、植被修复技术试验区和边坡仿自然地貌水土保持技术试验区涉及植被建设，其中景观技术重构试验区主要工程内容为调整原有植被结构，因此本部分仅测算植被恢复技术试验区和边坡仿自然地貌水土保持技术试验区的植被覆盖率，具体监测情况如下。

1）示范区建设前植被覆盖率

示范区建设前，植被修复技术试验区几乎无植被覆盖，边坡仿自然地貌水土保持技术试验区覆盖部分植被，具体情况见表8-30。

表8-30　示范区2017年（建设前）植被覆盖率

试验区		植被覆盖面积/hm^2	区域面积/hm^2	植被覆盖率/%
植被修复技术试验区		26.72	325.07	8.22
边坡仿自然地貌水土保持技术试验区	一年	25.61	204.21	12.54
	三年	928.03	1128.76	82.22
合计		980.36	1658.04	59.13

要求本底值以2017年为基准年、植被覆盖率小于10%作为考核基础，露天排土场植被覆盖率较本底值提高35%，由表8-30可知，示范区建设前已有约60%的区域存在植被覆盖。

2）示范区建设后植被覆盖率

示范区建设后，植被修复技术试验区和边坡仿自然地貌水土保持技术试验区植被覆盖率均有显著提升，具体情况如表8-31。

表8-31　示范区2020年（建设后）植被覆盖率

试验区		植被覆盖面积/hm^2	区域面积/hm^2	植被覆盖率/%
植被修复技术试验区		308.38	325.07	94.87
边坡仿自然地貌水土保持技术试验区	一年	174.23	204.21	85.32
	三年	1127.11	1128.76	99.85
合计		1609.72	1658.04	97.09

示范区建设后，植被覆盖率达到97.09%，较示范区建设前的59.13%，提高了37.96%，达到项目任务书中以2017年为基准年、植被覆盖率小于10%作为考核基础，露天排土场植被覆盖率较本底值提高35%的要求。

8.4.2 废弃地利用-矿坑水储存与生态景观利用

8.4.2.1 新技术试验过程

根据现场地形条件和设计，通过整形、碾压达到施工设计技术要求后，完成土工膜的铺设，确保蓄水池的有效防渗。

8.4.2.2 试验效果分析方法及主要指标

自2017年以来，共建设完成两座蓄水池，蓄水量71.7万m^3，见表8-32。

表8-32 蓄水工程统计

序号	地点	建成时间	蓄水量/m^3	备注
1	北排土场715平盘	2019年	12	2019年9月建成使用，设计最大蓄水深度6m
2	采场北帮地面	2020年	50	2020年10月建成使用，设计水深8m
3	北排土场735平盘	2021年	9.7	2021年9月设计占地面积3.9万m^2，设计水深5m
蓄水量合计			71.7	

8.4.2.3 试验效果分析

通过北排土场715平盘、采场北帮地面蓄水池实际使用情况，能够实现矿坑水的冬储夏用，达到矿坑水零排放的目标。

8.4.3 边坡水土流失控制技术试验及效果分析

8.4.3.1 新技术试验过程

示范工程以阻断降雨向排土场边坡汇水导致水土流失，降低坡体浸润线，提高边坡稳定性为目标；采用自然恢复与人工辅助恢复相结合，遵循截流、保边护底，以增加植被、控制水土流失、改善生态系统为核心的调控原则；通过InASR时序监测排土场沉陷区，并识别出地质不稳定风险点；通过无人机获取高精度DEM，进而得到水系连通渠道，建立分布式保水控蚀系统。

示范工程于2018年施工面积85亩，汇集上游集水区面积940亩，下游保护区面积220亩，平台汇降水控制率达到60%以上。在2018年示范工程建设的基础上，2019年进一步扩大示范面，新增施工面积49亩，主要围绕北坡，汇集上游集水区面积333亩，下游保护区面积288亩。2017年示范区作为排土场边坡失稳与水土流失防控示范样地，到目前为止，排土场在边坡稳定性与水土保持方面收到良好的效果。与未建设分布式储水-用水系统区相比，建设区没有发现大冲沟，小冲沟的数量明显减少，没有发现滑坡塌方迹象。

8.4.3.2 试验效果分析方法及主要指标

在排土场不同位置布置测钎 52 根，使用 GPS RTK 测量测钎初始位置的绝对坐标 M_0（x_0，y_0），同时用钢尺测量露出地面高度 h_0。对测钎坐标 M（x，y）及露出地面高度 h 定期重复测量，得到 M_i（x_i，y_i）及 h_i。根据测钎插入点坐标值的差值 ΔM（x_i-x_0，y_i-y_0）可计算出该点的实际位移量，根据测钎露出地面长度的变化值 Δh 可得到该点土壤侵蚀或沉积量。

同时，排土场设有一套 GNSS 位移自动化监测预警系统，示范工程研究区共有 4 个站点，可进行 24h 连续位移监测。

8.4.3.3 试验效果分析

坡体稳定性提升，由测钎实测数据可以看出，所有测钎监测点都处于位移状态。相比对照组，示范工程所覆盖的实验组在 2020 年位移量比 2019 年略有下降，钢尺测量侵蚀量（即 Δh）平均值由 2019 年的 0. 98cm 降为 2020 年的 0. 5cm，下降了 49%；3D 位移量（即 ΔM）平均值从 2019 年的 8. 8cm 降为 2020 年的 5. 7cm。根据已有 SAR 时序监测与现场调查，排土场在自重作用下仍然处于自然密实沉降状态，每年沉降量与堆存高度呈线性正相关。经计算，测钎监测位移量中，去除排土场自重导致的密实沉降量平均值 3. 6cm/a 后，施工后坡面 3D 位移量由从 5. 2cm 降到为 2. 1cm，降低了 59. 6%。

根据站点获取数据可以看出（图 8-52），所有站点在监测时间内均处于持续沉降并位移的状态，边坡平均位移速率由 8. 8cm/a 降为 5. 7cm/a。同时，从 2020 年 4 月起，4 个站点的沉降与位移速度明显放缓。1 号站平均位移量从 0. 46mm/d 降为 0. 16mm/d；2 号站从平均位移量 0. 47mm/d 降为 0. 17mm/d；3 号站平均位移量从 0. 32mm/d 降为 0. 09mm/d；4 号站平均位移量从 0. 42mm/d 降为 0. 1mm/d。

从以上两组数据可以看出，示范工程所在区域边坡形变与位移量在 2020 年度明显小于 2019 年度，从 2020 年 4 月起，4 个站点的沉降和位移速度与示范工程建设之前相比至少降低 60%。

8.4.4 排土场平台区景观功能提升技术试验及效果分析

8.4.4.1 新技术试验过程

示范工程以提高土壤持水能力、雨水利用率，降低浇灌维护成本为目标；采用自然恢复与人工辅助恢复相结合、生物措施与工程措施相结合，以增加植被、控制水土流失，改善生态系统为核心的调控原则；结合不同坡位、不同植物配置、不同水流路径优化控制地表径流；在关键地段建立以分布式保水控蚀系统，地表蓄水与释水设施为主体的排土场水土物质流控制系统。

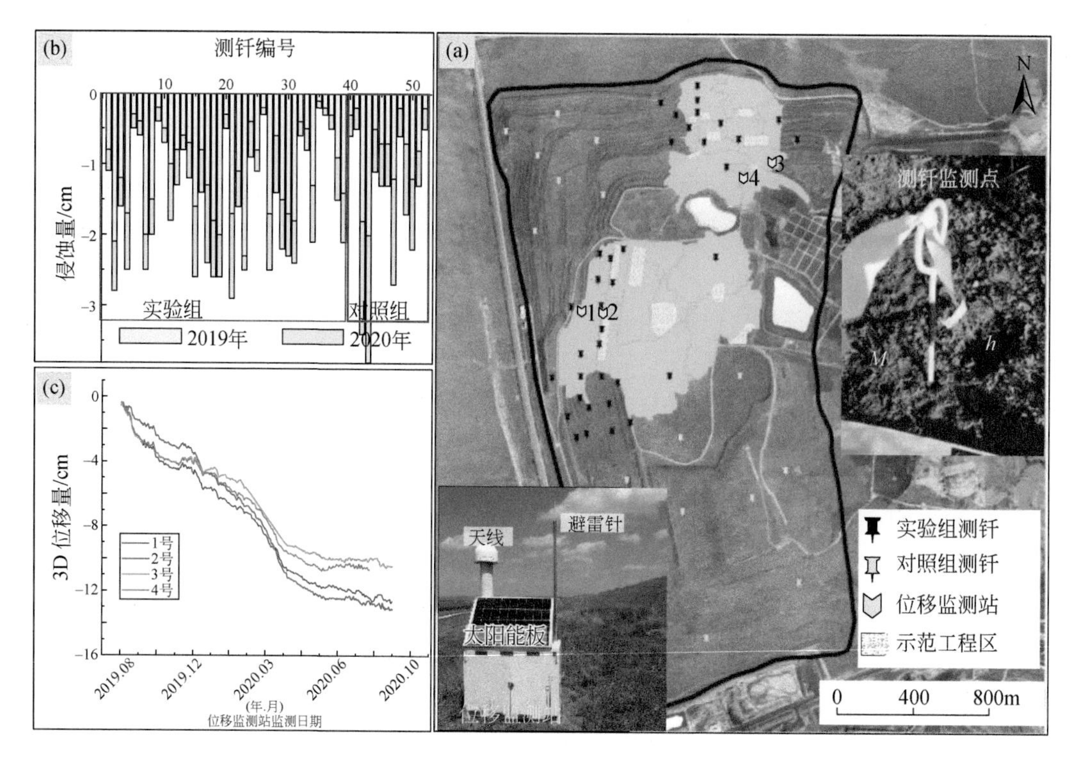

图 8-52　利用测钎与移动监测站进行排土场 3D 位移监测

示范工程能满足 20 年一遇强降雨的地表径流，有效减少系统下游坡面水土流失与坡体失稳问题。算上已有蓄水池的水资源调控能力，现有建设物质流控制系统（保水控蚀单元、植物塘、蓄水池）排土场坡顶（720 平台）降雨汇流利用率的有效控制范围达 75% 以上，对治理坡顶水土流失、边坡失稳、边坡侵蚀沟、冻融侵蚀、潜流侵蚀起到重要作用。降雨汇水控制率大幅提升，最大可以防控 20 年一遇强降雨对坡顶平台及边坡的冲刷。

8.4.4.2　试验效果分析方法及主要指标

利用 Sentinel-1B 和 Landsat-8 卫星数据协同反演示范区及周边土壤水含水率。获取 Sentine-1B IW 模式下的单视复数据（SLC）、VV 和 VH 极化，以及影像对应精密轨道数据。利用无人机低空摄影测量获取排土场 8cm/pix 精度 DEM 作为参考。

8.4.4.3　试验效果分析

由示范区建设的气象站可知，2020 年 8 月 15 日 ~ 16 日有间歇性小雨，两日累计降雨量 66.5mm，后天气转晴。由图 8-53 可以看出，8 月 19 日排土场整体含水率北高南低，蓄水池周边含水率最高。由于示范工程的分布式保水控蚀系统，合理利用并调配降水资源，保证水土资源的良性保持与高效利用，使得保水控蚀系统及周边区域在没有人工灌溉的情况下依然维持较高含水率。

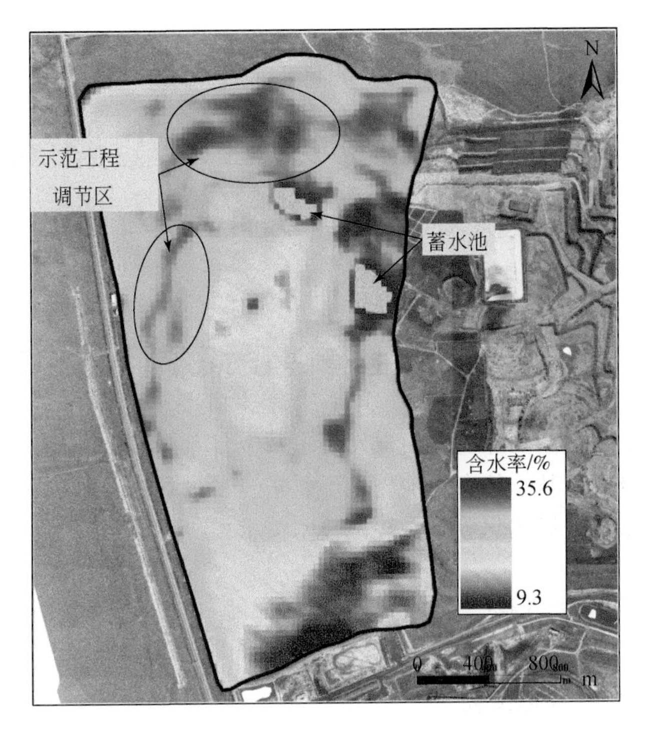

图 8-53　示范区 2020 年 8 月 19 日土壤含水率分布

第9章　蒙东酷寒草原区大型露天矿生态修复技术应用解决方案

9.1　大型露天矿生态建设面临问题和需求

结合国家、内蒙古自治区绿色矿山建设要求及宝日希勒露天煤矿实际问题，从绿色开采、重点区域生态修复、基于仿自然地貌地形重塑、平台和边坡水土保持、水土植被多要素协同恢复、矿区景观格局优化等方面提出技术需求。

9.1.1　矿区地表生态修复技术需求

1. 减损型采排复一体化工程

东部草原区露天矿生产作业与生态修复季节性显著，且生态修复时间短，煤电基地开发极易造成本地土壤退化和生态系统极度损伤。需要针对现阶段矿区复垦偏重于末端治理和缺乏煤-电开发联合生态修复的问题，一是拓展露天矿区生态修复的时间维度，从时效性和季节性角度揭示露天矿巨量矿岩开挖、运移、排卸作业对草原矿区生态系统的影响规律，研发开采源头减损、煤电开发过程控制和采后综合治理的生态减损型采排复一体化工艺；二是研究露天矿剥离物、电厂粉煤灰等大型煤电基地固体排弃物排弃和地层重构，揭示露天开采、排弃形成的人工重构地质环境中岩土力学性质的变化规律，研发蒙东草原生态恢复窗口期与露天采排复工程协调技术，创建以生态修复为目标的露天矿复垦区地层和土壤重构技术体系；三是研发与露天矿生产相协调的表土无损采集与堆存、粉煤灰无害化矿坑排放和生态恢复利用、近地表土壤重构、表土替代材料开发等技术，创建从源头控制大型煤电基地开发对草原生态的损伤和缩短生态系统恢复周期的露天煤矿开采技术体系。

2. 排土场边坡系列化改造工程

我国东部草原区露天矿开采引起土地损毁、生态损伤等一系列影响生态安全的问题，虽然逐渐受到政府和企业的重视，近年来对开采损毁土地也采取了覆土、绿化等土地复垦措施，但是由于资金投入少和缺乏系统性、科学性的理论及技术支持，治理存在盲目性和短视性。因此需要依据露天矿采损区地形地貌特点，构建与区域自然、地理、地质、植被等相适应，与当地地形地貌相协调，投资低、维护少、生态效益高，近自然地貌方法的景观及生态修复技术。

3. 排土场植被修复与提升工程（提高植物多样性和生态稳定性）

针对东部草原煤炭基地植物多样性、生态稳定性差，以及煤电开发扰动了草原草场植被生存环境，需要筛选培育抗逆性强的优势生物种，研发促进植被恢复与稳定的最佳生物配置模式与保育技术；研发适用于东部草原快速、低成本、近自然的人工引导与自恢复相匹配的修复技术。有效解决东部草原大型煤电基地生态与原生生物群落恢复的技术难题。

4. 矿区景观格局优化技术

针对草原煤电基地土地开发利用与景观生态保护的矛盾冲突，统筹土地利用规划、矿产资源开发规划、草原保护建设利用规划与土地复垦方案等规划，坚持生态优先，明确生态保育空间，整合衔接各类空间边界等，研发基于多规融合途径景观尺度下的草原煤电基地景观生态格局优化方法；将草原、林地、水体、森林等绿色基础设施与采损修复区、压占场地、工业广场等灰色设施相融合，研究具有草原煤电基地特色的绿色基础设施网络构建模式，保护草原煤电基地区域景观生态的整体性和连续性。

9.1.2　地下水资源保护与利用技术需求

1. 地下水资源保护和收集工程

研究区地处干旱半干旱地区，降水稀少。随着研究区内各矿生产和生活用水量的不断增加，水源井供水日趋紧张，水资源短缺已经成为制约矿区经济发展的“瓶颈”。而在煤炭开采过程中，随着矿山开采时间的推移，示范区内每个矿井都有数量可观的矿井水被疏排，利用这部分废水，使其变废为宝，一水多用，从广义的角度出发，也是以保护水资源环境，达到资源与环境协调开采的目的，是解决煤矿用水短缺和环境污染问题的最佳选择。污水资源化，利用处理后的矿井废水服务于生产及生活已被人们所重视。

东部草原区大型煤电基地生态脆弱、露天煤矿开采极易造成土地沙漠化，同时对地下水运行系统造成污染和损伤。因此，露天煤矿开采过程中的地下水资源保护具有重要的意义。水资源的储存结构和形式是露天煤矿开采地下水资源保护的核心和重要研究内容，建设适合东部草原区露天煤矿地下水库是东部草原生态水资源化利用的可靠方法。经过两年的现场调研与理论研究，提出适用于大型露天矿水资源保护的三层储水模式，即地表储水池模式/近地表生态型地下水库模式/煤层原位储水模式。

其中，地表储水池模式可以解决大气降水汇聚和矿坑水洁净处理后的临时储存问题；近地表生态型地下水库模式可以利用排土场，在近地表（如距地面10～50m深度范围）人工重构储水介质（分选的有利于储水的砂岩或人工构筑的储水介质）和调节系统，解决大气降水汇聚和矿坑水洁净处理后的长期储存问题，同时有助于地表植被的吸收和利用；煤层原位储水模式是利用原位含水层的岩石作为储水介质，或者作为人工构造管涵之类的储水体，主要解决矿坑水洁净处理后的长期储存问题（图9-1）。

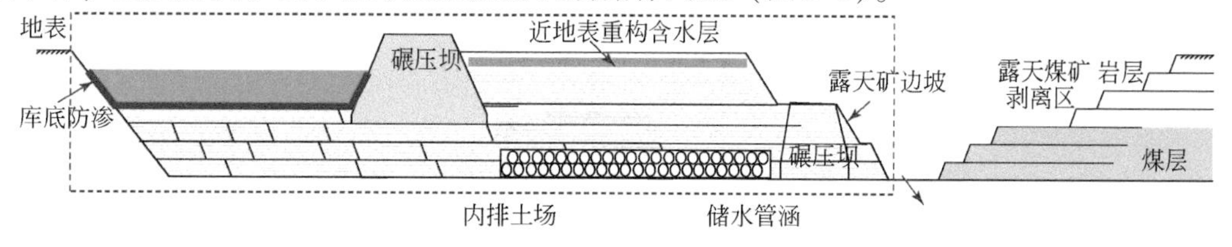

图9-1　露天矿立体储水模式

2. *矿坑水洁净储存与生态利用*

露天煤矿地下水库水源来自三个方面，一是矿坑采动煤层的含水层涌水，通过采坑蓄水池储存和处理后注入地下水库；二是排土场周围含水层通过径流方式向地下水库“漏斗”补给；三是大型露天矿采区对于大气降水的收集汇聚补充至地下水库。汇集补充过程中，水质受污染较为严重，需进行洁净处理，实现洁净储存、分质利用，以提高水资源生态利用效率。洁净储存是地下水库安全运行的水质保障，分质利用是地下水库储水的目标，洁净处理功能是针对露天矿矿坑水的特殊性设计，包括矿坑水的一次物理处理，重点去除水中悬浮物和杂质；矿坑水处理后再处理，重点去除水中会污染地下水的化学成分，确保达到地下水储存的化学安全指标；地下水抽取后的处理，重点是按照使用用途，确定水处理方法，确保水质指标达到使用用途。

储水洁净系统是地下水库运行的质量保障。为确保地下储存水的水质，系统设计按照四级洁净处理模式，即通过悬浮物粗处理、专项净化处理、岩石净化处理、分质利用处理，实现储水无污染、使用多样化的设计目标。结合露天矿地下水库结构特征、充填物的理化性质、水动力特征等资料，基于宝日希勒露天煤矿水中污染物的浓度特性，可采用原状砂砾岩预处理、高效旋流联合工艺（高效旋流混合澄清+机械过滤器+回灌砂滤池）等对矿坑水进行预处理，满足相关标准后注入地下水库。再利用地下水库填充材料的自净化作用，使水质得到进一步的净化以满足矿区绿化用水和降尘用水。根据地下水库水质监测分析结果，若抽出水质仍不能满足相关用水标准，需对其水质再进一步净化，可选用纳滤膜处理技术，以满足矿区整体用水需求，最终达到地下水库水质洁净及综合利用的目标，实现环境效益最大化。

9.2　大型露天矿区生态修复关键技术应用推广设计

基于露天矿生态恢复试验及工程实施效果，应进一步加强技术应用推广。首先应做好统筹规划、总体布局，将露天矿特征区域进行划分，确定特征情景，做到“一景一策，针对处理”，同时加强技术集成，协同应用，提高修复效果和恢复效率。因此，针对内排场采排复一体化技术应用区、外排土场重整与系统提升技术应用区、内排土场景观边坡改进与提升技术应用区、矿坑水洁净储存与生态利用技术应用区提出了设计方案。

9.2.1　采排复一体化技术应用

9.2.1.1　基本生态问题和技术集成应用模式

宝日希勒露天煤矿剥–采–排–复作业的季节性特征显著，剥离和排土冬季停产期长达数月（对于仅12煤顶板和不同煤层的夹层，冬季仍采用自营设备进行少量剥离），采煤量在冬季显著增大，导致排土空间的释放和剥离物的采运排产生明显的时空不协调；受自然气候条件限制，植被恢复只能在5月中旬～7月初进行，对露天矿生产和生态修复作业的时空组织要求高。因此，亟须以生态修复为目标对露天矿剥–采–排–复物料流进行规划，为矿区生态修复创造良好的立地条件和基本的水、土资源条件保障。

针对传统剥离物混排方式造成的原地层物质流阻断及潜在生态恢复影响延续问题，提出排土场生态型层位（含水层-近地表结构层-土壤层）重构模式（图9-2）。

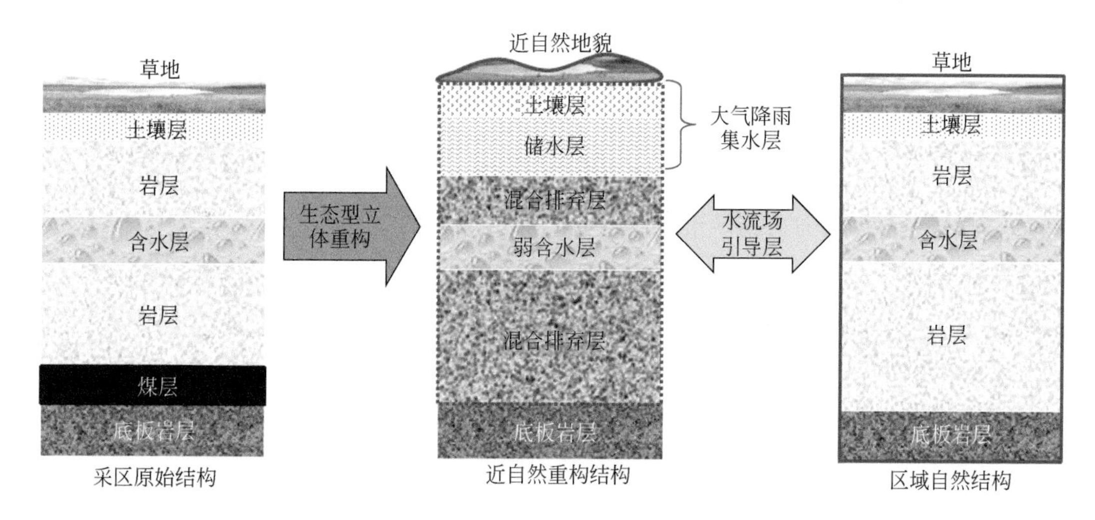

图9-2　排土场生态型层位重构模式

重点实现：

一是创建了含水层-近地表储水层-近自然坡面-近自然地貌的排弃地层剖面原态重构模式。重构各地层的实际位置与当年的采排关系有关，即由于采排关系不同，不同年份的露天矿排土场最上台阶高程也不同。为保证地层重构效果，应使各重构地层层位在平面上具有连续性。一方面，应当尽量编制露天矿长远规划，以实现排土场整体排弃效果达到仿自然地貌的目标；另一方面，在内排土场与端帮、非工作帮自然地层之间有良好的过渡，不同年份之间的内排土场也应保证连续性良好。

二是研发了基于露天开采剥离物的隔水层再造技术和含水层物料性质保持技术，实现排土场含水层长期稳定和地下水力联系修复。以破碎的泥岩等矿山剥离物为骨料、粉煤灰等矿区周边固废为添加料、地聚合物为改良剂，压实后材料渗透率可满足隔水层构建要求；采用卡车在台阶边缘翻卸露天矿砂砾岩类物料构建排土场弱含水层，周边含水层对应排弃台阶中下部以避免设备碾压对物料孔隙率的影响。

三是提出了草原区表土瘠薄条件下优选的近地表土壤层序结构，在近地表隔水层和表土层之间构建厚度为30～50cm的砂性土含水层，可以显著提高降水利用率和土壤含水率。近地表隔水层采用黏土或风化泥岩构建，铺设厚度1m以上，摊平后通过设备碾压降低表面渗透系数；砂性土在近地表隔水层上采用卡车场地排土和平路机上位平整方式构建，避免设备运行造成的压实；表土层采用对地比压小的专业设备摊铺。同时，在局部构建厚度为3～5m的近地表生态型储水层，提高大气降水利用率的同时实现矿坑水的跨季节调配，为矿区生态修复提供充足的水源。

9.2.1.2 具体应用技术与方法

根据露天矿排土场地层立体近自然重构和采排复一体化的理念，重点需要攻克和应用排土均隔水层构建、排土场含水层构建与连通、土壤层序结构再造、表土资源调配、矿坑水跨季节调配等技术。

1. 排土场隔水层构建技术

岩土入渗能力主要受岩土机械组成、水稳性团聚体含量、岩土容重、有机质含量及岩土初始含水量等的影响。岩土容重受土粒密度和孔隙两方面的影响，但主要是受孔隙的影响，所以岩土容重本质上是岩土紧实程度及气相比例的间接反映。岩土水分的入渗本质是水分在土体里流动而不断深入的过程，其速率主要受水流通道——岩土孔隙的影响，其他因素大多是通过孔隙状况来影响的。但是对土壤中水分运移影响最大的不是孔隙度，而是孔隙的大小，尤其是孔隙通道中最细小的部分。

由图 9-3 可以看到，随着压制试样时所加荷载的增大，试样的应变随之增加，而渗透系数则随之降低，荷载增加到 400kPa 后，数据逐渐趋于平缓，说明荷载影响对试样影响逐渐减小。

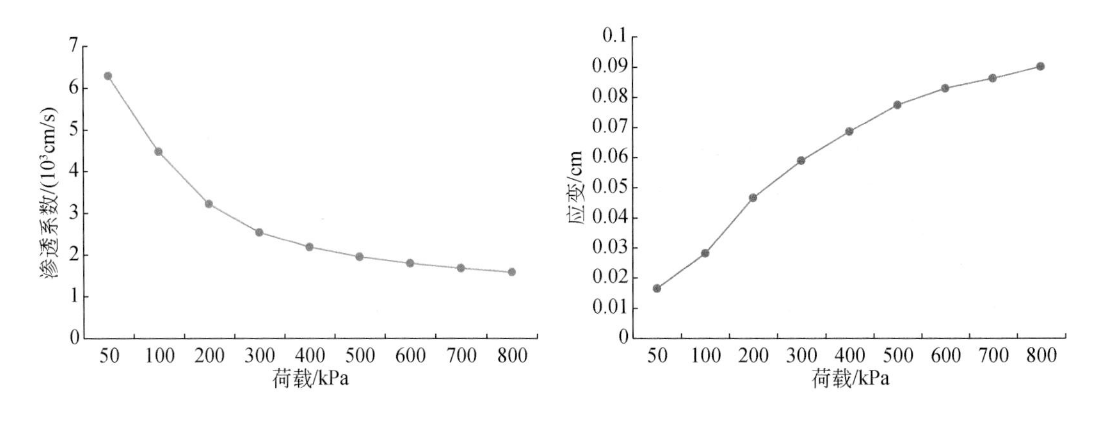

图 9-3 荷载与渗透系数、应变的关系

根据 PFC 软件模拟砂土压实过程中对孔隙影响的变化规律，可以印证到黏土颗粒的孔隙变化随固结压实压力变化的关系中。当固结压力较小时，黏土试样内部较为松散，有很多较大的孔隙，且这些孔隙很多都有连接，此时水分会顺着连接的孔隙很快下渗，所以渗透系数较大；随着固结压力开始增大，土壤内部孔隙的数量开始减少，大孔隙管径也逐渐变细，这时由于小孔隙减少得并不多，根据水流连续性原理，孔隙渗透能力主要取决于沿程最小管径，所以渗透系数下降得并不是很快。随着固结压力越来越大，黏土颗粒之间越来越紧密，大孔隙逐渐变为小孔隙，很多小孔隙变为盲孔，渗透系数开始快速下降。在某一固结压力后，黏土颗粒间的孔隙变化不再明显，开始转变为颗粒排列方式的改变，于是渗透系数下降的速度开始变缓。由于黏土颗粒表面存在很多电荷，所以即便是颗粒间的孔隙一直存在，水分下渗速度也会变得非常缓慢。

2. 排土场含水层构建与连通技术

未进行人为扰动前，露天矿煤层之上的砂岩层在地应力的长期作用下，天然状态的砂岩层形成较为致密的结构，颗粒间的黏结作用强，可压缩性小。露天开采过程中，砂岩层成为散体结构，颗粒间的黏结强度降低甚至消失。含砾砂岩经二次排弃后形成新的地层结构，颗粒间的孔隙增大，渗透性增强，可以作为排土场含水层的构建物料，其中含砾砂岩的颗粒级配是决定水库工程性质的基本因素，同时也决定了储水层的最大储水能力。

为了分析砂岩的颗粒级配组成对抽水流速的影响，对各级配砂岩的流速进行对比，如图 9-4 所示。

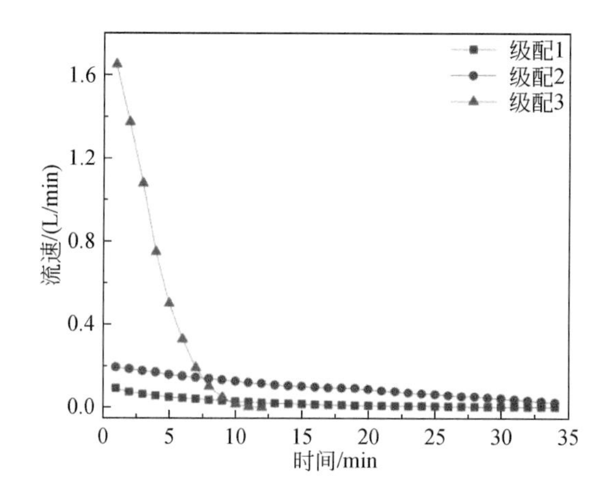

图 9-4　不同级配砂岩流速对比

同一压力下，各级配的流速存在明显的区别，级配 1（原状砂砾岩）和级配 2（剔除 2mm 以下的物料）的流速随时间的变化趋势形态大致相同，整体斜率缓慢减小；级配 3 的流速急剧变化，随时间的增加，减小幅度逐渐变小；级配 1 ~3 的平均流速分别为 0. 023L/min、0. 100L/min、0. 504L/min，级配 2 的平均流速较级配 1 增长约 3. 43 倍，级配 3（剔除 10mm 以下的物料）的平均流速较级配 1 增长约 21. 3 倍，流速提升效果明显，整体渗流时间缩短，因此选择级配 3 作为储水物料可极大地提高工程的使用效率。

重构各地层的实际位置与当年的采排关系有关，即由于采排关系不同，不同年份的露天矿排土场最上台阶高程也不同。为保证地层重构效果，应使各重构地层层位在平面上具有连续性。一方面，应当尽量编制露天矿长远规划，以实现排土场整体排弃效果达到仿自然地貌的目标；另一方面，在内排土场与端帮、非工作帮自然地层之间有良好的过渡，不同年份之间的内排土场也应保证连续性良好。

3. 土壤层序结构再造技术

露天矿开采伴随的是大量上覆岩层的剥离，导致原始土层和土壤结构损伤，这些经剥离、无序堆存然后用于排土场复垦的土壤，其持水能力通常较自然土壤差，难以达到预期的复垦效果。而土壤有效水分对于半干旱区的植被恢复至关重要，研究表明构造层状土壤可以提高土壤的持水能力，持水能力通常与构造剖面的土壤性质有关，同时也通过调查发现东部草原区露天矿上覆岩层具有明显的层状结构。初步确定的层序重构方案如图 9-5 所示。

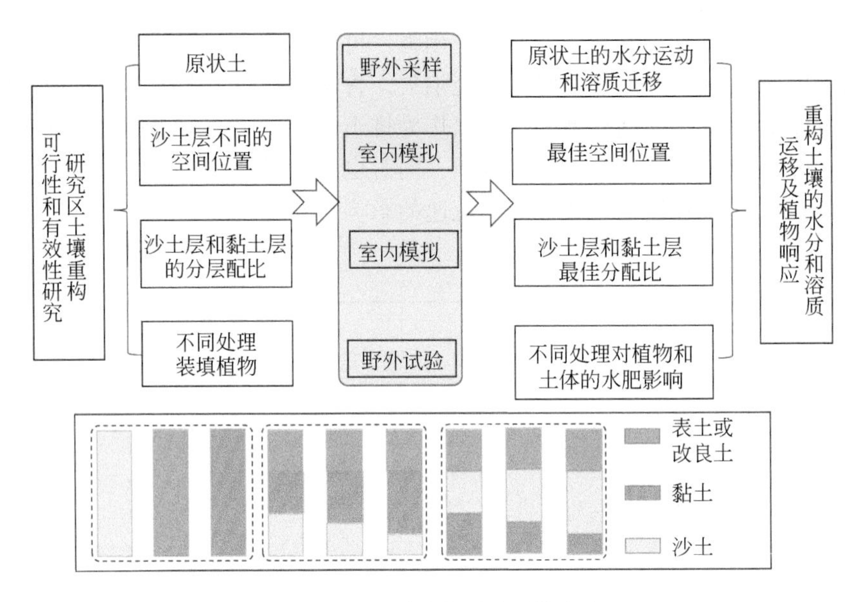

图 9-5　初步确定的层序重构方案

综合实验室研究成果和现场监测数据，在近地表隔水层和表土层之间构建厚度为 30 ~ 50cm 的砂性土含水层，可以显著提高降水利用率和土壤含水率。近地表隔水层采用黏土或风化泥岩构建，铺设厚度 1m 以上，摊平后通过设备碾压降低表面渗透系数；砂性土在近地表隔水层上采用卡车场地排土和平路机上位平整方式构建，避免设备运行造成的压实；表土层采用对地比压小的专业设备摊铺。

4. 表土资源调配技术

将露天矿表土资源采集区–土地复垦区的供应链看作一个资源供销的整体，依据若干假设条件，构建不允许缺货、物流连续且补充时间较长的随机性存储模型。单从表土利用的角度来讲，露天矿表土采集区作为物流只输出不输入的供货方，其总体采集量随物流接收方——土地复垦区的需求而呈减少趋势。反之，露天矿土地复垦区的表土资源量随表土采集区的表土补充而增加。以该存储策略为推理基础，我们就可以系统地、定量地回答在何种情况下需要对复垦区的表土资源进行补充，何时补充以及补充多少等一系列问题。

生态修复窗口期使用的表土可能来自两个方面：一是上一年度堆存的表土，二是本年度超前剥离的表土（图 9-6）。

如图 9-6（a）所示，生态修复窗口期前期所使用的表土主要来源于上一年度的堆存量。这一开采程序存在表土堆存量大、堆存时间长、冬季风蚀严重等问题；但与图 9-6（b）所示的开采程序相比，其表土的超前剥离少，尤其是在植被生长期（一般为 5 ~ 9 月），这有利于减少矿产资源开发造成的生态损伤面积。

如图 9-6（b）所示，整个排土场重建过程均使用当年从工作帮剥离的表土，基本取

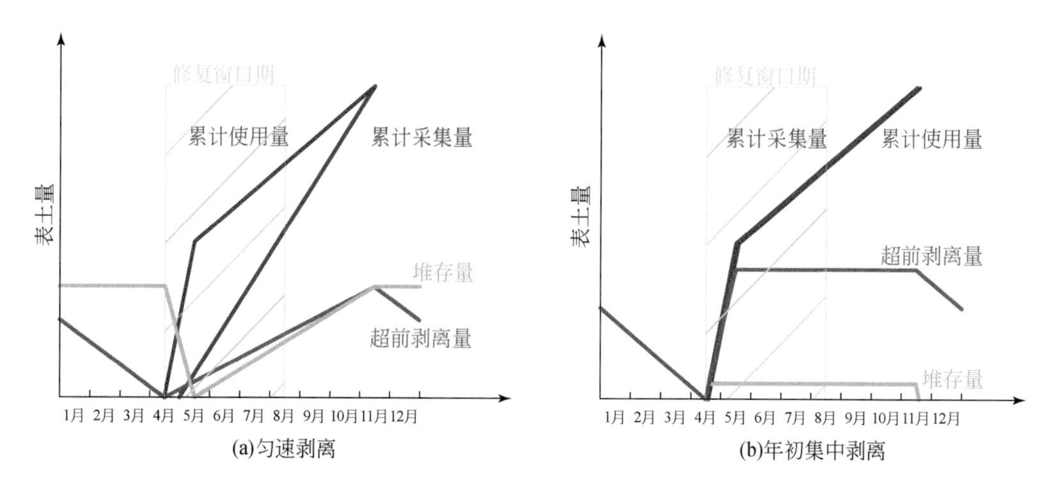

(a)匀速剥离　　(b)年初集中剥离

图9-6　全年剥离条件下年度表土使用情况

消了表土的堆存过程，从而避免了堆存费用和堆存过程中表土损失（包括质的方面和量的方面）的产生。但是该开采程序也存在很多问题。从生产方面看，为满足春季土地复垦需要，需完成表土采集、铺设、改良、种植等工作，极易受到外界因素干扰（如气温地温异常、表土剥离设备不到位等），组织管理难度巨大。从生态保护方面看，由于表土超前剥离在工作帮形成大面积裸地（尤其是在植被生长季），增大了资源开发造成生态损伤的面积。

结合示范区生态修复条件特点，研究提出综合两开采程序方案特点的表土开采方案。推荐方案的特点是，充分利用秋末冬初植被基本死亡但地温未降低到土壤深度冻结的时间，采集工作帮前方一定区域（预计的冬季开采范围）内的表土并堆存在排土场合适位置；同时采用合适的方式避免堆存的表土严重冻结，在进入生态修复窗口期间完成到界排土场的覆土作业，该方案优缺点如下：

（1）除当季生产使用外，表土的采集、铺设作业均不占用生态修复窗口期，因此可从源头上减少对区域生态环境造成的影响（在植物生长季的超前剥离量基本为零）和提高排土场生态修复速度（在进入生态修复窗口期前完成表土铺设）。

（2）冬季表土存量大，且需二次采剥，费用高。

（3）在秋末冬初进行表土的集中剥离，需在短期内集中大量的设备和人员，生产组织管理难度大，且极易受到天气变化影响（若提前降温可能导致表土剥离作业无法顺利进行，从而影响工程推进和表土存量）。

5. 矿坑水跨季节调配技术

季节性采排是露天煤矿根据不同季节的气候条件安排矿山剥离与采煤工作，从而在保证生产的同时降低生产成本的一种露天煤矿作业方式。对于我国东北部地区而言，每年冰冻期长达5～6个月，春季多风，气候干燥，降水稀少。该地区露天煤矿生产过程中，为避免对冰冻岩石的穿爆，节省剥离成本，采煤工作全年进行，而剥离工作通常安排在春、夏、秋三个季节进行，冬季冰冻期时，停止剥离工作，只进行采煤工作。由此造成每年秋季末剥离工作停止时露天煤矿露煤量大，坑底宽度较小，而在第二年剥离工作开始前，露煤量小，坑底宽度大，坑底面积被极大浪费的情况。

季节性采排露天煤矿水资源储存及调配方法适用于露天煤矿不同时期生产、生活用水需求。随着露天煤矿工作线向前推进，在坑底连续布置中间储水池，并根据当地实时冰层厚度安排贮水；春季复垦开始后将储水池中的水资源通过水泵输送到需水地点，实现水资源的季节性存储及综合调配，提高矿区复垦效果。对露天煤矿冬季坑底面积进行合理利用，布置的储水池储水能力大。同时利用冬季寒冷特点，将储水转变为储冰，减少了水体渗透对于挡墙的侵蚀危害，减少了水分的渗透损失，挡墙原料来源广泛，成本低，易于推广。

（1）在露天煤矿坑底靠近内排土场的位置向露天煤矿工作线推进方向布置四堵挡墙，构成首个储水池，此时当地平均气温在-10～-5℃之间，水体冻结速度慢，储水池施工完成后对挡墙进行防渗及防侵蚀措施，以防止挡墙被储水侵蚀破坏，确保储水池安全。

（2）首个储水池的挡墙建设完成后，将矿区涌水与矿区境界内地表多余水通过管路排放到首个储水池，首个储水池内蓄水在低温下冻结，直至首个储水池被填满。

（3）在首个储水池储水过程中，采煤工作面不断推进，当露天煤矿坑底的采空区满足新储水池设置条件时，在首个储水池基础上沿着首个储水池的挡墙修建第二个储水池并再次蓄水，储水量根据当地当时冰层厚度决定，储水高度低于当地当时冰层厚度10～30cm，保证储水池内水体可以完全冻结，减少液态水对挡墙的侵蚀危害。

（4）随着采煤工作面的推进连续设置多个中间储水池，两个连续中间储水池之间共用同一条挡墙；直至当地冰层厚度开始降低时布置最后的储水池。由于环境升温，水体冻结速度慢，对挡墙进行防渗及防侵蚀措施，以防止挡墙被储水侵蚀破坏，确保储水池安全。

（5）次年春季露天煤矿排土场复垦工作开始时，随着气温升高，首个储水池、中间储水池和最后的储水池中的储水逐渐融化，再利用水泵将储水池中融化的水抽送到需水地点，抽水从首个储水池依次开始。

（6）次年露天煤矿剥离工作开始后，剥离物内排，将排土场推进至已经抽空水的储水池中掩埋并填平储水池，从而完成依次季节性采排露天煤矿水资源储存及调配。

所述挡墙采用混凝土浇筑，或者采用混凝土浇筑墙芯，用露天煤矿剥离物覆盖墙芯，保证水体不会渗透穿过挡墙，造成事故。

6. 适用区域及应用效果预测

露天矿采排复一体化技术适用于剥离物内排的露天矿。

通过露天矿内排土场的近自然地层重构，可以显著提高生态修复效果。首先，通过隔水层-含水层结构的再造，可以实现矿区含水层的连通，减少地下水通过内排土场汇入采场的量，既有利于保障内排土场边坡稳定，又可以减少宝贵地下水资源的流失。其次，基于露天矿全生命周期剥采排关系的近自然地貌重塑，可以显著降低排土场坡面的水土流失，提高生态修复效果。再次，通过排土场近地表土壤层序结构再造，可以提高大气降水利用率和土壤长期持水能力。最后，通过露天矿表土和矿坑水资源的优化调配，可以实现露天矿到界排土场的及时修复，缩小排土场的裸露范围，提高生态修复效率和效果。

9.2.2　外排土场重整与系统提升

9.2.2.1　基本生态问题和技术集成应用模式

宝日希勒露天煤矿所处区域存在水资源时空分布不均、土壤贫瘠、植被生长周期短的问题，利用现有技术针对东排土场和南排土场土地整治及生态恢复提出应用解决方案。从水、土、植被三个方面集成技术，完成构建近地表含水层、排土场边坡重构、地表植被优选与生态恢复、排土场景观再造等工程，提升外排土场生态功能。

9.2.2.2　具体应用技术与方法应用

示范区包括宝日希勒露天煤矿东排土场、南排土场。解决方案由排土场土地整治工程、灌溉与排水工程、养护道路工程和植被重建工程组成。

1. 排土场土地整治工程

矿区排土场为塔状多台阶式结构，边坡角33°左右，坡度较陡。排土场边坡岩土疏松、稳定性差，含水量低，植物生长困难，极易发生土壤侵蚀。治理难度远大于平盘，是排土场绿化复垦的关键区域，因此选取适当的整理方式有助于减少水土流失，促进植被生长。

1）排土场整形

设计采用波浪式整形。将原有排土场边坡降至15°以下，同时在平台边缘修建反坡，坡度3°~5°。平台边缘预留10m空间，修建排水沟及养护道路。

2）坡面综合整治

由于坡面为回填土，结构不密实，在植物措施未完全发挥作用之前，坡面存在被水流冲刷的可能，需要采取挡护措施。实验表明，减少坡长可有效减少地表径流，防止雨水冲刷。

设计坡面建设土网格，使排土场边坡畦田化。经计算，土网格不小于50m×50m，挡墙设计采用梯形断面，顶宽0.5m，高0.5m，边坡比为2∶3，即可以防止形成地表径流，又不妨碍机械播种。

3）表层土壤重构

项目区位于我国草原区东部，表层土壤缺乏，排土场等矿山废弃地植被恢复和生态重建主要障碍是土壤因子。矿山土壤重构成为矿山废弃地复垦的核心。对于表土缺乏地区而言，表土替代物的选择成为土壤重构过程的关键。

相关研究实验表明，表层用40cm的表土、黏土、砂砾岩的混合物，配比为1∶1∶1，可替代表土进行植被恢复，但砂砾岩粒径不宜过大，宜小于2cm。

2. 灌溉与排水工程

1）灌溉工程

示范区位于东部草原区，水资源短缺，对于排土场边坡植被恢复，灌溉是保证坡面植被生长发育所需水分的最主要手段，可弥补大气降水量不足和水气在空间上分布得不均匀，有利于植物的正常生长和增强其竞争力。

本区域采用半固定式喷灌，即输水主管道固定在排土场平台，通过软管与喷头连接进行灌溉，并设定相应的灌溉制度，保证坡面稳定、不产生坡面径流，最大限度地满足坡面植被恢复所需水分。

从平台水源管道分别向喷灌区域铺设 PE 热熔主管道，主管道连接边坡顶端横向铺设的管线，通过主管道分支铺设，完成整个区域的浇水管线布置；从水平铺设的 PE 管线上每隔 50m 分支出一条纵向 PE 热熔管，每条 PE 管线上隔 2m 分支出一条 PE 热熔管，在 PE 热熔管线上每隔 2m 安装一个小喷嘴雾化式喷头进行喷洒，完成浇灌任务。

在坡面顶端 PE 主管线上设置进排气阀进行水流稳压，喷嘴均匀布置坡面，喷洒直径 3.5～4m，水流量每小时 50L。管道铺设于地表，用 U 形卡固定，在管道末端采用泄水阀泄水，防止冻害。

2）排水工程

排土场全部是松散剥离物，排土场防排水措施的合理、完善是保证排土场边坡稳定的前提。修建排水沟槽可有效缓解雨水冲刷和滑坡。排水沟槽水平集水沟部分的容积按暖季最大降雨量、径流面积和径流系数计算。

设计采用明沟排水，弧形宽浅沟，设计深度 0.8m，宽 6m，截面积 3.24m^2，上铺 0.3m 厚的砾石。

3. 田间道路工程

为便于排土场复垦后的管护，在排土场需布设道路。道路充分利用原排土时道路，边坡与台阶平台的道路在排土时已经基本形成，位于台阶平台外围。

在项目区周边及各平台修建岩土剥离物道路，压路机压实，设计为 6m 宽，0.4m 厚，若有细骨料应补充 5cm 细料，洒水压实。

4. 植被重建工程

播前镇压机械镇压 1 遍，机械压实土壤，使土壤紧实，形成丰富土壤毛管孔隙，保水保墒满足种子萌发时所需水量。

依据草种、播种量，按照半日施工进度或地块，将种子分次倒在塑料布单上或专用拌种场所（建议人工撒播时将改良细土适量拌入，有利于人工撒播均匀），用木锨或铁锨反复拌匀，装袋运到工地，并在分装时再拌匀，按量分配到地块。

按照设计要求播种量进行播种，均匀且无秃斑。选用披碱草、紫花苜蓿进行混播，混播比例为 1∶1。

一律采用净重 20kg 或 25kg 的定量包装，包装要标明种子名称、收获年限、产地、等级、净度及供应单位。草种运输到现场时，施工技术员、现场监理要现场抽样并做好样本的封存，将样本送到有资质的种子检验机构进行检验，出具相应检验报告。种子质量除质检部门每批次的检验报告外，中标企业供应的种子每袋须有合格证。

选用人工撒播，撒播时要用手腕尽力抖开，使大小粒种子播撒均匀。为保证播种足量且均匀，建议开展试播，确定播种速度和播种遍数。播种时要选择在风力 3 级以下时进行，尽量在早上无风时进行。

播种后，搂耙表土，满足种子播种深度，保证覆土深度适宜。播种后，建议按3～5人一组，采用钉齿耙，沿等高线对播种的地块人工往复轻拉轻推2～3遍，并用耙背轻拉推平，保证种子和肥料入土覆盖，种子及肥料入土率应高于80%，播种深度掌握在0.5～2cm之间。

播后镇压2遍，采取人工拖拽镇压器，进行人工镇压，使得土壤与种子紧密接触，保证吸水膨胀，达到萌发墒情。镇压采用专业镇压器进行坡面镇压，或采用由多片镇压滚轮组成的镇压器，镇压器直径40～70cm，每片镇压滚轮可以随着地势高低起伏进行自行起落，起到调整调节镇压强度等作用，镇压后易造成地表土壤板结现象时，可选择不进行镇压。

播后必须立即采取水车洒水。种子前期养护一般为30天，每3天洒水养护1次，早晨养护时间应在10点以前完成，下午养护应在16点以后开始，始终保持土壤湿润，以促使草种发芽生长。

9.2.2.3　应用效果预测

预期效果为：建立外排土场近自然地貌生态恢复区，为排土场植被生长提供持续、稳定的生长环境，形成一个以外排土场为平台的近自然地貌排土场生态维持模式。

9.2.3　内排土场景观边坡改进与提升

9.2.3.1　基本生态问题和技术集成应用模式

位于呼伦贝尔草原的宝日希勒露天煤矿区排土场数量众多，内外排土场不规则阶梯式堆积地形随处可见，长期堆存一直威胁着矿区及周边的安全生产和生态安全。以宝日希勒露天煤矿为例，外排土场边坡侵蚀沟大量发育，近3年边坡土壤侵蚀量达14.5万m^3。同时，草原区煤电基地地处半干旱的生态环境脆弱区，水资源时空分布极不均衡，资源性和工程性缺水并存，加之排土场表层腐殖土稀缺，在外界长期的冻融侵蚀、径流/潜流侵蚀、风蚀等交替作用下，排土场地质稳定性、水土保持能力及生态功能恢复都受到了极大威胁，长期持续累积效应下所引起的矿业安全生成及生态安全问题不容忽视。

针对宝日希勒露天煤矿外排土场景观生态功能提升示范，利用无人机遥感技术，对排土场及周边地区进行精细航拍，获取其高精度（厘米级）地形及水文网数据，获取侵蚀沟三维模型，结合地表水文生态学，识别排土场地表径流路径、水土流失与坡体崩塌部位；以侵蚀沟为治理单元，分块立体综合治理，遵循“截流、保边护底、蓄水”的治理方针，建立分布式保水控蚀系统单元进行水资源调控，雨季蓄水、旱季供水，为排土场植被生长提供一个持续、稳定的水源。通过不同坡位、不同植物配置、不同水流路径优化控制地表径流；通过在关键地段建立地表蓄水与用水设施，如在草原矿区堆土场坡顶构建植物沟、保水控蚀单元和植物塘；在坡边平台构建保水控蚀单元和植物沟；在坡底构建植物沟、泥沙沉积区及植物塘，最终形成一个以堆土场为平台的雨水层层节流和利用的海绵式排土场生态维持模式。

9.2.3.2 具体应用技术与方法

1. 继续构建与完善分布式保水控蚀系统

为达到阻断降雨向排土场边坡汇水导致水土流失，降低坡体浸润线，提高边坡稳定性、土壤持水能力，提高雨水利用率，降低浇灌维护成本的目的，借鉴低影响开发策略，采用自然恢复与人工辅助恢复相结合、生物措施与工程措施相结合，遵循截流、保边护底，以增加植被、控制水土流失，改善生态系统为核心的调控原则；通过不同坡位、不同植物配置、不同水流路径优化控制地表径流；通过在关键地段选址并建立以分布式保水控蚀系统等地表蓄水与释水设施为主体的排土场水土物质流控制系统，以减少地表径流提高水资源生态利用效率，提升排土场植被系统自维持性水平。基于地表潜在汇水区与径流路径分析，确定在雨季强降雨情况下每个子区域的汇水面积，进而确定每个“潜流湿地”“植物塘”“植物沟”系统，可在达到蓄水、护土的同时，提升排土场生态地质稳定性。

排土场分布式保水控蚀系统以提升排土场生态功能为前提，综合采用“渗、导、蓄、用、排”等工程技术措施，将排土场建设成为具有“自然积存、自然渗透、自然净化、科学利用”功能的生态源地，旨在解决排土场雨水径流控制、雨洪资源存储、矿坑水体净、水资源科学利用等问题。

在已经建设保水控蚀系统的区域进一步完善系统的完整度，继续进行保水控蚀单元建设。在建设区继续采用自然恢复与人工辅助恢复相结合、生物措施与工程措施相结合的生态功能提升措施。

2. 新建区域做好基础准备

在新建区域从土地整治环节就做好微地貌设计与缓渗层、储水层、表土层构建，为保水控蚀系统构建提供基础。具体地，应当在覆盖腐殖土之前铺设缓渗层，即因地制宜地使用土方剥离所产出的黏土进行防渗处理，最大限度地将自然水资源保存并利用起来。

9.2.3.3 适用区域及应用效果预测

治理工程具体涉及外排土场已堆排到位区域（图 9-7），在减损型采矿布局与优化工程的基础上实施生态地质稳定性提升方案。在北坡继续构建与完善分布式保水控蚀系统；在新建区域从土地整治环节就做好微地貌设计与缓渗层、储水层、表土层构建，为保水控蚀系统构建提供基础；人工植被恢复按照最优植被配置模式进行。

预期效果为：建立分布式保水控蚀系统单元进行水资源调控，雨季蓄水、旱季供水，为排土场植被生长提供一个持续、稳定的水源。通过不同坡位、不同植物配置、不同水流路径优化控制地表径流；通过在关键地段建立地表蓄水与用水设施，形成一个以堆土场为平台的水资源层层节流和高效利用的海绵式排土场生态维持模式。

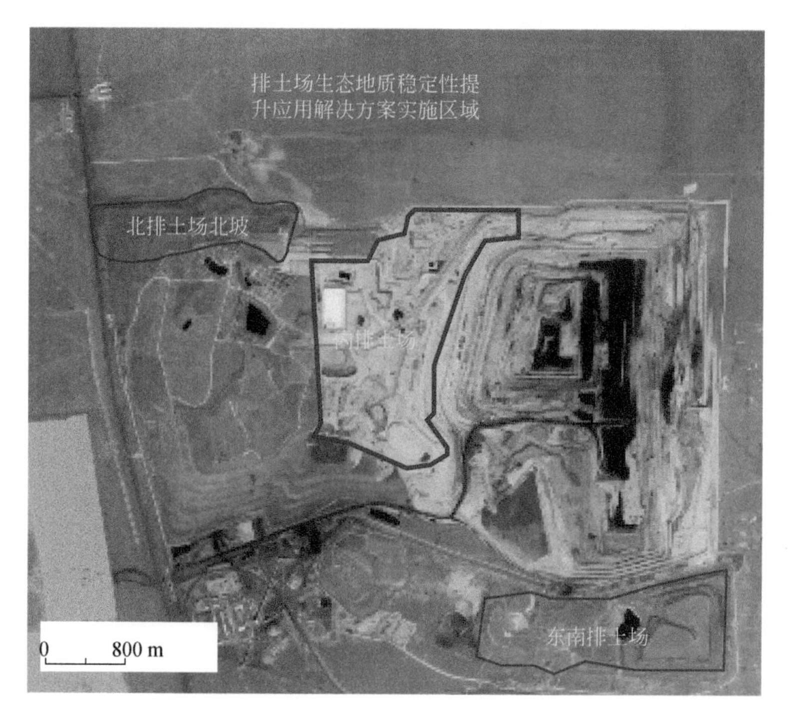

图 9-7　外排土场生态地质稳定性提升应用解决方案实施区域

9.2.4　矿坑水洁净储存与生态利用

9.2.4.1　基本问题和技术集成应用模式

洁净储存系统是地下水库运行的质量保障。为确保地下储存水的水质，按照四级洁净处理模式，即通过悬浮物粗处理、专项净化处理、岩石净化处理、分质利用处理，实现储水无污染、使用多样化的设计目标。

9.2.4.2　具体工艺与方法

矿井水含有大量的悬浮物，主要由煤粉、岩粉和黏土组成。悬浮物的去除是矿井水处理的首要步骤亦是最关键的一步，其去除效率对后续工艺的处理效果将产生直接影响，进而影响最终的出水水质与复用途径，预处理工艺目的是对悬浮物的去除，露天矿坑水处理工艺如图 9-8 所示。

矿井水中悬浮物颗粒粒径的大小不同，其沉降性能也有较大差异，悬浮粒子在溶液中发生无规则的布朗运动。根据 Stokes-Einstein 方程可知，粒径大小与粒子在分散介质中的运动存在函数关系，取某时间点 t，在相隔极短时间内（<100μs），不同粒径的粒子运动趋势会有所差异，其中粒径较大的粒子运动速度较慢，粒径较小的粒子运动速度较快。可以通过矿井水中悬浮颗粒粒径大小判断其是否能够自然沉降，若粒径较小，布朗运动进行

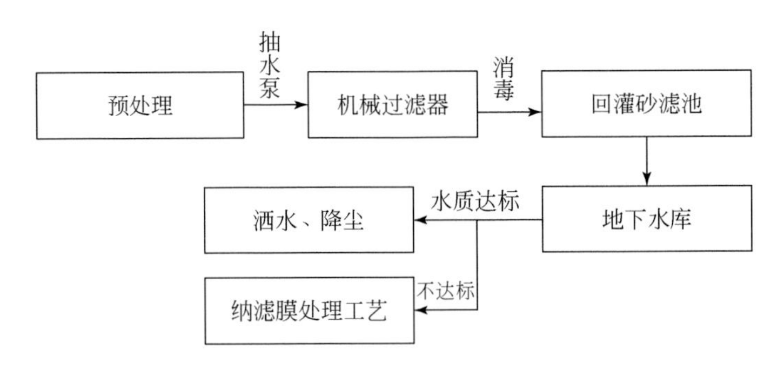

图 9-8　露天矿坑水处理工艺

的程度高，采用自然沉降的方式难以将其去除。在以往研究过程中，缺乏对矿井水水质特性的分析，多通过单一变量来确定最佳参数。作者在对矿井水电化学特性分析的基础上，通过分析结果针对性地确定了混凝剂的选型标准，为现场工程实践提供理论指导（表 9-1）。

表 9-1　实验仪器

测试项目	实验仪器	生产厂家
粒径	Zetasizer Nano	英国马尔文仪器有限公司（Malvern Panalytical）
Zeta 电位	Zetasizer Nano	英国马尔文仪器有限公司（Malvern Panalytical）
浊度	2100Q 便携式浊度仪	哈希公司（HACH）
COD	COD 消解仪	哈希公司（HACH）

Zetasizer Nano 粒径分析仪利用动态光散射方法测量溶液中粒子的布朗运动，采用已经建立的理论拟合实验数据得到粒径的分布及大小，并以与被测量粒子相同扩散速率的球体直径表示粒径。同样，Zetasizer Nano 电位分析仪利用激光多普勒电泳法测量 Zeta 电位，准确判别溶液中粒子的带电情况，进而选择合适的化学混凝剂以达到去除水中杂质的效果。

通过向水中投加混凝剂使水中胶体物质发生沉降的过程称为混凝。影响混凝效果的因素有：混凝剂种类、投加量、混凝时间等。其中混凝剂种类及投加量在混凝过程起决定性作用，由于各地矿井水水质不同，悬浮物浓度有所差异，导致处理不同矿井水所用混凝剂种类及投加量也存在较大差异。针对不同类型的矿井水，需要根据实验结果判定混凝剂种类及用量，常见混凝剂的性能见表 9-2。

表 9-2　常见混凝剂的性能对比

材料名称	性能	类别
聚合氯化铝（PAC）	对水温、pH 和碱度的适用性强	无机铝系类
聚合硫酸铝（PAS）	水解较为缓慢，但用量小，性能较佳	无机铝系类
聚合硫酸铁（PFS）	用量小，絮体生成速度快	无机铁系类
聚合氯化铝铁（PAFC）	沉降速度较快，用量小，絮体生成速度快	无机铁铝混合系类
聚丙烯酰胺（PAM）	常作为助凝剂与无机高分子混凝剂共同使用	有机合成类

根据表9-2中不同混凝剂性能的对比分析，选用PAC、PAFC、PFS 3种混凝剂开展混凝实验，并与PAM联合使用进一步探究混凝性能，最终以浊度、CODCr（化学需氧量）、总硬度等水质指标判断混凝性能，从而确定最佳混凝剂投加量，并分析影响混凝效果的因素及其规律。实验中矿井水取自宝日希勒露天煤矿矿坑水，测得水质指标如下：浊度为220～240NTU，CODcr为35～45mg/L，总硬度（以$CaCO_3$计）为45～50mg/L。

以10mg/L为间隔，采用去离子水配置10～60mg/L 6组不同浓度的混凝溶液；在6个烧杯中分别加入500mL矿井水；用移液管量取50mL配置好的混凝溶液分别加入盛有矿井水的烧杯中；调整混凝沉淀搅拌仪转速，以300r/min快速搅拌3min；再以80r/min慢速搅拌10min；沉淀15min后取上清液并测量水质。

对宝日希勒露天煤矿矿井水中悬浮颗粒粒径进行分析（图9-9）可知，悬浮颗粒主要分布在0.6～0.8μm之间，采用自然沉降的方法难以将其去除，由于受布朗运动的影响，矿井水中颗粒不仅具有悬浮物的特性，还具有胶体的某些特性。需要通过改变其颗粒聚集方式，使悬浮颗粒凝聚成较大絮体，从而达到沉降的目的。

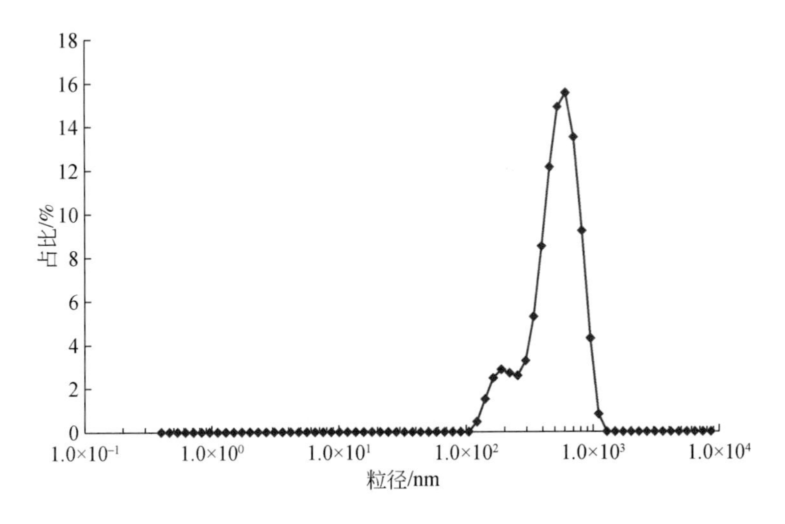

图9-9　粒径分布图

Zeta电位是考量水中悬浮物质电化学特性的重要指标，测试结果表明矿井水中悬浮颗粒均呈现负电性。这是因为矿井水中悬浮颗粒以煤粉为主，而煤粉表面富含大量的羧基（—COOH）等含氧官能团，而—COOH容易失去电子，导致矿井水中悬浮物颗粒带负电。Zeta电位分布如图9-10所示。

从实验结果可以看出，宝日希勒露天煤矿矿井水中悬浮颗粒的Zeta电位介于-25～-23mV之间，由于同性胶体间存在斥力，悬浮颗粒不能凝聚成较大微粒，需要借助相反电荷的微粒与之凝聚，才能形成较大絮体而发生沉降。

以10mg/L为间隔在矿井水中依次投加溶解态PFS、PAFC、PAC，不同混凝剂投加浓度对水体浊度的影响如图9-11所示。

由图9-11可知，随着混凝剂投加浓度的增加，水体浊度首先呈现快速下降趋势，当投加浓度达到20mg/L时，浊度下降趋势逐渐变慢；继续增加投加浓度，达到40mg/L时，

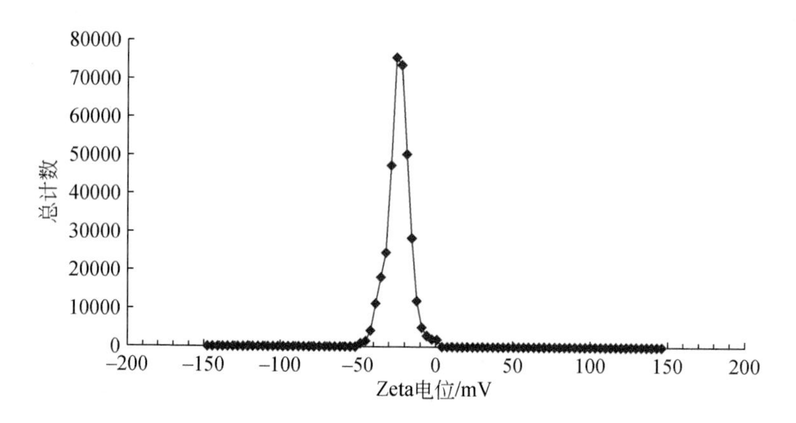

图 9-10　Zeta 电位分布图

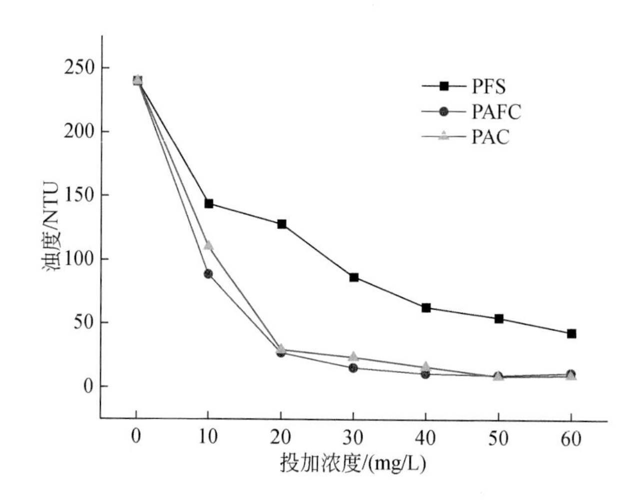

图 9-11　不同混凝剂投加浓度对水体浊度的影响

浊度变化趋于平稳；当投加浓度小于 50mg/L 时，在相同投加浓度下，使用 PAC 和 PAFC 作为混凝剂的处理效果皆优于 PFS。PAFC 是复合型混凝剂，由于 Fe^{3+}的存在，水中悬浮物沉降速率增大；继续投加 PAFC 混凝剂至 50mg/L 时，浊度略微增加，此时投加 PAFC 对于浊度的去除率不及 PAC，这是因为 Fe^{3+}呈现棕黄色，随着 Fe^{3+}浓度的增大也会导致色度增大。且当混凝溶液浓度过大，带正电荷的混凝剂会重新排列成互斥的稳定结构，出现"脱稳"的现象，使得凝聚而成的絮体重新被破坏，从而导致水体浊度增加。整体而言，使用 PAC 和 PAFC 作为混凝剂对浊度去除效果接近，皆优于使用 PFS 作为混凝剂；当投加浓度达到 30mg/L 时，浊度去除率皆可达到 90%。

PAM 是一种线型高分子聚合物，产品主要分为干粉和胶体两种形式。按其结构可分为非离子型、阴离子型和阳离子型，在实际应用过程中，常根据水中悬浮物所带电性选择不同结构类型的 PAM，其常作为助凝剂加速水中絮体的形成，实验选取阳离子型 PAM。由于 PAFC 的市场售价高于 PAC，综合考虑成本因素，实验决定选用 PAC 与阳离子型

PAM联合投加的方式。首先向6个盛有500mL矿井水的烧杯中各投加20mL的30mg/L PAC混凝溶液后，以0.1mg/L为间隔，向6个烧杯分别投加10mL的0.1～0.6mg/L阳离子型PAM，以300r/min搅拌3min、80r/min搅拌10min，沉淀15min后取上清液测量水体浊度。PAC+阳离子型PAM联合投加对水体浊度的影响如图9-12所示。

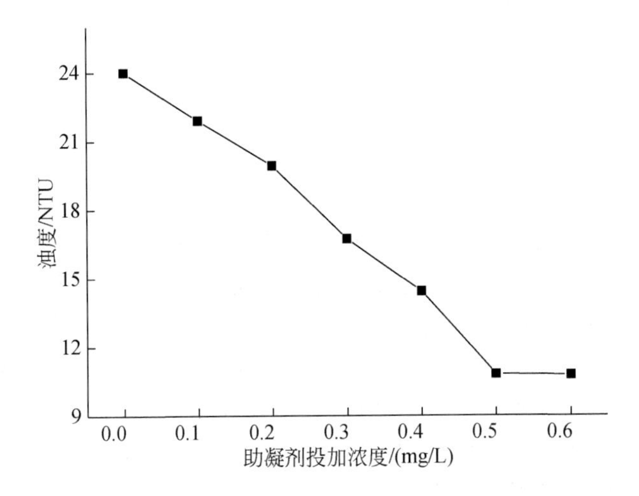

图9-12　PAC+阳离子型PAM联合投加对水体浊度的影响

9.2.4.3　适用情景及应用效果预测

一般污水厂应设置2个或2个以上沉淀池，当一个沉淀池维修时，另一个能保持继续运行。在大型污水厂沉淀池的数量由单池的尺寸限制来决定，传统地面沉淀池占地较大，多用于市政污水预处理，建设成本主要是土建成本，运行较为稳定但若在用地紧张的条件下则表现优势不明显。另外沉淀池工艺不适用于井下处理，因为井下不具备土建施工条件，且施工成本非常高。综上，传统的沉淀+过滤技术，存在投资高、占地大、运营成本高、施工周期长、不耐水质变化冲击、工艺流程长、操作复杂和日常维护量大等不足，受处理工艺的局限，处理水质不易达标。近年出现很多矿井水预处理新工艺，其中高效旋流工艺较具代表性，其基本原理为水利旋流+竖流沉淀。矿井水在旋流器中通过加药絮凝、旋流离心以及重力沉降的过程实现固液分离，即为固体悬浮物（SS）的去除。

目前，应用较为广泛的预处理工艺有传统沉淀、磁分离、旋流等，工艺比选见表9-3。

表9-3　预处理工艺比选

指标	传统工艺（斜板沉淀池+精密过滤器）	磁分离	旋流
成熟度	成熟	成熟	成熟
造价构成	土建为主	设备为主	设备为主
运行稳定性	较稳定	稳定	稳定
吨水运行成本/元	0.3	0.8	0.5
自动化程度	差	高	高

续表

指标	传统工艺（斜板沉淀池+精密过滤器）	磁分离	旋流
保温措施	需要（建室内池）	需要（小型建筑）	需要（高度≥12m 的建筑）
工程总造价	高	中	中
水量增加措施	新建工程	新增设备	新增设备
排泥效果	一般	较差（排泥稀）	较好
设备维护成本	低	中	中

综上，考虑到其占地省、设备化程度高、运行成本低、运行案例多以及更适用于井下处理方案的特点，推荐高效旋流工艺用于矿井水的预处理。

结合露天矿地下水库结构特征、充填物的理化性质、水动力特征等资料，基于宝日希勒露天煤矿矿坑水中污染物的浓度特性，本书拟采用“高效旋流混合澄清+机械过滤器+回灌砂滤池”联合处理工艺，使其满足相关标准后注入地下水库。进而利用地下水库填充材料的自净化作用，水质得到进一步的净化，最终用作矿区绿化用水和降尘用水。根据地下水库水质监测分析结果，若抽出水的水质仍不能满足相关用水标准，需对其水质进一步净化，可选用纳滤膜处理技术，以满足矿区整体用水需求，最终达到地下水库水质洁净及综合利用的目标，实现环境效益最大化。

矿井水的预处理拟采用“高效旋流混合澄清+机械过滤器+回灌砂滤池”工艺进行分级处理。矿井水先进入调节池，以稳定水质、水量，之后在加药间加入 PAC 和 PAM，由于各地矿井水水质不同，悬浮物浓度有所差异，处理不同矿井水所用药剂种类及用量也有着较大差异。针对宝日希勒露天煤矿矿坑水悬浮物过高的问题，已采用搅拌实验验证了药剂的选取及浓度，结果显示，选用 300mg/L PAC+0. 5mg/L 阳离子型 PAM 联合投加的方式，浊度去除率最高，可达到 95. 5% 。混凝沉淀池配有搅拌机、加药泵、溶液箱、流量计以及连续加药自动控制转换装置，可实现自动化运行。污水通过旋流器进水泵加压后，通过管道进入高效旋流反应器。高效旋流反应器由高效混凝器和高效旋流净化器构成，高效混凝器装在高效旋流净化器的净水管前，通过提升泵的水压，利用旋流闪混使药剂和污水在混合器中混合均匀，混合器为三个固定的单体交叉组合装置固定在管道内，水流通过反应器产生成对分流、交叉混合和反应旋流三个作用，使药剂充分均匀扩散于水体中，以达到充分混合的作用，经常压旋流、二级旋流离心分离，紊态造粒污泥层过滤、流态过滤等过程，在同一罐体内完成多级净化，废水净化时间根据悬浮物浓度不同一般只有 15 ~ 20min，净化后水可以作为深度处理水源，进而深度处理回用或直接回用或达标排放，以日单台处理 5000m^3的旋流净化器直径只需 4m，占地约 14m^2。净化后的水从净化器上部流出，经消毒反应釜消毒后进入沉淀池，消毒剂选用高效、无毒的二氧化氯，通常需要现制现用，所以还需配备反应釜、储药罐等装置，而后进入回灌砂滤池，在池中铺设砂砾石，利用其本身疏松多孔的结构对水质实现再净化。在回灌地下水库过程中，随着时间的推移，水体中的悬浮物质会聚集在回灌井表层，形成堵塞，严重影响回灌效率，当堵塞形成后，目前常用的方法是清除堵塞层，而该砂滤池主要起到清淤目的。

本篇小结

针对我国东部草原区大型煤电基地露天煤矿开采引起的生态问题，结合呼伦贝尔煤电基地酷寒、半干旱、土壤瘠薄等条件，以宝日希勒露天煤矿区为依托，集成各项关键技术成果，建设酷寒草原区大型煤电基地生态修复技术集成示范区总面积10394亩，其中关键技术试验区8077亩。生态修复与综合整治效果评价表明，植被覆盖率较本底值提高37.96%，废弃地均得到有效利用，治理率达到100%，形成适于蒙东酷寒生态脆弱草原区的生态修复模式与修复工程技术体系。

（1）针对露天开采占用面积大，酷寒区生态恢复有效时间短等问题，按照生态减损型采排复一体化模式，综合应用靠帮开采、季节性作业协调、地层重构、土壤重构等大型煤电基地采排复一体化与土壤重构关键技术，实现多回收煤炭资源69.55万t和少征地36亩/a，提高工作帮坡角（由11°提高至13°）和内排帮坡角（由8°提高至11°），使采场占地面积缩小500亩，剥离物内排的端帮运距缩短近200m，地表土壤层重构技术应用调运物料约46万m^3，减少养护工程量约1/3，建成大型露天矿减损型采排复一体化技术试验工程。

（2）针对酷寒露天矿区自然降水和矿坑水产量难以满足露天矿生产、生态需求等难题，按照生态型三层保/储水模式（采区地下水库、含水层重构、近地表生态型含水层），在内排土场顶部以剥离物为主体构建了近地表地下水库，库底隔水层面积≥2000m^2，最上部铺设厚度约0.3m的腐殖土，用于地表生态修复；在底部以重构砂岩含水层作为储水体，利用地势低凹地带作为封闭储水空间，构建了露天矿地下水库，验证储水容量为122.34万m^3，建成了排土场近地表含水层-地面水库-地下水库的立体保水技术示范工程。

（3）针对露天矿排土场土壤瘠薄、受侵蚀严重以及植被难以成活等问题，按照水土植协同修复模式，集成边坡仿自然微地貌土地整形新技术、贫瘠土壤提质增容技术、植物优选及微生物促进技术，设计施工了台阶式、波浪式、斜坡式三种类型的排土场边坡整形方案，试验表明波浪式整形方案边坡受侵蚀程度最小、植被盖度最好、边坡安全系数最高。植物优选得到适生的7种灌木和14种草本植物，通过诱集培养结合分子生物学鉴定技术优选、特种人工培养基培育，获取解磷菌、解钾菌、丛枝菌根真菌等12种微生物，形成植物-微生物组合6种，使土壤有效养分含量提高了1%～5%，示范区新生物种从14种增加到21种。

（4）应用排土场分布式保水控蚀系统选址、建设、水土资源调控与利用等技术，建成潜流湿地-植物塘-植物沟分布式保水控蚀单元的地表水系控制技术示范工程，调控面积达到1781亩，降雨利用率达75%以上，使土壤含水率提升约10%、土壤年侵蚀率降低59.6%、边坡位移速率降低60%。

（5）基于宝日希勒露天煤矿生态恢复试验及工程实施效果，统筹规划、总体布局，将露天矿特征区域进行划分，确定特征情景，做到“一景一策，针对处理”，协同应用隔水层构建、土壤层序结构再造、表土资源调配、排土场边坡重构、地表植被优选与生态恢复、排土场景观再造等技术，提出了内排场采排复一体化技术应用区、外排土场重整与系统提升技术应用区、内排土场景观边坡改进与提升技术应用区、矿坑水洁净储存与生态利用技术应用区设计方案，形成适宜于东部草原区大型露天矿生态修复技术应用解决方案。

第四篇　酷寒草原区井工煤矿生态修复与地下水保护利用技术示范

敏东一矿示范区位于呼伦贝尔煤电基地南部，是我国东部土壤贫瘠和酷寒干旱草原区煤炭高强度井工开采与煤电开发的典型代表区域。结合酷寒草原区高强度开采与煤电开发对区域生态的影响机理及累积效应和生态恢复关键技术研发，针对制约生态矿山建设的主要问题（如草原区采煤沉陷地、草原区沙化地、地下水资源保护等），本着煤炭生产零事故、生态修复零死角、矿井水零排放的目标，结合国家倡导的山水林田湖生态格局建设，提出了敏东一矿示范区建设总体任务，重点布局地下水资源保护与利用、地表生态修复等解决矿区生态建设难点问题的关键技术研究与示范，先后开展了开采沉陷地生态修复、地下水资源保护与利用等工程，在生态修复方面取得了显著的工程预期效果，在地下水保护与利用方面取得重要进展，初步形成草原区井工煤炭开采区生态修复技术体系。在此基础上，按照近自然恢复理念，采用矿区系统规划、修复“一景一策”技术推广思路，研究形成适用可推广方案，为敏东一矿未来生态修复规划布局和工程实施提供指导，支撑井工煤炭高强度可持续开发和保障煤电基地生态安全。

第 10 章　敏东一矿生态修复技术背景与示范工程设计

10.1　敏东一矿示范区概况

10.1.1　地理位置

敏东一矿位于内蒙古自治区呼伦贝尔市鄂温克族自治旗境内，行政区划隶属于鄂温克族自治旗伊敏河镇管辖。矿区南距伊敏河镇约 30km，北距呼伦贝尔市海拉尔区约 70km。其地理坐标为：119°48′08″E ~ 120°04′13″E；48°42′53″N ~ 48°53′23″N。矿区及附近公路、铁路四通八达，交通条件便利，为煤炭外运及其他物资运输提供了方便条件。

10.1.2　地形地貌

10.1.2.1　地形

矿区位于大兴安岭山地西北坡，地处大兴安岭丘陵向呼伦贝尔高平原的过渡带，地势由东南向西北倾斜。最高点位于矿区东南部，海拔 781m；最低点位于矿区西北边界，海拔 644m，最大高差 137m。

丘陵分布于矿区绝大部分地段，为矿区主体地貌类型。地形变化不大，呈由东向西降低的单倾斜趋势，地形坡度较小（5° ~ 10°）。

10.1.2.2　地层

示范区地层由老至新依次为寒武系、泥盆系、白垩系下白垩统兴安岭群龙江组（K_1l）、甘河组（K_1g）、南屯组（K_1n）、大磨拐河组（K_1d）、伊敏组（K_1y）及第四系（Q）。下白垩统大磨拐河组和伊敏组为含煤地层。

1. 白垩系下白垩统兴安岭群龙江组（K_1l）

主要为杂色的中酸性及中性火山碎屑岩，岩性有流纹岩、斑流岩、凝灰角砾岩、岩屑晶屑凝灰岩、安山岩、松脂岩、火山玻璃等，为煤系地层基底。

2. 白垩系下白垩统含煤地层

1）大磨拐河组（K_1d）

区内广泛发育于伊敏组之下，为本区主要含煤地层之一，地层厚度大于761.35m，与下伏龙江组呈不整合接触。根据岩性及含煤特征由下而上划分为三段：凝灰质碎屑岩段、含煤段、泥岩段。各段之间均为整合接触，现分述如下。

凝灰质碎屑岩段主要岩性为浅灰绿色、灰绿色凝灰质粉砂岩、砾岩及砂质砾岩，灰色粉砂岩，浅灰-灰白色砾岩，夹浅灰-深灰色的粗、中、细砂岩及灰-深灰色泥岩，偶见碳质泥岩及薄煤线。该段地层以普遍带有灰绿色及浅灰绿色，富含凝灰质为主要特征，其岩石多为凝灰质胶结。岩石粒度有由西向东逐渐变粗的趋势，该段地层钻探控制最大厚度315.85m。

含煤段主要岩性为深灰-灰色粉砂岩，灰-灰白色粗砂岩、砂砾岩、细砂岩及深灰色泥岩、碳质泥岩等，含25、26、27等3个煤组，碎屑岩多为凝灰质胶结，胶结较为松散。钻探控制该段地层厚度为32.85～377.60m，平均197.91m。

泥岩段主要为灰-深灰色厚层泥岩、粉砂岩，夹灰-灰白色细砂岩及粗砂岩薄层，泥岩及粉砂岩为致密块状，具水平层理，岩芯失水后呈碎块状。钻探控制厚度为111.00～592.20m，平均291.87m。厚度变化趋势是向斜轴部较厚，向两翼变薄。该段地层岩性单一，厚度大且全区发育，是划分大磨拐河组和伊敏组界线的重要标志。

2）伊敏组（K_1y）

为本区最主要的含煤地层，其岩性主要为灰-灰白色砾岩，灰-深灰色粉砂岩、泥岩，灰-浅灰色细砂岩、粗砂岩、含砾粗砂岩、中粒砂岩等。岩石多为凝灰质胶结，较松散。含15、16等2个煤组，该组以富含砂砾岩及巨厚煤层为其主要特征。伊敏组厚度为184.98～549.05m，平均352.38m，总的趋势是西南部较薄，向东南部逐渐变厚。与下伏大磨拐河组呈整合接触。

3. 第四系（Q）

不整合于伊敏组之上，上部为浅黄、黄褐、灰黄色的细砂，下部则为一套灰白、灰褐色的砂砾石，局部有亚黏土；厚度变化较大，最小为17.00m，最大为116.70m，平均为58.00m。最厚地带位于本区西南部，由此向东、东北逐渐变薄。

10.1.3 气候与土壤、植被

井田地处亚欧大陆中纬度偏高地带，属于寒温带大陆性季风气候。冬季寒冷漫长、夏季温凉短促、春季干燥风大、秋季气温骤降霜冻早。根据海拉尔区气象站观测资料，多年平均降雨量347.7mm，最大年降雨量498.6mm，最小年降雨量232.5mm，降雨多集中在6～9月，占全年总降雨量的78%左右。多年平均蒸发量1050.0mm，最大年蒸发量1290.7mm（2008年），最小年蒸发量756.3mm（2002年），尤以4～9月的蒸发量最大，占全年总蒸发量的87%左右。多年平均气温-0.57℃，最高气温36.7℃，最低气温-43.6℃，冻结期由10月至翌年的5月初，最大冻结深度3.89m，无霜期95d，多年平均风速4.2m/s。

在区域内，以草甸土为主，构成非地带性土壤，有机质含量2%～3.68%，pH为8.0，土壤养分状况是缺磷、富钾、氮中等；植被主要由贝加尔针茅+羊草+线叶菊及线叶菊+贝加尔针茅+羊草植被组成，植被盖度40%～75%。矿区邻近呼伦贝尔风成沙丘带，若对该区草地不加以保护，呼伦贝尔沙地面积会继续扩大，这将给呼伦贝尔草原带来深重的风沙灾难。

10.1.4　水文地质概况

10.1.4.1　区域水文地质

伊敏煤田的含水层从上向下分为第四系砂砾石含水层和煤系含水层。

1. 第四系砂砾石含水层

第四系砂砾石含水层全区发育，与煤系地层呈不整合接触关系。其分布规律为从盆地东西两侧向伊敏河河谷（盆地轴线）方向逐渐变厚，其厚度变化一般为14.50～53.90m，最大厚度为121.9m，该含水层由砂砾石，砾石，中、粗砂组成，孔隙发育，是区域内主要含水层之一。含水层富水性好、导水能力强，单位涌水量q=0.582～29.85L/(s·m)，渗透系数K=24.927～276.90m/d，水化学类型为HCO_3·Cl—Ca·Mg和HCO_3·SO_4—Ca·Na型水，矿化度为0.1～1.098g/L，其地下水主要补给来源为大气降水、地表水体和煤系含水层水的越流补给；该含水层补给来源充足，以地下径流的方式向下游或伊敏河排泄。

2. 煤系含水层

1）伊敏组煤系含水层

该含水层分布于伊敏煤田的大部分地区，含水层由砂砾岩和煤层组成，厚度为80～450m，自伊敏向斜的两翼向轴部逐渐变厚。由于含水层埋藏浅，含水层与第四系含水层不整合接触，个别部位直接出露于地表，接受大气降水的直接补给，地下水来源充足。该含水层富、导水性强，是区域内主要含水层，其单位涌水量q=2.422～19.246L/(s·m)，渗透系数K=99.504～228.55m/d；伊敏河东区地层埋深大，地下水补给来源较差，含水层胶结充填较好，其单位涌水量q=0.0272～3.586L/(s·m)，渗透系数K=0.188～6.38m/d。地下水化学类型为HCO_3·Cl—Na·Ca及HCO_3·SO_4—Na·Ca型水，矿化度为0.224～1.754g/L。

2）大磨拐组煤系含水层

大磨拐组煤系含水层在全区发育，由砾岩，砂砾岩，中、粗砂岩和煤层组成，厚度为41～595m，平均厚度为200m，其分布规律为伊敏向斜和五牧场背斜的轴部方向较厚，边缘部分变薄，为裂隙孔隙含水层，地下水水力性质为承压水。在煤田南部的伊敏露天区由于含煤地层埋藏浅，地下水来源充足，孔隙、裂隙发育，富、导水性好，其单位涌水量q=0.683～57.786L/（s·m），渗透系数K=70.821～248.416m/d。在煤田北部的五牧场区含煤地层埋藏深，地下水补给来源少，地层的孔隙、裂隙发育差，富、导水性差，其单位涌水量 $q=0.00348 \sim 0.343$L/（s · m），渗透系数 $K=0.00718 \sim 1.635$m/d，水化学类型为 HCO_3 · Cl—Na · Ca 型和 HCO_3 · Cl—Ca · Na 型水，矿化度一般为 0.731 ~ 1.754g/L。河东区大磨拐河组含水层，由于顶部巨厚泥岩段阻隔，水文地质条件简单。

第四系黏土，亚黏土层，以及煤层间泥岩，粉砂岩，由于分布范围不连续，在局部范围内是较好的隔水层，在大的范围内隔水能力较差。

10.1.4.2 矿井水文地质

1. 含水层

区内的含水层由上而下分别为第四系含水层和伊敏组煤系含水岩层。

第四系含水层：由粗、中砂和砂砾石等组成，其上部为浅黄–浅褐黄色的粉、细砂层，分选均匀；下部为浅灰–杂色的砂砾石层，分选性差，砾石一般为圆–次圆状，砾石直径一般为 0.5 ~ 4cm。含水层主要分布于伊敏河冲积平原，与下伏煤系地层直接接触，含水层厚度一般为 0 ~ 99.65m，平均厚度为 57.77m。呈条带状分布，由中西部向两侧逐渐变薄。该含水层富水性好，导水性强，为本区主要含水层，经抽水试验，其单位涌水量 $q=0.582 \sim 23.669$L/(s · m)，渗透系数 $K=58.168 \sim 114.09$m/d，矿化度为 0.224 ~ 0.897g/L，地下水类型为潜水，地下水水位标高为 655.36m，地下水径流方向为由南东向北西径流（即由台地向河谷及其下流方向径流），水温一般 4℃，含水层导水性随含水层厚度增加而增加。

伊敏组煤系含水岩层：本区主采煤系地层为白垩系伊敏组，煤层顶板及煤层间的砾岩和砂砾岩发育，厚度较大，构成了煤层的直接和间接充水含水层，由上而下分为 3 个含水岩组。

1）15 煤层组顶板及层间砂砾岩、砂岩含水岩组（Ⅰ含）

岩性以砂砾岩、中粗砂岩为主，岩石为灰–深灰色，凝灰质胶结，厚度一般为 0 ~ 140.50m，平均厚度为 46.36m，由东北部向西南部逐渐变薄。该含水岩组为 15 煤层直接充水含水层，富水性强。

2）16 煤层组顶板砾岩、砂砾岩含水岩组（Ⅱ含）

岩性组成为砾岩、砂砾岩、粗砂岩等，为灰白–深灰色，凝灰质或泥质胶结，在全区发育，含水层厚度一般为 0 ~ 133.45m，平均厚度为 55.00m，在勘探区北部和西部较厚，向东南变薄。该含水层为本区主采煤层 16-3 煤层的间接充水含水层，富水性强，属承压水。

由抽水试验资料、钻探及物探测井资料，结合本区沉积环境资料分析可知，本区在沉积作用中，经过一个动水沉积到稳水沉积过程，北部为物质来源方向，在从北向南地层由粗粒物质向细粒物质渐变的过程，表现为砂岩颗粒逐渐变小，砂砾岩间胶结物质即泥质、凝灰质逐渐增多，抽水试验地层渗透性逐渐变小，地层聚焦电阻率增加。

3）16 煤层间砾岩、砂砾岩含水岩组（Ⅲ含）

岩性组成为砾岩，砂砾岩，中、粗砂岩等，岩石颜色为灰白–深灰色，凝灰质或泥质胶结，在全区发育。含水层厚度一般为 0 ~ 135.41m，平均厚度为 38.13m，分布规律与 16 煤层顶板砾岩、砂砾岩含水岩组相似，在勘探区北部和西部较厚，向东南变薄，为 16-3

煤层直接充水含水层，富水性强，属承压水。

由上文可以得出与 16 煤层顶板砾岩、砂砾岩含水岩组同样的规律，即本含水层向北部地层渗透系数增大。

2. 隔水层

河东区内的隔水层按地质时代划分为第四系黏土、亚黏土类隔水层和白垩系煤系地层的泥岩及粉砂岩类隔水层，分布于冲积平原内第四系砂砾石含水层之下，由西向东逐渐变厚到逐渐尖灭，台地之上为第四系无水区，台地之下为冲积平原区。第四系黏土、亚黏土层厚度一般为 0～93.55m，平均厚度为 5.72m，在矿区南部较厚，向北部变薄，在阶地前缘黏土层连续发育阻断了该部位第四系含水层与煤系地层的水力联系，其他部位连续性较差，隔水性亦较差；大部分地区第四系细砂层裸露，大气降水可直接渗入补给。

煤系地层隔水层：煤系地层中的隔水层系指煤层顶、底板间的泥岩，粉细砂岩层。由钻孔资料可知，本区泥岩、粉砂岩厚度一般为 5～57m，分布且连续性差，因此本地层没有有效隔水层存在。

3. 地下水的补给、径流和排泄

本区第四系潜水主要的补给来源为大气降水、地表水体；大气降水沿第四系砂层裸露区入渗补给第四系含水层，在第四系含水层中径流；一部分地下水以蒸发的方式排泄，一部分以地表径流的方式排泄于下游地区。

煤系含水层的补给来源一是大气降水通过煤系地层露头的直接渗入补给，二是由第四系含水层越流补给或通过断层补给，在含水层中径流，排泄于下游地区。

在矿床强烈的疏干条件下，地下水的补径排条件会发生很大变化，含水层之间的天窗和断层将会成为矿床开采中的主要突水部位和层段，从而导致矿床水文地质条件发生改变，趋于复杂。

10.1.5　煤炭赋存及开采情况

10.1.5.1　地质构造

敏东一矿位于伊敏煤田东南部，其构造特点与区域构造格局大致相同。矿区地层产状较平缓，为一轴向 N45°E 的宽缓向斜，地层倾角在 5°左右。区内构造以断层为主，全矿区共分布有 22 条断层，其中落差大于 100m 的断层 2 条，大于 30m 且小于 100m 的断层 3 条，大于 10m 且小于 30m 的断层 5 条，小于 10m 的断层 12 条。区内断层均为成煤期后的改造断层，它们将原本完整的含煤盆地切成若干断块，后期断层改造作用致使部分断层的上升盘含煤地层抬升，部分煤层遭受剥蚀。

10.1.5.2　含煤地层

本区煤层分别赋存于伊敏组和大磨拐河组的含煤段中，全区共发育 5 个煤组，共 24 个煤层。伊敏组埋深较浅、储量丰富，是矿井开采的主要目标；而大磨拐河组煤层埋深大、储量少，待后期开发。

伊敏组含 15、16 等 2 个煤组，共 17 个煤层，由上至下依次编号为 15-1 上、15-1 下、15-2、15-3、15-4、15-5 上、15-5 下、15-6、15-7、16-1、16-2 上、16-2 下、16-3 上、16-3 中、16-3、16-4、16-5。其中全区可采 1 层，即 16-3 煤层，局部可采 4 层即 15-5 下、16-1、16-2 下和 16-3 上煤层。区内煤层埋深最深 612.45m，含煤地层总厚度平均为 448.16m，含煤总厚度平均为 41.86m，含煤系数为 9.3%。

10.1.5.3　储量与服务年限

敏东一矿设计可采储量为 7.4047×10^8t，储量备用系数取 1.4 计算，设计生产规模为 5.00×10^6t/a，矿山总服务年限为 100.6a。

10.1.5.4　井田开拓及采煤方法

敏东一矿采用井工开采方式，敏东一矿共建有主、副、风三条立井，设计采用立井、单水平开拓方式。

根据矿井煤层的赋存特点，煤层厚度、煤层结构、顶底板岩性，以及其他开采条件，确定本矿所采煤层（16-1、16-2 下、16-3 上和 16-3）均采用综合机械化、长壁式采煤法、自然垮落法管理顶板。

10.2　敏东一矿矿井水保护与利用研究概况

敏东一矿首采区位于南一盘区，其中盘区左翼开采 16-3 上煤层，右翼开采 16-3 煤层，2012 年 2 月 7 日试生产。该矿开采煤层上覆基岩中赋存有 3 层厚度大、富水性强的含水层（简称Ⅰ含、Ⅱ含、Ⅲ含），这些含水层的存在已对井下煤层开采和排水工作造成了极大影响。由于富水、综放的开采地质条件，矿井涌水量大，处于达产困难、非零排放、安全隐患和生态风险大的局面，严重制约着井田可持续开发和煤电一体化效率。

例如，首采的Ⅰ01163 上 01 工作面运输顺槽累计推进 10.6m、回风顺槽累计推进 22.1m 后因涌水量较大被迫停产。自首采工作面顶板涌水后，在回风顺槽、切眼、泄水巷、西大巷共施工放水钻孔 95 个，工作面及采空区探放水涌水量达到 950m^3/h 左右，矿井总涌水量达到 1055m^3/h，给首采面的生产造成极大影响，采煤工艺被迫由综采放顶煤法改为限制采厚的综采法，降低了原煤产量、损失了部分煤炭资源（而后的 02、04、05 面均未出现顶板出水，03 面涌水量仅 50m^3/h 左右）。根据矿方曾开展的采动覆岩“三带”发育规律实测结果，上述 01 首采工作面开采引起的覆岩导水裂隙已连通上覆Ⅲ含，最终造成了上述突水事件。因此，井工煤矿开采水资源保护与利用示范工程正是基于敏东一矿面临的实际工程问题开展的。

示范工程研究初期，曾实施开展了利用井下采空区储存矿井水的地下水库保水技术试验，但由于矿井典型的软岩地层条件，采空区难以有效注入井下大量涌水，采空区构筑地下水库实施难度大。为此，基于敏东一矿实际开采条件和工程需求，提出了“第四系松散层回灌矿井水”“钻孔注浆封堵采动导水通道”等地下水保护与利用示范方案，为满足矿井地下水保护与零排放需求提供了重要技术支撑。

10.3　东部草原酷寒区井工矿生态修复实践难点

敏东一矿地处呼伦贝尔草原草甸，该区域作为国家重点生态功能区之一，是我国防沙治沙的关键性地带，生态系统脆弱，草原面积在逐年减少，采煤沉陷地剧烈变形区的生态治理对增加草原植被覆盖度、增强防风固沙、水土保持等功能具有重要的意义。

（1）特殊的地质条件。矿区属于软基岩砂质松散层覆盖，地表土壤易沙化，一旦被破坏，就会水土流失严重，土壤肥力下降，造成植被生长能力下降。

（2）气候条件较差。矿区属中温带大陆性季风气候。冬季漫长而严寒，夏季短促，雨水集中。春、秋两季气温变化急剧，且春温高于秋温，秋雨多于春雨。无霜期短，气温差较大，光照充足。年平均气温为－1.1℃，年均降水量为347.7mm，年均蒸发量为1166.0mm，年均蒸发量是降雨量的3倍以上。酷寒干旱的气候环境对植物的生长造成了极其不利的影响。

（3）土资源稀缺。区域内，以草甸土为主，构成非地带性土壤，土壤养分状况是缺磷、富钾、氮中等，属于生态脆弱区，而且有机质含量少，持水保肥能力差；低湿洼地，尽管发育有沙质草甸土和沼泽土，但因长期超载过牧及家畜践踏，土壤板结严重，个别严重地段已被流沙覆盖，地上植被稀疏，表现出明显的退化趋势。

（4）煤层开采对地表的影响。地下煤层被采出后，形成采空区，导致周围岩体原始应力平衡状态发生破坏，在应力重新调整到新的平衡过程中，上覆岩土层在空间和时间上发生移动，变形形成沉陷盆地。敏东一矿矿区高强度开采造成的地表沉陷表现形式主要是在牧草地上的沉陷、隆起及地表裂缝加速了地表土壤的沙化，导致土壤肥力下降，影响植被恢复。

10.4　敏东一矿生态修复示范区关键技术示范工程设计

10.4.1　关键技术示范总体设计与工程布局

10.4.1.1　总体任务

由于软岩富水的开采地质条件和厚煤层综放开采工艺，矿井涌水量大，地表沉陷和生态风险凸显，严重制约着井田可持续开发和煤电一体化效率。示范区作为东部草原区煤炭井工开采矿区的重要代表，在示范区建设中结合区域生态安全研究成果和敏东一矿绿色矿山建设内容，确定了示范区建设的总体任务：

（1）基于软岩富水区煤炭开采工程背景，综合考虑井工开采过程中地下水资源的保护与利用，研究与软岩富水区煤炭开采相适应的地下水保护与利用技术（如地下水库、转移存储、分质利用等），探索适用于东部草原区大型井工开采的地下水资源保护与利用技术途径；

（2）针对当地天气酷寒、土壤贫瘠、植被退化等生态脆弱特点，基于开采沉陷规律和植物变化及优势植物选择，开展草原区采煤沉陷区地表生态修复技术试验，形成具有草原区特色的开采沉陷地生态修复与综合整治技术，为东部草原区井工矿区生态修复提供典型案例。

结合示范区实际情况，确定示范区的具体技术指标：

（1）开采沉陷区治理面积800亩；

（2）废弃地治理率达到96%（复垦、植被绿化或有效利用）。

10.4.1.2　设计思路与要求

1. 示范区建设思路

敏东一矿及周边电厂是东部草原区重要的煤电一体化基地，由于敏东矿区处于严寒、干旱、土壤贫瘠且稀少和生态脆弱区，高强度开采引发了地下含水层损伤、地表沉陷、植被退化等生态问题，加之区域气候驱动力影响，矿区及周边区域草原沙化逐步显露，对区域生态安全和能源可持续开发形成潜在的威胁，矿区生态修复和综合治理显得尤为迫切。

示范区建设按照总体布局、研-试结合、分步实施思路，工程设置按照任务目标明确、技术特色鲜明、工程实施有序原则确定（图10-1）。

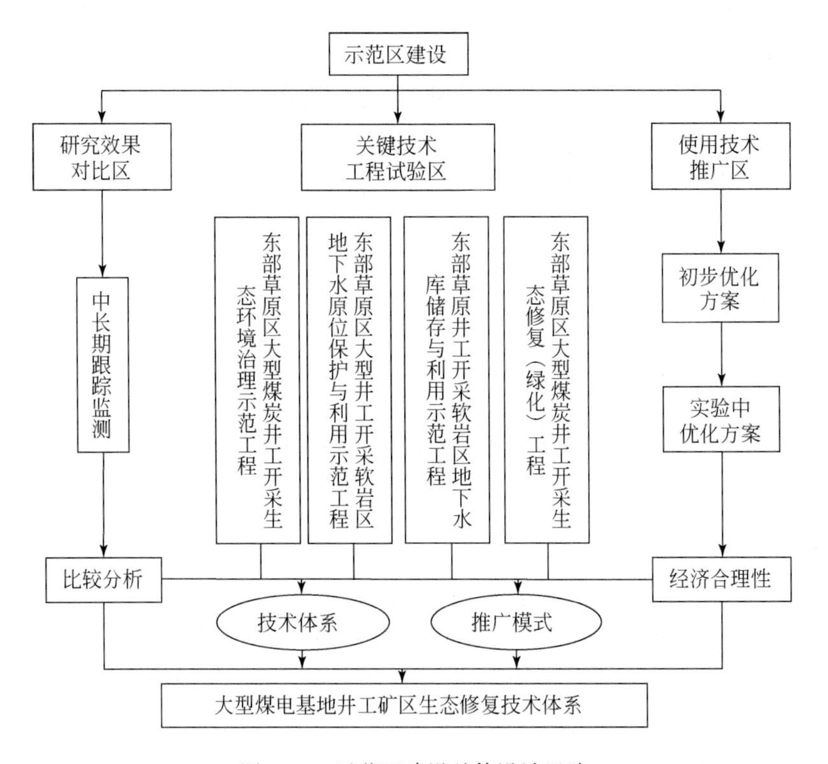

图10-1　示范区建设总体设计思路

一是针对生态建设难点问题，掌握采煤沉陷区综合治理技术、皮带廊道沙化地综合整治技术、草原区沙化区综合整治技术、地下水存储与利用技术等，通过示范工程，形成具有该区生态环境特征和生态修复目标相匹配的科技成果；

二是根据研发技术阶段性，对已成熟技术直接部署示范工程，如地表沉陷区工程整治、沙化地工程整治等；对研发中技术组织现场试验研究，通过试验确定具体技术指标和工艺；对影响安全生产的重要工程内容，按照可研和工程试验两个阶段部署，确保工程部署的科学性和有效性；

三是针对生态修复技术研发与试验要求，合理选择技术试验区和研究比较区，通过技术试验比较、研究区同步观测为示范效果提供比较依据。

2. 示范工程设计要求

示范工程是为了验证、提升生态修复关键技术的可推广性，构建适合草原区井工开采矿区生态修复与地下水保护利用的技术体系和修复模式。示范工程设计应综合考虑研发技术先进性、技术区域适用性和技术应用经济性等。

10.4.1.3　示范区总体布局与具体目标

1. 示范区总体布局

示范区总体布局为设计关键技术示范工程，配套生态恢复工程（图 10-2），主要工程设计的简要内容如表 10-1 所示。

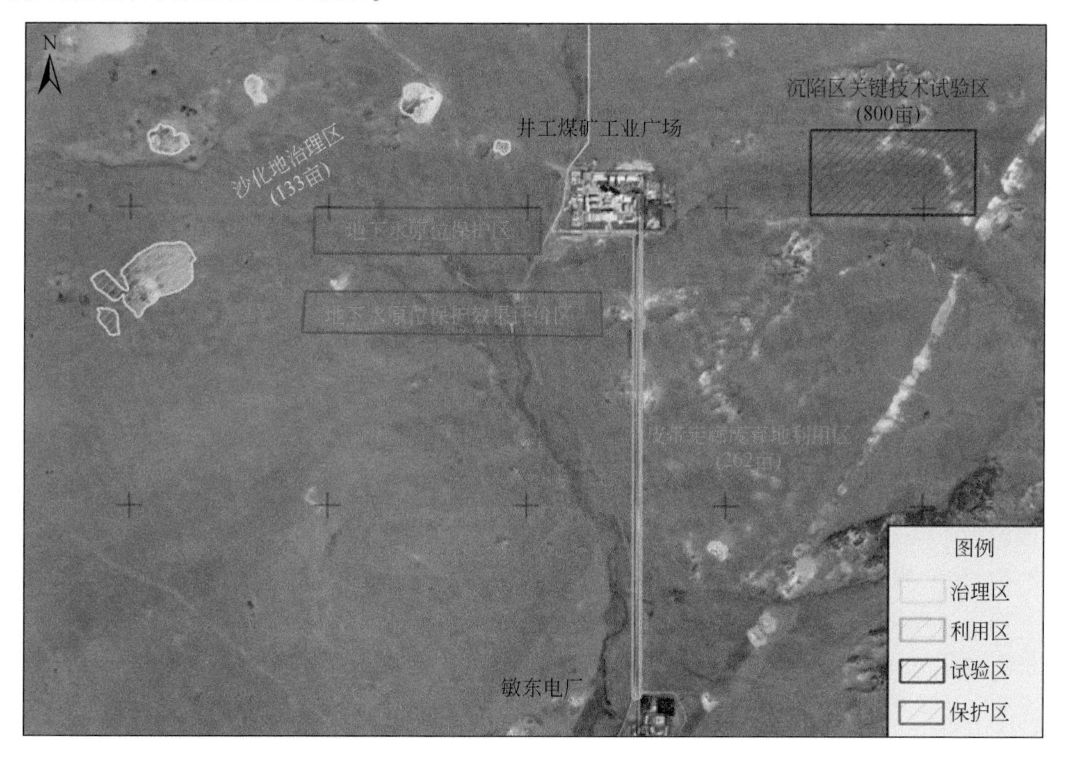

图 10-2　敏东一矿示范区总体布局示意图

表 10-1　示范区主要工程设计一览表

工程编号	工程名称	主要内容
1	井工矿区沉陷区关键技术试验示范工程	开展地表沉陷区生态修复（00 工作面），治理面积：800 亩
2	皮带走廊废弃地利用示范工程	开展矿区废弃地综合整治研究与示范，治理面积：262 亩
3	沙化地治理区控制与综合治理示范工程	开展矿区范围内沙化区控制与治理，治理面积：133 亩
4	煤炭高强度开采扰动地下水变化中长期数据动态采集系统	开展煤炭资源开采对矿区生态影响的动态监测（包括原有钻孔 21 个），控制面积 5km^2
5	软岩区煤矿地下水库储存与利用示范工程	井下采空区构建地下水库储水的保水技术以及矿井水分质处理与利用示范
6	软岩区煤矿地下水原位保护与利用示范工程	地下水原位保护的技术可行性研究和典型地段工程试验

（1）大型煤炭井工开采矿区生态修复工程：针对草原区井工开采引发的地表沉陷问题和伴生地表植被进一步退化，对敏东一矿酷寒区土层冻融特点条件下地表的采动损害及变形规律研究，掌握软基岩、沙质松散层条件下地表移动规律以及损坏特征，提出该条件下的草原植被恢复、剧烈变形区土地复垦的技术方案，通过针对性生态修复技术试验，实现在煤炭开采的同时，对生态环境进行保护与修复，保持矿区与周边环境相协调。

（2）软岩区煤矿地下水库储存与利用：考虑到敏东一矿煤系地层属软岩条件，泥岩等软岩易与水发生膨胀、崩解、泥化等作用，从而对井下采空区的储水空间产生影响。所以，需首先对敏东一矿采空区软岩条件下的储水库容进行评价，以研究地下水库保水技术的可行性。在此基础上，实施井下注水工程试验和第四系含水层渗流试验，验证地下水库构建与矿井水安全转移和利用的可行性。

（3）软岩区煤炭开采地下水原位保护与利用：煤层开采引起的覆岩导水裂隙是造成含水层损伤和水资源漏失的主要通道，采取相应措施促使其自我修复闭合或直接人工封堵是解决敏东一矿井下大量涌水难题的有效途径之一。通过利用钻孔注浆方式对覆岩导水裂隙实施人工封堵或促进修复，切断地下水流失通道，以促进采动损伤含水层的修复，实现地下含水层原位保护。

2. 示范工程具体目标

在开采生态累积效应理论研究及地下水资源保护和利用的基础上，通过敏东一矿典型区域的生态修复和典型地段的地下水保护工程实施，具体实现以下目标。

1）生态修复示范工程

井工采煤沉陷区治理：针对草原区井工开采沉陷的生态损伤，选择采空区 800 亩，基于地表沉陷规律和治理工艺方法研究成果，系统地对沉陷区裂缝和隆起进行治理，包括土方工程、表土覆盖、砂浆回填及植被种植等，通过沉陷区生态治理试验，探寻适宜酷寒草原区规模化井工开采沉陷区生态治理的有效技术途径。

工业皮带走廊沙化地治理：针对草原区井工煤矿建设过程中形成的工业建设利用地沙

化现象，按照矿山生态景观建设总体布局和生态修复要求，对长距离输送皮带走廊下部沙化土地（面积262亩）进行综合治理，包括土地翻耕、土壤改良和植被种植等，充分利用工业废弃地建设草原-煤矿-牧畜相协调的生态景观带。

草原沙化地控制试验：针对草原区不断自然扩大的沙化地和草原沙化趋势，基于沙化地扩展规律、沙化土壤特点和治沙技术成果，优选井田内四处典型沙化地（总面积约133亩）进行控制性治理，通过草方格沙障、土地平整、沙化土壤改良、植被种植、围栏封育等，探寻适宜酷寒草原区沙化地控制的有效技术途径和治理模式。

2）地下水保护与利用示范工程

井田含、隔水层和采动煤层模型与开采安全控制。为了研究煤炭开采对Ⅱ、Ⅲ含水层地下水的影响，通过建立主要煤层与地下含、隔水层的高精度三维地质模型，确立主要含（隔）水层厚度与主采煤层空间组合关系，结合现场钻探工程及其相关试验、水位安全监测系统、水位安全预警系统、三维地质建模与地下水流场综合研究等内容构建涌水量与注浆效果监测系统，实现开采安全控制。

地下水库构筑试验。在煤矿地下水库研究成果基础上，选择适于储水、施工方便的典型区域和井下地段，设计施工4～8个钻孔进行抽注试验，开展软岩储水抽注能力现场试验，获得软岩区地下水库储水系统储水能力、抽注参数、坝体参数等关键技术参数，评价分析相关技术方法的工程试验效果，提出适于敏东一矿软岩区井工开采地下水库构筑模式与方法。

第四系含水层渗流试验。矿区第四系含水层渗流性是地下水储存的基本参数，在第四系含水层水力场研究的基础上，基于水文地质条件勘查（土壤类型、非饱和带和含水层岩层剖面构造、地下水深度、地区性水力坡度、地下水水质等），优选有利于施工和测量水流场的地段，部署7口井（1渗6测），采用地表砂滤池和井灌联合洁净渗流工艺，通过系统水文观测、抽水试验及水样采集和渗流试验，研究第四系地下水渗流特点及水质变化，确定第四系洁净储存的可行性和模式。

地下水原位保护工程试验包括两个阶段。

地下水原位保护可行性研究：基于井田地质钻孔资料、水文长期观测、高精度电法、导水裂隙带发育高度探测、软岩测试等数据，采用三维地质建模、数值分析和物理模拟试验、多源数据采集和补勘等方法，系统研究井田含水层与采动煤层的空间结构与“补给”关系，分析井田水力场长周期变化及与采矿的内在关系，确定矿井水的渗流异常区和补给通道，评价涌水量控制的开采安全风险、获得软岩覆岩主要泄流区钻孔注浆封堵材料选配和注浆方法等，提出软岩区煤炭开采地下水原位保护可行性。

地下水渗流区调控试验：基于地下水原位保护可行性研究结果，以首采工作面渗流异常区为重点，选定主要涌水区域开展泄流区注浆渗流量控制工程试验和地下水流场、矿井涌水量的同步变化分析，验证矿井涌水量调控可行性和评价周围采区及下部采区开采安全风险，形成适宜于敏东一矿采动水文地质条件的注浆堵水工艺和方法，进一步提出全面治理的技术方案，为基本解决敏东一矿近零排放难题提供技术支撑。

10.4.2　沉陷地生态修复示范工程

10.4.2.1　设计思路与预期目标

敏东一矿井工开采生态影响具有显著的特点，一是由于井工开采选用了放采工艺，采高达8～12m，加之酷寒区地表冻土层的季节性融冻特点，引起的地面沉陷总体为地表地形变化凸显，边缘带裂缝和隆起显著，地表沉陷损伤范围与工作面采区范围基本一致；二是地表植被损伤具有显著的分带性，边缘带裂缝和隆起带对地表植物损伤严重，近带的土壤水分和养分损失明显，导致随着开采的进行，植物明显退化。而在采动沉陷过渡区，由于采动覆岩属于软岩层，地表地形较为平缓整齐且地面沉陷的幅度变化较小，尚未损伤沉陷地表层的植被及有效土层结构，也未影响矿区和周边居民生产生活，保持原土地利用类型。

沉陷地生态修复工程重点是：系统整治沉陷区内隆起和地表裂缝带，按照随坡就势和随植恢复的原则，充分结合原有地形地貌特点，根据沉陷地形变化顺势整平治理和植被修复，确保修复区域与原生草原的融合性。工程区域选择结合开采进度和研究实验需要，选择正在开采且尚未完成的开采区域，同步开展区内地面沉陷区监测，分析软岩区综放开采地表沉陷规律，优选初步稳沉区进行修复治理，及时抑制开采沉陷的生态损伤。具体确定为00工作面沉陷区，见表10-2。

表10-2　沉陷区治理范围坐标

序号	X	Y	序号	X	Y
1	5404396.0400	496849.1685	3	5403813.2212	497737.4310
2	5404389.5587	497737.4310	4	5403774.0320	496845.1012

基于敏东一矿高强度开采条件下地表变形特征、地裂缝发育周期等地表采动损害变形规律研究，设计提出采动损伤区平面裂缝治理、台阶裂缝治理、挤压隆起治理以及植被配置等一整套沉陷区生态修复及治理技术。为实现地表采动损害的有效治理，恢复并提升沉陷区的生态功能，工程试验主要采用以下两项措施。

（1）工程治理措施：工程治理重点是针对采煤沉陷造成的地表“畸变”带（如工作面边缘裂隙带和冻融挤压隆起带等）采用隆起平整、裂缝填充等方法，恢复原态地形和土壤结构，为地表植被恢复提供基础条件。

（2）植被修复措施：在工程治理基础上，采用灌、草相结合的植物配置模式，优选酷寒区抗逆性强的植物配置，重点修复沉陷严重损伤区带，整体上维持草原区原有景观特色和植物种群结构，确保修复区与原生草原的融合性和修复效果持续性。

10.4.2.2　试验技术方案

1. 沉陷地地表快速修复工程

放采工艺地表沉陷体现为平面裂缝、台阶裂缝、挤压隆起等特点（图10-3）。按照随采随治策略，采动损伤区裂缝带和挤压隆起是沉陷地快速修复的重点。

1）裂缝带治理方法

由于井工放采工艺引发的地表沉陷在稳沉后遗留的裂缝自愈困难，长时期内将对生态环境产生不可逆的损伤。此外，为减少对裂缝两侧原生牧草地扰动，研究提出了深部充填—表层覆土永久性地裂缝治理方法。

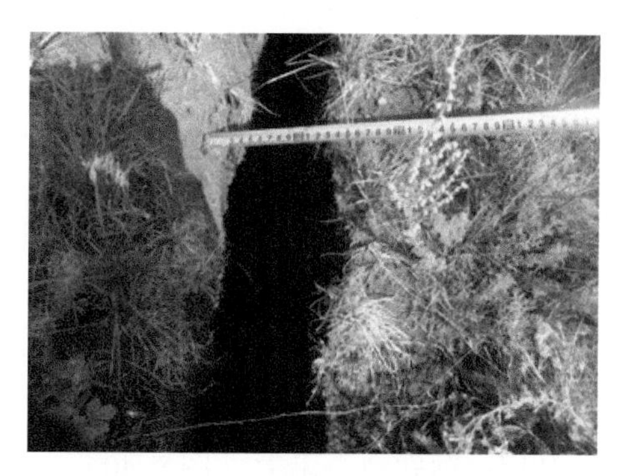

图 10-3　水平开裂裂缝示意图

深部充填：针对东部草原荒漠化的特点，尽量减少对裂缝两侧原生牧草地的扰动，对裂缝进行充填，利用小型机械设备就地取土，采用沙土和水比例 3∶1 对裂缝进行充填，直至距地表 20cm，对裂缝进行表土覆盖。

表层覆土：采用人工和机械相结合的方式对平整后的表土进行必要的碾压，使其达到天然土壤的干密度，减少后期下沉，使用小型拖拉机把地耙平，地形与原地貌保持一致。

具体技术要求主要是：

裂缝注浆充填过程中，水的用量可视浆状物黏稠度适当增减，以适合能够将浆状物充填至裂缝中为主，另外严禁将混合浆状物洒落在地表草原上。

裂缝表层回填时，在覆土标高达到原地表标高后再进行土地平整。

为确保裂缝带植被恢复，覆土宜利用原生草原地表土壤，其特性基本一致。

2）挤压隆起带治理

由于沉陷应力挤压作用形成的隆起带，特别是冬季酷寒气候导致地表土壤层冻结和采动沉陷隆起带凸显，地表土壤极易受到风蚀作用。为降低隆起风蚀影响、尽快融合草原地貌和植被恢复，治理采用“去高补凹”的土壤恢复原则。

表土剥离：隆起高度在 20cm 以上的裂缝要进行表土剥离治理，隆起部分表土剥离，隆起下部挖深矩形区域，再将剥离部分回填进行表层覆土 20cm，采用人工和机械相结合的方式对平整后的表土进行必要的碾压夯实，减少后期的下沉量，使其达到天然土壤的干密度，进行植被恢复。

土地平整：采用人工和机械相结合的方式对平整后的表土进行必要的碾压，碾压至天然土壤的干密度，以减少下沉。

具体技术要求是：

隆起剥离到与原地表标高一致，剥离过程中严禁扰动表土下细沙，严禁将细沙剥离出来。

隆起治理宽度 5m，犁地装置宽度不小于 1. 5m，犁地、耙平后的地形与原地貌保持一致，犁地、耙平后的沉陷区使用小型压辊由小型拖拉机拖带进行轻度压实。

2. 沉陷地植被恢复工程

针对治理区寒冷、风大、春季干旱的特点，依据沉陷区土壤性质特性及原生植被类型，植被恢复坚持以乡土草种为主，重点抓好植物优选、种植模式与方法、修复区抚育管理三个环节。

1）植物优选

植物种类的组成决定着人工植被能否形成，即能否成活、保存、正常生长、发育，以及能否发挥应有的功能，选择适宜的植物是重建和恢复矿区草原生态系统的关键。在我国，适应沙质地或沙质草原生境且具有抗逆性的植物中比较常见的有冰草、沙生冰草和沙芦草等。结合示范区生境特点，工程试验选择以下几种主要草种。

沙生冰草：具有高度的抗寒抗旱能力，适于在干燥寒冷地区生长。在年降雨量 230 ~ 380mm 的地区生长良好。

紫花苜蓿：抗寒能力强，冬季−30 ~ −20℃的低温条件下，一般都能越冬，在有雪覆盖时，气温达−44℃也能安全越冬。抗干旱，适于在年降水量 300 ~ 800mm 的地区生长，根系发达，能渗入土壤下层，对土壤产生较强大的固着力；地上部分枝叶繁茂，覆盖度大，能有效减弱雨滴击溅和径流冲击，是一种良好的改土植物。

披碱草：耐寒性强，能耐−40℃低温，旱中生，在年降水量 400 ~ 600mm 的地区可旱作栽培，但干旱地区种植需有灌溉条件。

地榆：是蔷薇科地榆属多年生草本植物，喜沙性土壤，生命力旺盛，对栽培条件要求不严格，其地下部耐寒，地上部又耐高温多雨，不择土壤，中国南北各地均能栽培。

2）种植模式与方法

根据治理区气候特点和沉陷区土壤性质特性，开采沉陷的土壤和植被损伤特点，以及植物群落地带性规律和具体特性，采用同一地带适应性强的草种，充分利用豆科植物的固氮优势，采取豆科牧草与禾本科牧草混播方式，选择草种为豆科植物紫花苜蓿，禾本科植物沙生冰草、披碱草，蔷薇科植物地榆（表 10-3）。

表 10-3　植物特性表

植物名称	科名	特性	用处
紫花苜蓿	豆科	适宜于半干旱气候、侧根发达	饲料和绿肥
沙生冰草	禾本科	抗旱性、耐寒性、耐牧性	牧草
披碱草	禾本科	耐旱、耐寒、耐碱、耐风沙，多生于山坡草地或路边	牧草
地榆	蔷薇科	生命力旺盛，不择土壤，耐寒，耐旱	中草药

豆科牧草从土壤中吸收的钙、磷和镁较多，而禾本科牧草吸收的硅和氮较多，混播会减轻对土壤中矿物质营养元素的竞争，使土壤中各种养分得以充分利用。同时，豆科牧草能固氮，除供本身生长发育需要外，还可满足禾本科牧草的部分氮素需要，而且禾草对固氮产物的利用可促使豆科牧草的固氮作用增强。

豆科和禾本科牧草混播能在土壤中积累大量的根系残留物。禾本科牧草根系浅，具有大量纤细的须根，主要分布在表层 30cm 以内，而豆科牧草根系深，入土深度达 1 ~ 2m，甚至更深。不同植物的根系在空间上或时间上的分布差异导致生态位分离，也能有效地降低地下部分竞争。因此，选择根系分布在空间或时间上存在差异的混作配置，能降低物种间对水分和养分的竞争，实现水分和养分的利用互补，提高草地生产力。

此外，紫花苜蓿、冰草、地榆属于长寿命牧草，而披碱草属于短寿命牧草。混播后能较快地形成草层，且能防止杂草入侵，延长草地利用年限。不同年限，牧草产量不同，长短寿命牧草混播，可发挥各自优势而获得高产稳产。

为了确保种植被恢复植效果，结合工程治理后土壤特点，植物种植采用如下措施。

播前整地。碾压部分整平耙细，牧草种子很小，播前整地一定要精细。治理区主要靠种植绿肥作物和固氮植物以及植物的枯枝落叶，动物的粪便来增加土壤的营养物质，可适量施用有机肥来提高幼苗的成活率和生长速度。

优化草籽播撒比例。紫花苜蓿、冰草、披碱草和地榆按照1∶1∶1∶1进行撒播，种子必须是一级原种，对紫花苜蓿、冰草、披碱草和地榆种子进行精选，有条件的话应进行根瘤菌接种和种子包衣。

控制播种方法和时间：紫花苜蓿、沙生冰草、披碱草及地榆草籽按照1∶1∶1∶1的比例均匀混合后，将其均匀撒开，每平方米的草籽撒播量不少于20g；采取人工播撒的方式进行混播，春播或秋播均可，撒播最好在降雨前进行。播种深度一般为2～3cm，采用撒播方式，为保证恢复效果，设计播种量宜偏大。种植后2～3a可以利用为饲草，同时防止其退化，及时根据植物多样性提升需要，撒播补种适宜草籽；根据治理区冬季漫长寒冷，雨雪稀少的气候特点，播种宜在雨季来临前或雨季抢墒播种。

3）修复区抚育管理

严禁在复垦恢复过渡阶段放牧，对复垦后的牧草地应设置围栏进行封育管理，对牧草稀疏的地方应第二年及时补播，认为雨季补播较为适宜，最好在雨季来临前完成补种作业，刚补种幼苗柔弱，根系浅，应加强管理。

10.4.3 地下水储存与利用示范工程

地下水储存与利用是地下水资源保护的重要方式，地下水库作为储存地下水的重要途径已在区域地下水保护、城市供水系统工程、矿区水资源保护等领域广泛应用，特别是煤矿地下水库的成功实践开辟了煤矿区地下水资源保护的重要途径。但由于示范区煤系地层属软岩条件，是否具备建立煤矿地下水库的基本条件、矿井水能否安全转移和利用等问题，需要结合现场工程条件进行科学论证和实践研究，探索软岩区适应的地下水资源保护的有效途径。地下水储存与利用示范工程突出地下水转移存储和利用可行性探索。

10.4.3.1 软岩区地下水库储存示范工程

1. 设计思路与预期目标

地下水库保水技术即是利用井下采空区进行矿井水储存和净化，目前该技术已在神东矿区得到成功应用，其实施的相关工程经验可供参考借鉴。但示范区采动覆岩系软岩地层，采空区垮裂岩体易发生遇水软化、泥化、膨胀等作用，从而会对采空区储水空隙大小及其储水安全性产生影响，因此软岩条件下构建地下水库储水的可行性有待研究与证实，通过储水介质——采空区破碎岩体的可注性研究和试验，形成适用于东部草原井工开采软岩区的地下水库储存与利用示范工程建设方案，实现矿区地下水的保护和利用（图10-4）。

试验工程按照边研究、边试验的思路，将试验工程分为可储性评价试验和系统设计与

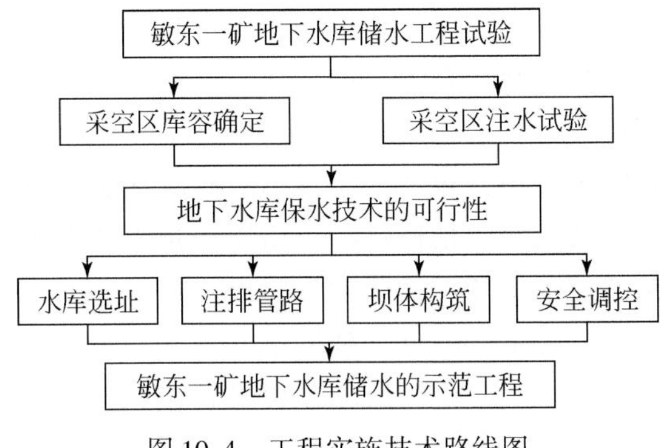

图 10-4　工程实施技术路线图

构建两个阶段实施。

（1）可储性评价阶段。基于已完成回采工作面的现场可实施条件，选择典型采空区注水试验评价其储水可行性。试验选取敏东一矿 04 工作面采空区为注水试验区，从邻近 06 工作面回采巷道中不同位置向该工作面采空区施工注水钻孔，开展注水试验，同步实测注水过程中注水压力、流量以及试验点周边围岩渗水情况等，评价 04 工作面采空区储水介质的可注水性，计算储水库容，为敏东一矿井下软岩采空区构建地下水库可行性确定提供依据。

（2）系统设计与构建阶段。在 04 工作面采空区注水试验及其储水可行性评价基础上，结合敏东一矿井下采空区的采掘布局和地质条件，研究形成与软岩采空区赋存条件相适宜的地下水库保水技术相关系统设计，包括水库坝体构筑、注排管路、安全监测与调控等；最终实现敏东一矿井工开采示范区软岩地层条件下的地下水库保水技术工程示范。

2. 储水可行性评价方案

由 06 工作面回风顺槽向 04 工作面切眼施工钻孔，将注水钻孔的施工钻场设置距离 06 工作面切眼约 536m 处。注水钻孔斜向上仰角施工，对应垂深应达到 13 ~ 15m（考虑顶煤厚度）（图 10-5）。实际施工时，为提高注水速度和注水量，可施工多个钻孔同时注水。具体要求：

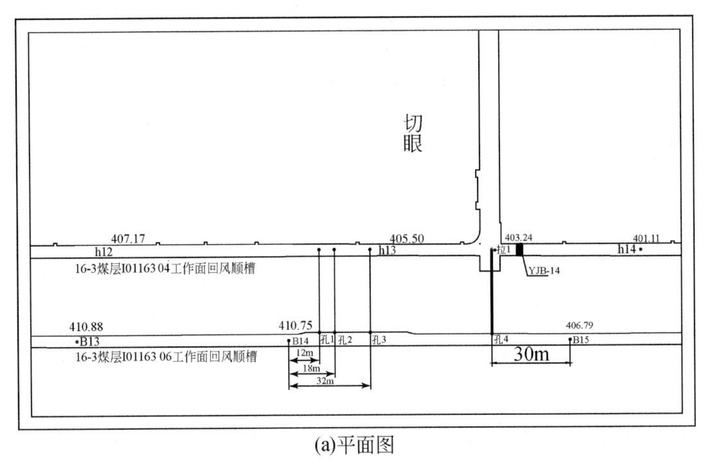

(a)平面图

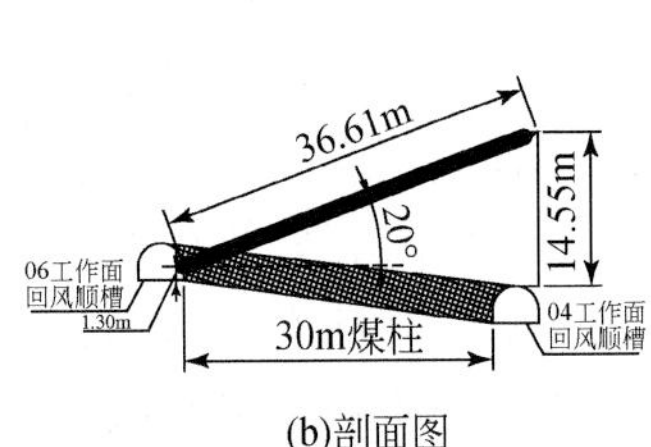

(b)剖面图

图 10-5　注水钻孔布置图

（a）中数字为标高，单位为 m

（1）1号孔在Ⅰ01163 06工作面回风顺槽测点B14往东12m位置施工钻孔，北帮离地0.5m，方位角0°，倾角25°斜向上，垂高15m。

（2）2～4号孔在Ⅰ01163 06工作面回风顺槽测点B14往东18m位置施工钻孔，北帮离地0.5m，方位角0°，倾角25°斜向上，垂高为15m和10m（两个层位）。

施工顺序按照编号1～4的顺序依次进行施工，采用Φ85mm或者Φ93mm钻头进行裸孔施工直至终孔位置停止钻进，用供水管路中的水做注水试验，管路水经钻机水辫、钻杆最终注入Ⅰ01163 04工作面采空区。注水过程中，对注水压力、流量等参数以及注水钻孔周围煤岩体的水渗出等情况进行跟踪监测，以反馈评价采空区的可注性。如若管路水未经注水孔返出，说明注水试验成功，否则即注水试验失败。若成功后选用Φ133mm钻头进行扩孔，钻进5m后下Φ108mm止水套管，止水套管长为5m；安装安全闸阀后利用注水孔向采空区注入污水。

基于上述注水钻孔施工后的注水试验数据，即可对04工作面采空区的注水可行性及其储水可行性进行评价；注水可行性的评价依据参照已有成功煤矿地下水库典型案例（如神东）的采空区储水状态进行设定，当采空区注水量达到典型煤矿地下水库储水程度，即可认为采空区具备可注水性。

3. 地下水库选址

根据煤矿地下水库保水原理，地下水库选址满足水资源“使用-补给”平衡关系，关键需要满足以下3个必要条件：一是“水源”条件。地下水库补给水源必须含有充足的水量，以满足矿井各方面的用水需求（包括井下煤炭生产、地面工业生产、生活与绿化等）。二是“库容”条件。用于储水的采空区内应具有足够的、安全的，并能满足矿井水量需求的储水空间进行水资源储存。三是“通道”条件。应使煤层开采引起的覆岩导水裂隙带发育并沟通地下水库的补给水源，这样各类水源才能汇聚到地下水库中，供矿井生产、生活使用。此外，还应充分考虑井下开采空间的地质条件、岩体结构等，确定最终的地下水库空间位置。应尽量将其建设在地质条件好、安全性高、工程费用低的区域。

因此地下水库选取宜在构造较少和地层标高较低区域，提高地下水聚集性。结合敏东一矿目前已采的一盘区采空区地质赋存条件，分析是否满足设计地下水库相应条件：

（1）敏东一矿一盘区采动覆岩导水裂隙已沟通上覆含水层（主要为Ⅱ含和Ⅲ含），且直接导致目前采空区涌水稳定在$500m^3/h$左右，这已超出矿井的正常用水需求，所以一盘区采空区已具备地下水库构建的“水源”和“通道”条件。

（2）一盘区采空区整体处于“北低南高、西低东高”的地势分布特征，盘区01和03工作面处于地势最低处，且其北部有盘区保护煤柱隔离，形成了较好的隔离单元。

（3）“库容”估算表明，正常软岩条件下，单一工作面采空区储水介质的孔隙率虽小，使得库容较小，但采用多个采空区联合储水方式，也能满足储水要求。

4. 挡水密闭坝体结构设计

敏东一矿井下采空区目前构筑的挡水密闭坝体主体结构采用料石砌筑而成，并在坝体中下部增设水泥底座增加强度。坝体构筑时，采取对两帮和底板掏槽500～600mm的方式，使其与围岩耦合固结。料石墙砌筑完毕后，对表面实行水泥粉刷。可见，其单纯采用料石砌筑方式进行承载和防渗，尚未达到煤矿地下水库密闭坝体构筑时一般采用的混凝土结构条件。虽然其对坝体中下部增设了水泥底座，但由于其余区域均为料石砌筑，相比混凝土墙的整体性和承载性大大降低。按照已有研究力学模型进行判断，其尚不足以达到抵抗10m设计水位的强度要求（防渗要求也难以达到）。因此，需要在原有构筑基础上进行重新加强设计。

参照神东矿区地下水库建设经验，进行坝体加固。加固墙施工前需要首先在巷道顶底和两帮实施掏槽，掏槽深度一般为顶槽深200mm，帮槽和底槽深度均为300mm（具体按照巷道围岩稳定性状况而定，围岩软弱时可加深至500～600mm）。

实际施工时，主要对01工作面泄水巷处的永久密闭、02工作面北侧泄水巷处的永久密闭以及02和04工作面回风顺槽口的永久密闭进行加固墙构筑。由于构建地下水库的采空区构筑人工坝体位置对应巷道尺寸不一，为更好说明，以尺寸5.4m×3.0m巷道为例构建方式。

（1）坝墙整体采用丁字形结构，由主体承载混凝土墙和丁字形支撑墙组成，其中主体承载混凝土墙内采用工字钢骨架结构以加大承载能力，其布置方式为里横四、外竖四；外侧丁字形支撑墙内工字钢布置方式为横三、竖一，工字钢之间采用电气焊焊接；工字钢间排距一般为0.8～1.0m。

（2）巷道顶帮均施工Φ18mm×2100mm全锚螺纹钢锚杆，并在工字钢前后铺设两层Φ6.5mm钢筋网，用10#铅丝将锚杆、工字钢、网片绑扎在一起。坝墙采用C30混凝土浇筑为一个整体，浇筑完成后采用喷砼的方式封顶及堵漏。

5. 地下水库清水取用与污水回灌管网布局

井下采掘面产生的生产污水以及顶板涌水等可通过06工作面顺槽中的注水钻孔回灌入04工作面采空区，这样既能净化井下污水，又能在一定程度上蓄存矿井水，起到水资源保护和利用的作用。

当采空区储水达到一定程度时（不超过密闭墙的承载强度），需进行储水泄放，同时可对其中的净化水进行二次利用。考虑到02工作面北侧开采边界处的泄水巷地势最低，可将储水泄放与清水取用的管路设置于此。

管网布局：应至少铺设2套排水管路，一路排至需水地点（如采掘工作面、井下洒水降尘等）二次复用，一路排至井下清水水仓以供地面复用（植被灌溉等生态用水、煤炭洗选与发电等生产用水）。

6. 地下水库安全监控系统建设

为确保地下水库储水安全运行，及时掌握人工坝体稳定性、采空区储水状态、污水回灌与清水取用情况等信息，实时了解地下水库的运行状态，以便出现危险状况时做出应急，实现地下水库安全运行，重点如下。

（1）人工坝体实时监测。对人工坝体稳定性的监控可选择在坝体表面布设应变、应力传感器，以监测坝体在采空区储水水压和岩层采动应力共同影响下的表面变形、张力等信息，当相关监测指标超出预警值时，及时采取坝体加固或泄放水措施（图10-6）。

（2）水量水质监测。为方便实时掌握调水管路内流量、水压，以及采空区内水位、水

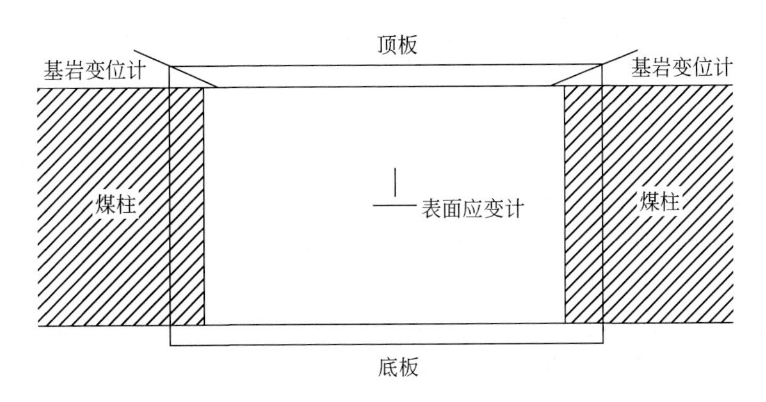

图10-6　人工坝体监测布局示意图

压、净化程度等参数，可在污水管路上布设相应的流量计、水压计等监测仪器，在清水管路上布设相应的流量计、水质检验仪（pH、浊度、ORP[①]、电导率、温度等）、水压计（水位）等监测仪器。

（3）工程实施流程。现场工程试验实施主要分为以下4个步骤。

步骤1：在06工作面回采巷道内不同位置向邻近的04工作面采空区施工注水钻孔，开展软岩采空区注水试验，确定04工作面采空区注水渗透性及其储水能力。

步骤2：确定软岩采空区构建地下水库进行水资源储存与利用的技术可行性。

步骤3：对采空区构建地下水库的关键技术环节进行设计，包括水库坝体构筑、注排管路、安全监测与调控等。

步骤4：构建适用于敏东一矿软岩地层条件的地下水库。

采空区储水介质注水试验是该项工程实施的关键环节，也是确定该区地下水库技术路线是否可行的前提。因此工程重点设计的注水试验要求如下。

需要在井下向拟构建地下水库的采空区施工注水钻孔，注水钻孔的设计参数（布置位置、终孔层位、角度等）应能满足采空区注水性评价要求。

应设计不同位置、不同层位的注水钻孔开展注水试验，以对比评价不同区域对应采空区垮落带岩体的自由储水空隙发育及其储水能力。

注水过程中应详细记录注水量、注水速度、水压等参数变化，同时密切关注钻孔附近煤岩体的渗水情况，为评价采空区注水性提供依据。

10.4.3.2　矿井水第四系含水层回灌工程试验

1. 设计思路与预期目标

通过对敏东一矿水文地质资料的详细分析后发现，矿井主采16-3煤层上覆共赋存有4层含水层，由上向下分别为第四系砂砾岩含水层、15煤层组顶板及层间砂砾岩含水岩组（Ⅰ号含水层）、16煤层组顶板砂砾岩含水岩组（Ⅱ号含水层）、16煤层间砂砾岩含水岩

① 氧化还原电位（oxidation-reduction potential，ORP）。

组（Ⅲ号含水层），其中Ⅲ号含水层受煤层采动损伤，是井下涌水的主要水源。其中，第四系不整合于伊敏组之上，上部为一套浅黄、黄褐、灰黄色的细砂，下部则为一套灰白、灰褐色的砂砾石，局部有亚黏土。厚度变化较大，最小 17.00m，最大 116.70m，平均 58.00m。最厚地带位于本区西南部，由此向东、东北逐渐变薄。第四系砂砾岩含水层具有富水性好、导水性强的特点，其单位涌水量 $q=0.582\sim23.669$L/（s · m），渗透系数 $K=58.168\sim114.09$m/d，地下水类型为潜水，地下水水位标高 655.36m。

矿井水第四系含水层回灌试验是针对矿井涌水治理问题，在示范区寻找地下水可储存空间，通过地下水回灌，确保地下水资源有效保护。该区Ⅰ、Ⅱ和Ⅲ含均为承压含水层，第四系含水层为潜水含水层。方案设计综合考虑如下。

（1）储存层位选择：地下水在回灌水体的浅层含水层的层位选取时，首先应保证该回灌含水层处于导水裂隙带以外（防止水体再次流至井下采空区）。考虑到Ⅰ、Ⅱ和Ⅲ含为基岩含水层，岩层自然孔隙量小，且含水层内原始水体为承压水，回灌时出现回灌难度大、回灌水量小问题。因此，具有较易松散特性的第四系砂砾岩松散层是较为合适的储存回灌层。

（2）回灌层内应具有相当的蓄水空间以保证足够的蓄水效果，实际回灌时应充分考虑第四系松散层在矿井范围及其周边的分布特征，结合回灌水体径流路径进行设计。

从第四系松散层厚度分布可见，矿井范围内第四系松散层厚度 25～75m，全井田分布，具有十分可观的蓄水空间范围。由井田周边第四系松散层分布剖面可知，回灌区设计在矿井东部区域，从而顺着第四系松散层向伊敏河补给。

2. 试验技术方案

现场试验采用 T 字形渗流井-监测井布局，井深控制在 35～60m。

（1）渗流井钻孔施工工艺。一开 Φ499mm 进入第四系 25m，下入 Φ426mm 孔口管；二开 Φ346mm 进入第四系 35m，下入 Φ273mm 花管，洗井，终孔。

（2）监测井钻孔施工工艺。一开 Φ273mm 进入第四系 25m，下入 Φ200mm 孔口管；二开 Φ129mm 进入Ⅰ号含水层基岩 0.5m，下入 Φ93mm 花管，洗井，终孔。

3. 工程实施流程及主要技术要求

现场试验具体实施流程如下：

（1）确定施工场地附近第四系底板起伏、第四系厚度、渗透性能、第四系地下水水质背景值。

（2）优先施工观测井，利用施工过程的水文观测及测井等手段，精确掌握附近第四系厚度及地层结构。

（3）根据观测井钻探结果，确定渗流井结构以及花管下设长度。

（4）在施工钻孔期间观测地下水位，采集水样。

（5）施工完毕渗流井及观测井后，进行渗流试验，期间实时观测地下水水位、水质状况。

主要技术要求：

（1）注水试验。按常水头注水试验方法进行，尽设备能力进行一次最大水位抬升试验，在孔内形成抬升明显的稳定水位，其余同稳定流抽水试验合格质量要求。根据规范和水位埋深，设计主井水头抬升不小于9m，不大于22m（1号主井水位埋深24.14m）。注水延续时间不小于7d（168h），稳定时间必须达8h，以最远观测孔（5#、7#）稳定2h为准。有特殊要求时可适当延长。水位抬升（降深）大于5m时，主孔水位变化幅度不大于1%；小于5m时，则要求主孔水位变化小于5cm。观测孔水位变化要求小于2cm。流量波动相对误差：$q \geqslant 0.01$L/（s·m），不大于3%；$q<0.01$L/（s·m），不大于5%。若水位与流量差值已符合要求，但呈单一方向持续下降或上升时，注水试验时间应再延长8h以上。

（2）水位、流量观测。注水试验前及结束后，各井均应同时进行静止水位和恢复水位的观测。在观测过程中，严禁采用注水或提水的方法帮助稳定。注水试验过程中，注水井的动水位与流量必须同时进行观测。开始注水初期进行加密观测，观测间隔为1min、2min、3min、4min、5min、6min、7min、8min、9min、10min、15min、20min、25min、30min、40min、50min、60min、70min、80min、90min、100min、120min，以后每隔30min观测一次，直至停止注水。观测井与主井应同时间观测，不得提前或延后。观测内容包括水量、水位、水温、气温等。恢复水位观测，停止注水初期对水位的观测间隔为1min、2min、3min、4min、5min、6min、7min、8min、9min、10min、15min、20min、25min、30min、40min、50min、60min、70min、80min、90min、100min、120min，以后每隔30min观测一次，直至稳定。观测井与主井应同一时间观测。从开始注水之时起，水温、气温及天气情况每2h观测一次（应与流量、动水位的观测相应），直至抽水结束，其精度要求为0.5℃。测温时，温度表应放在空气通畅、背阴的地方，严禁放在日光直照和其他影响温度变化处。静止水位和恢复水位的观测，当符合下列条件之一时方可停止观测：连续3h水位不变；水位呈单向变化，连续4h内每小时升降不超过1cm；水位呈锯齿状变化，连续4h内每小时升降最大差值不超过5cm，如水位深度大于100m则可适当放宽；采用压力表观测时，应使用量程刻度分辨率适宜的压力表，并连续4h指针不动。若达不到上述要求，但总观测时间已超过72h，一般可停止观测。

（3）其他要求。在注水过程中遇有大雨，对水位观测产生影响时，应暂停注水。在停止抽水期间，应每2h观测一次水位。注水试验应连续进行。如注水中断，而中断前抽水已超过6h，且中断时间不超过1h，则中断前的注水时间仍可计入延续时间内，否则一律作废。在中断注水时间内，应按观测稳定（静止）水位的要求观测水位（包括观测井），待水位达到稳定后再重新进行注水试验。在注水前及注水过程中，应保证观测设备数据准确，经常维护巡查，确保设备正常运转，若发现问题应及时处理。在注水前及注水过程中，应经常校正测绳的深度记号，发现误差及时修正。注水过程中，对各项观测资料应随时检查，发现问题及时纠正。注水结束前，应算出稳定阶段内水位抬升（降低）和注水量的平均值及其变化幅度，并计算单位注水量。随时绘制历时曲线。原始记录要按规范格式认真填写，内容要求全面、准确可靠。原始记录要求整洁干净，不许涂改，每页划改不得超过三次。

10.4.3.3　矿井水资源生态利用研究

1. 研究思路与预期目标

充分利用地下水库储存的洁净水体进行地面生态修复，实现矿井水高效利用和地表生态促进。但由于矿井水的水质与大气降水等适宜浇灌植被的水体水质存在明显差异，地下水库储水能否直接用于地面植被灌溉以及需要对储水净化到何种程度才能用于灌溉等成为试验研究重点问题。

（1）水质生态利用评价。通过对矿井水和地下水的水质化验和对比，确定两者之间的差异；参照国家相关植被浇灌涌水的标准，评价矿井水需要净化的程度。

（2）生态利用方法：研究矿井水净化至可用于灌溉水质条件的净化方法，为矿井水的地面灌溉试验提供基础。

（3）选择 1 ~2 亩未受采动影响自然草地进行矿井水初级处理后植被浇灌试验，依据土壤、植被变化规律确定和评价矿井水或其净化水用于植被浇灌的可行性。

2. 研究试验方案

矿井水生态利用主要从矿井水对地下水安全、土壤安全以及植被修复利用安全等三方面展开分析与评价。

1）地下水安全评价

地下水安全评价基于《地下水质量标准》（GB/T 14848—2017），通过评价水样的综合水质等级，判断水质。

Ⅰ类水：地下水化学组分含量低，适用于各种用途。

Ⅱ类水：地下水化学组分含量较低，适用于各种用途。

Ⅲ类水：地下水化学组分含量中等，主要适用于集中式生活饮用水水源及工农业用水。

Ⅳ类水：地下水化学组分含量较高，以农业和工业用水质量要求以及一定水平的人体健康风险为依据，适用于农业和部分工业用水，适当处理后可作生活饮用水。

地下水质评价采用内梅罗指数法，即地下水质量标准中评价地下水质常用方法。计算步骤如下。

首先参照地下水质量标准，对每一个指标进行评价，划分所属类别。其次对各类别按下面规定分别确定单项指标评价分值。然后根据公式计算综合评价分值。最后根据综合分值划分质量级别（表 10-4，表 10-5）。

$$F = \sqrt{\frac{\overline{F} + F_{\max}^2}{2}} \tag{10-1}$$

$$\overline{F} = 1/m \sum_{i=1}^{m} F_i \tag{10-2}$$

式中，F 为综合评分值；$\overline{F}$ 为各单因子环境质量指数的平均值；$F_{\max}$ 为单因子评价分值 F_i 的最大值；m 为项数。

表 10-4　*F* 分级表

类别	Ⅰ	Ⅱ	Ⅲ	Ⅳ	Ⅴ
F_i	0	1	3	6	10

表10-5　F_i赋值表

级别	优良	良好	较好	较差	极差
F_i	<0.8	$0.8 \leq F_i < 2.50$	$2.50 \leq F_i < 4.25$	$4.25 \leq F_i < 7.20$	≥7.20

根据《地下水质量标准》（GB/T 14848—2017）对矿井水样水质综合等级进行评价，根据水质综合评价结果，评价矿井水水质是否可直接用于生产及生活。

2）土壤安全评价

土壤安全性是对发生污染的事故和灾害状态估计，其公式为

$$\mathrm{HPI} = \frac{\sum_{i=1}^{n} q_i w_i}{\sum_{i=1}^{n} w_i} \tag{10-3}$$

式中，w_i为第i个重金属指标的权重；q_i为第i个重金属指标的质量等级指数。

$$q_i = \frac{|m_i - I_i|}{(S_i - I_i)} \times 100 \tag{10-4}$$

式中，m_i为水体中重金属的实际检测浓度值，（mg/L）；I_i为重金属指标的理想值，可选用《地下水质量标准》（GB/T 14848—2017）规定的Ⅰ类限值，（mg/L）；S_i为重金属指标的最大限值，可选用《地下水质量标准》（GB/T 14848—2017）规定的Ⅳ类限值，mg/L；HPI为临界污染指数，通常取HPI为100，当HPI>100时，认为该水体中重金属污染程度已超出其承受的最高水平；可根据不同取样地点矿井水样的Na百分比评价结果，评价未经处理矿井水长期灌溉是否会影响土壤理化性质。

3）植被修复利用安全评价

植被修复利用安全性评价依据《城市污水再生利用 绿地灌溉水质》标准（GB/T 25499—2010）。基本控制项目应满足表10-6的规定；选择控制项目应满足表10-7的规定。

表10-6　绿地灌溉用水水质基本控制项目标准值

序号	基本控制项目	单位	限值	序号	基本控制项目	单位	限值
1	浊度	NTU	5	7	总余氯	mg/L	0.2～0.5
2	嗅	—	无不快感	8	氯化物	mg/L	250
3	色度	mg/L	450	9	阴离子表面活性剂	mg/L	1.0
4	pH	mg/L	6.5～8.5	10	氨氮（以N计）	mg/L	20
5	溶解性固体总量（TDS）	mg/L	1000	11	粪大肠菌群数	个/L	200
6	生化需氧量（BOD）	mg/L	20	12	蛔虫卵数	个/L	1

表 10-7　绿地灌溉用水水质选择控制项目标准值

序号	选择控制项目	限值	序号	选择控制项目	限值
1	钠吸收率（SAR）	9	12	钼	0.5
2	镉	0.01	13	镍	0.5
3	砷	0.05	14	硒	0.02
4	汞	0.001	15	锌	1.0
5	六价铬	0.05	16	硼	1.0
6	铅	0.2	17	钒	0.1
7	铍	0.002	18	铁	1.5
8	钴	1.0	19	氰化物	0.5
9	铜	0.5	20	三氯乙醇	0.5
10	氟化物	2.0	21	甲醛	1.0
11	锰	0.3	22	苯	2.5

依据绿地灌溉用水水质基本控制项目标准值，判断矿井水中浊度、色度、TDS 三个指标是否在标准限值内。

10.4.4　地下水原位保护可行性研究与试验工程

10.4.4.1　研究思路与预期目标

高强度开采产生的覆岩导水裂隙带是造成含水层损伤和地下水漏失的主要通道，如何基于覆岩自修复机制，辅之以人工引导的方式，解决或控制矿井采区大量涌水和尽快恢复地下水系统原态补径排关系是工程研究和解决的关键问题。

本节针对示范区煤炭安全开采、地下水资源保护、生态修复需要，基于高强度开采下采动覆岩自修复规律和人工引导促进自修复方法研究成果，综合试验区含水层与开采工作面、开采工艺间变化关系研究，以生态影响源——矿井涌水工程治理为突破口，通过治理方法研究、异常地段工程试验、治理工程应用三个阶段，形成软岩区高强度开采地下水资源保护的有效技术途径。

具体而言，示范工程实施结合矿区地下水系统研究、安全开采要求和生态建设进程，按照方法科学、适情实施、稳步推进和工程安全的原则，分为以下 3 个阶段实施。

（1）治理方法研究阶段。系统研究矿区水文地质条件和采动涌水与含水层地下水的关系，辨识确定典型工作面导水裂隙带通道；选定典型区域，合理布局地下水位监测点，进一步探查地下含水层水位、流场等变化规律；选定典型采渗区域（01 工作面），采用钻探手段验证采动覆岩导水裂隙带高度及发育状态。该阶段将初步确定治理方法及工程实施可行性。

（2）异常地段工程试验阶段。在探明 01 工作面地下水流失主要通道及其强渗流区域的基础上，结合导水裂隙带空间发育和自修复规律研究，优先确定强渗流地段和钻探工程治理方法，通过地面钻孔注浆控制强渗流区工程试验和地下水同步观测效果，确定利用裂隙通道快速控制强渗流区和保护地下水的合理注浆工艺及实施方法。该阶段将确定工程治理方法及初步效果。

（3）治理工程应用阶段。在可行性研究与试验基础上，基于现场工程探测和试验结果，评价基于钻孔注浆封堵导水裂隙的地下水原位保护技术可行性，确定示范区矿井涌水治理方案，包括治理区域、治理方法和工艺等关键技术内容，为全面治理工程实现地下含水层原位保护奠定基础。

实施期间，示范工程重点完成第一阶段的主要任务，通过研究与试验，确定基于人工引导自修复思路实现地下水原位保护的方法科学性和工程可行性。

10.4.4.2　水文地质条件研究与观测网工程

1. 试验技术方案

1）三维地质建模与含水层结构空间分析

根据矿区已有钻孔，对每个钻孔揭露的地层岩性进行统计分析，建立主要煤层与地下含、隔水层三维地质模型，研究主要含（隔）水层空间变化趋势、含水层之间的水力联系、采动含水层与开采煤层之间关系。

2）水文观测网完善工程

针对煤炭高强度开采对水资源的影响问题，基于已有的水文观测网（四个含水层 21 孔水文观测孔控制），进一步补充必要的水文观测钻孔，形成矿区重点区域的地下水长期观测系统；综合抽水试验、土力学及岩石物理力学样采样化验和长期水文观测结果，进一步提取研究区水文参数、水位及水量变化数据，分析地下水流场变化。

2. 工程实施流程及主要技术要求

1）三维地质建模与含水层结构空间分析

该项内容范围包含敏东一矿南一、北一采区和工业广场，面积约为 49.05km^2。主要包括如下工作量。

三维地质建模数据库构建。数据收集和数字化处理：钻井数据包括井名、海拔、x 坐标、y 坐标、井深，井轨迹（斜井）；测井曲线包括电测井、声测井、放射性测井和其他测井数据；井分层数据包括井名、分层名、深度、倾角和方位角。构建三维地质模型数据库，层位数据包括（x，y，z）文本格式；断层数据包括（x，y，z）文本格式。层面和断层面数据：从其他第三方软件导出的层面和断层数据；地震数据为 SEGY 格式；采区和巷道数据为（x，y，z）文本格式；地物数据包括人文、地形；其他勘探数据包括电法数据、水流场数据等。

特征含水层和构造建模。地质体构造模型能够模拟地层面、断层面的形态、位置和相互关系。构造建模流程为：①添加断层和层数据；②定义工区范围（感兴趣区域）；③断层面模型建立；④层面模型建立；⑤井分层约束断层面；⑥修改断层之间的接触关系；⑦修改层面与断层之间的接触关系；⑧用井分层约束层面；⑨检查修改各层面之间的交叉关系；⑩利用定义的地质层序建立中间层。

建立三维地质模型网格。针对离散数据，采用插值方法拟合出连续的数据分布，形成三维地质模型网格。具体流程为：①选择顶底面，分别设置顶、底面；②设置顶底面之间的连接；③设置平面网格方向；④设置纵向上网格方向；⑤创建中间层单元（可选），构造建模做过可以跳过；⑥定义纵向上网格数；⑦定义平面上网格数；⑧创建三维地质模型网格。

建立地质模型属性数据库和模型。地层和构造模型为体模型，由于地质体含有多种反映岩层岩性、资源分布等特性的参数，如岩层的岩相、孔隙度、渗透率等，可对这些物性参数进行计算和综合分析，得到地质体的物性参数模型。属性模型是在构造模型的基础上，采用插值法或随机模拟法预测井间属性参数分布，建立储层的孔隙度、渗透率和饱和度等参数的三维空间模型。

含水层地质综合解释与分析。通过精准构造模型及属性模型，能够较为真实地反映地层（含水层）的分布特征，实现地层动态三维可视化，对地层进行精确刻画，更加直观地观察和分析目的层位的构造及地下含水层分布规律，为煤矿安全生产提供可靠地质依据。

在建模数据录入过程中，井田边界外围周边钻孔资料数据也一并录入数据库，建模边界范围最终根据井田边界外围周边钻孔资料再行确定。

2）水文观测网补充勘探工程

主要工程工作包括：

钻探工程。利用原有水文钻孔 21 个，设计观测孔 9 个，钻探工程量 2250m。其中，8 个第四系水文监测孔，8 个基岩含水层水文监测井，2 个观测井，3 个内排土场监测井，与已有观测孔和观测井，构成区域第四系和基岩含水层的水文监测网。

同步检测。同步检测包括抽水试验和化验。其中，21 个钻孔中，单孔抽水试验 19 层，多孔抽水试验 2 层；采集 19 件全分析水样，以及在 2 个含水层采集一件同位素测试；采集工程物理学样 20 组土样和 30 组岩石力学样进行土力学试验。

地下水位智能动态监测配置。安装 19 个井水位的智能动态监测设备和 3 套设备远程监测管理平台，构建智能化远程监测与管理系统，实现长周期动态监测。

10.4.4.3 导水裂隙带演化规律与现场试验

1. 试验技术方案

针对试验区开采地质条件，研究大采高综放开采条件下软岩覆岩导水裂隙带变化规律，利用模拟研究与现场验证手段，为导水裂隙通道封堵工艺和方法优选奠定基础。

1）大采高综放开采工艺裂隙演化规律与自修复模拟

软岩区大采高综放开采覆岩导水裂隙带变化包括导水裂隙带发育形态、导水裂隙带高度与侧向偏移距以及开采参数与岩层赋存对导水裂隙演化的影响等。通过模拟实验分析研究软岩条件下裂隙岩体水渗流能力逐步降低的自修复机理和规律，得到裂隙岩体自修复后实现隔水的临界条件，从而为注浆封堵导水裂隙通道的工艺和方法优选提供理论基础。

大采高综放开采覆岩导水裂隙演化规律。以 01 工作面的岩层赋存情况为基本条件，采用相似材料模拟和通用离散单元程序（UDEC）数值模拟相结合的方法，分别就单一煤层开采和近距离煤层重复开采这 2 类开采条件下的覆岩导水裂隙演化规律开展模拟研究。选取工作面开采参数（采高、面宽）、覆岩结构特征与关键层赋存、煤层埋深等因素为变化参量，考察相关因素对导水裂隙演化特征的影响规律。重点考察指标为导水裂隙带发育形态、高度、侧向偏移距等。具体实验参数见表 10-8。

表10-8 模拟实验方案

模拟方案	采高/m	采宽/m	采深/m	关键层层数	备注
1	6	200	383	3	采高不同
2	9	200	383	3	采高不同
3	12	200	383	3	采高不同
4	9	100	383	3	采宽不同
5	9	300	383	3	采宽不同
6	9	400	383	3	采宽不同
7	9	200	383	2	亚关键层1缺失
8	9	200	383	2	亚关键层2缺失
9	9	200	300	3	埋深不同
10	9	200	500	3	埋深不同

采动损伤软岩在水岩相互作用下的自修复演变规律。水岩样理化特性测试：现场采集软岩地层及井下漏失地下水等样品，测试水岩样相关理化特性，包括水样离子成分、pH、岩样矿物成分、岩样原始渗透率等，为水岩相互作用实验提供基础参数。水岩相互作用实验：选取现场采集软岩制作标准岩样试件，并对其进行人为破坏以模拟采动岩体的裂隙发育或破碎状态。采用损伤岩样与采集水样开展水岩相互作用实验，测试实验过程中采动岩体的渗透性变化规律，研究水岩相互作用后水岩样的理化特征变化，进行采动岩体渗透性变化的机制解译。基于水岩相互作用下采动损伤软岩的渗透性变化修复特性和大采高综放开采条件下的覆岩导水裂隙演化规律，揭示采动覆岩自修复作用对覆岩导水裂隙发育演化影响。

2）导水裂隙带发育高度工程探查

钻探工程探查。目前敏东一矿井下采空区涌水区域主要集中于16-3上煤层Ⅰ01163 01工作面（图10-7），工程探查选取该工作面布孔开展采后覆岩导水裂隙发育高度探查。验证共施工3口两带探查孔，导高探测后两个孔兼做水文监测孔。钻孔分别位于01工作面中部（导高探测MD1#）以及回风顺槽两侧（导高探测MD2#、MD3#），MD2#孔距顺槽20～30m，MD3#孔距顺槽10m。采用钻孔冲洗液漏失量法和钻孔电视相结合的方法进行导水裂隙带发育高度的探测，MD2#孔需钻进至覆岩垮落带范围，以进一步验证采空区的水渗流能力及其注水性；MD1#和MD3#孔需施工至导水裂隙带范围、出现钻孔水位急剧下降、冲洗液漏失量急剧增大的位置才能停止钻进。

其中，MD1#：$X=5403628.1242$，$Y=493982.0460$，孔深230m（兼水文监测孔）；MD2#：$X=5403700.2004$，$Y=493988.0948$，孔深290m；MD3#：$X=5403740.2003$，$Y=493988.0243$，孔深230m（兼水文监测孔）。

覆岩导水裂隙发育范围确定。系统分析01工作面施工的3个工程探测钻孔的冲洗液漏失、孔内水位以及钻孔电视等实测数据和结果，确定现阶段01工作面采后覆岩受长期水渗流及水岩相互作用后的裂隙带发育高度，进一步验证自修复条件下覆岩导水裂隙发育范围变化，确定01工作面初采阶段覆岩导水裂隙带主要泄流区分布，为注浆封堵渗流调控工程试验提供参考依据。

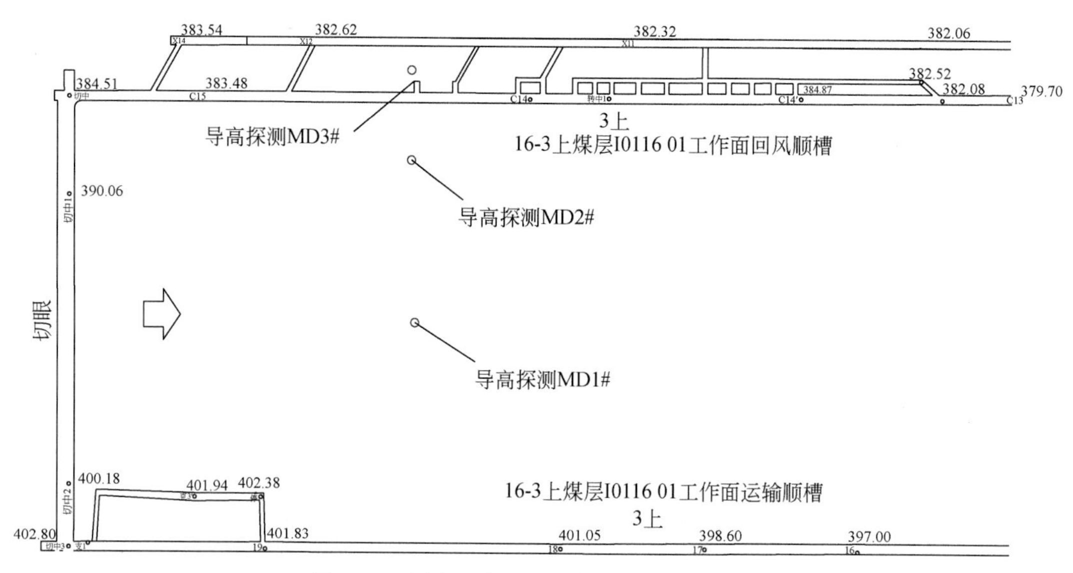

图 10-7　覆岩导水裂隙发育探测钻孔布置图

图中数字含义为标高，单位 m

2. 工程实施技术要求

探查孔质量是实现工程目标的关键。探查孔施工要求如下。

（1）钻探采用正循环取芯钻机，用 Φ113mm 钻头一开，取芯钻进至 16-3 煤层顶板上 150m 处，即预计孔深 155m 处，选择隔水效果较好层位停钻，用 Φ190mm 钻头扩孔至孔底，下入 Φ146mm×6mm 钢管，管外注入采用永久或临时止水法，检查止水效果。

（2）用 Φ113mm 钻头二开，取芯钻进至终孔层位。终孔层位：MD1#施工至 16-3 煤层垮落带内，预计终孔深度 290m；MD2#和 MD3#孔施工至预计的导水裂隙带范围、出现钻孔水位急剧下降、冲洗液漏失量急剧增大的位置才能停止钻进，初步预计该两孔孔深为 230m。

（3）工程实施严格按照《导水裂缝带高度的钻孔冲洗液漏失量观测方法》（MT/T 865—2000）执行。通过对冲洗液漏失量、孔内水位、冲洗液循环中断、异常现象、岩芯鉴定等方面进行严格观测，并记录记全相关数据。

10. 4. 4. 4　Ⅱ-Ⅲ含水层导水裂隙泄流区修复与风险研究

1. 试验技术方案

注浆封堵是目前岩土工程、地下空间工程等领域实施堵水的常用方法，即是利用钻孔将水泥等封堵材料输送至岩土体中的孔隙/裂隙发育区域，利用封堵材料的胶结作用，将孔隙/裂隙通道封堵，实现堵水的目的。按照这样的思路，重点针对 01 工作面初采阶段发生突水和涌水量显著增加的 280m 推进距范围，设计形成钻孔注浆方案（图 10-8）。

在工程验证基础上，基于三维地质与水文地质模型和概化水文地质条件，采用人工修复导水裂隙带场景模拟分析，预测地下水流场变化趋势、新采工作面区域地下水位变化及对安全开采影响，评价人工修复导水裂隙带调控地下水流场和矿井涌水量的作用。

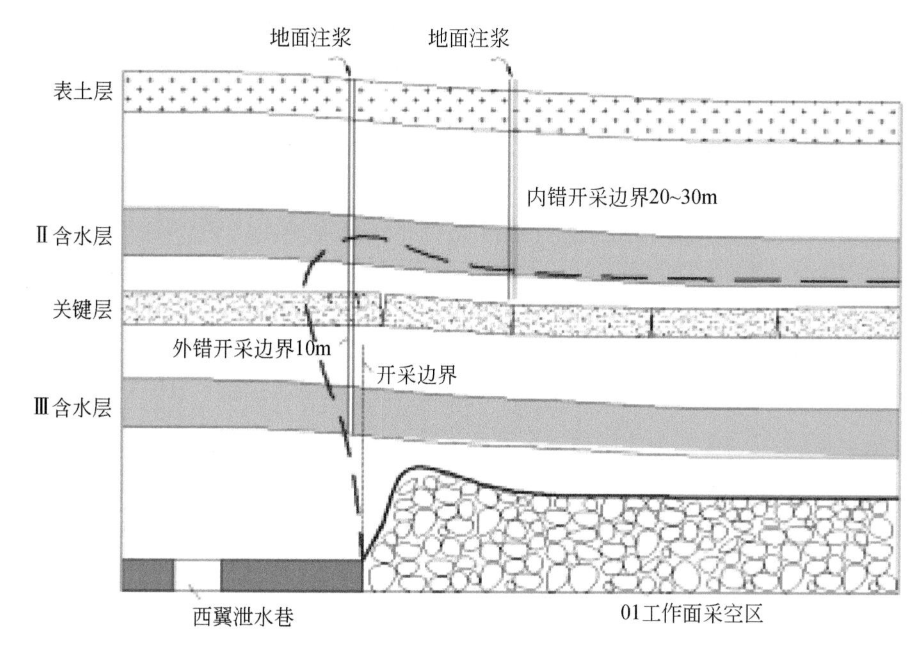

图10-8　地面钻孔注浆封堵覆岩导水裂隙主通道方案

2. 工程实施技术要求

该阶段重点针对水体流失的主通道发育区域实施注浆封堵，封堵区域设计在开采边界附近。

(1) 注浆孔位置。注浆钻孔采用中心对称布局，外错或内错钻孔，即针对Ⅱ含水层和Ⅲ含水层分别外错开采边界10m和内错20～30m布置，以对开采边界附近的破断张拉裂隙主通道重点封堵；其中，外错布置钻孔终孔深度为266m，设计对应Ⅲ含水层内最下面一层粉砂岩厚硬岩层，而内错布置钻孔终孔深度为230m，设计对应Ⅱ含水层下部一层粉砂岩关键层位置。

(2) 钻孔施工。施工时由地表直至Ⅱ含水层底界面区域均采用套管护孔，防止上覆Ⅰ含水层、Ⅱ含水层的水体通过钻孔涌入井下。考虑到水泥、黏土等注浆封堵材料在导水裂隙范围的水平扩散范围有限（根据相关工程经验，一般不超过60m），因此在平面上间隔80m布置一个钻孔。实际工程实施时，当钻孔钻进至Ⅱ含水层底界面且实施完套管护孔后，即采取钻进出现冲洗液大量漏失就注浆封堵的方式，直至钻进设计终孔层位。

(3) 注浆材料。考虑到导水裂隙主通道的发育开度普遍较大，粒径偏小的封堵材料可能难以在裂隙空间停留，因此建议注浆初期选用粒径偏大的材料注浆，待注浆压力有上升趋势时，再改用细粒、易凝结的材料注浆。

(4) 实施监测。实施过程中，为确定钻孔注浆封堵导水裂隙对地下含水层的保护和恢复效果，同时评价01工作面覆岩导水通道封堵对附近回采工作面安全生产的影响，需要实施相应观测监控系统。其主要包括井下涌水量变化观测和含水层水位变化观测。

井下涌水量变化观测：考虑到目前井下涌水点主要集中于01工作面采空区，井下涌水量观测设置在01工作面泄水巷处；通过实时监测涌水量变化，评价覆岩导水裂隙受封堵效果和水害安全隐患。

含水层水位变化监测：对注浆封堵导水裂隙过程中地下水流场变化进行观测。除了利用矿井原有布置的水文观测钻孔外，还需在即将回采的07工作面附近加设水文观测孔，重点观测07工作面开采过程中上覆Ⅰ含水层、Ⅲ含水层的水位变化，同时对07工作面采空区涌水量进行观测。为了观测01工作面导水裂隙封堵和07工作面回采过程中上覆Ⅰ含水层、Ⅱ含水层赋存水体的径流特性，设计在07工作面周边布设水文观测钻孔；如此结合01工作面外围的补6、13-水3等水文观测孔，以及05工作面外围的补8、补9水文观测孔，02工作面外围的补17水文观测孔等的监测数据，可监控上覆含水层在渗漏点封堵以及新增开采扰动的联合影响下水体的径流变化规律，从而为地下水保护效果评价提供依据。

10.4.5 草原沙化地控制示范工程

10.4.5.1 设计思路与预期目标

示范区地处呼伦贝尔草原区，由于长期气候变化影响导致土壤沙化和退化、植被退化与生物多样性降低等现象，加之为煤矿开采与周边牧民放牧形成交错扰动，使生态扰动区和矿牧交汇带沙化问题日益凸显。为提高矿区生态稳定性和可持续性，通过典型沙化地治理方法研究与试验，抑制沙化趋势和改善矿区生态环境，是矿区生态修复与治理的重要内容，也是草原区矿区面临的难点问题。

示范区建设针对矿区可控范围内沙化地问题，采用试验研究与典型试验相结合方法，部署草原沙化地和牧矿交错区沙化点的生态修复方法试验。

1. 草原沙化地生态扰动区治理

基于遥感沙化地调查，初步确定工程治理区5块，沙地治理面积共计133.7亩，包括矿区范围内主要沙化区。其中：

1号沙地包括三小块，治理面积36733m^2（55.1亩）；2号沙地：治理面积15847m^2（23.8亩）；3号沙地：治理面积9532m^2（14.3亩）；4号沙地：治理面积20600m^2（30.9亩）；5号沙地：治理面积6423m^2（9.6亩）。

治理范围为由沙化地边界自外向内治理约30m，治理方法包括草方格沙障—土地平整—植被种植—沙化土壤改良工程，治理区采取围栏封育方式。

2. 矿牧交汇带扰动区沙化治理

煤炭皮带走廊是煤电一体化的重要组成部分，特别是酷寒区煤电清洁生产的重要保障。煤炭皮带走廊采用牧草区高架式布置方式，廊道下牧畜活动频繁，导致瘠薄草地损伤，沙化现象凸显，成为矿区生态修复重点治理地段。

皮带走廊沙化区设计治理面积约152450m^2（229亩），具体范围见表10-9，治理方法包括土地翻耕、沙化土壤改良工程、植被种植工程，采取围栏封育的方式。

表 10-9　皮带走廊治理范围

序号	1954 年北京坐标系	
	X	*Y*
1	5403613.5000	495771.0000
2	5403613.5000	495821.0000
3	5400564.5000	495821.0000
4	5400564.5000	495771.0000

10.4.5.2　草原沙化地生态扰动区治理示范工程

1. 试验技术方案

工程实施技术路线芦苇沙障建设工程—土地平整—土壤改良—植被建设—灌溉管网铺设—网围栏建设，具体施工步骤如下。

（1）机械场平。施工方法：利用小型挖沟机配合装载机作业，将原有沙化地从四周向中心场平。技术要求：形成随坡就适的漫坡地形，以无明显突起地貌为准，场平范围必须在治理宽度之内。

（2）土壤改良。施工方法：选择合适场地，将购置的粉煤灰和腐殖酸按照配比进行混拌均匀后，运至沙化地进行人工播撒。技术要求：沙化地改良深度不小于 30cm。采用电厂堆积风化的粉煤灰时间不少于 3 个月，用量 $10kg/m^2$，腐殖酸 $0.5kg/m^2$，播撒均匀，误差不大于 0.2%。利用小型机械拖带旋耕机将其与 30cm 厚沙土掺拌混匀，翻耕次数不少于三次，用小型压辊由小型拖拉机拖带进行轻度压实。坡度不大于 15°，达到土壤改良效果。

（3）固沙草方格设置。沙化地周边设置沙障（图 10-9），每个沙化地的东部设置宽度不小于 40m、西部设置宽度不小于 30m。技术要求：固沙草方格芦苇长度不小于 75cm，埋入地下深度不小于 0.25m、地面高度不小于 0.5m，规格不大于 2m×2m，干重不小于 $1kg/m^2$，施工时应压沙插实，埋设稳固。

图 10-9　现场沙障

2. 工程实施流程及主要技术要求

沙化地治理区共有5处，为达到沙化治理效果，根据沙化地实际情况，采用不同施工方案进行治理，详情如下。

（1）1号沙化地整体面积约78670m^2，自外向内治理约30m，治理面积36730m^2。主要步骤：①对治理区内原有已损坏的芦苇沙障进行修补；②治理区西侧未设置沙障处，按已有沙障规格及方式增设，新增设区域重新打围栏网；③沙障内种植沙棘容器苗，苗高0.6～0.8cm，株行距2m×2m，以品字形栽植。

（2）2号沙化地整体面积约25769m^2，自外向内治理约30m，治理面积15847m^2。主要步骤：①对治理区内原有已损坏的芦苇沙障进行修补；②沙障内种植柠条锦鸡儿容器苗，苗高0.3cm，株行距2m×2m，以品字形栽植。

（3）3号沙化地整体面积约12994m^2，自外向内治理约30m，治理面积9532m^2。主要步骤：①以1m×1m网方格的方式人工开沟播撒草籽，开沟深度3～5cm，播种比例为杨柴：燕麦=1：10，播种密度为33g/m^2；②治理区外围增设网围栏。

（4）4号沙化地整体面积约35652m^2，自外向内治理约30m，治理面积20600m^2。主要步骤：①机械场平，利用小型挖掘机配合推土机作业，将原有沙化地从四周向中心场平，形成随坡就势的漫坡地形，以无明显突起地貌为准；②同3号沙化地治理方式，以1m×1m网方格的方式人工开沟播撒草籽，开沟深度3～5cm，播种比例为杨柴：燕麦=1：10，播种密度为33g/m^2；③治理区外围增设网围栏。

（5）5号沙化地整体面积约6423m^2，治理面积6423m^2，因距离草原自然路较近，方便机械施工，采取土壤改良的治理方式。主要步骤：①采用电厂堆积风化超过3个月的粉煤灰10kg/m^2与腐殖酸0.5kg/m^2，利用小型机械将其与30cm厚沙土掺拌混匀，以达到土壤改良的效果，粉煤灰运距5.5km；②改良后人工播撒草籽，播种密度为21g/m^2，播种比例为冰草：披碱草：燕麦=1：1：1；③治理区外围增设网围栏。

（6）5处沙化地均就近设置水源点，利用深井泵引水源至灌溉主管路，固定间距预留出水口，接胶管对治理区进行浇水，灌溉管网铺设方式同皮带走廊管网系统。

沙化地植被配置方面：

（1）1号沙化地和2号沙化地设计种植方式要求植苗见效快，可人工浇水，本区采用移栽沙棘和柠条锦鸡儿的方式，春季栽种沙棘和柠条锦鸡儿，增加成活率，株行距2m×2m，以品字形栽种；

（2）3号、4号沙化地采取灌-草混合模式的种植方案，播种固沙植物是实现沙丘长期固定的最有效方法，施工方便，以1m×1m网方格的方式人工开沟播撒草籽，播种比例为杨柴：燕麦=1：1，种子必须是一级原种，对燕麦和扬柴种子进行精选，有条件时应进行根瘤菌接种和种子包衣，根据敏东一矿矿区冬季漫长寒冷，雨雪稀少的气候特点，最好在雨季来临前或雨季抢墒播种，播种深度一般为3～5cm；

（3）5号沙化地改良后人工播撒草籽，草种选择冰草、披碱草以及燕麦，播种比例为冰草：披碱草：燕麦=1：1：1。表10-10为沙化地植被配置植物特性表。

技术要求：草方格中间栽植2年生的柠条锦鸡儿、沙棘，每4m^2不少于1株。周围种植燕麦、沙生冰草、披碱草、杨柴，按照1：1：1：1的比例进行混播，春播或秋播均可，将地整平，将种子均匀撒开，覆土深度为 2 ~ 3cm，需种量 40kg/hm^2。

表 10-10　沙化地植被配置植物特性表

类别	植物名称	科名	特性	用处
草本	沙生冰草	禾本科	抗旱性、耐寒性、耐牧性	牧草
	披碱草	禾本科	耐旱、耐寒、耐碱、耐风沙，多生于山坡草地或路边	牧草
	燕麦	禾本科	喜爱高寒、干燥的气候	牧草
灌木	柠条锦鸡儿	豆科	喜光、耐旱、耐寒、耐贫瘠、深根	防风固沙、保持水土，很好的护坡树种
	杨柴	岩黄芪属	属于半灌木，抗风沙、耐高温、耐干旱、耐贫瘠、适应性强等	丰富的根瘤，利于改良沙地，并提高沙地的肥力
	沙棘	胡颓子科、沙棘属落叶性灌木	耐旱、抗风沙，可以在盐碱化土地上生存，被广泛用于水土保持，沙漠绿化	药食同源植物

10.4.5.3　矿牧交汇带沙化治理示范工程

1. 治理方案与施工流程

1）沙化地土壤改良

针对沙化地土壤特点，治理方案设计采用材料改良—土地整理—施加土壤材料土壤改良技术路线，具体施工步骤如下。

材料改良。粉煤灰取自矿区产生的废渣。粉煤灰需经风化处理，然后进行元素组成、养分含量、重金属含量、含水率及 pH 的测定，以确定其基本理化性质。技术开始实施前先对粉煤灰堆放处理约 3 个月，降低其 pH，防止对技术效果产生不利影响。其中，腐殖酸采用从风化褐煤中提炼并经过特性改良得到的优异保水材料。

土地整理。现场清理干净无影响整体景观效果的石块等杂物、树根。平整地面不得有明显洼地及其他杂物，地面最低处与最高处不得大于 10cm，用旋耕机整地。

施加土壤材料。设置 10 个试验样地，其中样地 2-1 ~ 2-9 为种植单一种类植株的试验区，另外设置一个空白对照样地。样地 2-1 ~ 2-9 第一层覆土厚度为 15cm 黄土，与土壤材料混合均匀。样地 2-1 ~ 2-9 面积相等，每块样地面积为 8m×54m。其中样地 2-1 ~ 2-3 粉煤灰施加量均为 7.2m^3，样地 2-4 ~ 2-6 粉煤灰施加量均为 12.6m^3，样地 2-7 ~ 2-9 粉煤灰施加量均为 18m^3；样地 2-1、2-4、2-7 腐殖酸施加量为 0.72m^3，样地 2-2、2-5、2-8 腐殖酸施加量为 1.26m^3，样地 2-3、2-6、2-9 腐殖酸施加量为 1.8m^3。经计算，共需黄土 11016m^3，每辆小车能载 34m^3，预计需要 324 车黄土，共需粉煤灰 113.4m^3，腐殖酸 11.34m^3。

2）沙化土壤植被恢复

场地清理。对皮带走廊治理区内的建筑垃圾进行清理，皮带走廊正下方及两侧 2m 以内进行人工清理，其他区域人工配合机械清运。

土地平整。牲畜经常穿过廊道，通过道路到达对面草场活动，并且在炎热夏季长期集聚在输煤廊道下乘凉，对地面踩踏严重，导致地面硬度过大，影响植被的生长，利用小型机械进行表土松平，改善地面硬度，厚度 30cm，对皮带走廊正下方及两侧 2m 范围内进行人工地表平整。需采用栅栏维护的方式对输煤廊道带进行隔离保护，采用全封封育，设置专用通行通道，方便牧民与牲畜穿行。

土壤改良。皮带走廊沿线全场 3500m，自皮带走廊以东沙化地块共 26 块，采用电厂堆积风化超过 3 个月的粉煤灰 $10kg/m^2$ 与腐殖酸 $0.5kg/m^2$，利用小型机械将其与 30cm 厚沙土掺拌混匀，已达到土壤改良的效果。

植被建设。皮带走廊治理区全长 3500m，西起皮带走廊东侧立柱，东至 50m 处草原自然形成土路。

植物配置方案一：以皮带走廊东侧宽 50m、长 200m 治理区为例，详细植被建设见图 10-10。配置樟子松容器苗，苗高 0.3～0.4m，以品字形栽植，株行距 2m×2m；柠条锦鸡儿容器苗，苗高 0.3m，以品字形栽植，株行距 2m×2m；沙棘容器苗，苗高 0.6～0.8m，以品字形栽植，株行距 2m×2m；对皮带走廊东侧沙化区域土壤改良后人工播撒草籽，草籽选择紫花苜蓿、黄花苜蓿、披碱草、紫菀、虞美人以及地被石竹。

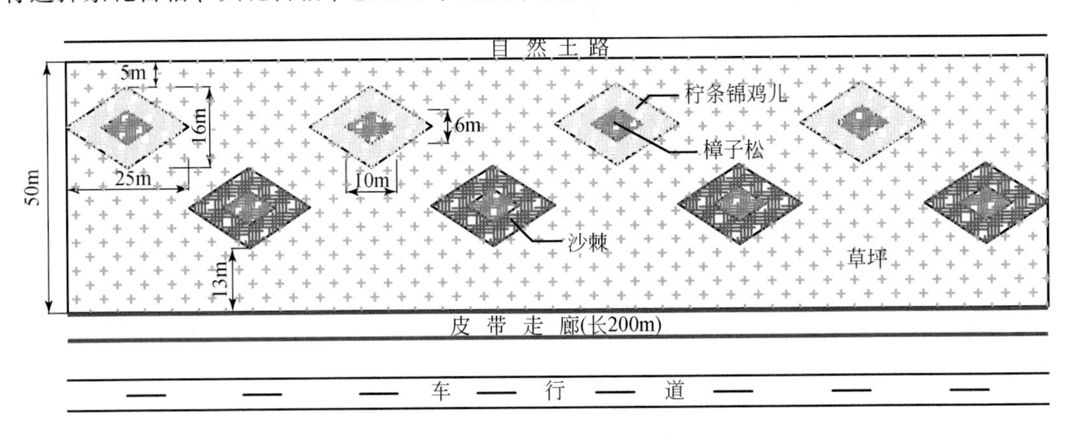

图 10-10　植被配置方案一示意图

植物配置方案二：以皮带走廊东侧宽 50m、长 200m 治理区为例，配置柠条锦鸡儿容器苗，苗高 0.3m，以品字形栽植，株行距 2m×2m；沙棘容器苗，苗高 0.6～0.8m，以品字形栽植，株行距 2m×2m；对皮带走廊东侧沙化区域土壤改良后人工播撒草籽，草籽选择紫花苜蓿、黄花苜蓿、披碱草、紫菀、虞美人以及地被石竹。

3）治理辅助工程

（1）管网工程。皮带走廊带治理区域安装 PE110 灌溉主管道 3500m，沿皮带走廊东侧明管架空敷设，采用膨胀螺丝三脚架 U 形卡子固定，用 40mm×40mm 角铁自制固定支架，三脚支架间距为 3m。该管道与敏东矿外排矿井水 DN400 管道碰头连接，砌筑 Φ1800mm 阀门井 1 座，安装 DN100 控制阀门 1 个。PE110 主管道每 100m 留一处出水口，沿线安装 36 个三通分支 Φ32mm 阀门，便于控制接管浇水，保证治理区域内浇水全覆盖。管网水平最低处设 2～3 个泄水阀，便于秋季上冻前管路系统泄水。皮带走廊北侧廊桥较高，所以管道固定高度要与道路南侧整体顺坡水平，具体铺设方案将结合现场实际情况确定。

（2）围栏工程。采取围栏封育的方式建设草库伦网围栏，将2m高Y字形草库伦桩人工夯实入地表0.5m，围栏桩间距7m，围栏网是七道铁线加三道刺线，分别在最上端横线以及四角交叉线，围栏线与桩结合处用10cm长的14号绑线连接，遇转角处设置加强桩（图10-11）。

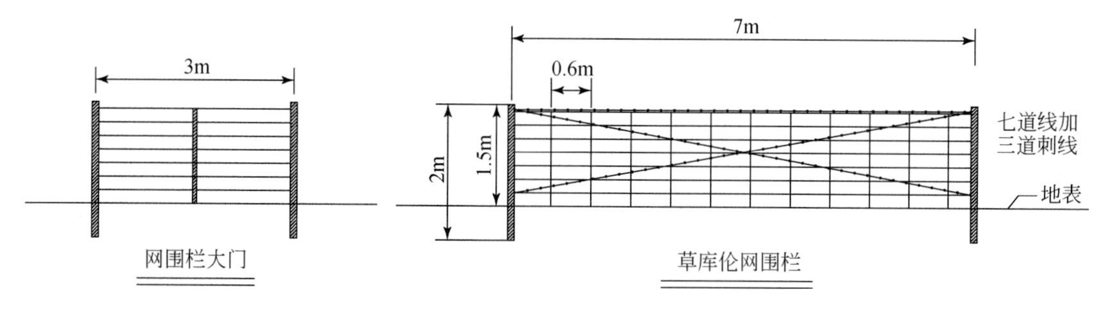

图10-11　围栏设置示意图

东西向横穿皮带走廊治理区域预留三处10m宽通道，为方便当地牧民放牧通行。

2. 主要技术要求

（1）土壤改良：深度不小于30cm，采用电厂堆积风化的粉煤灰时间不少于3个月，粉煤灰用量10kg/m^2，腐殖酸0.5kg/m^2，播撒均匀，误差不大于0.2%，利用小型机械拖带旋耕机将其与30cm厚沙土掺拌混匀，翻耕次数不少于三次，坡度与原地貌地形坡度一致。

（2）植物配置与种植采用三种混合模式：①紫苑、披碱草、冰草按3∶1∶1比例播种；②虞美人、披碱草、冰草按3∶1∶1比例播种；③地被石竹、披碱草、冰草按3∶1∶1比例播种，播种量不小于30g/m^2，播种深度2～3cm，种子质量为一级种，灌木要求为4年生柠条锦鸡儿容器苗，冠幅不小于0.25m^2，株距不大于2m。

（3）网片及其零部件必须符合《镀锌钢丝围栏网 基本参数》（JB/T 7137—2007）、《编结网围栏》（JB/T 7138—2010）的规定，经农业农村部农业机械化总站鉴定，省级产品监督检验部门颁发生产许可证和合格证的产品方可使用，并提供生产许可证和产品合格证、检验报告及其他相关证明资料。

（4）待植物第一个生长期结束，皮带走廊和沉陷区绿化植被成活率质量要求不低于85%，若未达到要求，要进行二次补植。

第11章　敏东一矿生态修复与地下水保护关键技术效果评价

11.1　示范工程总体实施情况

11.1.1　生态修复工程实施情况

采煤沉陷区生态修复本着“边采边复”的原则，协同示范区建设组织实施沉陷区生态修复工程，2018～2021年，治理面积共计4998.3亩（表11-1），治理后采煤沉陷区植被生长状态良好，基本恢复草原生态功能要求。按实际损伤面积5194.1亩，治理率超过96%。

表11-1　2018～2021年沉陷区地表生态修复工程

<table>
<tr><th>年份</th><th>治理区域</th><th>治理面积/亩</th><th>治理率/%</th></tr>
<tr><td>2018</td><td>Ⅰ01163上01工作面、Ⅰ01163 02工作面、Ⅰ01163上03工作面、Ⅰ01163 04工作面</td><td>2505.8</td><td rowspan="4">96.2</td></tr>
<tr><td>2019</td><td>Ⅰ01163上05工作面</td><td>1243.1</td></tr>
<tr><td>2019</td><td>Ⅰ01163 00工作面</td><td>630.6</td></tr>
<tr><td>2021</td><td>Ⅰ01163 00工作面</td><td>618.8</td></tr>
<tr><td>2021</td><td>矿牧交错带、沙化地治理示范工程</td><td>262.5+133.8</td><td>100</td></tr>
</table>

11.1.2　地下水资源保护与利用工程实施情况

地下水资源保护与利用示范工程主要包括地下水原位保护技术、煤矿地下水库试验研究、矿井水洁净回灌试验、矿井水生态利用可行性研究。完成的主要工程内容包括：

（1）地下水库设计与可行性试验：通过现场井下探测和注水试验，初步证实软岩覆岩条件下构建地下水库不具备有效的储水介质条件。

（2）矿井水洁净储存试验：利用第四系含水层储存与渗流特点，完成“一注六测”渗流试验钻探施工和回灌试验，初步证实利用洁净水回灌至第四系含水层是可行的。

（3）矿井水生态利用可行性：通过矿井水质的土壤和植物利用安全分析，证实敏东一矿矿井水直接用于生态修复工程是不安全的，但洁净处理后具有生态利用可行性。

11.2　示范工程实施分项效果

11.2.1　生态修复示范工程实施情况及预期效果

11.2.1.1　生态修复示范工程实施情况

1. 沉陷区治理示范工程情况

治理面积4998.15亩，对沉陷区产生的裂缝和隆起进行治理，包括土方工程、表土覆盖、砂浆回填及植被种植工程，采取围栏封育的方式。

2. 沙化地治理示范工程情况

由沙地边界自外向内治理约30m，1号沙地包括三小块，1-1号由外向内治理30m，治理面积为26013m^2（39.0亩），1-2号面积为5375m^2（8.1亩）和1-3号面积为5342m^2（8.0亩），2号沙地治理面积15847m^2（23.8亩），3号沙地治理面积9532m^2（14.3亩），4号沙地治理面积20600m^2（30.9亩），5号沙地治理面积6422.5193m^2（9.6亩），沙地治理面积共计133.7亩，对矿区范围内沙化地进行治理，包括草方格沙障、土地平整、植被种植、沙化土壤改良工程，采取围栏封育方式进行。

11.2.1.2　生态修复示范工程建设效果

1. 采煤沉陷区治理效果

采煤沉陷区生态修复是示范区建设的重要内容，也是生态建设主体部分。工程实施结合项目生态修复技术研究成果和专家咨询建议，采用边实施、边总结、边改进思路，近四年（2018～2021年）完成治理面积4998.3亩，采用土方工程-表土覆盖-砂浆回填-植被种植工序，不断改进植被种植模式和植物配置，取得了较好的效果。

为科学合理地评价示范工程建设效果，邀请第三方技术服务单位（中国神华生态环境遥感监测中心），采用基于高分辨率遥感的植被覆盖度空间分析方法，也是目前生态工程常用评价方法，重点对修复的采煤沉陷区进行植被覆盖度空间变化分析。植被覆盖度分析具体采用基于概率累计的像元二分模型法，其中，遥感影像数据时相为2020年8月，比较基点是2018年同期影响数据。

统计分析表明，采煤沉陷区修复区在矿区整体植被覆盖水平下降的情况下，植被覆盖度略有提升，达到67.70%，总体上植被处于中高覆盖度水平（表11-2，图11-1，图11-2）；地表观测显现植被建设取得了良好的示范效果。

表11-2　关键技术试验区示范工程建设前后植被覆盖度对比表　（单位：%）

示范区	2017年植被覆盖度	2020年植被覆盖度	差值
沉陷区关键技术试验区	67.03	67.70	0.67
敏东一矿矿区	41.60	36.69	-4.91

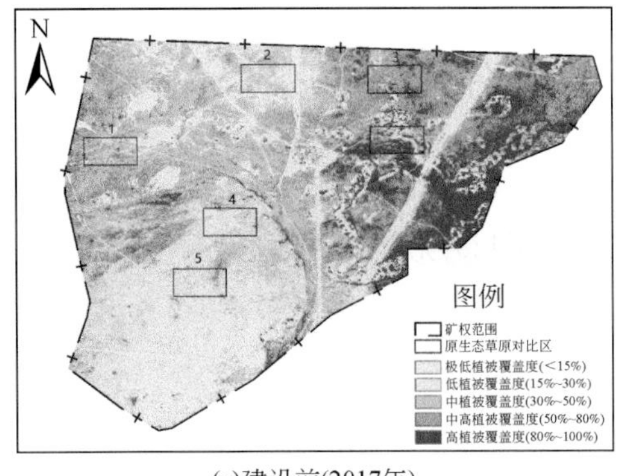

(a)建设前(2017年)

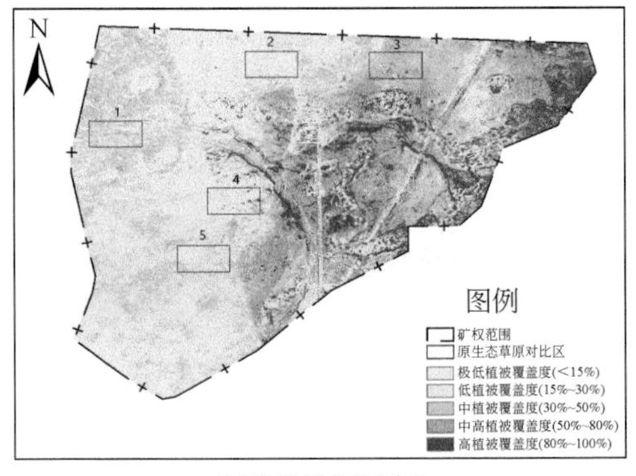

(b)建设后(2020年)

图 11-1　原生态草原对比区示范工程建设前后植被覆盖度图

1 ~5 为随机选取的 5 块原生态草原对比区

(a)地表裂缝区治理前

(b)地表裂缝区治理后

(c)地表隆起区治理前

(d)地表隆起区治理后

图 11-2　沉陷区关键技术试验区治理前后对照图

2. 沙化土壤改良技术效果研究评价

沙化地土壤治理是沙化地生态恢复的关键（图 11-3）。研究结合沙化地特点和沙障模式治理经验，重点组织沙化土壤改良试验。实施方法为使用粉煤灰和腐殖酸均匀播撒，粉

煤灰用量 $10kg/m^2$，腐殖酸用量 $0.5kg/m^2$，误差不大于 0.2%；利用小型机械拖带旋耕机将其与 30cm 厚沙土掺拌混匀，翻耕次数不少于三次，坡度与原地貌地形坡度一致。人工播撒采用三种混合模式：①紫菀：披碱草：冰草=3：1：1；②虞美人：披碱草：冰草=3：1：1；③地被石竹：披碱草：冰草=3：1：1，播种量≥$30g/m^2$，播种深度 2～3cm。

图 11-3　沙化地治理示范工程现场施工和试验实照

随着粉煤灰施加浓度的增大，土壤的总氮和速效氮含量总体变化趋势不明显，可能是改良材料对氮素的补充效果弱于对柠条生长的刺激作用；随着腐殖酸施加浓度的增大，土壤总氮和速效氮含量也无明显变化。根据土柱淋溶试验结果，施加腐殖酸可提升土壤总氮含量。两组试验结果比较可知，种植柠条后，腐殖酸对土壤氮素补充与腐殖酸对根系生长刺激作用相抵消（图 11-4，图 11-5）。

施加粉煤灰和腐殖酸后，土壤全磷含量有较大提升。对照组 A0（A 为对照组编号，0 为腐殖酸施加浓度，以下类同）的全磷含量为 0.26g/kg，土壤全磷在 C3 时达到最大值 0.35g/kg，为对照组的 1.35 倍，随后是 D1、D2、D3，全磷含量分别为 0.34g/kg、0.33g/kg、0.33g/kg；A0 的速效磷含量为 1.74mg/kg，土壤速效磷在 D1 时达到最大值 2.31mg/kg，为对照组的 1.33 倍，随后是 D0、C3，速效磷含量分别为 2.29mg/kg、2.28mg/kg；可见以二者联合施加效果最为明显，粉煤灰和腐殖酸搭配使用利于土壤中全磷和有效磷含量的提升，这与土柱淋溶试验的趋势一致。随着粉煤灰施加浓度的增大，土壤的全磷含量总体表现为先增大后趋于平稳，而有效磷含量逐渐增大，表明施加粉煤灰可以提高土壤全磷和有效磷含量，但高浓度的粉煤灰会对土壤理化性质产生一定影响。随着腐殖酸施加浓度的增大，土壤全磷和有效磷含量逐渐增大，表明腐殖酸可以提升土壤全磷含量，但是提升幅度不及粉煤灰，全磷主要受粉煤灰影响。

粉煤灰可以提高土壤全钾和速效钾含量。对照组 A0 的全钾含量为 7.83g/kg，土壤全钾在 D1 时达到最大值 8.31g/kg；随后是 D2、C3，全钾含量分别为 8.23g/kg、8.21g/kg；对照组 A0 的速效钾含量为 34.03mg/kg，土壤速效钾在 C3 时达到最大值 50.74mg/kg，为对照组的 1.49 倍；随后是 D2、D3，速效钾含量分别为 50.62mg/kg、49.26mg/kg，依次为对照组的 1.49 倍、1.45 倍。随着粉煤灰施加浓度的增大，土壤全钾含量总体表现为逐渐增大。随着腐殖酸施加浓度增大，土壤速效钾含量总体先减小后增大，这可能是前期腐殖酸刺激柠条根系大量吸收速效钾导致钾含量降低；但高浓度腐殖酸可以调节粉煤灰造成

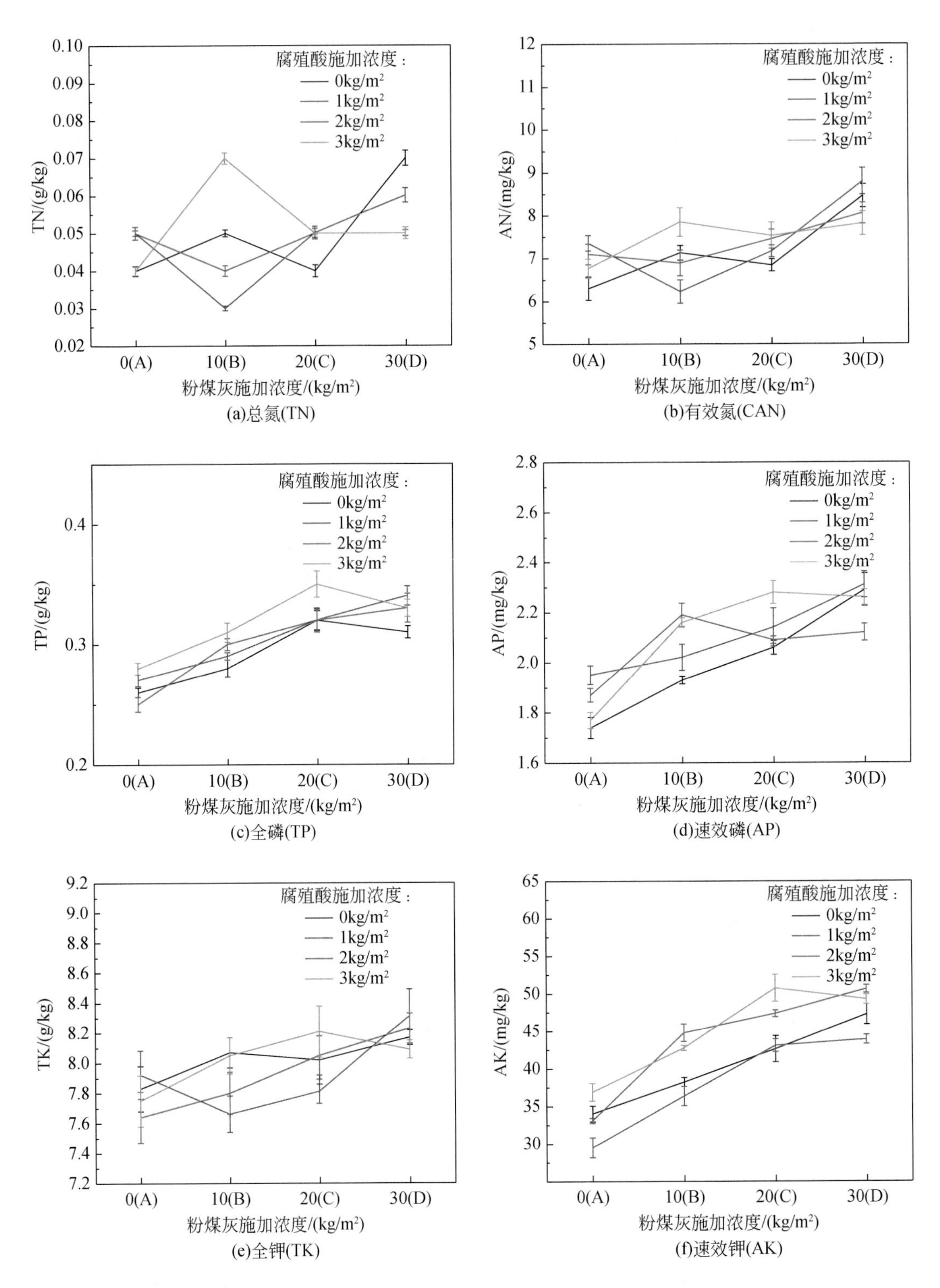

图 11-4　土壤氮、磷、钾含量随粉煤灰和腐殖酸的变化趋势

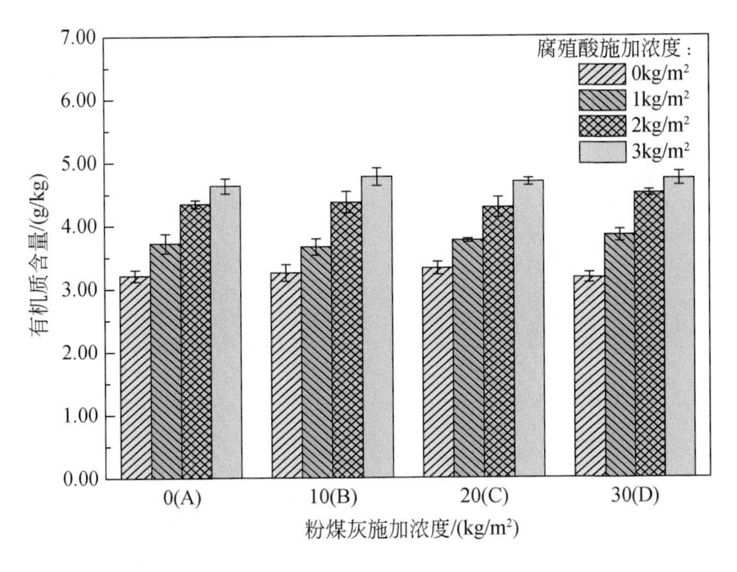

图 11-5　土壤有机质随粉煤灰和腐殖酸的变化趋势

的不利生境以及促进钾的有效化且腐殖酸本身含有部分钾元素，此时钾含量出现升高。

有机质含量主要受腐殖酸影响。对照组 A0 的有机质为 3.21g/kg，土壤有机质在 D3 时达到最大值 4.77g/kg；随后是试验组 D3，为 4.74g/kg；随着粉煤灰施加浓度的增大，土壤有机质含量的变化趋势呈小幅度波动，总体变化不大，表明施加粉煤灰对土壤的有机质含量影响不大。随着腐殖酸施加浓度的增大，土壤有机质的含量呈现逐渐增大的趋势，表明腐殖酸可以提高土壤的有机质含量，且有机质含量主要受腐殖酸影响。

土壤改良对典型植物（柠条）的种植效果试验表明，提高种子发芽率，延缓土壤 pH 向碱性过渡，减轻盐碱对植物种子和幼苗的危害，从而提高出苗率。由图 11-6 可知，对照组 A0 的种子发芽率为 4%，种子发芽率在 C3 时达到最大值 16%，为对照组的 4 倍；随后是试验组 B3、A2、D2，分别为 11%、10%、10%；随粉煤灰施加浓度增大，种子发芽率先略微增大而后波动。随腐殖酸施加浓度增大，种子发芽率总体逐渐增大。

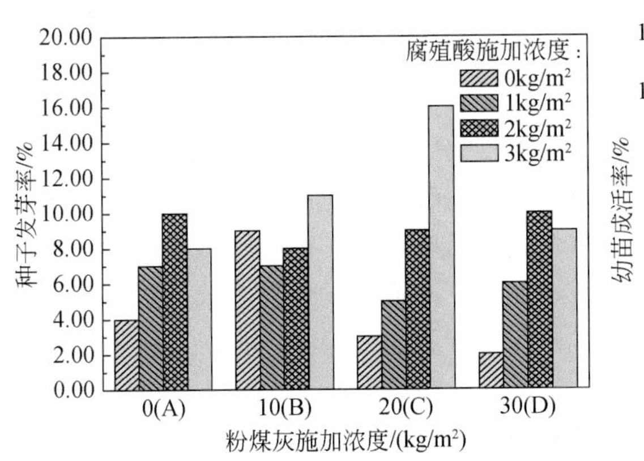

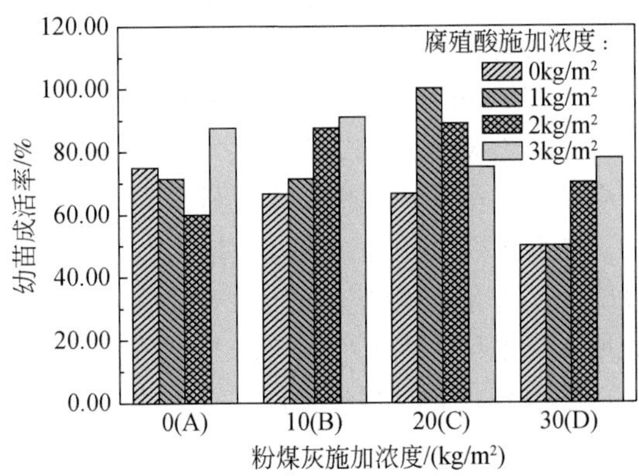

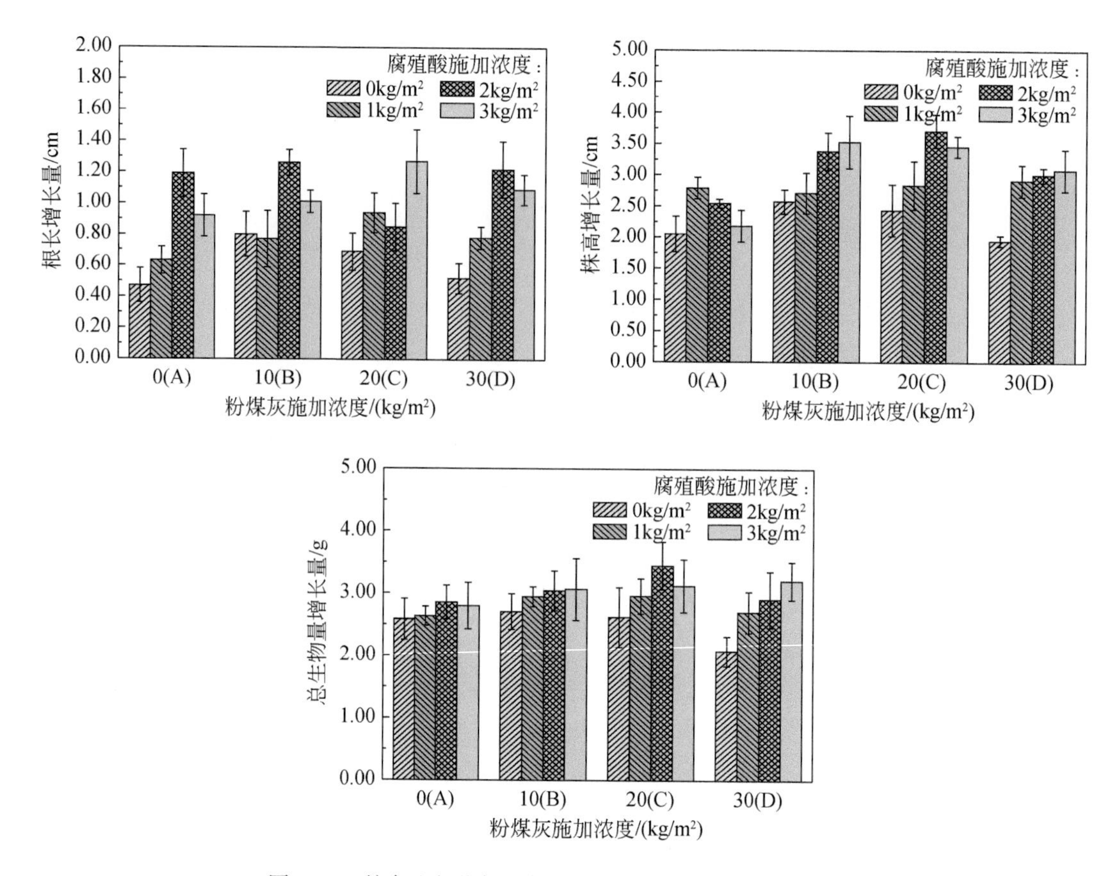

图 11-6　柠条生长指标随粉煤灰和腐殖酸浓度的变化趋势

粉煤灰浓度较高时，施加腐殖酸可保证幼苗成活率稳定在较高水平。对照组 A0 的幼苗成活率为 75%，幼苗成活率在 C1 时达到最大值 100%；随后是试验组 B3、C2、A3、B2，分别为 91%、89%、88%、88%。随着粉煤灰施加浓度的增大，幼苗成活率总体先波动后明显降低，表明粉煤灰对幼苗成活率提升作用不明显，但是当粉煤灰施加浓度较高时，会明显降低幼苗成活率，主要是高浓度粉煤灰增大了土壤 pH 和含盐量，对植物幼苗产生了毒害作用。随着腐殖酸施加浓度的增大，幼苗成活率总体呈现逐渐增大的趋势。

由图 11-6 可知，对照组 A0 的根长增长量为 0. 47cm，根长增长量在 C3 时达到最大值 1. 27cm，为对照组的 2. 70 倍；随后是试验组 B2、D2，分别为 1. 26cm、1. 22cm，粉煤灰和腐殖酸搭配使用时根长增长量最大，可见粉煤灰和腐殖酸搭配使用更有利于柠条根系生长。随着粉煤灰施加浓度继续增大，柠条根系生长速度出现下降。这可能与较高的土壤盐度降低了柠条根系的生长活力有关。随着腐殖酸施加浓度的增大，根长增长量总体表现为先增大后平稳，主要原因可能是腐殖酸通过刺激植物根细胞的分裂和生长，促进根系吸收水分和养分；同时腐殖酸具有较多的活性基团，盐基互换容量大。

腐殖酸促进了柠条地上部分生长。对照组 A0 的株高增长量为 2. 05cm，株高增长量在 C2 时达到最大值 3. 71cm，为对照组的 1. 81 倍；随后是试验组 B3、C3、B2，分别为

3. 53cm、3. 46cm、3. 38cm；粉煤灰和腐殖酸混合施加时株高增长量最大，可见粉煤灰和腐殖酸联合施用改良沙化土壤更利于柠条生长。随着粉煤灰施加浓度的增大，株高增长量总体呈现先增大后减小的趋势。施加少量粉煤灰后，土壤养分及含水率都有所改善，株高增长量明显增大，表明适量的粉煤灰有助于植物株高增长。随着粉煤灰施加浓度继续增大，株高增长量出现明显下降，下降幅度超过根长增长量，这主要是因为高浓度粉煤灰抑制根系伸长，同时处于不利条件时，柠条为维持自身存活状态会优先保证根部的生长，导致地上部分的生长发育放缓甚至停滞。随着腐殖酸施加浓度的增大，株高增长量先增大后平稳，这与根长增长量趋势一致。

随着腐殖酸施加浓度的增大，腐殖酸可提高柠条根系对养分、水分的吸收能力，进而促进柠条的生长发育。由图 11-6 可知，对照组 A0 的总生物量增长量为 2. 59g，总生物量增长量在 C2 时达到最大值 3. 45g，为对照组的 1. 33 倍；随后是试验组 D3、C3，分别为 3. 21g、3. 13g；随着粉煤灰施加浓度的增大，总生物量增长量总体先小幅增大，而后出现明显减小，表明粉煤灰施加浓度不宜过大。相比低浓度粉煤灰，高浓度粉煤灰导致柠条根系增长量轻微降低，而株高增长量大幅下降，两者结合便表现出总生物量增长量明显降低。

可见，土壤总氮与速效氮含量总体提升不明显，全磷含量有较大提升，土壤全钾、速效钾含量和有机质含量都有所提高；典型植物（柠条）种植试验表明，有助于提高种子发芽率、出苗率和幼苗成活率，促进根系生长和提高根系对养分、水分吸收能力，提升总生物量。

11. 2. 2　地下水库储存可行性验证效果

基于实施的井下采空区注水试验，对敏东一矿软岩地层条件下的采空区储水性进行了评价。注水试验后发现，4 个钻孔注水过程均表现出困难局面，导致注水升压快、停注降压慢、泄水流量大等现象发生，且短时注水后常伴有煤壁锚杆/锚索处淋水现象。以其中 3#注水钻孔为例，详细介绍注水测试过程的监测现象（图 11-7，图 11-8）。

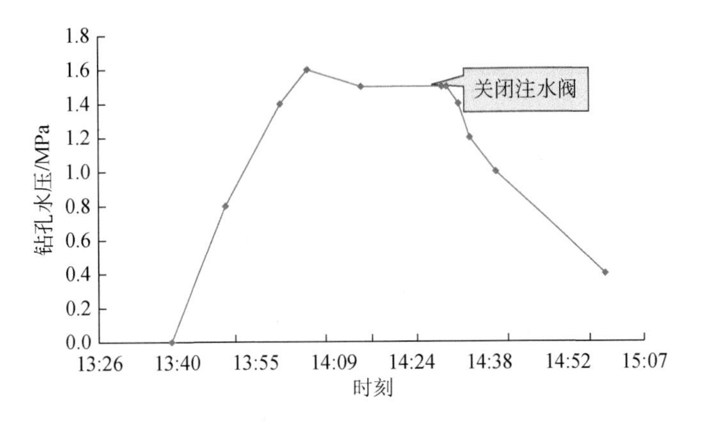

图 11-7　3#注水钻孔水压变化曲线

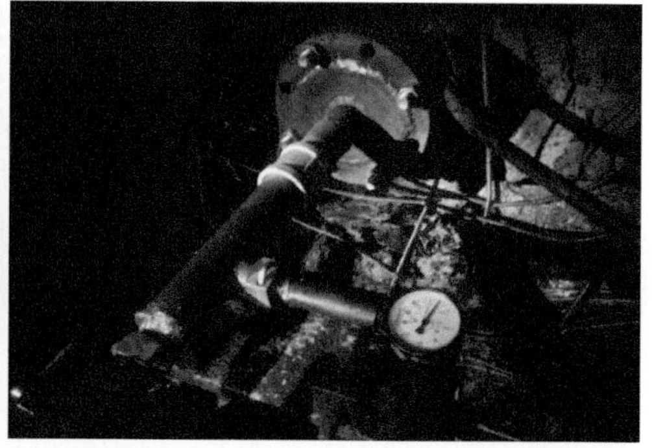

钻孔注水

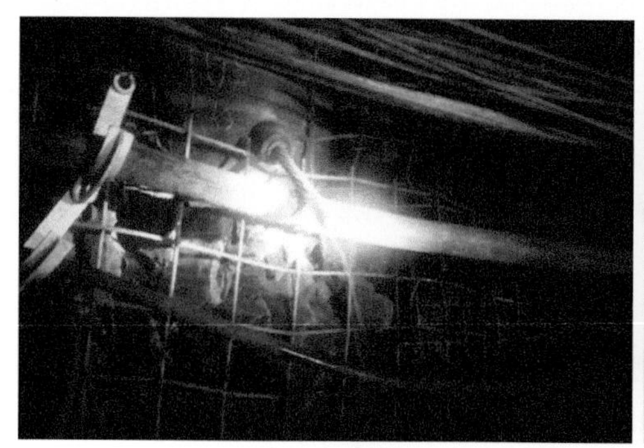

锚索处淋水

巷道煤壁滴、淋水

15:00停止注水，开启阀门后，孔口持续流水，流量约0.24m³/h

图 11-8　3#注水钻孔注水施工现场照片

3#注水钻孔于 2019 年 10 月 15 日 13：40 实施，孔口注水管管径 16mm（内径）、孔内水管管径 42mm（内径），注水水源接至巷道供水管路，水压 2.0MPa。注水后，孔内水压数值逐渐上升，在持续注水 20min 左右孔内水压即达到 1.5～1.6MPa，并维持该数值至注水 50min 左右。同时，在注水过程中，钻孔东、西各约 5m 的巷道帮的位置出现锚索处淋水、巷帮煤壁出现滴、淋水的现象，单点出水量约 $0.02m^3/h$、出水点大约 7 处。至 14：30 关闭注水阀门停止注水，孔内水压并未出现快速下降，而是缓慢下降（图 11-7）；同时，注水口两侧煤壁仍处于滴、淋水状态。在 15：00，水压表数值变小为 0.4MPa，然后打开阀门泄水，水压表数值快速降至 0MPa；直至半小时后，孔口才逐步停止出水，巷道帮出水点的水量也渐渐变小。

其余钻孔注水过程中也呈现出类似现象，其中，1#注水钻孔共实施注水 30min，注水过程中管内水压一直保持 2.3MPa，注水结束后开阀放水，放水流速 $2m^3/h$。2#注水钻孔共实施注水 30min，注水开始即出现巷帮煤壁出水、锚杆/锚索位置淋水现象，注水 6min 后管内水压升至 1.5MPa，且注水过程中伴有管路内异响；注水结束后放水流速 $4m^3/h$。4#注水钻孔共实施注水 30min，注水过程中管内水压一直保持 2.5MPa，注水 5min 后即出现巷帮煤壁出水、锚杆/锚索位置淋水现象；注水结束后放水流速 $1m^3/h$。

由上述注水试验的结果可见，04 工作面采空区注水困难，钻孔注水仅一部分进入采空区，其余较多淤积在注水钻孔附近区域，导致注水压力大、煤壁出水等现象的发生。可见，采空区泥岩等软岩的存在对其储水库容及注水渗流特性产生了显著影响，敏东一矿软岩地层条件下利用井下采空区构建地下水库进行储水的可行性欠缺。从其他角度研究适用于敏东一矿地质赋存条件的矿井水保护与利用方法显得尤为重要。

11.2.3　矿井水转移储存可行性试验

11.2.3.1　矿井水地下回灌模拟试验研究

1. 模拟试验过程

含水层中 Cl、SO_4、Ca、Mg、Na 等常规离子浓度变化，是长期水岩作用的结果，小型实验完全不能得到其运移转化规律。为研究矿井水地下回灌过程中溶质（包括常规离子）运移机理，试验构建室内较大型实验模拟装置，有 3 根竖土壤柱和 6 根横土壤柱组成（图 11-9）。

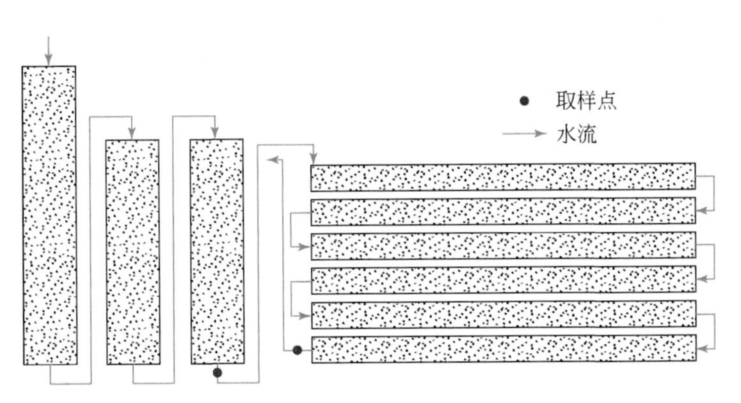

图 11-9　矿井水地下回灌土壤柱模拟系统

（1）竖土壤柱：用于模拟矿井水地下回灌过程中，矿井水及污染物在包气带中迁移转化的环境行为。竖土壤柱系统由 5 段（长 1m、直径 0.4m）有机玻璃柱连接而成，分为三个独立土壤柱，其中第一根高 3m（3 个有机玻璃柱连接，充填 2.5m 高普通石英砂，上部

0.5m 用于进水），第二、第三根高 2m，整个竖土壤柱总长度 6.5m，进水流量为 125L/h，水力停留时间为 0.27d。竖土壤柱中多孔介质（普通石英砂）充填采用边倒入普通石英砂边夯实的方式，使有机玻璃柱内介质充分压实。矿井水经包气带土壤处理净化后，将渗入地下含水层中。

（2）横土壤柱：用于模拟矿井水及污染物在含水层中迁移转化的环境行为。横土壤柱共由 30 段串联而成，分 6 排（每排 5 段），每段尺寸直径 0.2m、长 2m。横土壤柱充填砂颗粒采用边填砂边连接有机玻璃柱的方式，在每根填沙体积接近柱体 3/4 时候，开始进行串联连接，剩余砂质多孔介质从尾端开口处填满压实。横土壤柱 6 排总高度达到 220cm，横截面为等腰直角三角形形状，横土壤柱进水流量为 10L/d，水力停留时间>60d。

模拟试验过程：用水泵将矿井水抽至第一根竖土壤柱顶部，进行垂向回灌，在三根相互串联的竖土壤柱中运移反应，最终从第三根竖土壤柱中流出，竖土壤柱进水量为 125L/h，实验过程中在竖土壤柱最终出水端设置“包气带”取样点；包气带土壤柱然后用计量泵以 10L/d 流量注入横土壤柱，相互串联的横土壤柱共 6 根，在饱和带土壤柱横土壤柱最终出水端设置“饱和带”取样点，通过比较竖土壤柱进水、包气带土壤柱“包气带”出水、饱和带土壤柱“饱和带”出水水质变化，模拟研究矿井水补给地下水过程中，非饱和带含水层和饱和带含水层与矿井水的水-岩相互作用，以及对矿井水中污染物迁移去除的作用机制。

2. 模拟结果分析

回灌试验过程中，进水 UV_{254} 浓度在 0.03 ~ 0.08cm^{-1} 之间波动（平均值 0.06cm^{-1}），进水以串联形式进入竖土壤柱（包气带）和横土壤柱（饱和带）；包气带出水中 UV_{254} 浓度与进水中 UV_{254} 浓度相当，平均浓度 0.06cm^{-1}；“饱和带”出水中 UV_{254} 浓度则有所升高，基本在 0.07 ~ 0.11cm^{-1} 波动，平均浓度为 0.091cm^{-1}，表明饱和带土壤柱试验运行过程中，微生物新陈代谢可能是 UV_{254} 增加的主要原因（图 11-10）。由于大装置试验过程中不同溶质迁移转化过程较缓慢，反应浓度变化现象不太明显，故将整个试验期间各取样点数据进行综合，以分析试验过程中各种溶质浓度的总体变化规律。

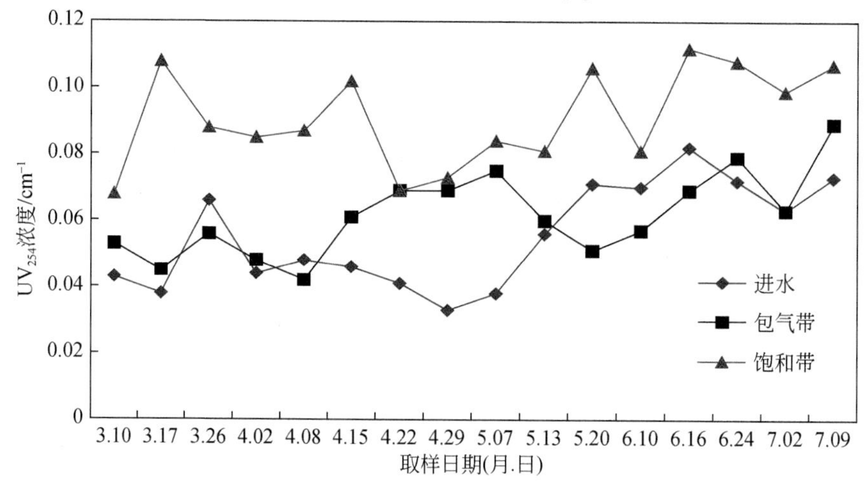

图 11-10 矿井水中 UV_{254} 浓度运移变化规律

模拟过程中输入矿井水与输出过滤水的各项水质因子数据变化分析显示（图 11-11）：溶解有机碳（DOC）含量变化规律和 UV_{254} 差异较大，进水浓度在 2.63～5.45mg/L 之间波动，平均浓度为 3.65mg/L；包气带和饱和带均可使水中 DOC 浓度降低，包气带出水中 DOC 浓度范围为 1.15～4.59mg/L，平均浓度为 3.23mg/L；饱和带出水中 DOC 浓度范围为 0.06～2.51mg/L，平均浓度为 1.78mg/L。另外，随着实验的运行，饱和带土壤柱运行 100d 后，矿井水中 DOC 逐渐减小至<2mg/L，甚至低于检测限。

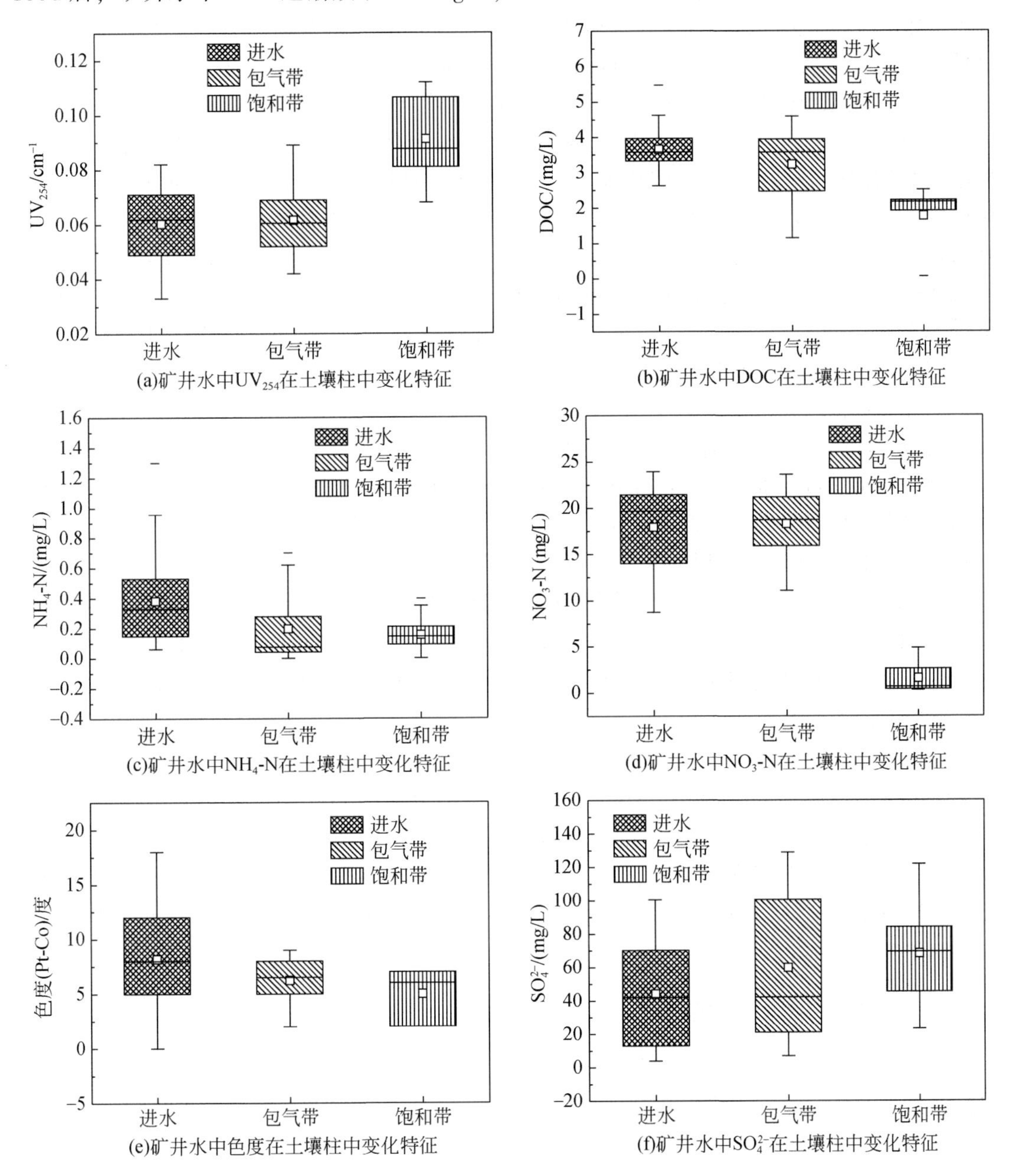

图 11-11　矿井水中各参数在土壤柱中变化特征

进水中 TN 浓度为 8.3 ~ 26.5mg/L，有一定波动；进入包气带土壤柱和饱和带土壤柱后，水中 TN 持续降低，包气带出水平均浓度为 18.04mg/L，饱和带出水为 2.05mg/L，去除率分别为 8.3% 和 89.6%，包气带土壤柱和饱和带土壤柱的总去除率达 97.7%，最终可去除矿井水中绝大部分 TN。进水中 NH_4-N 浓度在 0.06 ~ 1.3mg/L 之间波动，平均浓度 0.38mg/L；比较包气带土壤柱和饱和带土壤柱出水中 NH_4-N 浓度变化规律可以看出，水中 NH_4-N 的降低主要是在包气带土壤柱中，这是由于包气带土壤柱中的好氧环境使 NH_4-N 发生硝化反应而被去除，包气带和饱和带出水 NH_4-N 浓度分别为 0.1mg/L 和 0.08mg/L，均已低于《地下水质量标准》（GB/T14848—1993）Ⅲ类水 NH_4-N 限值（≤0.2mg/L）。

NO_3-N 变化规律与 TN 类似。进水中 NO_3-N 浓度变化范围为 8.74 ~ 23.95mg/L，平均浓度 17.91mg/L；包气带土壤柱处于氧化环境，对 NO_3-N 没有去除作用，包气带出水 NO_3-N 平均浓度 18.27mg/L；矿井水进入饱和带土壤柱后，由于处于还原环境发生了反硝化反应，水中大部分 NO_3-N 被去除，饱和带出水平均浓度为 1.59mg/L，去除率达到 91.2%，该浓度低于《地下水质量标准》（GB/T 14848—1993）Ⅰ类水 NO_3-N 浓度限值（≤2.0mg/L）。另外，回灌过程中饱和带出水中 NO_2-N 大部分水样未检出，少数被检出的水样中 NO_2–N 也低于 0.1mg/L，平均浓度 0.016mg/L，该浓度低于《地下水质量标准》（GB/T 14848—1993）Ⅲ类水 NO_2-N 限值（≤0.02mg/L）。

色度变化：进水色度范围 0 ~ 18 度（平均色度 8.2 度）；经包气带土壤柱和饱和带土壤柱入渗处理后，色度分别降至 6.3 度和 5 度（去除率分别为 23.6% 和 20.0%），均已显著低于地下水质量标准（GB/T 14848—1993）Ⅲ类水色度限值（≤15 度），表明包气带和饱和带岩石介质可有效去除回灌水中色度，矿井水色度主要由有机物（腐殖酸和富里酸）引起，结合 DOC 变化，发现 DOC 与色度存在一定的相关性。

SO_4^{2-}浓度变化：进水回灌进入土壤柱后，可能由于岩石介质中含硫物质溶解，回灌水中 SO_4^{2-}浓度从 44.2mg/L，分别上升至包气带出水和饱和带出水的 59.8mg/L 和 68.3mg/L，但最终出水中 SO_4^{2-}浓度仍远低于《地下水质量标准》（GB/T 14848—1993）Ⅲ类水 SO_4^{2-}限值（≤250mg/L）。

模拟试验表明，矿井水经包气带土壤柱和饱和带土壤柱运移的出水水质，土壤介质可以去除 DOC（去除率 51.2%）、NH_4-N（去除率 78.9%）、NO_3-N（去除率 91.2%）、色度（去除率 39.0%），Cl 离子去除率为 54.9%，也会导致 SO_4^{2-}等离子浓度略有升高。由此可知，矿井水地下回灌过程中，土壤介质能够去除部分水中有机物，色度和 Cl 离子，储存的地下水 NH_4-N、NO_3-N 和 SO_4^{2-}浓度均已低于《地下水质量标准》（GB/T 14848—1993）Ⅲ类水标准。

11.2.3.2　回灌场地试验研究

为确定矿井水回灌效果，研究选定敏东一矿电厂作为试验地，该区地表被风积沙完全覆盖，采用钻孔回灌方式将矿井水直接渗流入第四系含水层，系统测试是指水位、水质变化情况，分析回灌效果。

1. 回灌试验过程

回灌试验采用钻孔回灌“一注六测”布局，完成 1 口回灌井，井深 70m，加滤水管 40m；6

口测量井，深度为 70m。回灌试验选择回灌量为 $40m^3/h$ 左右，回灌试验实施步骤分为：

将渗流用水注入渗流主井，让其自然渗流，同步按照观测频率观测水位变化（图 11-12）。同步取矿井水、沙滤出水和进入含水层回灌水样，监测频率 1d/次，包括 DOC、UV_{254}、NO_3-N、NH_4-N、NO_2-N、Cl^-、SO_4^{2-}、TDS、色度等。

(a)渗流井注水管路加固

(b)渗流井注水管路加固

(c)水样采集

(d)整体施工现场

图 11-12　回灌试验现场照片

2. 试验效果

矿井水地下回灌水质分析实验时间为 7d，其变化层过程中污染物运移变化规律，对矿井水、沙滤出水和进入含水层回灌水进行取样监测分析，监测频率 1d/次，监测项目包括 DOC、UV_{254}、NO_3- N、NH_4- N、NO_2- N、Cl^-、SO_4^{2-}、TDS、色度等。溶解性有机物（DOM）的去除作用较显著。矿井水中 DOC 经回灌池沙滤后，平均浓度从 9. 55mg/L 下降为 6. 91mg/L，去除率为 6. 35% 和 27. 63%。矿井水进入含水层后，对 3#、4#和 5#井水质检测发现，去除率分别达到 44. 24%、48. 71% 和 41. 45%。空间分析表明，距回灌井 30m 范围内是去除 DOC 的主要区域。这和 Vanderzalm 等及 Lindroos 等的研究结果具有一致性。UV_{254}的去除作用显著，沙滤和 20m 含水层（3#井）出水去除率分别达到 55. 8% 和 76. 7%。回灌过程中，整个回灌系统的 SUVA① 单调下降，SUVA 的平均值由“矿井水”

① 254nm 的吸光度与溶解有机碳浓度的比值。

的 1.33L/(m·mg)，在含水层中运移 40m 后下降为 0.41L/(m·mg)。这说明：①矿井水中不饱和双键或芳香性有机物的疏水性有机酸含量较低［SUVA 值<3L/（m·mg)］；②矿井水地下回灌系统优先去除对紫外吸收贡献较大的芳香性 DOC。该现象与矿井水地下回灌试验不一致，主要原因在于中试试验空间狭小封闭，微生物代谢产物均残留在土壤柱中，造成水中 UV_{254}增加。

氮素：回灌过程中，沙滤和含水层各阶段回灌水中 pH、DOC、温度和 ORP 的变化对污染物发生的反应有一定影响，也是氧化还原环境的反映。DOC 和 ORP 变化最显著，沙滤出水中 DOC 减为 6.89mg/L、ORP 上升至-20.0mV；回灌水进入含水层后，则出现了 DOC 和 ORP 的同时降低，最远的 40m 井中 DOC=2.7mg/L、ORP=-43.7mV。整个回灌过程中 pH 先降（前处理阶段）后升（含水层阶段）（图 11-13，表 11-3）。

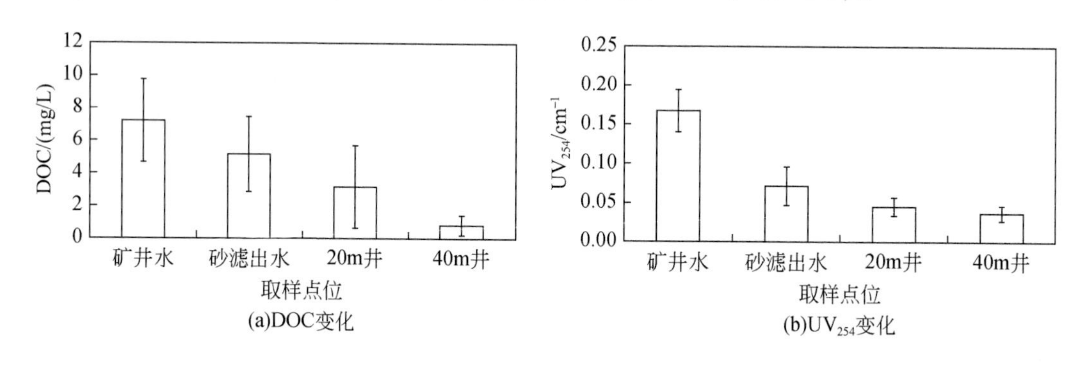

图 11-13　矿井水地下回灌示范基地 DOC 与 UV_{254}变化

表 11-3　矿井水地下回灌期间基本参数

水样	基本参数				
	pH	DOC/（mg/L）	温度/℃	ORP/mV	地下水埋深/m
矿井水	8.03	7.38	23.5	-38.6	—
砂滤出水	7.73	6.89	22.9	-20.0	1.07
20m 井	8.03	3.21	22.4	-37.2	11.25
40m 井	8.15	2.7	19.5	-43.7	11.47

矿井水中 NO_3-N 浓度平均浓度 23.4mg/L；回灌池砂滤作用，NO_3-N 浓度几乎没有变化，平均浓度为 24.7mg/L；矿井水进入含水层后，在前 20m，由于水中 DOC 较高，处于氧化环境，NO_3-N 浓度没有变化（平均浓度为 23.3mg/L）；矿井水在含水层中继续运移，NO_3-N 浓度降至 19.06mg/L，该浓度低于《地下水质量标准》（GB/T 14848—1993）Ⅲ类水 NO_3-N 限值（≤20mg/L）。结合中试试验可以看出，要较大程度地降低水中 NO_3-N 浓度，须保证回灌水在还原环境中储存一段时间，以使 NO_3-N 发生反硝化反应而被去除。

矿井水中 NH_4-N 浓度范围为 1.166～0.186mg/L，平均浓度 0.5mg/L；沙滤工艺段，在高 DOC 条件下，NH_4-N 发生硝化反应，浓度降至 0.31mg/L；矿井水进入含水层运移 20m，由于该区域含水层处于好氧环境，NH_4-N 浓度降至 0.084mg/L；矿井水继续运移，

NH_4-N 将进一步下降，40m 井中 NH_4-N 浓度 0.061mg/L，总计实现了 NH_4-N 87.7% 的去除，最终 5#井水中 NH_4-N 浓度低于《地下水质量标准》（GB/T 14848—1993）Ⅲ类水 NH_4-N 限值（≤0.2mg/L）。另外，矿井水中 NO_2-N 浓度为 0.3～0.042mg/L，平均浓度 0.117mg/L；回灌池沙滤使矿井水中 NO_2-N 浓度降至 0.015mg/L；矿井水进入含水层运移 20m，水中 NO_2-N 浓度为 0.043mg/L，该阶段为好氧硝化阶段；40m 后，回灌水中 NO_2-N 浓度为 0.0085mg/L，该阶段为厌氧反硝化阶段，远低于《地下水质量标准》（GB/T 14848—1993）Ⅲ类水 NO_2-N 限值（≤0.02mg/L）。回灌过程中，矿井水中 SO_4^{2-} 浓度为 70.6mg/L，进入含水层后，SO_4^{2-} 浓度从 O_3 出水的 71.08mg/L 升高至 20m 距离（3#井）的 86.67mg/L 和 40m 距离（5#井）的 105.01mg/L（浓度范围在 62.22～160.97mg/L），这主要是回灌过程中含水层处于氧化环境，含水层中含硫矿物氧化而溶于水中，造成地下水中 SO_4^{2-} 上升。但即使是 40m 井水中监测的 SO_4^{2-} 浓度最高值，仍远低于《地下水质量标准》Ⅲ类水中 SO_4^{2-} 限值（250mg/L）。SO_4^{2-} 中硫和氧的结合能量十分大，在低温（<100℃）低压下，硫酸盐离子的化学还原是不可能的，只有借助于气态氢和有机物质抢夺 SO_4^{2-} 中的氧，而且有把它作为养料的脱硫细菌存在时，SO_4^{2-} 的还原作用才会发生（图 11-14）。

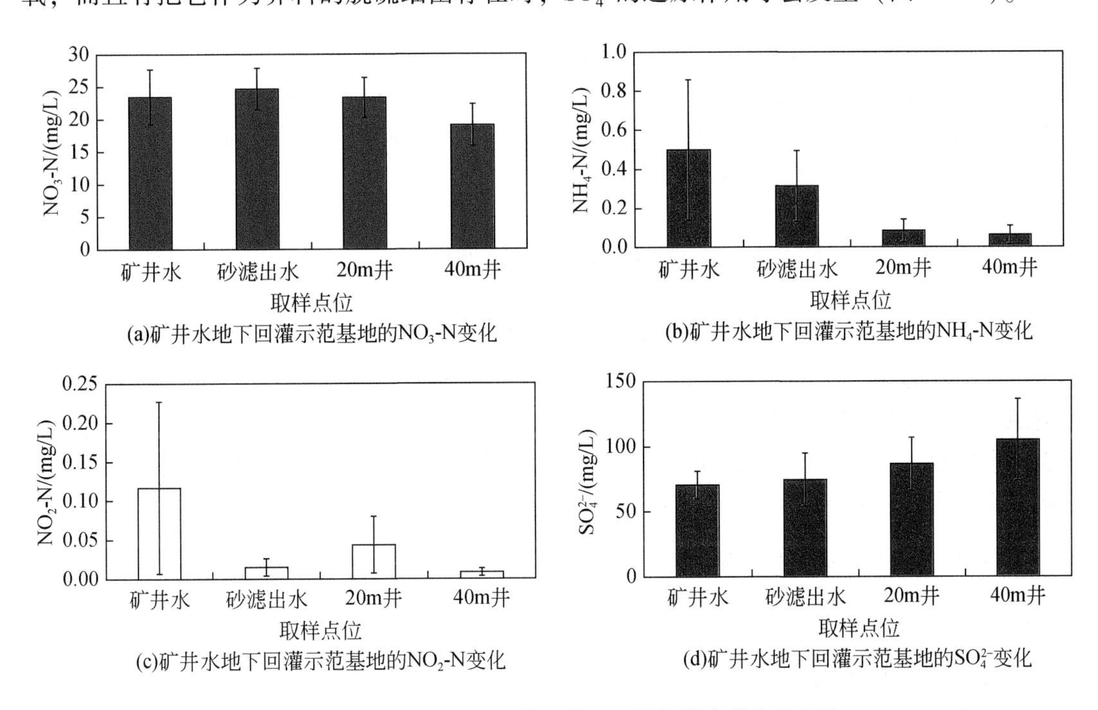

(a)矿井水地下回灌示范基地的 NO_3-N 变化

(b)矿井水地下回灌示范基地的 NH_4-N 变化

(c)矿井水地下回灌示范基地的 NO_2-N 变化

(d)矿井水地下回灌示范基地的 SO_4^{2-} 变化

图 11-14　矿井水地下回灌示范基地的相关参数变化规律

矿井水地下回灌对色度去除起主要作用的是沙滤阶段，可以去除矿井水中色度的 54.5%，使矿井水色度从 43.9 度降至 20 度，该结果要优于回灌试验对矿井水中色度的去除效果。含水层也是去除水中色度的有效载体，矿井水在底下运移 40m，色度降低至 7.8 度，实现了沙滤出水中色度 60.8% 的去除，显著低于《地下水质量标准》Ⅲ类水中色度限值（≤15 度）。

矿井水中 TDS 浓度为 459～536mg/L，平均浓度 504mg/L；矿井水进入含水层后，水岩作用会导致水中 TDS 升高。从图 11-15 中可以看出，矿井水在含水层中运移 20m 距离，TDS 增加 45mg/L；再运移至 5#水井，TDS 又增加 38mg/L。但是，《地下水质量标准》Ⅲ类水中 TDS 限值为≤1000mg/L，结合 TDS 背景值以及回灌水中 TDS 浓度特征可以发现，矿井水地下回灌过程中，不会造成地下水水质的明显恶化。

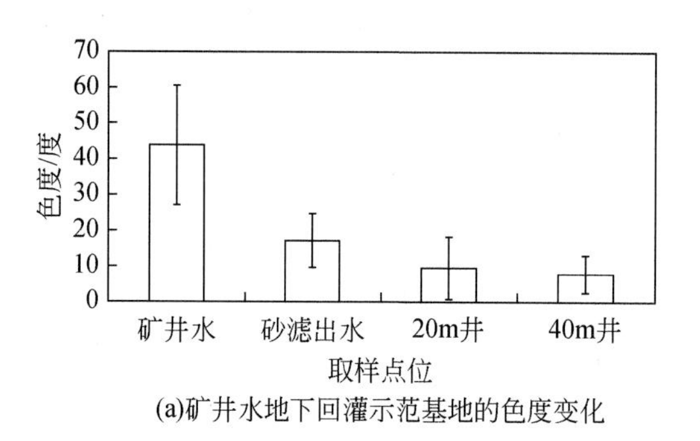

(a)矿井水地下回灌示范基地的色度变化

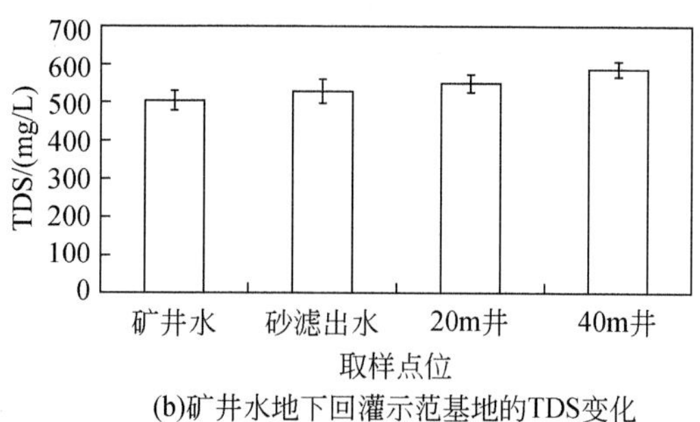

(b)矿井水地下回灌示范基地的TDS变化

图 11-15　矿井水地下回灌示范基地的色度与 TDS 变化规律

现场试验表明，利用示范区第四系含水层回灌矿井水，通过对矿井水、沙滤出水和进入含水层回灌水进行取样监测分析，发现溶解性有机物（DOM）、UV_{254} 去除作用较显著，色度达到 60.8%，色度和 TDS 均显著低于《地下水质量标准》Ⅲ类水标准，表明矿井水经过洁净处理后可以实现达标回灌。

11.2.4　矿井水生态修复利用可行性试验

矿井水排放是示范区煤炭可持续开采和生态修复需要解决的难点问题。由于矿井水来源于煤系地层和承压含水层，其水化学特性局限了矿井水的利用。示范区适用的生态修复水资源短缺，若能利用矿井水调控干旱期生态修复水量，洁净利用矿井水，则可促进矿区地表生态修复。为拓展矿井水利用空间，在矿井水质安全测试与分析基础上，也开展了矿井水洁净处理工艺研究试验，从而为矿井水生态利用提供有效技术途径。

11.2.4.1　矿井水生态利用安全性测试

1. 土壤安全评价

土壤安全性主要表现在严重毒害土壤及影响土壤理化性质两方面。其中重金属对土壤的危害属于严重性毒害，采用重金属污染指数法对其进行评价，对土壤理化性质的分析主要依据钠百分比 Na%。此处我们利用重金属污染指数法评价矿井水重金属的污染程度，以反映其对土壤的毒害。重金属污染指数法（HPI）代表着重金属在水体中的总质量，是以加权算术平均值为基础，对水体中重金属产生的水质污染影响进行综合评价。其公式为

$$HPI = \frac{\sum_{i=1}^{n} q_i w_i}{\sum_{i=1}^{n} w_i} \tag{11-1}$$

式中，w_i 为第 i 个重金属指标的权重；q_i 为第 i 个重金属指标的质量等级指数：

$$q_i = \frac{|m_i - I_i|}{(S_i - I_i)} \times 100 q_i = \frac{|m_i - I_i|}{(S_i - I_i)} \times 100 \tag{11-2}$$

式中，m_i 为水体中重金属的实际检测浓度值，mg/L；I_i 为重金属指标的理想值，可选用《地下水质量标准》（GB/T 14848—2017）规定的Ⅰ类限值，mg/L。

通常取 HPI 临界污染指数为 100，当 HPI>100 时，认为该水体中重金属污染程度已超出其承受的最高水平。因为矿井水中 5 种重金属包括 Zn、Pb、Fe、Mn、As 浓度超出标准限值，所以利用 HPI 模型对 7 个矿井水中 5 重金属污染指数进行计算，结果见表 11-4。7 个矿井水 HPI 值为 61.52～612.90，其中有 6 个矿井水中重金属的污染指数超出临界值 100，整体表现矿井水重金属污染水平较高。当土壤中 Na 含量较高时，地下水中 Na^+ 会交换黏土颗粒吸附的 Ca^{2+} 和 Mg^{2+}，导致土壤渗透性降低，土壤水分运移受阻，Na% 计算公式如下：

$$Na\% = \frac{Na+K}{Na+K+Ca+Mg} \times 100\% \tag{11-3}$$

结果表明，7 个矿井水样中有 6 个矿井水的 Na% 超过了 80%，仅有一个地面水沟矿井水样小于 80%，可见矿井水未经处理长期灌溉会影响土壤理化性质（表 11-4，图 11-16）。

表 11-4　重金属污染指数（HPI）计算结果

矿井水样	$\sum_{i=1}^{n} q_i w_i$	$\sum_{i=1}^{n} w_i$	HPI	Na%
01 工作面	96194.74	214.33	448.81	94.84
01 工作面密闭	13184.74	214.33	61.52	91.31
05 工作面 1	50129.88	214.33	233.89	91.84
05 工作面 2	131363.86	214.33	612.90	91.98
中央水仓	53524.24	214.33	249.72	96.09
西翼轨道大巷	32242.89	214.33	150.43	63.42
地面水沟	61886.49	214.33	288.74	94.84

2. 绿地植被安全性评价

绿地植被安全性评价依据《城市污水再生利用 绿地灌溉水质》标准（GB/T 25499—2010），灌溉用水水质基本控制项目标准值，测试矿井水中浊度、色度、TDS 三个指标超出了标准限值，未经处理不适宜灌溉。此外，钠吸附比（sodium adsorption ratio，SAR）是指示灌溉水或土壤溶液中钠离子含量的重要参数，也是衡量灌溉水体引起土壤碱化程度的重要指标，矿井水样 SAR 计算结果显示，7 个矿井水样中有 4 个矿井水的 Na% 超过了 9，包括 01 工作面样品、中央水仓样品、西翼轨道大巷水样、地面水沟。依据绿地灌溉用水水质选择性项目标准值，矿井水中 SAR、Fe、Mn、Zn、As、Pb 六个指标超出了标准限值，未经处理不适宜灌溉（图 11-17）。

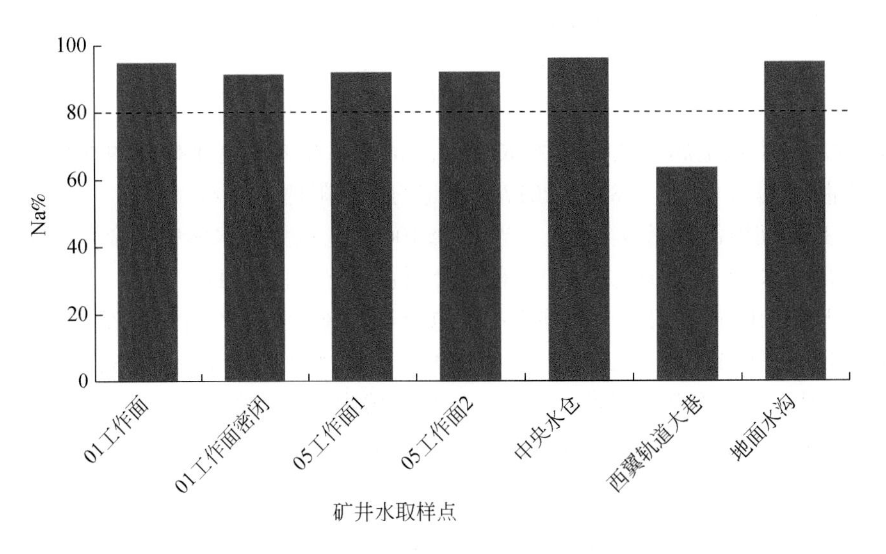

图 11-16　矿井水 Na% 柱状图

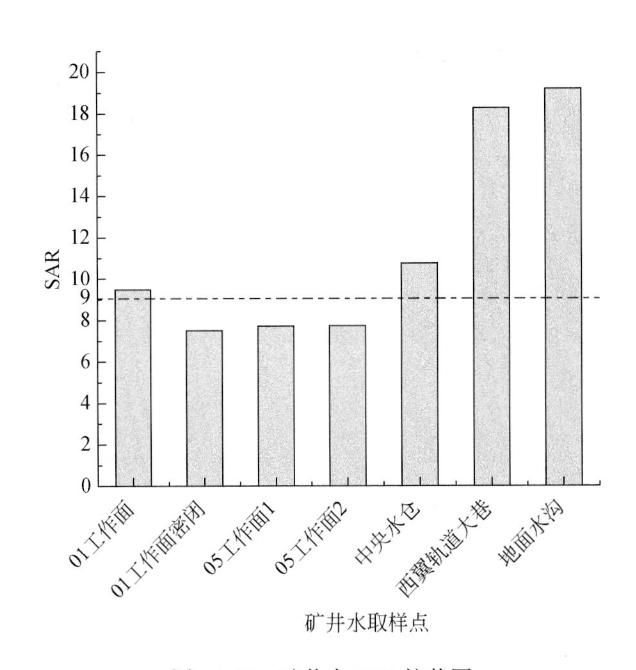

图 11-17　矿井水 SAR 柱状图

矿井水生态利用可行性基于《城市污水再生利用　绿地灌溉水质》标准（GB/T 25499—2010）比较研究表明，矿井水体中整体表现为重金属污染水平较高，Na% 超过了 80%，浊度、色度、TDS 三个指标超出标准限值，矿井水未经处理长期灌溉会影响土壤理化性质，不适宜植被灌溉。

11.2.4.2　矿井水生态利用洁净处理工艺

针对矿井水生态利用中存在的问题，为满足矿井水生态修复利用的水质要求，试验研究本着净化成本和运行维护成本的最小化目标，重点加强盐分和重金属去除的洁净处理工艺试验和材料优选研究。

1. 盐分去除

如果采用反渗透脱盐，适度净化工艺理念的核心即在于将矿井水中过量的 TDS 及其他有害物质去除，在确保水质满足回用指标要求（即 TDS≤1000mg/L）前提下实现净化成本和运行维护成本的最小化。研究提出微咸矿井水适度净化工艺研究思路，即使用纳滤膜选择性脱除微咸水中二价离子和部分一价离子，在确保产水 TDS 满足对应回用水质要求（TDS≤1000mg/L）前提下实现“适度净化”，解决矿井水精细化分质回用问题。

为提高微咸（TDS≤3000mg/L）矿井水处理精细化程度，净化工艺主要从预处理和脱盐两个环节进行技术优化。确定的纳滤适度净化研发思路见图 11-18，主要包括以下两方面内容。

预处理部分：调节池投加絮凝剂后矿井水进入搅拌池搅拌均匀，从动态膜一体化装置底部进入，水流自下而上运动，SS 等大颗粒物质受重力作用逐渐下移，形成超滤区、絮凝区和沉淀区，沉淀区底泥从底部泥斗排出；上清液在超滤区通过中空纤维膜负压抽吸后离开系统（SDI<5）。

纳滤部分：经预处理达标后的矿井水通过水泵升压后送入纳滤系统脱盐，浓、淡水分别进入浓、淡水池，进而实现微咸矿井水的分质回用。

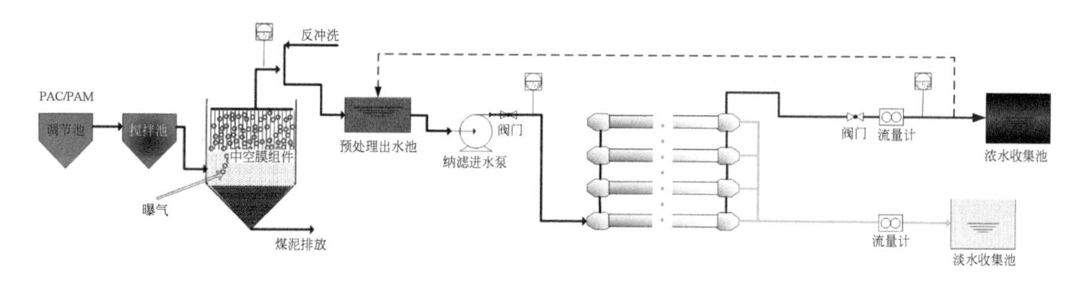

图 11-18　微咸矿井水纳滤适度净化研发思路

2. 重金属去除

研究将当地天然矿物（腐殖土、细沙、黄黏土）、工业废弃物（煤渣、粉煤灰陶粒）、专业吸附材料（椰壳生物炭、果壳生物炭、木质活性炭）等 3 类 8 种材料作为备选吸附材料，基于各材料对重金属去除率、重金属背景值及渗透系数 3 个方面，优选出 3 种材料作为典型重金属被动处理基质。

结合已有的重金属吸附材料的报道与敏东一矿的实际情况，具体材料来源见表 11-5，其中粉煤灰陶粒是由国华呼伦贝尔电厂所取粉煤灰经加工烧制而成的。

表 11-5　备选吸附材料来源

材料类型	编号	名称	来源
当地天然矿物	1	细沙	敏东一矿第四系沉积物
	2	腐殖土	敏东一矿第四系沉积物
	3	黄黏土	宝日希勒矿排土场
工业废弃物	4	煤渣	国华呼伦贝尔电厂
	5	粉煤灰陶粒	国华呼伦贝尔电厂粉煤灰烧制
专业吸附材料	6	椰壳生物炭	购于河南巩义
	7	果壳生物炭	
	8	木质活性炭	

为解决粉煤灰用于水处理中容易造成堵塞的问题，将粉煤灰烧制成陶粒，在不影响其吸附性能的同时提高其渗透性，防止与矿井水相互作用过程中发生堵塞。具体制作采用粉煤灰、石灰石、石膏原料，其中石灰石主要起助溶与发泡作用，石膏起黏结作用。先将原料进行烘干，按粉煤灰 85%、石灰石与石膏 15% 比例混合，使用圆盘造球机进行造球，边转动边加水，待成球后将粉煤灰小球加入鼓风干燥箱中，温度调至 100℃，烘干 60 ~ 90min，冷却后制得粉煤灰陶粒，具体制作流程如图 11-19 所示。

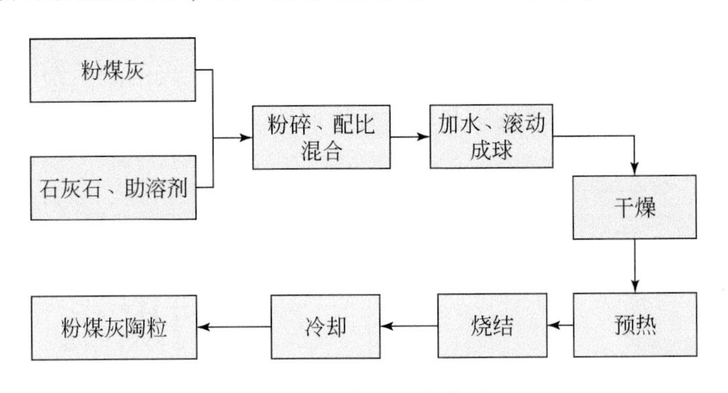

图 11-19　粉煤灰陶粒制作流程图

重金属浸出试验采用批次振荡试验的方法，具体试验步骤如下：分别称取 5g 的备选吸附材料，加入 50mL 蒸馏水于容量瓶中，将容量瓶放在恒温振荡器中，温度设定为 25℃，转速设定为 150r/min，振荡 2h 取出，抽滤后取上清液，检测上清液中 Fe、Mn、Zn、Pb、Hg、Cu 等重金属浓度，即为材料中重金属的背景值。

材料吸附典型重金属试验：称取 5g 备选吸附材料，置于不同的容量瓶中，分别向瓶中加入配置好的 10mg/L 的 Fe^{2+}、Mn^{2+}、Zn^{2+}溶液。随后将容量瓶置于恒温振荡器中，设置温度 25℃，转速设定为 150r/min，振荡 2h 取出，抽滤后取上清液，测得上清液中 Fe、Mn、Zn 的浓度，计算不同材料对典型重金属的去除率［重金属去除率=（原始浓度-上清液浓度）/原始浓度×100%］。每个样品平行测 3 次，求取平均值。

室内渗透系数测定试验，利用自制的土柱试验装置开展常水头渗透试验和变水头渗透试验。试验将待测试样装入有机玻璃柱中，土样的一端与一根带有刻度的玻璃细管连接，细管的横截面积为 a，另一端通过橡皮管与烧杯相连接。变水头的试验过程中水头差随时间的推移不断变化，实验时分别量出某一时间段开始与结束时玻璃管内的水头差（h_1、h_2），测试完毕后利用下面公式计算渗透系数。振荡试验设备及流程见图 11-20。

$$k = \frac{aL}{A(t_2 - t_1)} \ln \frac{h_1}{h_2} \tag{11-4}$$

式中，k 为渗透系数，cm/s；a 为变水头管横截面积，cm^2；L 为柱子高度，20cm；A 为试样断面面积，cm^2；t_1 和 t_2 分别为试验开始和终止时刻，s；h_1 和 h_2 分别为 t_1 和 t_2 时刻所对应的水头高度，cm。

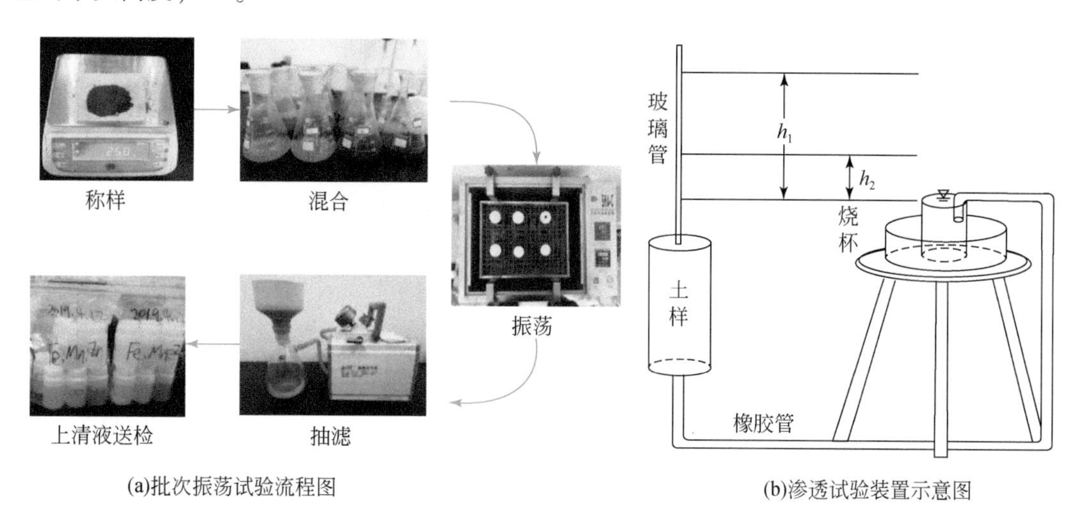

图 11-20　振荡试验设备及流程

利用批次振荡试验检测不同材料中重金属浓度的背景值见表 11-6、图 11-21，表明各重金属浓度均远低于《危险废物鉴别标准　浸出毒性鉴别》（GB 5085.3—2007）规定的标准值，对典型重金属去除率证明利用这些材料作为吸附材料，在水动力条件下不会向水中释放污染物而产生二次污染。

表 11-6　不同吸附材料重金属背景值

材料类型	重金属浓度/（μg/L）									
	Fe	Cr	As	Pb	Cd	Hg	Mn	Cu	Zn	Se
标准限值	100×10³	15×10³	5×10³	5×10³	1×10³	0.1×10³	100×10³	100×10³	100×10³	1×10³
细沙	37	0.09	1	2	0.06	0.04	30	5	61	0.02
腐殖土	57	0.13	8	—	0.06	0.04	80	6	93	—
黄黏土	81	—	2.7	0.7	0.06	0.04	13	4	7	0.008
煤渣	40	—	—	10	0.7	—	21	6	16	0.007
粉煤灰陶粒	34	0.002	—	21	0.7	—	—	6	25	0.03

续表

材料类型	重金属浓度/（μg/L）									
	Fe	Cr	As	Pb	Cd	Hg	Mn	Cu	Zn	Se
椰壳生物炭	31	—	—	—	—	—	—	—	—	—
果壳生物炭	23	—	—	3	—	—	—	—	—	—
木质活性炭	25	—	—	—	—	—	—	—	—	—

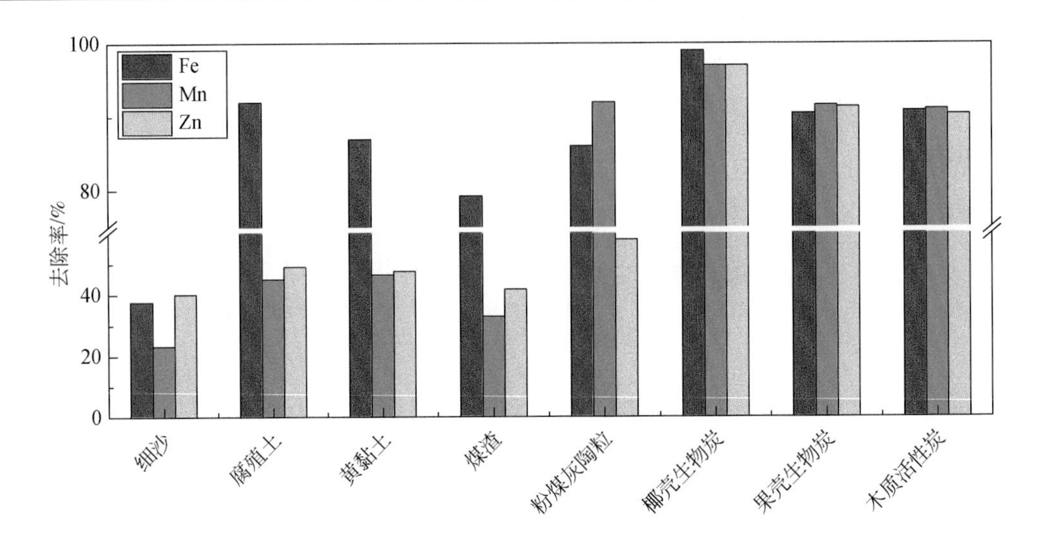

图 11-21　不同材料对典型重金属去除率

其中，专业吸附材料对典型重金属的去除率均在 90% 以上，工业废弃物对典型重金属的去除率在 30% ~90% 之间，而天然矿物材料对典型重金属的去除率在 20% ~90% 之间。

材料的渗透系数又称水力传导系数，是表征渗透流速大小的参数。结合去除率与渗透系数从不同类型的材料中各选出一种去除率高且渗透较快的材料，作为被动处理技术中的吸附基质。根据渗透系数测定试验求取各吸附材料的渗透系数见表 11-7。结果表明，腐殖土渗透系数为 0.46×10^{-3} cm/s，黄黏土渗透系数为 2.59×10^{-5} cm/s，黄黏土与腐殖土虽然对典型重金属去除率相差不大，但渗透系数相差 2 个数量级，实际矿井水处理中宜选择腐殖土作为吸附材料，另外两种初选材料粉煤灰陶粒与椰壳生物炭渗透性良好，最终选择腐殖土、粉煤灰陶粒、椰壳活性炭 3 种材料作为典型重金属的被动处理吸附材料。

表 11-7　吸附材料渗透系数　（单位：cm/s）

材料类型	渗透系数	材料类型	渗透系数
细沙	0.36×10^{-3}	粉煤灰陶粒	1.78
腐殖土	0.46×10^{-3}	椰壳生物炭	0.15
黄黏土	2.59×10^{-5}	果壳生物炭	0.13
煤渣	0.5	木质活性炭	0.21

吸附材料混合配比试验利用粉煤灰、腐殖土及椰壳生物炭混合配比对混合溶液的典型重金属进行去除，5 组混配试验方案见表 11-8。其中，粉煤灰陶粒确定为主要材料，腐殖土确定为辅助材料 1 类，椰壳生物炭确定为辅助材料 2 类，在混合配比中分别占 50% ~ 80%、10% ~ 50% 和 10%，混合配比时 3 种材料均参与，且每次以 10% 增加或者减少。试验仍采用批次吸附试验的形式：称取 10g 吸附材料（3 种材料混配后总质量），置于不同的容量瓶中，分别向瓶中加入配置好的 10mg/L 的铁、锰、锌混合溶液 100mL。随后将容量瓶置于恒温振荡器中，设置温度 25℃，转速设定为 150r/min，振荡 120min 取出，抽滤后取上清液，测得上清液中 Fe、Mn、Zn 浓度，计算不同材料对典型重金属的去除率。

表 11-8　混配试验方案　（单位：%）

试验编号	粉煤灰陶粒	腐殖土	椰壳生物炭	其他实验条件
1	80	10	10	Fe：10mg/L Mn：10mg/L Zn：10mg/L
2	70	20	10	
3	60	30	10	
4	50	40	10	
5	40	50	10	

结果表明，5 组混合配比对典型重金属 Mn 的去除率相对较低，对 Mn 的去除未见有大于 80% 的，对 Fe、Zn 的去除率相对较高。其中第 1 组配比试验，80% 粉煤灰+10% 腐殖土+10% 椰壳生物炭，对三种典型重金属的去除率相对较高，Fe、Zn、Mn 的去除率分别达到了 95.34%、93.71%、67.81%。2 组与 3 组配比下，对典型重金属的去除率相差不大，Fe、Zn、Mn 的去除率均小于 1 组，对于 4、5 两组混配条件，随着腐殖土的比例增加，对 Fe 的去除率增加，但是，Zn、Mn 的去除率略低于第 1 组混配条件，因此，第 1 组配比煤灰陶粒：腐殖土：椰壳生物炭=8：1：1。

为进一步验证试验结果，将粉煤灰陶粒、腐殖土、椰壳生物炭按照 8：1：1 装入有机玻璃柱中。试验所用水样为中央水仓所取矿井水样，水样 Fe、Mn、Zn 的浓度分别为 4.38mg/L、0.27mg/L、6.07mg/L。从土柱末端进行取样，检测水样中典型重金属浓度，计算典型重金属去除率及变化趋势图（图 11-22，图 11-23）。

结果表明，随着时间推移，土柱对典型重金属去除率均经历了一个短暂上升过程，随后达到最大去除率，并维持不变。在 3 ~ 24d，混合配比土柱对 Fe 平均去除率为 94.13%，随着材料逐渐饱和，在 24d 以后，Fe 去除率急剧下降，第 28d 时去除率仅为 12.1%；与 Fe 去除率变化趋势类似，在 2 ~ 19d 时土柱对 Zn 去除率维持在 91.76%，在 19d 以后开始出现线性下降趋势，到 28d 时 Zn 去除率仅为 1.1%。Mn 去除率变化与 Fe、Zn 有所区别，在淋滤的第 2d 土柱对 Mn 去除率达到最大值 67.7% 之后，一直在 67.7% 附近波动，直第 28d，去除率仍未出现下降的趋势，这是因为矿井水中 Mn 的浓度较低所致。

根据上述工艺试验，最终确定适宜于敏东一矿矿井水质的典型重金属被动处理技术材料混合配比为粉煤灰陶粒、腐殖土、椰壳生物炭按照 8：1：1，且从上至下的顺序排列。其中井水口在滤池的左上方，出水口在滤池的右下方。多介质滤池示意图如图 11-24 所示。

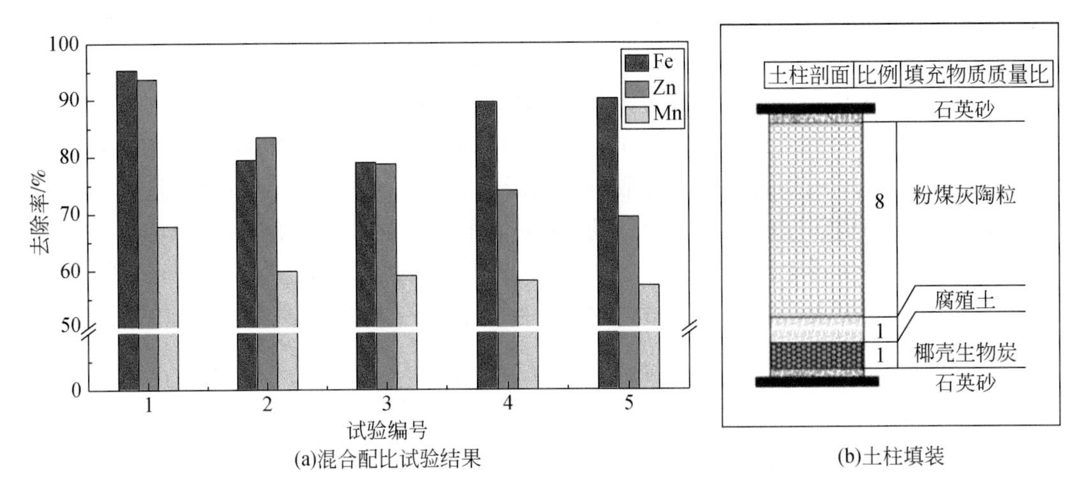

(a)混合配比试验结果　　(b)土柱填装

图 11-22　配比试验及土柱填装

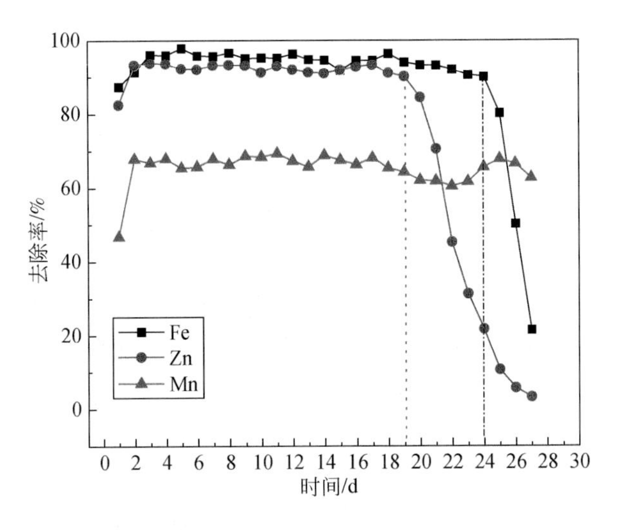

图 11-23　典型重金属去除率变化曲线

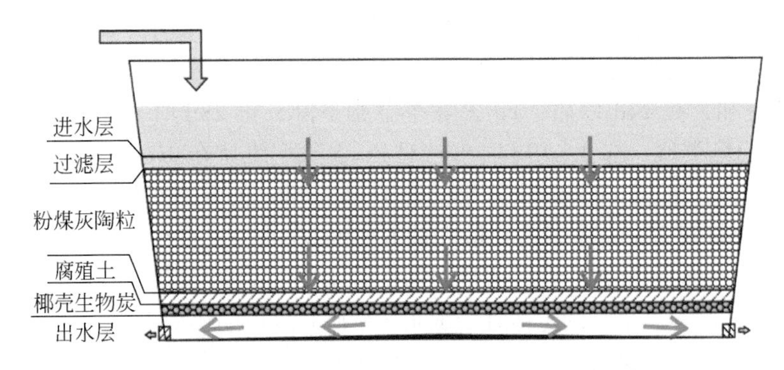

图 11-24　多介质滤池示意图

11.2.5　地下水原位保护与利用研究进展及预期效果

11.2.5.1　水文地质条件研究与观测网工程

为协同地下水原位保护工程，在原有水文观测网布局下（21 个孔），加强工程治理地段和安全生产风险区域精细测量，示范工程重点补充 9 个水文观测孔，进一步完善敏东一矿水文观测网。

现已完成 3 各孔施工，均为长观孔，钻探工程量 791m，Ⅱ含水层监测孔 2 个，Ⅲ含水层监测孔 1 个，采集水样 3 件，同步进行导水裂隙带高度探测，全分析和同位素测试（表 11-9）。

表 11-9　地下水监测孔设计参数一览表

<table>
<tr><th rowspan="2">孔号</th><th colspan="2">坐标</th><th rowspan="2">孔口标高/m</th><th rowspan="2">孔深/m</th><th rowspan="2">监测含水层位</th><th rowspan="2">勘探线</th><th rowspan="2">备注</th></tr>
<tr><th>X</th><th>Y</th></tr>
<tr><td>JC1</td><td>40493394</td><td>5403886</td><td>690</td><td>220</td><td>Ⅱ含</td><td>42 线</td><td rowspan="4">将根据以往地质、钻探等勘查资料及生产资料，在不影响生产前提下满足长期观测目的，现场对孔位进行合理调整</td></tr>
<tr><td>JC4</td><td>40493575</td><td>5402885</td><td>707</td><td>251</td><td>Ⅱ含</td><td>42 线</td></tr>
<tr><td>JC7</td><td>40493919</td><td>5402291</td><td>710</td><td>320</td><td>Ⅲ含</td><td>42 线</td></tr>
<tr><td colspan="4">合计</td><td>791</td><td></td><td></td></tr>
</table>

（1）在补充勘探 3 个钻孔和导水裂隙带高度探测 2 孔基础上，布置 5 台/套自动监测系统，并与矿井现有的水文监测系统联网，搭建井田地下水位自动观测网，开展了井田不同含水层的长周期地下水位监测。

（2）地下水自动监测系统采用统一标准建设，施工水文监测井后，开展井口装置（井台、井口保护装置、井口固定点标志、永久标识牌）、水准石等基础设施建设；安装地下水水位自动监测设备（含自动存储设备），以及自动传输设备等技术装备。

（3）地下水自动监测系统采用远程监控系统统一管理，井下监测数据采用物联网卡通过 GPRS 发送到阿里云智能物联网监测平台，由监测平台记录和分析监测井数据。通过监测平台可以看到地下含水层中水位的情况，分析研究地下水力场与开采的动态变化关系，确定渗流场异常区。

（4）利用井田水文观测系统和补充水文观测孔，建立以智能物联网平台为基础的地下水自动监测系统。系统分析了 49.05km^2 的地下水力场与开采的动态变化关系，确定了渗流场异常区及地下水位变化规律。

11.2.5.2　导水裂隙带导高探查

Ⅰ01163 上 01 工作面覆岩导水裂隙发育高度探查于 2021 年 5 月 27 日开始，施工孔位于工作面开采边界内侧附近，编号分别为 MD-2#、MD-1#和 MD-3#孔，总进尺 750m（图 11-25）。

(a)MD-1#、MD-2#、MD-3#钻孔施工

(b)MD-2#孔钻取岩芯

图 11-25　覆岩导水裂隙发育探查钻孔施工现场照片

施工过程中均开展了岩芯钻取、冲洗液漏失量观测、钻孔水位观测等工作，并在成孔后进行常规测井和超声成像观测。依据取芯柱状和常规测井，编制覆岩柱状，依据冲洗液漏失量、钻孔水位以及超声成像观测，获得覆岩导水裂隙发育及孔壁围岩破坏情况。

MD-1#孔和 MD-3#孔均施工至终孔 230m 位置，完成了相关观测工作和水文孔的改造施工工作（扩孔并布设花管）。MD-2#孔已施工 240m 左右，因出现卡钻现象，取芯钻具未能顺利取出，故该孔被迫放弃，封孔后在原先钻进位置平移孔位后重新钻进探测。该孔在 240m 的钻进过程已进行了相关取芯、测井，以及冲洗液漏失量观测，并在孔深 215m 范围进行了套管固井工作，以封闭Ⅰ、Ⅱ含水层。钻孔虽未钻进至 290m 的设计孔深，但在 240m 钻进过程中也获得了一些反映覆岩破坏特征的重要数据。

钻孔钻进过程中冲洗液漏失量和钻孔水位变化曲线显示，处于工作面中部和边界外侧的钻孔均未见明显的冲洗液漏失和孔内水位变化现象。其中：

MD-1#孔在整个 230m 钻进过程中一直未呈现出明显的冲洗液漏失现象，而孔内水位也仅在孔深 208m 位置出现轻微下降，其余区段均未见明显变化。可见，该孔钻进位置对应采动覆岩中裂隙并不发育，这应与采空区中部对应覆岩的长期压实作用有关（中部处于充分采动状态，覆岩压实性好）。

位于工作面开采边界内侧附近的 MD-2#钻孔试验显示，孔深 211m 左右位置曾出现孔口不返浆现象，对应冲洗液漏失量达 8. 9L/（m · s），钻进至 225m 左右时，曾进行了套管固井工作（固井范围 215m 孔深），在此过程中注入前置液出现套管外环孔腔不返浆现象，综合推测从孔深 211m 位置应已进入采动裂隙发育区；固井结束后，钻孔自孔深 225m 位置继续向下钻进，至 240m 时孔深出现卡钻，此时向孔内泵入护壁泥浆仍不见孔口返浆现象，推测护壁泥浆已流入裂隙岩体中，进一步证实该区段已进入覆岩导水裂隙发育区。由以上现象及观测数据可以判断，MD-2#孔位置揭露的覆岩导水裂隙带顶界面为孔深 211m 位置，结合该处对应煤层底板标高可确定，覆岩导水裂隙带高度为 70m。

位于工作面开采边界外侧附近的 MD-3#钻孔，钻进过程表现的冲洗液漏失状况与 MD-

1#孔类似，仅在钻进至孔深 189m 位置附近时出现瞬时偏大的漏失现象［冲洗液漏失量 22.5L/(m·s)］，但孔内泥浆仍能正常返浆，表明钻孔可能揭露微小裂隙。因裂隙的渗透性不佳，表现出的冲洗液漏失程度不明显（图 11-26）。

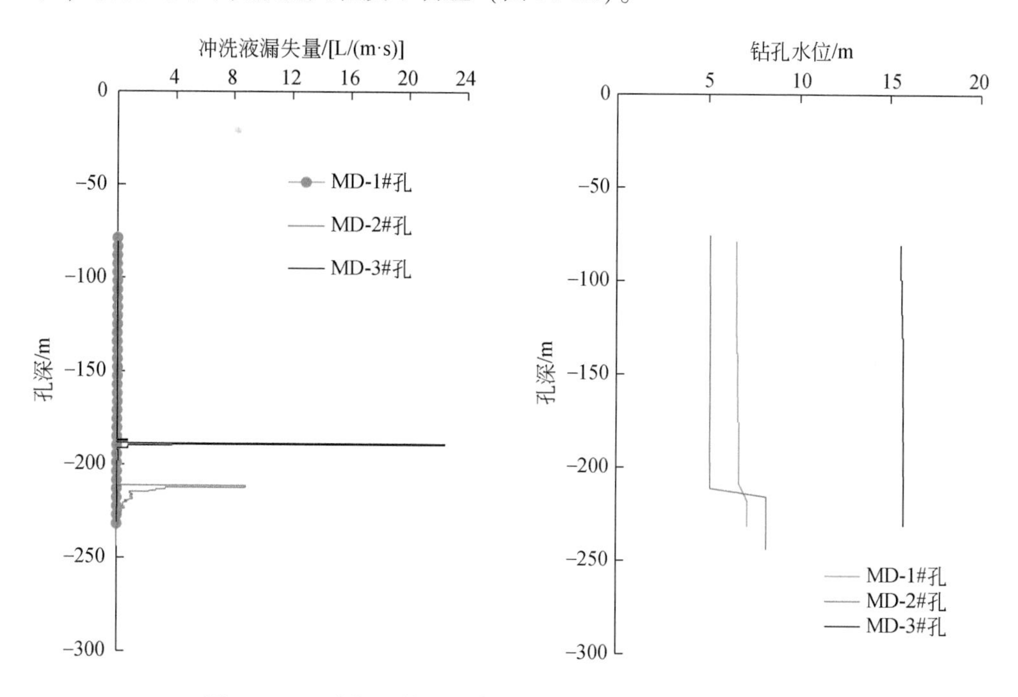

图 11-26　3 个探测钻孔的冲洗液漏失量和孔内水位变化曲线

对比工作面不同位置 3 个钻孔的钻进监测数据可见，在 MD-2#孔探测得到的孔深 211m 以下区段出现的较大冲洗液漏失和裂隙发育现象，在其他 2 个钻孔并未探测得到，表明软岩条件采动裂隙明显的自修复现象。而且，在 MD-2#孔自固井后直至孔深 240m 的钻进阶段，也未见明显冲洗液漏失和孔内水位变化现象，表明覆岩导水裂隙的自修复呈现明显"分区性"。即在垂向剖面上，不同层位对应采动裂隙的自修复程度不同，这显然与覆岩岩性以及当年开采后导水裂隙的初始发育状况密切相关；岩性越软、采后当年裂隙发育程度越小，对应后期裂隙的自修复难度越小、效果越好（目前探测时，工作面已开采完毕 7 年之久）。

11.2.5.3　大采高放采工艺裂隙演化规律与自修复模拟

实验模型按照敏东一矿已回采的一盘区钻孔柱状为参照进行构建，并对相关岩层进行适度简化。考虑到物理模拟与数值模拟在实验周期和操作难易程度上的区别，选取与现场基本一致的模型进行物理模拟，数值模拟则通过改变开采参数、开采强度等参数实现。

1. 基于物理模拟的导水裂隙带演化规律分析

物理模拟方案设计岩性分层和岩层厚度基本与 56-22 号钻孔柱状保持一致，主关键层厚度取 28m，亚关键层 2 厚度取 22m，亚关键层 1 厚度取 13m，各关键层层间软岩层严格按照柱状厚度分层铺设，关键层整层设计整层铺设，考虑到模型架高度限制，未铺设的部分软岩层和全部松散层采用铁块加载的形式，由于纯铁和砂子的密度比例约为 5∶1，在模型顶界面铺设 10cm 厚的铁块模拟上覆 50cm 厚的岩层载荷，因此最终模型铺设高度为 140cm。具体模型铺设时，对软岩层进行均化设计，铺设如图 11-27 所示的物理模拟模型。物理模拟采用长、宽、高分别为 1.12m、0.1m、1.3m 的小型实验模型架，几何相似比为 1∶200，密度相似比为 11∶6，应力相似比为 1∶320。模拟岩层采用河沙为骨料，以石膏和碳酸钙为胶结料，按照表 11-10 所示的配比进行不同岩层的铺设，不同岩层间铺设云母模拟岩层的交界弱面。

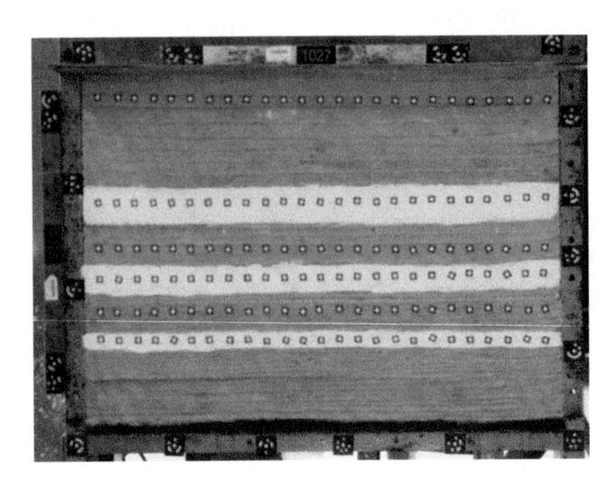

图 11-27　物理模拟模型图

表 11-10　物理模拟的相似材料配比

编号	岩性	厚度		总重/kg	材料配比							
					配比号				配比质量/kg			
		原型/m	模型/cm		河沙	碳酸钙	石膏	水	河沙	碳酸钙	石膏	水
1	松散层	52	50 载荷	0	0	0	0	0	0	0	0	0.0
2	软岩	142	46	106	4	7	3	1/9	85	15	6	11.8
3	主 KS	28	14	32	4	3	7	1/9	26	2	4	3.6
4	软岩	26	13	30	4	7	3	1/9	24	4	2	3.3
5	KS1	22	11	25	4	3	7	1/9	20	1	4	2.8
6	软岩	24	12	28	4	7	3	1/7	22	4	2	3.1
7	KS2	13	6.5	15	4	3	7	1/9	12	1	2	1.7
8	软岩	46	23	53	4	7	3	1/9	42	8	3	5.9
9	煤层	9	4.5	10	7	7	3	1/9	9	0.50	0.50	1.1

为保证设计开采模型满足相似理论中的边界效应，在开采煤层左右两侧各留设 5cm 区段边界煤柱，在模型开采实验过程中严格控制开挖步距，每次开采步距为 2cm，在煤层采动影响稳定后完成开采效果图拍摄，摄影测量系统数据采集和分析上覆岩层垮落与移动变

形情况，然后进行下一步工作面开挖循环，逐步判断煤炭开采后上覆岩层最大导水裂隙带发育高度，并与工程探测结果和数值模拟结果进行对比验证。

物理模拟开采过程如图 11-28 所示，煤层邻近上覆两层软岩层破碎程度高，部分破断块体粉化成渣随开采煤层漏失；在煤层至亚关键层 1 之间，软岩层破断充分，尤其是开采边界岩层破断角较明显，裂隙相互贯通且均为肉眼可见裂隙；亚关键层 1 在采动影响下破断成 3 个块体且破断裂隙贯通该关键层，破断裂隙发育为导水裂隙；亚关键层 1 控制的软岩层由于随其同步发生破断变形，层间产生的肉眼可见裂隙较少；亚关键层 2 和主关键层在采动影响下，顶界面在开采边界处形成两个小裂隙，底界面在开采中间形成一个小裂隙，但产生的裂隙均未贯通；亚关键层 2 上覆岩层移动变形值较小且裂隙发育程度弱。

综合物理模拟模型采动覆岩裂隙分布素描图（图 11-29）分析结果可知，在采宽 100cm 即对应实际工作面采宽 200m 时，上覆岩层采动裂隙发育至亚关键层 2 底界面，且采动裂隙可以相互贯通，由此可初步推断煤层采后上覆岩层最大导水裂隙发育至亚关键层 2 底界面，对应导水裂隙带高度为 41.5cm，按照 1∶200 的相似比换算为实际“导高”为 83m。

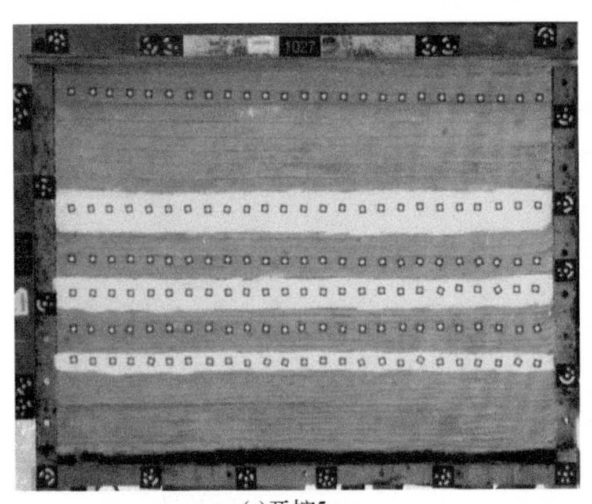

(a)开挖5cm

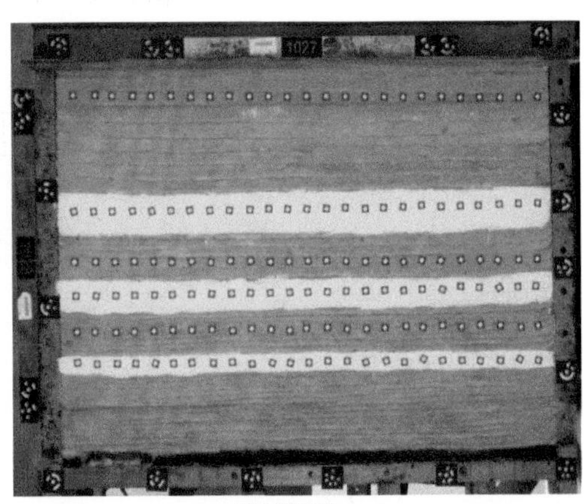

(b)开挖17cm

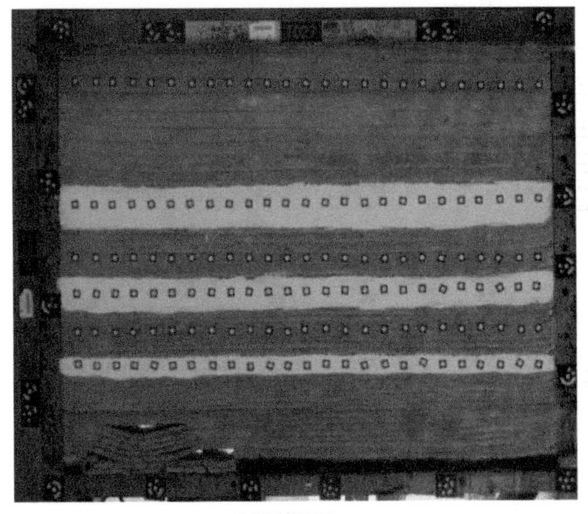

(c)开挖37cm

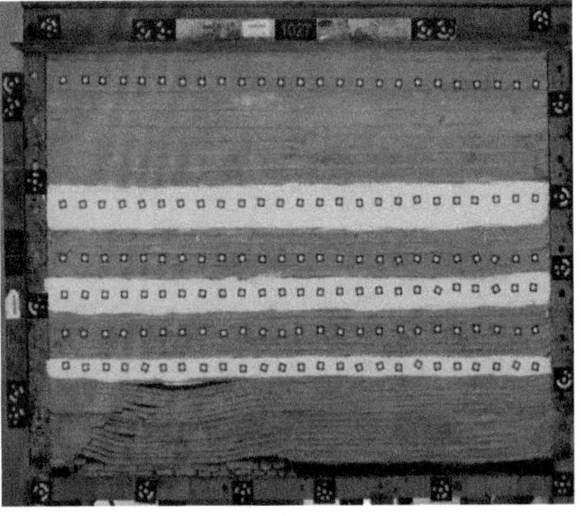

(d)开挖51cm

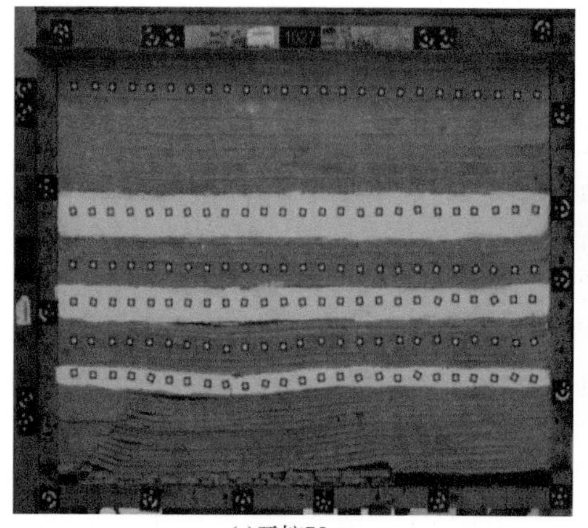

(e)开挖75cm

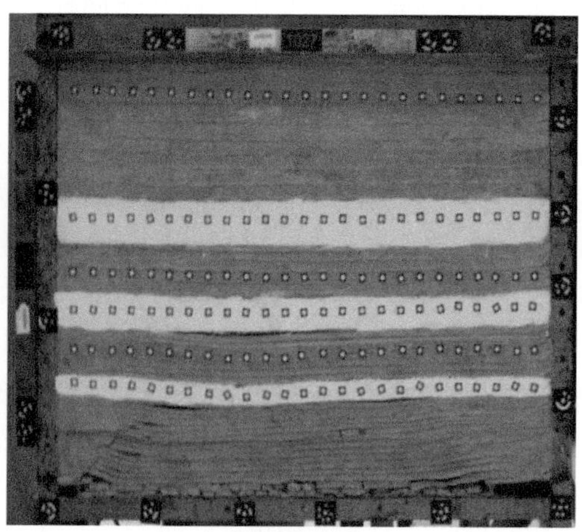

(f)开挖100cm

图 11-28　物理模拟开采过程

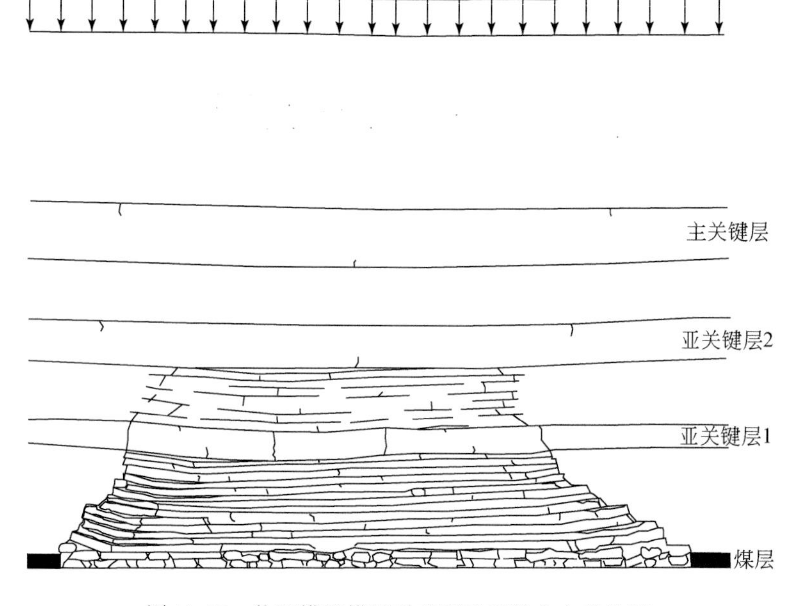

图 11-29　物理模拟模型采动覆岩裂隙分布素描图

2. 基于数值模拟的导水裂隙带演化规律分析

数值模拟实验采用 UDEC 数值计算软件进行数值计算模型的构建。通过基础模型改变采高、采宽等因素来对比研究覆岩导水裂隙的演化规律。模型中各岩层赋存特征及力学参数见表 11-11。

表 11-11　数值计算基础模型中各岩层赋存特征及力学参数

岩层	厚度/m	密度/(kg/m^3)	体积模量/GPa	剪切模量/GPa	内摩擦角/(°)	黏聚力/MPa	抗拉强度/MPa
表土层	52	2000	20	10	20	2	1
软岩层 4	142	2500	40	20	10	2	1.0
主关键层	28	2700	300	260	35	8	9.8
软岩层 3	26	2500	60	40	10	6	1
亚关键层 2	30	2700	100	80	30	6	6.8
软岩层 2	24	2500	40	20	10	5	3.0
亚关键层 1	13	2700	60	40	20	4	2.3
软岩层 1	46	2500	15	10	10	4	2.0
煤层	9	1500	30	15	20	3	2
底板	20	2500	40	22	8	4	3

按照工作面采高、采宽、关键层赋存，以及区段煤柱留设等因素不同，设计表 11-12 所示的数值模拟方案，主要考察导水裂隙带高度、导水裂隙带发育形态，以及导水裂隙带侧向偏移距等关键参数。

表 11-12　数值模拟实验方案

模拟方案	采高/m	采宽/m	采深/m	关键层层数	备注
1	6	200	383	3	采高不同
2	9	200	383	3	采高不同
3	12	200	383	3	采高不同
4	9	100	383	3	采宽不同
5	9	300	383	3	采宽不同
6	9	400	383	3	采宽不同
7	9	200	383	2	亚关键层 1 缺失
8	9	200	383	2	亚关键层 2 缺失
9	9	200	383	3	5m 区段煤柱
10	9	200	383	3	20m 区段煤柱
11	9	200	383	3	35m 区段煤柱

实验过程中主要通过提取煤层开采后不同岩层测点的水平变形值来判断相应区域岩体变形是否超出水平变形临界值，从而判断相应区域是否出现导水裂隙带、裂隙带发育高度和形态及左右两侧最大侧向偏移等变化规律。

数值模拟分析通过在覆岩不同层位设置测线，根据不同区域岩层的水平变形值确定相应区域是否发生破裂而导水；结合敏东一矿曾开展的覆岩“三带”高度实测结果，将覆岩处于导水裂隙带的水平变形临界值设为 5mm/m。由此可通过覆岩水平变形等值线图绘制相应的导水裂隙带范围。据此，通过改变采宽、采高、区段煤柱留设等，计算得到了不同开采强度下的覆岩导水裂隙发育规律。

如图 11-30 所示为不同采高条件下覆岩导水裂隙带轮廓图。当煤层采高 6m 时，上覆岩层导水裂隙发育至亚关键层 2 底界面，最大导水裂隙发育高度为 83m；当煤层采高 9m 时，上覆岩层导水裂隙同样发育至亚关键层 2 底界面，最大导水裂隙发育高度为 83m；当煤层采高 12m 时，上覆岩层导水裂隙发育至主关键层底界面，最大导水裂隙发育高度为 131m。在不同采高条件下，上覆岩层导水裂隙发育形态均呈马鞍形，且随着采高增加，导水裂隙发育至相应关键层层位不断上移，最大导水裂隙发育高度呈阶梯式增加，导水裂隙带左右两侧最大侧向偏移距也随之增大。

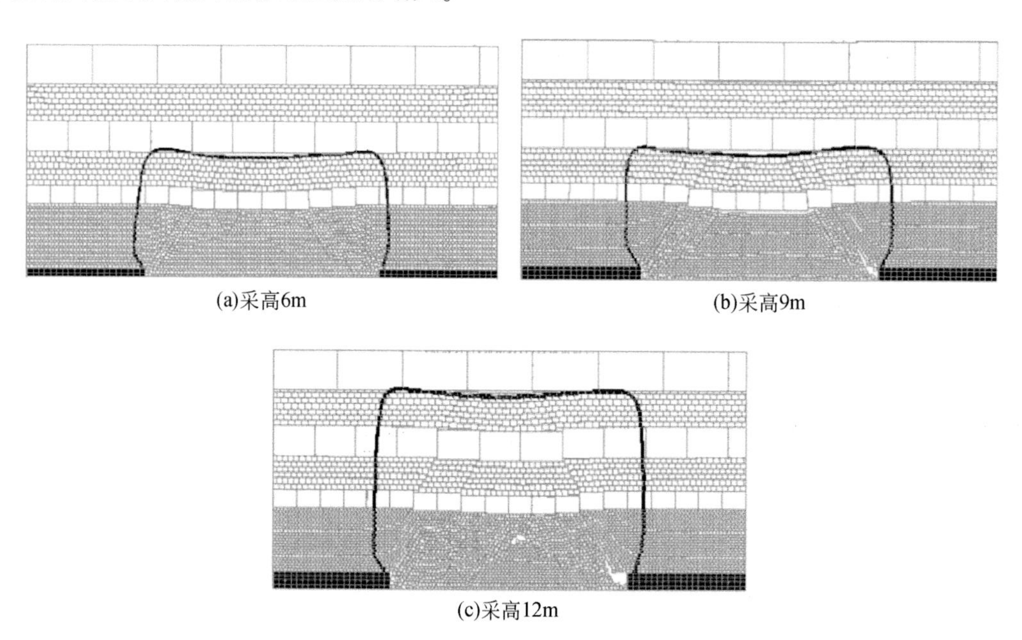

(a)采高6m　(b)采高9m　(c)采高12m

图 11-30　不同采高条件下覆岩导水裂隙发育图

图 11-31 和图 11-32 分别为不同采宽和不同区段煤柱宽度条件下的导水裂隙发育模拟结果。随着采宽的增加，导水裂隙带高度及其侧向偏移距离随之增加，但增加到一定程度趋于稳定。而随着相邻工作面间区段煤柱宽度的减小，两工作面开采引起的覆岩导水裂隙带区域重叠，并在区段煤柱处重新压实而裂隙闭合。

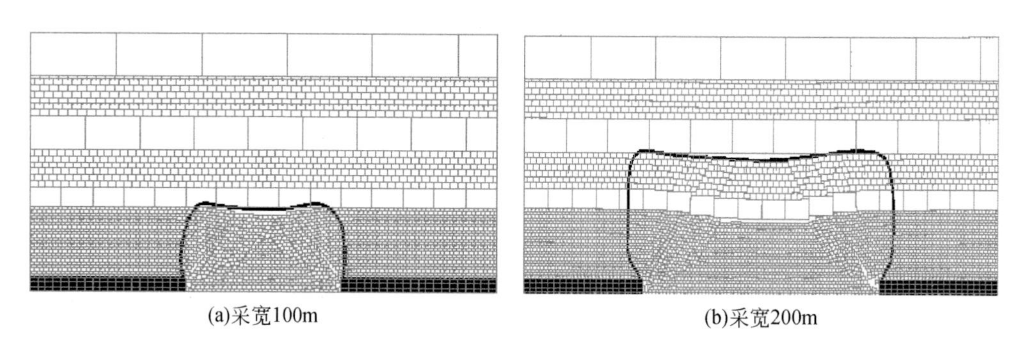

(a)采宽100m　(b)采宽200m

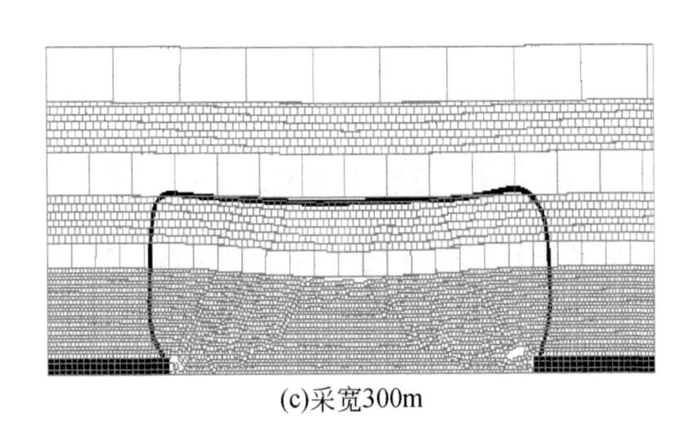

(c)采宽300m

图 11-31　不同采宽条件下导水裂隙发育图

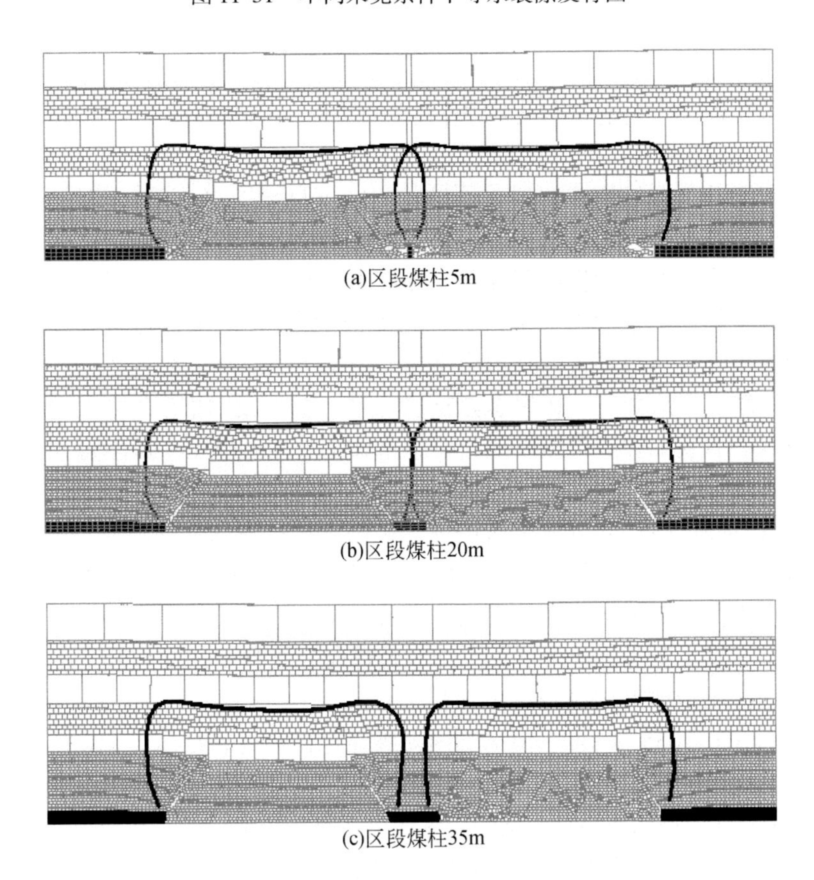

(a)区段煤柱5m

(b)区段煤柱20m

(c)区段煤柱35m

图 11-32　不同区段煤柱宽度条件下导水裂隙发育图

综合物理与数值模拟研究表明，煤层采后上覆岩层最大导水裂隙带实际“导高”为83m；数值模拟显示，覆岩导水裂隙带发育形态均呈马鞍形，随采高增加发育至相应关键层位不断上移，最大高度呈阶梯式增加，最大侧向偏移距也随之增大。采高6m、9m和12m时，最大导水裂隙发育高度分别为83m、83m和131m；随采宽增加，导水裂隙带高度及侧向偏移距离随之增加且逐步趋于稳定，随着相邻工作面间区段煤柱宽度减小，导水裂隙带区域重叠并在煤柱处重新压实而致使裂隙闭合。

第12章　蒙东酷寒草原区井工煤矿生态修复技术应用解决方案

12.1　敏东一矿生态建设规划

12.1.1　井工矿区生态建设思路

呼伦贝尔市中西部绿色矿业发展示范区是内蒙古自治区重点建设的三大示范区之一，而敏东一矿是打造以煤炭安全高效开采、矿井水零排放、地表生态采动损伤零库存为特色的示范分区，是东部草原大型煤电基地井工煤矿生态矿山建设的典型代表，矿方以《山水林田湖草生态保护修复工程指南（试行）》为指导纲领，以地下水保护与利用、沉陷地与沙化地治理及植被优选与恢复关键技术为支撑，采用生态引导、结构改进、分景施策和斑块融合的推广策略，形成敏东一矿生态修复“一景一策”技术推广思路，全面实施山水林田湖草沙生态保护修复工程。根据以上建设思路确定了如下敏东一矿生态建设近期与中远期目标：

近期目标（到2025年）：建立完善的绿色矿山标准体系和管理制度，采前对生态环境评估规划，采中对生态环境同步治理，采后对生态环境修复提升，打造煤炭开发与生态环保协调共生的全生命周期生态治理新模式。重点建设以井下矿井水原位保护与采煤沉陷区治理为重点的生态修复典范，兼顾矿井水洁净处理与分质利用，实现井下矿井水原位保护与地表采动损伤区域治理率96%以上的目标。

中远期目标（到2035年）：全面达到国家级绿色矿山建设要求，以敏东一矿、鄂温克电厂以及煤电皮带走廊区域为中心，以保水降损、土-植协同和斑-块-区融合为目标，提出开采减损型、土质增容型和地貌自然型的一体化生态修复集成模式，形成煤炭安全开采与井上下生态保护相协调统一，实现矿井水零排放与地表采动损伤区域治理率100%的目标。

12.1.2　井工矿区生态治理重点区域

以本地适宜的生态系统为参照，按照国家、行业及地方相关标准，结合大型煤电开发的生态影响机理和累积效应、井工矿区生态恢复关键技术研发成果和示范区生态建设的总体规划，针对敏东矿区严寒、干旱、土壤瘠薄、生态环境脆弱条件下煤炭资源高强度开采和区域环境变化引起的生态治理难题，布局确定敏东一矿生态治理重点区域，为大型煤电基地区域生态安全提供科技支撑和借鉴。

1. 采煤沉陷生态修复区

敏东一矿煤炭的大规模持续开采，形成了大面积的采煤沉陷地，引发地形地貌损伤、土壤受损、植被退化等一系列生态问题。因此，采煤沉陷地是未来五年矿区生态建设中的主要生态修复区。自 2012 年试生产以来，敏东一矿形成的采煤沉陷区面积约为 385.33hm²，其间矿方组织开展了对采煤沉陷区的回填、夯实、平整等治理工程，取得了一定的成效。但在沉陷地植被恢复建设方面与国家绿色矿山建设要求仍存在一定差距，因此针对未来 5 年将形成的 252.88hm² 沉陷地，要在基础治理工程前提下，侧重恢复沉陷地原生草原，重点提升恢复区物种多样性和健康水平，从而形成生态稳定趋近健康的修复效果。

2. 沙化地及潜在沙化地治理区

目前，敏东一矿沙化地主要以斑块形式分布于矿区西北区域，总面积约 8.91hm²，但通过对照不同年份的卫星影像发现，斑块沙化地有逐步向四周侵蚀扩张的趋势，预计未来 5～10 年，沙化地区域面积将达到当前的数倍，沙化地的系统研究与治理技术研发急需提上日程。因此，应加快研究沙化地流动规律及周边潜在沙化区域演化机理，积极推进沙化土地改良关键技术与适应性物种优选技术研发进度，系统分析植物种子与幼苗组合方式的可行性，针对性地提出已沙化地和潜在沙化地治理技术应用解决方案，彻底抹除敏东一矿地表这一生态“斑块伤疤”。

3. 井下地下水资源原位保护区

井下地下水资源原位保护重点是寻找工作面开采后在上覆岩层中形成的导水裂隙主通道，提出导水裂隙主通道注浆封堵与促进采动损伤岩体自修复方法，按照零排放、生产安全、生态安全和经济与可操作的原则，基于地下含水层、采动覆岩损伤规律、软岩区开采工艺优化、采动覆岩赋水性和地下水流场变化规律研究与试验分析，通过地下水原位保护的技术可行性研究和典型地段工程试验，获得软岩富水区井工开采条件下地下水保护与安全开采的协调模式，为实现矿井水零排放和安全开采提供科技支撑。

12.1.3　敏东一矿生态建设面临的难点问题和需求

12.1.3.1　敏东一矿生态建设面临的难点问题

1. 矿牧活动加剧生态脆弱性和草原退化趋势

（1）生态本底条件脆弱。敏东一矿矿区处于东部草原区北部酷寒带，地理上位于伊敏河以东的缓坡丘陵干草原与河谷冲积平原、湖积平原的过渡带。在气候方面，该区域属中温带大陆性季风气候，年平均气温-1.1℃，春季少雨而干旱，夏季短促、无霜期短，冬季漫长、多风且严寒，植物生长相对周期较短；在地表土壤方面，该区域以草甸土为主，构成非地带性土壤，土壤养分状况是缺磷、富钾、氮中等，而且土壤有机质含量 2%～3.68%，有机质含量少，持水保肥能力差，土壤相对贫瘠，尽管发育有沙质草甸土和沼泽土，但因长期超载过牧及家畜践踏，土壤板结严重，个别严重地段已被流沙覆盖，地上植被稀疏，表现出明显的退化趋势，特别是降水少、土壤资源稀缺，加之牧业活动规模大，显示属于生态脆弱区。

（2）草原退化趋势凸显。呼伦贝尔草地土壤以风沙土为主，其中包括固定风沙土、半固定风沙土和流动风沙土。风沙土质地较粗，物理性沙粒（>0.01mm）占75%～80%，以中沙和细沙为主，沙层厚度深达400～500m，最深处达900m。这些风沙土是造成呼伦贝尔草地沙化特殊的地貌格局和脆弱的地表物质的基础，而受东南亚季风影响的气候条件又是区域土地沙漠化的自然驱动力。而第四纪河湖冲积与洪积运动在地表所积累的深厚砂物质，又为风沙活动提供了主要沙源，加之农牧、采矿和土地开发利用等多重因素的共同作用，地表植被的严重损伤、沙丘的重新活化，使沙地生态系统潜在的脆弱性变成现实的环境灾害。目前，在敏东一矿西北部已有5个沙化地向周边不断侵蚀，如不及时采取有效的治理措施，将在未来几年内持续扩张直至形成一整片沙化区域，治理成本和难度都显著增加，控制斑块沙化地扩张趋势，防患于未然是对生态建设的巨大挑战。

（3）受开采扰动影响大。敏东一矿工作面平均倾向长度约240m、走向长度约1800m，开采煤层高度8～12m，属于厚煤层高强开采工作面；在工作面回采过程中，大量煤体采出使得上覆岩层冒落带和裂隙带发育程度增高，采空区上覆岩层活动程度剧烈且滞后周期长，引起的上覆岩层损伤范围广，上覆岩层中的含水层以及地表土壤必将受到剧烈采动影响，如首采的Ⅰ01163上01工作面，矿井总涌水量一度达到1055m^3/h，因涌水量较大被迫停产。而在工作面上方对应的牧草地上则形成沉陷、隆起及地表裂缝等非连续变形破坏，加速了地表土壤的沙化，导致了土壤肥力的下降，加剧了对植被的损害。通过开采减损和地表生态修复止损显得尤为必要。

2. 地下水资源丰富与生态用水短缺的矛盾突出

敏东一矿井田地质综合研究表明，煤系地层岩石强度低，岩性软，属软弱岩层，煤层顶板属软弱覆岩，上覆共赋存有4层含水层，由上向下分别为第四系砂砾岩含水层、15煤层组顶板及层间砂砾岩含水岩组（Ⅰ号含水层）、16煤层组顶板砂砾岩含水岩组（Ⅱ号含水层）、16煤层间砂砾岩含水岩组（Ⅲ号含水层），其中16煤层间砂岩含水层是影响工作面安全开采的主要含水层，与16煤组顶板砂岩含水层间隔水层厚度仅为11.4～27.29m，上覆15煤层组顶板及层间砂砾岩、砂岩含水岩组含水层厚度介于50.21～77.97m。目前含水层已基本达到动态平衡，证明16煤层间砂岩含水层不仅富水性强，而且补给条件较好，对首采工作面安全开采构成极大威胁。在首采工作面进行回采的过程中，综放开采形成的导水裂隙带引导地下水涌入矿井，尽管采用探放水工程治理，但目前仍然维持在500m^3/h左右，表明敏东一矿总体上地下水资源丰富。

与丰富的地下水资源相比，地表生态修复可用水资源匮乏，而开采引起的地表沉陷和植被损伤加剧植被退化和土地沙化等一系列生态问题，加之第四系砂砾岩含水层水质不能直接满足植被生长的要求，凸显地下水资源丰富与生态用水短缺的矛盾，矿井水储存与洁净处理后，生态利用将是解决敏东一矿地表生态用水短缺，促进生态修复的重要技术途径。

3. 安全开采与区域生态建设发展要求逐步提升

近年来，国家与内蒙古自治区对矿产资源开发利用，尤其是草原脆弱生态区域煤炭开发引起的生产安全和生态安全问题尤为重视，按照《内蒙古自治区人民政府关于印发自治区绿色矿山建设方案的通知》和《山水林田湖草生态保护修复工程指南（试行)》，提出了呼伦贝尔市中西部绿色矿业发展示范区建设方案，用这一系列的标准、指南来指导、规范和约束煤炭生产企业，并确立了要坚持人与自然和谐共生的基本方略，以及坚持节约优先、保护优先、自然恢复为主的方针，进一步指导、规范煤炭生产企业的行为，确保煤炭企业在安全生产开采的同时，做好矿区的生态建设。

对于敏东一矿井工开采而言，特定的井工软岩富水开采地质条件下，面临井下矿井水大量零排放、地表沉陷区不断增加以及沙化地向周围侵蚀扩张等生态难题，将在未来相当长的时间内成为制约敏东一矿绿色矿山建设和可持续发展的主要因素。生态修复关键技术研发与示范应用推广，则为敏东一矿解决上述难点提供了良好的契机。敏东一矿需根据自身矿区生态建设需求，多方协同，共同做好未来生态建设重点工程规划，充分将项目现有关键技术研发和示范工程成果融入未来矿区生态建设过程中，形成矿区滚动式生态修复的可持续生态建设发展模式。

12.1.3.2　敏东一矿生态建设需求分析

与大型露天开采生态损伤相比，井工开采生态损伤有其自身特点，由于软岩富水的复杂地质条件和地表脆弱的生态环境，厚煤层高强度开采势必对上覆岩层中的含水层以及地表生态环境造成剧烈的采动影响。针对呼伦贝尔大型煤电基地生态修复的水、土、植资源匮乏难题，适宜性生态修复技术和模式显得尤为重要。

1. 加强采煤沉陷区地表生态修复水平，促进井工开采与生态稳定性协同

敏东一矿井工开采引起的地面沉陷使地表发生变形，矿区的地层较软形成的沉陷地较为平缓整齐且地面沉陷的幅度较小，对矿区和周边居民的生产生活影响相对较小，同时沉陷地原土地利用类型为草地，可不对矿区进行平整土地以免损伤沉陷地表层的植被及有效土层结构，只对沉陷区内的隆起和地表裂缝进行治理和植被重建，充分利用原有的地形，随坡就势；地表稳沉后的永久性裂缝，很难自愈，长时期内将对生态环境产生不可逆的破坏，可通过“深部充填-表层覆土-植被建设”的永久性地裂缝治理三步法进行整治。充填过程中，针对东部草原荒漠化的特点，尽量减少对裂缝两侧原生牧草地的扰动；植被配置方面，可根据裂缝区与隆起区的土壤特性，采取豆科牧草与禾本科牧草混播方式，选择草种为豆科植物紫花苜蓿，禾本科植物沙生冰草、地榆及披碱草。总之，通过水-土-植协同，系统提升修复效果、生态稳定性和健康水平。

2. 加强沙化地治理和潜在沙化地控制，促进矿区发展与区域生态安全协同

敏东一矿矿区及周边由于长期受气候环境以及矿山开采影响，该区域出现景观破坏、土壤沙化和退化、植被退化与生物多样性降低、生态系统功能及稳定性降低等生态退化问题，严重威胁区域和草原生态安全，为有效减少水土流失，提高生态脆弱区生态系统的稳定性和可持续性、改善矿区生态环境和矿区居民生活居住环境质量，采用有效的治理与控制方法开展沙化地及潜在沙化地进行生态修复与治理。如使用粉煤灰和腐殖酸综合改良沙化土壤，改善沙化区域土壤结构和功能，在沙化区域铺设草方格沙障、种植适沙植物和构建控沙植物群落，抵御风沙侵蚀，实现控制沙化区域面积扩大趋势、恢复沙化区域地表植

被盖度的目标。

3. 加强地下水资源保护与利用，推进安全、资源和生态协同

敏东一矿受煤系地层中多层强富水含水层的影响，井下采煤活动引发含水层损伤与地下水涌出严重，导致矿井涌水量曾一度达到1055m^3/h（目前仍稳定在500m^3/h左右），对矿井安全、高效、绿色开采造成严重影响，如何兼顾矿井水资源保护与安全采煤，成为矿井及草原区类似矿区亟待解决的重大技术难题。因此，基于敏东一矿地下水泄流空间关系和重点地段，以地下含水层保护和煤矿安全开采的协调开采为目标，以地下水渗流均衡控制为准则，按照地下水位动态调控原理，采用地质+开采数值模拟定区、高精度电法定段、钻探控制泄流点、地下水位监控的技术思路，通过可行性研究和重点地段方法钻探验证，探索获得适用于敏东一矿软岩区地下水保护与安全开采的协调开采模式，是大幅度降低矿井水涌水量和控制工作面安全开采的有效途径。

12.2 敏东一矿生态修复技术应用模式与关键技术体系

12.2.1 井工矿区生态修复技术应用模式

根据国家、内蒙古自治区绿色矿山建设要求以及敏东一矿区生态建设面临的突出问题，围绕敏东矿区绿色矿山建设和区域山水林田湖沙一体化生态建设目标，结合井工开采和生态修复特点，提出了适用于大型煤电基地井工矿区的生态修复技术应用模式，重在降低井工开采生态损伤水平、提升生态修复效率和生态稳定性水平、系统优化矿区景观格局，重点治理煤炭开采造成的地表凸起凹陷、土壤植被损伤、含水层破坏和地下水补排径紊乱，气候地质环境变化引起的沙化地扩张、草原植被退化和生态脆弱性加剧，工业活动形成的沙化景观碎块、工业广场斑块和潜在风险渐增，实现矿井安全生产与矿区生态重建总体融合（图12-1）。

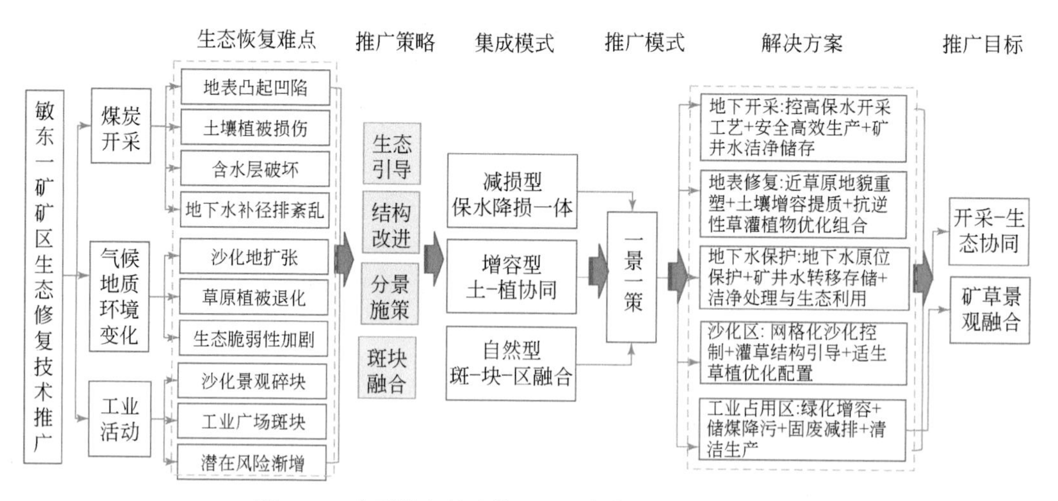

图12-1 大型煤电基地井工矿生态修复技术应用模式

12.2.2　井工矿区生态修复关键技术体系

针对敏东矿区严寒、干旱、土壤贫瘠且稀少、生态环境脆弱的特点，结合煤炭资源高强度开采引起的地下水运移转移、地表沉陷、地表裂缝发育、地表隆起等持续性生态问题，以及开采加剧的地表沙化、生态退化等，基于大型煤电开发的生态影响机理和累积效应、井工矿区生态恢复关键技术研发成果及工程应用经验和示范区生态建设的总体规划，统筹考虑高强度井工开采系统减损、草原开采地表沉陷区生态修复、软岩区地下水资源保护与利用技术、草原区沙化地生态恢复与控制技术和矿区生态稳定性提升技术等，布局确定工程治理重点区域，全面推进矿区未来5年示范工程建设，为有效提升敏东一矿采煤沉陷区地表生态修复水平、推进沙化地及潜在沙化地治理、实现地下水资源原位保护与分质利用、形成面向示范区可持续开发的生态修复技术体系提供科技支撑和借鉴（图12-2）。

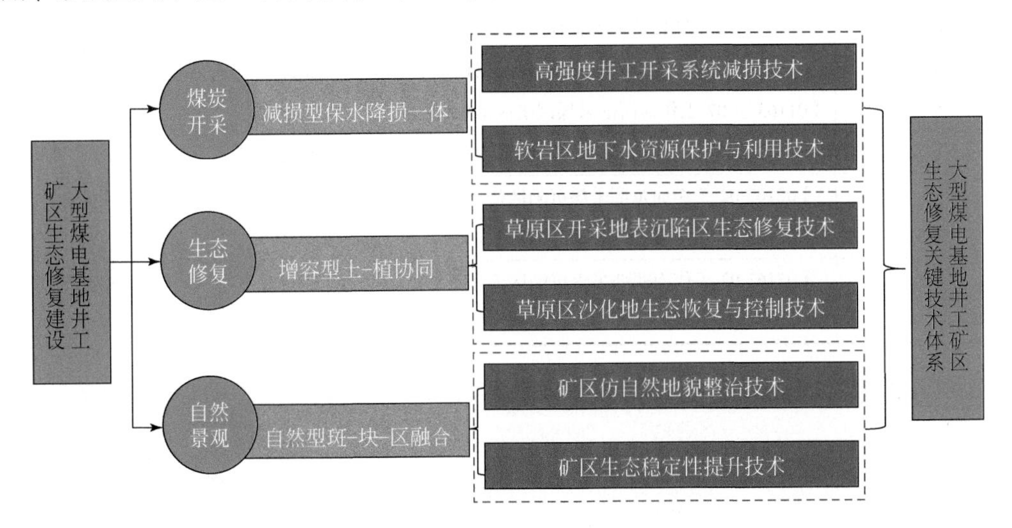

图12-2　大型煤电基地井工矿区生态修复关键技术体系

12.3　生态建设重点工程

12.3.1　采煤沉陷区生态修复工程

采煤沉陷地是未来5年矿区生态建设中的主要生态修复区，也是煤炭安全生产的必治区域，按照500万t/a的原煤产量，预计地表沉陷区将会达到3793.2亩。基于边采、边复、边补的原则，沉陷区生态修复包括修、复、补三项内容。其中，修重在治理采煤沉陷地表损伤，复重在恢复原生草原，补重在提升恢复区物种多样性和健康水平，从而形成生态稳定趋近健康的修复效果。采用工程治理沉陷区，根据地表土壤特性进行植被优化配置，进一步提升工程治理效果，起到防风固沙的作用和美化矿区环境的作用，促进矿区生态建设。

1. 工程治理区域目标

敏东一矿地表生态环境损伤方式主要包括工作面采动引起地表缓慢整体沉陷、周期性裂缝以及局部区域凹陷凸起，通过低保沉降观测确定沉陷稳定期为 12 个月，治理周期为开采后 1 年。根据敏东一矿 5 年生产接续计划，结合地表沉陷时空演化规律，制定了敏东一矿工程治理区域目标的五年规划（表 12-1，图 12-3）。

表 12-1　工程治理区域目标的五年规划

序号	计划治理单元	治理年度	治理面积/亩
1	Ⅰ0116 306 工作面采煤沉陷区治理工程	2021	915. 6
2	皮带走廊东侧景观绿化工程	2021	55. 5
3	沙化地治理工程	2021	133. 8
4	职工安全教育培训中心景观绿化工程	2022	9. 75
5	Ⅰ01163 上 07 工作面西部采煤沉陷区治理工程	2022	531. 3
6	Ⅰ01163 上 07 工作面东部采煤沉陷区治理工程	2022	672. 6
7	Ⅰ02163 02 工作面东部采煤沉陷区治理工程	2023	496. 2
8	Ⅰ02163 02 工作面中部采煤沉陷区治理工程	2024	469. 2
9	Ⅰ02163 02 工作面西部采煤沉陷区治理工程	2025	509. 25
	合计		3793. 2

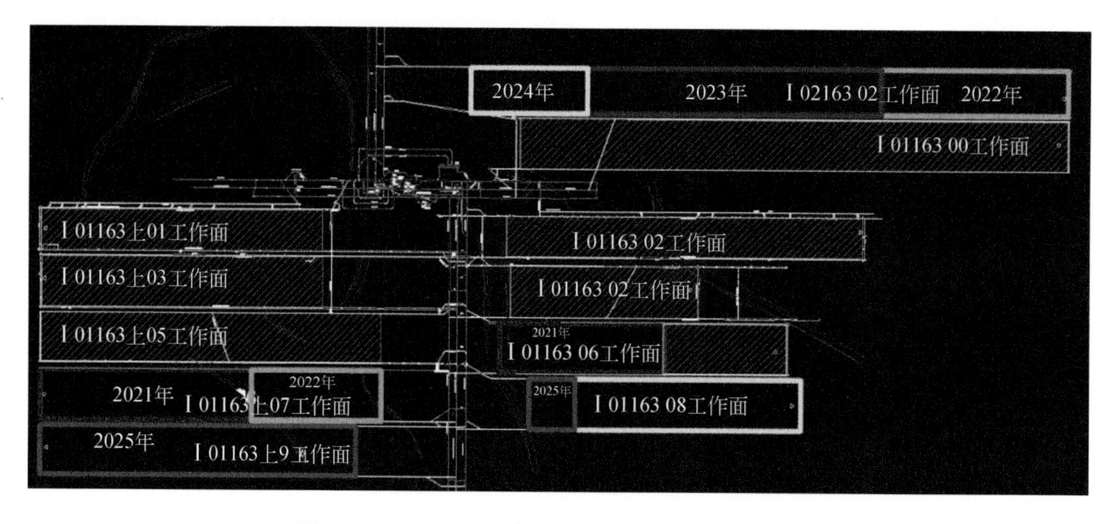

图 12-3　2021～2025 年采煤沉陷生态修复区分布图

2. 生态修复方法和主要指标

1）沉陷区土地平整

采用裂缝充填—隆起区剥离—土地平整的工艺路线，其中：

裂缝充填。采用风成沙、粉煤灰、水按照1∶1∶0.8的比例混合成浆状物，使用小型注浆设备将风成沙、粉煤灰、水的混合浆状物注入裂缝中，充填至距地表0.2m处。

隆起区剥离。在施工前需将隆起高度在30cm以上部分全部剥离，集中堆放，以人工治理方式为主，为防止水土流失采取一定的防护措施，尽可能地保护原表土，填充至裂缝表面。

土地平整。裂缝带使用小型拖拉机把地耙平，地形与原地貌保持一致。隆起带的隆起高度在30cm以下的直接耙平，采用人工和机械相结合的方式对平整后的表土进行必要的碾压，碾压至天然土壤的干密度，以减少下沉。

2）初期植被配置与种植模式。

遵循生态系统自我修复的功能原则，对采煤沉陷地及废弃地的治理应遵循少扰动少损伤的原则，尽可能保护自然的原生植被、植物群落。在土地整治后可在相应区域内开展植被的建植。选择植被种类应综合考虑示范区域的气候和本底情况，选择乡土、抗逆性强（可以适应干旱、严寒、土壤贫瘠及生长较快）的植被种类。可优先选择豆科植物，加速土壤固氮，提高土壤肥力。综合考虑景观效果，使其尽可能融合草原景观，选取植被种类尽可能选择草本植物。

针对受损区域内土壤微生物缺失的情况，通过添加土壤微生物（如丛枝菌根真菌）微生物关键技术措施，提高植物生长速率和抗逆性，加快矿区生态修复速度，高效、快速、经济、可持续地建立起持续稳定的人工生态系统。

综合以上因素，进行植被合理种植和布设。

种植区域：主要种植于采煤沉陷区经地表裂缝填充后的恢复区域。

植物种选择：无芒雀麦、冰草、老芒麦、羊草、沙打旺、紫花苜蓿。为近似模拟草原植被，采用禾本科植物与豆科植物混播的方案。该播种方案已在北电胜利矿区进行试验示范，试验方案表明豆科∶禾本科为1∶2或1∶3条件下效果较好。但考虑到北电胜利矿区与敏东矿区现场条件有一定差异，建议前期对四种方案进行播种试验，后续根据实验效果进行大面积推广使用为宜（表12-2）。

表12-2　草本混播区牧草配比方案

植物种	禾本科与豆科权重比1∶1	禾本科与豆科权重比2∶1	禾本科与豆科权重比3∶1	禾本科与豆科权重比1∶2
	权重1	权重2	权重3	权重4
无芒雀麦	0.125	0.167	0.1875	0.083
冰草	0.125	0.167	0.1875	0.083
老芒麦	0.125	0.167	0.1875	0.083
羊草	0.125	0.167	0.1875	0.083
沙打旺	0.250	0.167	0.125	0.333
紫花苜蓿	0.250	0.167	0.125	0.333

草本混播区：6种草本，2种接菌处理，4种混合比例，条播播种。

无芒雀麦草籽播撒量：禾本科∶豆科=1∶1混播$667m^2 \times 5.93g/m^2 = 3.96kg$，禾本科∶豆

科=2∶1 混播 $667m^2$×6.12g/m^2=4.08kg，禾本科∶豆科=3∶1 混播 $667m^2$×6.17g/m^2=4.12kg，禾本科∶豆科=1∶2 混播 $667m^2$×5.61g/m^2=3.74kg。

冰草草籽播撒量：禾本科∶豆科=1∶1 混播 $667m^2$×2.97g/m^2=1.98kg，禾本科：豆科=2∶1 混播 $667m^2$×3.06g/m^2=2.04kg，禾本科∶豆科=3∶1 混播 $667m^2$×3.09g/m^2=2.06kg，禾本科：豆科=1∶2 混播 $667m^2$×2.81g/m^2=1.87kg。

老芒麦草籽播撒量：禾本科∶豆科=1∶1 混播 $667m^2$×5.93g/m^2=3.96kg，禾本科∶豆科=2∶1 混播 $667m^2$×6.12g/m^2=4.08g，禾本科∶豆科=3∶1 混播 $667m^2$×6.17g/m^2=4.12kg，禾本科∶豆科=1∶2 混播 $667m^2$×5.61g/m^2=3.74kg。

羊草草籽播撒量：禾本科∶豆科=1∶1 混播 $667m^2$×4.01g/m^2=2.67kg，禾本科∶豆科=2∶1 混播 $667m^2$×4.13g/m^2=2.75kg，禾本科∶豆科=3∶1 混播 $667m^2$×4.17g/m^2=2.78kg，禾本科∶豆科=1∶2 混播 $667m^2$×3.79g/m^2=2.53kg。

沙打旺草籽播撒量：禾本科∶豆科=1∶1 混播 $667m^2$×0.56g/m^2=0.37kg，禾本科∶豆科=2∶1 混播 $667m^2$×0.29g/m^2=0.19kg，禾本科∶豆科=3∶1 混播 $667m^2$×0.195g/m^2=0.13kg，禾本科∶豆科=1∶2 混播 $667m^2$×1.07g/m^2=0.71kg。

紫花苜蓿草籽播撒量：禾本科∶豆科=1∶1 混播 $667m^2$×0.59g/m^2=0.39kg，禾本科：豆科=2∶1 混播 $667m^2$×0.31g/m^2=0.21kg，禾本科：豆科=3∶1 混播 $667m^2$×0.21g/m^2=0.14kg，禾本科：豆科=1∶2 混播 $667m^2$×1.12g/m^2=0.75kg。

土壤要求：沙质土壤、栗钙土等。

施工条件：对裂缝区进行基本治理后，土壤整平即可。

播种方式：撒播或条播（建议条播）。

菌剂施用：Funneliformis（简称 F）。

接菌方式：混种播撒。为了考察微生物菌剂对矿区沉陷区复垦效果的影响，在试验区设置了参考区（CK）与接菌区（+M）。接菌处理区，将菌剂与草籽混匀，随草籽一同播撒，需菌剂量约为 30kg/亩。

灌溉方法：灌溉设施可根据实际条件进行控制，如可布设灌溉设施，建议植物养护时间 3 年，第 1 年管道浇水 8 次，第 2、第 3 年浇水 6 次，共计浇水 20 次，不施肥，不除草。如无法进行人工灌溉可考虑雨季播种。

生态监测：对植被生长及改良后的土壤质量进行定期监测，以评价其恢复效果，以便于对其进行改进提升。

自种植日起，每年 6~9 月进行监测，前 3 年每年 2 次，共监测 6 次。后续可进行种植区长期持续监测，确保植被修复效果的稳定性和可持续性。

3）植物优选与再配置

在植被建设第 2 年，根据效果评价结果优化植被配置方案，在沉陷区治理范围内，建议在原有植被配置方案的基础上增加本地植被物种，逐渐提高植物群落多样性和抗逆性。

3. 工程实施期限与阶段性任务

2021 年度：实地调研与考察，对沉陷区示范工程通过土壤含水率、养分指标、植被生长状况等指标进行效果评价，优化工程治理方法与植被配置方案。

2022 年度：对实施方案进行优化，完善工程治理技术与植被配置方案，进一步获取土壤养分、植被生长状况等指标，并对恢复效果进行评价。

2023 ~ 2025 年度：通过对示范工程方案的效果评价与优化，形成适合东部草原井工矿沉陷区的工程治理与植被配置方案。

12.3.2　矿区周围沙化地及潜在沙化地整治

1. 沙化地及潜在沙化地治理区域

沙化地治理工程地点位于内蒙古自治区呼伦贝尔市鄂温克族自治旗境内，主要集中在敏东一矿西北部的沙化地及潜在沙化地分布区域（图 12-4）。

图 12-4　未来 5 年沙化土地及潜在沙化地治理范围示意图

2. 沙化地治理方法

沙化地治理将通过使用粉煤灰和腐殖酸综合改良沙化土壤，使沙化区域土壤结构和功能有所改善，在沙化区域铺设草方格沙障，种植植被，提升土壤含水率、养分指标、群落多样性、地表盖度等指标，实现抵御风沙侵蚀，恢复沙化区地表植被盖度和控制沙化扩大趋势的目标。主要方法包括如下几种。

1）沙化区域土壤改良

向沙化区域土壤耕作层（表层 0 ~ 30cm）中添加功能性材料粉煤灰和腐殖酸，改善土壤的结构和功能。在沙化区域表层按照单位面积施加量依次铺撒粉煤灰（$20kg/m^2$）和腐殖酸（$2kg/m^2$），然后翻耕表层，翻耕深度在 30cm 左右，根据实际效果多次翻耕，直至粉煤灰和腐殖酸混匀于沙化区域耕作层，浇水风干后进行下一工序。

2）铺设草方格沙障

作为低立式沙障，草方格施工方便，见效快，根据现场实地调查，有大量芦苇收割，将已被碾压成扁状且有柔性的芦苇插入沙层内直立在沙丘上，在沙地上扎成方格状半隐藏式沙障。

3）植被种植

根据当地高寒、缺水的气候条件以及沙化地土地贫瘠的特点，采用灌草搭配的植被恢复方式。灌木采用柠条锦鸡儿，在布设好的草方格内种植两年生柠条锦鸡儿，种植结束后立即浇水（浇透）。草本植物选用冰草、披碱草和燕麦。将三种草本植物种子按照 1∶1∶1 的比例混播，播种深度 2 ~ 3cm，播种结束后立即浇水（浇透）。为保证成活率，依据生长情况定期补苗。

柠条锦鸡儿以春栽为好，尽量做到适时早栽。苗木规格：地径≥2cm、高度≥80cm。在栽植前适当修剪，去除杂乱无序枝叶，以利于成活。栽植时，先埋30cm改良表土，踩紧实，然后把苗木直立于坑内，使根系自然舒展，填改良表土至盖满根部后，将苗木向上轻轻提一下，使土壤与根密切接触，再踩实苗木周围的土，然后再填改良表土并踏实。栽植深度以埋土线超过苗木原土印3～5cm为宜，过浅或过深对发芽生长和成活都不利。栽植后，做围堰，一般在穴沿外侧，高20～30cm，底宽不少于30cm，并踩实。浇水，在栽植支撑好后浇灌一次透水，以后根据当地气候情况，20～30天浇一次水，后期视干旱情况酌情浇灌。栽植1～5年树必须浇春季的“返青水”、冬季的“防冻水”。生长季节浇水，必须本着“以需供水，浇则浇透”的原则。土壤管理，对新植的树浇水后，应立即封根培土。不宜太厚，不超过3cm。在入冬前根部培土，主要起保湿、保温、防冻作用，保证其安全越冬。

4）围栏封育和抚育养护

采用管护封育方式，防止火灾发生和人为损伤植被。在显要位置设立相对固定的宣传牌，以起到宣传作用；养护期三年，每年不少于30天，干旱季节需要及时浇水，对于修复后出现的草本稀疏情况，需要在第二年雨季前补播牧草，播种量30g/m^2，冰草：披碱草：燕麦=1：1：1（表12-3）。

表12-3　工作计划统计表

工作类型	工作要求
土地平整	无明显凸起地貌
沙土改良剂粉煤灰	堆积风化超过3个月的粉煤灰，从电厂直接运输5.5km，需20kg/m^2
沙土改良剂腐殖酸	采买，需2kg/m^2
沙土改良机械化施工	用小型机械铺撒粉煤灰20kg/m^2，腐殖酸2kg/m^2，与30cm深沙土掺拌混匀
固沙草方格	长度70cm芦苇和人工费用
植被种植	人工播种，播种量30g/m^{2}冰草、披碱草和燕麦1：1：1比例播种
植被种植	两年生柠条锦鸡儿移栽（采买与栽植），1株/m^2
抚育养护	养护期3年，30天/年
围封	围栏采买和施工

3. 沙化地治理工程阶段安排

2021年度：实地调研与考察，地形测量与土壤本底统计，查阅、收集当地气象、土壤、水文等相关资料，完成示范方案的编制和讨论，包括示范点、示范内容、示范施工方式、工程经费的预算；场地平整、确定树苗及种子的来源、数量、种植方法培训。

2022年度：示范工程全面展开，完成了示范工程的生态植被恢复，以及观测指标初步获取，包括示范区内各种植被的恢复，并监测土壤含水量、植被生长状况等各项指标，对恢复效果进行评价。

2023～2025年度：根据前期获得的效果评价对示范工程方案进行改进提升，形成成熟的植被治理方案，并及时调整。

治理工程的有序开展可有效对沙化地进行修复，保护区域水土，加快完成生态恢复可持续，进入生态平衡的良性循环，进一步保持生态脆弱区持续恢复发展。

12.3.3　井下地下水资源原位保护工程

矿井涌水一直是矿区水资源保护和生态修复的难点问题，严重制约着安全生产和生态，对此，敏东一矿持续加大矿井水治理工作。

矿井开采初期，在位于敏东一矿 16-3 上煤层一盘区 Ⅰ01163 上 01 工作面，也是矿井的首采工作面，初采阶段曾发生突水事故，最大涌水量达到 1500m^3/h，经停采后探放水处理后继续生产，2013 年 3 月份恢复生产，不久涌水量即达到 800m^3/h 左右的峰值，而后在小幅降低后始终稳定在 600～700m^3/h，未见随开采范围增大而呈现的涌水量持续增大现象。直至工作面回采完毕。后续工作面回采过程中，一直未出现如 01 工作面所示的显著涌水现象。

1. 工程治理区域

为有效降低井下涌水和保护地下含水层，本次工程综合保水开采、地下水资源、安全生产等方面的综合需求，针对采动涌水工程治理提出地下水原位保护设计思路与试验研究内容。基于导水裂隙带高度研究和人工引导自修复方法试验，设计可行性研究、工程技术试验和工程治理应用三个阶段。可行性研究和现场探查表明，导水裂隙主要通道基本分布于开采边界附近区域，如图 12-5 所示。导水通道的平面分布大约处于开采边界内侧 50m

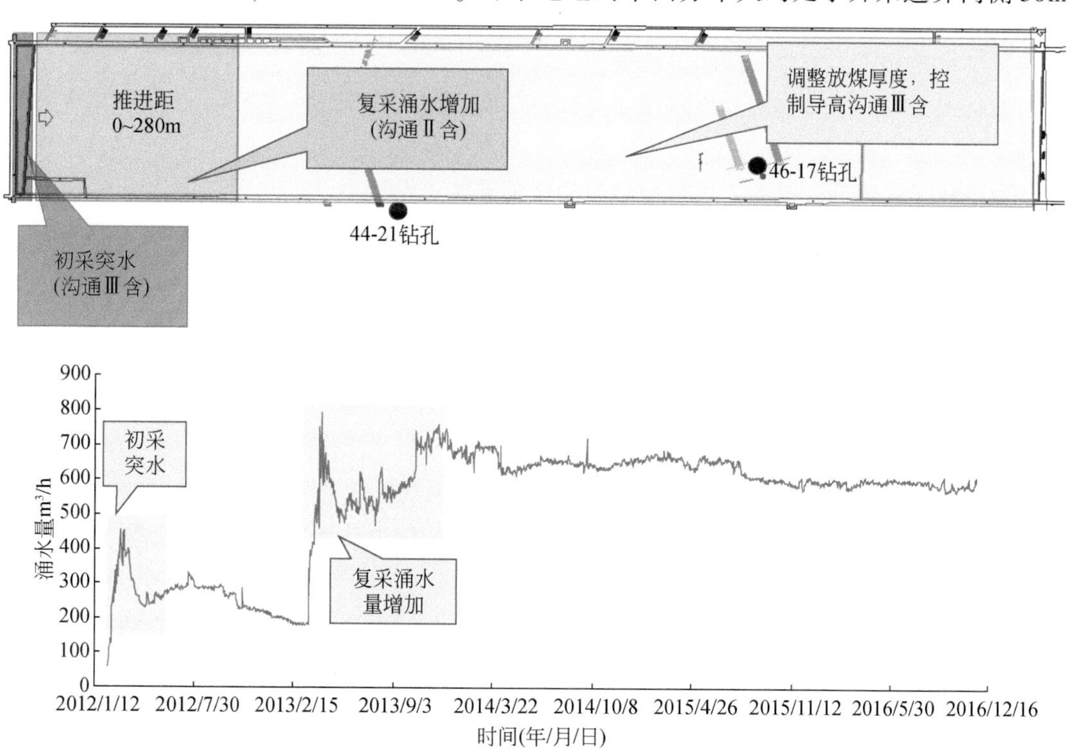

图 12-5　敏东一矿 Ⅰ01163 上 01 工作面涌水量变化曲线

至开采边界外侧 10 ~ 20m 的区间范围。其中，初采阶段的 280m 范围对应回风顺槽附近区域是导水裂隙沟通Ⅱ含和Ⅲ含的区域，是人工修复堵水的重点区域。因此，将治理区域进一步明确在初采阶段的 280m 推进范围内。

2. 工程治理方法

煤炭开采造成的上覆岩层采动裂隙是煤炭开采水资源漏失的主要通道，敏东一矿特定的开采地质条件决定了在工作面开采后必将造成含水层的损伤并产生的矿井大量涌水，严重影响煤炭的安全高效开采，采取相应措施促使其自修复闭合或直接人工封堵是解决敏东一矿井下大量涌水的有效途径之一。工程实例思路即是从地面或井下向覆岩导水裂隙发育的区域实施人工注浆，以封堵裂隙通道，促进采动损伤岩体的自修复，逐步恢复其隔水功能，实现地下含水层保护（图 12-6）。

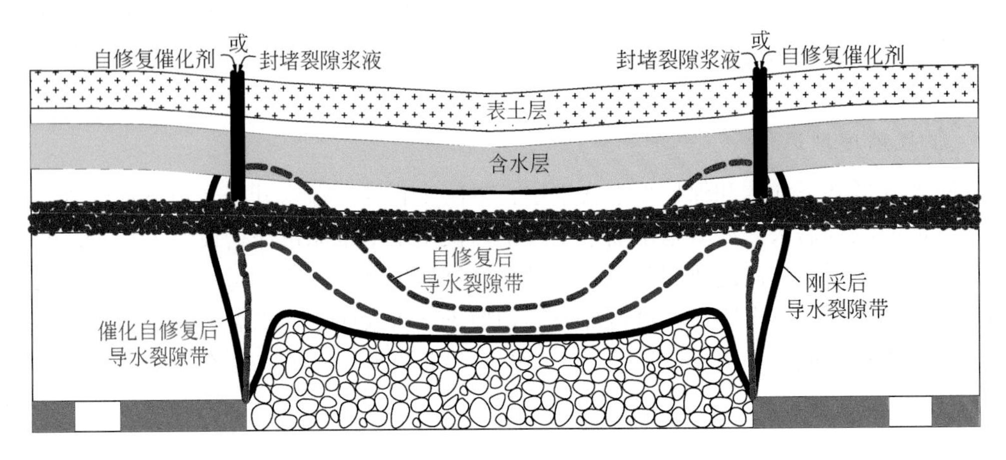

图 12-6　人工注浆促进导水裂隙自修复的地下水保护示意图

为提高工程治理有效性，可行性研究和试验需要重点解决以下问题：

（1）含水层空间结构及之间自然水力连通状况；

（2）01 工作面采动覆岩导水裂隙带发育高度；

（3）有效封堵导水通道的注浆方法和配套工艺；

（4）治理后地下水流场变化及其对后续安全采煤的影响。

3. 工程治理阶段及主要任务

1）完成技术及可行性研究（2021 ~ 2022 年）

适用的地下水保护技术是解决问题的关键，采动软覆岩自修复是含水层保护的有利条件，采动煤层与含水层的空间联系是工程治理的基础。因此，技术可行性研究重点要解决空间关系、渗流区域和涌水中心、治理方法。重点是：

精细化厘定Ⅱ、Ⅲ含水层与采动煤层的空间关系与相互水力联系，探索各含水层水流场的自然特征和煤矿开采后的扰动变化，揭示不同含水层之间的天然水力联系通道分布情况。研究煤炭开采对Ⅱ、Ⅲ含水层地下水的影响，通过已建立的主要煤层与地下含（隔）水层高精度三维地质模型，确立主要含（隔）水层厚度与主采煤层空间组合关系。

结合已有三维地震、电法等物探资料，部署01工作面覆岩导水裂隙发育探测钻孔，采用工程手段进行导高实际测量，深入研究Ⅱ、Ⅲ含水层受采动影响的水流场变化规律，分析其向工作面泄漏的规律、导水通道分布等，为下一步注浆封堵“靶点”定位提供依据。

基于敏东一矿软岩地层条件下采动岩体裂隙的自修复机理和规律，从人为干预角度研究加快其自修复进程的裂隙限流控制技术和方法。分别按照钻孔注浆直接封堵、灌注化学修复试剂促进修复的思路，根据各自对地下水流失通道的限流效果及其优缺点，优选形成适宜敏东一矿软岩地层和裂隙发育条件的地下水流失通道控制技术，包括注浆材料选配、注浆工艺方法等，为现场工程试验实施提供基础。

基于矿井现有水文监测钻孔及其监测系统，进一步完善01工作面异常渗流区水文监测平台，构建含水层水位、井下涌水，以及注浆效果的监测系统，实现矿井后续工作面回采的安全控制，确保01面导水通道封堵不对其他回采区域造成异常涌水威胁。

2）注浆调控工程试验（2022年）

基于可行性研究与试验基础实施注浆调控工程试验，主要包括以下内容。

工程试验区域：在01工作面初采阶段开采区域的导水裂隙带主通道附近部署3～4口簇状注浆孔，集中向研究确定的覆岩导水主通道分布区域施工注浆钻孔。

工艺与方法设计：根据软岩层和裂隙带特点设计注浆调控工艺和方法，包括钻孔参数、注浆材料、注浆工艺等，确保注浆调控涌水量效果的最佳。

同步检测与分析：试验过程中严密监测含水层水位、井下涌水等关键参数，监控回采工作面采空区涌水及附近地下水水位变化情况。

根据试验封堵效果改进和完善相关注浆工艺和程序，形成适用于敏东软岩区采动覆岩导水主通道的注浆封堵方法，结合示范区水文地质、煤炭安全开采和地表生态保护要求，提出地下水原位保护的技术方案，为全面开展工程治理提供依据。

3）全面开展工程治理（2023～2024年）

敏东一矿是东部草原区呼伦贝尔煤炭基地井工煤矿的典型代表，“敏东一矿井工矿示范工程方案”是依托国家重点研发计划项目“东部草原区大型煤电基地生态修复与综合整治技术及示范”围绕地下水资源保护与利用示范开展的。全面工程治理将在可行性研究和现场试验的基础上，坚持生产安全原则、零排放原则、生态安全原则和经济与可操作原则，基于地下水原位保护方案，主要采用注浆控制工艺和方法，控制矿井涌水量和确保安全开采，结合矿井水洁净生态利用，实现矿井水零排放和提升地表生态修复效果，促进生态矿区建设和区域生态安全。重点包括以下方面。

渗流异常区治理：基于首采工作面导水裂隙带发育特征和渗流异常区研究结果，采用工程试验确定的采动涌水调控工艺与方法，设计10～15个地面定向注浆钻孔，采用适宜的封堵材料和工艺，圈定封闭渗流异常区，基本控制导水裂隙通道涌水问题。

矿井水洁净利用：基于矿井水质生态安全性研究和分析，按照土壤安全和植被安全要求、植物灌溉国家标准，兼顾酷寒草原区瘠薄土壤特点，进一步优选低成本洁净处理工艺与方法，并开展工程应用试验，为草原区地下水生态安全利用提供技术支撑和成功案例。

煤炭控高开采：煤炭开采引起的安全隐患、水害隐患、水资源损伤和对区域水系环境及地表生态产生的影响。近年来的工艺调控试验表明，针对开采煤层水文地质条件，基于生产、生态安全要求，设计“控高”减损型开采工艺，动态调整采高和采序，系统减少开采生态损伤是非常必要和有效的。

总之，结合国家和自治区绿色矿山建设方案要求，将生产安全和生态安全相结合，协同煤电一体化可持续开发和区域生态安全，通过3～5年试验与系统治理工程，形成适用东部草原区煤炭井工开发的运行低成本、生态安全型、社会融合型的协同发展路径，促进东部草原区大型煤电基地可持续开发。

本篇小结

针对酷寒草原区大型煤电基地井工煤矿高强度开采引起的生态问题，结合软岩富水区开采地质条件和厚煤层综放开采工艺，以敏东一矿软岩富水区煤炭开采工程为背景，分析研究与软岩富水区煤炭开采相适应的地下水库建设技术、地下水原位保护技术、矿井水含水层回灌技术、矿井水分质利用技术等，探索适用于东部草原区大型井工开采的地下水资源保护与利用技术途径。创建矿井水零排放、生产安全和生态安全相互协同的煤炭开采模式，提升大型煤电基地区域地下水资源保护与有效利用水平。主要结论如下：

（1）基于敏东一矿井工开采模式和“地表沉陷区治理”“工业废弃地综合整治”“沙化地治理”等现场实际需求，开展了沉陷地、沙化区和工业废弃地控制及治理研究与试验。完成了采煤沉陷区生态修复和新技术示范面积4998.3亩，废弃地整体治理率超过96%，治理后采煤沉陷区植被生长状态良好，基本恢复了示范区草原生态功能。

（2）针对东部草原井工开采引起的含水层破坏、地下水大量流失等难题，通过软岩地下水库可储性评价试验和系统设计与构建。针对地下水库建设面临的水库选址、库容计算、坝体构筑、管道建设和安全运行等关键技术需求，结合敏东一矿井下已采采空区的采掘布局和地质条件，研究提出了与软岩采空区赋存条件相适宜的地下水库保水技术方案，在此基础上，选择在敏东一矿04工作面采空区实施注水试验区工程，通过布置4个注水孔实测了注水过程中的注水压力、流量，以及试验点周边围岩渗水情况等，评价了04工作面采空区储水介质的可注水性并计算了储水库容，发现采空区泥岩等软岩的存在对其储水库容及注水渗流特性造成显著影响，敏东一矿暂不具备在软岩地层条件下利用井下采空区构建地下水库进行储水的条件。

（3）针对矿井涌水治理问题，研究确定了第四系含水层为矿井水的可储存空间，开展了地下水存储层位选择研究、地下水回灌和转移存储可行性试验工程。通过施工观测井，利用施工过程的水文观测及测井等手段，精确掌握了敏东一矿含水地层厚度及地层结构，确定了第四系砂砾岩松散层为储存回灌层，在试验区域内开展了“一注六测”试验工程，施工1口回灌井和6口测量井进行了连续7天回灌，同步观测水位、水质变化情况，发现第四系含水层渗透性能较好，且厚度较大，回灌水位响应小，是良好的回灌层，相关监测数据表明回灌水各项参数基本满足地下水回灌标准。

（4）针对矿井水水质差、利用率低及植被生态用水短缺等难题，开展了矿井水洁净处理工艺研究试验工程以及矿井水生态利用可行性试验工程，对矿井水利用安全进行了评价，提出了矿井水洁净处理工艺和吸附材料配比，构建了面向生态利用的矿井水三级处理系统。从水质安全、土壤安全及植物安全等方面对矿井水生态利用进行了安全性评价，分析得出了敏东一矿矿井水呈微碱性和重金属超标，不具备直接用于生态修复工程的条件；针对矿井水水质特点，开展了洁净处理工艺试验，提出了微咸矿井水纳滤适度净化工艺方法，优选出腐殖土、粉煤灰陶粒和椰壳活性炭（8：1：1 配比）的重金属吸附材料，形成了 PAC+PFS 悬浮物去除、混合滤料金属物去除和微咸水纳滤适度净化的面向生态利用的矿井水三级处理系统。

（5）以东部草原项目一系列高强度煤炭开采下生态修复的理论与实践成果为基础，根据敏东一矿地表沉陷地、工业废弃地、沙化地和井下矿井水分布现状，结合井下工作面接续安排，坚持煤炭开采系统减损、土植协同和斑-块-区融合的一体化理念，以关键技术为支撑集成干旱草原区适宜的修复技术，以生态优先和绿色发展为导向，基于生态引导、结构改进、分景施策和斑块融合的推广思路，形成了采煤沉陷区生态修复技术应用区、矿区周围沙化地及潜在沙化地整治技术应用区、井下地下水资源原位保护技术应用区设计方案，为打造煤炭安全高效开采、矿井水零排放、地表生态采动损伤零库存为特色的敏东一矿示范区提供支撑，形成适用于东部酷寒草原区井工矿区的生态修复技术应用解决方案。

结　束　语

在我国大型煤矿区生态研究与实践的基础上，本研究针对我国能源集约化开发重要形式——大型煤电基地开发中持续的生态影响与区域生态安全保障的突出矛盾，聚焦大型煤电基地科学开发面临的生态环境破坏与治理修复问题，按照“源头减损与系统修复”思路和大型煤电基地高质量发展与区域生态安全协同目标，依托东部草原区煤电基地聚集区的系统研究与工程实践，理论上围绕技术集成与效果评价方法提出以目标、问题和综合效益最大化为导向的技术集成法和生态修复技术效果评价法；实践上突出生态修复示范工程设计与实施过程管控，按照“一景一策”原则，一是针对大型煤电基地生态修复对象特点各异的问题，根据治理区实际选用适宜的技术体系和匹配的实施模式及工程实施方案；二是结合当地酷寒、半干旱、土壤瘠薄等生态脆弱特征，集成采排复一体化生态减损和水资源保护、土地整治和土壤改良技术、植被配置与恢复技术、景观生态修复等关键技术，开展大型煤电基地受损生态系统生态修复示范工程；三是按照生态修复一张蓝图和 PDCA 循环管理理念，依托示范工程实施协调生态修复诸要素，提出适用于大型煤电基地生态修复示范工程实施的管控方法；最后，针对东部草原区和我国大型煤电基地，基于酷寒区和半干旱区的煤电基地生态修复示范区工程实践，系统总结生态修复技术应用效果，形成适用于解决大型煤电基地开发生态问题的应用解决方案。

大型煤电基地开发中，生态环境破坏控制与区域生态安全影响一直是煤电基地科学开发面临的重大问题，尽管本研究在煤电基地系统的生态修复方面取得了积极的成果，鉴于前人研究结果的局限性和本研究时间的有限性，针对实际应用场景的复杂性和多样性尚有许多需要进一步充实和完善的内容，在理论上亟待解决煤电开发的多尺度影响及其生态损伤和累积效应控制方法，水、土、植等生态修复资源最佳优化匹配方法；技术上亟待开发适用于生态脆弱区土壤、含水层等重度损伤区的生态型恢复技术；工程实践上尚需解决重度损伤区减损与修复技术融合、采区-矿区-城矿区-牧矿区等多类型生态区的生态协同方法、评价标准、恢复模式、工程管控等问题，系统提升煤电基地生态修复与综合整治水平，确保煤炭资源开发区域生态安全，有效保障我国煤基能源科学开发与区域生态文明建设。

《东部草原区大型煤电基地生态修复与综合整治工程示范》作为第一部针对大型煤电基地生态修复系统工程实践形成的研究成果，在研究过程中得到了科技部、21 世纪议程管理中心、国家能源投资集团有限责任公司、中国矿业大学（北京）、中国矿业大学、清华大学、中国科学院生态环境研究中心、中国煤炭科工集团有限公司、中国环境科学研究院、中国地质大学（北京）、内蒙古大学、内蒙古农业大学、中国科学院城市环境研究所、中国科学院空天信息创新研究院、国能北电胜利能源有限公司、国能宝日希勒能源有限公司、国家能源集团国源电力有限公司、路域生态工程有限公司等单位的全力支持；彭苏萍、傅伯杰、顾大钊、蔡美峰、康红普、王双明等院士，李秀彬、赵学勇、卞正富、云涛、周金星、宁堆虎、贺佑国、严登华、吴钢、吴建国等生态领域专家和刘峰、朱德仁、王家臣、许家林、张瑞新、申宝宏等煤炭领域专家的悉心指导；此外，参与本书研究工作的相关人员还有：张凯、南清安、王丹妮、卓卉、王光颖、杨毅、付晓、马正龙、王志宇、李晶、赵艳玲、赫云兰、董霁红、周伟、郭俊廷、刘基、于涛、吴宝杨、张勇、王路军、徐祝贺、刘新杰、马妍、陈磊、李晓婷、郭楠、解琳琳、杨慧慧、张琳、李梦琪、胡钦程、张琳、荣正阳、袁明扬、王晓、刘宪伟、覃昕、宋淼、王瑶、张梦利、杨兆青、刘丹，王舒菲、王玲玲、黄雨晗、闫建成、张洋洋、黄玉凯、李雁飞、卜玉龙、高思华、闫石、利用昶、赵会国、王志刚、李向磊、龚云丽、李梦琪、殷齐琪、屈翰霆、夏嘉南、王鹏、许木桑、刘英、田雨、陈航、刘振国、鹿晴晴、杨德军、李治国、戴玉玲、王藏娇、李心慧、邢龙飞、熊集兵、冯超、陈航、覃昕等，在此一并表示衷心感谢。

大型煤电基地是具有中国能源开发特色的重要模式，生态文明建设也是区域经济与社会可持续发展的重要内容。希望我国能源和生态等领域的广大科研工作者继续携手共同努力，积极探索适合我国国情的大型煤电基地科学开发路径、理论和实践方法，为国家能源安全供给与区域生态安全保障提供支撑。

主要参考文献

白中科，周伟，王金满，等，2019. 再论矿区生态系统恢复重建. 浙江国土资源，(1)：20.
卞正富，雷少刚，金丹，等，2018. 矿区土地修复的几个基本问题. 煤炭学报，43（1）：190-197.
常江，于硕，冯姗姗，2017. 中国采煤塌陷型湿地研究进展. 煤炭工程，49（4）：125-128.
常江，胡庭浩，周耀，等，2019. 潘安湖采煤塌陷地生态修复规划体系及效应研究. 煤炭经济研究，39（9）：51-55.
陈成，2019. 湖泊型生态区域规划管控机制研究. 南京：南京大学.
陈照方，姜晨冰，2018. 城市区域水污染生态修复的实验分析研究. 环境科学与管理，43（11）：138-142.
达良俊，李丽娜，李万莲，等，2004. 城市生态敏感区定义、类型与应用实例. 华东师范大学学报（自然科学版），(2)：97-103.
丁国峰，吕振福，曹进成，等，2020. 我国大型煤炭基地开发利用现状分析. 能源与环保，42（11）：107-110，120.
丁新原，周智彬，马守臣，等，2013. 矿粮复合区土地生态安全评价——以焦作市为例. 干旱区地理，36（6）：1067-1075.
董世魁，吴娱，刘世梁，等，2016. 阿尔金山国家级自然保护区草地生态安全评价. 草地学报，24（4）：906-909.
方星，许权辉，胡映，等，2020. 矿山生态修复理论与实践. 北京：地质出版社.
符蓉，喻锋，于海跃，2014. 国内外生态用地理论研究与实践探索. 国土资源情报，(2)：32-36.
高怀军，2014. 采煤塌陷区综合治理的方法研究——以唐山南湖生态城为例. 经济论坛，532（11）：147-148.
郭坚，薛娴，王涛，等，2009. 呼伦贝尔草原沙漠化土地动态变化过程研究. 中国沙漠，29（3）：397-403.
郭培，张川，2019. 基于区域协同的都市远郊生态区规划建设探索——以句容市宝华山南麓地区为例//活力城乡美好人居——2019 中国城市规划年会论文集（08 城市生态规划）. 北京：建筑工业出版社.
韩煜，全占军，王琦，等，2016. 金属矿山废弃地生态修复技术研究. 环境保护科学，42（2）：108-113，128.
胡进耀，陈劲松，罗明华，等，2017. 生态恢复工程案例解析. 北京：科学出版社.
胡振琪，肖武，王培俊，等，2013. 试论井工煤矿边开采边复垦技术. 煤炭学报，38（2）：301-307.
胡振琪，龙精华，王新静，等，2014. 论煤矿区生态环境的自修复、自然修复和人工修复. 煤炭学报，39（8）：1751-1757.
贾欣雨，赵博石，翟莹，等，2020. 城市采煤塌陷区再生景观使用后评价研究——以唐山南湖公园为例. 北京建筑大学学报，36（4）：26-36.
蒋正举，2014. “资源-资产-资本”视角下矿山废弃地转化理论及其应用研究. 徐州：中国矿业大学.
兰利花，田毅，2021. 土壤地带性分布下的典型矿区土壤修复模式. 江西农业学报，33（1）：40-49.
黎晓亚，马克明，傅伯杰，等，2004. 区域生态安全格局：设计原则与方法. 生态学报，(5)：1055-1062.

李国政，2019. 绿色发展视阈下矿山地质修复模式的升级与重塑 . 中国矿业大学学报（社会科学版），21（3）：92-104.
李丽，王心源，骆磊，等 . 2018. 生态系统服务价值评估方法综述 . 生态学杂志，37（4）：1233-1245.
李全生，贺安民，曹志国，2012. 神东矿区现代煤炭开采技术下地表生态自修复研究 . 煤炭工程，（12）：120-122.
梁冬，2019. 分析区域生态修复的空间规划方法 . 低碳世界，9（8）：189-190.
刘冬，林乃峰，邹长新，等，2015. 国外生态保护地体系对我国生态保护红线划定与管理的启示 . 生物多样性，23（6）：708-715.
刘红，王慧，张兴卫，2006. 生态安全评价研究述评 . 生态学杂志，（1）：74-78.
刘慧芳，王志高，谢金亮，等，2021. 历史遗留废弃矿山生态修复与综合开发利用模式探讨 . 有色冶金节能，37（2）：4-6，15.
刘康，2014. 生态规划——理论、方法与应用 . 2 版 . 北京：化学工业出版社 .
刘洋，2019. 无主砂石矿山生态恢复综合规划治理模式探讨 . 中国国土资源经济，32（1）：67-70.
刘勇，刘友兆，徐萍，2004. 区域土地资源生态安全评价——以浙江嘉兴市为例 . 资源科学，（3）：69-75.
麻宝斌，2015. 政府执行力 . 北京：社会科学文献出版社 .
马晓琳，郭玲，吕雪静，2018. 管控与开发博弈下生态敏感区圈层式发展模式初探——以丽江拉市海片区为例，小城镇建设，36（7）：35-42.
马跃，李森，赵福强，等，2018. 铁矿山资源化生态修复模式研究 . 生态经济，34（1）：214-219.
牛最荣，陈学林，黄维东，等，2019. 阿尔金山东端北部区域生态环境修复模式研究 . 冰川冻土，41（2）：275-281.
钱丽娟，2020. 锡林郭勒盟草原生态治理中政府责任的研究 . 呼和浩特：内蒙古师范大学 .
秦明周，2020. 生态空间规划理论的科学创新 . 中国土地，（12）：8-10.
孙明峰，2019. 国土空间规划背景下的空间规划既有经验及相关手段研究 . 低温建筑技术，41（12）：12-14.
孙晓玲，韦宝玺，2020. 废弃矿山生态修复模式探讨 . 环境生态学，2（10）：55-58，63.
万华伟，高帅，刘玉平，等，2016. 呼伦贝尔生态功能区草地退化的时空特征 . 资源科学，38（8）：1443-1451.
王国胜，2021. 规划院完成《青海省清洁能源基地暨荒漠化重点区域生态修复规划（2021—2025 年）》. 中国工程咨询，（1）：107.
王凌，2020. 基于绿色发展视阈的矿山地质修复模式探究 . 绿色环保建材，（4）：61-62.
王雁林，刘强，刘杰，2020. 渭北地区历史遗留废弃矿山生态修复模式探讨 . 陕西地质，38（2）：84-87.
位振亚，罗仙平，梁健，等，2018. 南方稀土矿山废弃地生态修复技术进展，有色金属科学与工程，9（4）：102-106.
吴尚昆，张玉韩，2019. 中国能源资源基地分布与管理政策研究 . 中国工程科学，21（1）：81-87.
项安琪，2018. 基于生态修复的矿区再生规划设计研究 . 南京：南京农业大学 .
肖武，胡振琪，张建勇，等，2017. 无人机遥感在矿区监测与土地复垦中的应用前景，中国矿业，26（6）：71-78.
徐大伟，2019. 呼伦贝尔草原区不同草地类型分布变化及分析 . 北京：中国农业科学院 .
颜文涛，萧敬豪，胡海，等，2012. 城市空间结构的环境绩效：进展与思考 . 城市规划学刊，（5）：50-59.
燕守广，林乃峰，沈渭寿，2014. 江苏省生态红线区域划分与保护 . 生态与农村环境学报，30（3）：

294-299.
余新春，2016. 荒漠生态系统综合管理探索——以乌兰布和荒漠生态系统为例．农业与技术，36（3）：143-146.
俞孔坚，李迪华，1997. 城乡与区域规划的景观生态模式．国外城市规划，(3)：27-31.
袁毛宁，刘焱序，王曼，等，2019. 基于“活力—组织力—恢复力—贡献力”框架的广州市生态系统健康评估．生态学杂志，38（4）：1249-1257.
张春燕，2019. 北京市典型废弃矿山生态修复模式研究．北京：北京林业大学．
张风达，2018. 关闭（废弃）煤矿（区）转型升级案例分析．煤炭经济研究，38（1）：39-43.
张绍良，米家鑫，侯湖平，等，2018. 矿山生态恢复研究进展——基于连续三届的世界生态恢复大会报告．生态学报，38（15）：5611-5619.
张先昂，2020. 矿山生态修复及模式选择．现代矿业，36（10）：228-229.
张钊，陈宝瑞，辛晓平，2018. 1960—2015年呼伦贝尔草原气温和降水格局变化特征．中国农业资源与区划，39（12）：121-128.
赵凤鸣，2016. 草原生态文明之星：兼论内蒙古生态文明发展战略．北京：中国财政经济出版社．
朱强，俞孔坚，李迪华，2005. 景观规划中的生态廊道宽度．生态学报，(9)：2406-2412.
朱晓昱，2020. 呼伦贝尔草原区土地利用时空变化及驱动力研究．北京：中国农业科学院．
朱晓昱，徐大伟，辛晓平，等，2020. 1992—2015年呼伦贝尔草原区不同草地类型分布时空变化遥感分析．中国农业科学，53（13）：2715-2727.
左伟，周慧珍，王桥，2003. 区域生态安全评价指标体系选取的概念框架研究．土壤，(1)：2-7.